U0673704

清官式建筑营造设计法则

榫卯篇

李建民 著

中国建筑工业出版社

图书在版编目（CIP）数据

清官式建筑营造设计法则. 2，榫卯篇 / 李建民著.
北京：中国建筑工业出版社，2025.2. --ISBN 978-7
-112-30733-3

Ⅰ. TU-092.49

中国国家版本馆CIP数据核字第2025P0W627号

本书编委会

《清官式建筑营造设计法则　榫卯篇》编委

《清官式建筑营造设计法则　榫卯篇》编委分工

榫卯是传统建筑构件之间相互连接的结构形式，木构件上凸出的部位称为榫，凹进去的部位称为卯，榫与卯相互穿插咬合，便可将木构件连接在一起。榫卯连接可以有效地将重力传递到地面，使得结构能够承受更大的重量，提高了建筑整体的稳定性。降低灾害对建筑的破坏程度，因此在建筑中起着举足轻重的作用。

1.1　木构榫卯的种类及其构造

木构榫卯种类繁杂，榫卯的位置、组合角度和受力方式都影响榫卯形态，深入理解榫卯性能及运用方式，是木结构合理受力体系的前提。现根据连接方式，系统地将榫卯分为以下六大类。

1.1.1　固定垂直构件的榫卯

1.1.1.1　管脚榫：用于固定柱子柱根，如落地柱、童柱的柱根。作用是防止柱根位移。管脚榫长为柱径的3/10，榫宽同榫长，榫端部做收溜（收溜尺寸为自身尺寸的1/10），榫外侧边缘做倒楞以便安装。

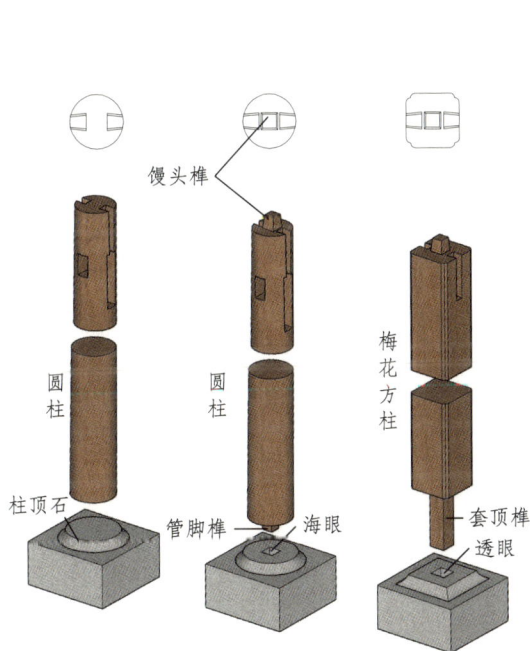

图1-1-1　管脚榫、馒头榫、套顶榫

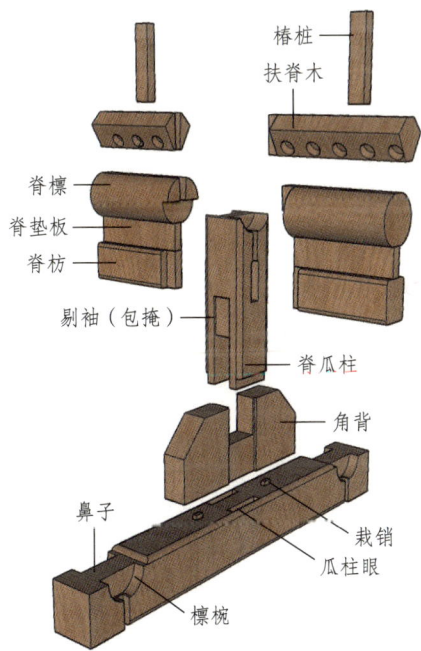

图1-1-2　脊瓜柱、角背、扶脊木节点榫卯

1.1.1.2 套顶榫：套顶榫作用与管脚榫相同，但是长度和截面尺寸大于管脚榫，主要用于受地势影响的建筑物柱根或长廊柱根，套顶榫穿透柱顶石直接与磉墩（基础）相连，加固柱子的稳定性。套顶榫的长度为柱子露明高度的1/5～1/3，榫径为柱径的1/2～4/5。由于埋于地下的部分容易受潮腐朽，所以要在安装之前做好防腐处理。

1.1.1.3 瓜柱柱脚半榫：用于固定瓜柱柱脚，为了增加瓜柱的稳定性常常结合角背一起使用，所以瓜柱柱脚半榫常做双榫，与角背咬合安装。瓜柱柱脚半榫的长度应根据瓜柱自身大小进行调整，由于瓜柱安装在梁架之上，为了保证梁架受力强度，半榫的长度控制在6～8cm为宜。

1.1.2 水平构件与垂直构件拉结相交使用的榫卯

1.1.2.1 馒头榫：用于连接梁头与柱头，作用在于固定梁头与柱头，避免构件水平位移。馒头榫的形态和尺寸计算方式与管脚榫相同（即柱径的3/10，收溜为榫自身尺寸的1/10），相应的梁底位置根据馒头榫的尺寸做海眼，四周做倒楞以便安装。

1.1.2.2 燕尾榫：用于连接拉结水平方向构件，如檐枋、大额枋、随梁枋、金枋、脊枋等。燕尾榫又称大头榫、银锭榫。燕尾榫尺寸长度根据柱头卯口的数量取柱径的1/4或3/10。燕尾榫的榫卯形态决定了其具有拉结构件的功能，具有上起下落安装条件的构件，均应做燕尾榫增加木结构稳定性。

燕尾榫端部宽根部窄称为乍，上宽下窄称为溜。榫头侧面乍宽部的1/10，两面一共乍榫头的1/5；榫两面收溜的尺寸与乍相同。

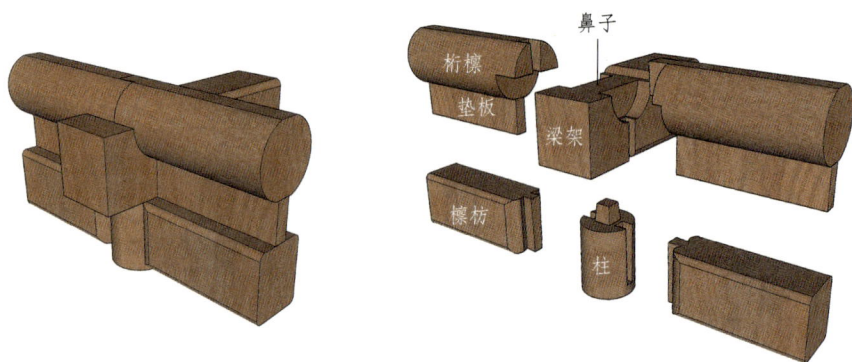

图1-1-3 柱、梁、枋、垫板节点榫卯

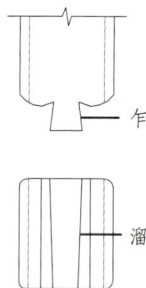

图1-1-5 "乍"与"溜"示意图

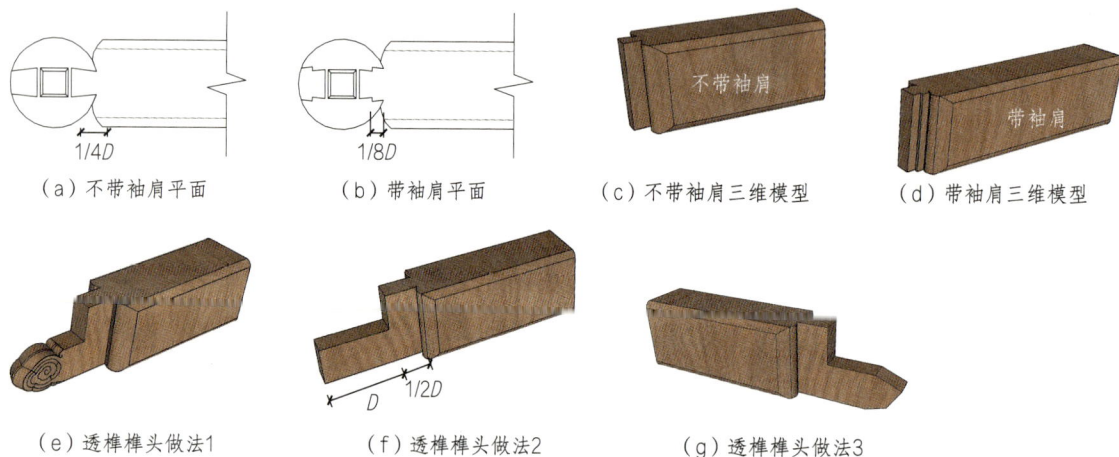

（a）不带袖肩平面　　（b）带袖肩平面　　（c）不带袖肩三维模型　　（d）带袖肩三维模型

（e）透榫榫头做法1　　（f）透榫榫头做法2　　（g）透榫榫头做法3

图1-1-4 燕尾榫与透榫举例

额枋、檐枋上的燕尾榫分为带袖肩做法和不带袖肩做法。带袖肩是解决燕尾榫的根部断面较小、抗剪能力弱的方式。袖肩的长一般为截面柱径的1/8，宽与榫端相同。

1.1.2.3　箍头榫：用于额枋（檐枋）在建筑尽端或转角位置相互搭交拉结的榫卯，如悬山建筑最外侧檐柱和周围廊建筑转角处檐柱与额枋（檐枋）相互连接的位置。箍头榫的作用与燕尾榫相同，但构造方式不同，榫卯之间的接触面较大，构件连接更加稳固。大式建筑的箍头榫长度由柱中向外1柱径，外侧做霸王拳装饰。小式做法的箍头榫长度由柱中向外1.25柱径，外侧做三岔头装饰。箍头榫高、厚的尺寸分别为自身高、厚尺寸的8/10。注意当箍头榫位于建筑转角处时，需要将构件从面阔和进深方向十字搭接，传统做法应遵循山面压檐面的搭接方式。

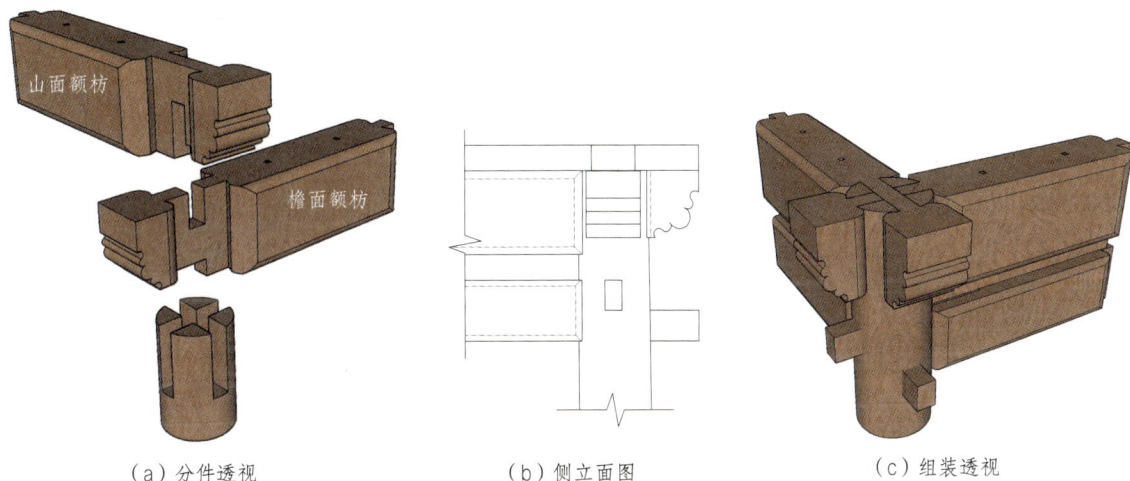

（a）分件透视　　　　　　　（b）侧立面图　　　　　　　（c）组装透视

图1-1-6　箍头榫与柱头卯口

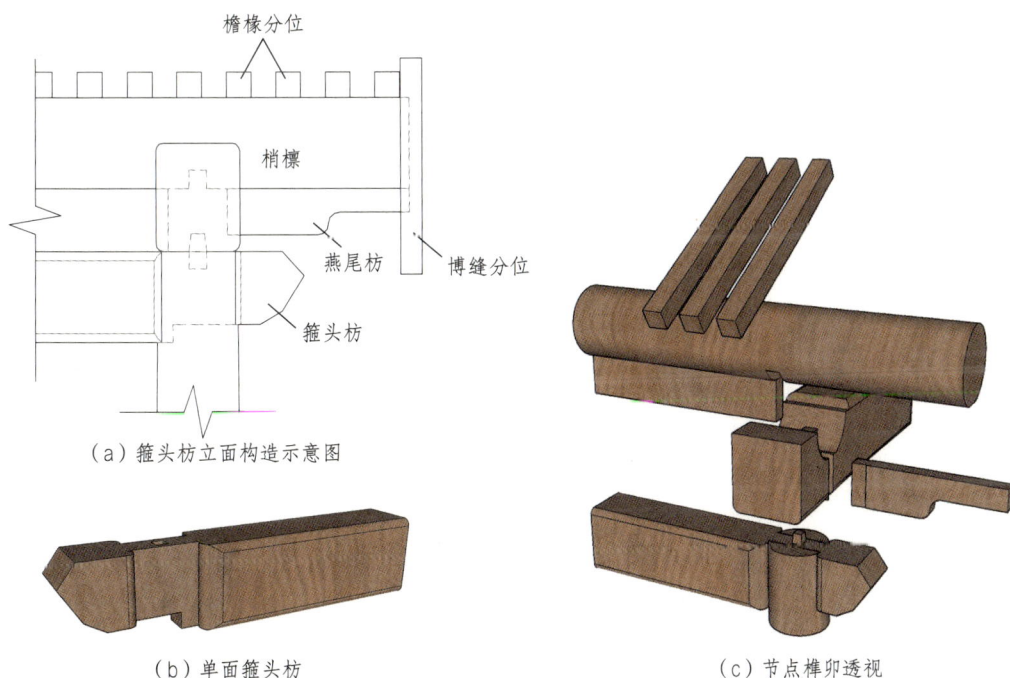

（a）箍头枋立面构造示意图

（b）单面箍头枋　　　　　　　（c）节点榫卯透视

图1-1-7　悬山梢檩、小式箍头枋榫卯

1.1.2.4 透榫：用于需要拉结，但没有条件上起下落的构件，如穿插枋两端分别拉结檐柱与金柱（或角柱之间相互拉结）。透榫形状为大进小出，所以也称大进小出榫，即穿入部分的榫卯高度同构件高度，穿出部分的榫卯高度为构件高度的一半，较高一侧的榫长为（截面）柱径的1/2，较低一侧的榫长为柱中向外1柱径。透榫的厚度一般为枋厚的1/3，但不应超过柱径的1/4。大式建筑的透榫厚度一般为1～1.5斗口。

1.1.2.5 半榫：用于固定构件的位置，避免位移，如瓜柱与梁、小额枋与檐柱相交处。梁构件半榫的长度一般为（截面）柱径的1/3或1/2，厚为构件自身的1/4。枋构件半榫的长度一般为（截面）柱径的1/4，厚为自身的1/3或3/10。可根据实际情况调整。当用于中柱或山柱两侧时，单步梁、双步梁后尾的半榫相互搭交可避免构件左右位移。但半榫没有拉结功能，通常需要配合替木或雀替组合搭交。榫高一般为上下各1/2梁高，榫长一般为1/3与2/3截面柱径两端咬合，厚为截面山柱径的1/4。

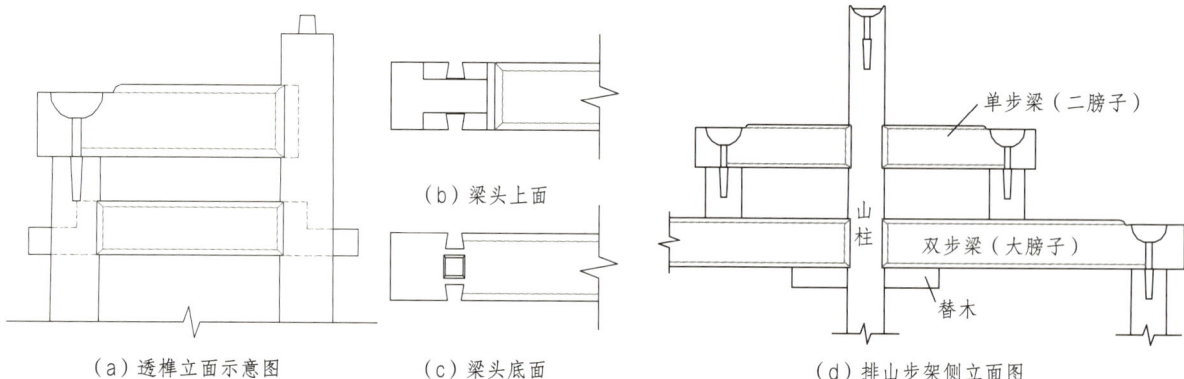

（a）透榫立面示意图   （b）梁头上面   （c）梁头底面   （d）排山步架侧立面图

单步梁（二膀子）

山柱

双步梁（大膀子）

替木

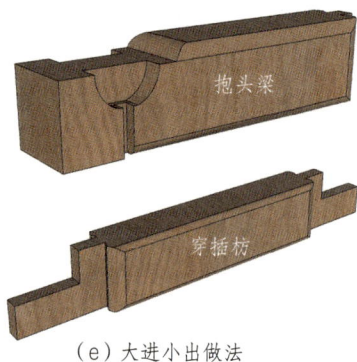

抱头梁

穿插枋

（e）大进小出做法

图1-1-8 透榫

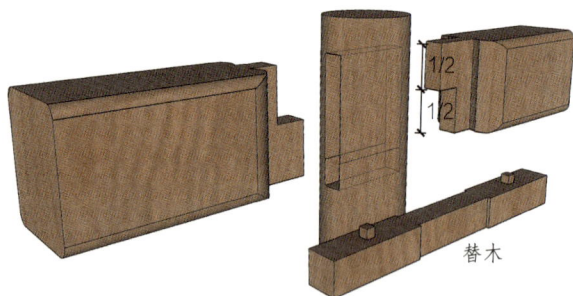

1/2
1/2

替木

图1-1-9 排山步架半榫透视图

1.1.3 水平构件互交部位常用的榫卯

1.1.3.1 大头榫：形状同燕尾榫，榫头做乍，略做溜以便安装（榫头尺寸较小则不做溜）。用于檐檩、金檩、脊檩以及扶脊木构件之间，起连接拉结作用。

1.1.3.2 十字刻半榫：用于建筑转角处的十字搭交，如平板枋的转角。平板枋在搭交位置分别刻去山面平板枋的下半部分、檐面平板枋的上半部分，山面压檐面，上面的部分称为盖口，下面的部分称为等口，在刻口的外侧按平板枋宽度的1/10做包掩。

1.1.3.3 十字卡腰榫：用于圆形构件转角位置的十字搭交，如挑檐桁、正心桁的转角。与平板枋的搭交方式相似，分别刻去山面桁的下半部分和檐面桁的上半部分，山面压檐面，榫厚为桁构件的1/2，两侧刻掉构件1/4做45°角与相交构件搭交。

如遇六角或八角等翼角不是直角的建筑，可按照实际分割榫卯两侧的构件角度，且同一构件上的十字卡腰榫应同为等口或盖口，不可一边为等口一边为盖口。

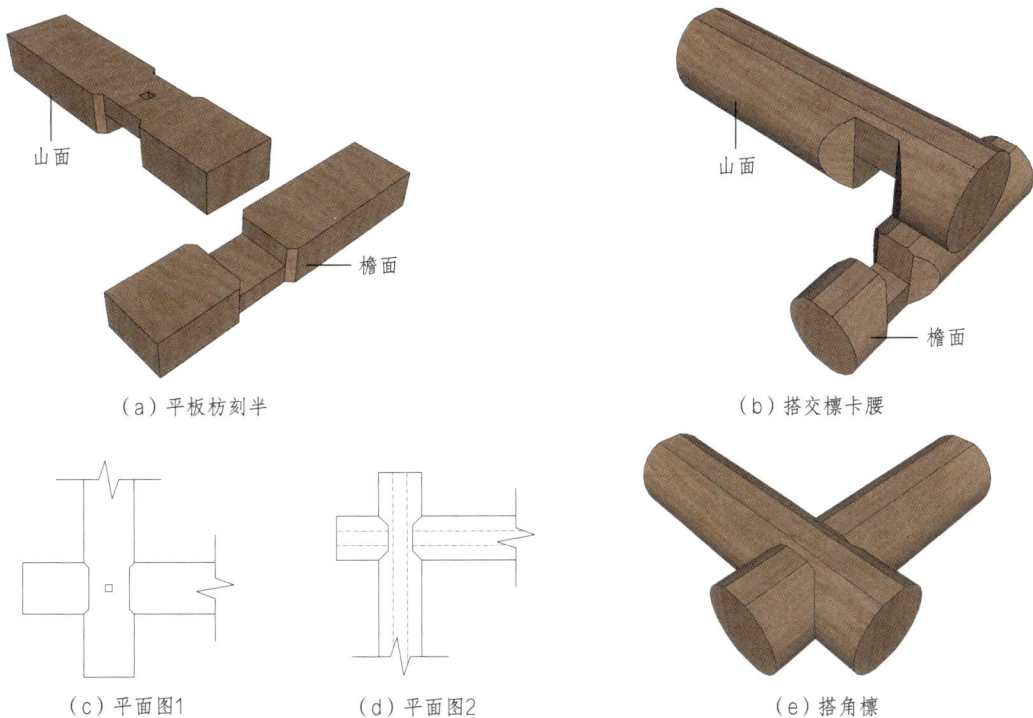

（a）平板枋刻半

（b）搭交檩卡腰

（c）平面图1　　　　（d）平面图2　　　　（e）搭角檩

图1-1-10　十字卡腰榫与十字刻半榫

1.1.4　水平或倾斜构件重叠稳固所用的榫卯

1.1.4.1　栽销：用于构件交叠时在对应位置凿眼后放入木销进行固定，如老角梁与仔角梁、额枋与平板枋、角背与梁、隔架雀替与梁架、斗栱与平板枋之间，也有用在檩三件之间的，但现已很少采用。栽销的作用是防止连接构件位置位移，销子眼的大小尺寸与间距需根据构件的实际情况确定，一般大木构件销子榫卯厚3cm、长5～6cm，小构件销子榫卯厚1～1.5cm、长2～3cm。

1.1.4.2　穿销：穿销与栽销的使用方法类似，但穿销需穿透两侧或更多层构件，常用于溜金斗栱后尾各层构件的锁合、大门的门簪、大屋脊的椿桩、牌楼高栱柱的下榫等部位。

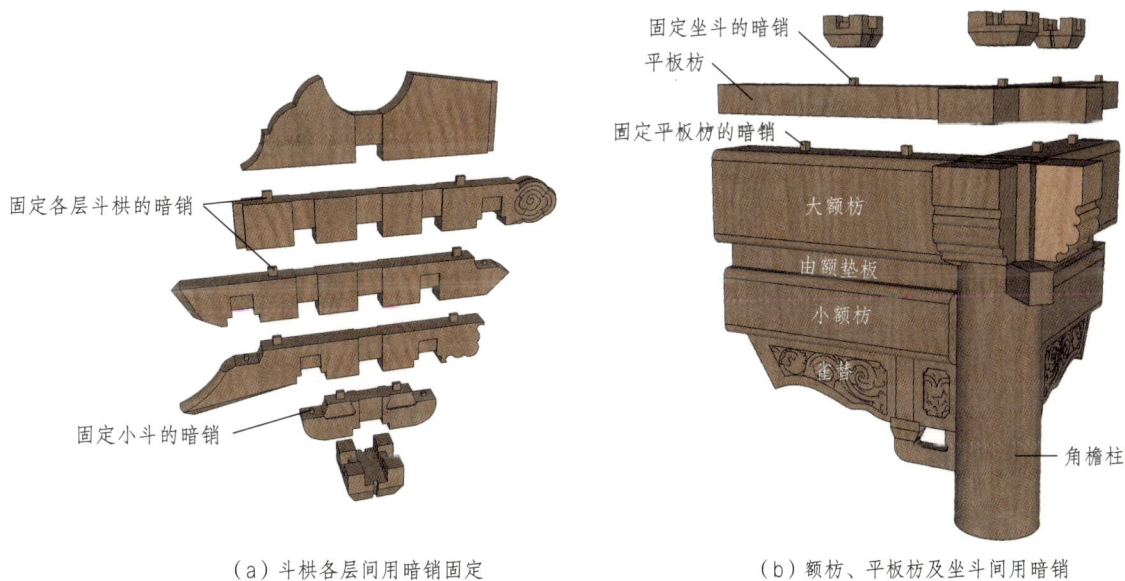

（a）斗栱各层间用暗销固定

（b）额枋、平板枋及坐斗间用暗销

图1-1-11　栽销的应用

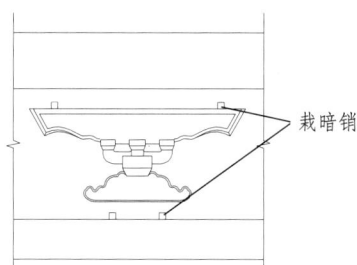

（a）隔架雀替栽暗销

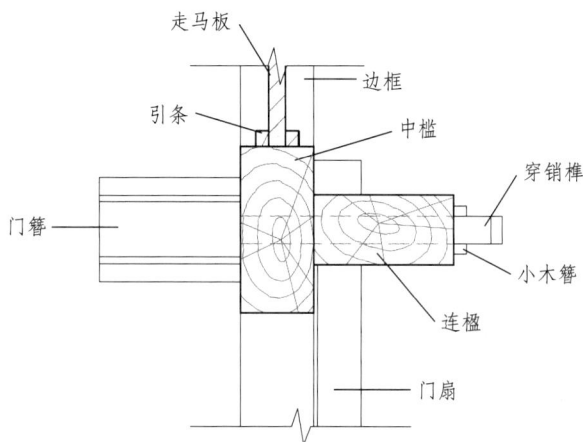

（b）门簪榫

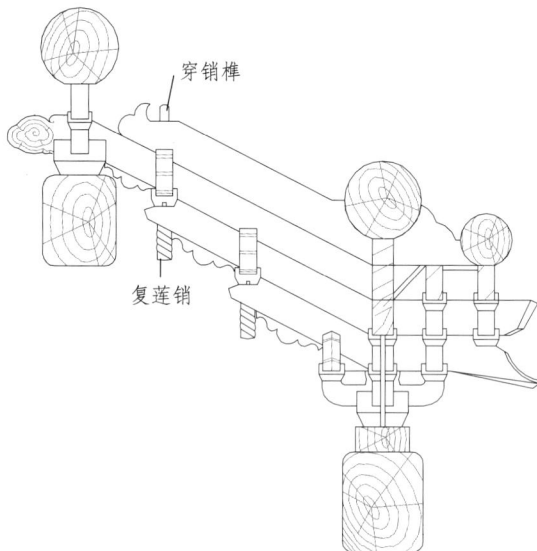

（c）复莲销在溜金斗栱上的应用

图1-1-12　栽销与穿销举例

1.1.5　用于水平或倾斜构件叠交或半叠交的榫卯

1.1.5.1　桁椀：用于与桁（檩）连接的构件，需要做刻口让出桁（檩）的位置，如抱头梁、脊瓜柱、角梁需要做出桁椀放置桁（檩）。桁椀开口尺寸根据桁（檩）尺寸确定，椀口最深不超过1/2桁（檩）径，最浅不少于1/3桁（檩）径。为防止桁（檩）沿自身方向移动，椀口内通常做鼻子固定桁椀，将梁头分为四等份，鼻子占中间两份，两边椀口各一份。桁（檩）在对应鼻子的位置凿出刻口，使桁（檩）与桁椀、鼻子之间相互咬合。

注意：脊瓜柱柱头的桁椀可不做鼻子或只做小鼻子。山面出梢的桁（檩）搭交的脊瓜柱只做小鼻子，小鼻子厚度和高度不应大于桁（檩）径的1/5。角梁与桁（檩）搭交时，角梁桁椀也应做鼻子（闸口）。搭交桁（檩）与斜梁、递角梁和角云相交时，可不做鼻子。

1.1.5.2　趴梁阶梯榫：用于趴梁、抹角梁与桁（檩）半叠交或长、短趴梁相互搭交的部位，避免相互连接的构件产生位移。为了减少榫卯对构件的破坏，将榫卯做成阶梯状，增加构件之间的接触面。趴梁与桁檩搭交的阶梯榫一般做三层，每层的高度和长度为桁（檩）半径的1/4，第三层可做成燕尾榫状拉结搭交的构件，也可做直榫，榫长度不可超过桁（檩）中线。阶梯榫宽度为趴梁宽的4/5或1/2，两侧各留1/10～1/4作为包掩。若长、短趴梁相互搭交连接，则可不做包掩。抹角梁与桁檩搭交时，如相交角度为45°，第三层可做直榫或燕尾榫。

1.1.5.3　压掌榫：用于角梁与由戗或由戗之间的搭交连接，压掌榫的榫与卯接触面应充分贴合，保证构件之间完全受力。除此之外，椽子之间的连接也有称为压掌榫的情况，依靠铁钉固定，故不属于榫卯范畴之内。

（a）侧面

（b）腹面

（c）角梁檩椀示意

透视
闸口（鼻子）

（d）由戗压掌榫

暗销

由戗

仔角梁

老角梁

金桁椀

正心桁椀

挑檐桁椀

正心桁

金桁

挑檐桁

老角梁腹面

（e）

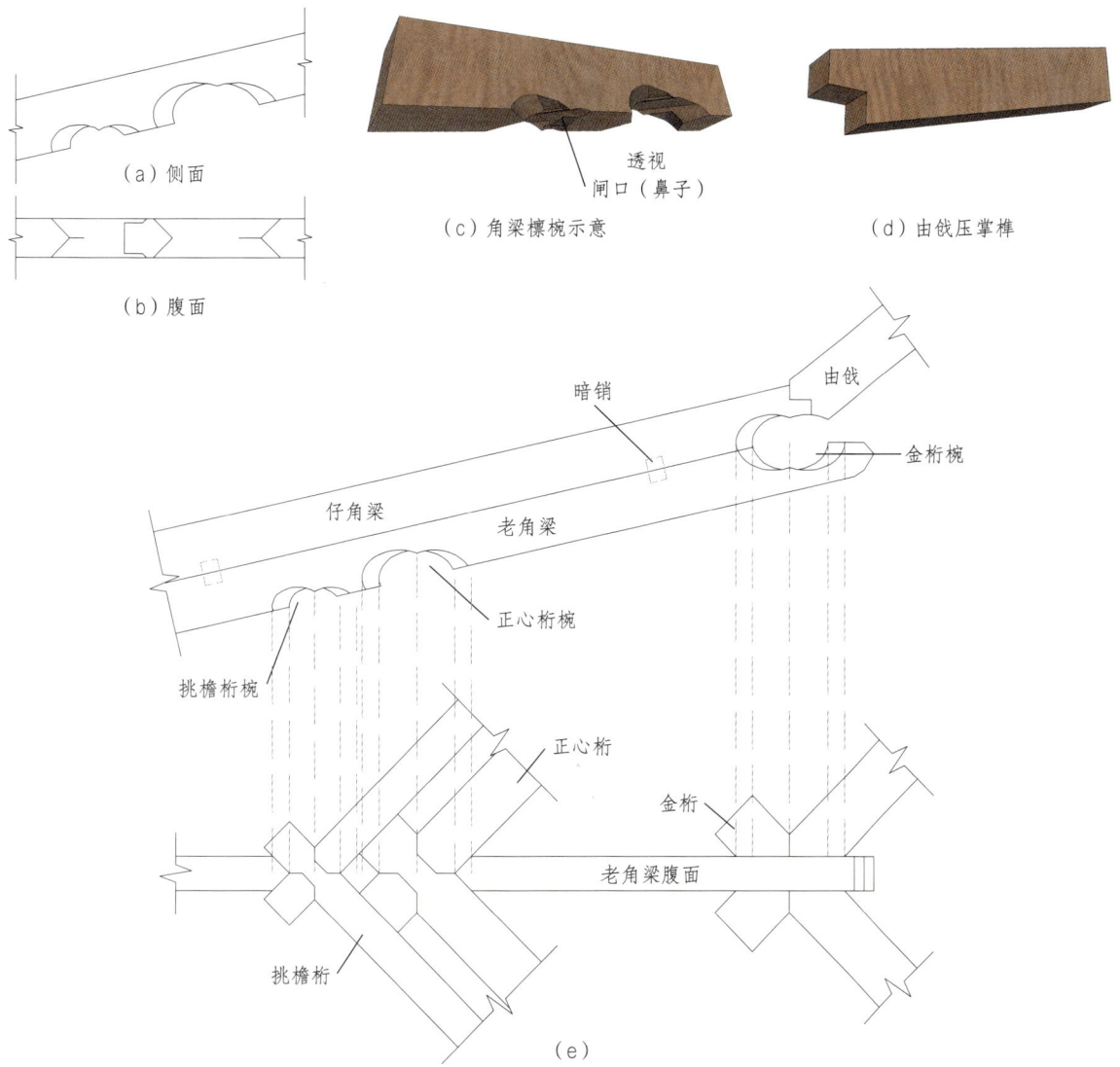

图1-1-13　角梁桁椀榫卯

椽中板

花架椽

檐椽

（a）椽子交掌做法

花架椽

花架椽或脑椽

（b）椽子压掌做法

（c）45°斜梁梁头及桁椀

（d）透视图

角云（花梁头）及桁椀底面

图1-1-14　斜桁椀及椽子压掌榫

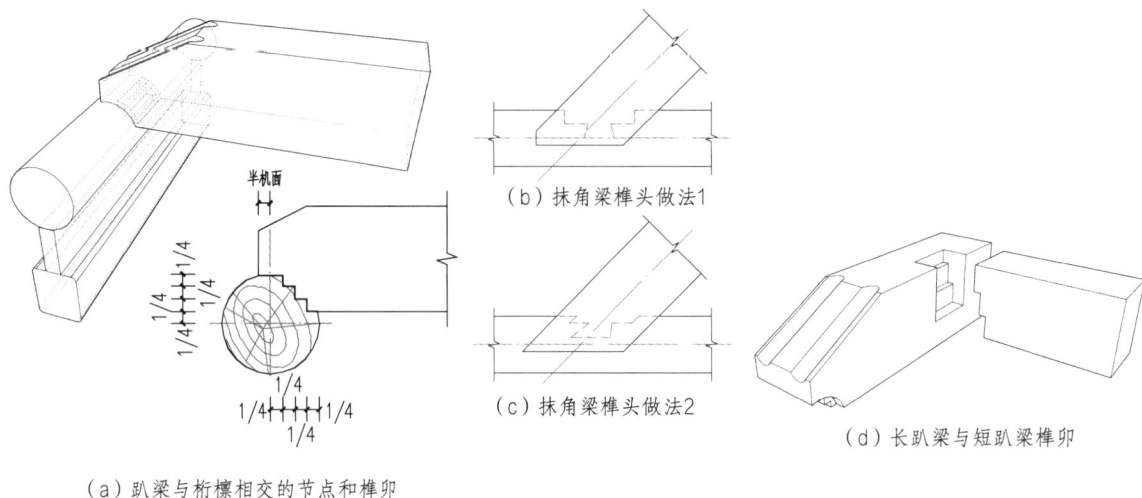

（b）抹角梁榫头做法1

（c）抹角梁榫头做法2

（d）长趴梁与短趴梁榫卯

半机面

（a）趴梁与桁檩相交的节点和榫卯

图1-1-15　趴梁与抹角梁榫卯

1.1.6　用于板缝拼接的几种榫卯（银锭扣、穿带、抄手带、裁口、龙凤榫）

1.1.6.1　银锭扣：用于榻板、博缝板构件的板缝拼接，形状两头大中间细，形似银锭故名银锭扣。将银锭榫嵌入两板缝之间，防止拼板位移或开裂。

1.1.6.2　穿带：将穿带截面凿刻为一侧宽、一侧窄的形状，宽的一侧对应穿入板槽之中，将数块板连接，防止板面凹凸不平。一般槽深为板厚的1/3，至少穿3条穿带。

1.1.6.3　抄手带：多用于实榻大门，作用同穿带，但形态与穿带有区别。穿抄手带须将木板进行拼缝（采用平缝、裁口或企口缝），提前在需要拼接的木板中打透眼（每块木板的透眼对齐），将鱼膘抹在抄手带上，打入透眼中。抄手带必须使用强度很高的硬木。

1.1.6.4　裁口：常用于山花板，在木板两侧凿凹槽，凹槽宽度和深度为板厚的一半，木板两侧的凹槽交错，使前后每块顺利拼接。

1.1.6.5　龙凤榫：又称企口，木板一侧居中打槽，另一侧对应凹槽尺寸凿刻，即一边凹、一边凸，使两板互相咬合。

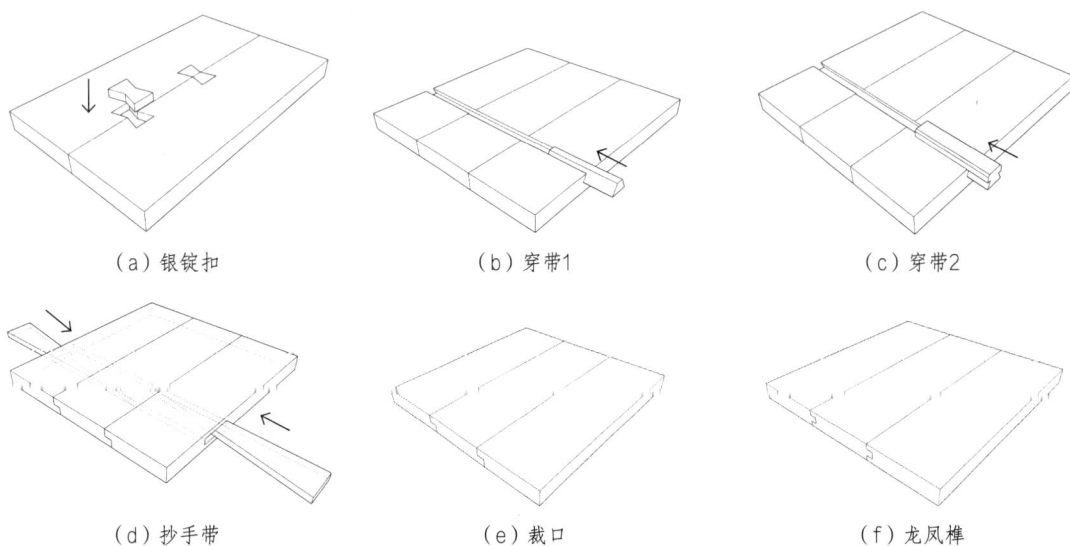

（a）银锭扣　　　　　　　　　　（b）穿带1　　　　　　　　　　（c）穿带2

（d）抄手带　　　　　　　　　　（e）裁口　　　　　　　　　　（f）龙凤榫

图1-1-16　板缝拼接榫卯

1.2 大木榫卯基础知识

1.2.1 滚楞：大木构件每面的1/10处应做出滚楞。

1.2.2 撞一回二：将榫外侧分为3份，内一份做撞肩与柱子相抵，反弧部分为回肩。

1.2.3 涨眼：上槛、中槛、下槛、风槛为方便安装，双半榫均需加涨眼。

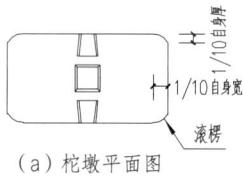

（a）柁墩平面图

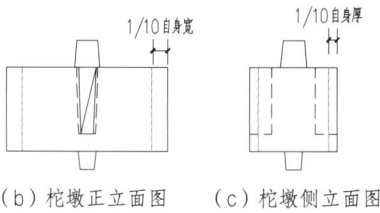

（b）柁墩正立面图　　（c）柁墩侧立面图

图1-2-1　滚楞示意图

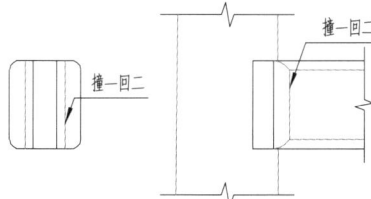

（a）小额枋侧立面图　　（b）小额枋正立面图

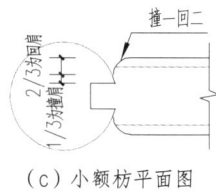

（c）小额枋平面图

图1-2-2　撞一回二示意图

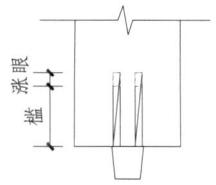

图1-2-3　涨眼示意图

1.3 线型及大木画线符号

为了方便理解单个构件的榫卯形态与尺寸，图纸与模型中展示构件周围的构件以淡显的方式表达，尺寸仅标注正在展示的构件，模型主要标注构件卯口。

线型及大木画线符号图例　　　　　　　　　表1-3-1

符号	含义
⊠	凿作透眼
⊿	凿作半眼
⊠	大进小出眼
——————	构件边线、看线采用实线
————	构件金盘线、装饰线采用淡显实线
- - - - -	构件内部或背面无法直接看到的线采用虚线
- - - - -	构件内部或背面多层榫卯叠加无法清晰表达，则视角中较远的榫卯线采用虚线淡显；构件内部暗销采用虚线淡显
—·—·—	轴线采用细点划线淡显

2 七檩硬山前后廊建筑榫卯图纸及模型示例

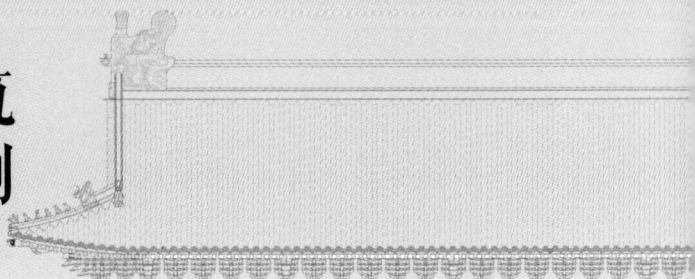

　　七檩硬山前后廊建筑榫卯图纸及模型示例分为4小节，从台基平面、柱头平面、步架平面、横剖面，分别介绍各平面、剖面涵盖构件的位置、尺寸和构件列表。在此基础上，以三视图和模型两种方式，对各构件的榫卯尺寸、形状及位置进行详细展示。

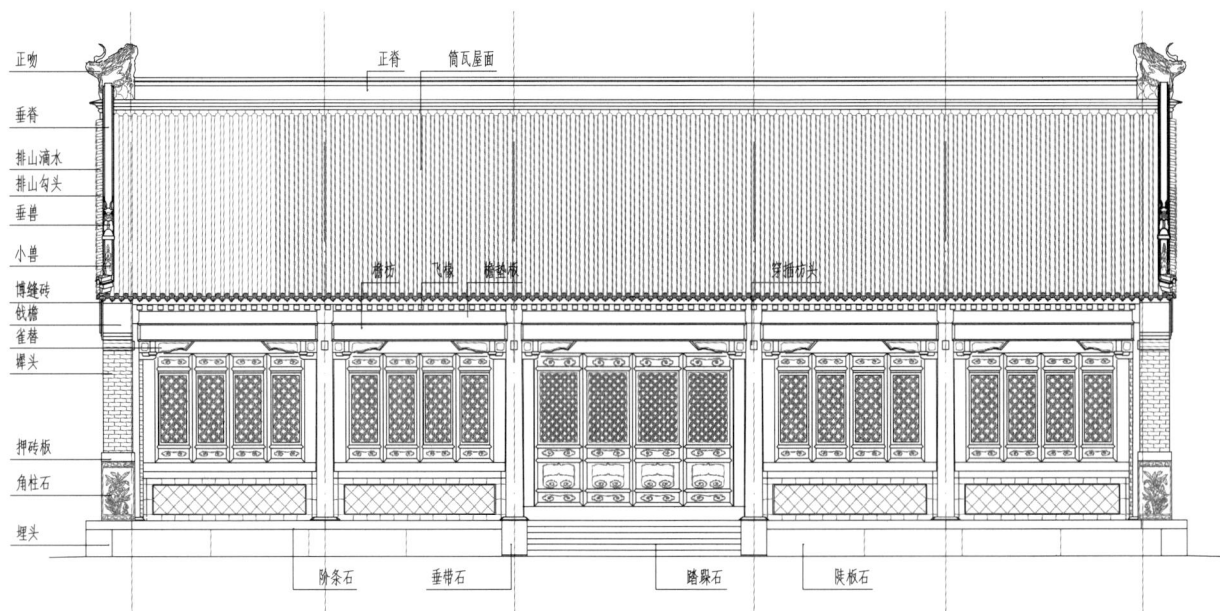

图2-0-1　七檩硬山前后廊建筑立面示意图

2.1 台基平面

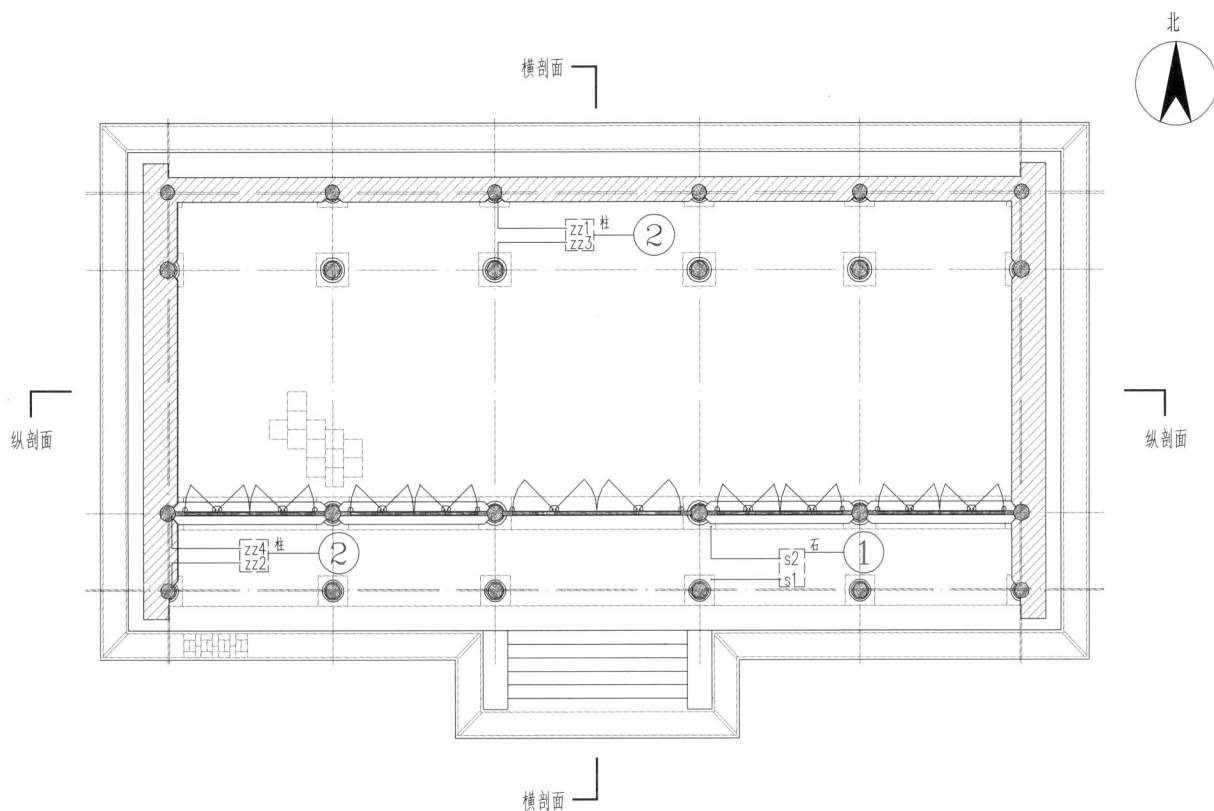

图2-1-1 七檩硬山前后廊建筑台基平面图

表2-1-1

构件分类	图2-1-1中的序号	构件	长	宽	高	径	数量
①石	s1	檐柱顶石	$2D$	$2D$	$1.2D$		12
	s2	金柱顶石	$2D+64mm$	$2D+64mm$	$1.2D$		12
②柱	zz1	檐柱			$11D$	D	8
	zz2	檐角柱			$11D$	D	4
	zz3	金柱			$13.5D$	$D+32mm$	8
	zz4	金角柱			$13.5D$	$D+32mm$	4

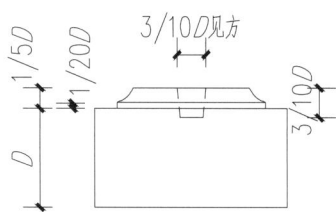

（a）檐柱顶石立面图

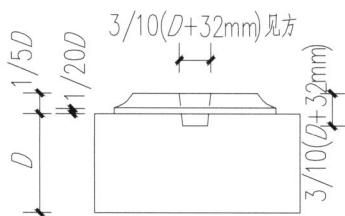

（b）金柱顶石立面图

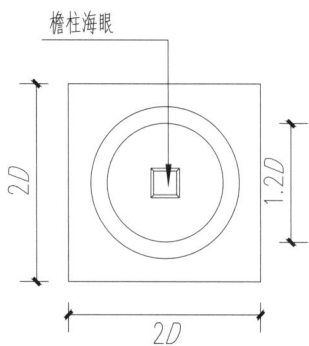

（c）檐柱顶石平面图

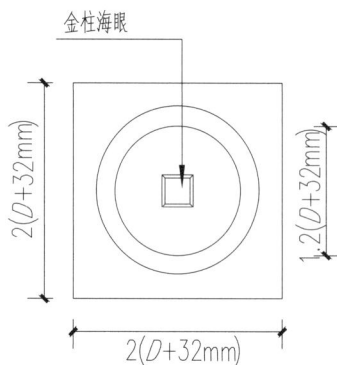

（d）金柱顶石平面图

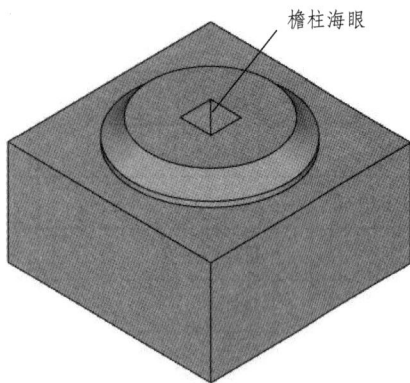

（e）s1檐柱顶石

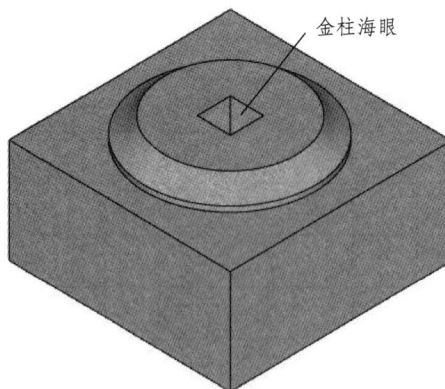

（f）s2金柱顶石

图2-1-2　s1檐柱顶石、s2金柱顶石

说明：檐柱顶石上做檐柱海眼。金柱顶石上做金柱海眼。

（a）面阔方向

（b）进深方向

（c）①馒头榫、②檐枋卯口平面

（d）③穿插枋、④雀替卯口截面

（e）⑤管脚榫仰视平面

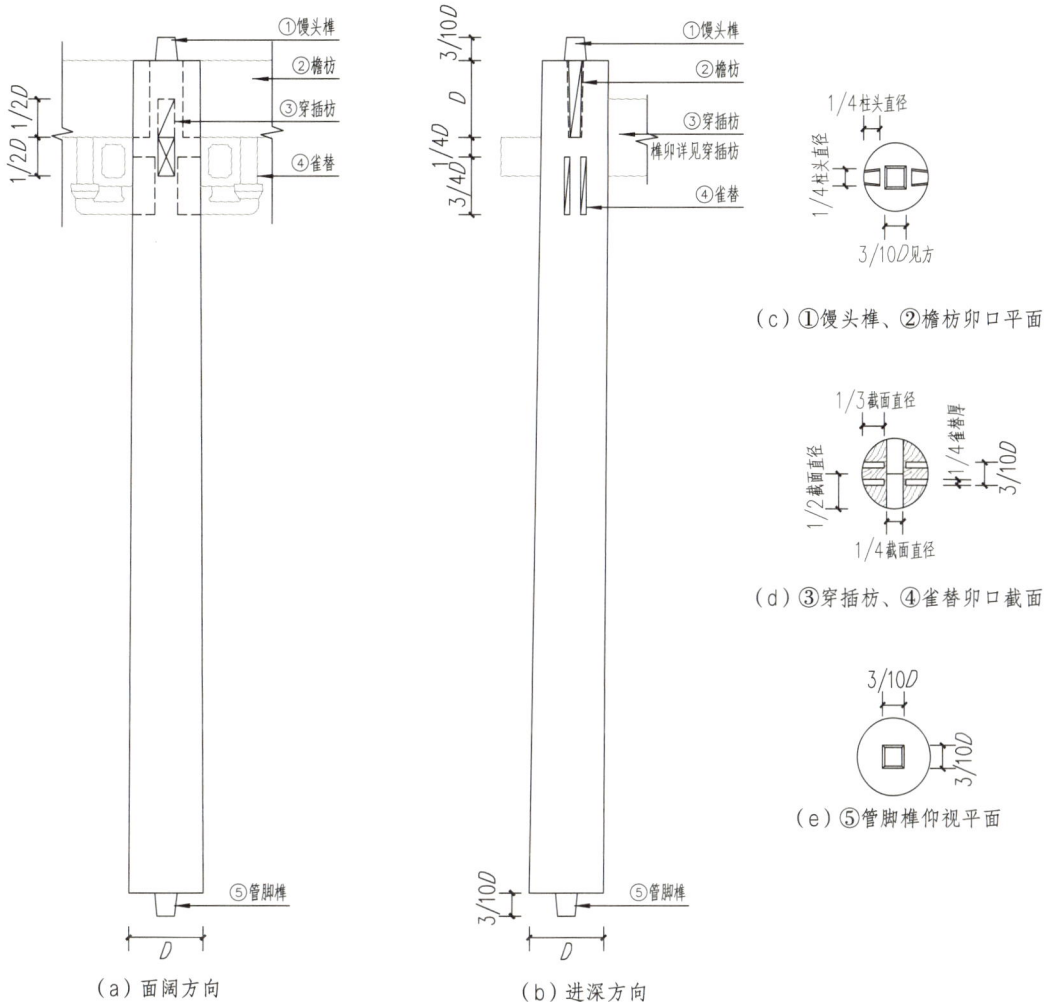

说明：檐柱自下向上与柱顶石、雀替、穿插枋、檐枋、抱头梁相交。檐柱柱底做管脚榫置于柱顶石之上；檐柱与雀替之间做双半榫；檐柱与穿插枋之间做透榫（大进小出榫）；檐柱与檐枋之间做燕尾榫；檐柱柱头与抱头梁之间做馒头榫。

（f）zz1檐柱三维示意图

图2-1-3 檐柱相交构件示意图

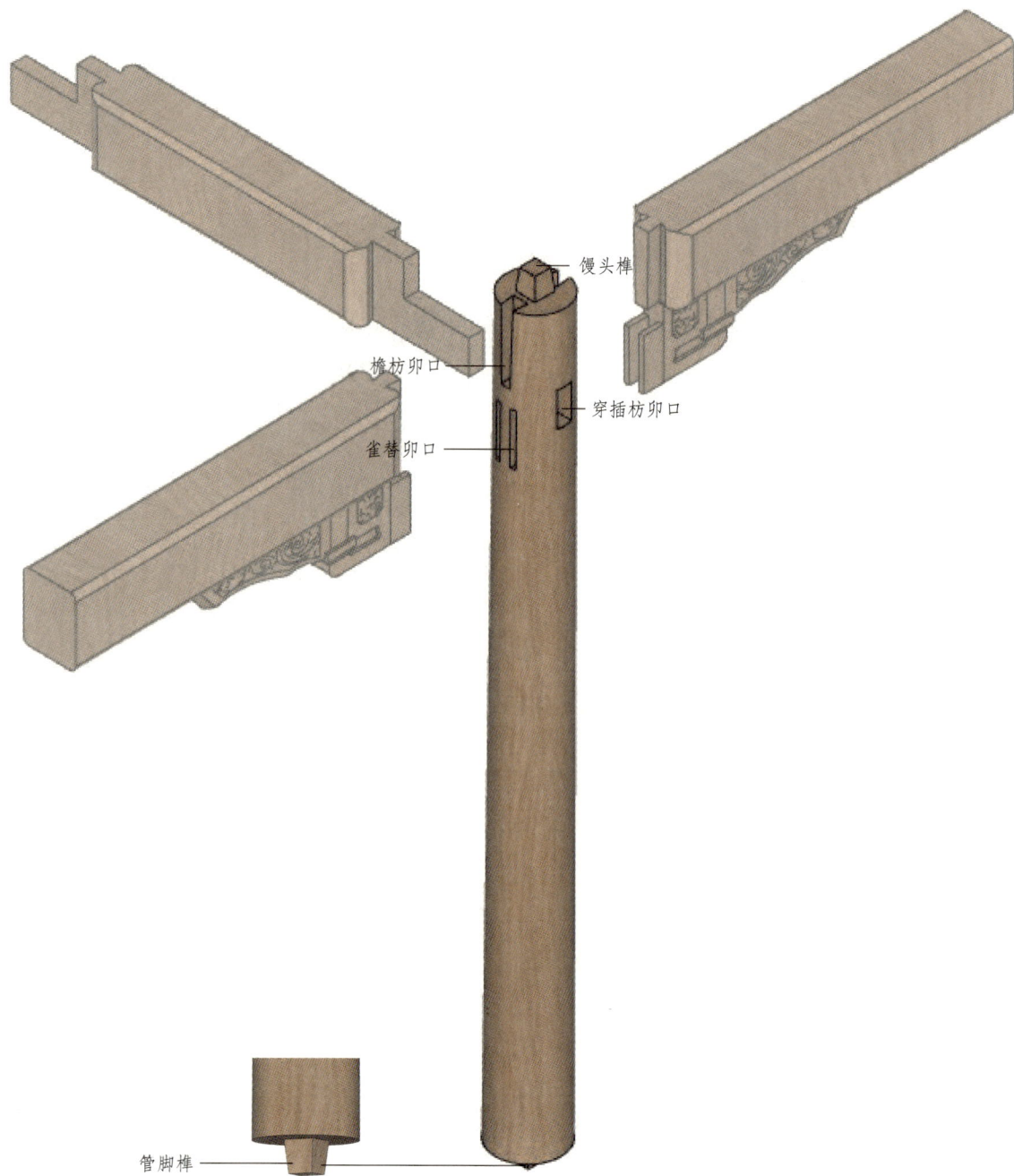

馒头榫

檐枋卯口

穿插枋卯口

雀替卯口

管脚榫

图2-1-4　zz1檐柱

①馒头榫
②檐枋
③穿插枋
④雀替
⑤管脚榫

(a) 面阔方向

3/10D
D
3/4D 1/4D
3/10D

①馒头榫
②檐枋
③穿插枋
榫卯详见穿插枋
④雀替
⑤管脚榫

(b) 进深方向

1/4柱头直径
1/4柱头直径
3/10D见方

(c) ①馒头榫、②檐枋卯口平面

1/3截面直径
1/4替厚
3/10D
1/2截面直径
1/4截面直径

(d) ③穿插枋、④雀替卯口截面

3/10D
3/10D

(e) ⑤管脚榫仰视平面

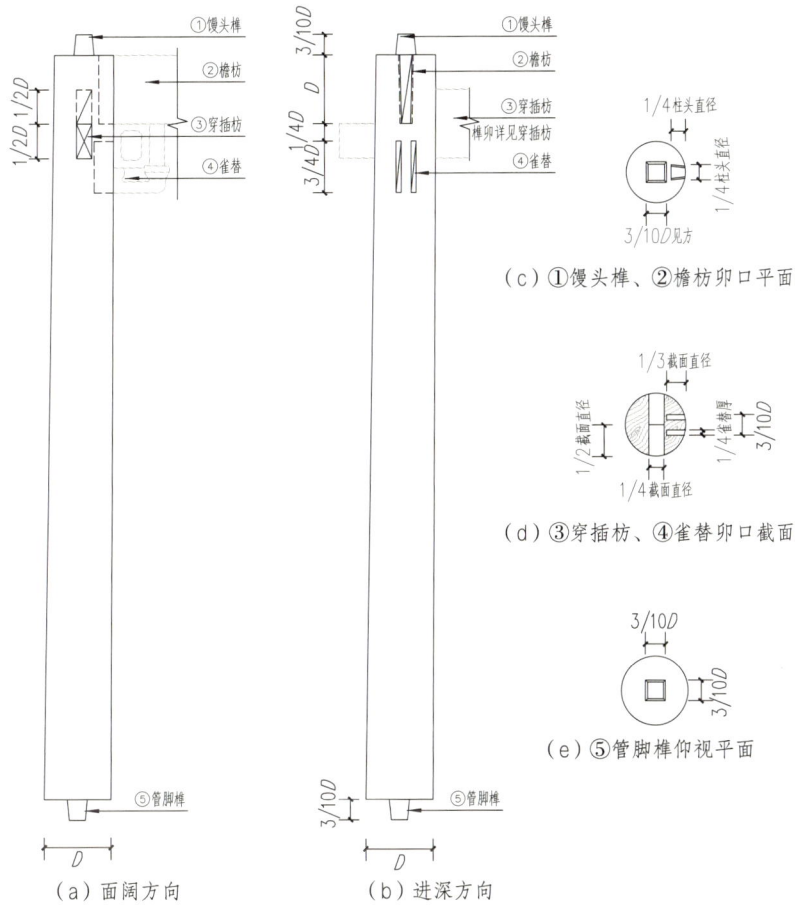

（f）zz2檐角柱三维示意图

图2-1-5　檐角柱相交构件示意图

说明：檐角柱自下向上与柱顶石、雀替、穿插枋、檐枋、抱头梁相交。檐角柱柱底做管脚榫置于柱顶石之上；檐角柱与雀替之间做双半榫；檐角柱与穿插枋之间做透榫（大进小出榫）；檐角柱与檐枋之间做燕尾榫；檐角柱柱头与抱头梁之间做馒头榫。

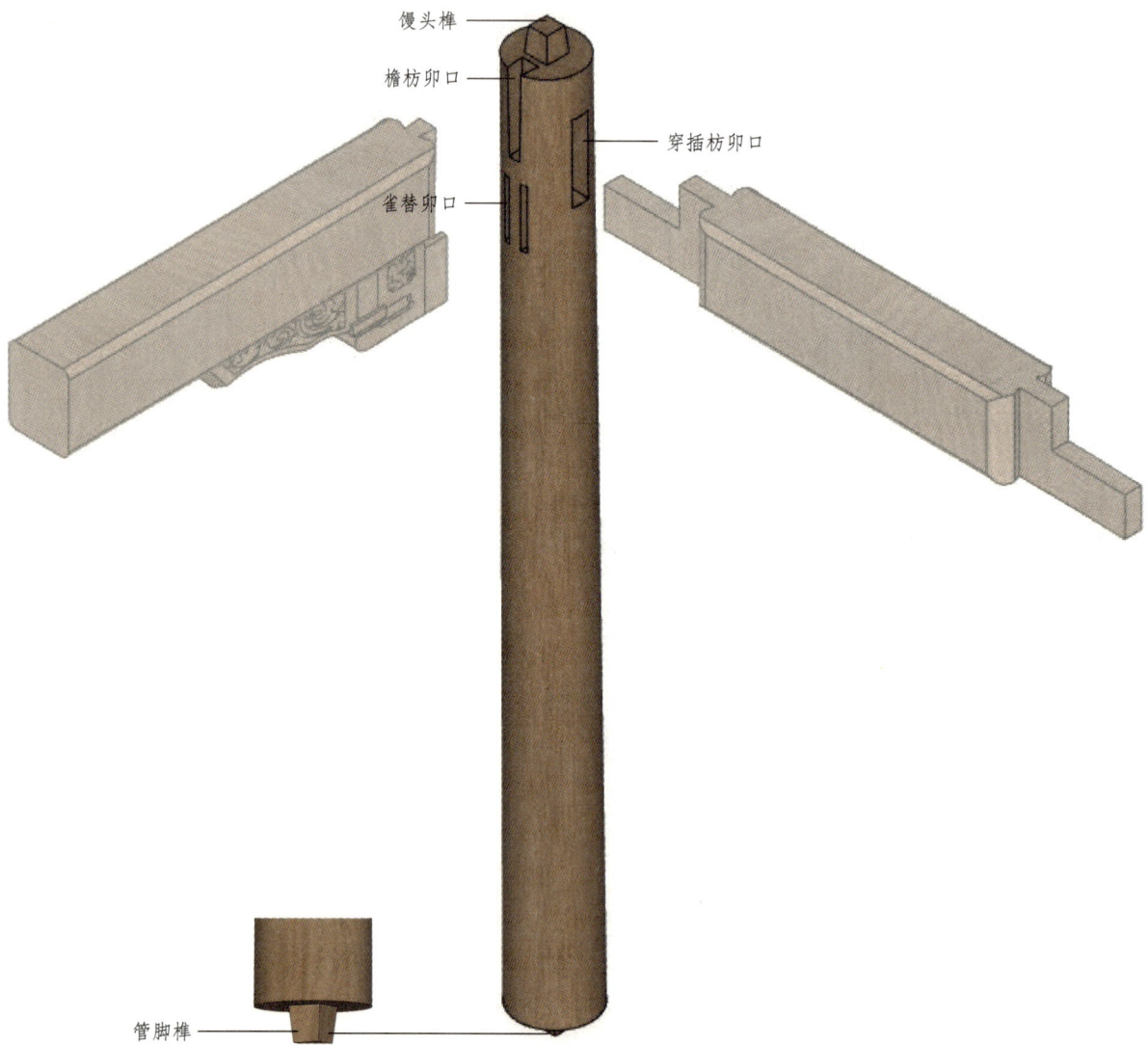

馒头榫

檐枋卯口

穿插枋卯口

雀替卯口

管脚榫

图2-1-6　zz2檐角柱

(a) 面阔方向

- ①馒头榫
- ②随梁枋
- ③老檐枋
- ④上槛
- 短抱框
- ⑤抱头梁
- ⑥中槛
- ⑦穿插枋
- 抱框
- ⑧溜销
- ⑨风槛
- ⑩下槛
- ⑪管脚榫

标注：$3/10(D+32mm)$、D、$1/2D$、$D+128mm$、$1/2D$、$1/2D$、$2/5D$、$1/2D$、$4/5D-$古镜石高、$D+32mm$

(b) 进深方向

- ①馒头榫
- ②随梁枋
- ③老檐枋
- ④上槛
- ⑤抱头梁
- ⑥中槛
- ⑦穿插枋
- 榫卯详见穿插枋
- ⑧溜销
- ⑨风槛
- ⑩下槛
- 管脚榫

标注：$3/10(D+32mm)$、$D+32mm$

(c) ①馒头榫、②随梁枋、③老檐枋卯口平面
标注：1/4柱头直径、1/4柱头直径、1/4柱头直径、1/4柱头直径、$3/10(D+32mm)$见方

(f) ⑧溜销卯口截面
标注：$0.1(D+32mm)$、$D+32mm$、$0.1(D+32mm)$

(d) ④上槛、⑤抱头梁卯口截面
标注：1/8截面直径、1/4截面直径、$3/10D$、1/3截面直径、$1/4(D+64mm)$

(g) ⑨风槛卯口截面
标注：1/8截面直径、1/4风槛厚、$3/10D$

(e) ⑥中槛、⑦穿插枋卯口截面
标注：1/8截面直径、1/4截面直径、1/4中槛厚、$3/10D$、1/2截面直径、1/4截柱截面直径

(h) ⑩下槛、⑪管脚榫仰视平面
标注：1/4截面直径、$3/10D$、$3/10(D+32mm)$见方

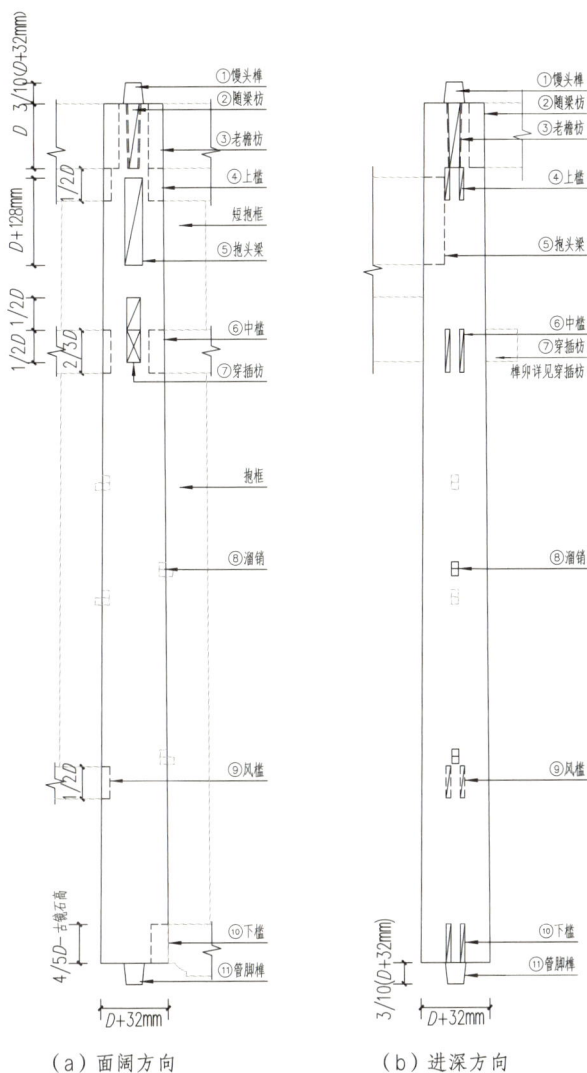

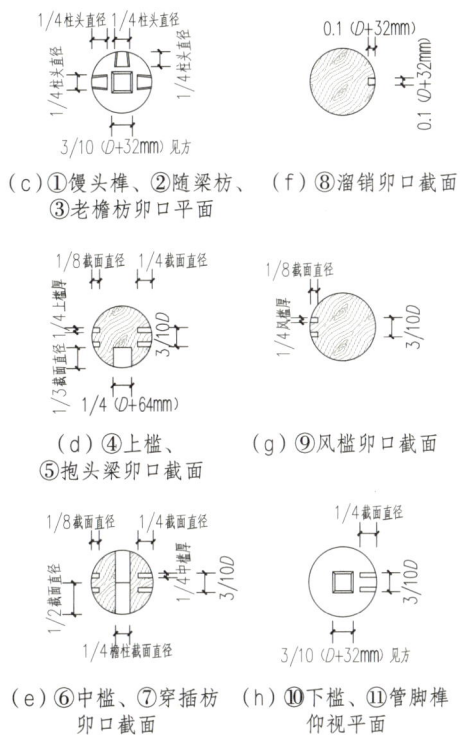

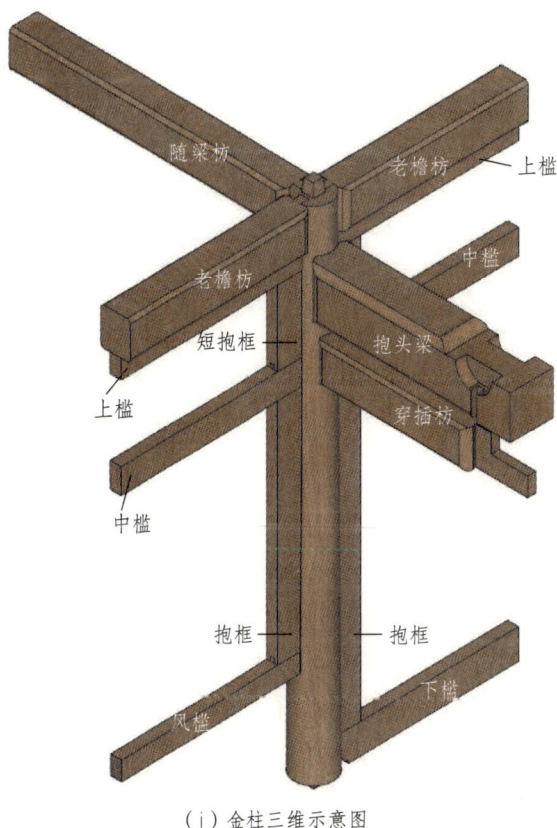

说明：金柱自下向上与柱顶石、下槛、抱框、风槛、穿插枋、中槛、抱头梁、上槛、老檐枋、随梁枋、五架梁相交。金柱柱底做管脚榫置于柱顶石之上；金柱与下槛、风槛、中槛、上槛做双半榫；金柱与抱框之间做溜销；金柱与穿插枋之间做透榫（大进小出榫）；金柱与抱头梁之间做半榫；金柱与老檐枋之间做燕尾榫；金柱与随梁枋之间做燕尾榫；金柱柱头与五架梁之间做馒头榫。

(i) 金柱三维示意图

随梁枋、老檐枋、上槛、中槛、短抱框、抱头梁、上槛、穿插枋、中槛、抱框、抱框、风槛、下槛

图2-1-7 金柱相交构件示意

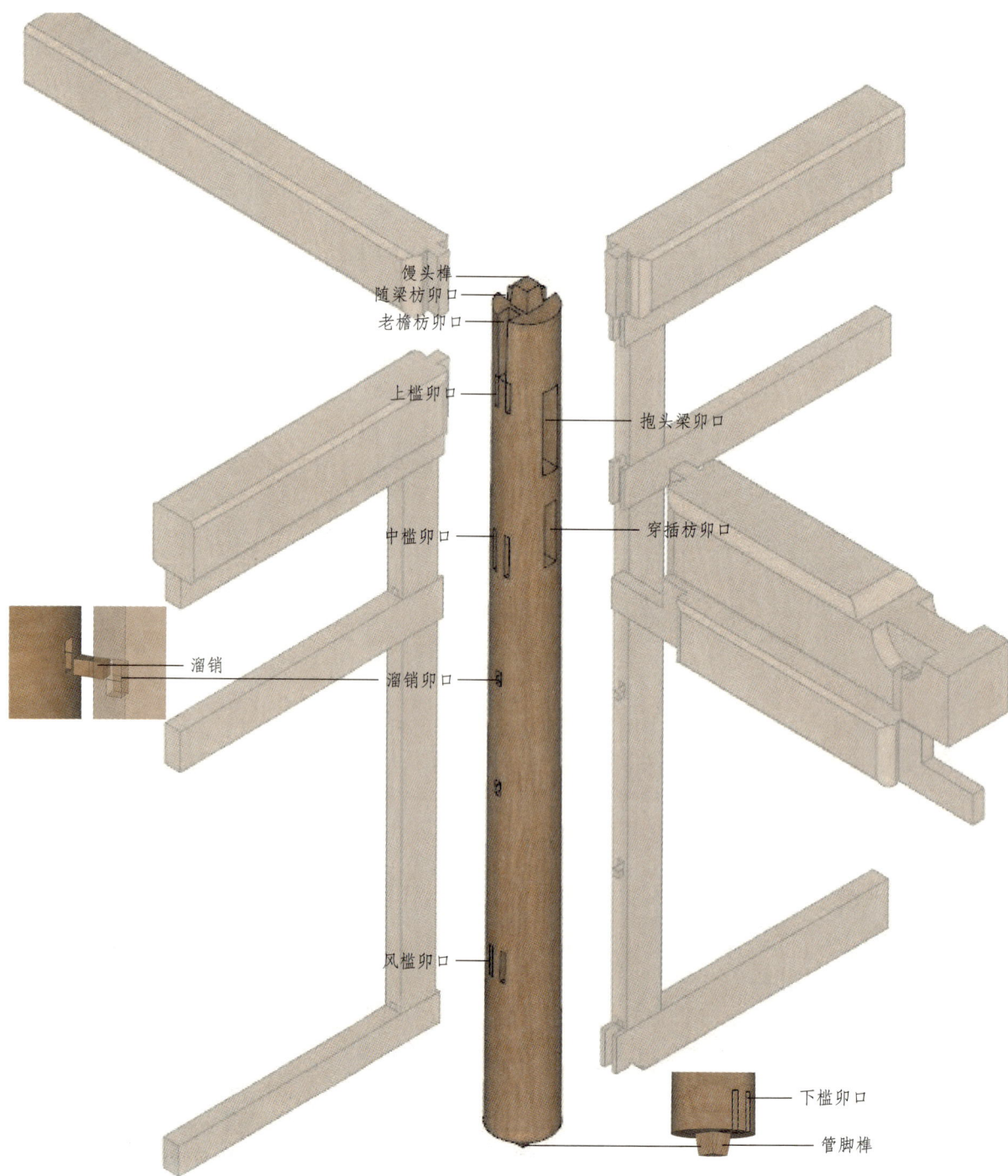

馒头榫
随梁枋卯口
老檐枋卯口
上槛卯口
抱头梁卯口
中槛卯口
穿插枋卯口
溜销
溜销卯口
风槛卯口
下槛卯口
管脚榫

图2-1-8 zz3金柱

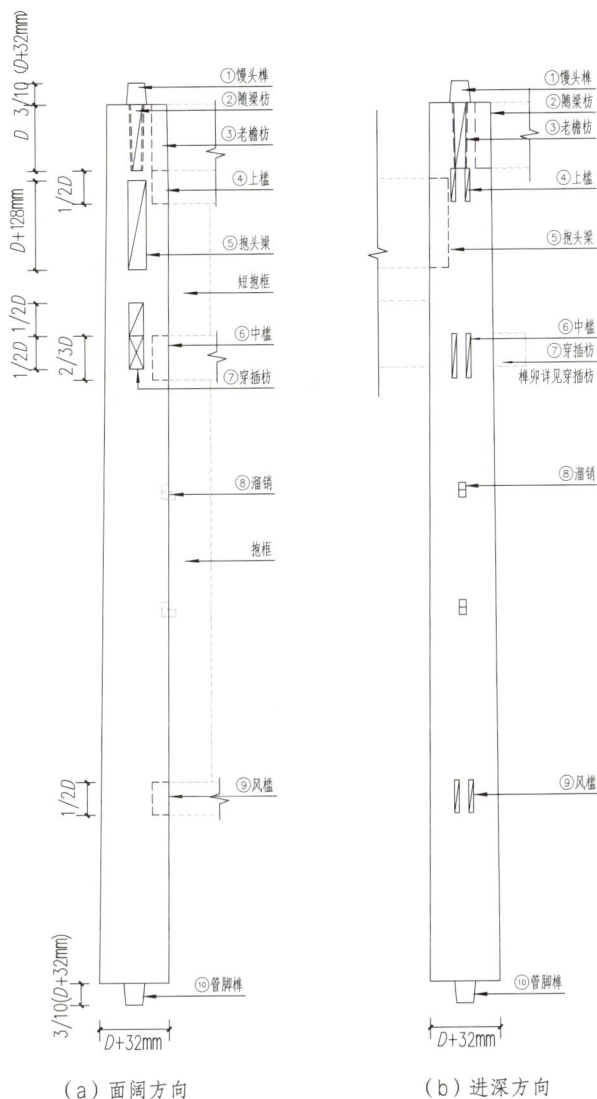

（a）面阔方向　　　　（b）进深方向

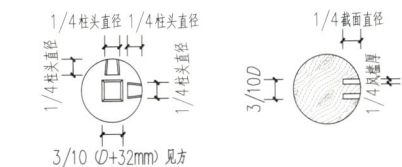

（c）①馒头榫、②随梁枋、③老檐枋卯口平面

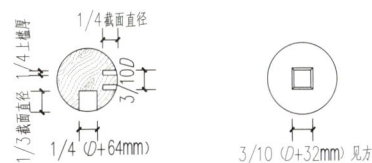

（d）④上槛、⑤抱头梁卯口截面

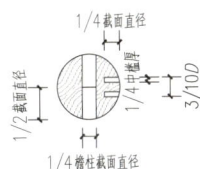

（e）⑥中槛、⑦穿插枋卯口截面

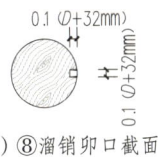

（f）⑧溜销卯口截面

（g）⑨风槛卯口截面

（h）⑩管脚榫仰视平面

说明：金角柱自下向上与柱顶石、风槛、抱框、穿插枋、中槛、抱头梁、上槛、老檐枋、随梁枋、五架梁相交。金角柱柱底做管脚榫置于柱顶石之上；金角柱与风槛、中槛、上槛做双半榫；金角柱与抱框之间做溜销；金角柱与穿插枋之间做透榫（大进小出榫）；金角柱与抱头梁之间做半榫；金角柱与老檐枋、随梁枋之间做燕尾榫；金角柱柱头与五架梁之间做馒头榫。

（i）zz4金角柱三维示意图

图2-1-9　金角柱相交构件示意

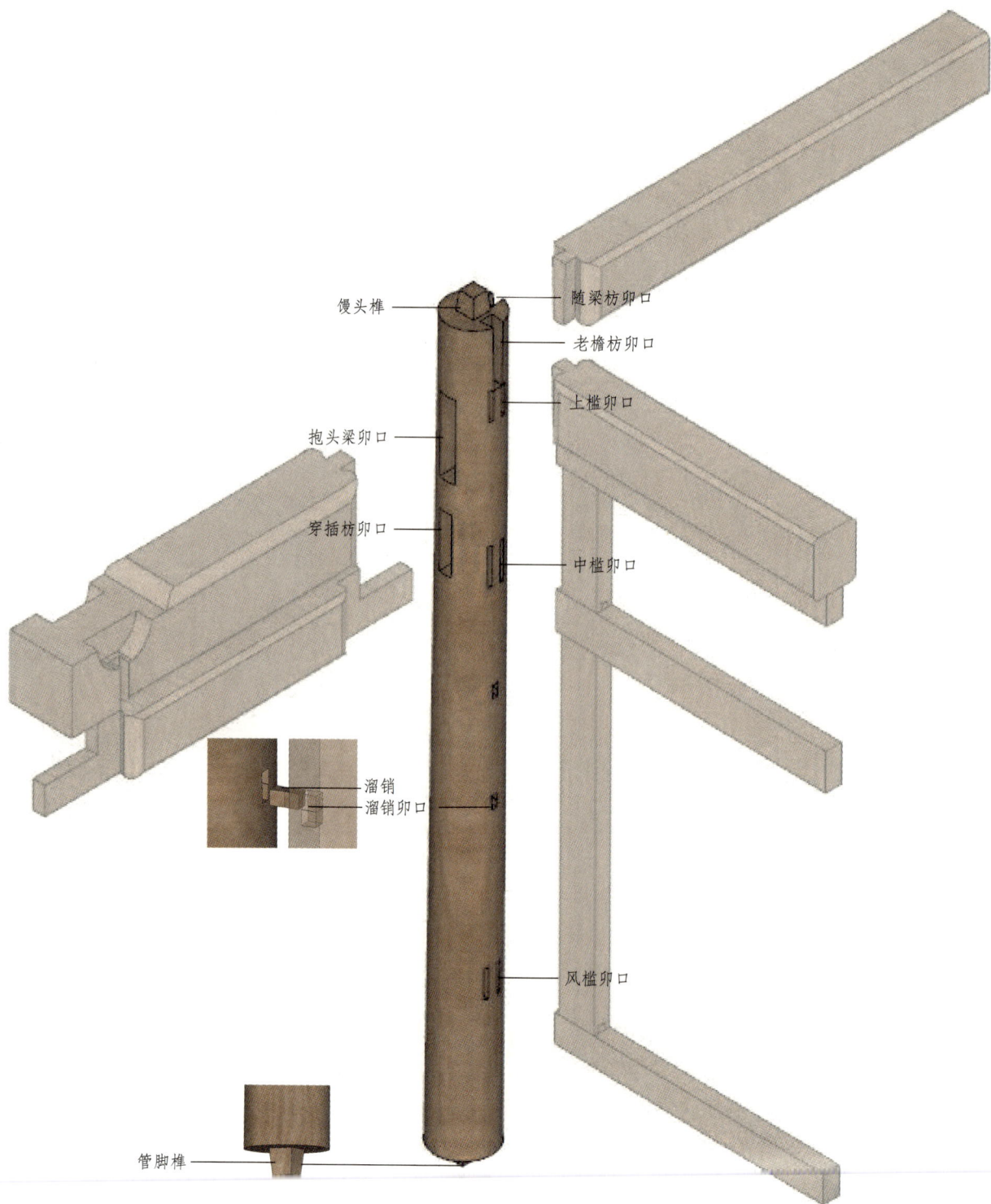

馒头榫 —

随梁枋卯口

老檐枋卯口

上槛卯口

抱头梁卯口

穿插枋卯口

中槛卯口

溜销
溜销卯口

风槛卯口

管脚榫 —

图2-1-10 zz4金角柱

2.2 柱头平面

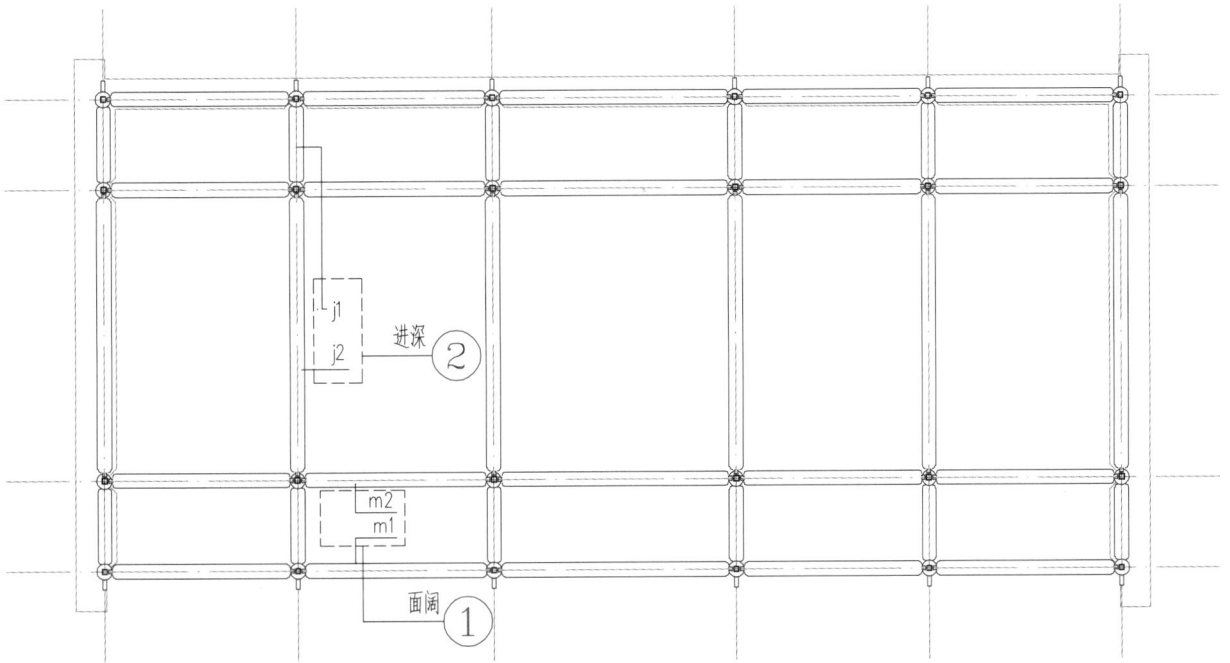

图2-2-1 七檩硬山前后廊建筑柱头平面图

表2-2-1

构件分类	图2-2-1中的序号	构件	宽	高	数量	备注
①面阔	m1	檐枋	4/5D	D	10	
	m2	老檐枋	4/5D	D	10	榫卯同檐枋
②进深	j1	穿插枋	4/5D	D	12	
	j2	随梁枋	D−64mm	D	6	

（a）檐枋平面图

（b）檐枋正立面图

（c）檐枋侧立面图

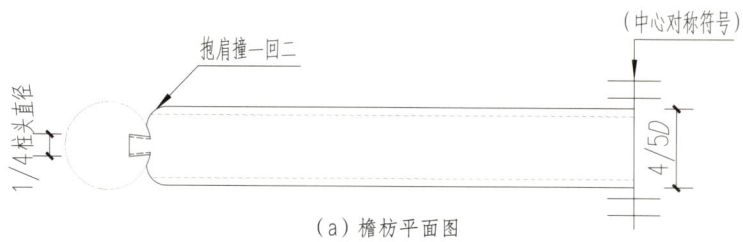

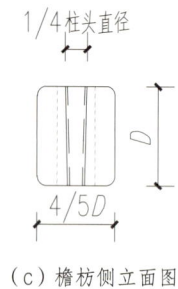

注：檐枋与老檐枋榫卯尺寸相同。

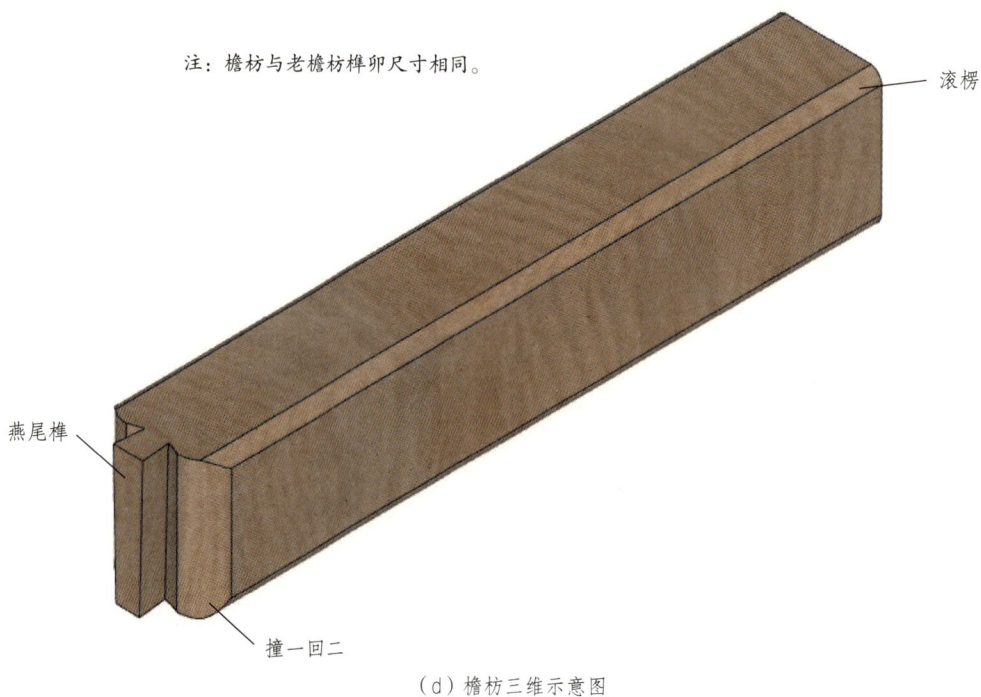

（d）檐枋三维示意图

图2-2-2　m1檐枋

说明：檐枋与檐柱之间做燕尾榫。

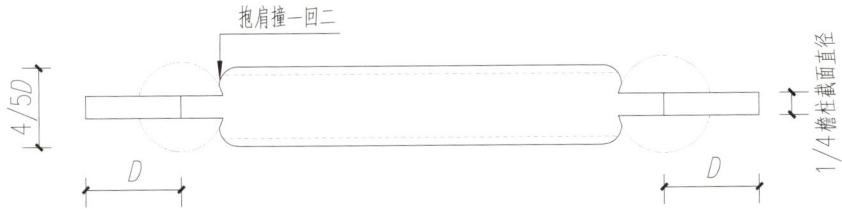

（a）穿插枋平面图

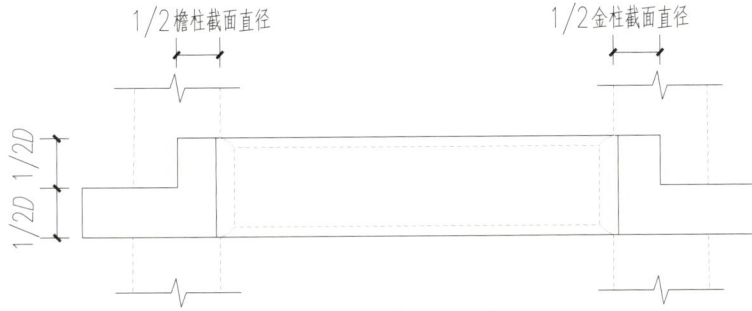

抱肩撞一回二

4/5D

D

1/4檐柱截面直径

D

1/2檐柱截面直径

1/2金柱截面直径

1/2D 1/2D

1/2D

（b）穿插枋正立面图

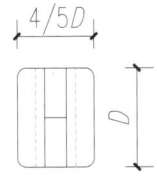

4/5D

D

（c）穿插枋侧立面图

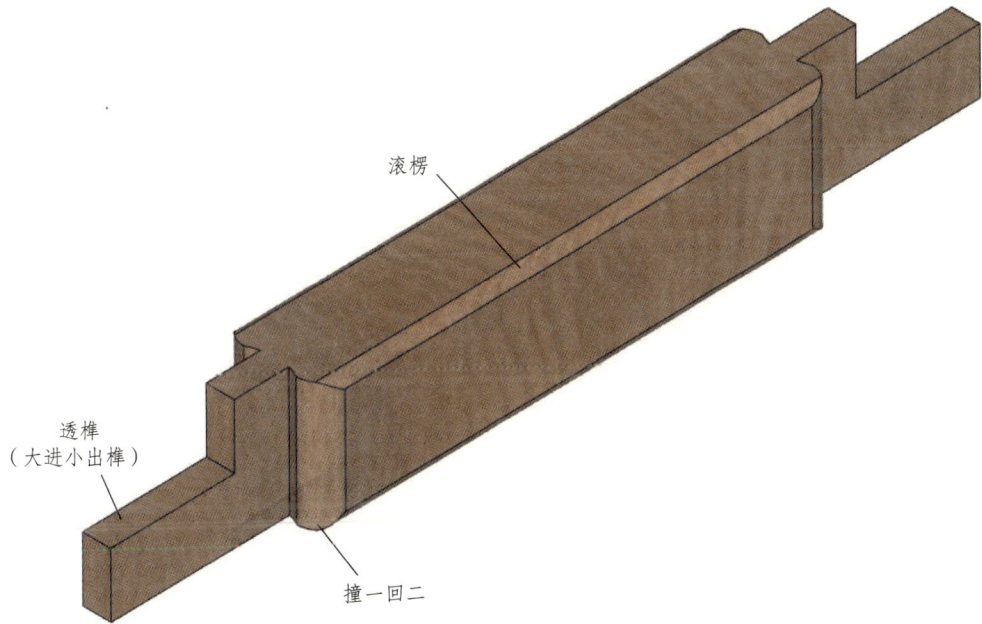

滚楞

透榫
（大进小出榫）

撞一回二

（d）穿插枋三维示意图

图2-2-3 j1穿插枋

说明：穿插枋与檐柱之间做透榫（大进小出榫）、与金柱之间做透榫（大进小出榫）。

（a）随梁枋平面图

（b）随梁枋侧立面图

（c）随梁枋正立面图

（d）随梁枋三维示意图

图2-2-4　j2随梁枋

说明：随梁枋与金柱之间做燕尾榫。

2.3 步架平面

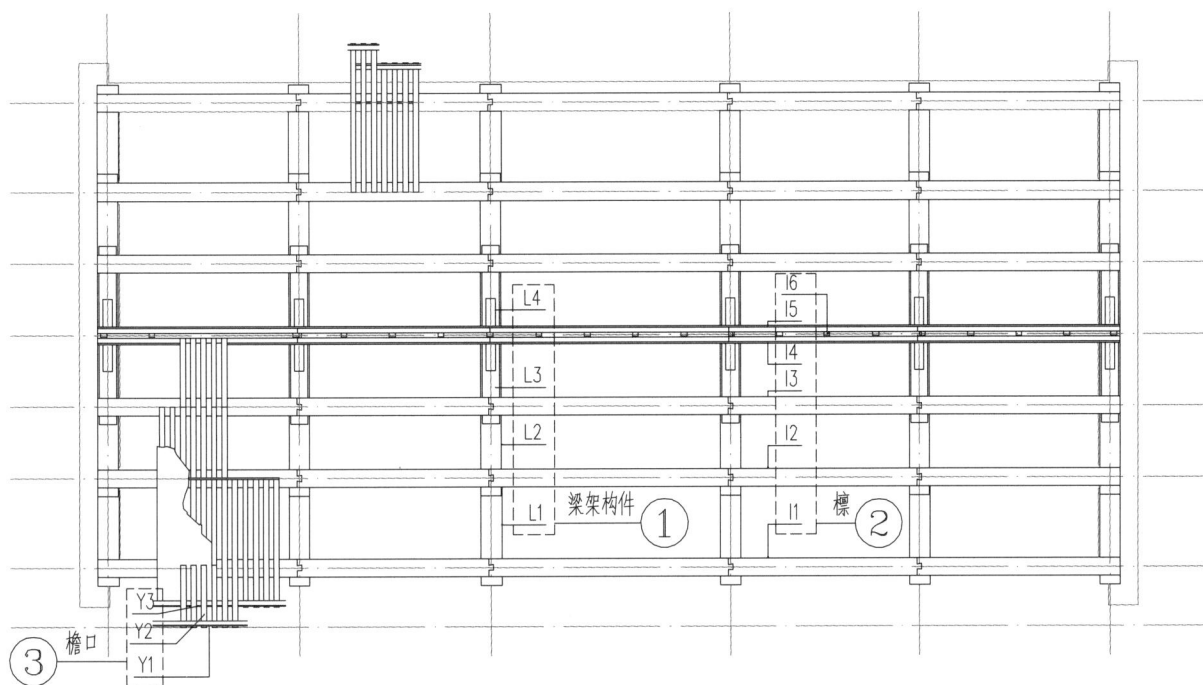

图2-3-1 七檩硬山前后廊建筑步架平面图

表2-3-1

构件分类	图2-3-1中的序号	构件	长	宽	高	径	数量	备注
① 梁架构件	L1	抱头梁		D+64mm	D+128mm		12	
	L2	五架梁		D+64mm	D+128mm		6	
	L3	三架梁		D	D+64mm		6	
	L4	脊角背	一步架	1/3自身高	1/2脊瓜柱高		6	
②檩	l1	檐檩				D	10	
	l2	老檐檩				D	10	榫卯同檐檩
	l3	金檩				D	10	榫卯同檐檩
	l4	脊檩				D	5	
	l5	扶脊木				4/5D	5	
	l6	椿桩	厚2/9D	1/3D	2.87D		22	
③檐口	Y1	瓦口木		0.063D	0.21D		按实际	
	Y2	飞椽		3/10D	3/10D		按实际	
	Y3	闸挡板	0.36D	0.075D	3/10D		按实际	

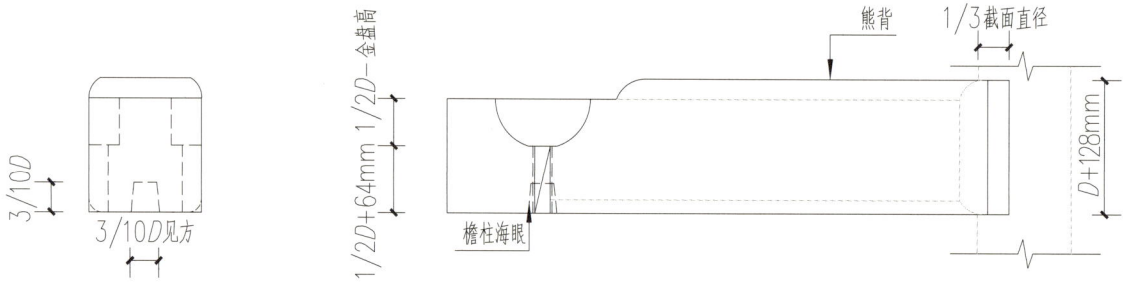

（a）抱头梁侧立面图1

（b）抱头梁正立面图

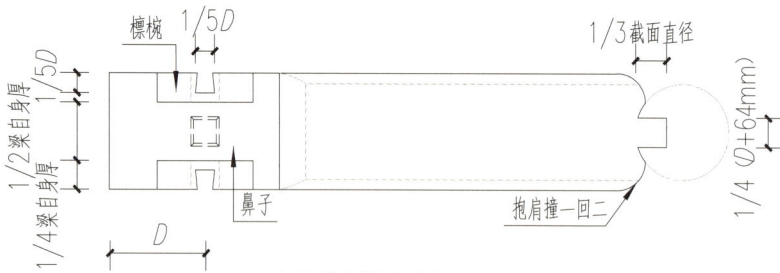

熊背　1/3截面直径

檐柱海眼

1/2D+64mm　1/2D-金盘高

D+128mm

3/10D

3/10D见方

檩椀　1/5D

1/5D

1/2梁自身厚

1/4梁自身厚

鼻子

D

1/3截面直径

抱肩撞一回二

1/4 Ø（D+64mm）

（c）抱头梁平面图

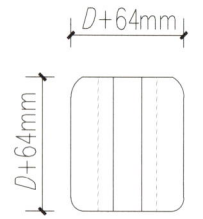

D+64mm

D+64mm

（d）抱头梁侧立面图2

注：山面抱头梁鼻子高和宽均为檩径的1/5。

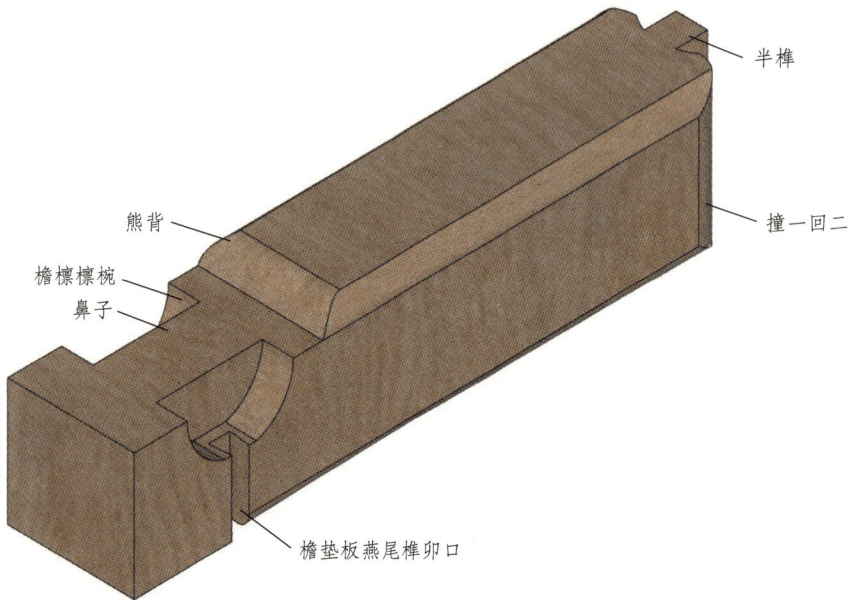

半榫

撞一回二

熊背

檐檩檩椀

鼻子

檐垫板燕尾榫卯口

（e）抱头梁三维示意图

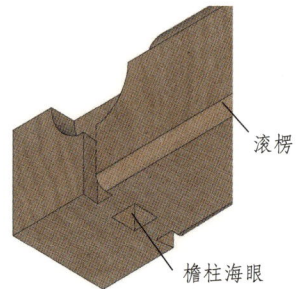

滚楞

檐柱海眼

（f）抱头梁梁头仰视图

图2-3-2　L1抱头梁

说明：抱头梁与檐柱顶之间做馒头榫；抱头梁与檐垫板之间做燕尾榫；抱头梁与檐檩之间做檩椀、鼻子；抱头梁与金柱之间做半榫。

（a）五架梁侧立面图

（b）五架梁正立面图

（c）五架梁平面图

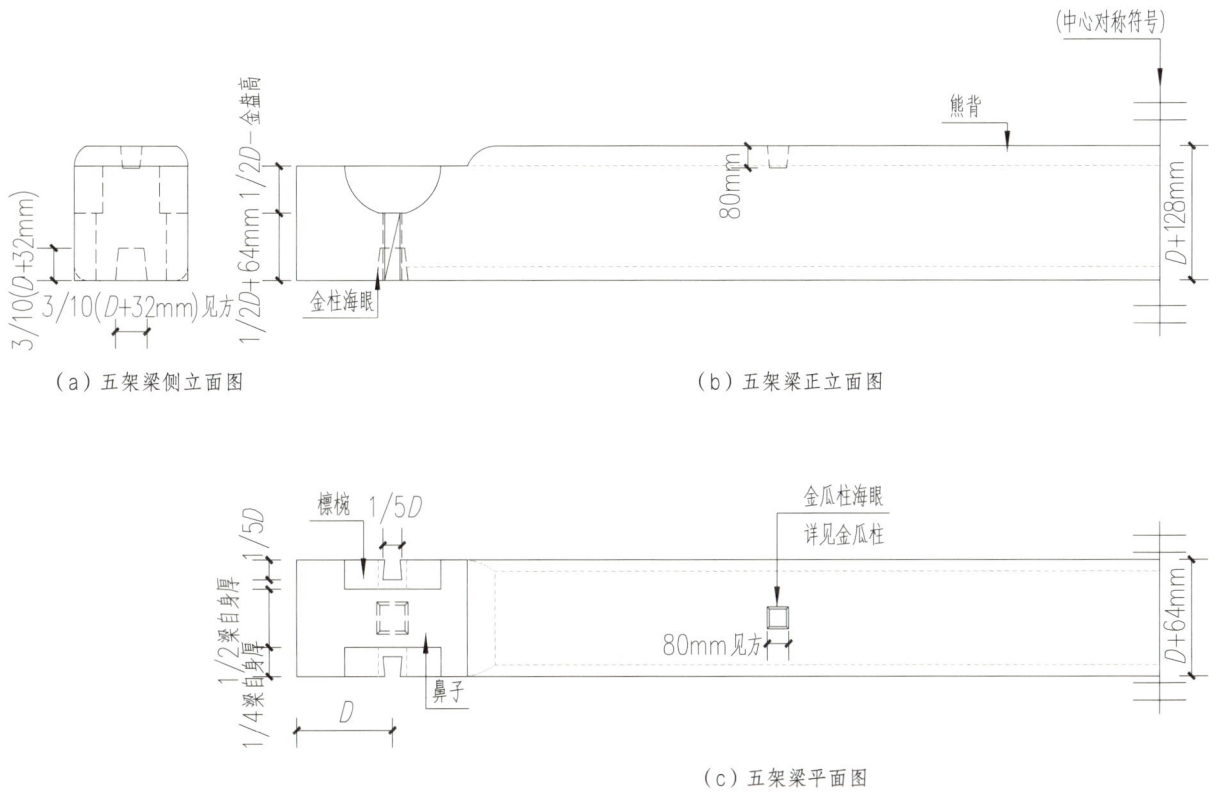

注：山面五架梁鼻子高和宽均为檩径的1/5。

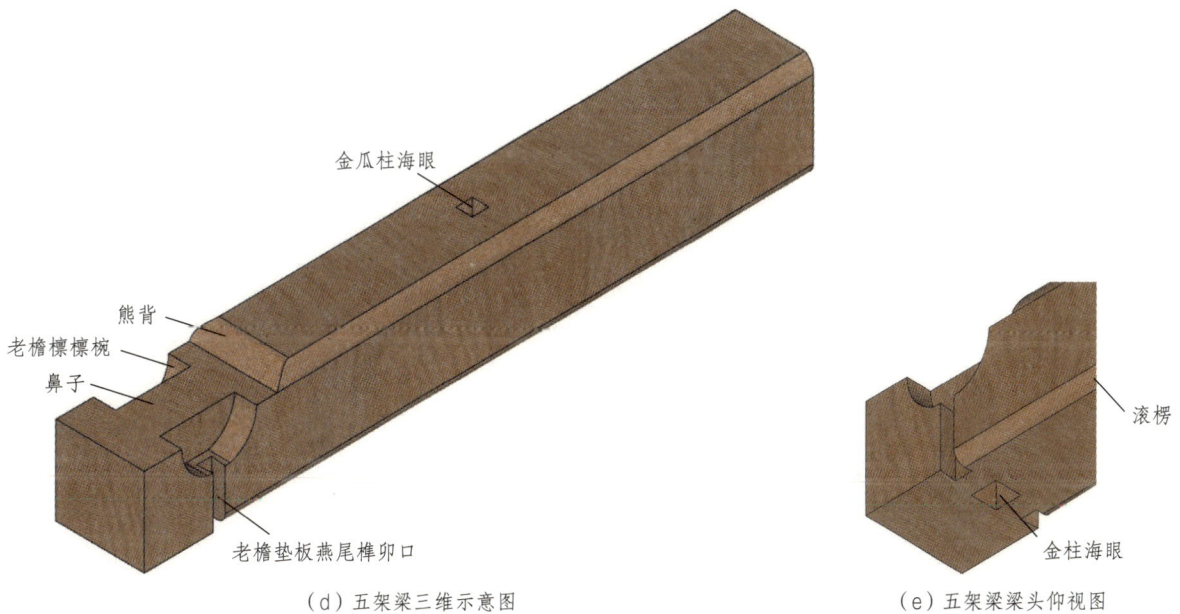

（d）五架梁三维示意图

（e）五架梁梁头仰视图

图2-3-3　L2五架梁

说明：五架梁与金柱顶之间做馒头榫；五架梁与老檐垫板之间做燕尾榫；五架梁与老檐檩之间做檩椀、鼻子；五架梁与金瓜柱之间做金瓜柱管脚榫。

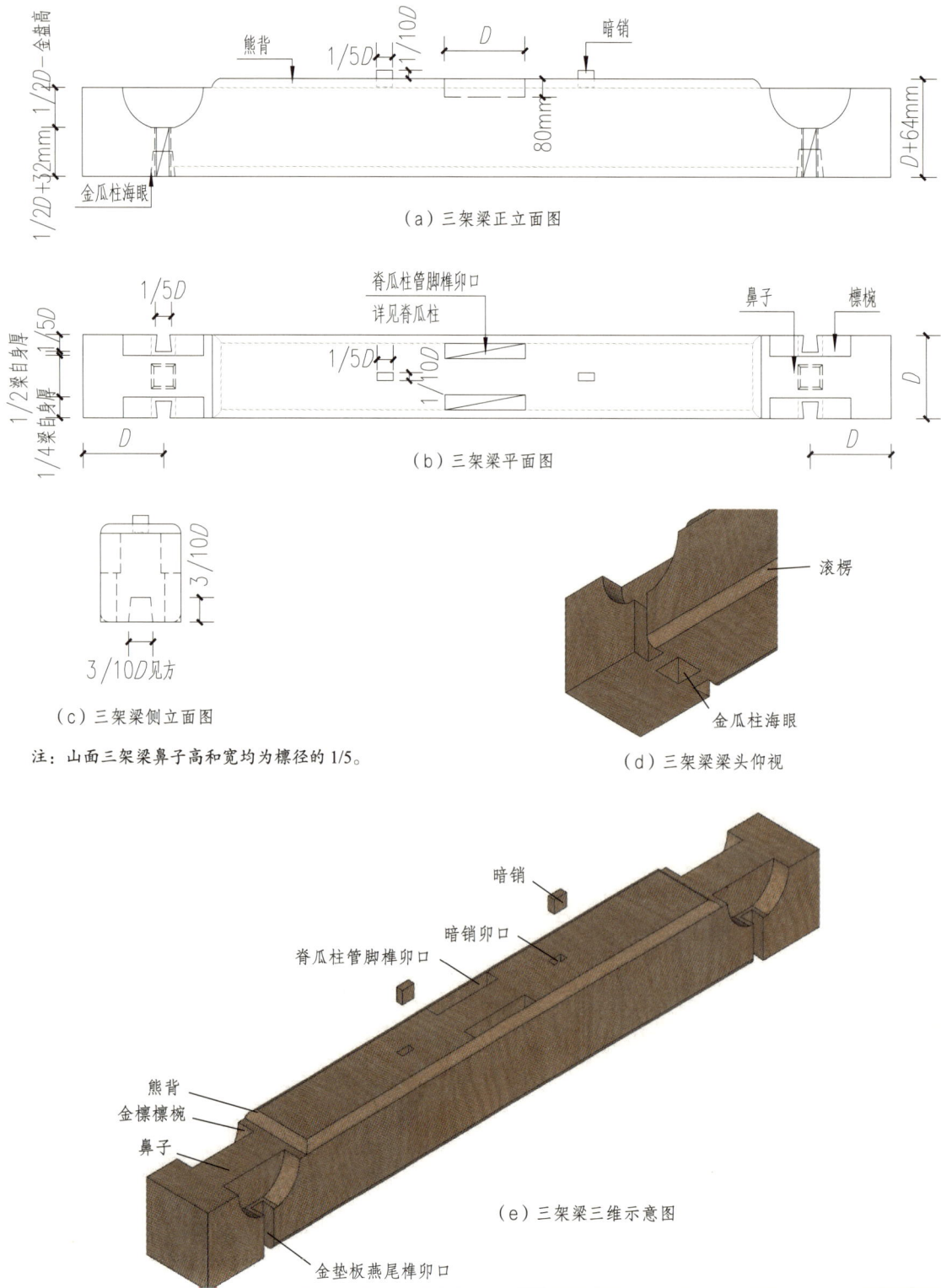

（a）三架梁正立面图

（b）三架梁平面图

（c）三架梁侧立面图

注：山面三架梁鼻子高和宽均为檩径的1/5。

（d）三架梁梁头仰视

（e）三架梁三维示意图

图2-3-4　L3三架梁

说明：三架梁与金瓜柱顶之间做馒头榫；三架梁与金垫板之间做燕尾榫；三架梁与金檩之间做檩椀、鼻子；三架梁与脊角背之间做暗销；三架梁与脊瓜柱之间做脊瓜柱管脚榫。

包掩按脊角背厚的1/10

1/3自身高

D

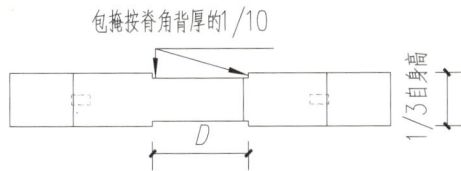

（a）脊角背平面图

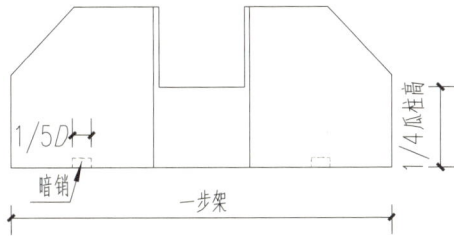

1/3自身高

1/5D

暗销

一步架

1/4瓜柱高

（b）脊角背正立面图

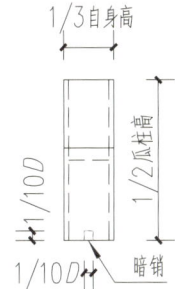

1/10D

1/10D

1/2瓜柱高

暗销

（c）脊角背侧立面图

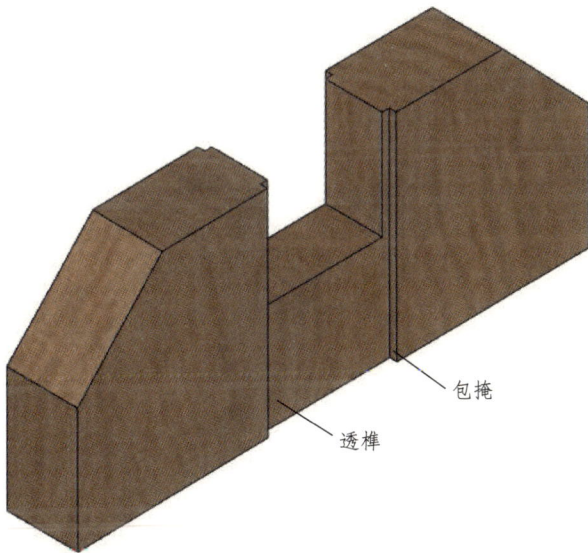

包掩

透榫

（d）脊角背三维示意图1

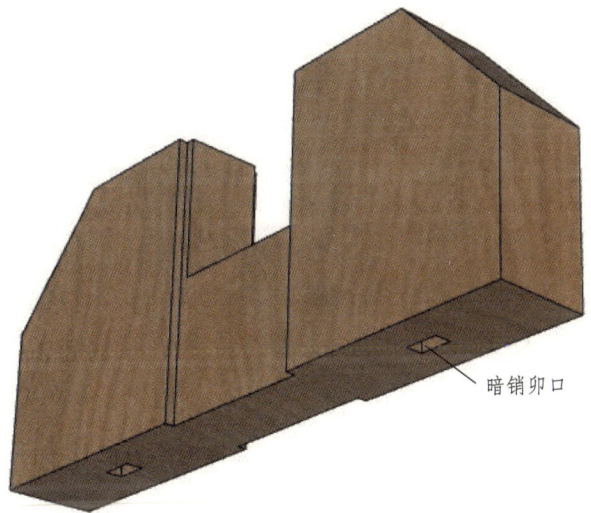

暗销卯口

（e）脊角背三维示意图2

图2-3-5　L4脊角背

说明：脊角背与脊瓜柱之间做包掩，下端做透榫；脊角背与三架梁之间做暗销。

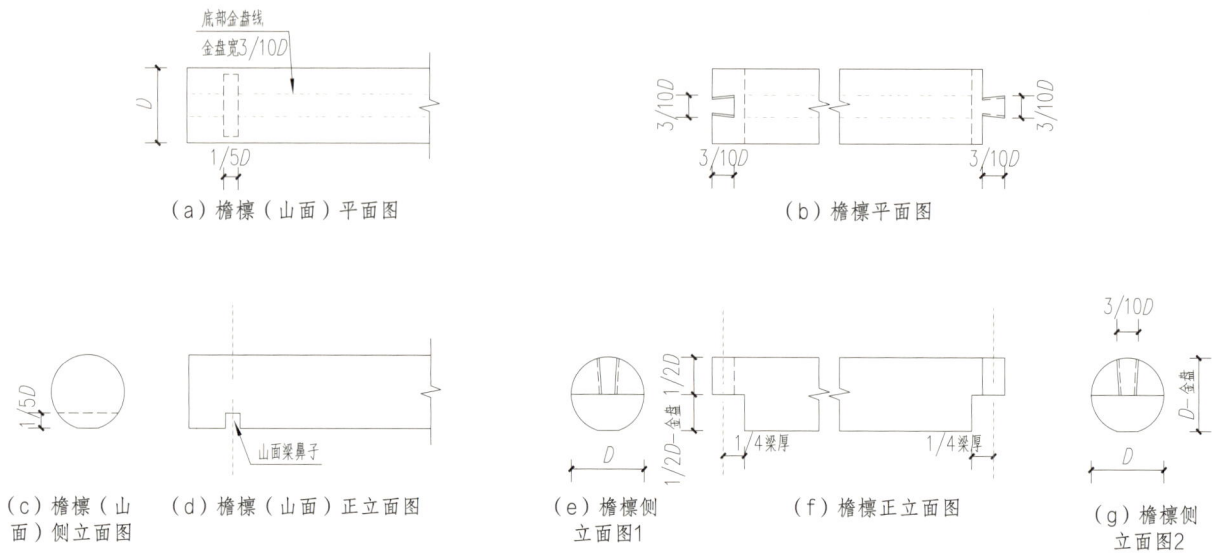

（a）檐檩（山面）平面图

（b）檐檩平面图

（c）檐檩（山面）侧立面图

（d）檐檩（山面）正立面图

（e）檐檩侧立面图1

（f）檐檩正立面图

（g）檐檩侧立面图2

注：檐檩、老檐檩、金檩榫卯尺寸相同。
梁厚在檐檩上为抱头梁厚；在老檐檩上为
五架梁厚，在金檩上为三架梁厚。

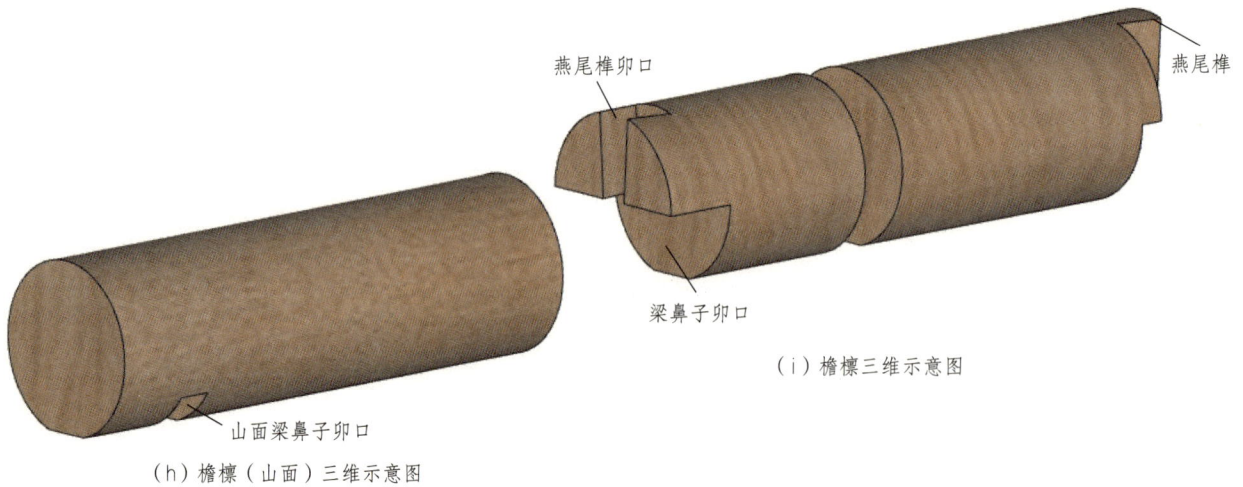

燕尾榫卯口

燕尾榫

梁鼻子卯口

（i）檐檩三维示意图

山面梁鼻子卯口

（h）檐檩（山面）三维示意图

图2-3-6　I1檐檩

说明：檐檩之间做燕尾榫；檐檩（山面）与山面梁之间做鼻子；檐檩与梁之间做鼻子。

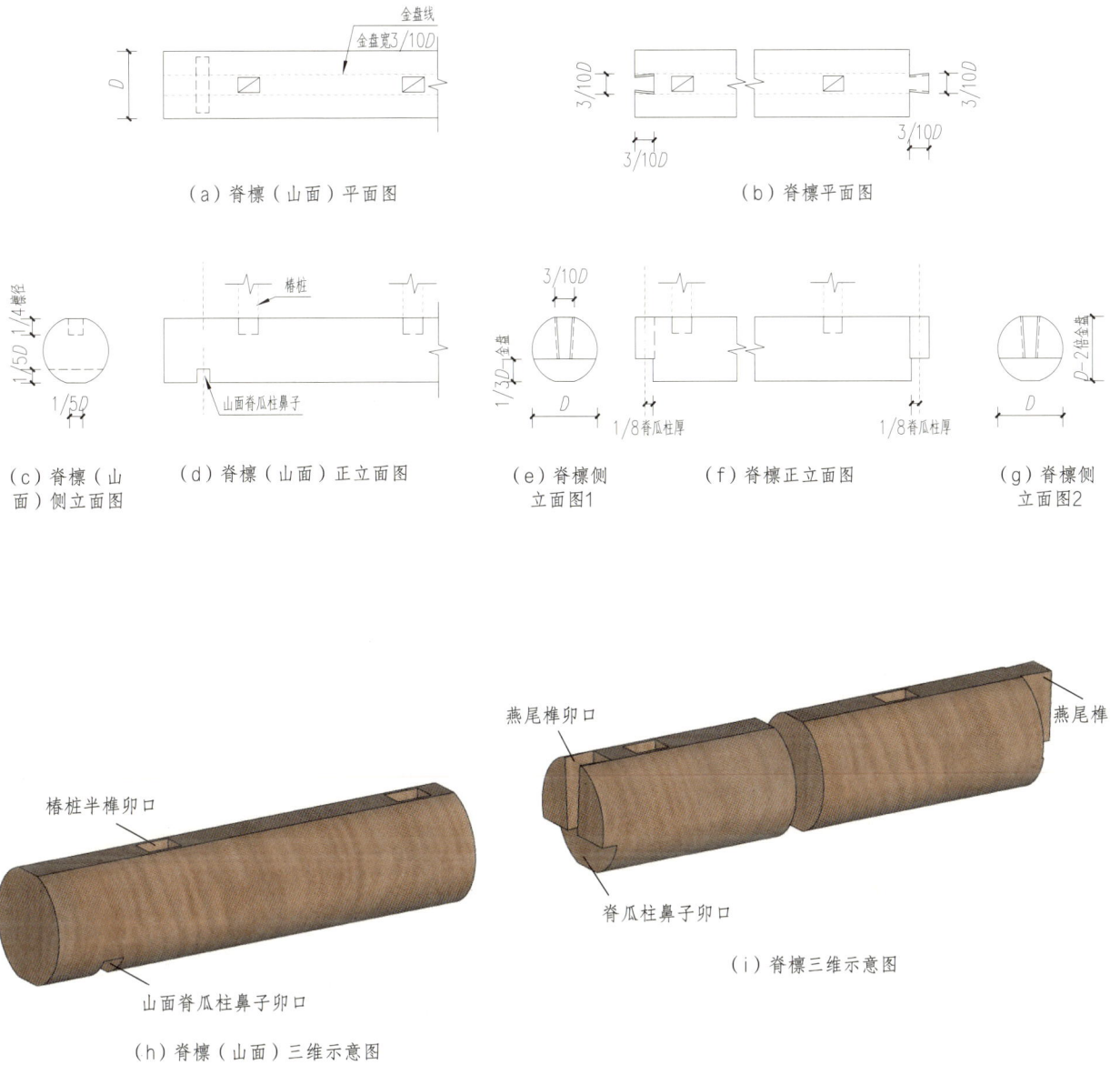

（a）脊檩（山面）平面图

（b）脊檩平面图

（c）脊檩（山面）侧立面图

（d）脊檩（山面）正立面图

（e）脊檩侧立面图1

（f）脊檩正立面图

（g）脊檩侧立面图2

（h）脊檩（山面）三维示意图

（i）脊檩三维示意图

图2-3-7 l4脊檩

说明：脊檩之间做燕尾榫；脊檩（山面）与山面脊瓜柱之间做鼻子；脊檩与脊瓜柱之间做鼻子；脊檩与椿桩之间做半榫。

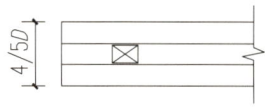

（a）扶脊木（山面）平面图

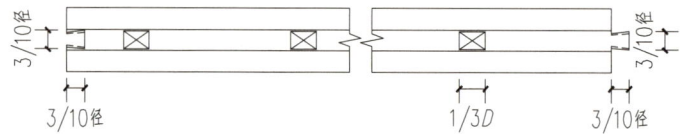

（b）扶脊木平面图

（c）扶脊木（山面）侧立面图

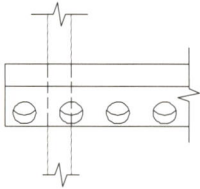

（d）扶脊木（山面）正立面图

（e）扶脊木侧立面图1

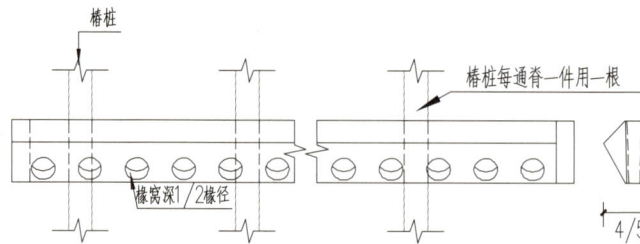

（f）扶脊木正立面图

（g）扶脊木侧立面图2

（h）扶脊木（山面）三维示意图

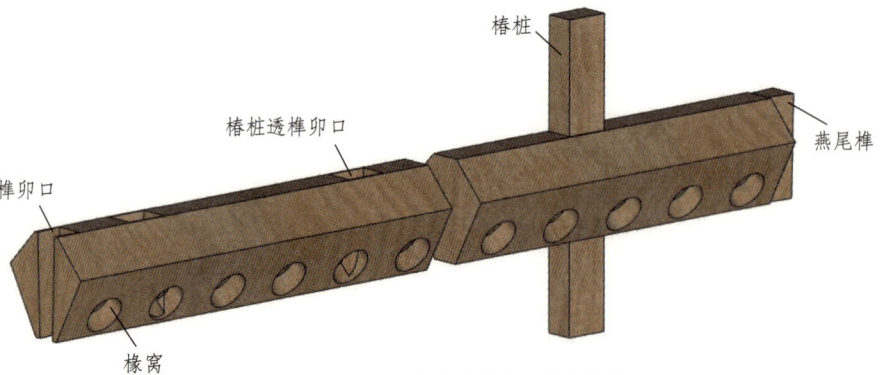

（i）扶脊木三维示意图

图2-3-8　l5扶脊木、l6椿桩

说明：扶脊木之间做燕尾榫；扶脊木与脑椽之间做椽窝；扶脊木与椿桩之间做透榫。

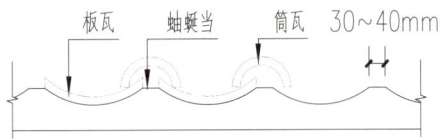

（a）瓦口木立面图　　　　（b）瓦口木侧立面图

板瓦　蚰蜒当　筒瓦　30~40mm

63/1000D
21/100D

（c）瓦口木三维示意图

图2-3-9　Y1瓦口木

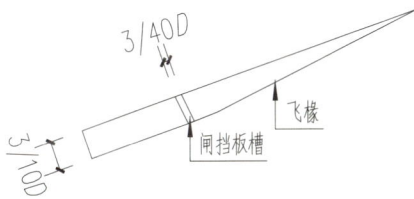

3/40D
3/10D
飞椽
闸挡板槽

（a）飞椽、闸挡板立面图

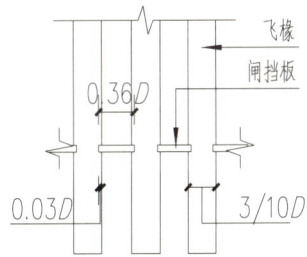

飞椽
闸挡板
0.36D
0.03D　3/10D

（b）飞椽、闸挡板平面图

闸挡板　　　　　　　飞椽

（c）飞椽、闸挡板三维示意图

图2-3-10　Y2飞椽、Y3闸挡板

说明：飞椽上刻槽，与闸挡板相接。

2.4 横剖面

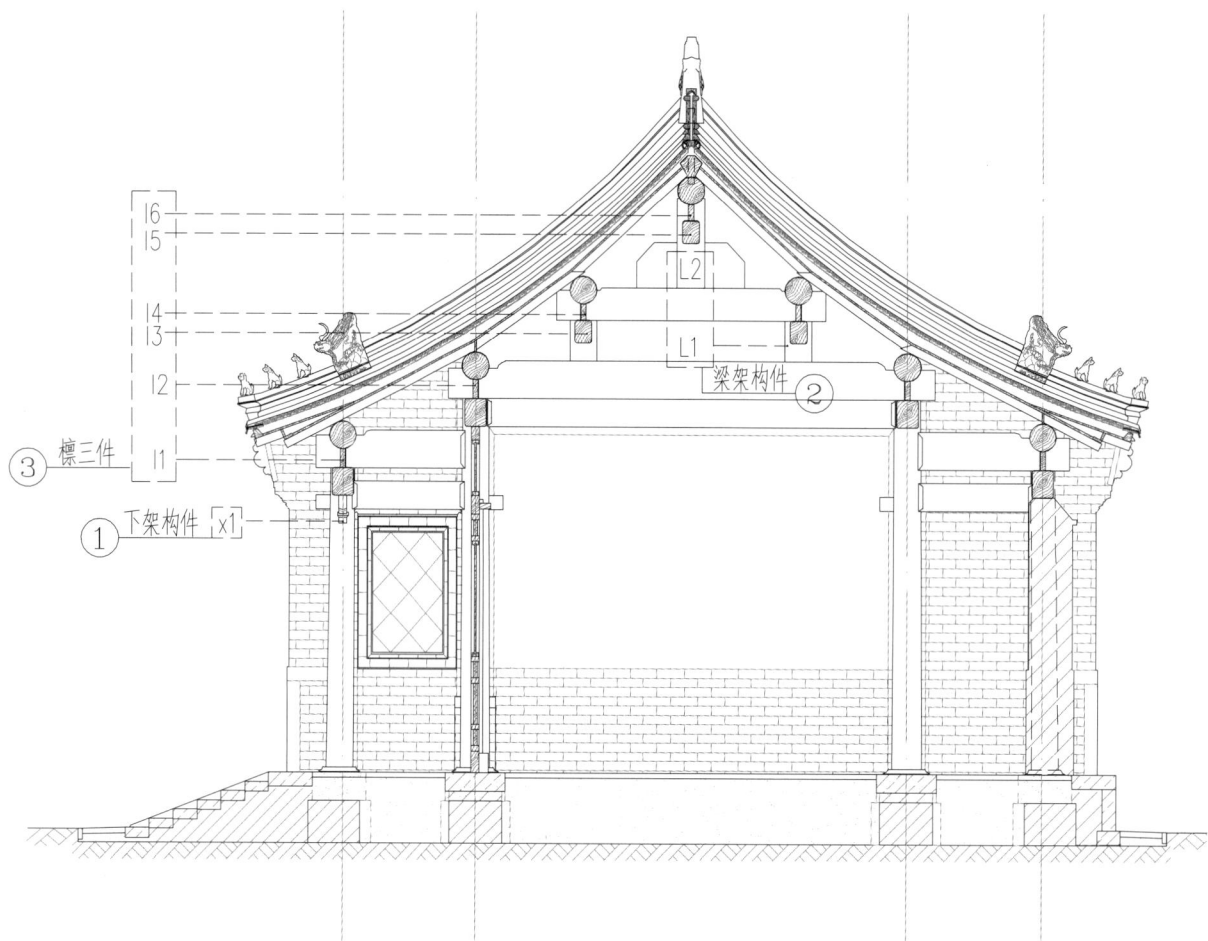

图2-4-1 七檩硬山前后廊建筑横剖面图

表2-4-1

构件分类	图2-4-1中的序号	构件	长	宽	高	数量	备注
①下架构件	x1	雀替	1/4明间净面阔	$3/10D$	D	20	
②梁架构件	L1	金瓜柱		D（见方）	按实际	12	
	L2	脊瓜柱	D	D	按实际	6	
③檩三件	l1	檐垫板		$0.2D$	$1/2D+64mm$	10	
	l2	老檐垫板		$0.2D$	$1/2D+64mm$	10	榫卯同檐垫板
	l3	金枋	$0.8D-64mm$	$D-64mm$	10	
	l4	金垫板		$0.2D$	$1/2D+32mm$	10	
	l5	脊枋	$0.8D-64mm$	$D-64mm$	5	
	l6	脊垫板		$0.2D$	$1/2D+32mm$	5	榫卯同金垫板

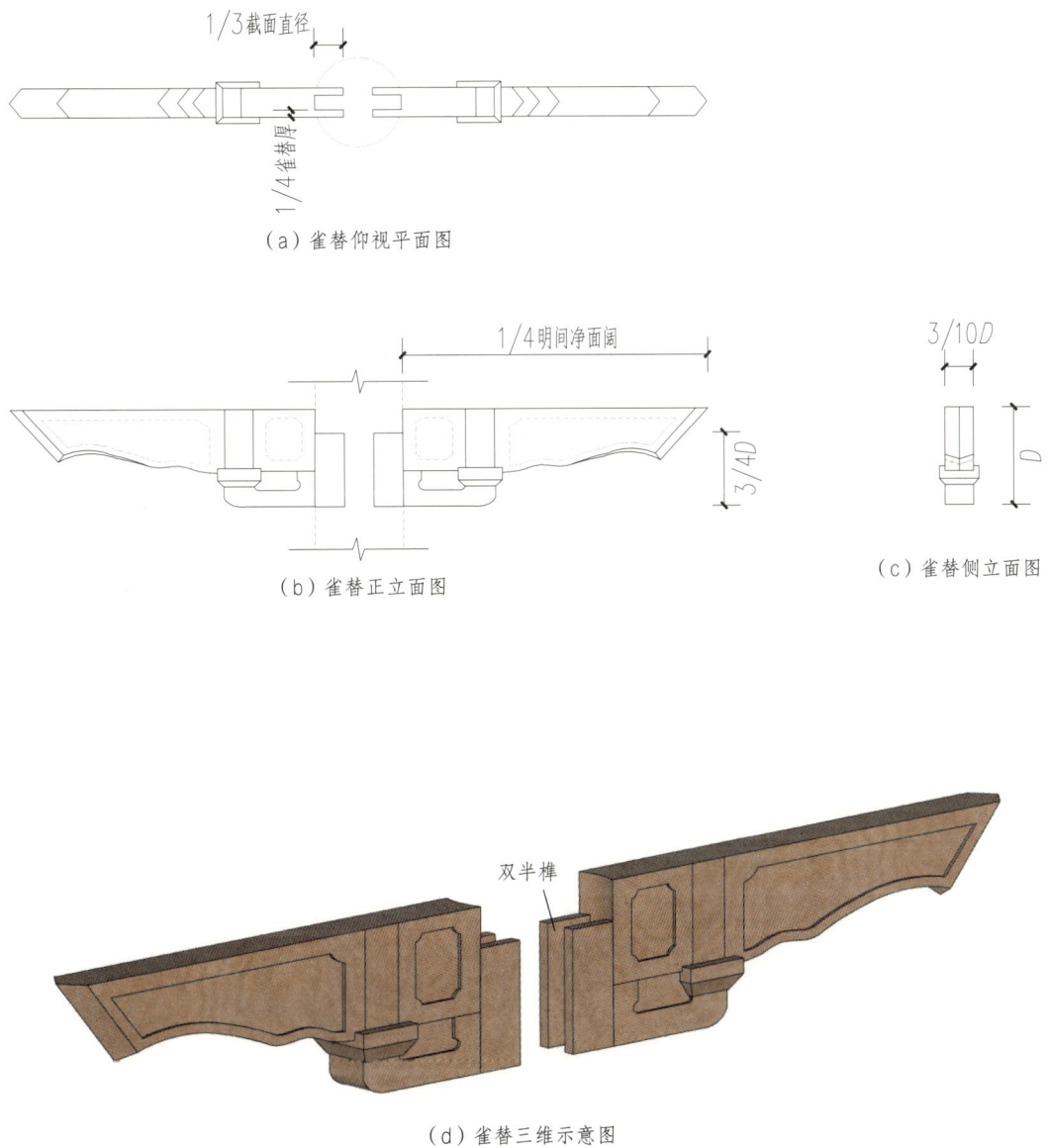

1/3截面直径

1/4雀替厚

（a）雀替仰视平面图

1/4明间净面阔

3/4D

（b）雀替正立面图

3/10D

D

（c）雀替侧立面图

双半榫

（d）雀替三维示意图

图2-4-2　x1雀替

说明：雀替与檐柱之间做双半榫。

（a）金瓜柱侧立面图　　（b）金瓜柱平面图

（c）金瓜柱仰视平面图　　（d）金瓜柱正立面图　　（e）金瓜柱三维示意图

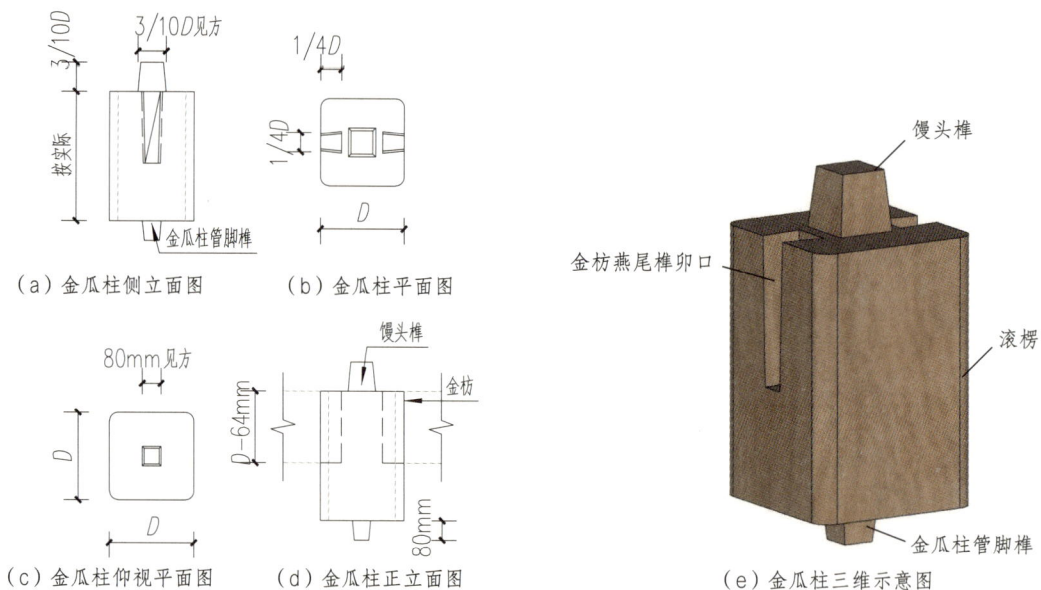

图2-4-3　L1金瓜柱

说明：金瓜柱与五架梁之间做金瓜柱管脚榫；金瓜柱与金枋之间做燕尾榫；金瓜柱与三架梁之间做馒头榫。

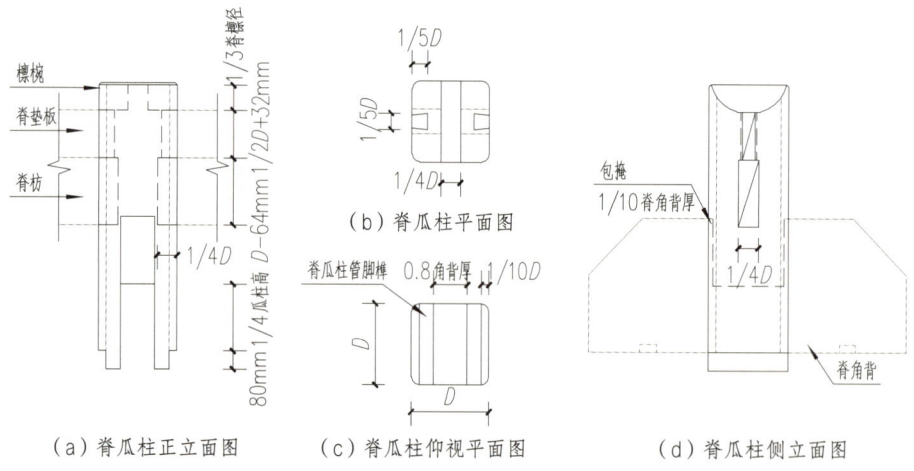

（a）脊瓜柱正立面图　　（c）脊瓜柱仰视平面图　　（b）脊瓜柱平面图　　（d）脊瓜柱侧立面图

（e）脊瓜柱三维示意图

注：山面脊瓜柱鼻子高和宽均为檩径的1/5。脊瓜柱管脚榫（双半榫）尺寸为脊瓜柱厚减去两侧包掩及脊角背透榫厚。

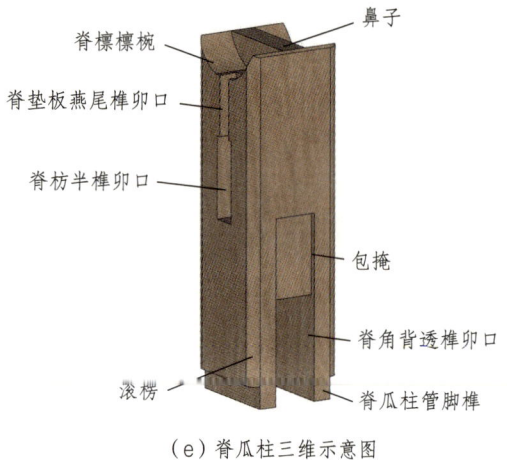

图2-4-4　L2脊瓜柱

说明：脊瓜柱与三架梁之间做脊瓜柱管脚榫；脊瓜柱与脊角背上端做包掩，下端做透榫；脊瓜柱与脊枋之间做半榫；脊瓜柱与脊垫板之间做燕尾榫；脊瓜柱与脊檩之间做檩椀、鼻子。

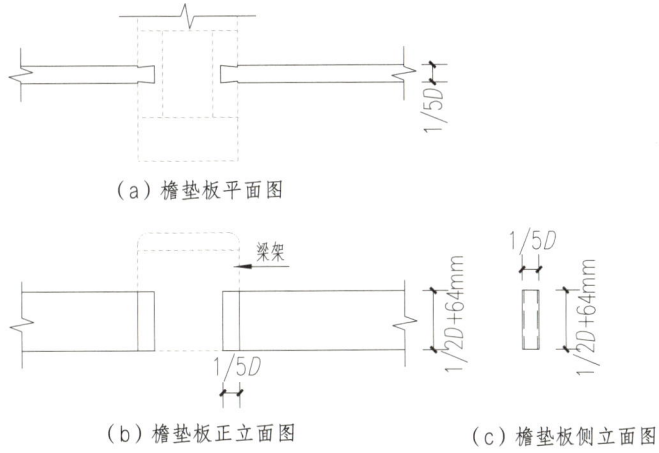

（a）檐垫板平面图

（b）檐垫板正立面图　　　　　　　　（c）檐垫板侧立面图

注：檐垫板与老檐垫板榫卯尺寸相同。

燕尾榫

注：檐垫板与抱头梁之间做燕尾榫。

（d）檐垫板三维示意图

图2-4-5　l1檐垫板

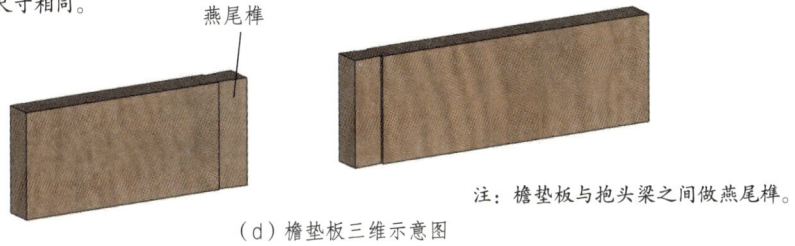

（a）金枋平面图

（b）金枋正立面图　　　　　　　　　（c）金枋侧立面图

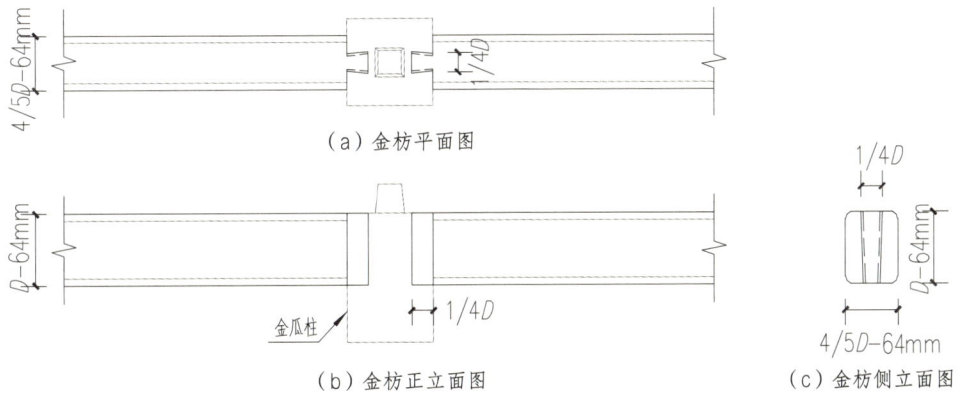

滚楞

燕尾榫

（d）金枋三维示意图

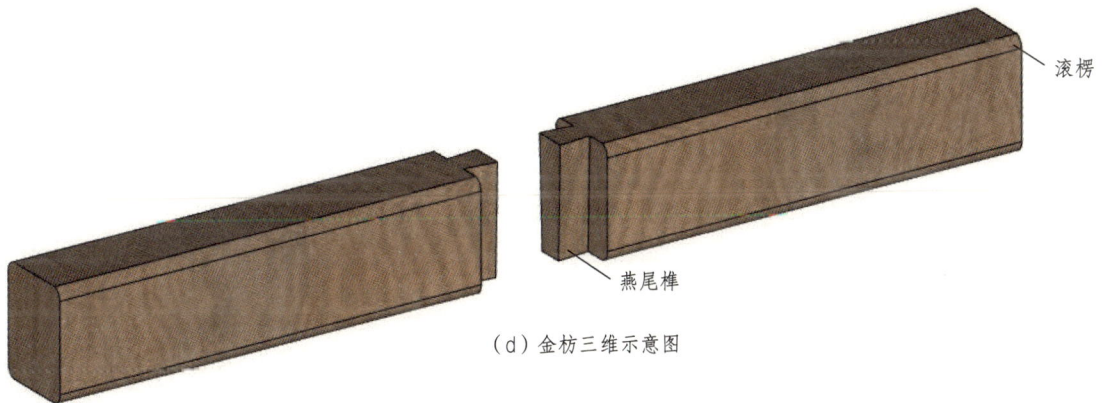

图2-4-6　l3金枋

说明：金枋与金瓜柱之间做燕尾榫。

（a）金垫板平面图

（b）金垫板正立面图

（c）金垫板侧立面图

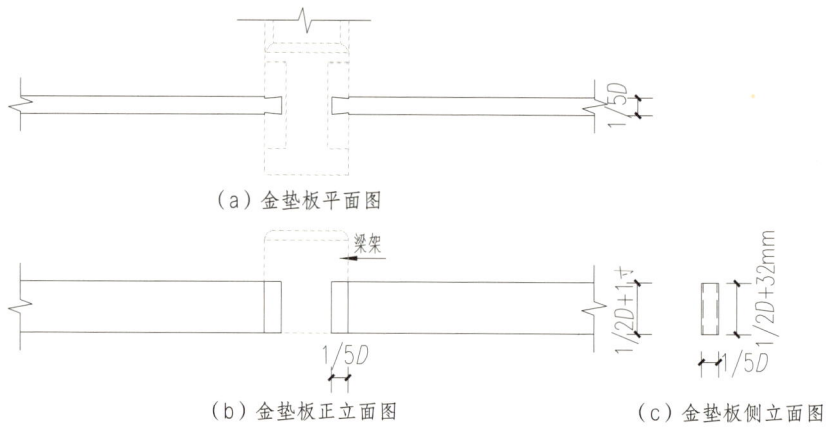

注：脊垫板与金垫板榫卯尺寸相同。

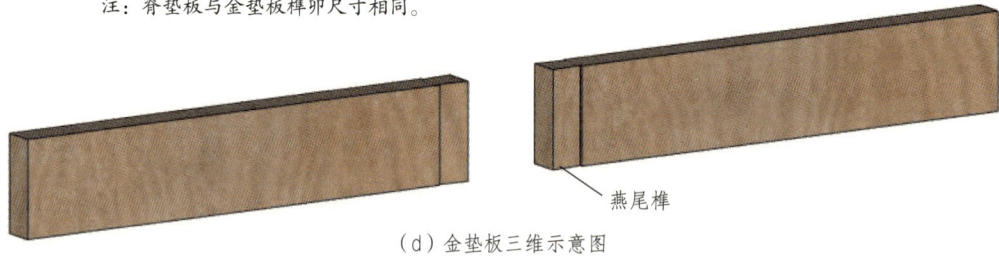

（d）金垫板三维示意图

图2-4-7　I4金垫板

说明：金垫板与三架梁之间做燕尾榫。

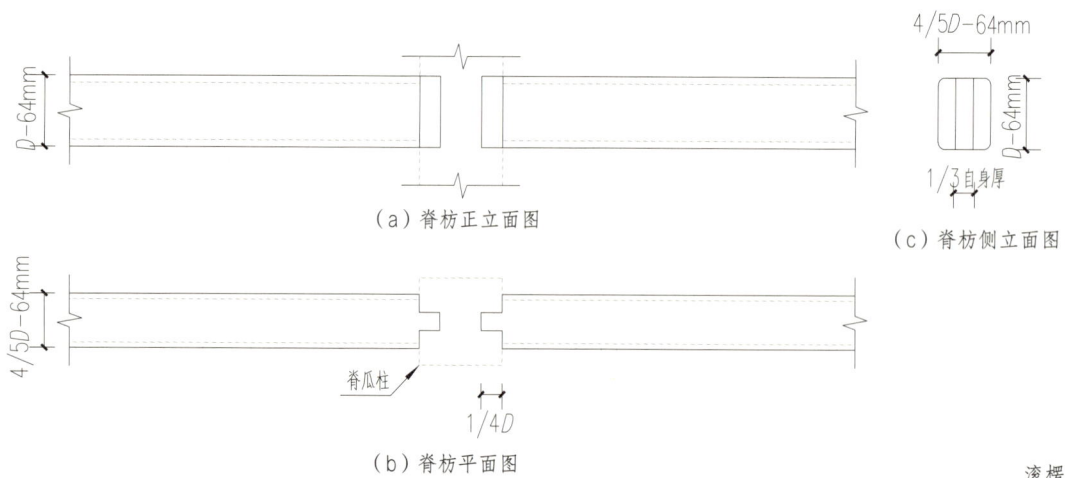

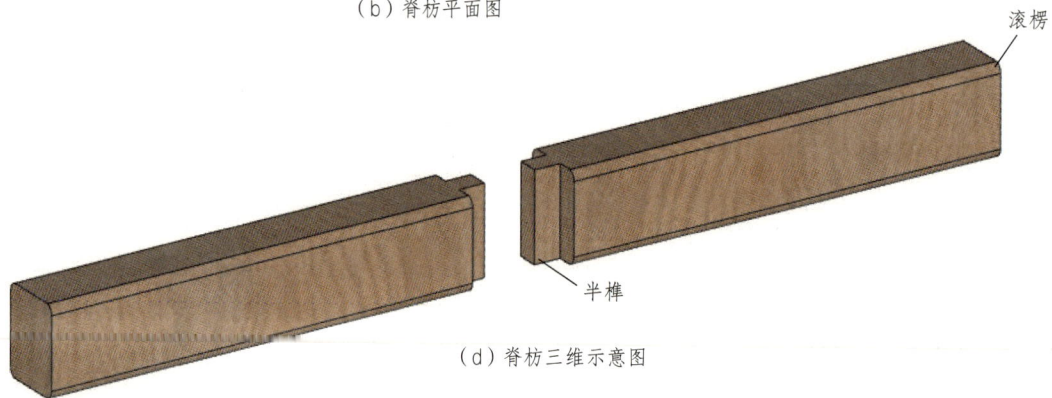

（a）脊枋正立面图

（c）脊枋侧立面图

（b）脊枋平面图

（d）脊枋三维示意图

图2-4-8　I5脊枋

说明：脊枋与脊瓜柱之间做半榫。

七檩悬山前后廊建筑榫卯图纸及模型示例分为5小节，从台基平面、柱头平面、步架平面、横剖面、纵剖面，分别介绍各平面、剖面涵盖构件的位置、尺寸和构件列表。在此基础上，以三视图和模型两种方式，对各构件的榫卯尺寸、形状及位置进行详细展示。

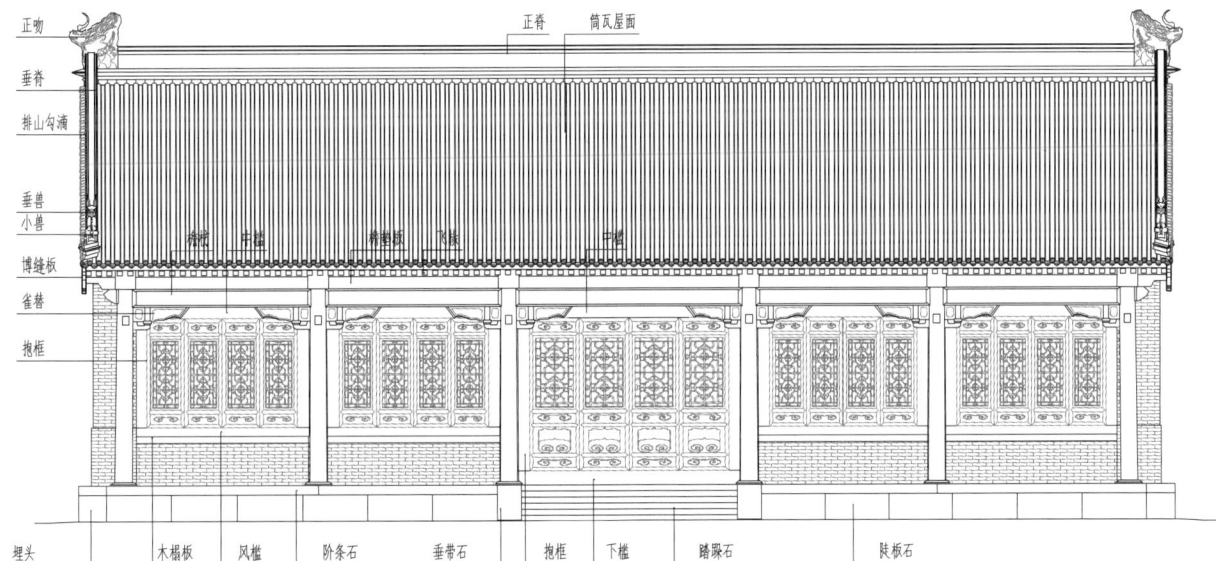

图3-0-1 七檩悬山前后廊建筑立面示意图

3.1 台基平面

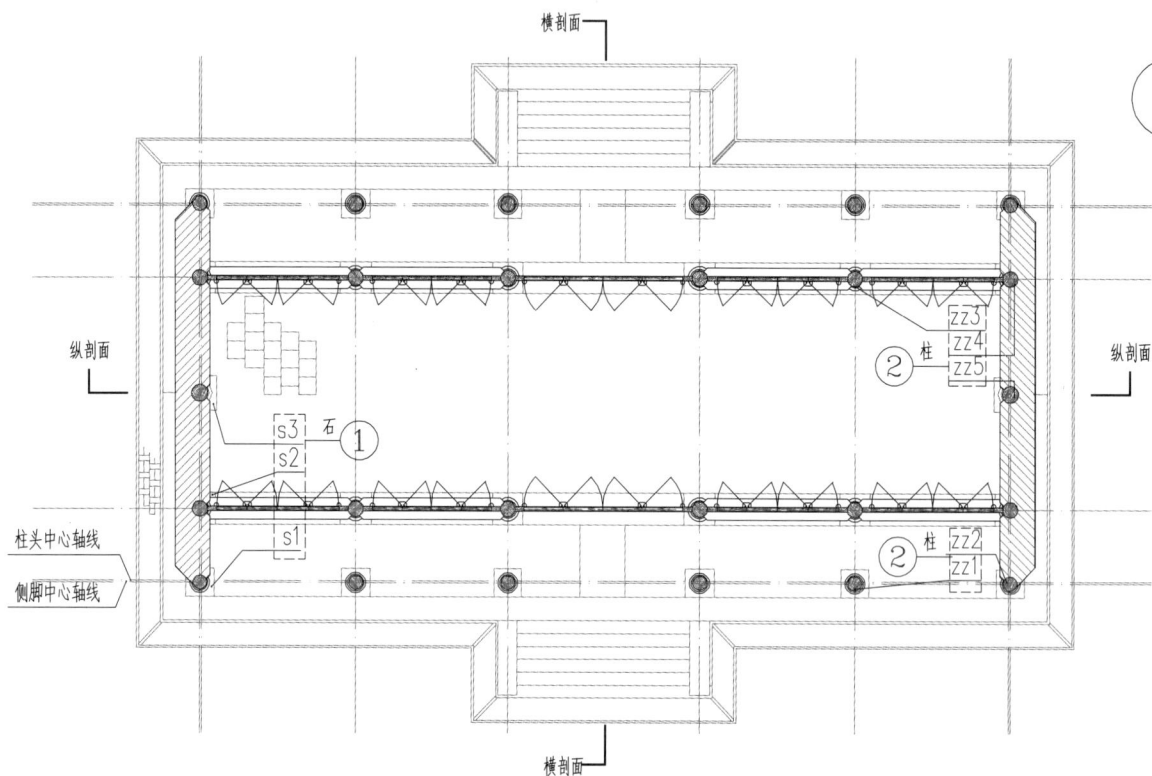

图3-1-1 七檩悬山前后廊建筑台基平面图

表3-1-1

构件分类	图3-1-1中的序号	构件	长	宽	高	径	数量
①石	s1	檐柱顶石	$2D$	$2D$	$1.2D$		12
	s2	金柱顶石	$2D+64mm$	$2D+64mm$	$1.2D$		12
	s3	山柱顶石	$2D+128mm$	$2D+128mm$	$1.2D$		2
②柱	zz1	檐柱			$11D$	D	8
	zz2	檐角柱			$11D$	D	4
	zz3	金柱			$13.5D$	$D+32mm$	8
	zz4	金角柱			$13.5D$	$D+32mm$	4
	zz5	山柱			按实际	$D+64mm$	2

（a）檐柱顶石立面图　　　（b）金柱顶石立面图　　　（c）山柱顶石立面图

（d）檐柱顶石平面图　　　（e）金柱顶石平面图　　　（f）山柱顶石平面图

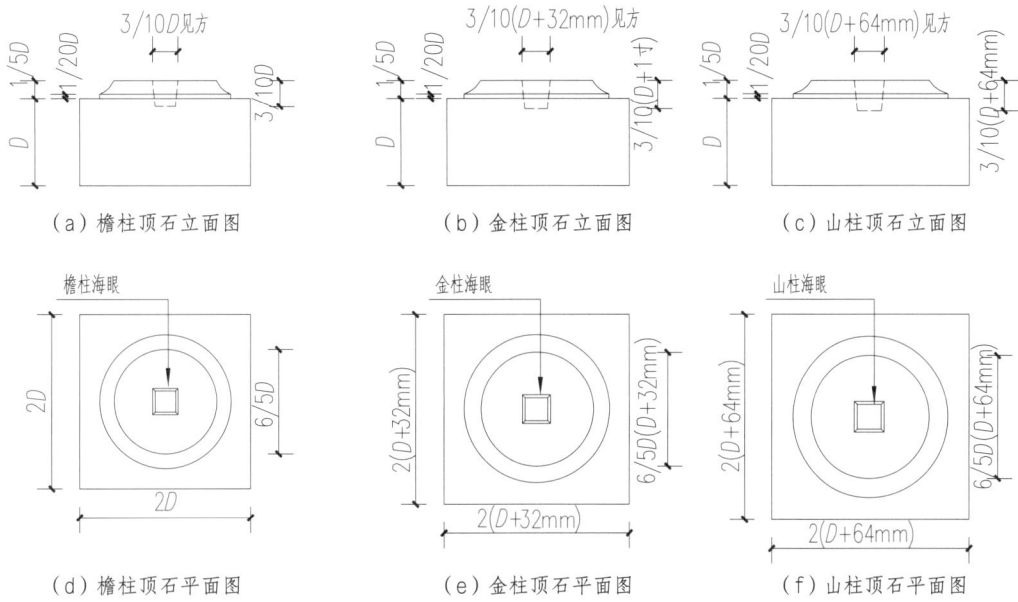

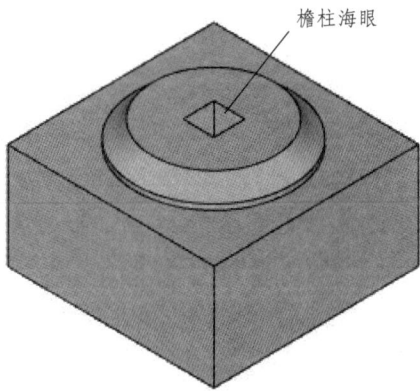

（g）s1檐柱顶石三维示意图　　　　　　　　（h）s2金柱顶石三维示意图

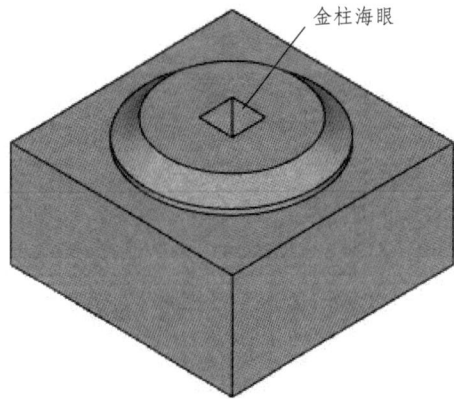

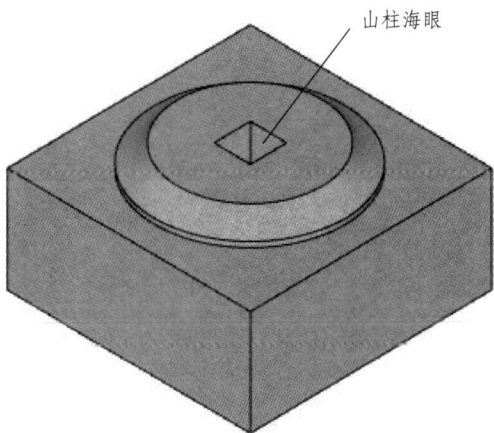

（i）s3山柱顶石三维示意图

图3-1-2　s1檐柱顶石、s2金柱顶石、s3山柱顶石

说明：檐柱顶石上做檐柱海眼；金柱顶石上做金柱海眼；山柱顶石上做山柱海眼。

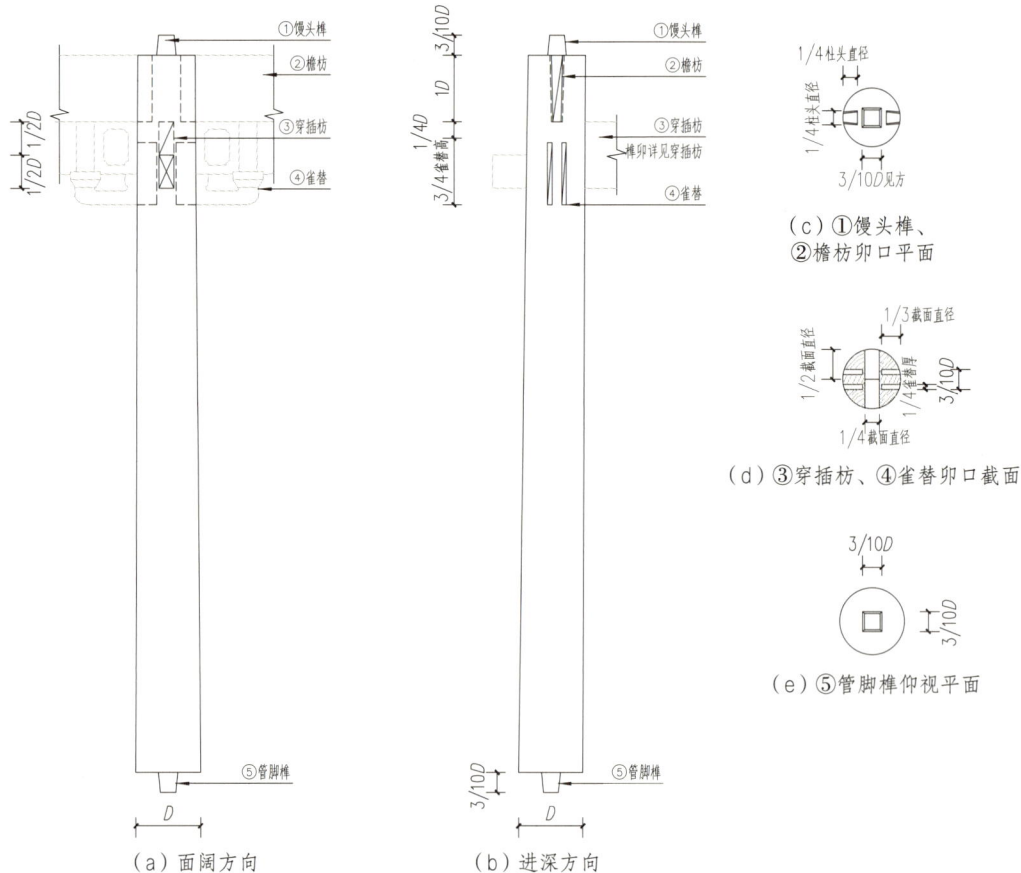

① 馒头榫
② 檐枋
③ 穿插枋
④ 雀替
⑤ 管脚榫

（a）面阔方向

① 馒头榫
② 檐枋
③ 穿插枋
榫卯详见穿插枋
④ 雀替
⑤ 管脚榫

（b）进深方向

1/4柱头直径
1/4柱头直径
3/10D见方

（c）① 馒头榫、
　　② 檐枋卯口平面

1/3截面直径
1/2截面直径
1/4雀替厚
1/4截面直径

（d）③ 穿插枋、④ 雀替卯口截面

3/10D
3/10D

（e）⑤ 管脚榫仰视平面

穿插枋
檐枋
雀替
檐枋

（f）檐柱三维示意图

图3-1-3　檐柱相交构件示意图

说明：檐柱自下向上与柱顶石、雀替、穿插枋、檐枋、抱头梁相交。檐柱柱底做管脚榫置于柱顶石之上；檐柱与雀替之间做双半榫；檐柱与穿插枋之间做透榫（大进小出榫）；檐柱与檐枋之间做燕尾榫；檐柱柱头与抱头梁之间做馒头榫。

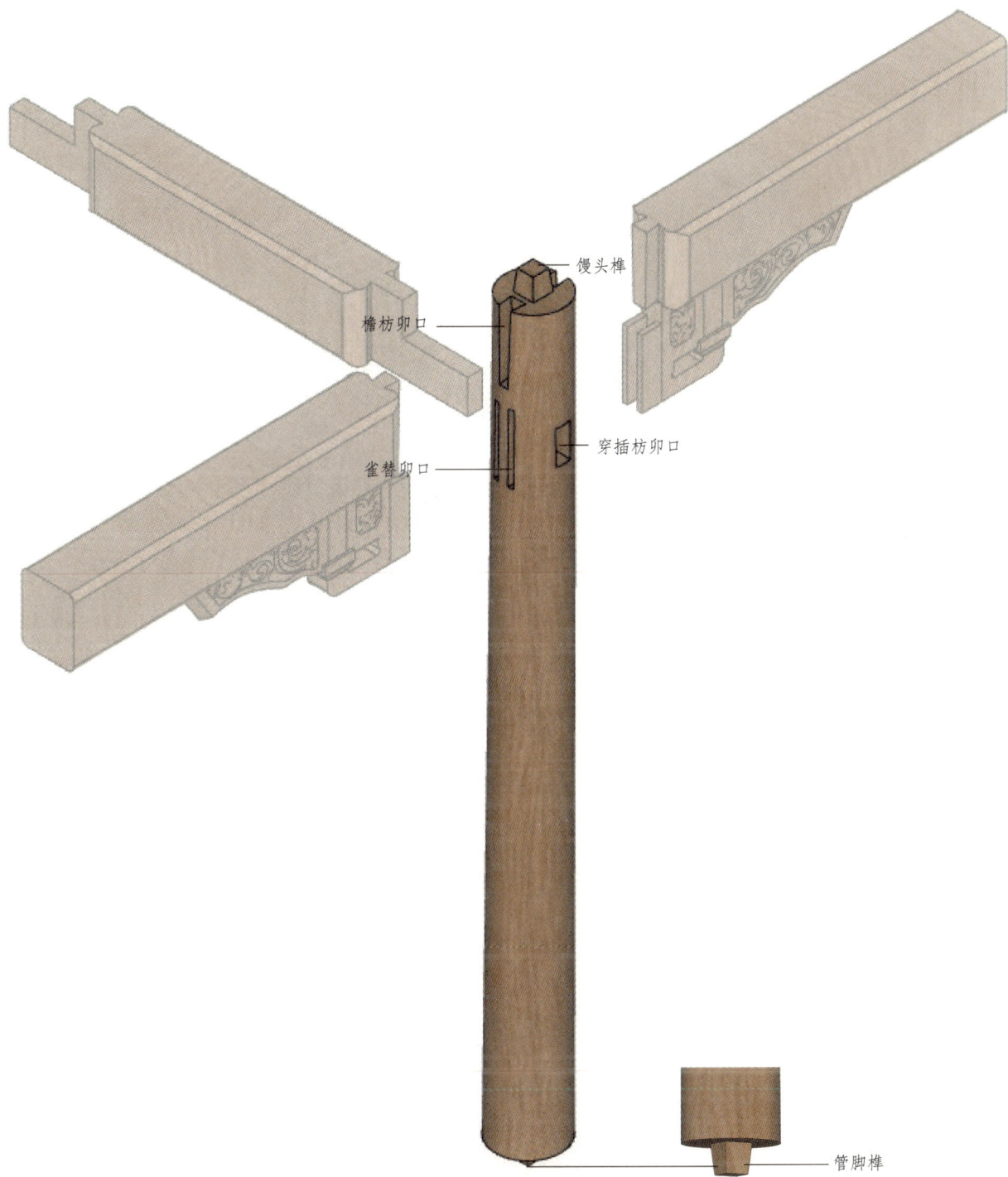

馒头榫

檐枋卯口

穿插枋卯口

雀替卯口

管脚榫

图3-1-4　zz1檐柱

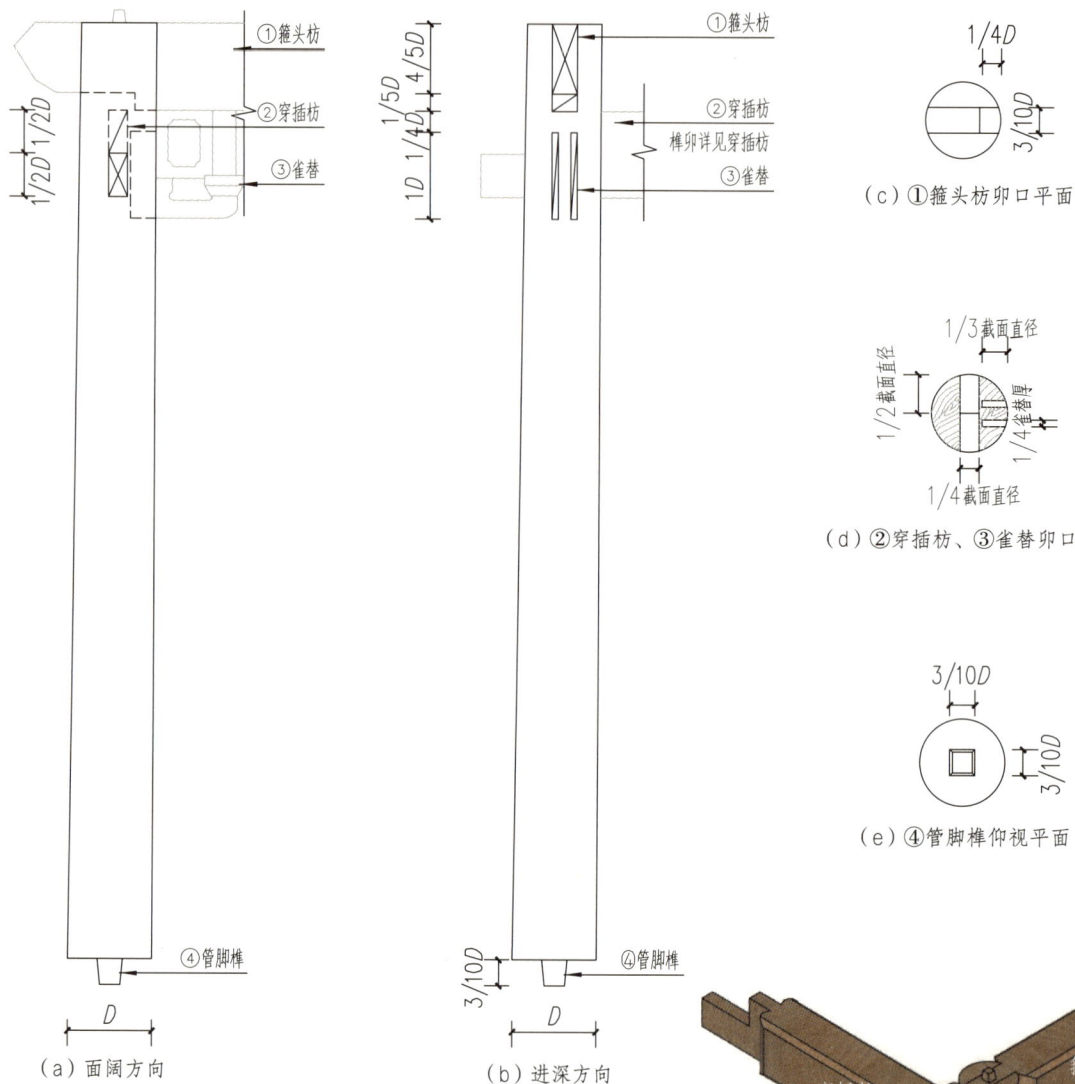

（a）面阔方向

① 箍头枋
② 穿插枋
③ 雀替
④ 管脚榫

1/2D 1/2D
D

（b）进深方向

① 箍头枋
② 穿插枋
榫卯详见穿插枋
③ 雀替
④ 管脚榫

1/5D
1/4D 4/5D
1D
3/10D
D

1/4D
3/10D

（c）①箍头枋卯口平面

1/3截面直径
1/2截面直径
1/4雀替厚
1/4截面直径

（d）②穿插枋、③雀替卯口截面

3/10D
3/10D

（e）④管脚榫仰视平面

穿插枋
箍头枋
雀替

（f）檐角柱三维示意图

图3-1-5　檐角柱相交构件示意图

说明：檐角柱自下向上与柱顶石、雀替、穿插枋、箍头枋相交。檐角柱柱底做管脚榫置于柱顶石之上；檐角柱与雀替之间做双半榫；檐角柱与穿插枋之间做透榫（大进小出榫）；檐角柱与箍头枋之间做箍头榫。

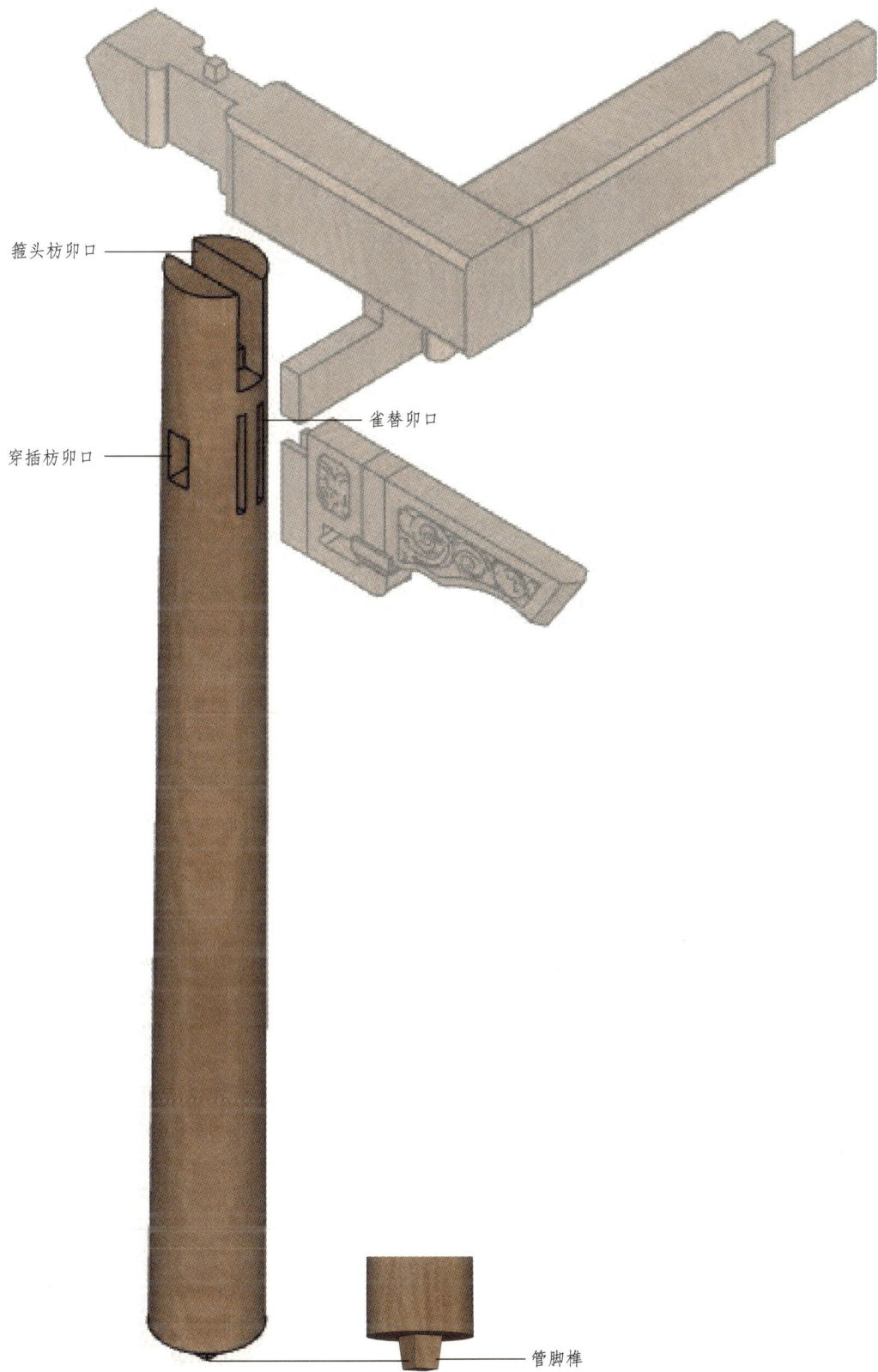

箍头枋卯口

雀替卯口

穿插枋卯口

管脚榫

图3-1-6　zz2檐角柱

（a）面阔方向

（b）进深方向

（c）①馒头榫、②随梁枋、③老檐枋卯口平面

（g）⑨风槛卯口截面

（d）④上槛、⑤抱头梁卯口截面

（h）⑩下槛卯口截面

（e）⑥中槛、⑦穿插枋卯口截面

（i）⑪管脚榫仰视平面

（f）⑧溜销卯口截面

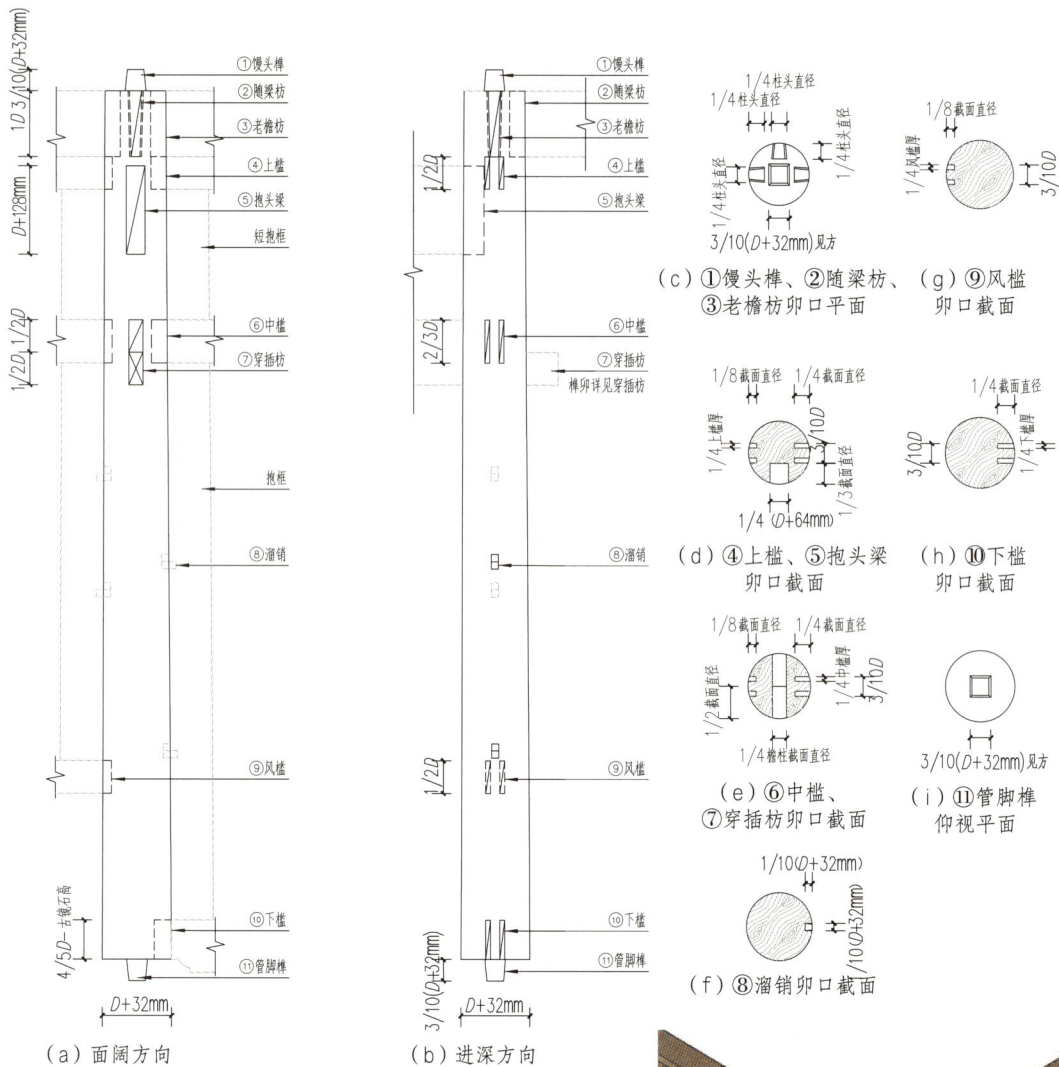

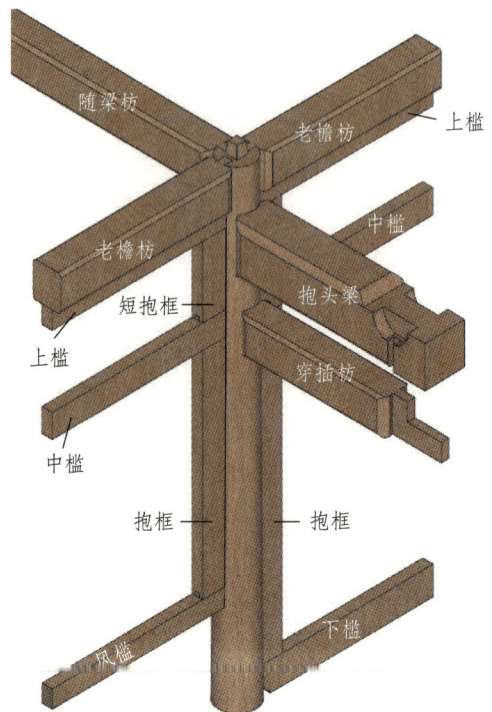

（j）金柱三维示意图

说明：金柱自下向上与柱顶石、下槛、抱框、风槛、穿插枋、中槛、抱头梁、上槛、老檐枋、随梁枋、五架梁相交。金柱柱底做管脚榫置于柱顶石之上；金柱与下槛、风槛、中槛、上槛做双半榫；金柱与抱框之间做溜销；金柱与穿插枋之间做透榫（大进小出榫）；金柱与抱头梁之间做半榫；金柱与老檐枋之间做燕尾榫；金柱与随梁枋之间做燕尾榫；金柱柱头与五架梁之间做馒头榫。

图3-1-7 金柱相交构件示意图

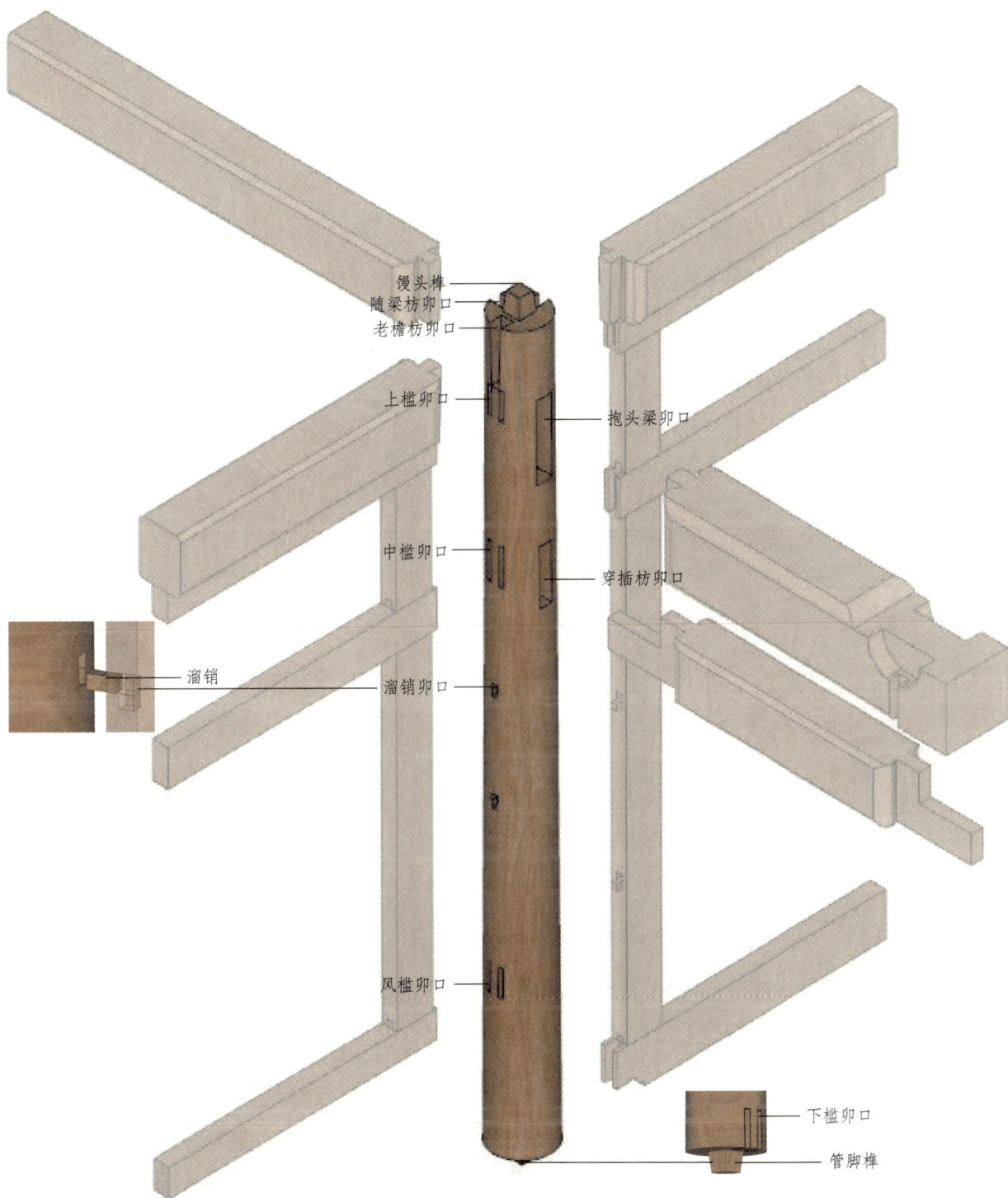

馒头榫
随梁枋卯口
老檐枋卯口
上槛卯口
抱头梁卯口
中槛卯口
穿插枋卯口
溜销
溜销卯口
风槛卯口
下槛卯口
管脚榫

图3-1-8　zz3金柱

（a）面阔方向　（b）进深方向

①馒头榫
②老檐枋
③上槛
④抱头梁
短抱框
⑤中槛
⑥穿插枋
抱框
⑦溜销
⑧风槛
⑨管脚榫

榫卯详见穿插枋

1/4柱头直径　1/4柱直径
3/10(D+32mm)见方
（c）①馒头榫、②老檐枋卯口平面

1/4截面直径　1/4风槛厚　3/100
（g）⑨风槛卯口截面

1/4截面直径　1/4上槛厚　3/100　1/3截面直径　1/4(D+64mm)
（d）④上槛、⑤抱头梁卯口截面

3/10(D+32mm)见方
（h）⑨管脚榫仰视平面

1/4截面直径　1/4中槛厚　3/100　1/2截面直径　1/4柱截面直径
（e）⑤中槛、⑥穿插枋卯口截面

1/10(D+32mm)　1/10(D+32mm)
（f）⑦溜销卯口截面

老檐枋　抱头梁　短抱框　上槛　穿插枋　中槛　抱框　风槛

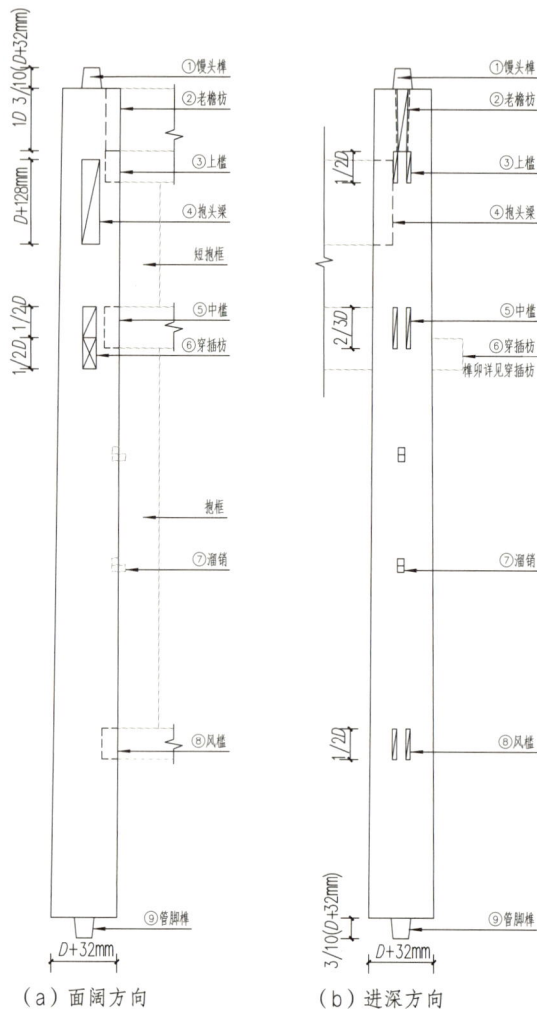

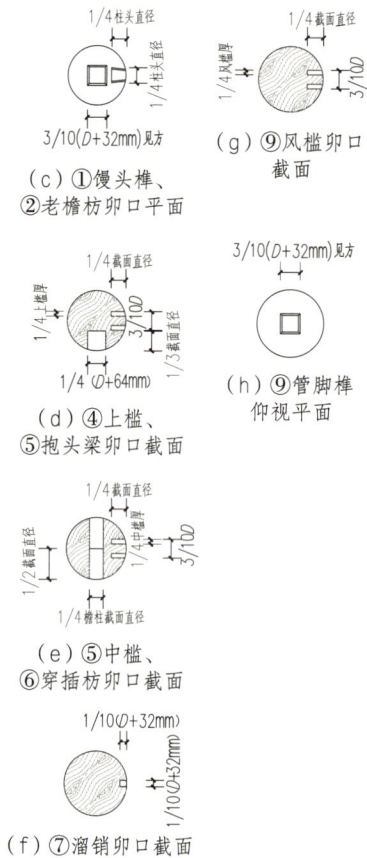

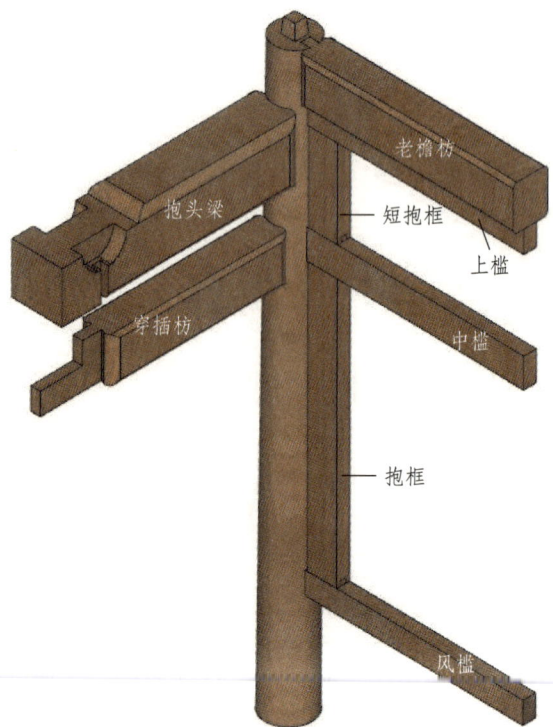

（i）金角柱三维示意图

图3-1-9　金角柱相交构件示意图

说明：金角柱自下向上与柱顶石、风槛、抱框、穿插枋、中槛、抱头梁、上槛、老檐枋、双步梁相交。金角柱柱底做管脚榫置于柱顶石之上；金角柱与风槛、中槛、上槛做双半榫；金角柱与抱框之间做溜销；金角柱与穿插枋之间做透榫（大进小出榫）；金角柱与抱头梁之间做半榫；金角柱与老檐枋之间做燕尾榫；金角柱柱头与双步梁之间做馒头榫。

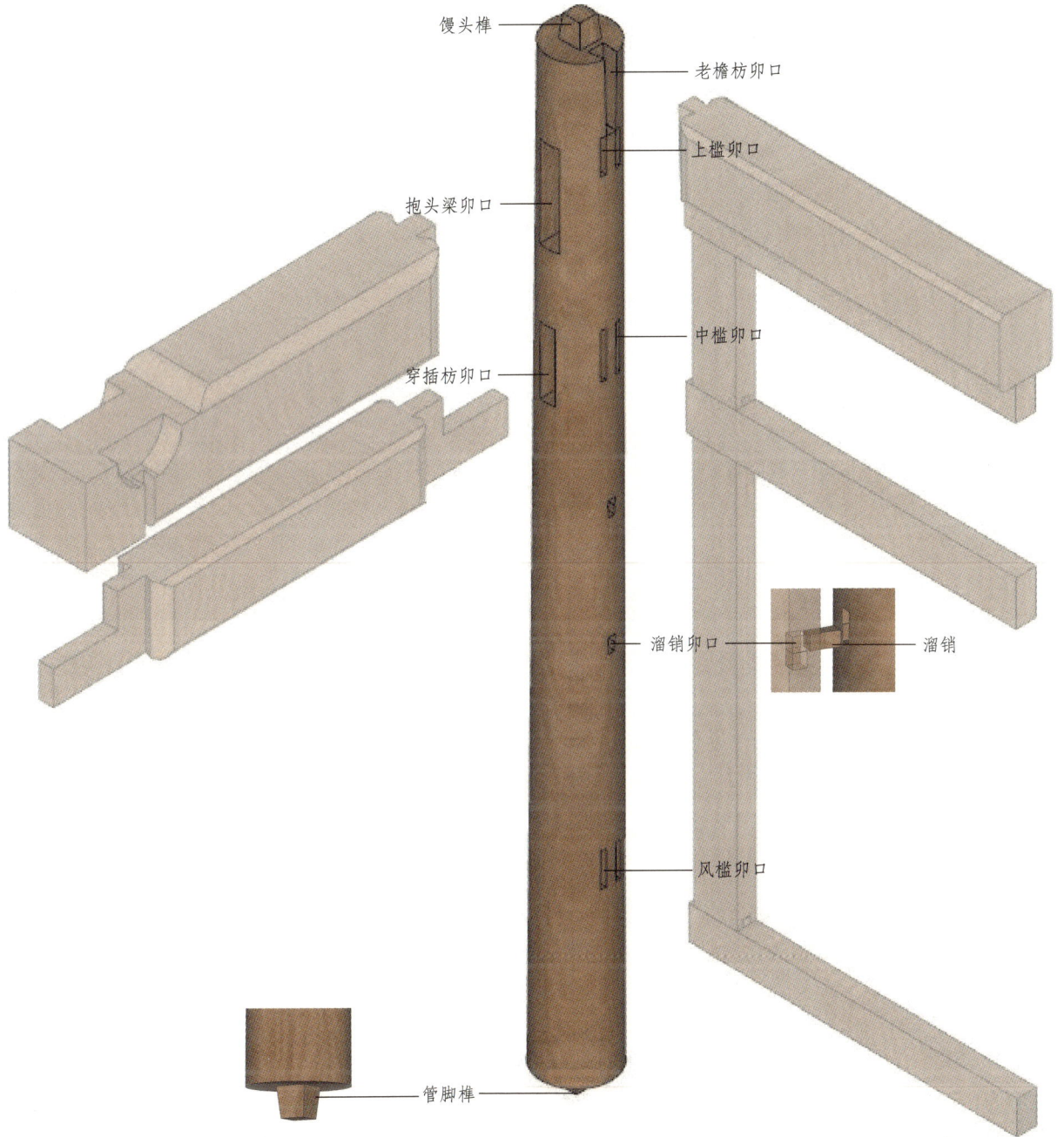

馒头榫

老檐枋卯口

上槛卯口

抱头梁卯口

中槛卯口

穿插枋卯口

溜销卯口　　溜销

风槛卯口

管脚榫

图3-1-10　zz4金角柱

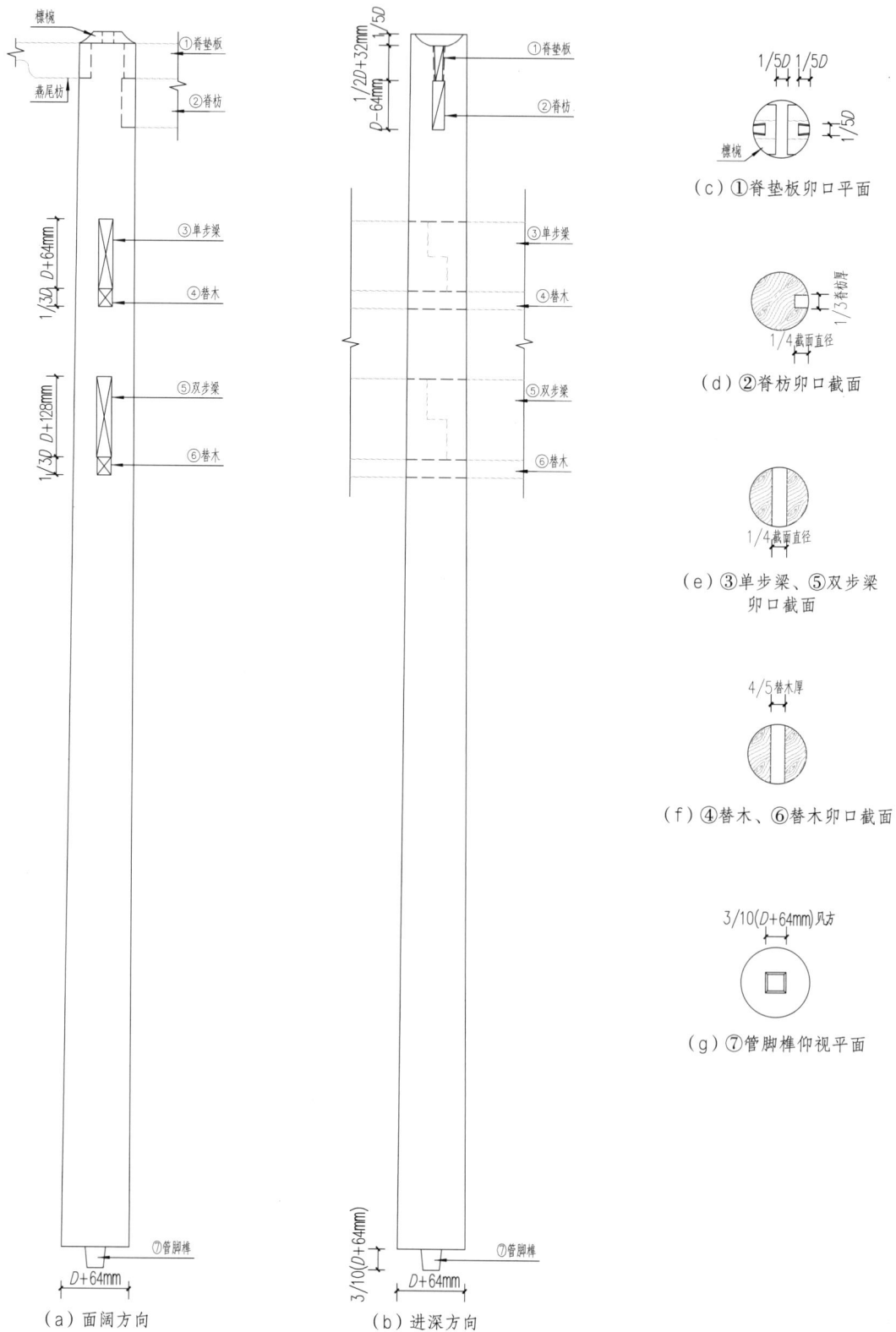

（c）①脊垫板卯口平面

（d）②脊枋卯口截面

（e）③单步梁、⑤双步梁
卯口截面

（f）④替木、⑥替木卯口截面

（g）⑦管脚榫仰视平面

（a）面阔方向

（b）进深方向

图3-1-11 山柱三视图

说明：山柱自下向上与柱顶石、替木、双步梁、单步梁、脊枋、脊垫板、燕尾枋、脊檩相交。山柱柱底做管脚榫置于柱顶石之上；山柱与替木之间做透榫；山柱与双步梁、单步梁之间均做半榫；山柱与脊枋之间做半榫；山柱与脊垫板、燕尾枋之间做燕尾榫；山柱顶与脊檩之间做檩椀、鼻子。

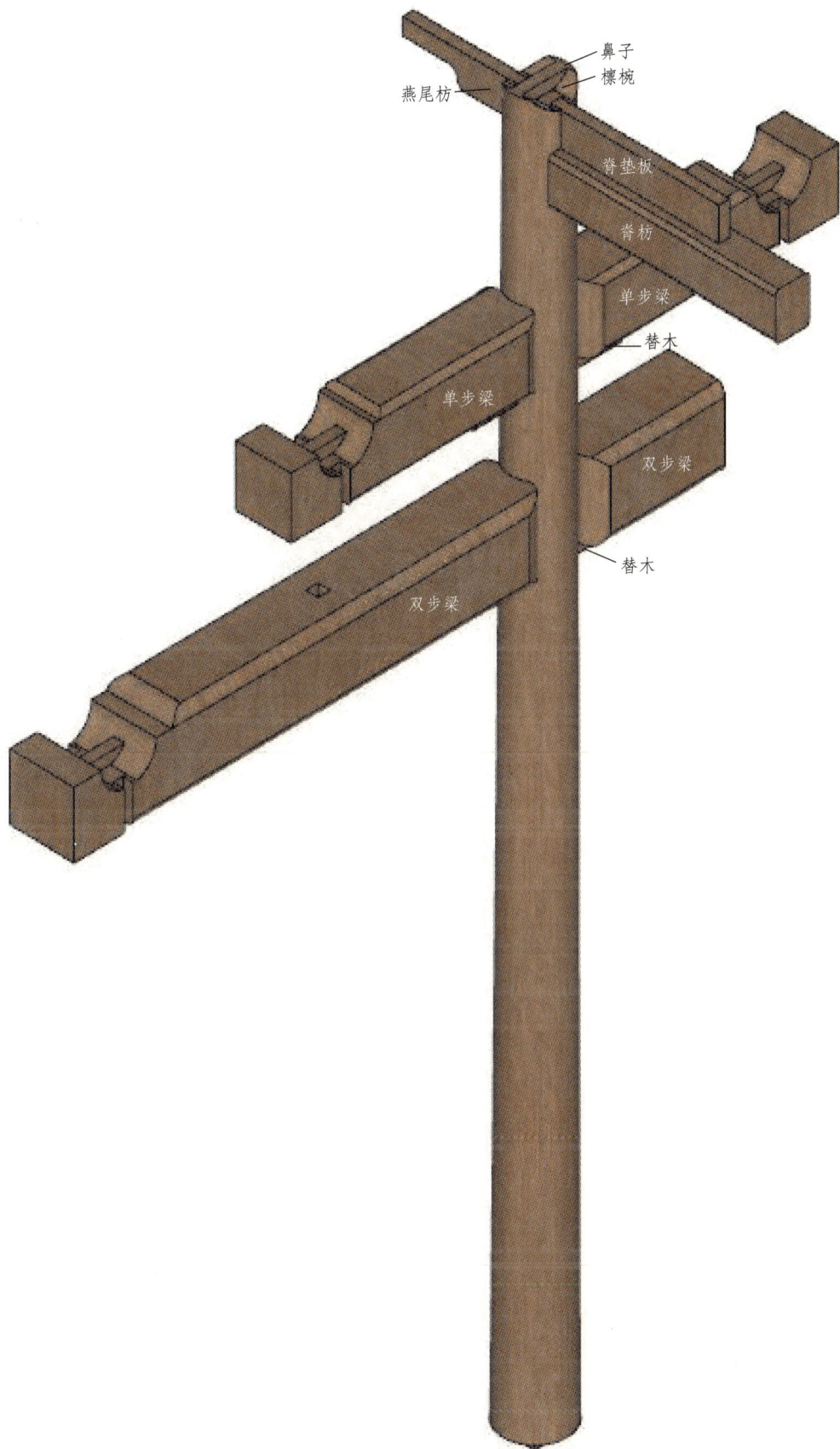

鼻子
檩椀
燕尾枋
脊垫板
脊枋
单步梁
替木
单步梁
双步梁
替木
双步梁

图3-1-12　山柱相交构件示意图

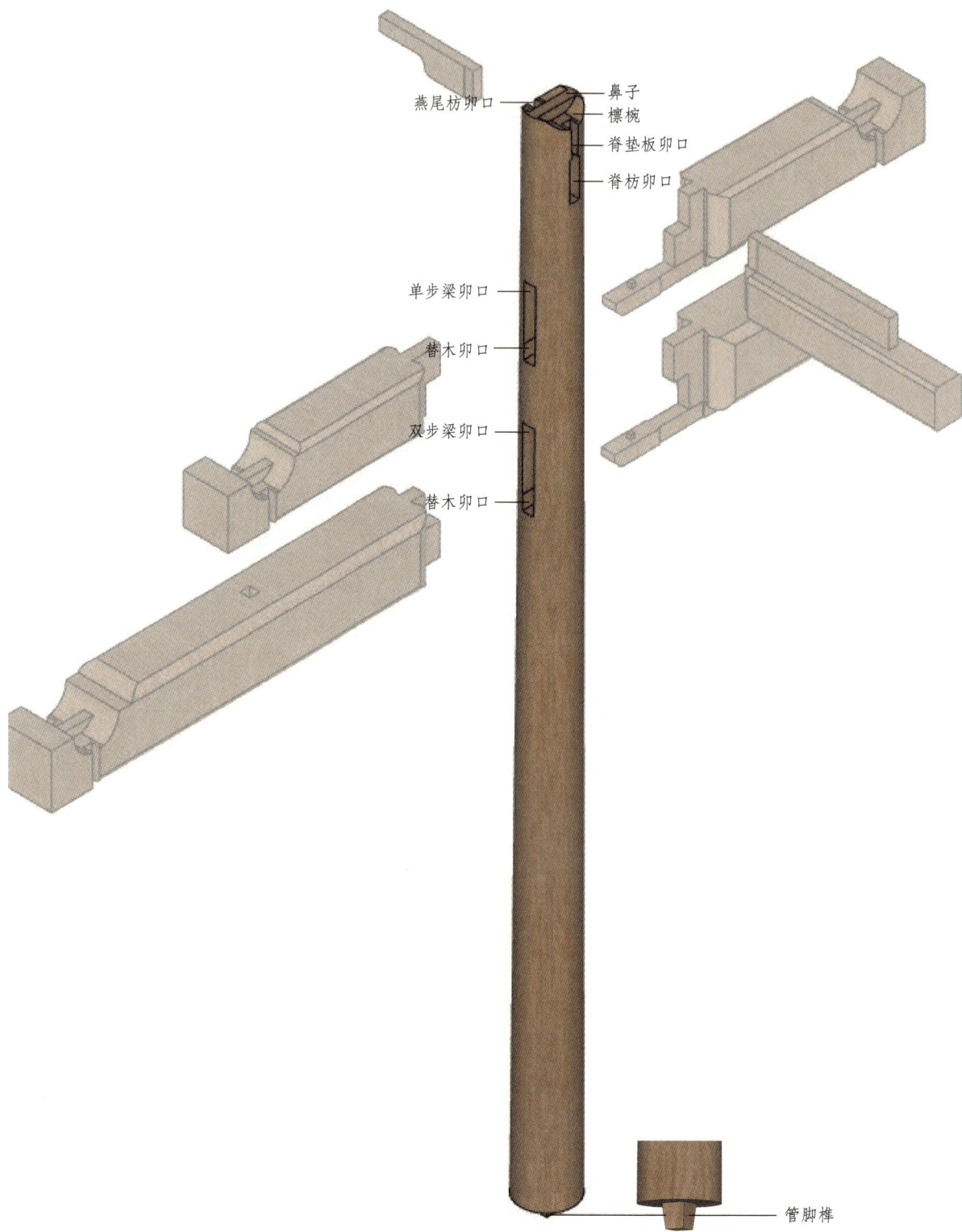

燕尾枋卯口

鼻子
檩椀
脊垫板卯口
脊枋卯口

单步梁卯口

替木卯口

双步梁卯口

替木卯口

管脚榫

图3-1-13　zz5山柱

3.2 柱头平面

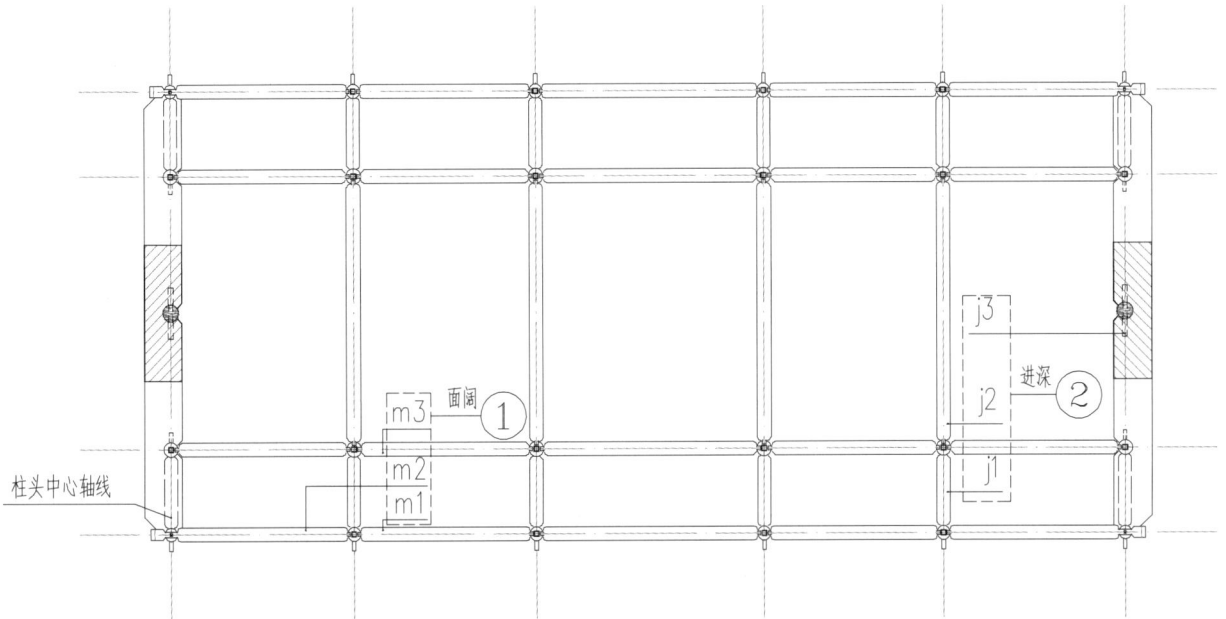

图3-2-1 七檩悬山前后廊建筑柱头平面图

表3-2-1

构件分类	图3-2-1中的序号	构件	长	宽	高	数量
①面阔	m1	檐枋		4/5D	D	6
	m2	箍头枋		4/5D	D	4
	m3	老檐枋		4/5D	D	10
②进深	j1	穿插枋		4/5D	D	12
	j2	随梁枋		D−64mm	D	4
	j3	替木	3D	3/10D	3/10D	4

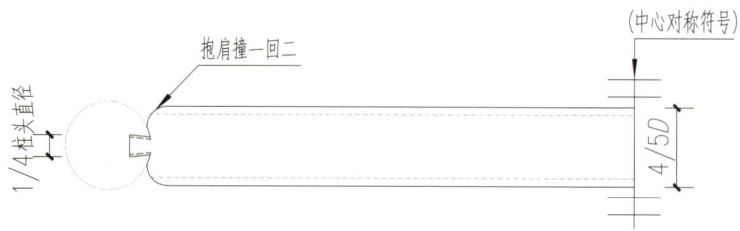

（a）檐枋平面图

（b）檐枋正立面图

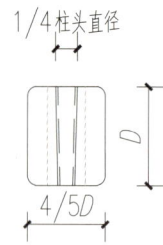

（c）檐枋侧立面图

（d）檐枋三维示意图

图3-2-2　m1檐枋

说明：檐枋与檐柱之间做燕尾榫。

（a）箍头枋平面图

3/20D见方

抱肩撞一回二

1/4柱头直径

3/10D

馒头榫

（b）箍头枋侧立面图1

1/4柱头直径

D

4/5D

16/25D

4/5D

（c）箍头枋侧立面图2

4/5D 3/20D

1/4D

（d）箍头枋正立面图

燕尾榫

滚楞

馒头榫

海眼

箍头榫

三岔头

撞一回二

（e）箍头枋三维示意图

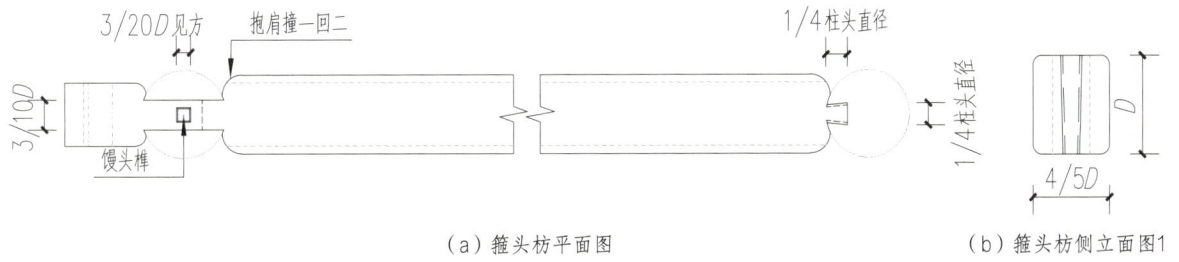

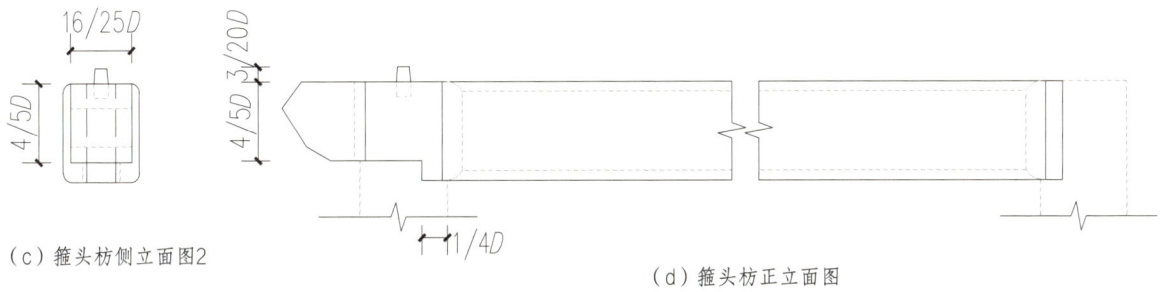

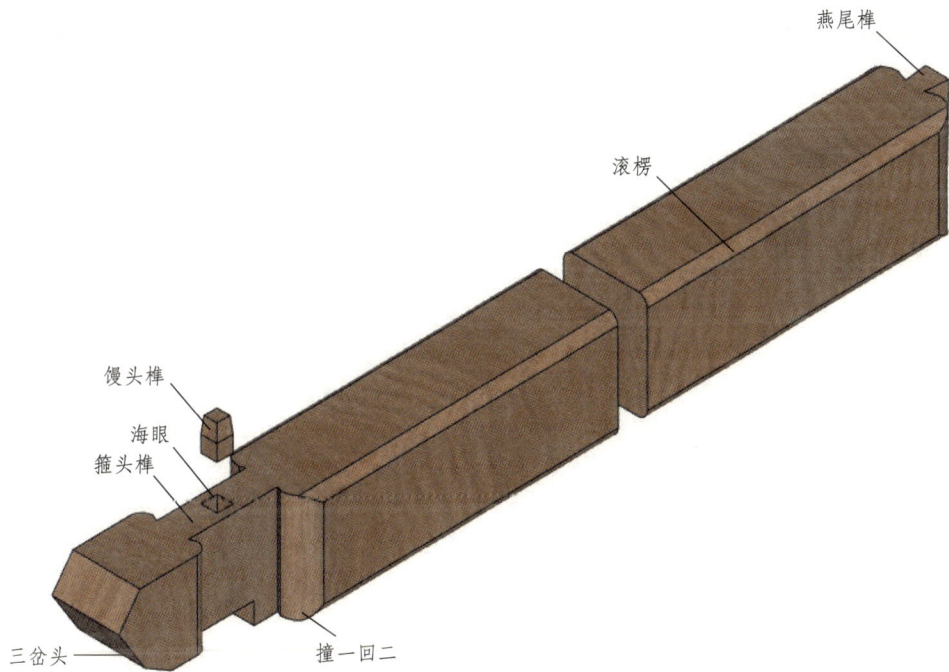

图3-2-3　m2箍头枋

说明：箍头枋与檐柱之间做燕尾榫；箍头枋与檐角柱之间做箍头榫；箍头枋与抱头梁之间做馒头榫。

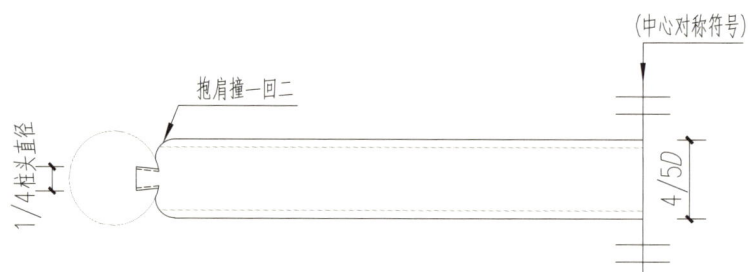

（a）老檐枋平面图

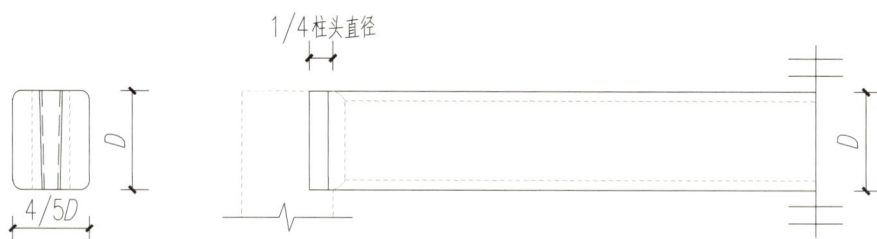

抱肩撞一回二

1/4柱头直径

（中心对称符号）

4/5D

1/4柱头直径

（b）老檐枋侧立面图

4/5D

D

（c）老檐枋正立面图

D

滚楞

燕尾榫

撞一回二

（d）老檐枋三维示意图

图3-2-4　m3老檐枋

说明：老檐枋与金柱之间做燕尾榫。

抱肩撞一回二

4/5D

D

D

1/4檐柱截面直径

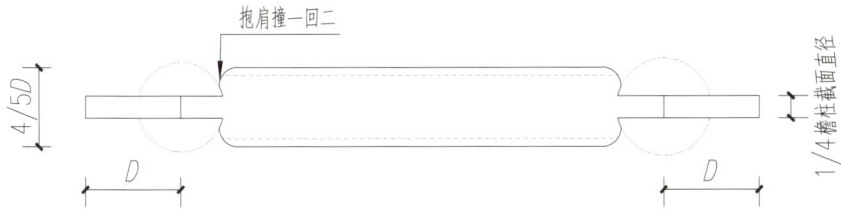

（a）穿插枋平面图

1/2檐柱截面直径

1/2金柱截面直径

1/2D 1/2D

（b）穿插枋正立面图

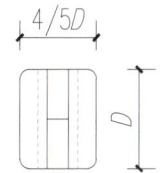

4/5D

D

（c）穿插枋侧立面图

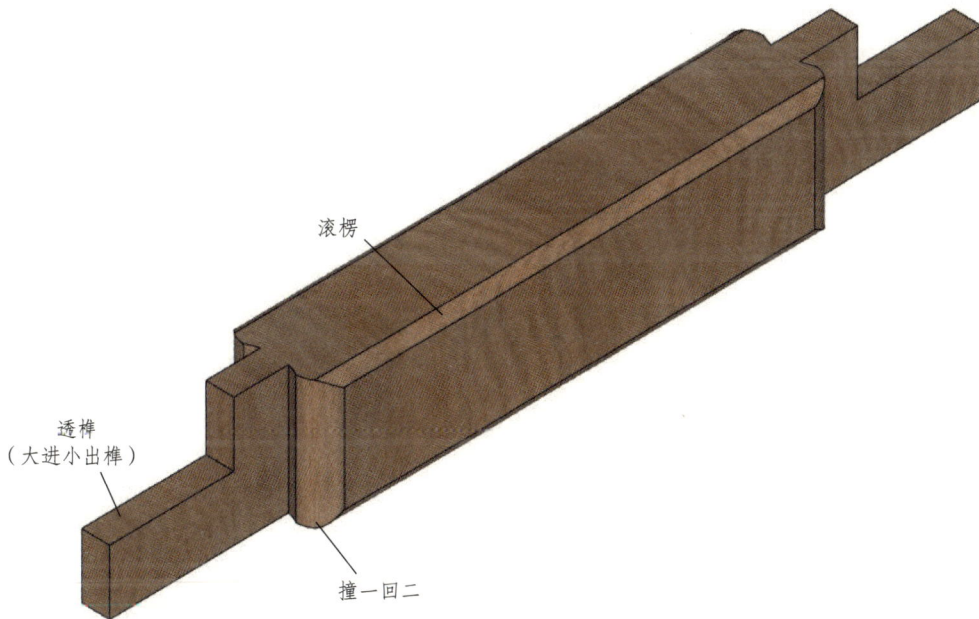

滚楞

透榫
（大进小出榫）

撞一回二

（d）穿插枋三维示意图

图3-2-5　j1穿插枋

说明：穿插枋与檐柱之间做透榫（大进小出榫）、与金柱之间做透榫（大进小出榫）。

（a）随梁枋平面图

1/4柱头直径

1/4柱头直径

抱肩撞一回二

（中心对称符号）

D-64mm

（b）随梁枋侧立面图

D-64mm

D

（c）随梁枋正立面图

D

D

滚楞

燕尾榫

（d）随梁枋三维示意图

撞一回二

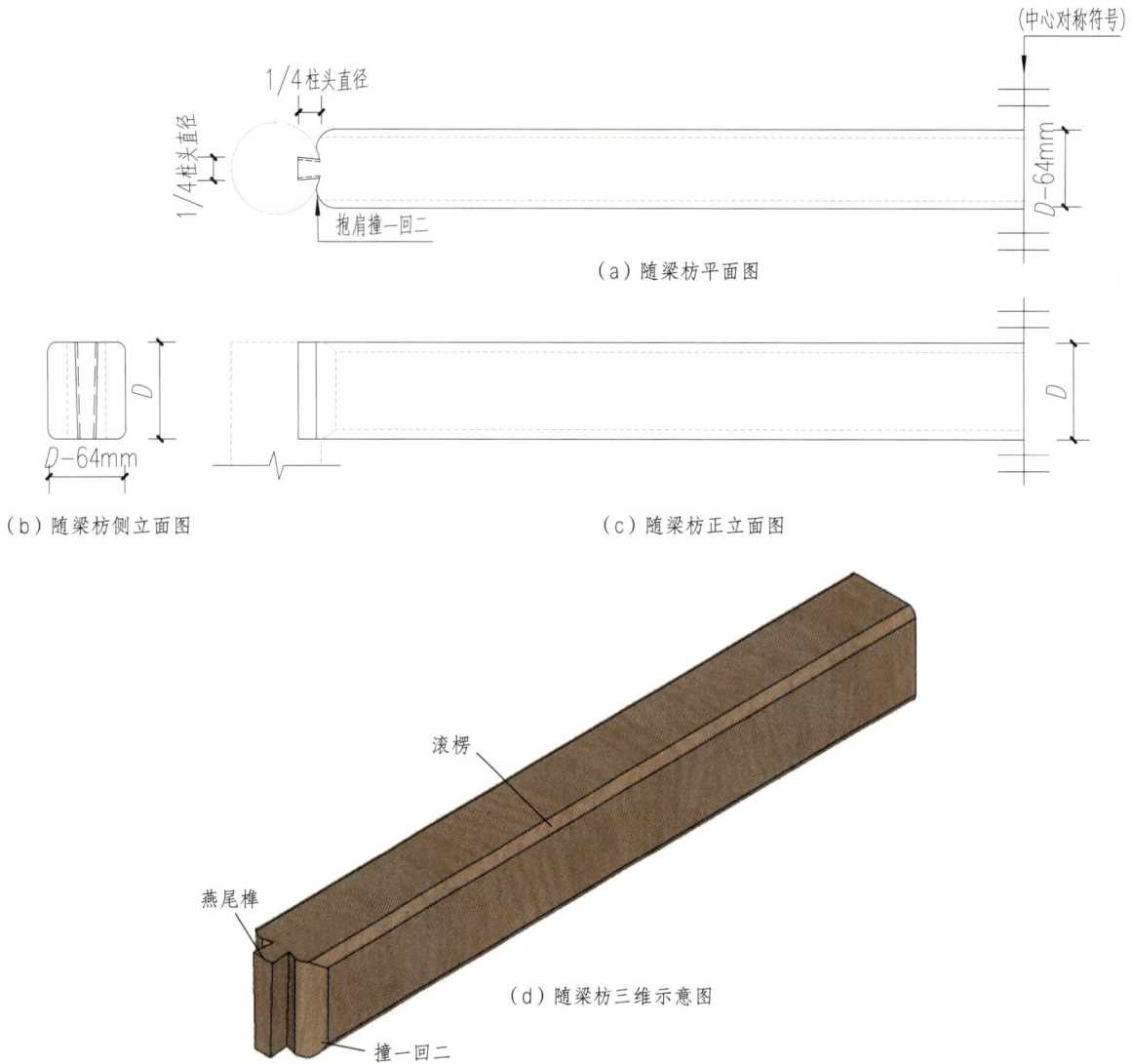

图3-2-6 j2随梁枋

说明：随梁枋与金柱之间做燕尾榫。

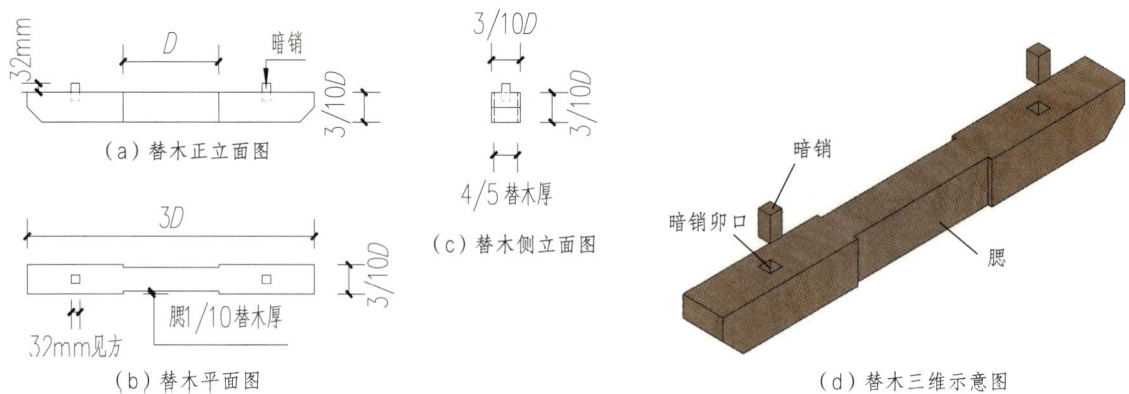

32mm

D

暗销

3/10D

（a）替木正立面图

3/10D

3/10D

3/10D

4/5替木厚

（c）替木侧立面图

3D

3/10D

腮1/10替木厚

32mm见方

（b）替木平面图

暗销

暗销卯口

腮

（d）替木三维示意图

图3-2-7 j3替木

说明：替木与山柱之间做透榫，替木与单步梁、双步梁之间做暗销。

3.3 步架平面

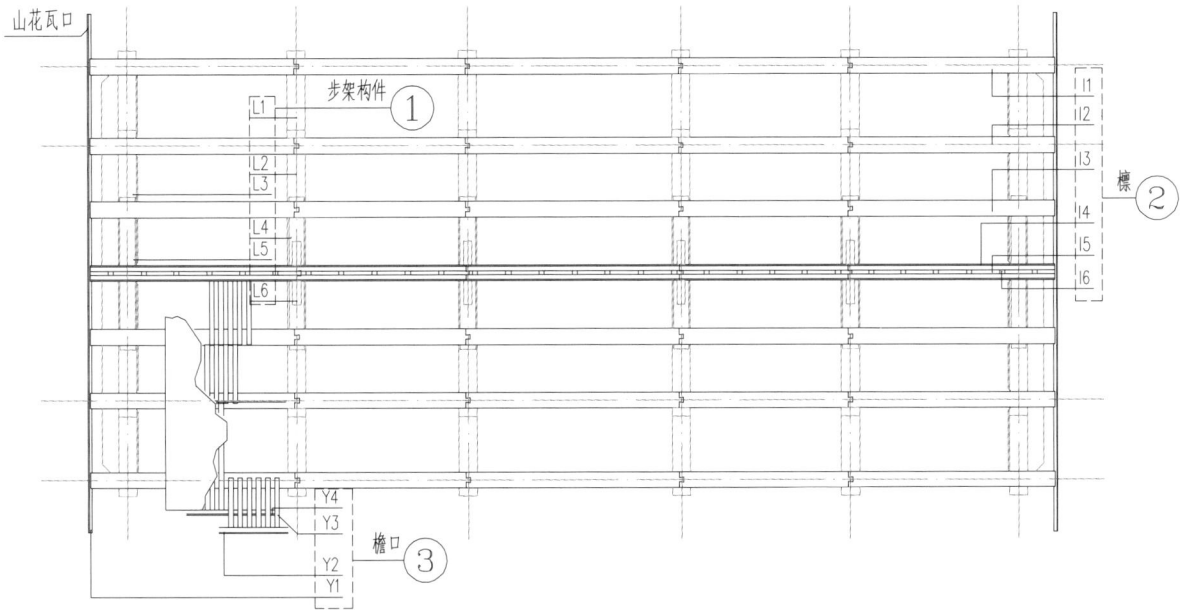

图3-3-1 七檩悬山前后廊建筑步架平面图

表3-3-1

构件分类	图3-3-1中的序号	构件	长	宽	高	径	数量	备注
①步架构件	L1	抱头梁		D+64mm	D+128mm		12	
	L2	五架梁		D+64mm	D+128mm		4	
	L3	双步梁		D+64mm	D+128mm		4	
	L4	三架梁		D	D+64mm		4	
	L5	单步梁		D	D+64mm		4	
	L6	脊角背	一步架	1/3自身高	1/2脊瓜柱高		4	
②檩	l1	檐檩				D	10	
	l2	老檐檩				D	10	榫卯同檐檩
	l3	金檩				D	10	榫卯同檐檩
	l4	脊檩				D	5	
	l5	扶脊木				4/5D	5	
	l6	椿桩	厚2/9D	1/3D	2.87D		29	
③檐口	Y1	博缝板		1/4D	1.8D		2	
	Y2	瓦口木		0.063D	0.21D		按实际	
	Y3	飞椽		3/10D	3/10D		按实际	
	Y4	闸挡板	0.36D	0.075D	3/10D		按实际	

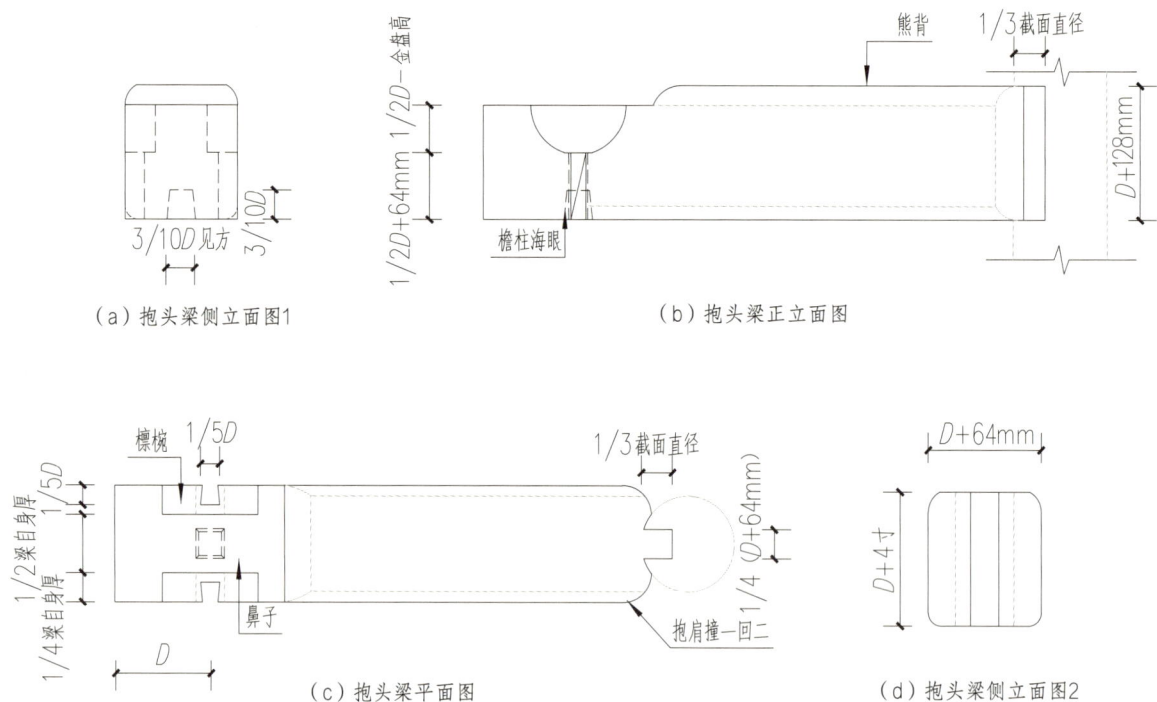

（a）抱头梁侧立面图1

（b）抱头梁正立面图

（c）抱头梁平面图

（d）抱头梁侧立面图2

注：山面抱头梁鼻子高和宽均为檩径的1/5。

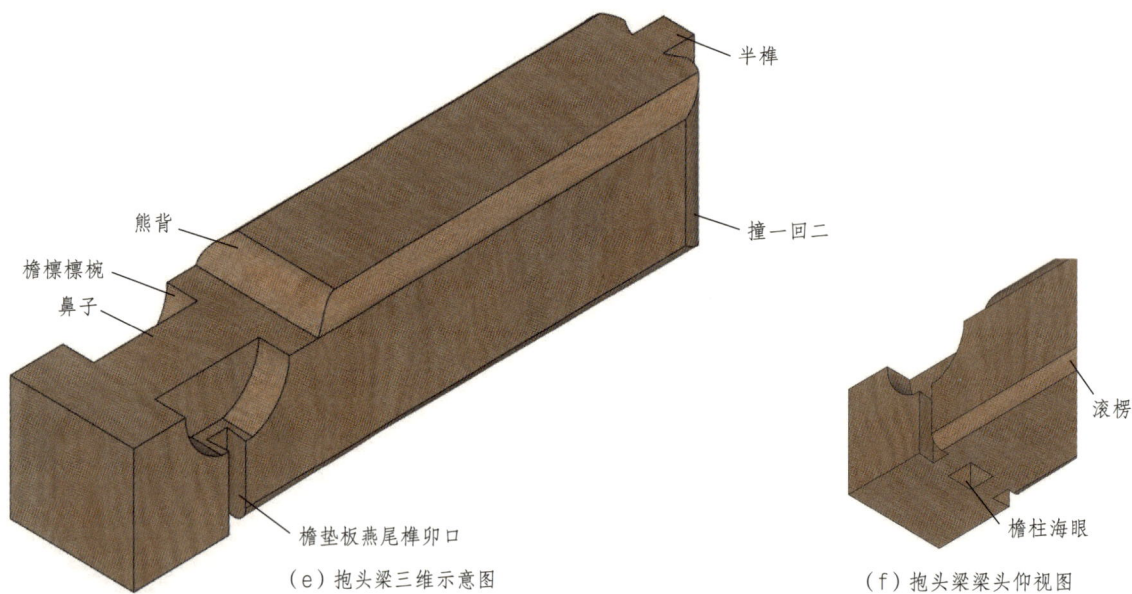

（e）抱头梁三维示意图

（f）抱头梁梁头仰视图

图3-3-2　L1抱头梁

　　说明：抱头梁与檐柱顶之间做馒头榫，抱头梁与檐垫板之间做燕尾榫，抱头梁与檐檩之间做檩椀、鼻子，抱头梁与金柱之间做半榫。

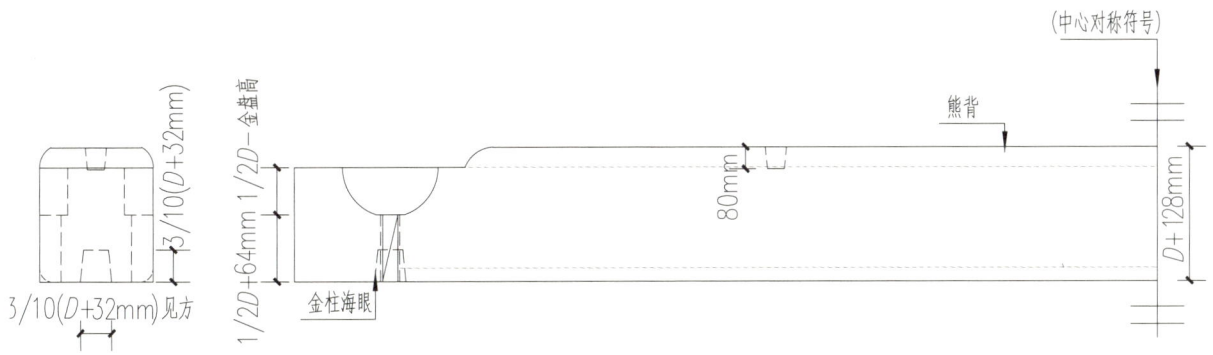

（a）五架梁侧立面图

（b）五架梁正立面图

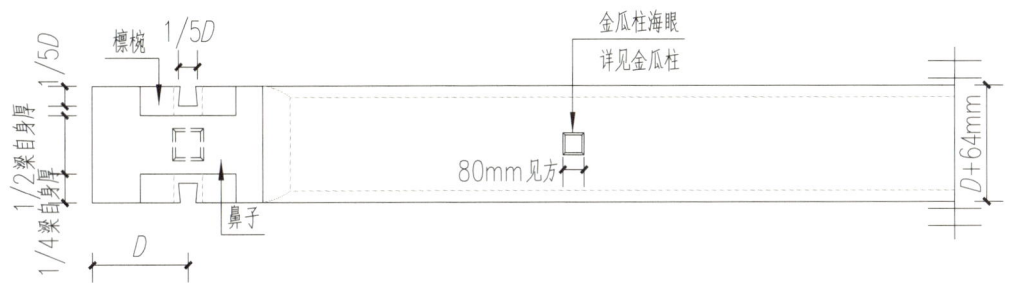

（c）五架梁平面图

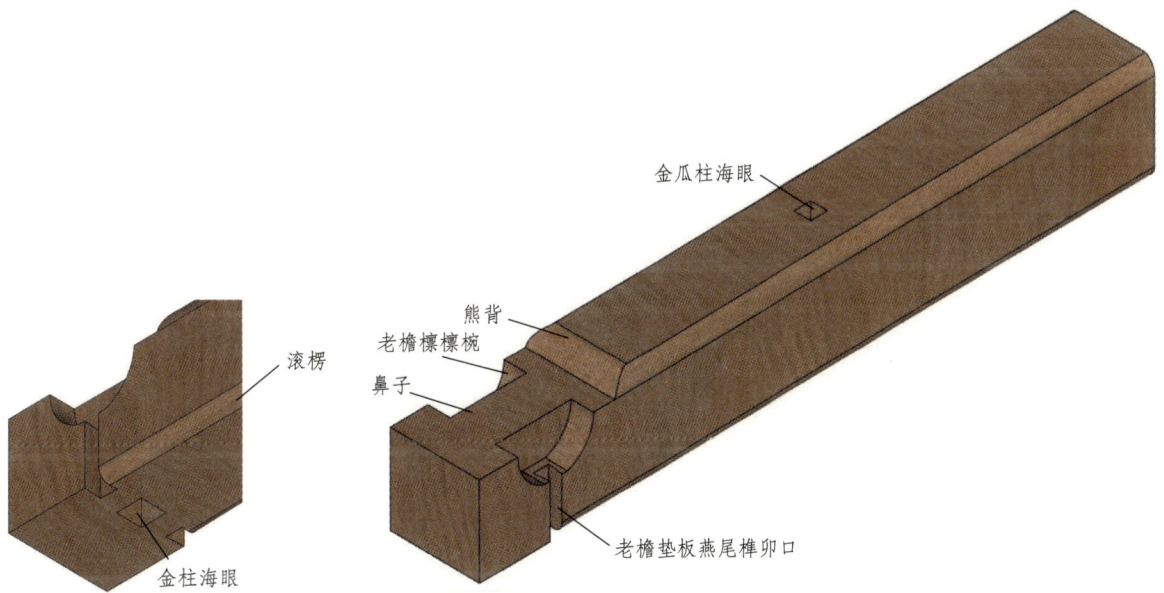

（d）五架梁梁头仰视图

（e）五架梁三维示意图

图3-3-3　L2五架梁

　　说明：五架梁与金柱顶之间做馒头榫；五架梁与老檐垫板之间做燕尾榫；五架梁与老檐檩之间做檩椀、鼻子；五架梁与金瓜柱之间做金瓜柱管脚榫。

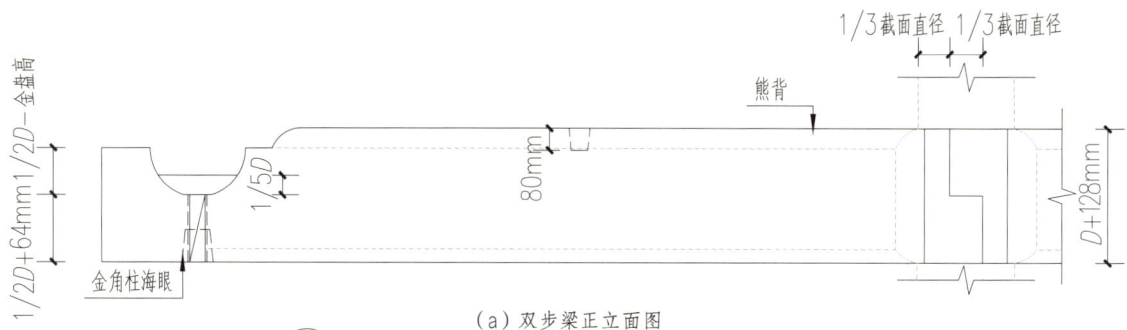

（a）双步梁正立面图

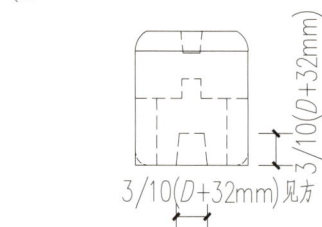

（b）双步梁侧立面图1

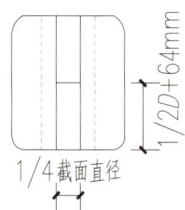

（c）双步梁侧立面图2

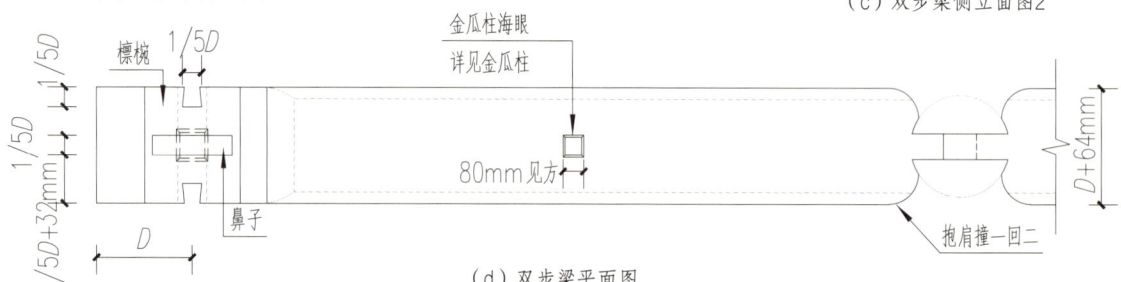

（d）双步梁平面图

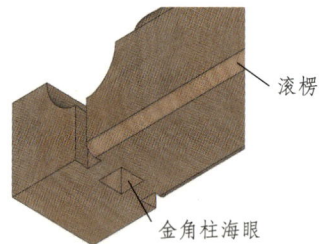

（f）双步梁梁头仰视图

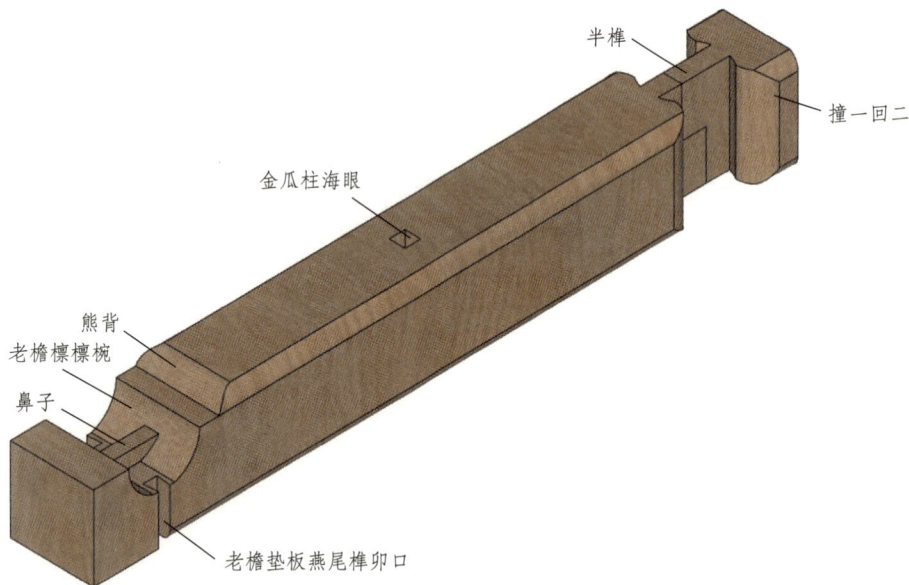

（e）双步梁三维示意图

图3-3-4　L3双步梁

说明：双步梁与金角柱柱顶之间做馒头榫；双步梁与老檐垫板之间做燕尾榫；双步梁与老檐檩之间做檩椀、鼻子；双步梁与金瓜柱之间做金瓜柱管脚榫；双步梁与山柱之间做半榫。

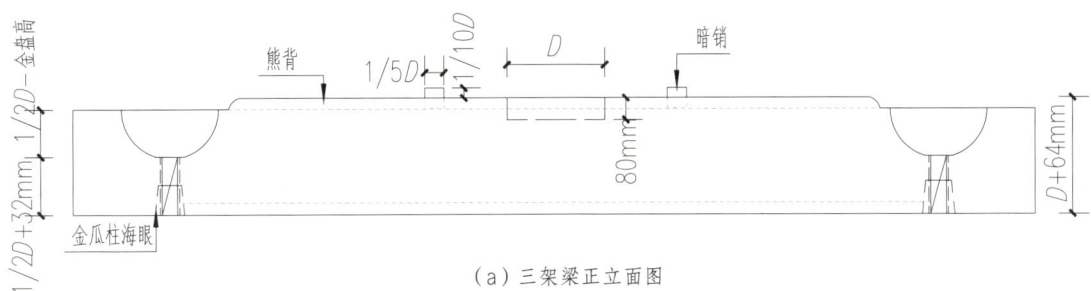

（a）三架梁正立面图

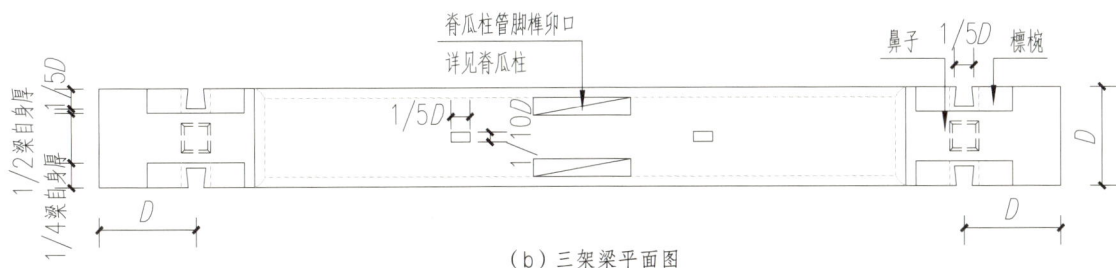

（b）三架梁平面图

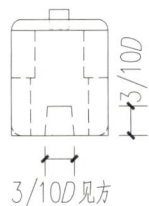

（c）三架梁侧立面图

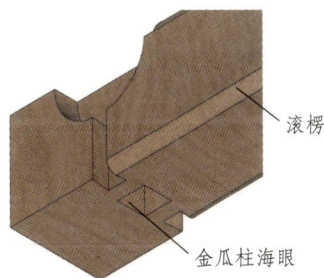

（e）三架梁梁头仰视图

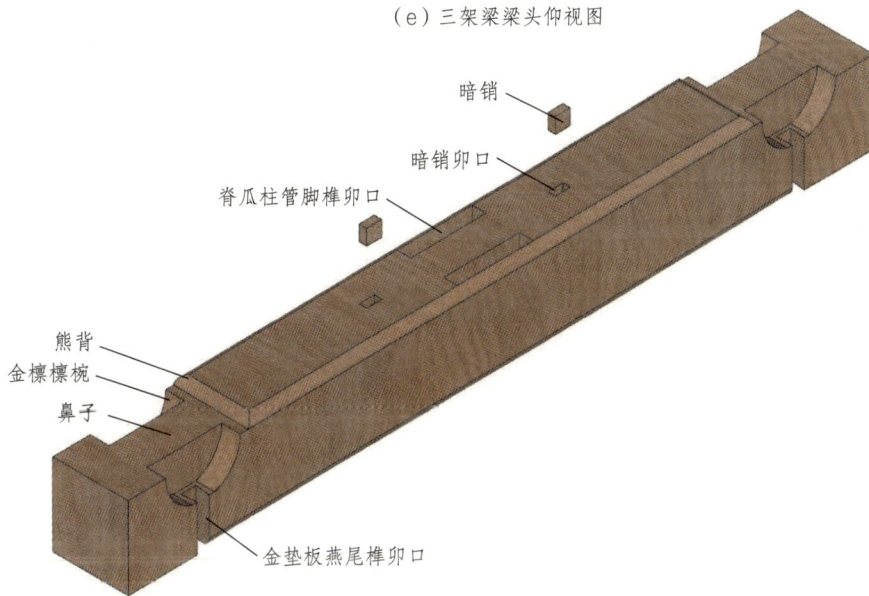

（d）三架梁三维示意图

图3-3-5 L4三架梁

说明：三架梁与金瓜柱顶之间做馒头榫；三架梁与金垫板之间做燕尾榫；三架梁与金檩之间做檩椀、鼻子；三架梁与脊角背之间做暗销；三架梁与脊瓜柱之间做脊瓜柱管脚榫。

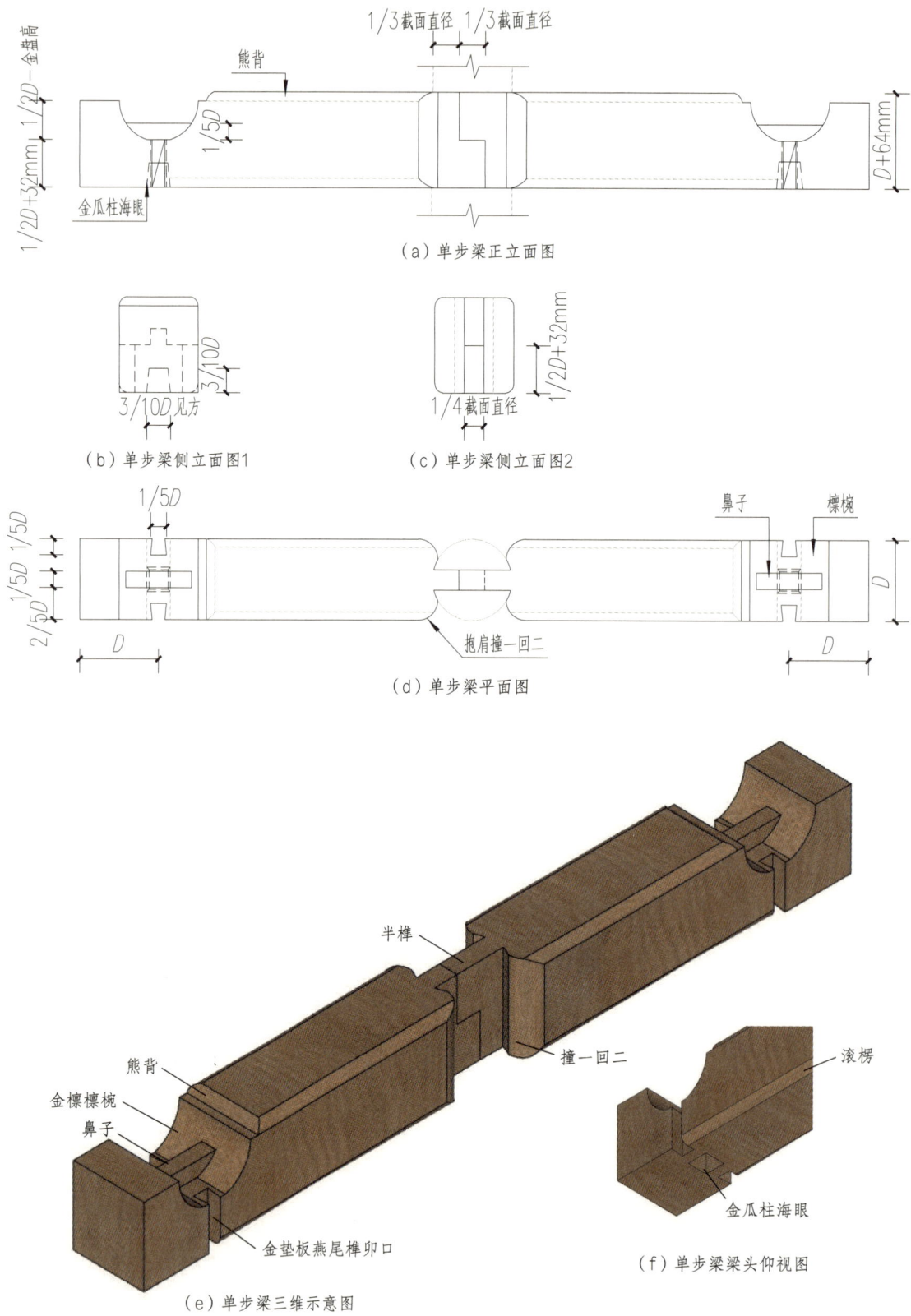

（a）单步梁正立面图

（b）单步梁侧立面图1

（c）单步梁侧立面图2

（d）单步梁平面图

（e）单步梁三维示意图

（f）单步梁梁头仰视图

图3-3-6　L5单步梁

说明：单步梁与金瓜柱顶之间做馒头榫；单步梁与金垫板之间做燕尾榫；单步梁与金檩之间做檩椀、鼻子；单步梁与山柱之间半榫。

包掩按脊角背厚的1/10

1/3自身高

D

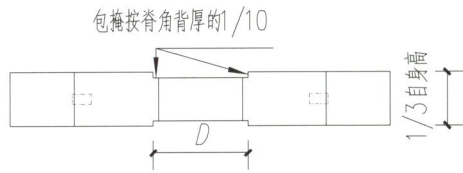

（a）脊角背平面图

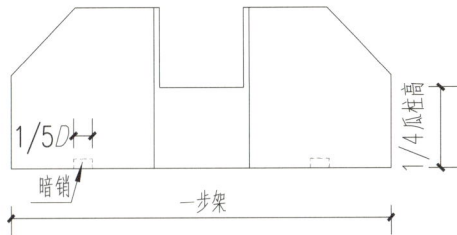

1/5D

暗销

一步架

1/4瓜柱高

（b）脊角背正立面图

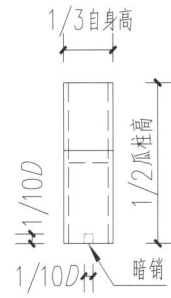

1/3自身高

1/10D

1/10D

暗销

1/2瓜柱高

（c）脊角背侧立面图

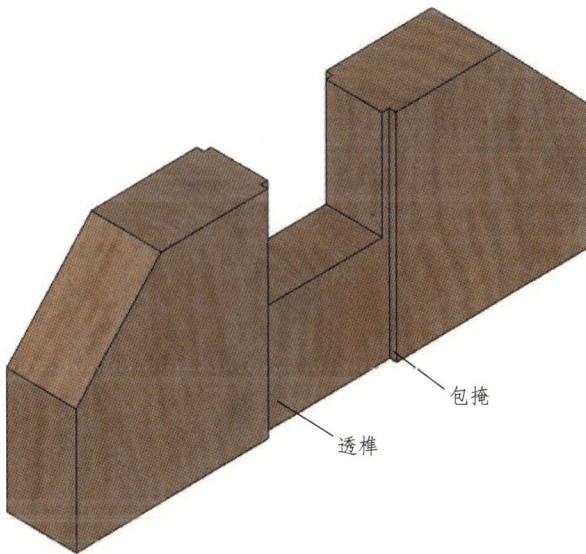

包掩

透榫

（d）脊角背三维示意图1

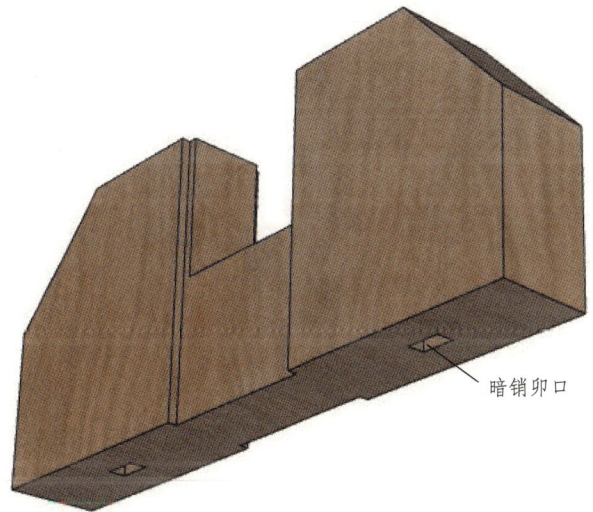

暗销卯口

（e）脊角背三维示意图2

图3-3-7　L6脊角背

说明：脊角背与脊瓜柱之间做包掩，下端做透榫；脊角背与三架梁之间做暗销。

（a）檐檩（梢檩）平面图

（b）檐檩平面图

（c）檐檩（梢檩）侧立面图　（d）檐檩（梢檩）正立面图　（e）檐檩侧立面图1　（f）檐檩正立面图　（g）檐檩侧立面图2

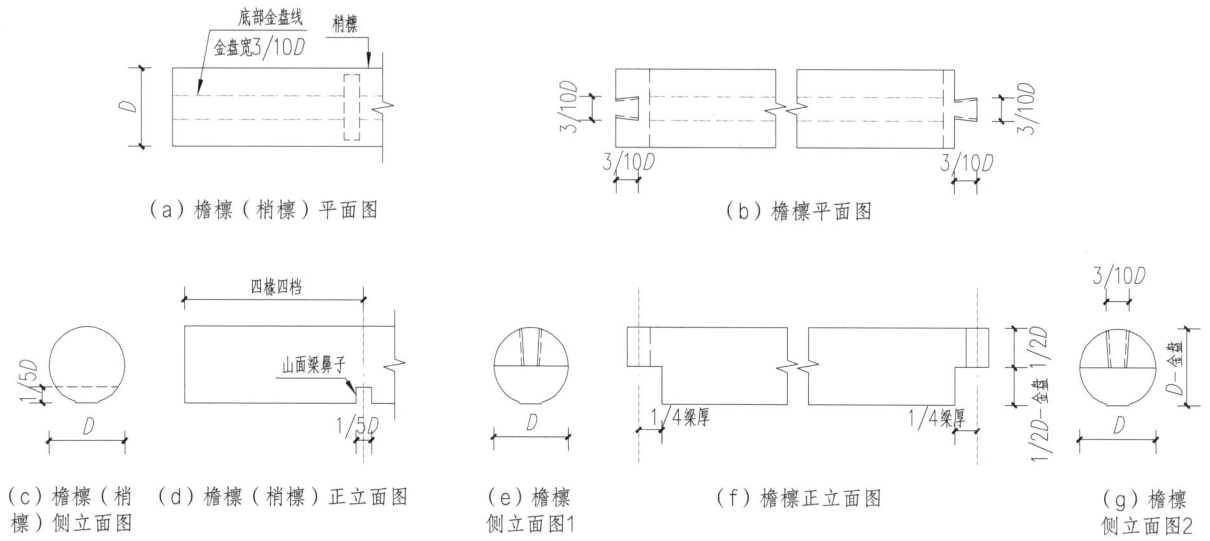

注：檐檩、老檐檩、金檩榫卯尺寸相同。梁厚在檐檩上为抱头梁厚；在老檐檩上为五架梁厚，在金檩上为三架梁厚。

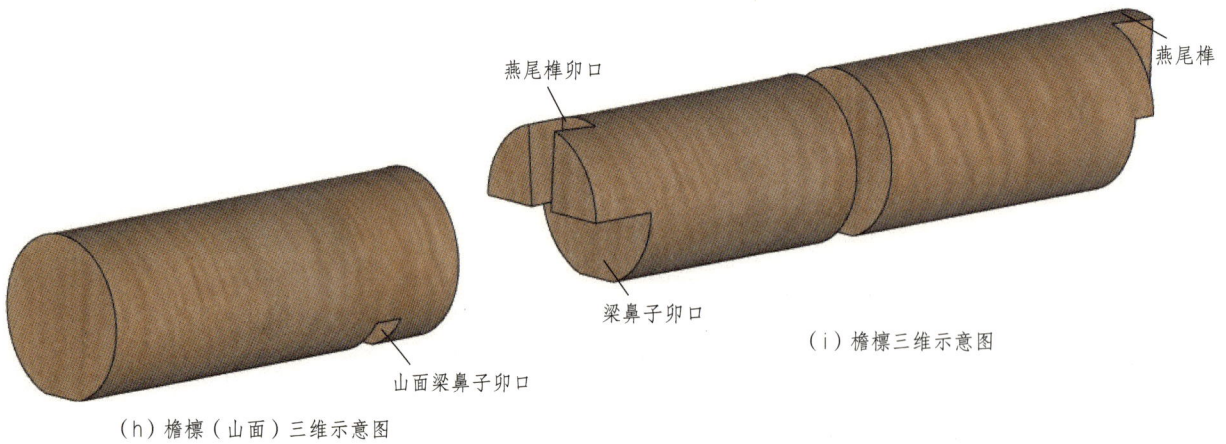

（h）檐檩（山面）三维示意图

（i）檐檩三维示意图

图3-3-8　l1檐檩

说明：檐檩之间做燕尾榫；檐檩（梢檩）与山面梁之间做鼻子；檐檩与梁之间做鼻子。

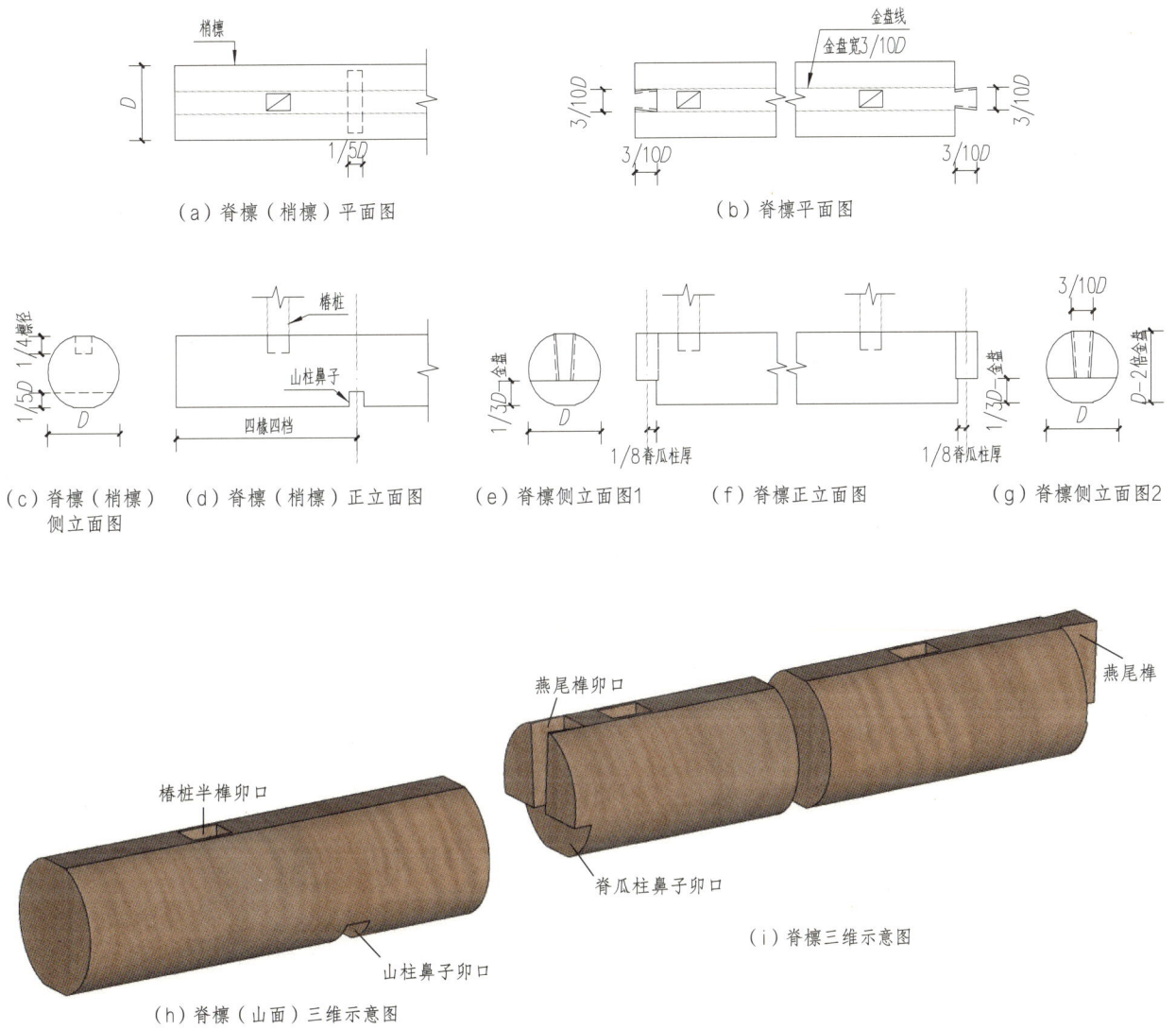

（a）脊檩（梢檩）平面图

（b）脊檩平面图

（c）脊檩（梢檩）侧立面图

（d）脊檩（梢檩）正立面图

（e）脊檩侧立面图1

（f）脊檩正立面图

（g）脊檩侧立面图2

（h）脊檩（山面）三维示意图

（i）脊檩三维示意图

图3-3-9 l4脊檩

说明：脊檩之间做燕尾榫；脊檩（梢檩）与山柱之间做鼻子；脊檩与脊瓜柱之间做鼻子；脊檩与椿桩之间做半榫。

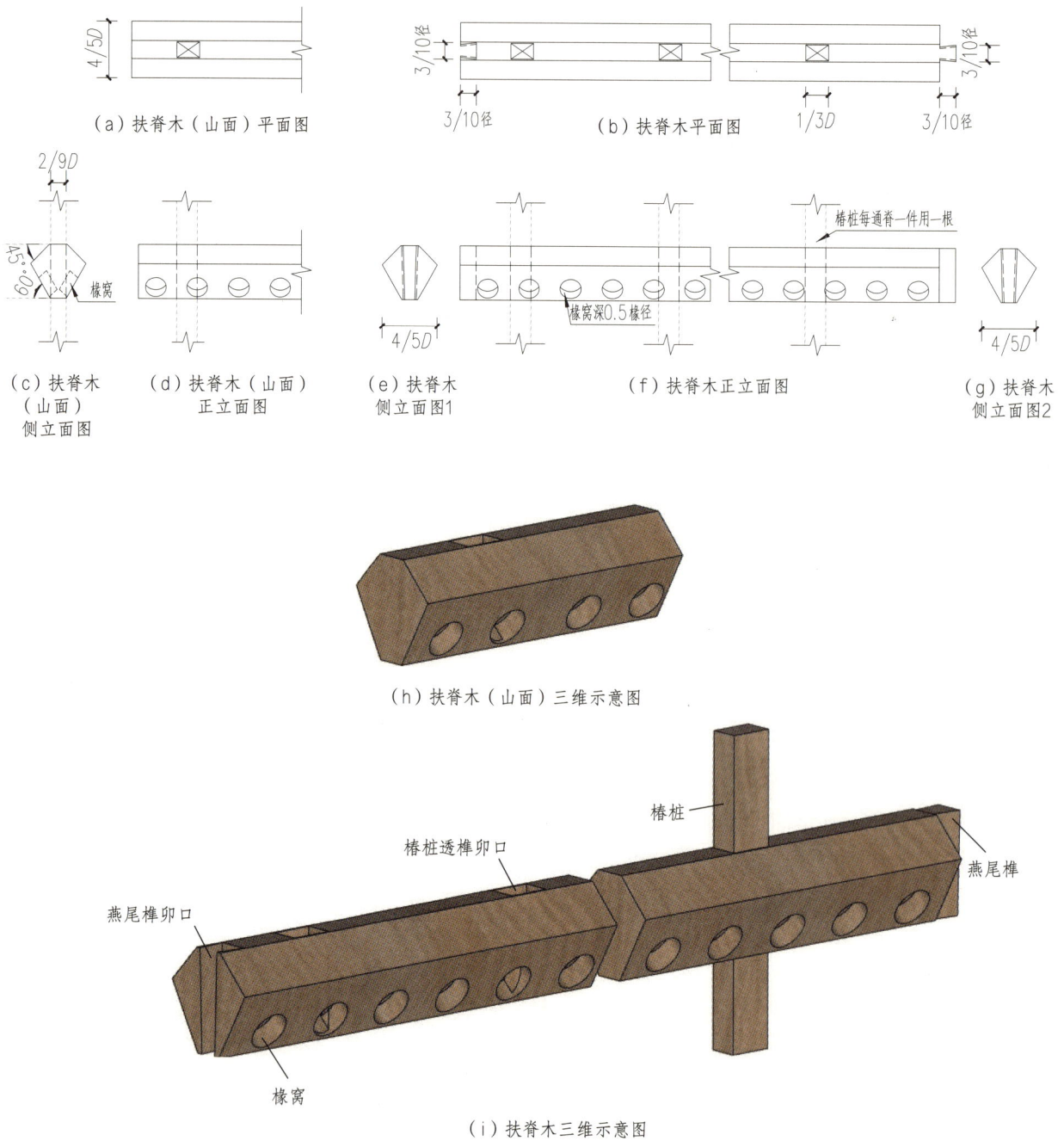

（a）扶脊木（山面）平面图

（b）扶脊木平面图

（c）扶脊木
（山面）
侧立面图

（d）扶脊木（山面）
正立面图

（e）扶脊木
侧立面图1

（f）扶脊木正立面图

（g）扶脊木
侧立面图2

（h）扶脊木（山面）三维示意图

（i）扶脊木三维示意图

图3-3-10　l5扶脊木、l6椿桩

说明：扶脊木之间做燕尾榫；扶脊木与脑椽之间做椽窝；扶脊木与椿桩之间做透榫。

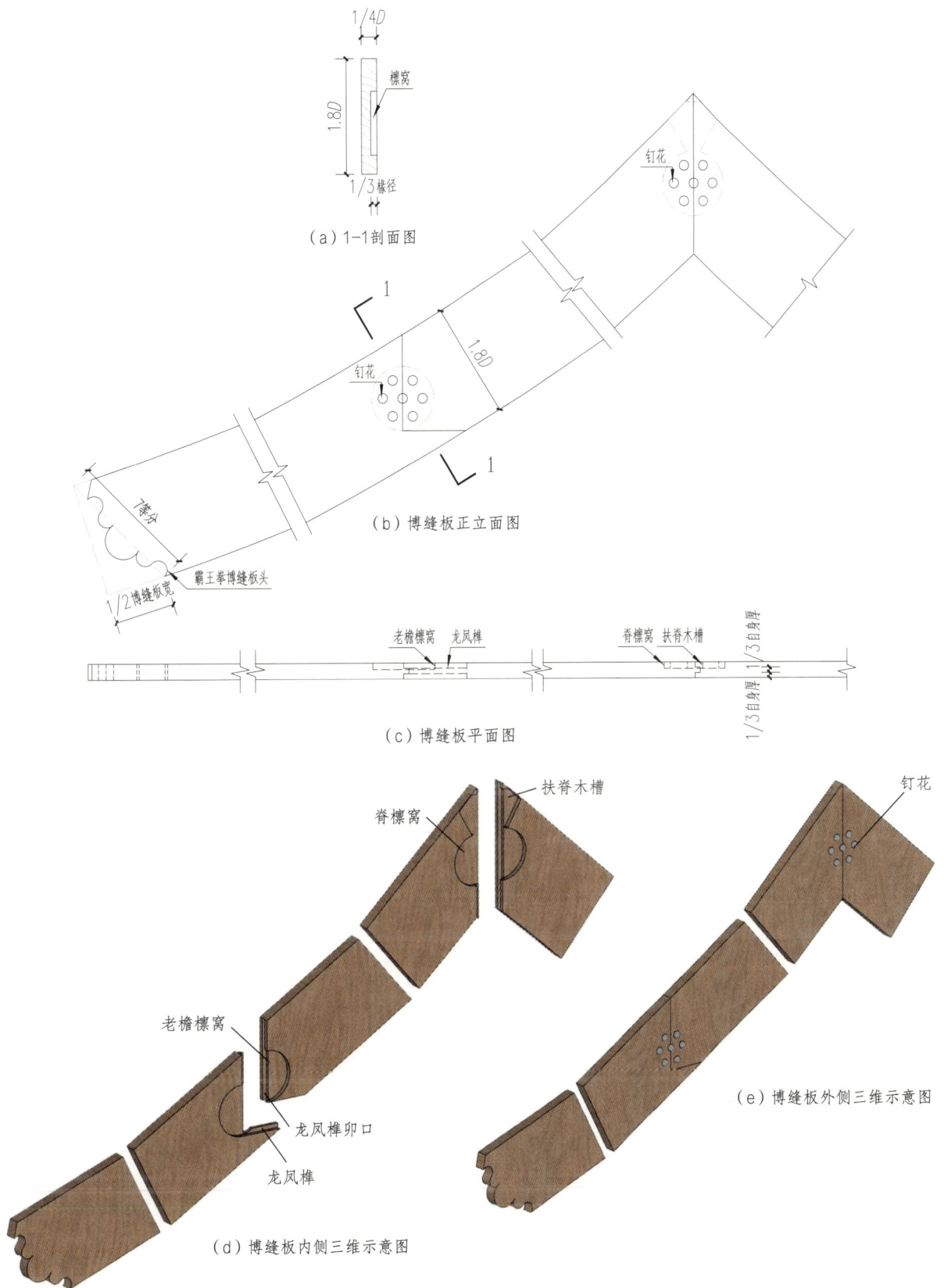

（a）1-1剖面图

（b）博缝板正立面图

（c）博缝板平面图

（d）博缝板内侧三维示意图

（e）博缝板外侧三维示意图

图3-3-11 Y1博缝板

说明：博缝板刻槽与檐檩、老檐檩、金檩、脊檩、扶脊木相接；博缝板对接处用龙凤榫。

板瓦　蚰蜒当　筒瓦　30~40mm

（a）瓦口木正立面图

63/1000D
21/100D

（b）瓦口木侧立面图

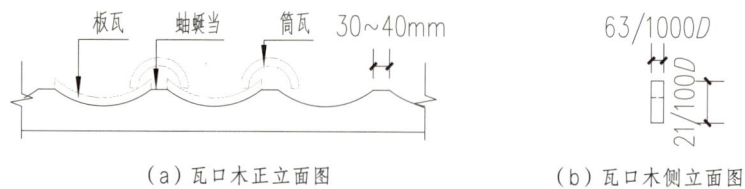

（c）瓦口木三维示意图

图3-3-12　Y2瓦口木

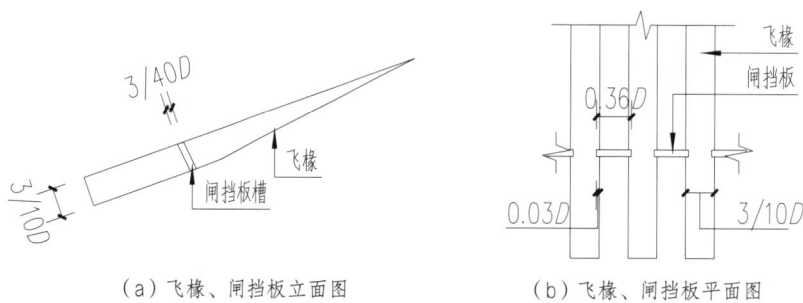

3/40D
3/10D
飞椽
闸挡板槽

（a）飞椽、闸挡板立面图

0.36D
飞椽
闸挡板
0.03D
3/10D

（b）飞椽、闸挡板平面图

飞椽
闸挡板

（c）飞椽、闸挡板三维示意图

图3-3-13　Y3飞椽、Y4闸挡板

说明：飞椽上刻槽，与闸挡板相接。

3.4 横剖面

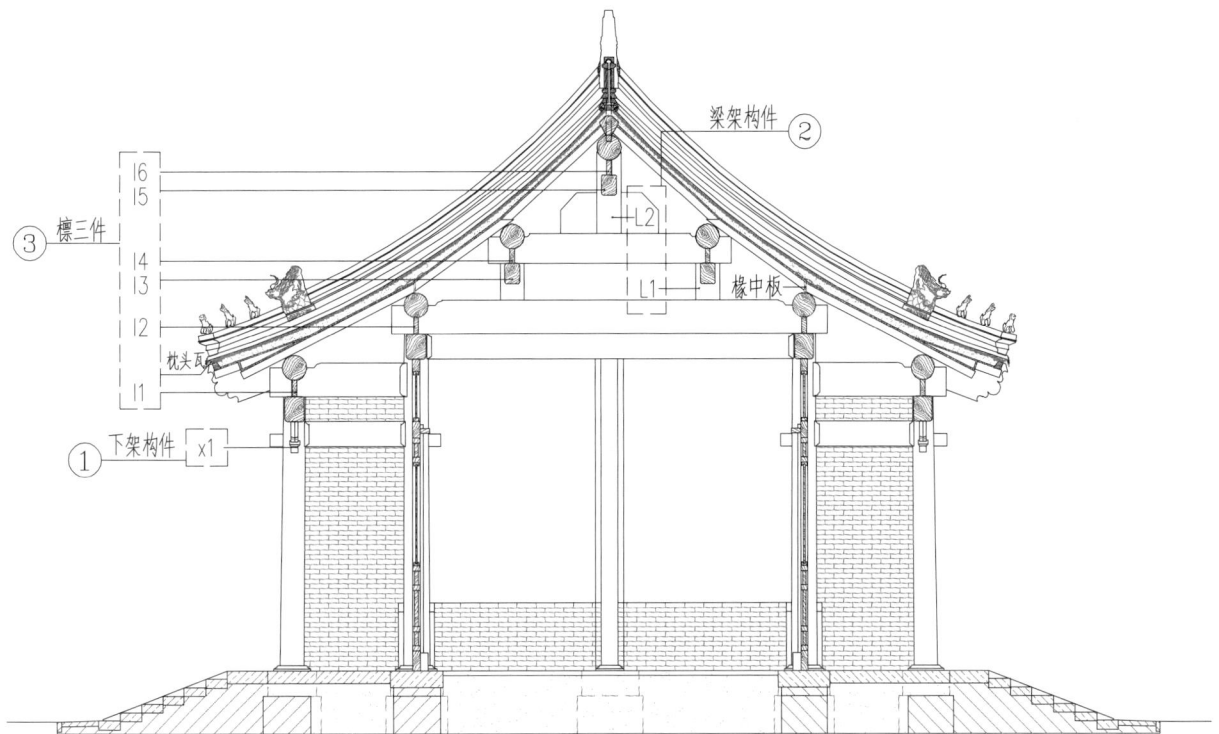

图3-4-1　七檩悬山前后廊建筑横剖面图

表3-4-1

构件分类	图3-4-1中的序号	构件	长	宽	高	数量	备注
① 下架构件	x1	雀替	1/4明间 净面阔	3/10D	1.25D	20	
② 梁架构件	L1	金瓜柱		D（见方）	按实际	12	
	L2	脊瓜柱	D	D	按实际	4	
③檩三件	l1	檐垫板		0.2D	1/2D+64mm	10	
	l2	老檐垫板		0.2D	1/2D+64mm	10	榫卯同檐垫板
	l3	金枋		0.8D–64mm	D–64mm	10	
	l4	金垫板		0.2D	1/2D+32mm	10	
	l5	脊枋		0.8D–64mm	D–64mm	5	
	l6	脊垫板		0.2D	1/2D+32mm	5	榫卯同金垫板

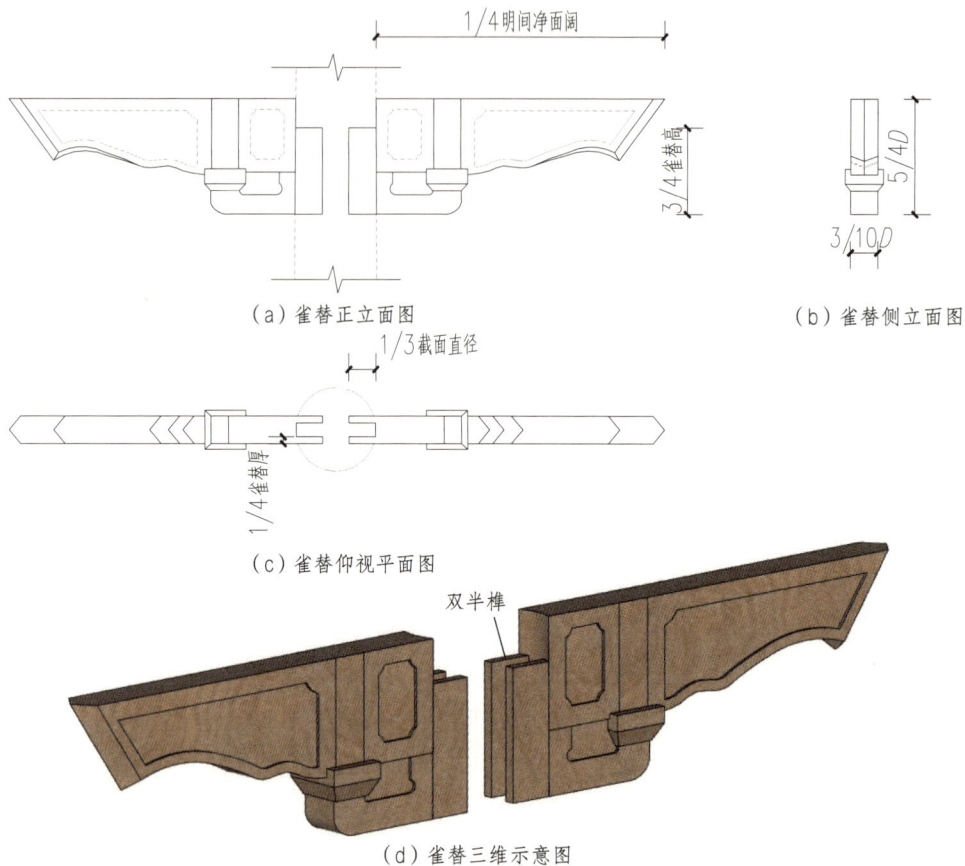

（a）雀替正立面图　　　　　　　　　　　　　　　（b）雀替侧立面图

（c）雀替仰视平面图

（d）雀替三维示意图

图3-4-2　x1雀替

说明：雀替与檐柱之间做双半榫。

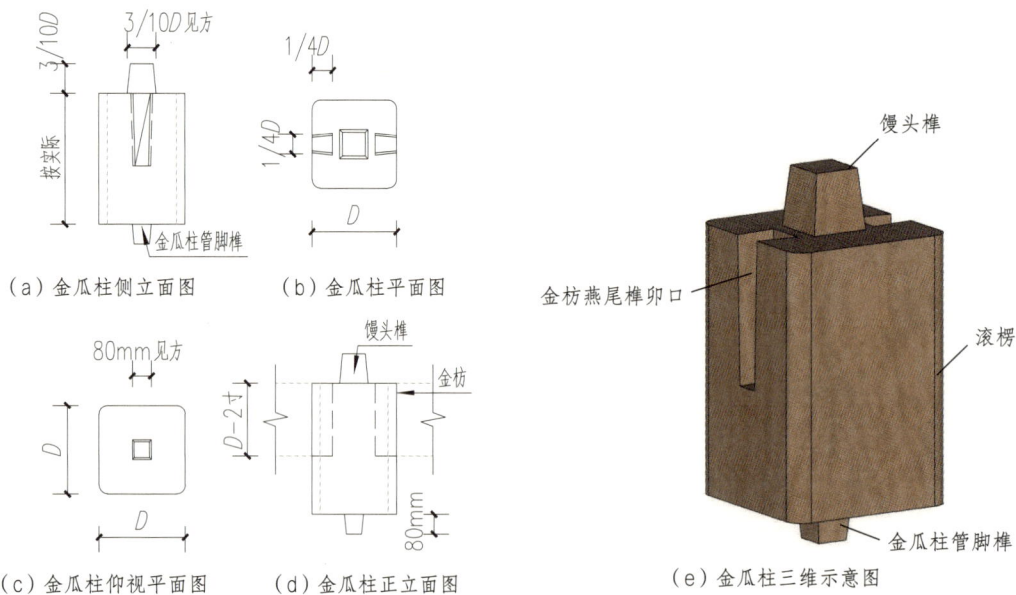

（a）金瓜柱侧立面图　　　（b）金瓜柱平面图

（c）金瓜柱仰视平面图　　　（d）金瓜柱正立面图　　　（e）金瓜柱三维示意图

图3-4-3　L1金瓜柱

说明：金瓜柱与五架梁、双步梁之间做金瓜柱管脚榫；金瓜柱与金枋之间做燕尾榫；金瓜柱与三架梁、单步梁之间做馒头榫。

（a）脊瓜柱正立面图

（b）脊瓜柱平面图

（c）脊瓜柱仰视平面图

（d）脊瓜柱侧立面图

（e）脊瓜柱三维示意图

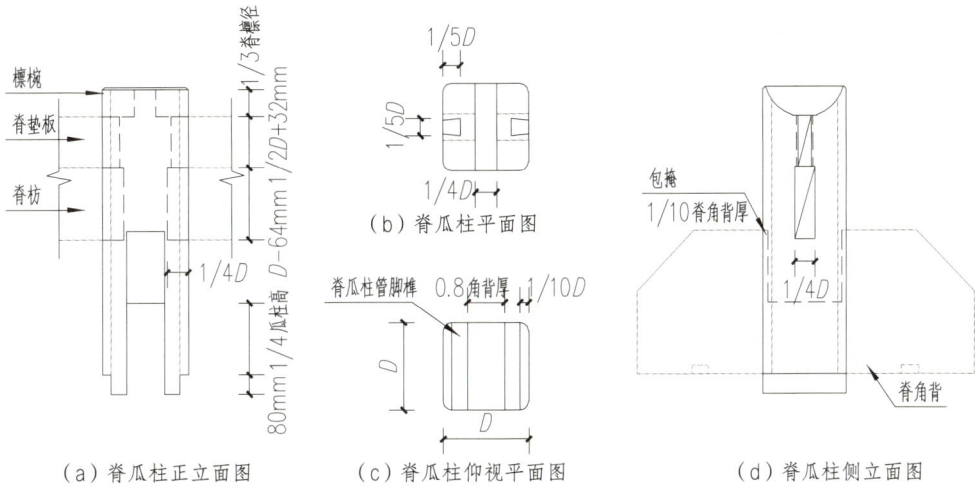

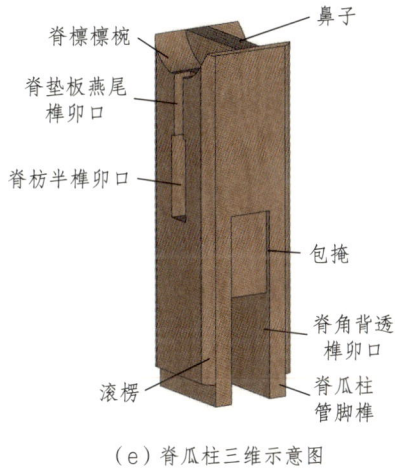

注：脊瓜柱管脚榫（双半榫）尺寸为脊瓜柱厚减去两侧包掩及脊角背透榫厚。

图3-4-4　L2脊瓜柱

说明：脊瓜柱与三架梁之间做脊瓜柱管脚榫；脊瓜柱与脊角背上端做包掩，下端做透榫；脊瓜柱与脊枋之间做半榫；脊瓜柱与脊垫板之间做燕尾榫；脊瓜柱与脊檩之间做檩椀、鼻子。

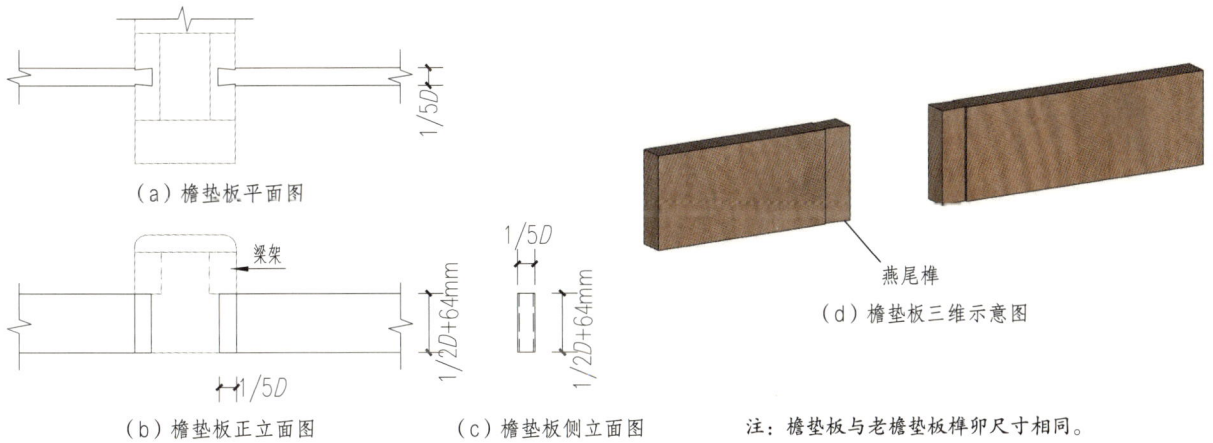

（a）檐垫板平面图

（b）檐垫板正立面图

（c）檐垫板侧立面图

（d）檐垫板三维示意图

注：檐垫板与老檐垫板榫卯尺寸相同。

图3-4-5　I1檐垫板

说明：檐垫板与抱头梁之间做燕尾榫。

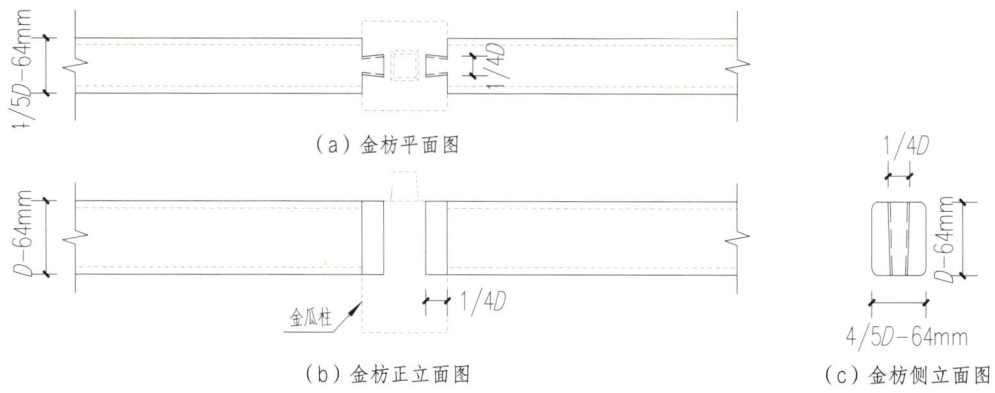

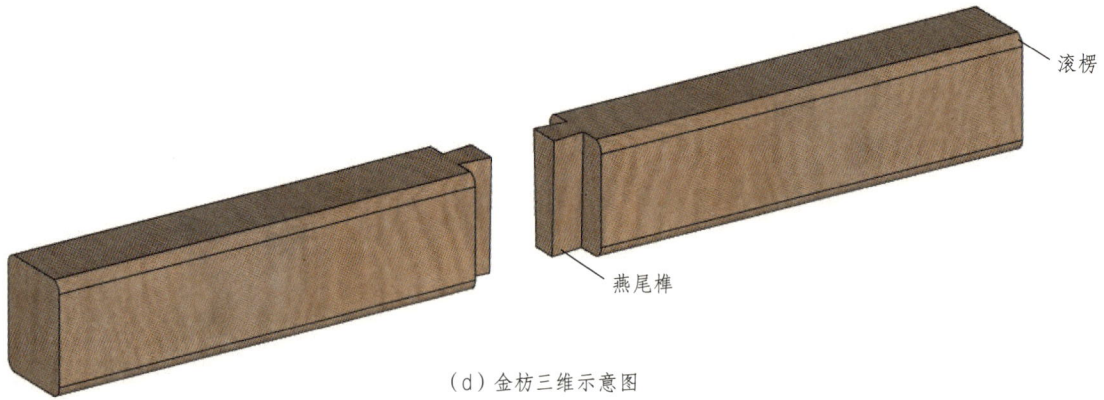

（a）金枋平面图

（b）金枋正立面图

金瓜柱

（c）金枋侧立面图

滚楞

燕尾榫

（d）金枋三维示意图

图3-4-6　l3金枋

说明：金枋与金瓜柱之间做燕尾榫。

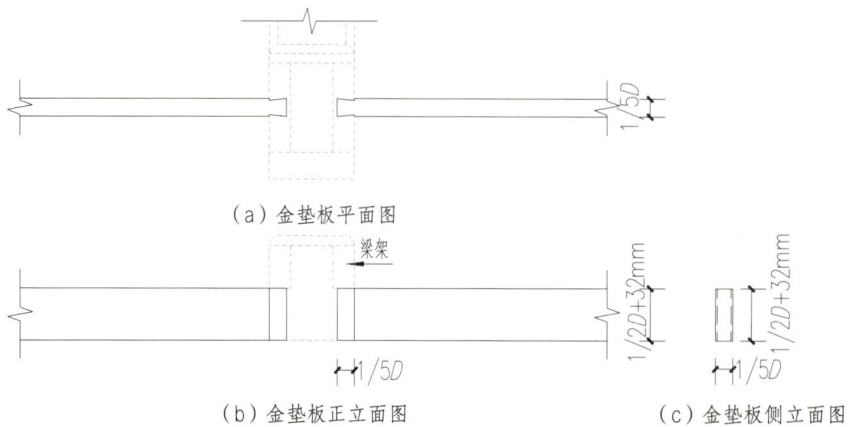

（a）金垫板平面图

梁架

（b）金垫板正立面图

（c）金垫板侧立面图

注：脊垫板与金垫板榫卯尺寸相同。

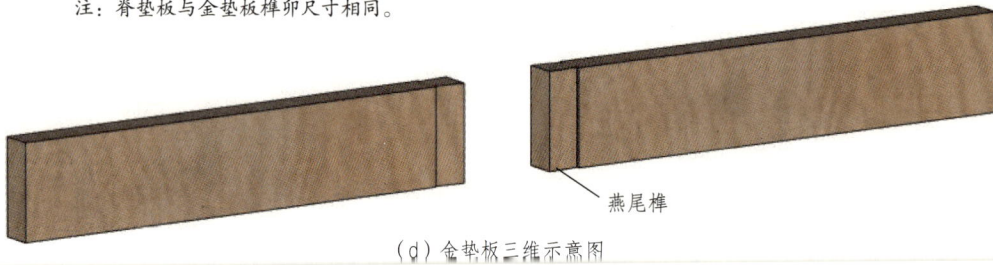

燕尾榫

（d）金垫板三维示意图

图3-4-7　l4金垫板

说明：金垫板与三架梁之间做燕尾榫。

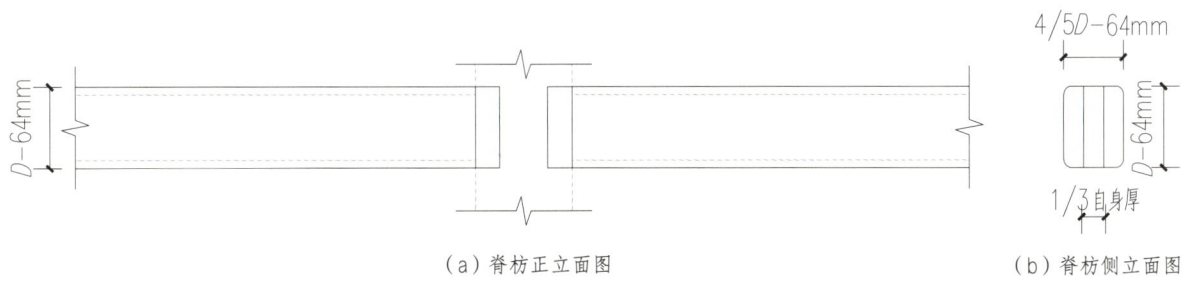

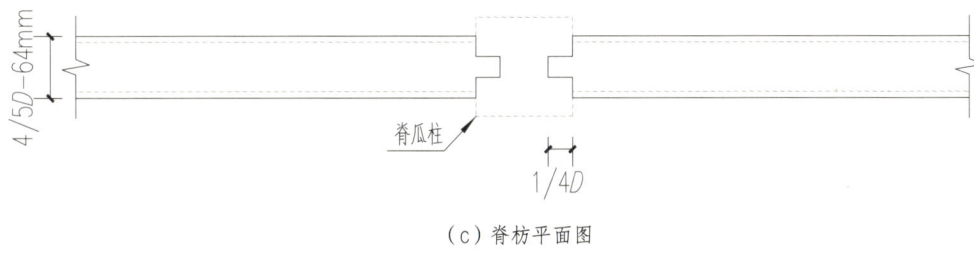

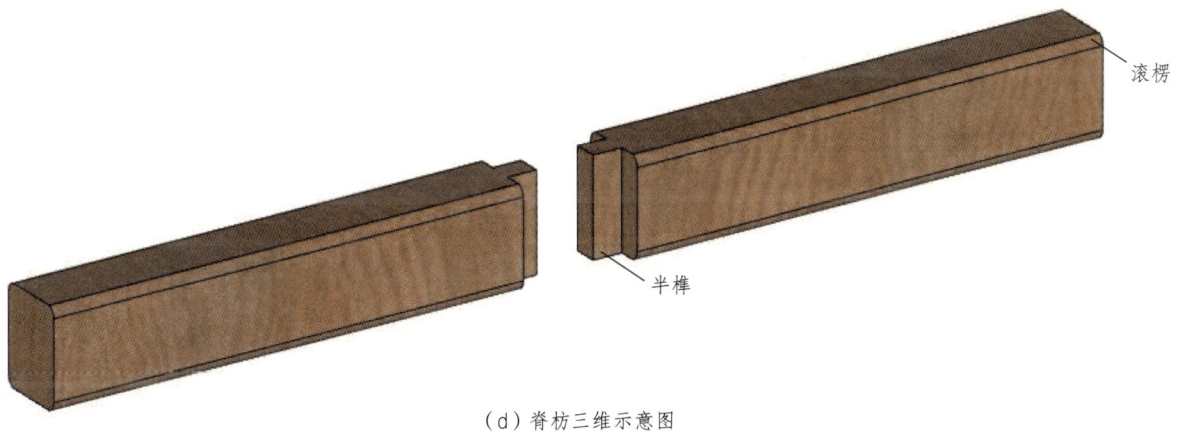

（a）脊枋正立面图

（b）脊枋侧立面图

（c）脊枋平面图

（d）脊枋三维示意图

图3-4-8　l5脊枋

说明：脊枋与脊瓜柱之间做半榫。

3.5 纵剖面

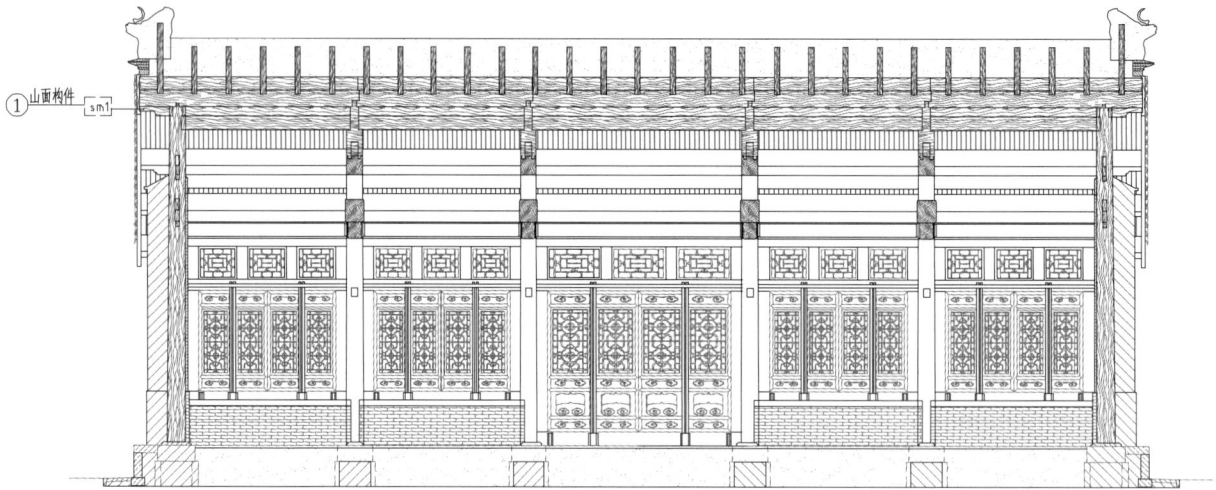

图3-5-1 七檩悬山前后廊建筑纵剖面图

表3-5-1

构件分类	图3-5-1中的序号	构件	长	宽	高	数量	备注
① 山面构件	sm1	燕尾枋	按实际	1/5D	1/2垫板高	14	燕尾枋榫卯相同

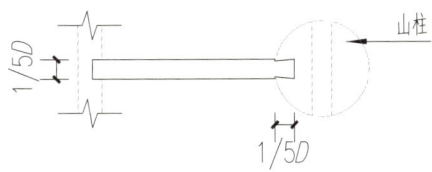

（a）燕尾枋平面图

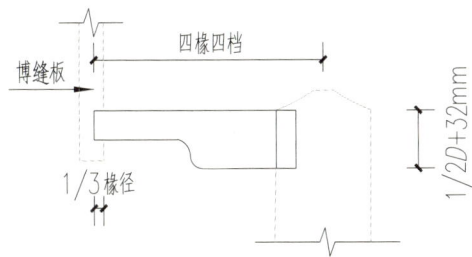

（b）燕尾枋正立面图

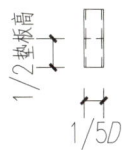

（c）燕尾枋侧立面图

注：檐柱上燕尾枋、金柱上燕尾枋、金瓜柱上燕尾枋与山柱上燕尾枋榫卯高度同垫板，其余尺寸相同。

（d）燕尾枋三维示意图

图3-5-2　sm1燕尾枋

说明：燕尾枋与山柱之间做燕尾榫；燕尾枋与博缝板之间做半榫。

4 七檩歇山周围廊建筑榫卯图纸及模型示例

七檩歇山周围廊建筑榫卯图纸及模型示例分为7小节，从台基平面、柱头平面、平板枋平面、斗栱仰视平面、步架平面、横剖面、纵剖面，分别介绍各平面、剖面涵盖构件的位置、尺寸和构件列表。在此基础上，以三视图和模型两种方式，对各构件的榫卯尺寸、形状及位置进行详细展示。

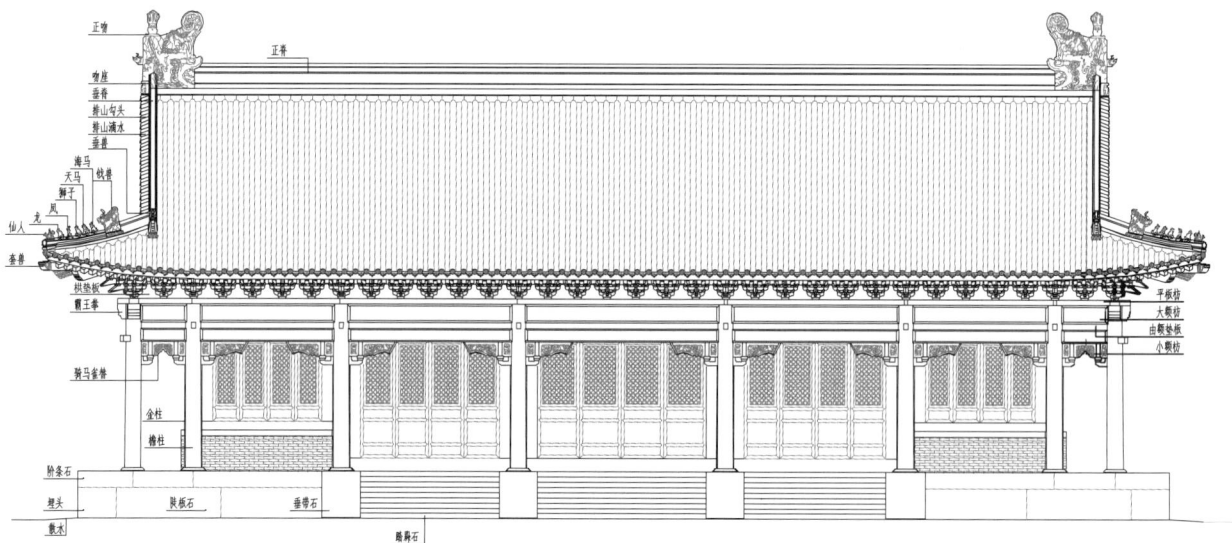

图4-0-1　七檩歇山周围廊建筑立面示意图

4.1 台基平面

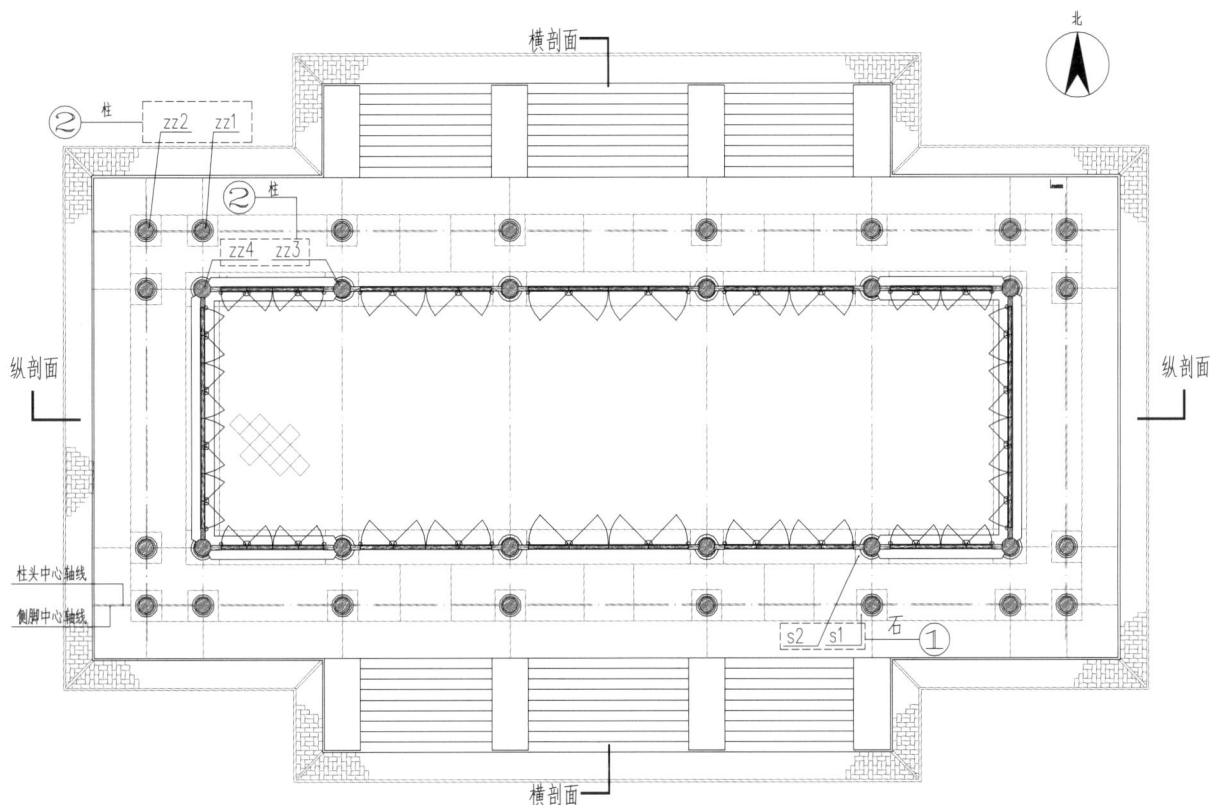

图4-1-1 七檩歇山周围廊建筑台基平面图

表4-1-1

构件分类	图4-1-1中的序号	构件	长	宽	高	径	数量
①石	s1	檐柱顶石	12斗口	12斗口	7.2斗口		20
	s2	金柱顶石	13.2斗口	13.2斗口	7.2斗口		12
②柱	zz1	檐柱				6斗口	16
	zz2	檐角柱				6斗口	4
	zz3	金柱				6.6斗口	8
	zz4	金角柱				6.6斗口	4

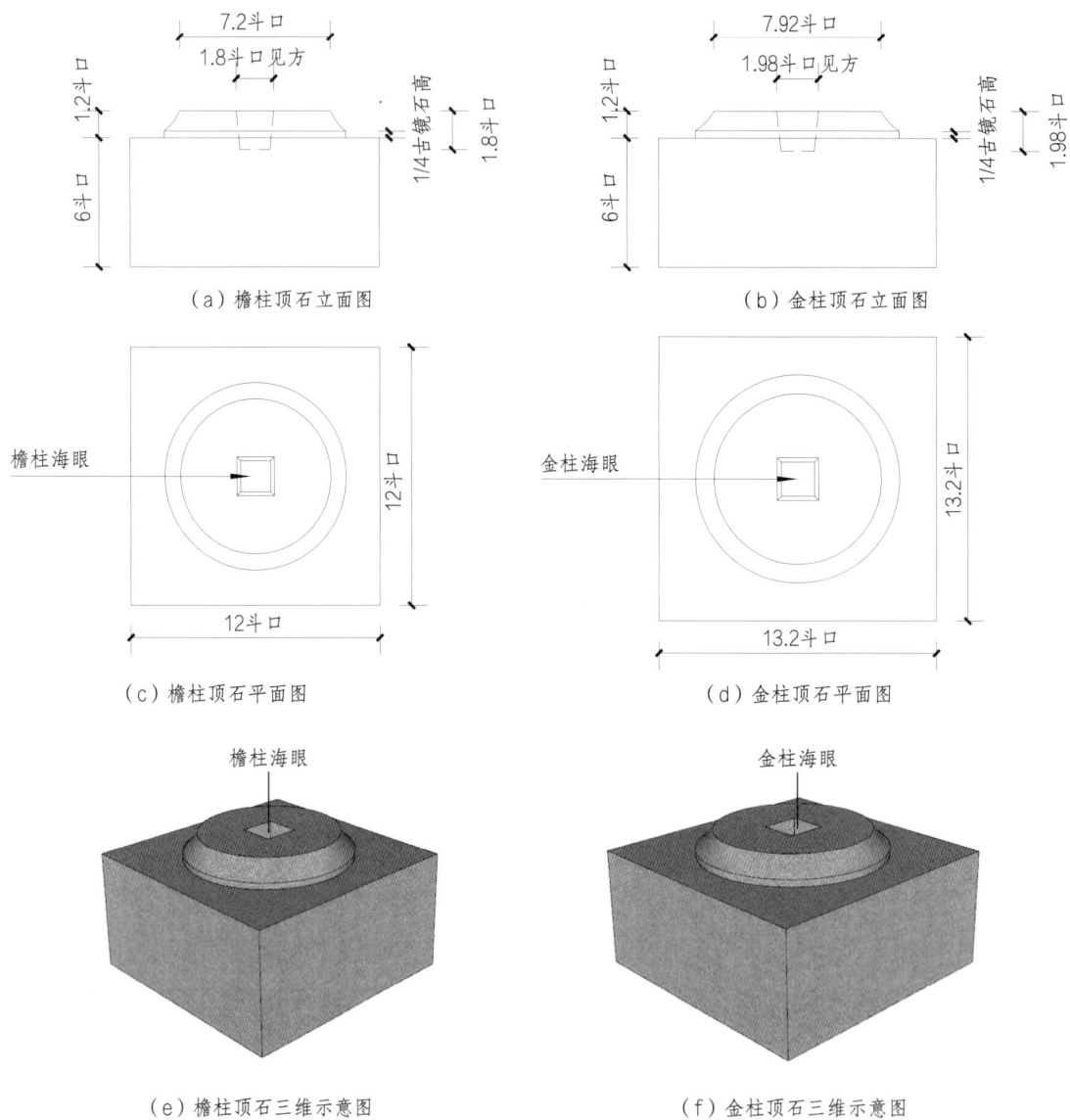

（a）檐柱顶石立面图   （b）金柱顶石立面图

（c）檐柱顶石平面图   （d）金柱顶石平面图

（e）檐柱顶石三维示意图   （f）金柱顶石三维示意图

图4-1-2　s1檐柱顶石、s2金柱顶石

说明：檐柱顶石上做檐柱海眼。金柱顶石上做金柱海眼。

（a）面阔方向

（b）进深方向

（c）①大额枋卯口平面

（d）②穿插枋、③由额垫板卯口截面

（e）④小额枋卯口截面

（f）⑤雀替卯口截面

（g）⑥管脚榫仰视平面

①大额枋
②穿插枋　榫卯详见穿插枋
③由额垫板
④小额枋
⑤雀替
⑥管脚榫

大额枋
由额垫板
小额枋
雀替
穿插枋

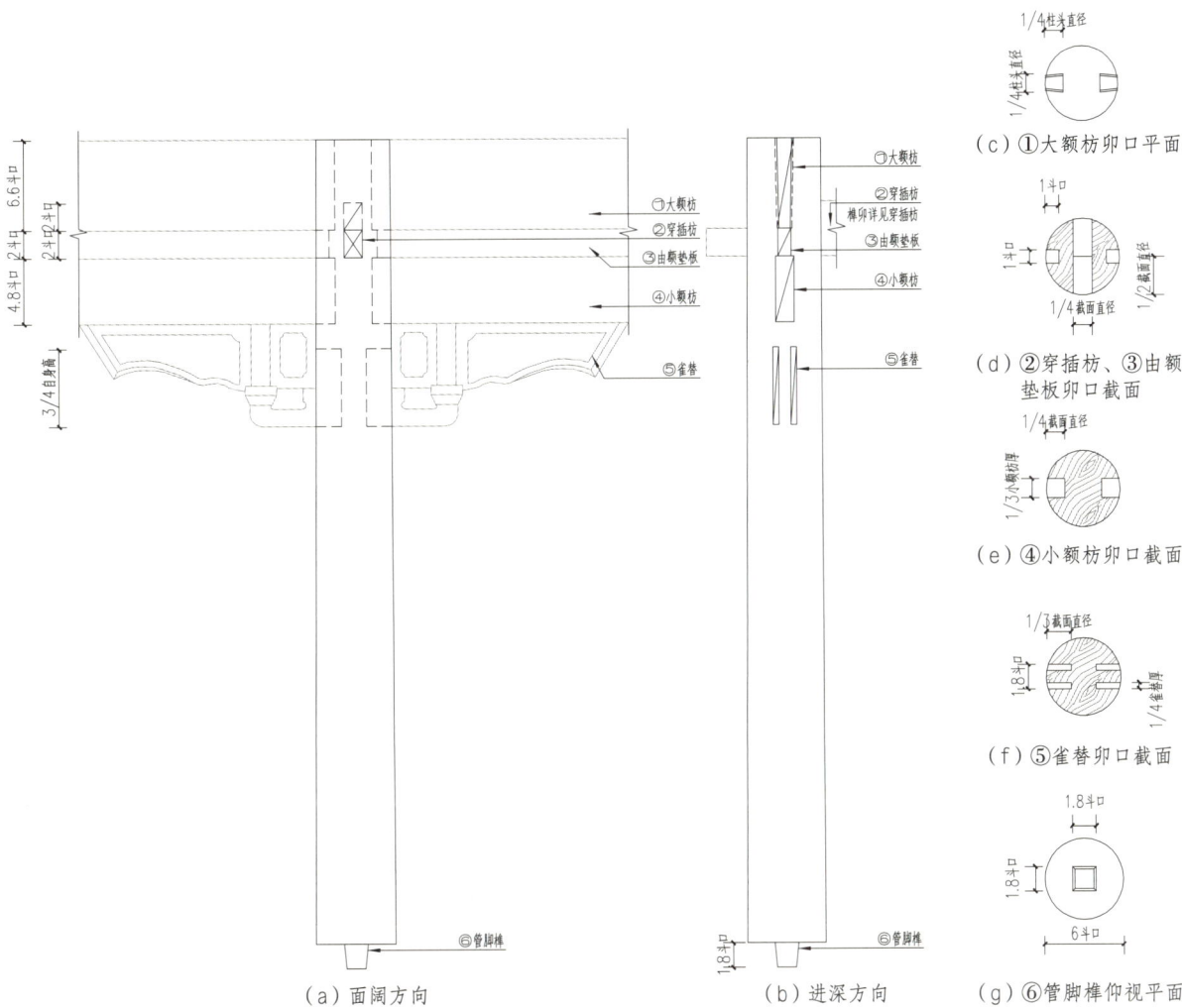

（h）檐柱三维示意图

图4-1-3　檐柱相交构件示意图

说明：檐柱自下向上与柱顶石、雀替、小额枋、穿插枋、由额垫板、大额枋相交。檐柱柱底做管脚榫置于柱顶石之上；檐柱与雀替之间做双半榫；檐柱与小额枋之间做半榫；檐柱与穿插枋之间做透榫（大进小出榫）；檐柱与由额垫板之间做半榫；檐柱与大额枋之间做燕尾榫。

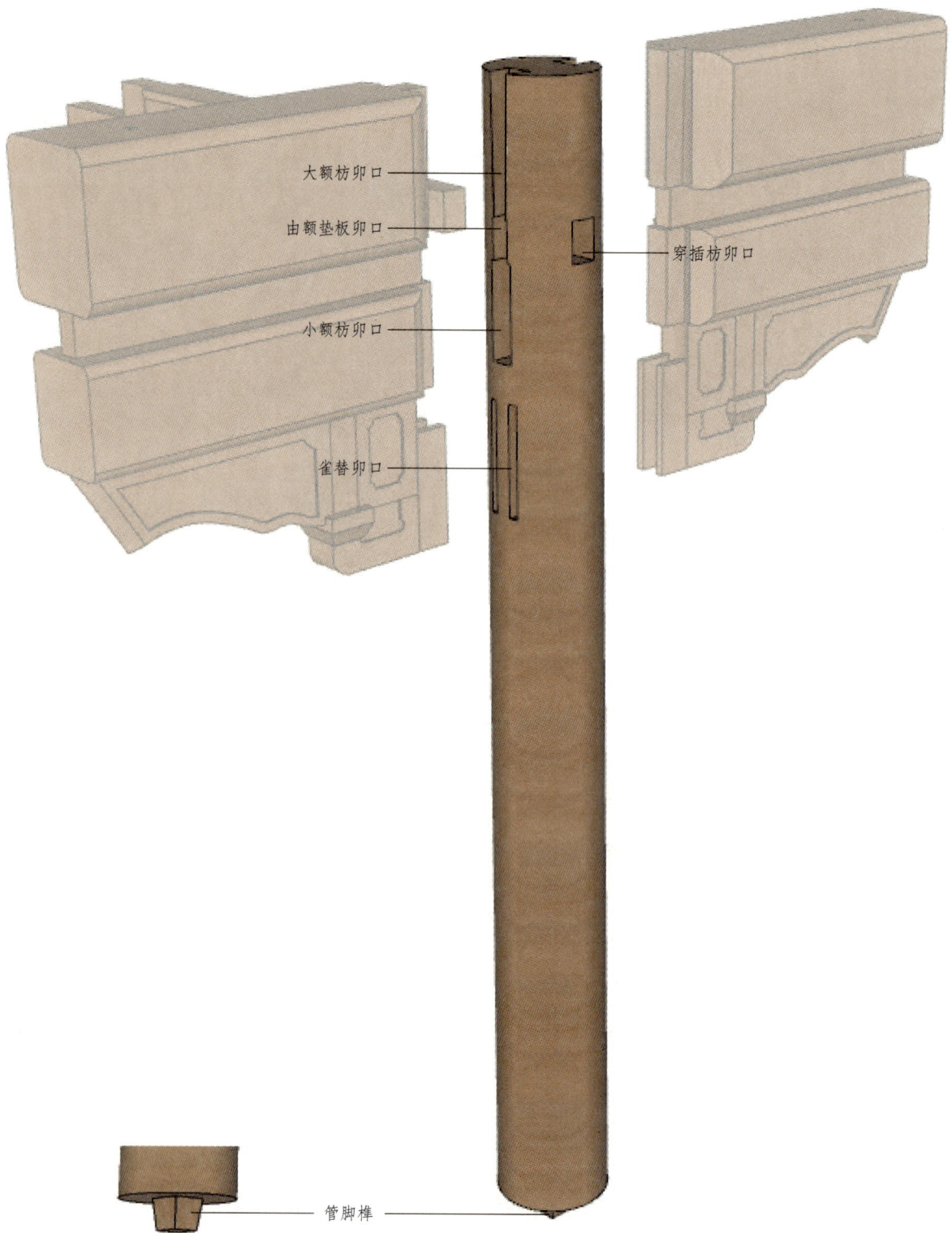

大额枋卯口

由额垫板卯口

穿插枋卯口

小额枋卯口

雀替卯口

管脚榫

图4-1-4　zz1檐柱

图中标注（面阔方向 a）：
- 5.28口
- 6.64口
- 4.8口 2口
- 2口
- 3/4 身高
- ③斜穿插枋
- 榫卯详见穿插枋
- ①箍头枋
- 榫卯详见箍头枋
- ②由额垫板
- ④小额枋
- 2口
- 2口
- ⑤骑马雀替
- ⑥管脚榫

（a）面阔方向

图中标注（进深方向 b）：
- ①箍头枋
- ②由额垫板
- ③斜穿插枋
- ④小额枋
- ⑤骑马雀替
- 1.8口
- ⑥管脚榫

（b）进深方向

右侧截面图标注：
- 1/4柱头直径
- 1/4柱头直径
- （c）①箍头枋卯口平面
- 1口口
- 1口口
- （d）②由额垫板卯口截面
- 1/4截面直径
- 1/2截面直径
- （e）③斜穿插枋卯口截面
- 1/4截面直径
- 1/3小额枋厚
- （f）④小额枋卯口截面
- 1/4骑马雀替厚
- 1/3身高直径
- 1.8口
- （g）⑤骑马雀替仰口截面
- 1.8斗口
- 1.8斗口
- 6斗口
- （h）⑥管脚榫仰视平面

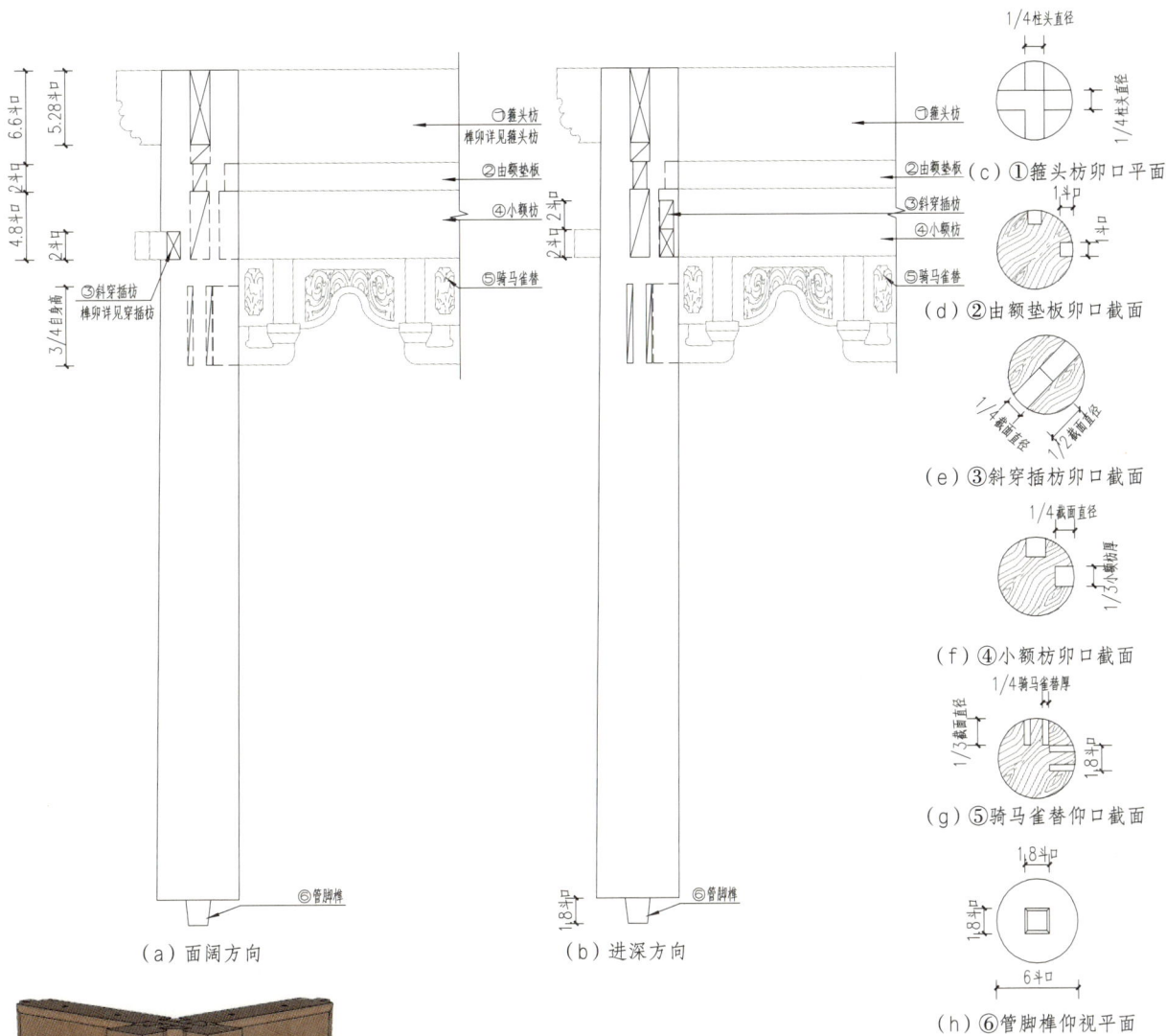

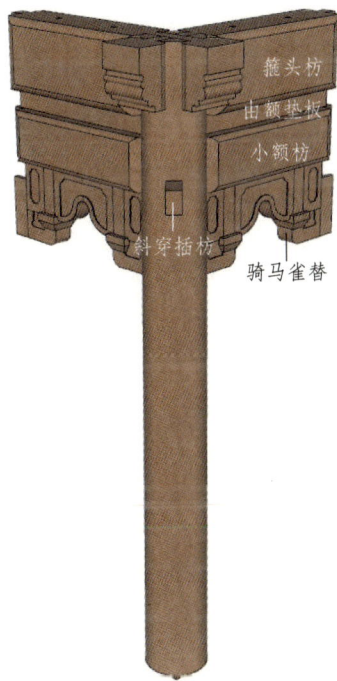

（i）檐角柱三维示意图

图4-1-5 檐角柱相交构件示意图

三维图标注：箍头枋、由额垫板、小额枋、斜穿插枋、骑马雀替

说明：檐角柱自下向上与柱顶石、骑马雀替、斜穿插枋、小额枋、由额垫板、箍头枋相交。檐角柱柱底做管脚榫置于柱顶石之上；檐角杜与骑马雀替之间做双半榫；檐角杜与斜穿插枋之间做透榫（大进小出榫）；檐角杜与小额枋之间做半榫；檐角杜与由额垫板之间做半榫；檐角杜与箍头枋之间做箍头榫。

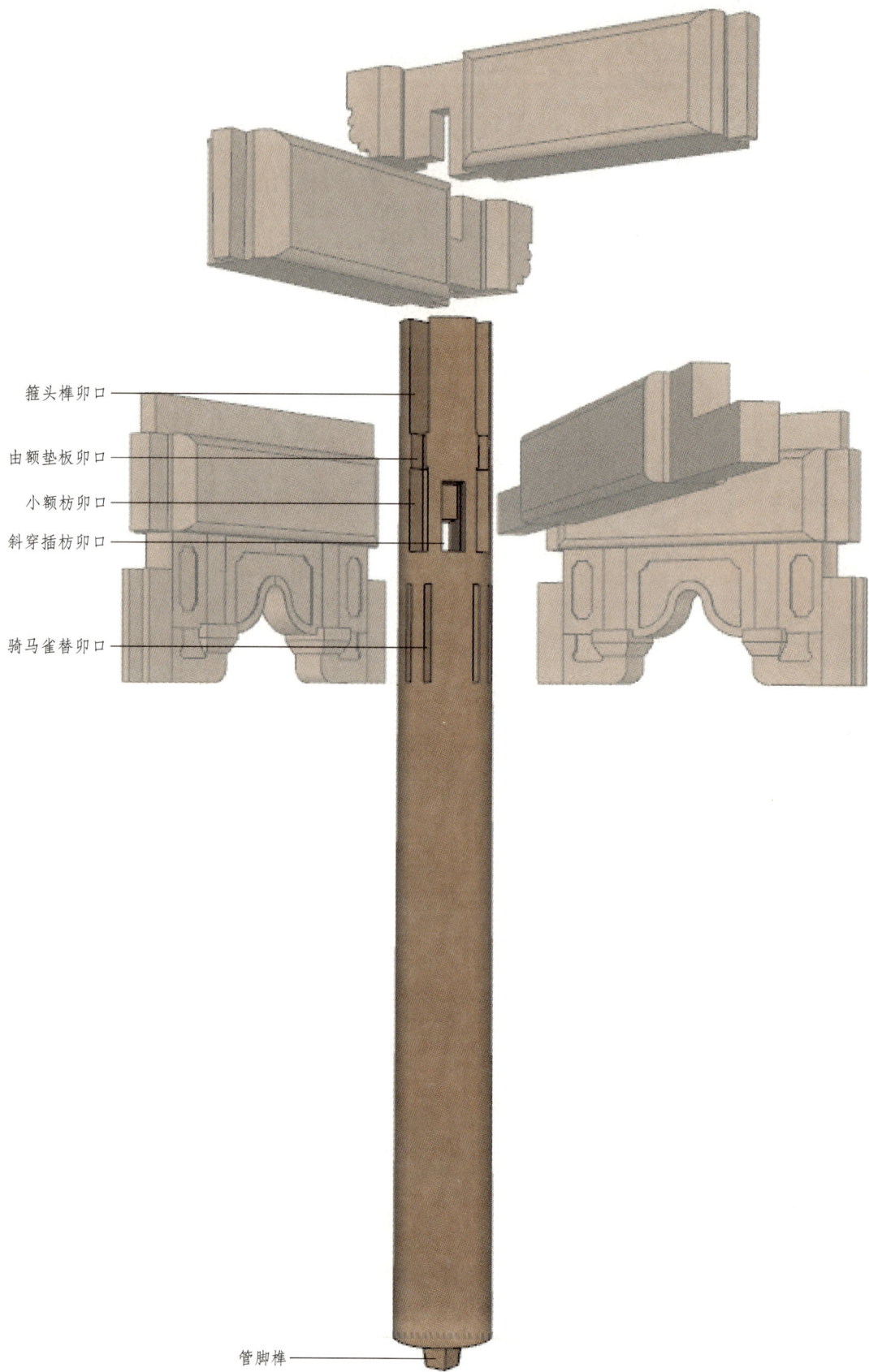

箍头榫卯口

由额垫板卯口

小额枋卯口

斜穿插枋卯口

骑马雀替卯口

管脚榫

图4-1-6　zz2檐角柱

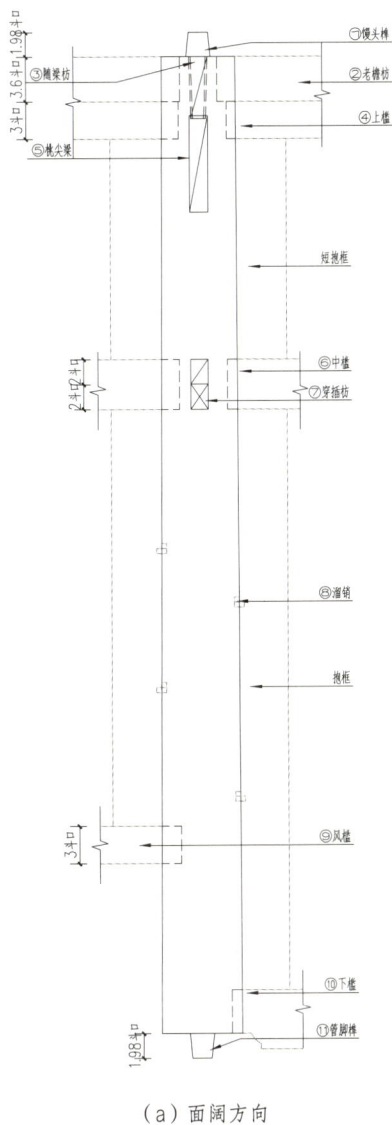

（a）面阔方向　　　　　（b）进深方向

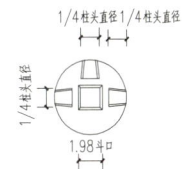

（c）①馒头榫、②老檐枋、③随梁枋卯口平面

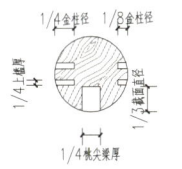

（d）④上槛、⑤桃尖梁卯口截面

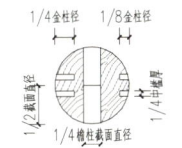

（e）⑥中槛、⑦穿插枋卯口截面

（f）⑧溜销卯口截面

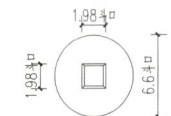

（g）⑨风槛、⑩下槛卯口截面

（h）⑪管脚榫仰视平面

说明：金柱自下向上与柱顶石、下槛、抱框、风槛、穿插枋、中槛、桃尖梁、上槛、老檐枋、随梁枋、五架梁相交。金柱柱底做管脚榫置于柱顶石之上；金柱与下槛、风槛、中槛、上槛做双半榫；金柱与抱框之间做溜销；金柱与穿插枋之间做透榫（大进小出榫）；金柱与桃尖梁之间做半榫；金柱与老檐枋之间做燕尾榫；金柱与随梁枋之间做燕尾榫；金柱柱头与五架梁之间做馒头榫。

图4-1-7　金柱相交构件示意图

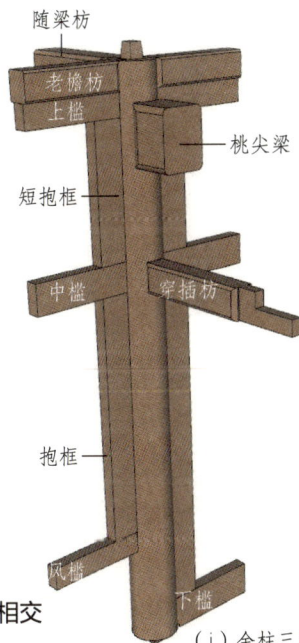

（i）金柱三维示意图

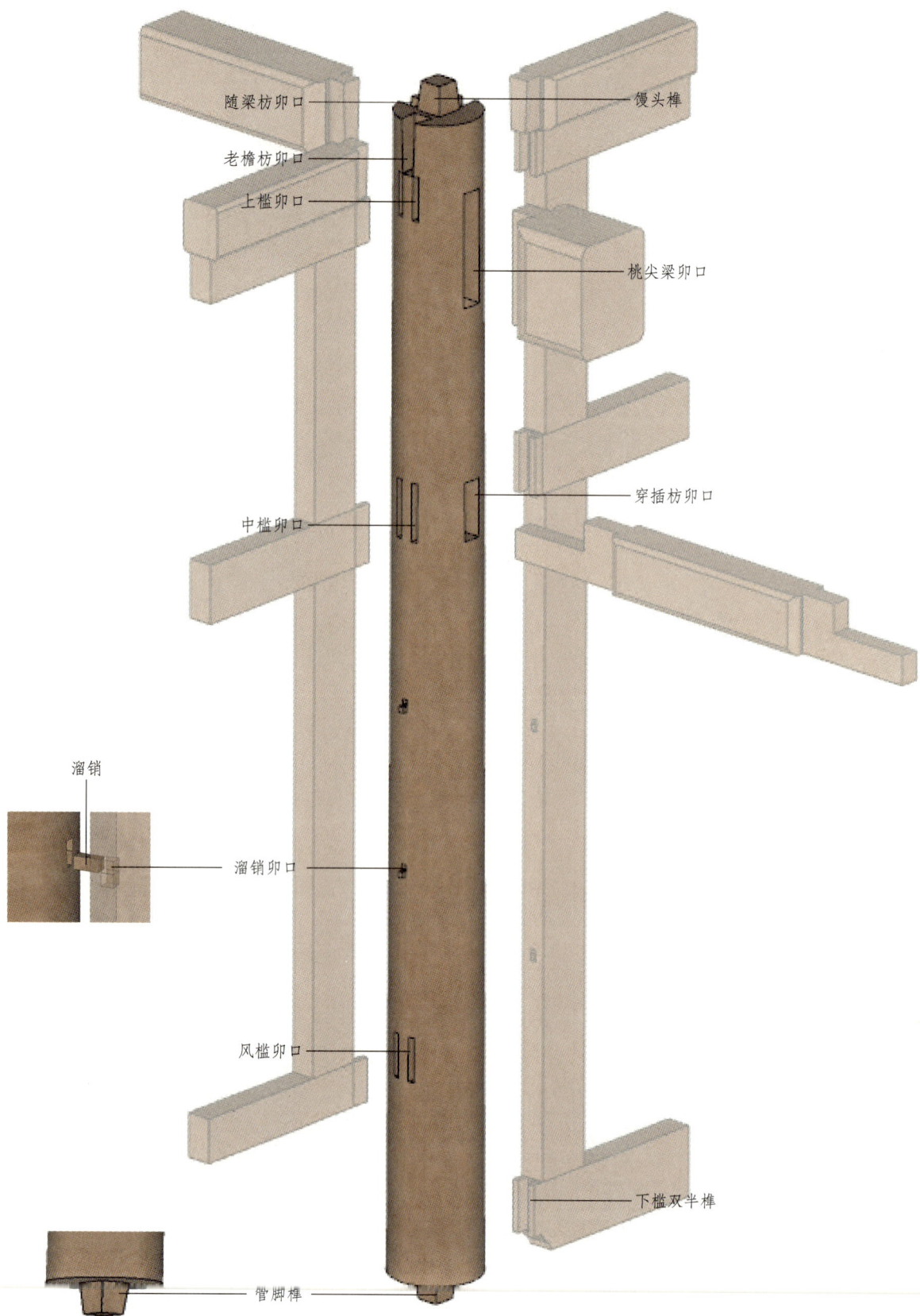

随梁枋卯口

老檐枋卯口

上槛卯口

溜销

溜销卯口

中槛卯口

风槛卯口

馒头榫

桃尖梁卯口

穿插枋卯口

下槛双半榫

管脚榫

图4-1-8　zz3金柱

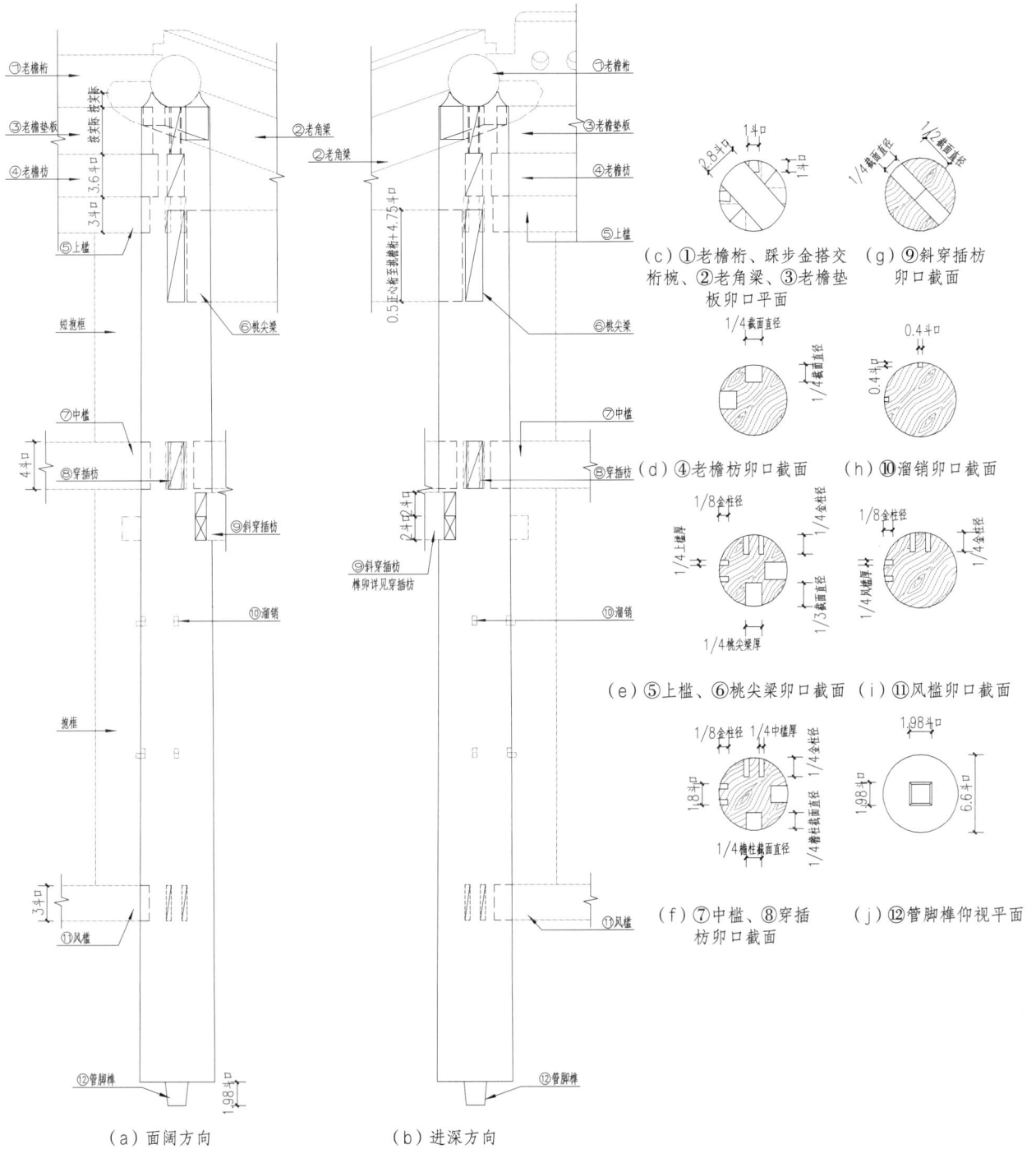

图中标注（面阔方向 a）：
①老檐桁
③老檐垫板
④老檐枋
⑤上槛
短抱框
⑦中槛
⑧穿插枋
⑨斜穿插枋
抱框
⑩溜销
⑫管脚榫
⑪风槛

图中标注（进深方向 b）：
①老檐桁
②老角梁
③老檐垫板
④老檐枋
⑤上槛
⑥桃尖梁
⑦中槛
⑧穿插枋
⑨斜穿插枋 榫卯详见穿插枋
⑩溜销
⑫管脚榫
⑪风槛

（a）面阔方向　　（b）进深方向

截面图注：
（c）①老檐桁、踩步金搭交桁椀、②老角梁、③老檐垫板卯口平面　（g）⑨斜穿插枋卯口截面

（d）④老檐枋卯口截面　（h）⑩溜销卯口截面

（e）⑤上槛、⑥桃尖梁卯口截面　（i）⑪风槛卯口截面

（f）⑦中槛、⑧穿插枋卯口截面　（j）⑫管脚榫仰视平面

图4-1-9　金角柱三视图

说明：金角柱自下向上与柱顶石、风槛、抱框、中槛、（斜）穿插枋、桃尖梁、上槛、老檐枋、老檐垫板、老角梁、踩步金、老檐桁相交。金角柱柱底做管脚榫置于柱顶石之上；金角柱与风槛、中槛、上槛之间做双半榫；金角柱与抱框之间做溜销；金角柱与穿插枋之间做半榫；金角柱与斜穿插枋之间做透榫（大进小出榫）；金角柱与桃尖梁之间做半榫；金角柱与老檐枋之间做半榫；金角柱与老檐垫板之间做燕尾榫；金角柱与老角梁之间做透榫；金角柱柱头与踩步金、老檐桁之间做桁椀。

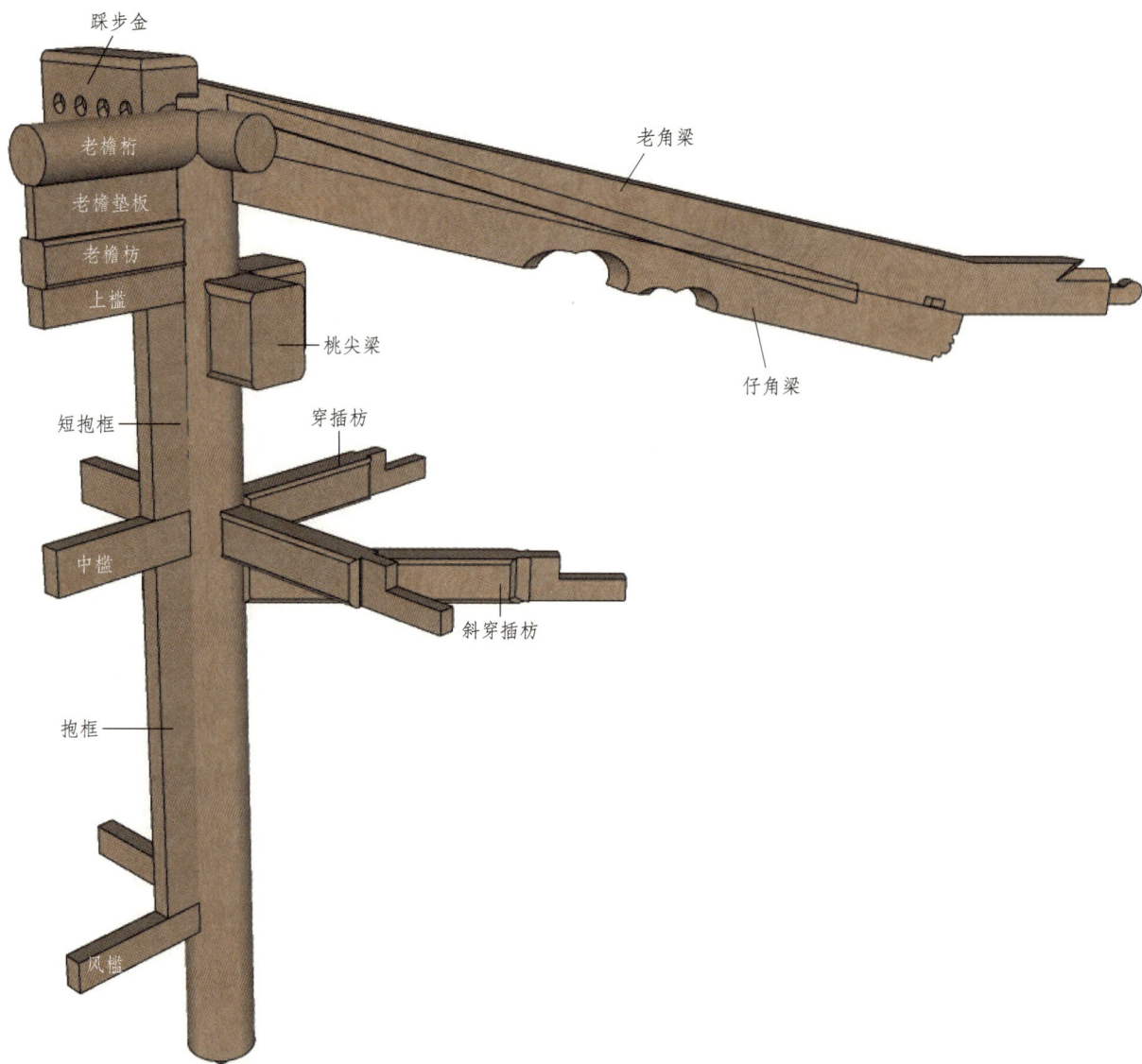

图4-1-10 金角柱相交构件示意图

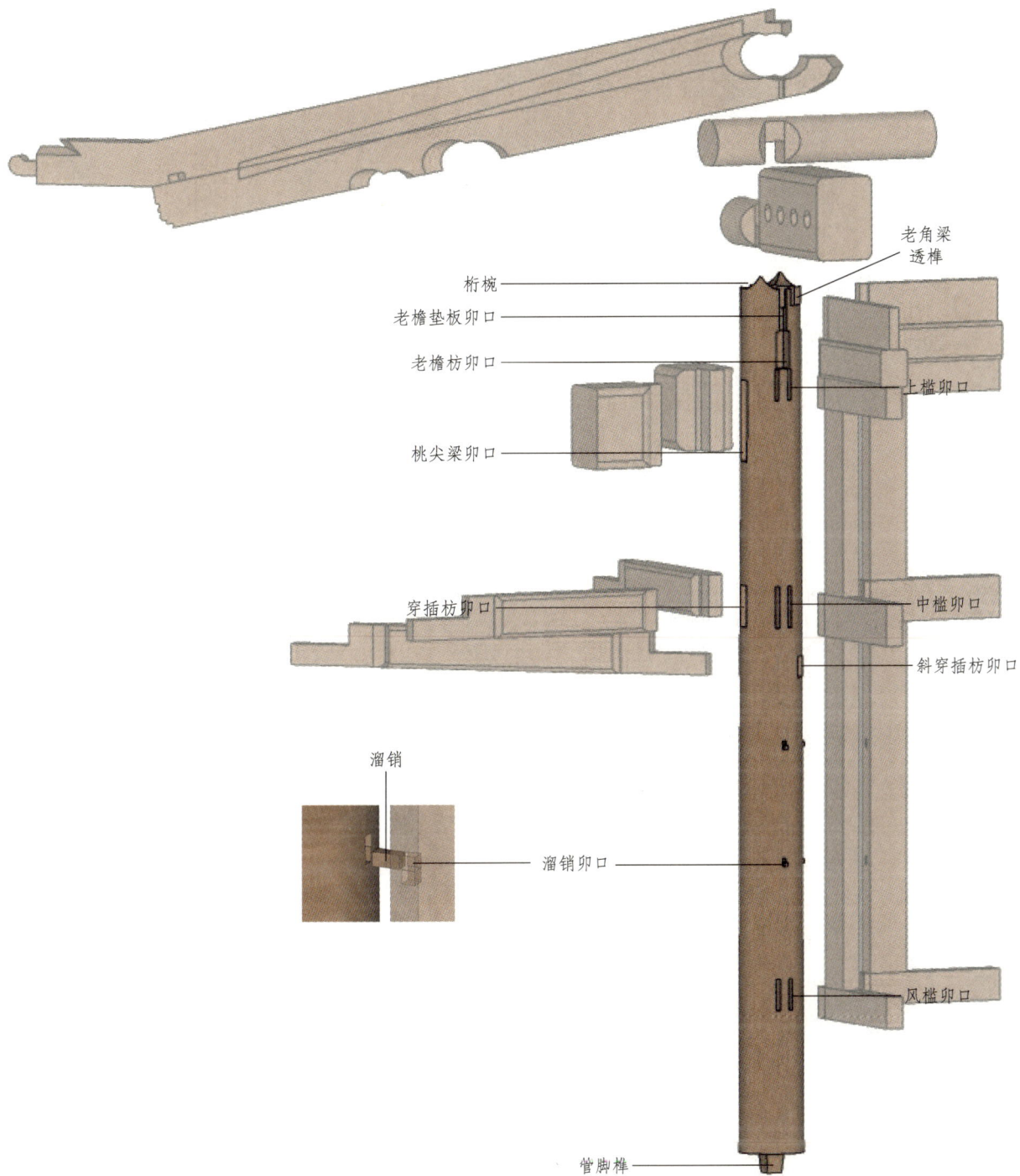

老角梁
透榫

桁椀

老檐垫板卯口

老檐枋卯口

桃尖梁卯口

上槛卯口

穿插枋卯口

中槛卯口

斜穿插枋卯口

溜销

溜销卯口

风槛卯口

管脚榫

图4-1-11 zz4金角柱

4.2 柱头平面

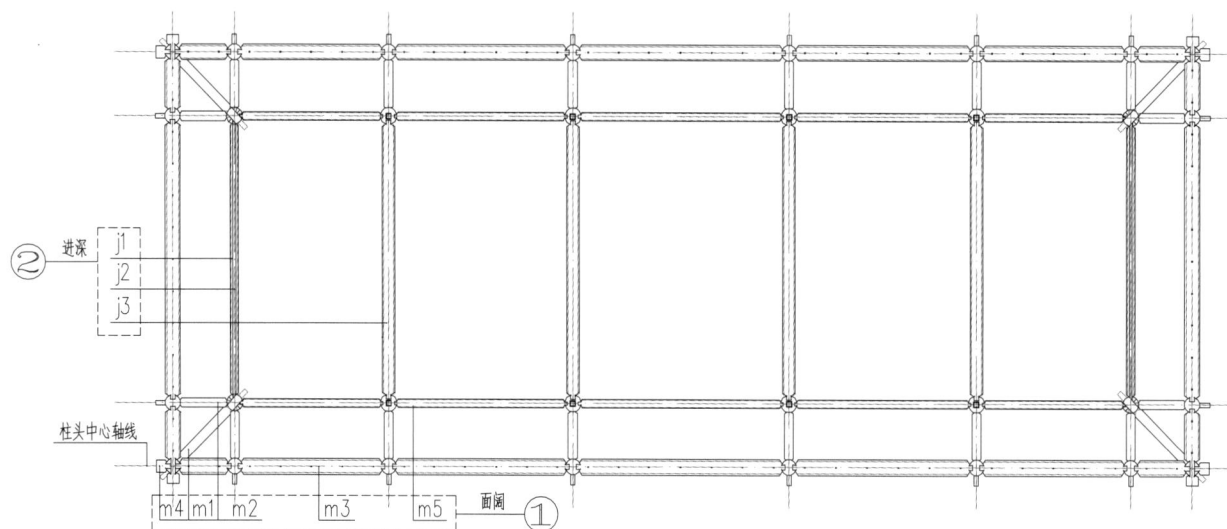

图4-2-1 七檩歇山周围廊建筑柱头平面图

表4-2-1

构件分类	图4-2-1中的序号	构件	宽（厚）	高	数量
①面阔	m1	斜穿插枋	3.2斗口	4斗口	4
	m2	穿插枋	3.2斗口	4斗口	16
	m3	大额枋	5.4斗口	6.6斗口	12
	m4	箍头枋	5.4斗口	6.6斗口	8
	m5	老檐枋（檐面）	3斗口	3.6斗口	6
②进深	j1	老檐枋（金角柱）	3斗口	3.6斗口	6
	j2	老檐垫板（山面）	1斗口	按实际	2
	j3	随梁枋	3.5斗口+1%长	4斗口+1%长	4

（a）穿插枋正立面图

（b）穿插枋侧立面图

抱肩撞一回二

（c）穿插枋平面图

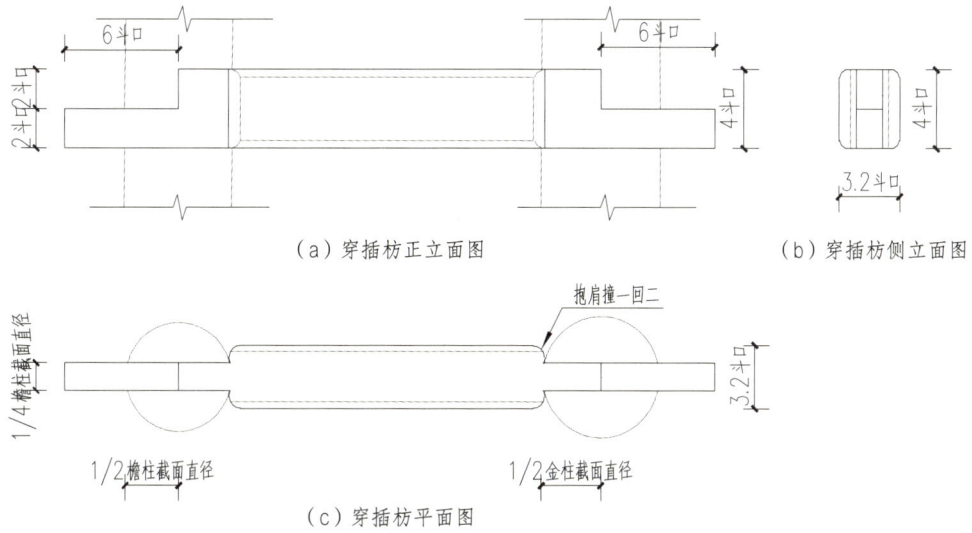

注：斜穿插枋与穿插枋榫卯尺寸相同。穿插枋与金角柱之间做半榫，半榫宽、厚为1/4檐柱截面直径。

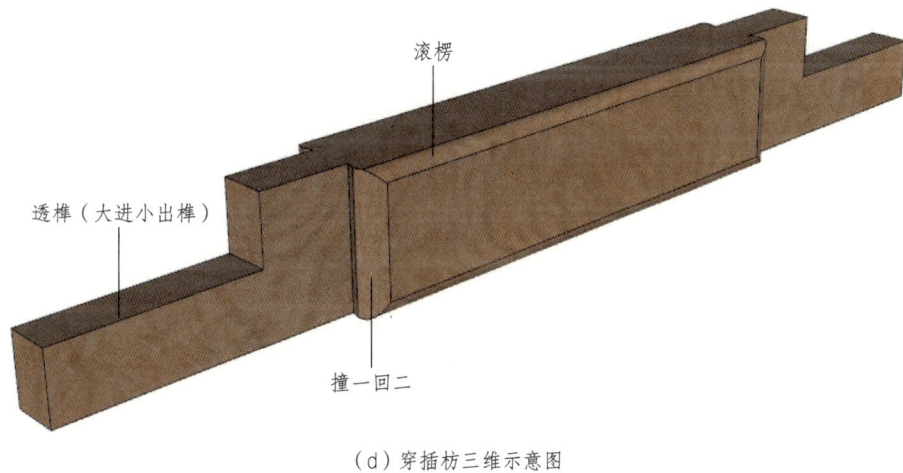

滚楞

透榫（大进小出榫）

撞一回二

（d）穿插枋三维示意图

图4-2-2　m1斜穿插枋、m2穿插枋

说明：穿插枋与檐柱之间做透榫（大进小出榫）、与金柱之间做透榫（大进小出榫）；斜穿插枋与檐角柱之间做透榫（大进小出榫）、与金角柱之间做透榫（大进小出榫）。

（a）大额枋侧立面图

暗销
2/5斗口见方

（中心对称符号）

6.6斗口

5.4斗口

1/4柱头直径

1/4柱头直径

抱肩撞一回二

（c）大额枋平面图

暗销   滚楞

燕尾榫

暗销卯口

撞一回二

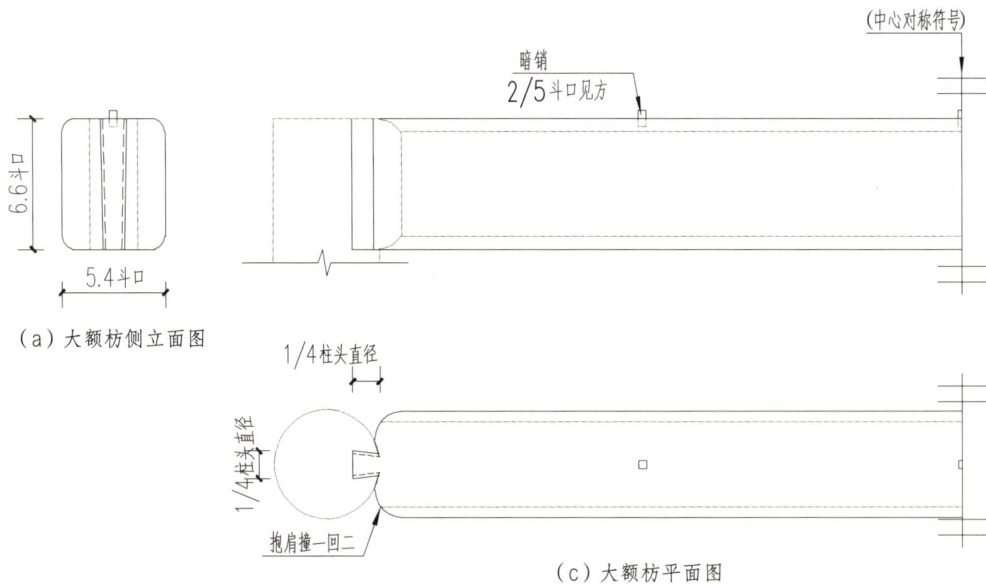

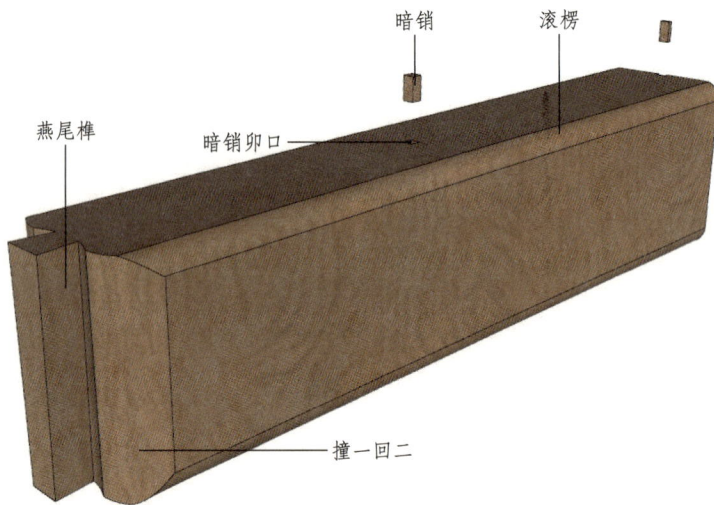

（d）大额枋三维示意图

图4-2-3　m3大额枋

说明：大额枋与檐柱间做燕尾榫；大额枋顶面与平板枋之间做暗销。

（a）箍头枋（等口）侧立面图1　　　　　（b）箍头枋（等口）正立面图　　　　　（c）箍头枋（等口）侧立面图2

（d）箍头枋（等口）平面图

（e）箍头枋（盖口）侧立面图1　　　　　（f）箍头枋（盖口）正立面图　　　　　（g）箍头枋（盖口）侧立面图2

（h）箍头枋（盖口）平面图

（i）箍头枋三维示意图

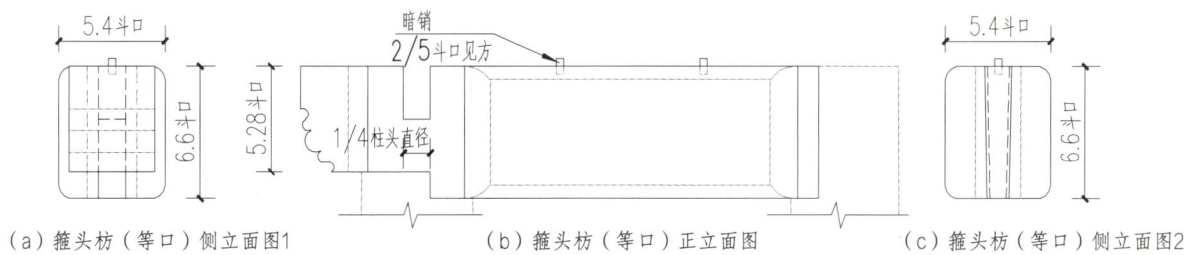

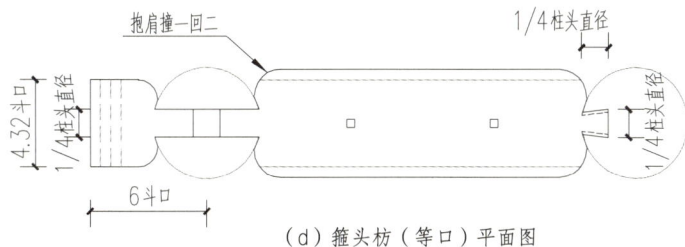

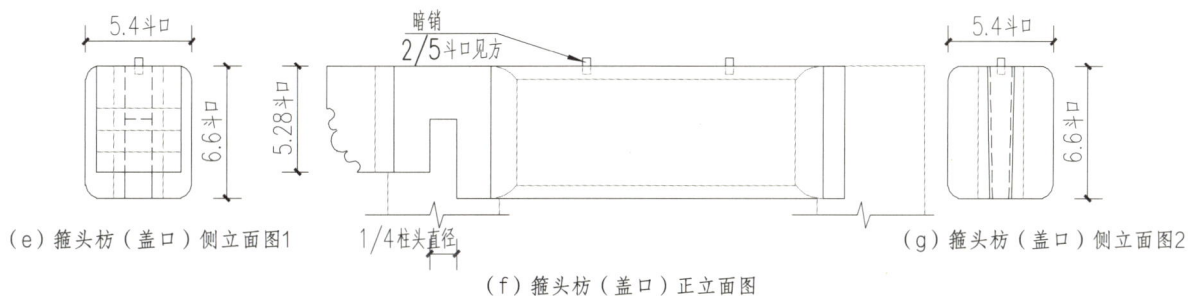

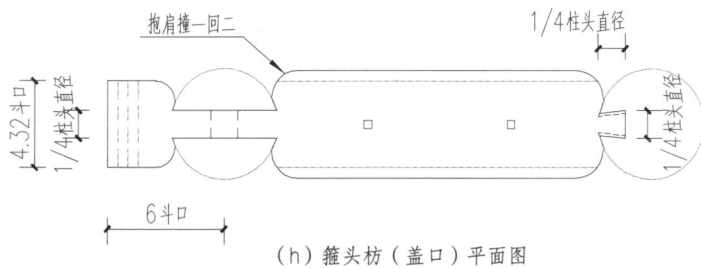

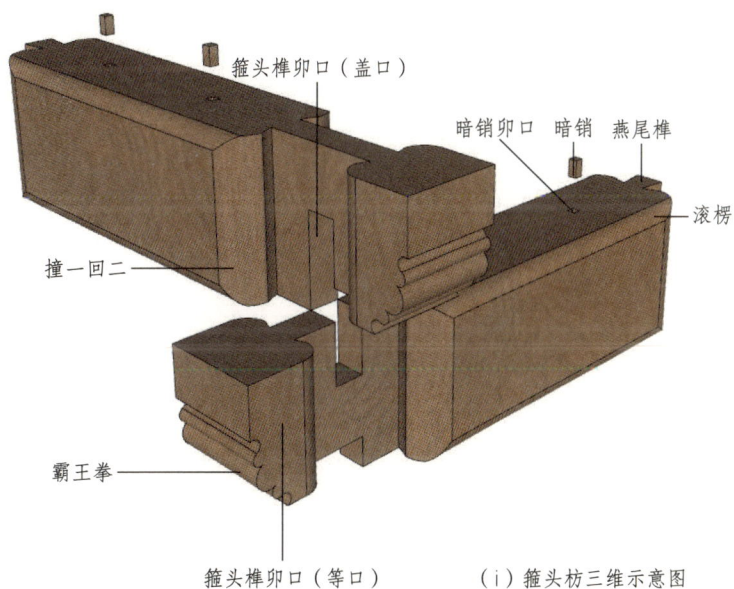

说明：箍头枋与檐柱之间做燕尾榫；箍头枋顶面与平板枋之间做暗销；檐面箍头枋与山面箍头枋搭交时做箍头榫，山面压檐面。

图4-2-4　m4箍头枋

（a）老檐枋（檐面）平面图

（b）老檐枋（檐面）侧立面图

（c）老檐枋（檐面）正立面图

（d）老檐枋三维示意图

图4-2-5　m5老檐枋（檐面）

说明：老檐枋（檐面）与金柱之间做燕尾榫。

（a）老檐枋（金角柱）正立面图　　　（b）老檐枋（金角柱）侧立面图

（c）老檐枋（金角柱）平面图　　　　（d）老檐枋（金角柱）三维示意图

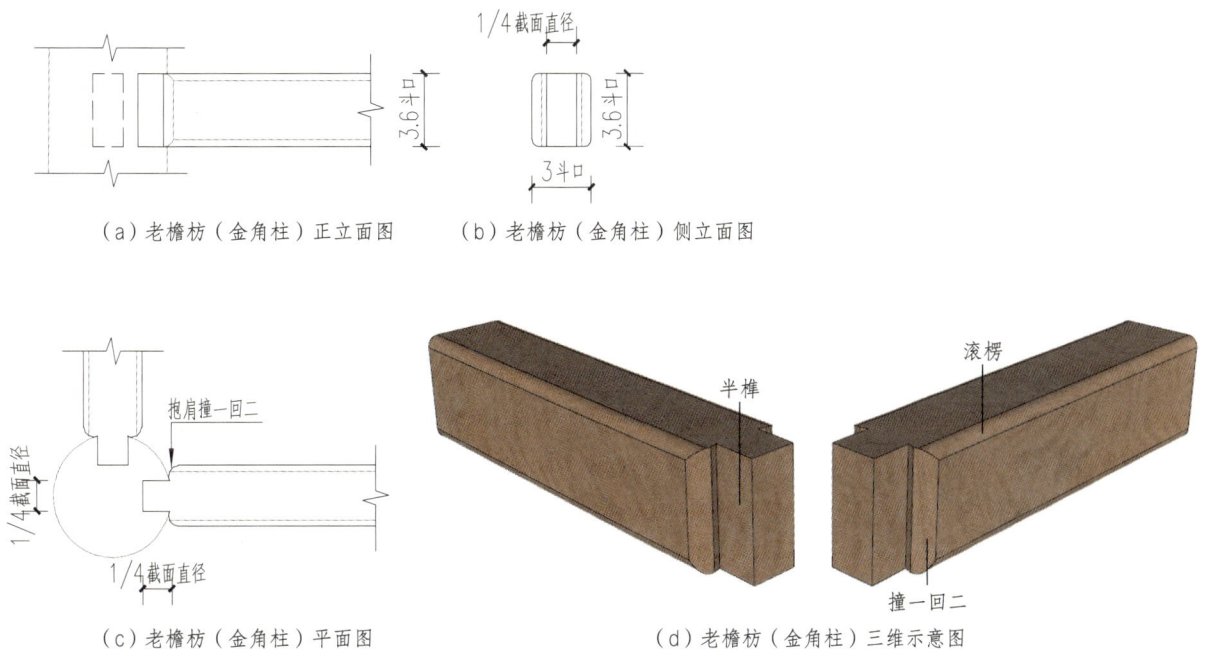

图4-2-6　j1老檐枋（金角柱）

说明：老檐枋（金角柱）与金角柱之间做半榫。

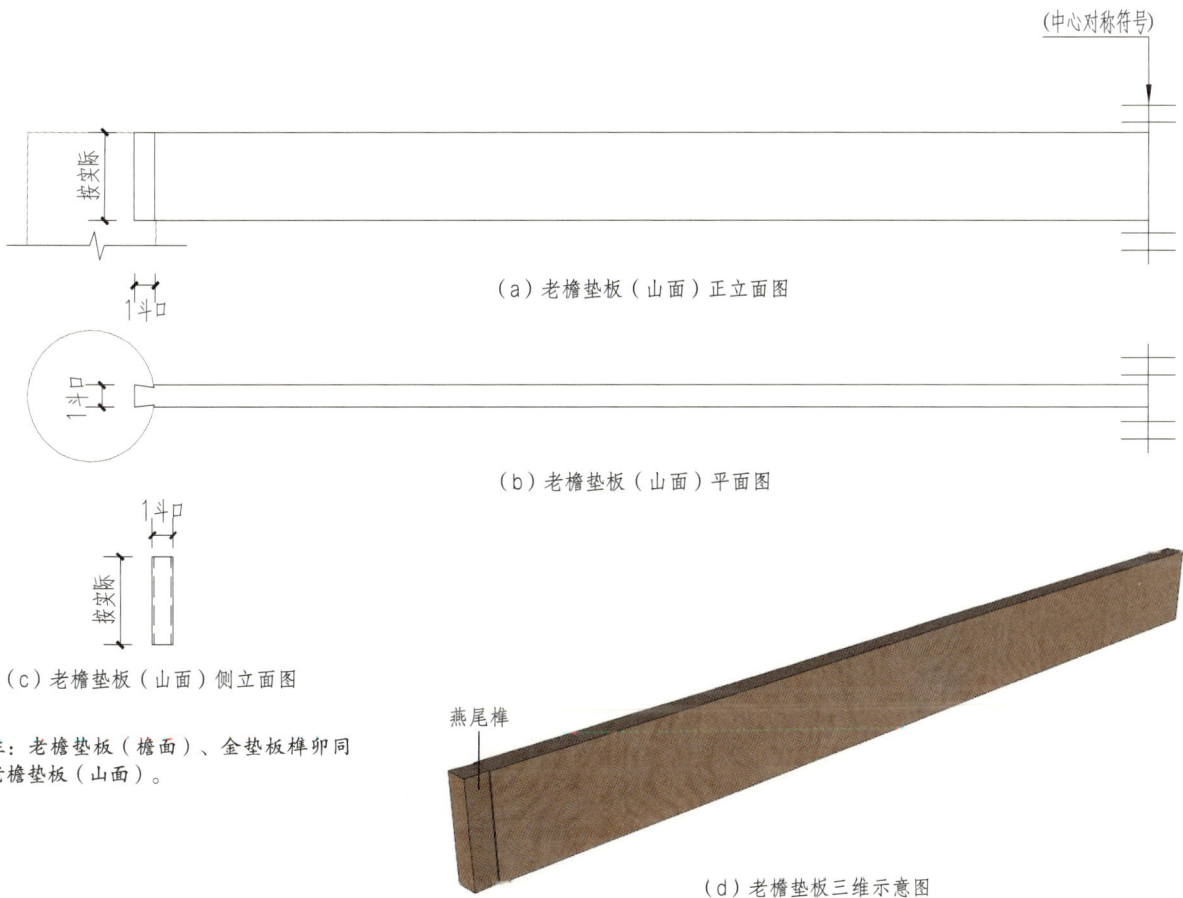

（a）老檐垫板（山面）正立面图

（b）老檐垫板（山面）平面图

（c）老檐垫板（山面）侧立面图

注：老檐垫板（檐面）、金垫板榫卯同老檐垫板（山面）。

（d）老檐垫板三维示意图

说明：老檐垫板（山面）与金角柱之间做燕尾榫。

图4-2-7　j2老檐垫板（山面）

（a）随梁枋正立面图

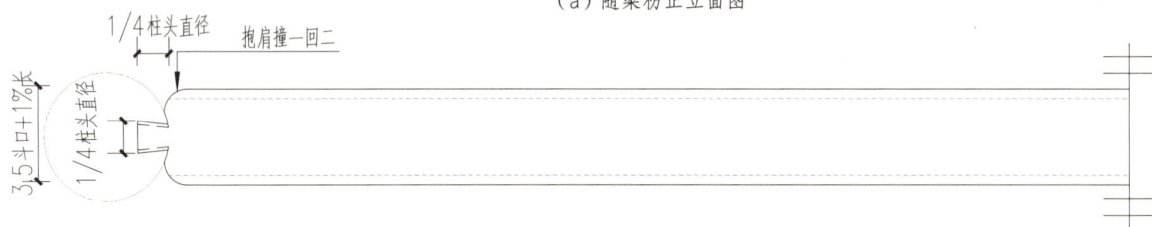

（b）随梁枋平面图

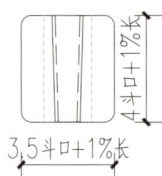

（c）随梁枋侧立面图

（d）随梁枋三维示意图

图4-2-8 j3随梁枋

说明：随梁枋与金柱之间做燕尾榫。

4.3 平板枋平面

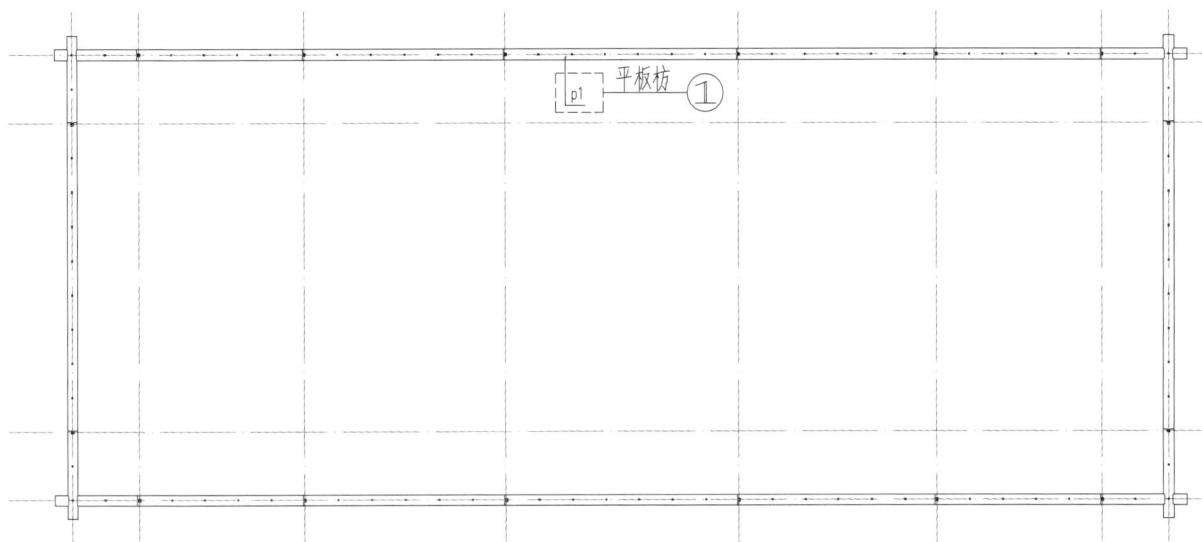

图4-3-1 七檩歇山周围廊建筑平板枋平面图

表4-3-1

构件分类	图4-3-1中的序号	构件	宽（厚）	高	数量
①平板枋	p1	平板枋	3.5斗口	2斗口	20

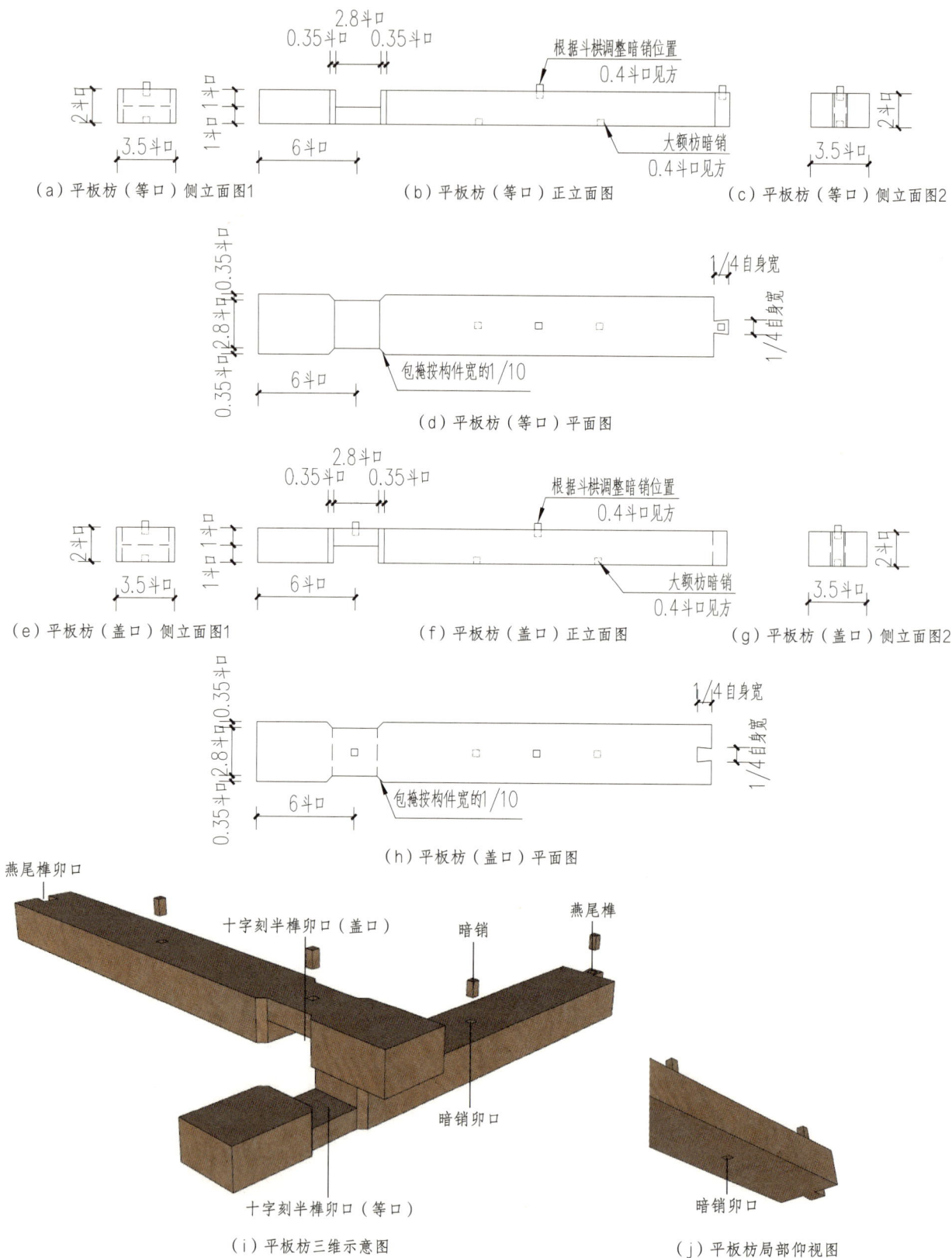

（a）平板枋（等口）侧立面图1　　　　　（b）平板枋（等口）正立面图　　　　　（c）平板枋（等口）侧立面图2

（d）平板枋（等口）平面图

（e）平板枋（盖口）侧立面图1　　　　　（f）平板枋（盖口）正立面图　　　　　（g）平板枋（盖口）侧立面图2

（h）平板枋（盖口）平面图

（i）平板枋三维示意图　　　　　　　　　　（j）平板枋局部仰视图

图4-3-2　p1平板枋

说明：平板枋顶面与斗栱坐斗做暗销；平板枋底面与大额枋之间做暗销；平板枋之间做燕尾榫；檐面平板枋与山面平板枋搭交时做十字刻半榫，山面压檐面。

4.4 斗栱仰视平面

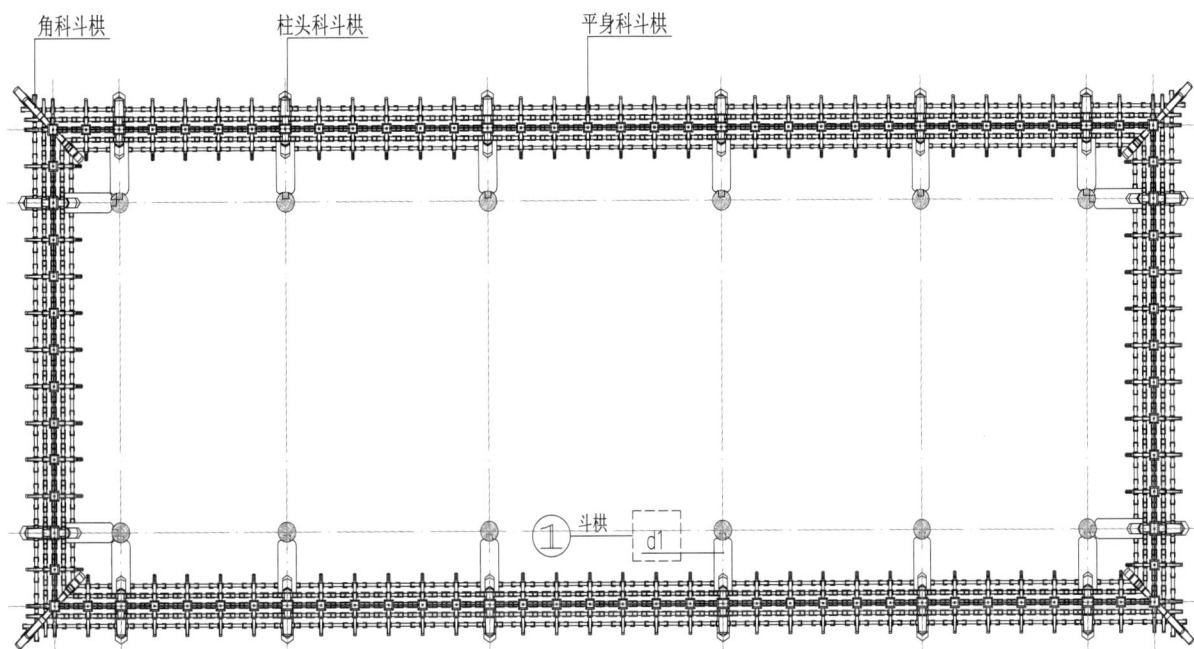

角科斗栱　柱头科斗栱　平身科斗栱

①斗栱 d1

图4-4-1　七檩歇山周围廊建筑斗栱仰视平面图

表4-4-1

构件分类	图4-4-1中的序号	构件	宽（厚）	高	数量
①斗栱	d1	桃尖梁	6斗口	1/2正心桁至挑檐桁+4.75斗口	16

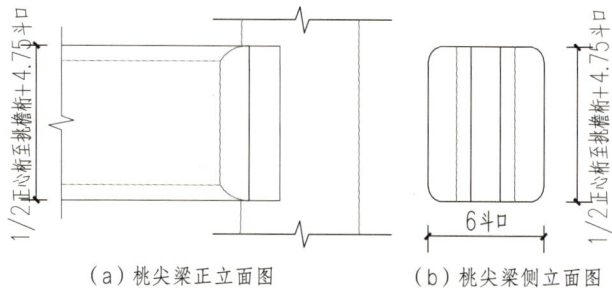

（a）桃尖梁正立面图　　　　　　　（b）桃尖梁侧立面图

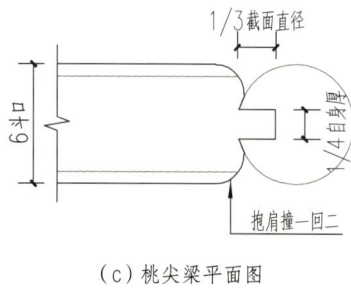

注：此处仅体现桃尖梁
与金柱的搭交榫卯。

（c）桃尖梁平面图

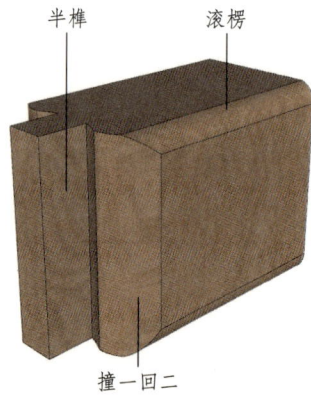

（d）桃尖梁三维示意图

图4-4-2　d1桃尖梁

说明：桃尖梁与金柱之间做半榫。

4.5 步架平面

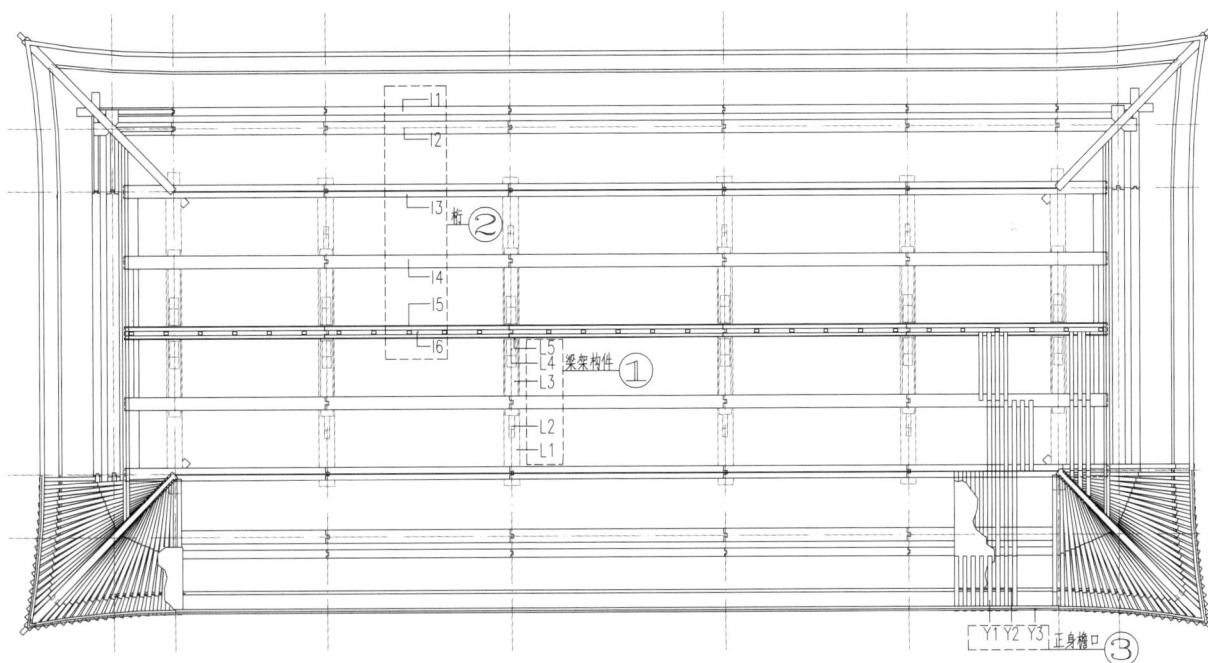

图4-5-1 七檩歇山周围廊建筑步架平面图

表4-5-1

构件分类	图4-5-1中的序号	构件	长	宽（厚）	高	径	数量
①梁架构件	L1	五架梁		5.6斗口	7斗口		4
	L2	金角背	一步架	厚1/3自身高	1/2金瓜柱高		8
	L3	三架梁		4.5斗口	5.83斗口		6
	L4	脊角背	一步架	厚1/3自身高	1/2脊瓜柱高		6
	L5	脊瓜柱	宽5.5斗口	4.5斗口	按实际		6
②桁	l1	挑檐桁				3斗口	20
	l2	正心桁				4.5斗口	20
	l3	老檐桁				4.5斗口	10
	l4	金桁				4.5斗口	10
	l5	脊桁				4.5斗口	5
	l6	扶脊木				4斗口	5
③正身檐口	Y1	飞椽		1.5斗口	1.5斗口		按实际
	Y2	闸挡板		0.375斗口	1.5斗口		按实际
	Y3	瓦口木		0.6斗口	1斗口		按实际

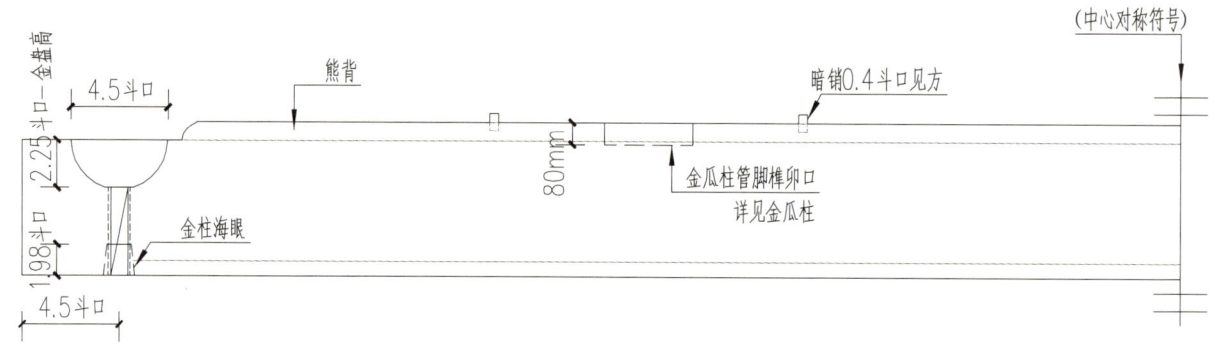

（a）五架梁正立面图

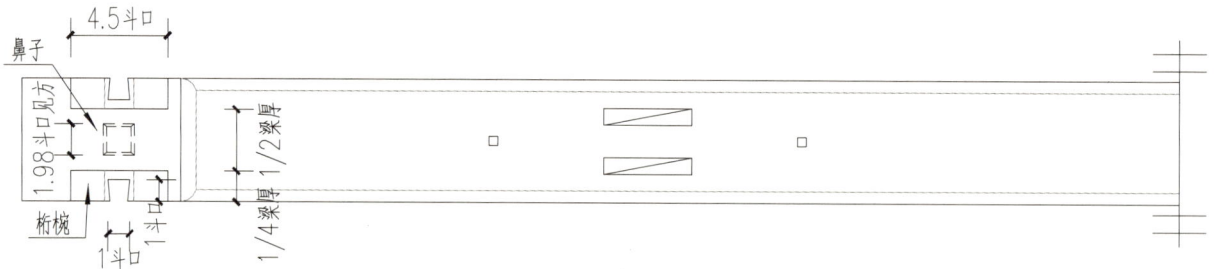

（b）五架梁平面图

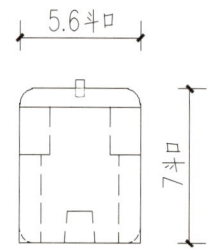

（c）五架梁侧立面图

（e）五架梁梁头仰视图

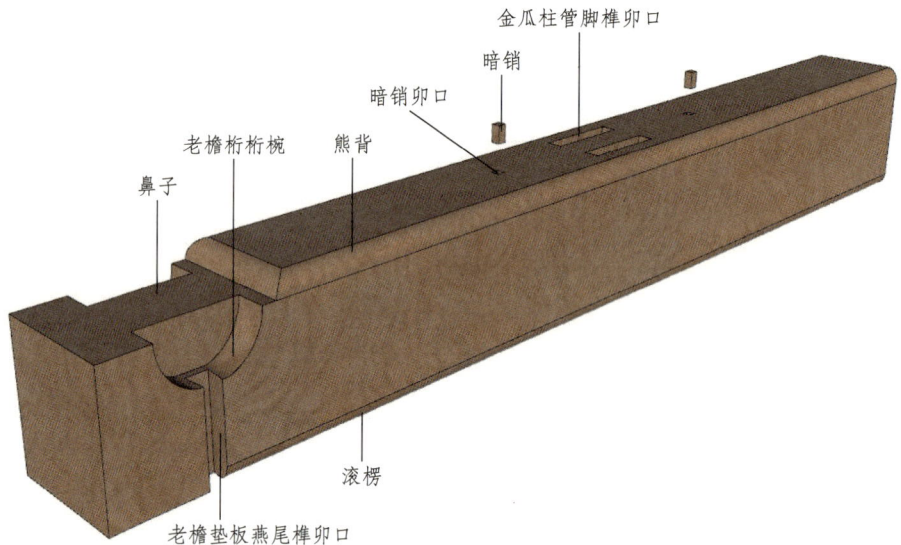

（d）五架梁三维示意图

图4-5-2　L1五架梁

说明：五架梁与金柱顶之间做馒头榫；五架梁与老檐垫板之间做燕尾榫；五架梁与老檐桁之间做桁椀、鼻子；五架梁与金角背之间做暗销；五架梁与金瓜柱之间做金瓜柱管脚榫。

4.5斗口=32mm

1/2全瓜柱高

1/2自身高

暗销0.4斗口见方

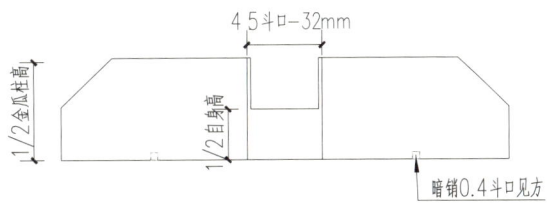

（a）金角背正立面图

1/3自身高

1/2全瓜柱高

（b）金角背侧立面图

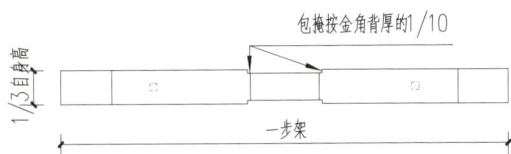

包掩按金角背厚的1/10

1/3自身高

一步架

（c）金角背平面图

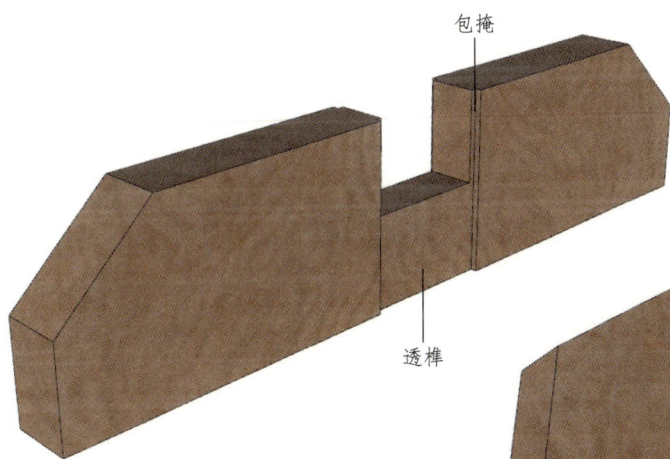

包掩

透榫

（d）金角背三维示意图1

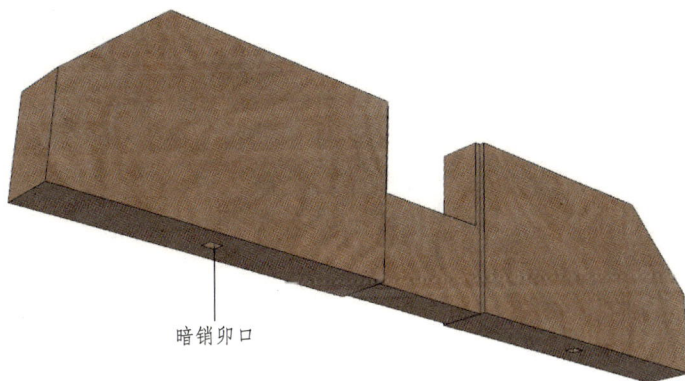

暗销卯口

（e）金角背三维示意图2

图4-5-3　L2金角背

说明：金角背与金瓜柱之间做包掩，下端做透榫；金角背与五架梁之间做暗销。

（a）三架梁平面图

（b）三架梁侧立面图

（c）三架梁正立面图

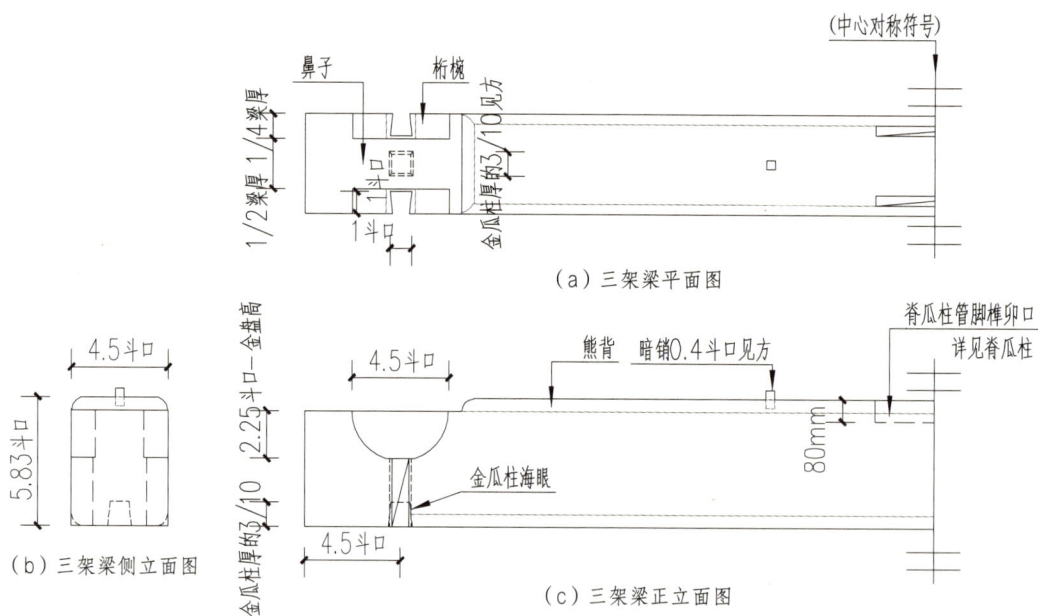

注：山面三架梁鼻子高和宽均为桁的1/5。

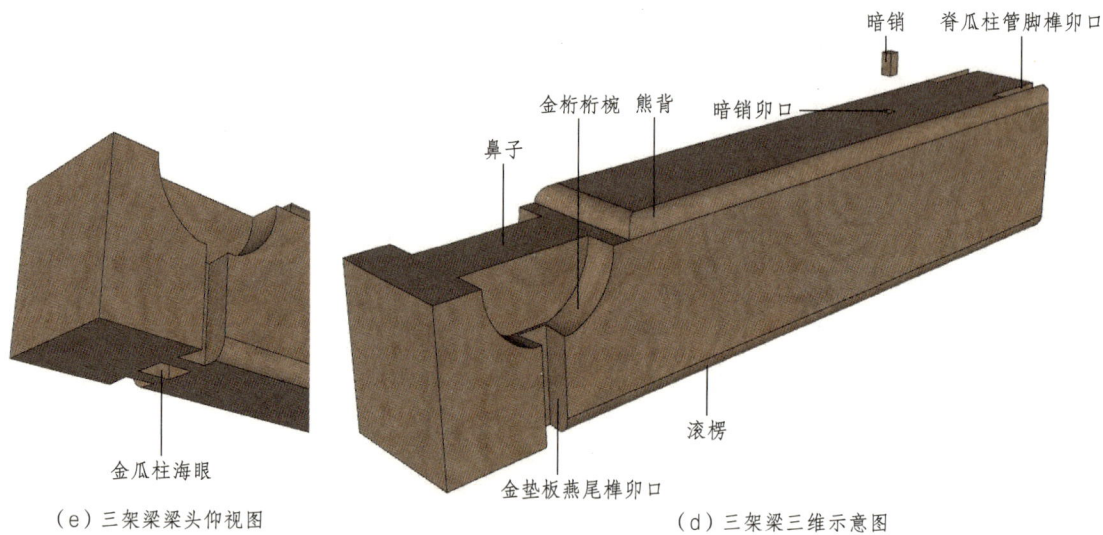

（e）三架梁梁头仰视图

（d）三架梁三维示意图

图4-5-4　L3三架梁

说明：三架梁与金瓜柱顶之间做馒头榫；三架梁与金垫板之间做燕尾榫；三架梁与金桁之间做桁椀、鼻子；三架梁与脊角背之间做暗销；三架梁与脊瓜柱之间做脊瓜柱管脚榫。

（a）脊角背正立面图

（b）脊角背侧立面图

（c）脊角背平面图

（d）脊角背三维示意图1

（e）脊角背三维示意图2

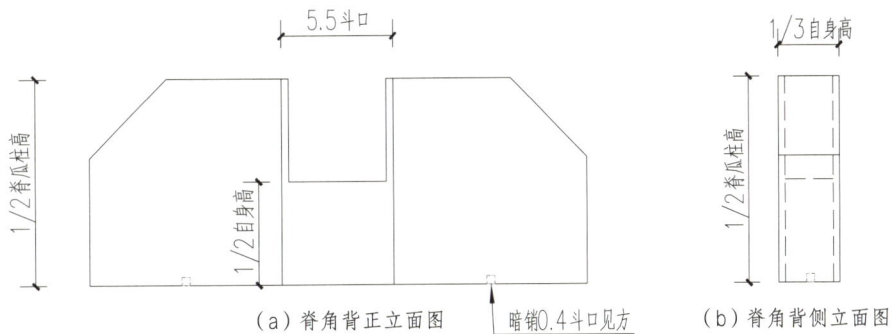

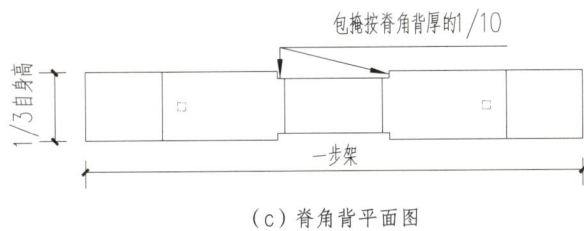

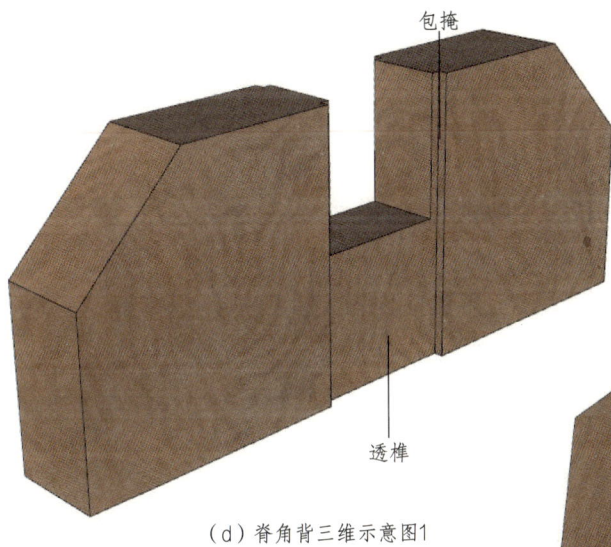

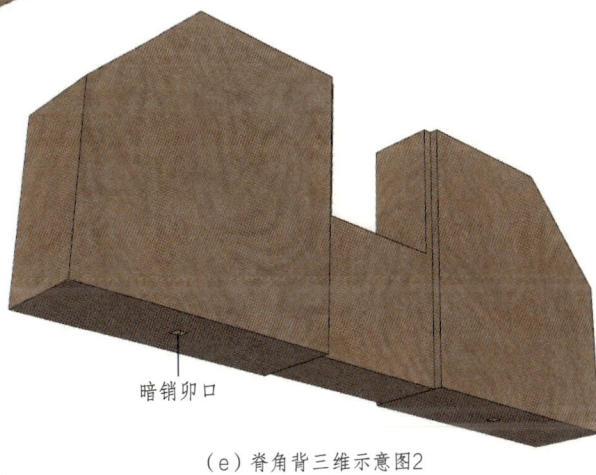

图4-5-5　L4脊角背

说明：脊角背与脊瓜柱之间做包掩，下端做透榫；脊角背与三架梁之间做暗销。

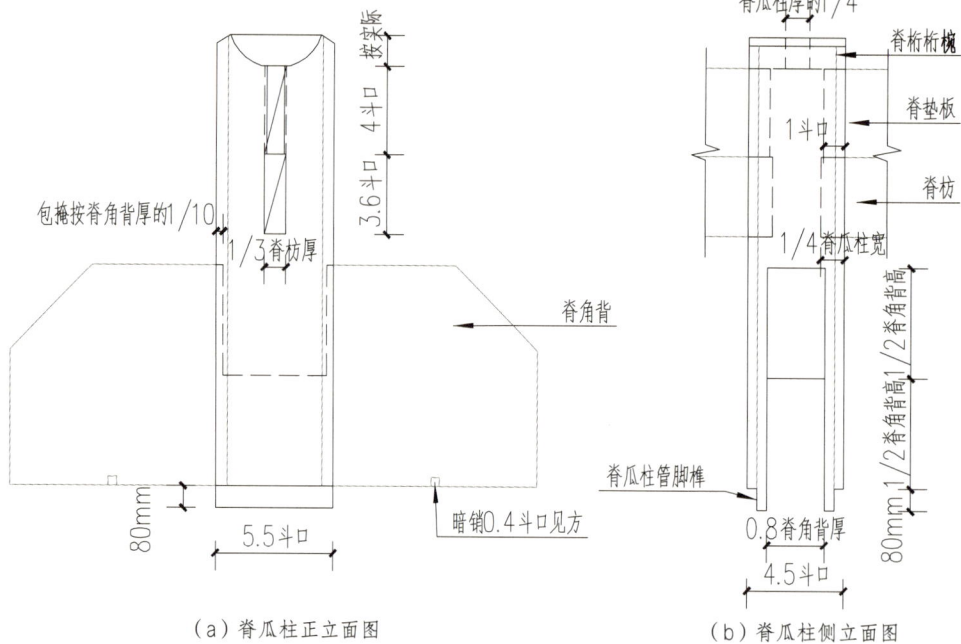

（a）脊瓜柱正立面图

（b）脊瓜柱侧立面图

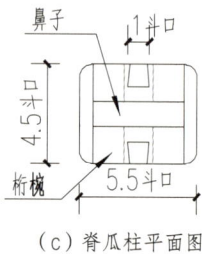

（c）脊瓜柱平面图

注：脊瓜柱管脚榫（双半榫）尺寸为脊瓜柱厚减去两侧包掩及脊角背透榫厚。山面脊瓜柱鼻子高和宽均为桁的1/5。

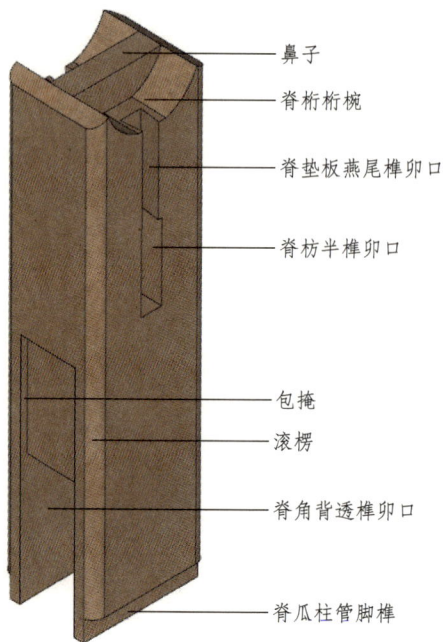

说明：脊瓜柱与三架梁之间做脊瓜柱管脚榫；脊瓜柱与脊角背上端做包掩，下端做透榫；脊瓜柱与脊枋之间做半榫；脊瓜柱与脊垫板之间做燕尾榫；脊瓜柱与脊桁之间做桁椀、鼻子。

（d）脊瓜柱三维示意图

图4-5-6 L5脊瓜柱

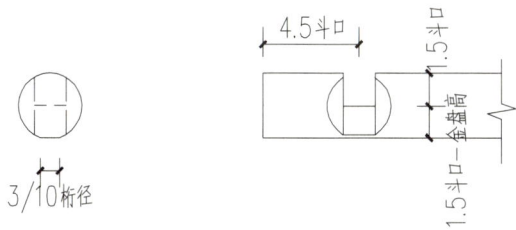

（a）挑檐桁（等口）侧立面图　（b）挑檐桁（等口）正立面图　　（d）挑檐桁（盖口）侧立面图　（e）挑檐桁（盖口）正立面图

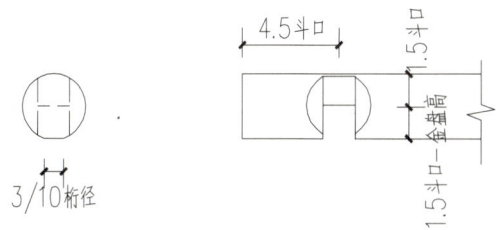

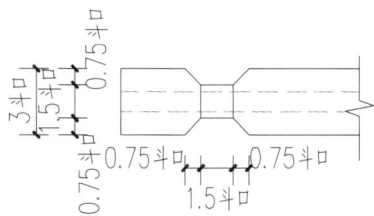

（c）挑檐桁（等口）平面图

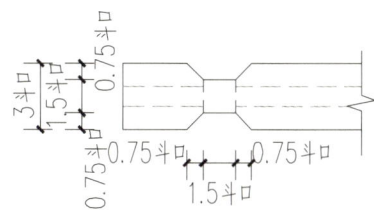

（f）挑檐桁（盖口）平面图

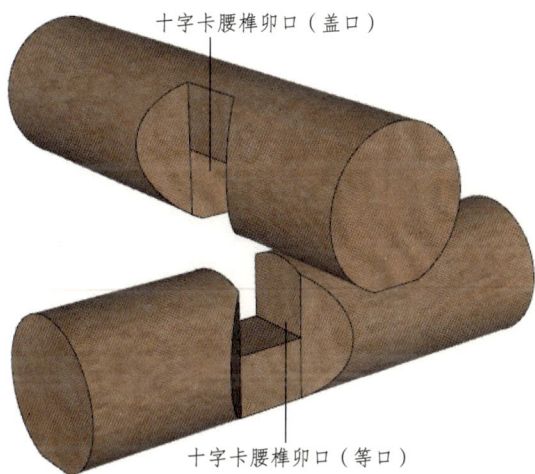

十字卡腰榫卯口（盖口）

十字卡腰榫卯口（等口）

（g）挑檐桁（山面）搭交三维示意图

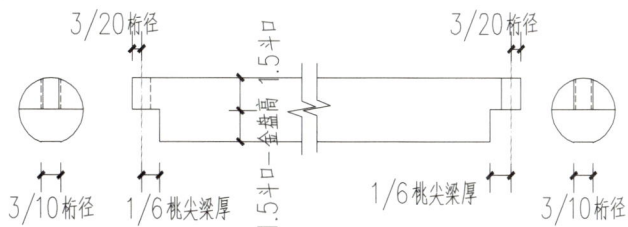

（h）挑檐桁侧立面图1　　（i）挑檐桁正立面图　　（j）挑檐桁侧立面图2

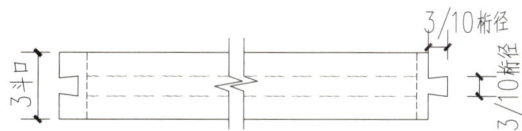

（k）挑檐桁平面图

说明：檐面挑檐桁与山面挑檐桁搭交时做十字卡腰榫，山面压檐面。挑檐桁之间做燕尾榫；挑檐桁与桃尖梁之间做桃尖梁鼻子。

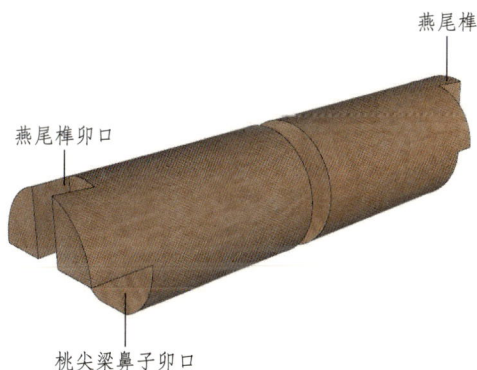

燕尾榫

燕尾榫卯口

桃尖梁鼻子卯口

（l）挑檐桁三维示意图

图4-5-7　l1挑檐桁

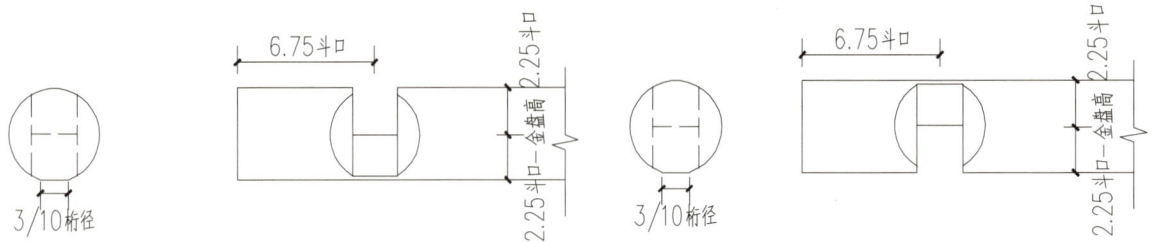

（a）正心桁（等口）侧立面图　（b）正心桁（等口）正立面图　（d）正心桁（盖口）侧立面图　（e）正心桁（盖口）正立面图

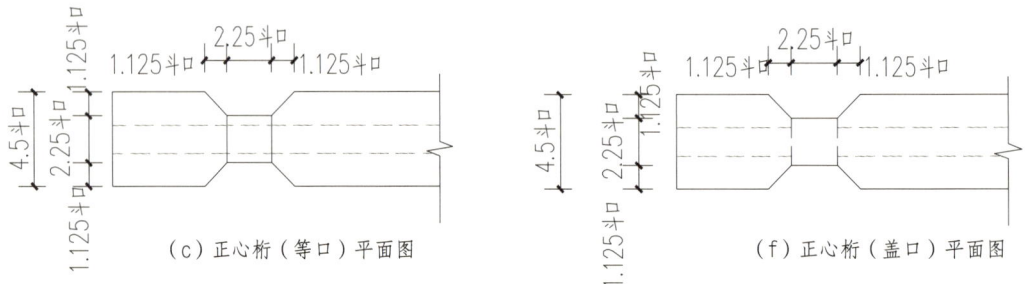

（c）正心桁（等口）平面图　　　　　　　　　（f）正心桁（盖口）平面图

（g）正心桁（山面）搭交三维示意图　　　　　（h）正心桁三维示意图

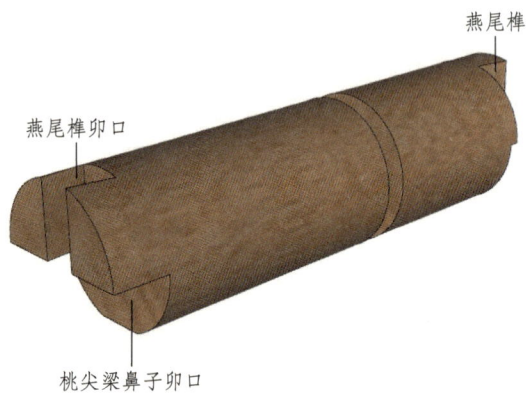

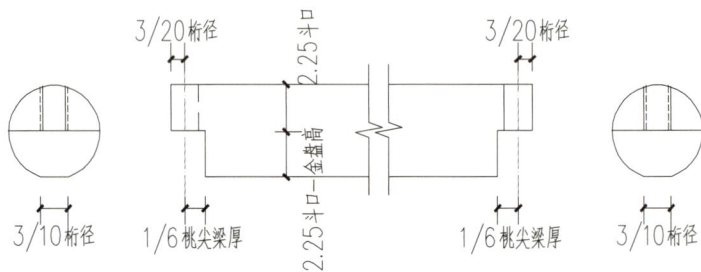

（i）正心桁侧立面图1　　（j）正心桁正立面图　　（k）正心桁侧立面图2

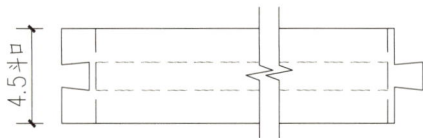

（l）正心桁平面图

图4-5-8　l2正心桁

说明：檐面正心桁与山面正心桁搭交时做十字卡腰榫，山面压檐面。

正心桁之间做燕尾榫；正心桁与桃尖梁之间做桃尖梁鼻子。

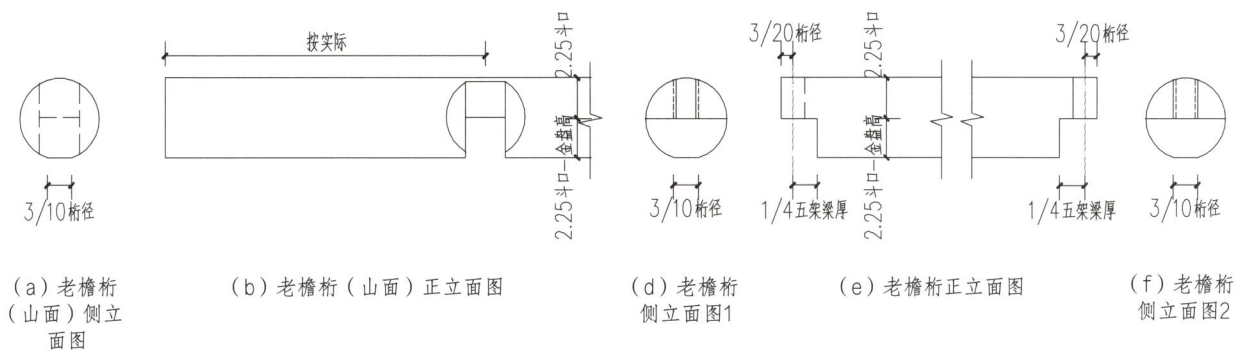

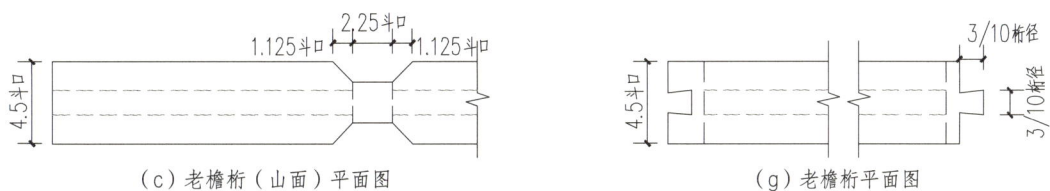

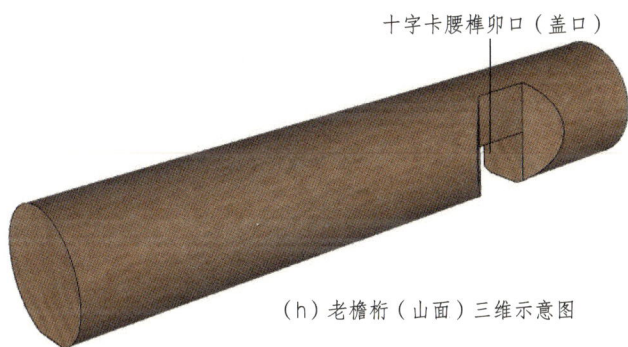

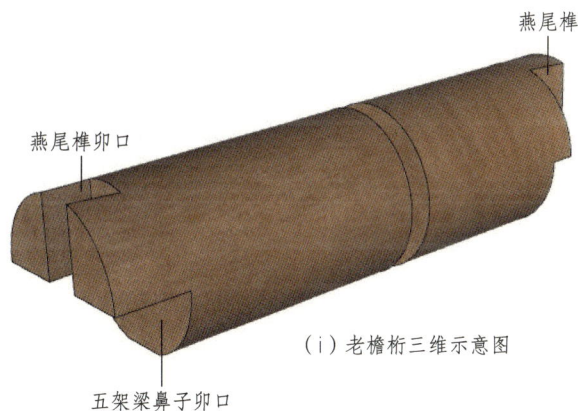

（a）老檐桁
（山面）侧立
面图

（b）老檐桁（山面）正立面图

（d）老檐桁
侧立面图1

（e）老檐桁正立面图

（f）老檐桁
侧立面图2

（c）老檐桁（山面）平面图

（g）老檐桁平面图

十字卡腰榫卯口（盖口）

（h）老檐桁（山面）三维示意图

燕尾榫

燕尾榫卯口

五架梁鼻子卯口

（i）老檐桁三维示意图

图4-5-9 l3老檐桁

说明：老檐桁（山面）与踩步金之间做十字卡腰榫；
老檐桁之间做燕尾榫；老檐桁与五架梁之间做五架梁鼻子。

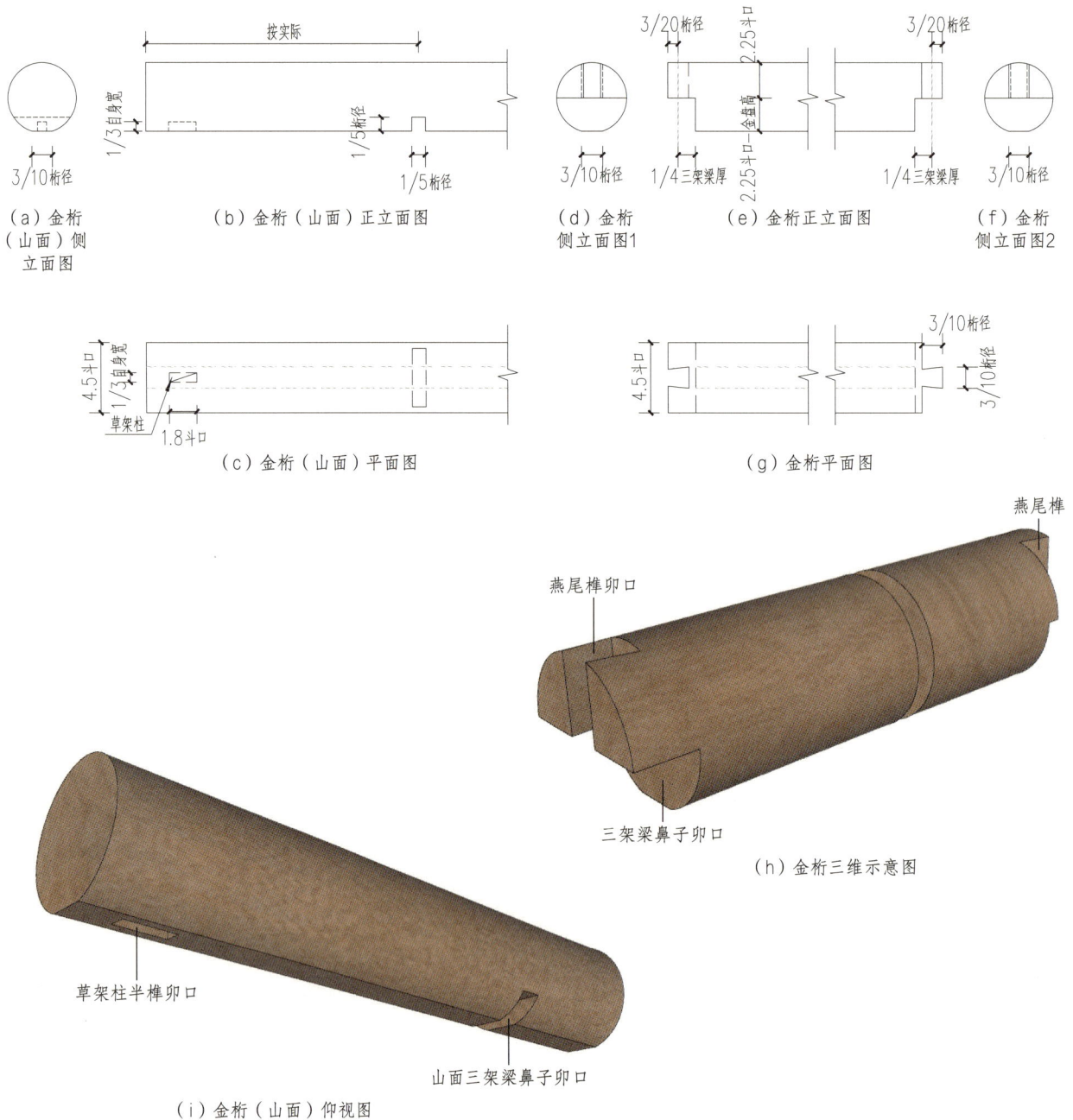

（a）金桁
（山面）侧
立面图

（b）金桁（山面）正立面图

（d）金桁
侧立面图1

（e）金桁正立面图

（f）金桁
侧立面图2

（c）金桁（山面）平面图

（g）金桁平面图

（h）金桁三维示意图

（i）金桁（山面）仰视图

图4-5-10　I4金桁

说明：金桁（山面）与草架柱之间做半榫；金桁（山面）与三架梁之间做山面三架梁鼻子。
金桁之间做燕尾榫；金桁与三架梁之间做三架梁鼻子。

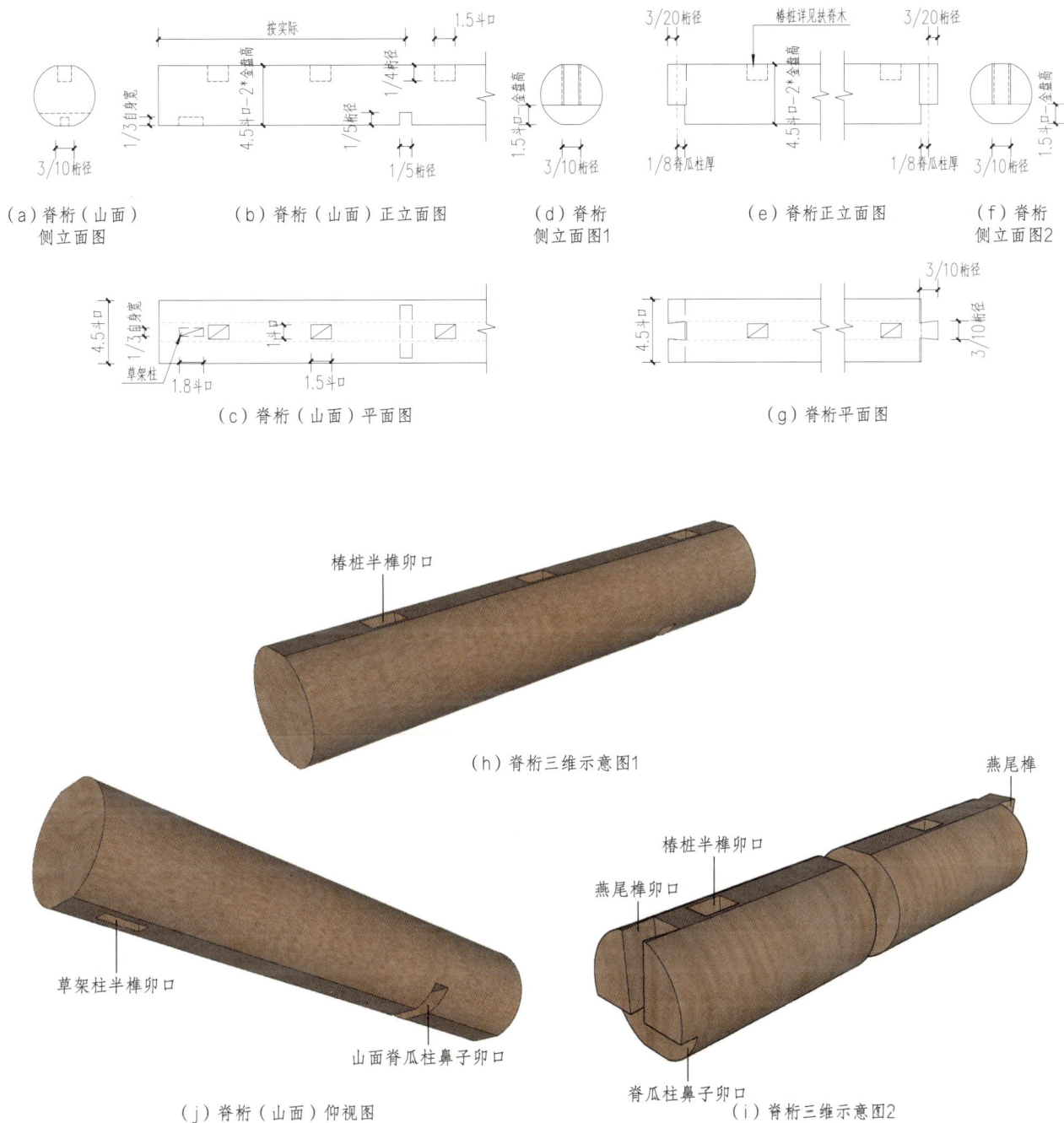

（a）脊桁（山面）
侧立面图

（b）脊桁（山面）正立面图

（d）脊桁
侧立面图1

（e）脊桁正立面图

（f）脊桁
侧立面图2

（c）脊桁（山面）平面图

（g）脊桁平面图

（h）脊桁三维示意图1

（j）脊桁（山面）仰视图

（i）脊桁三维示意图2

图4-5-11　l5脊桁

说明：脊桁（山面）与草架柱之间做半榫；脊桁（山面）与脊瓜柱之间做脊瓜柱鼻子；脊桁与椿桩之间做半榫。脊桁之间做燕尾榫；脊桁与脊瓜柱之间做脊瓜柱鼻子；脊桁与椿桩之间做半榫。

椿桩
每通脊一件用一根

4斗口

橡窝深0.5橡径

（a）扶脊木正立面图1

3/10扶脊木径   3/10扶脊木径

4斗口

（b）扶脊木侧立面图1

椿桩

4斗口

（d）扶脊木正立面图2

1.5斗口

45°
60°

椿桩

橡窝

3/10析径

（e）扶脊木侧立面图2

3/10扶脊木径

1斗口

3/10扶脊木径

1.5斗口

（c）扶脊木平面图1

3/10扶脊木径

3/10扶脊木径

（f）扶脊木平面图2

椿桩

椿桩透榫卯口

燕尾榫

燕尾榫卯口

橡窝

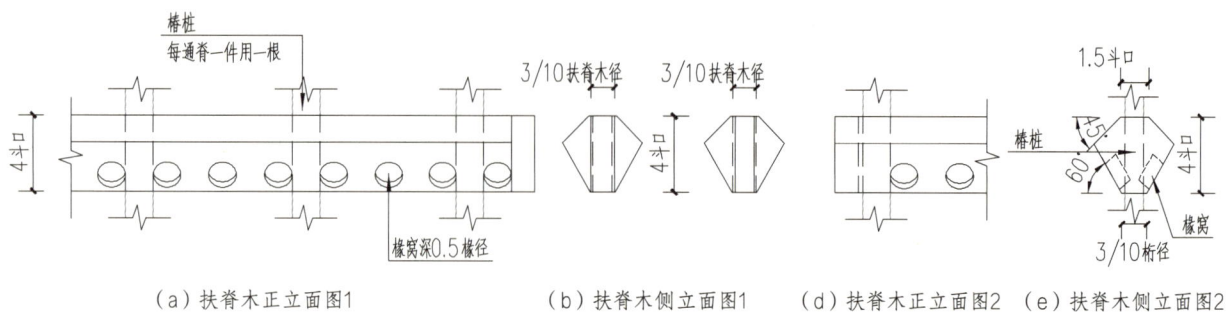

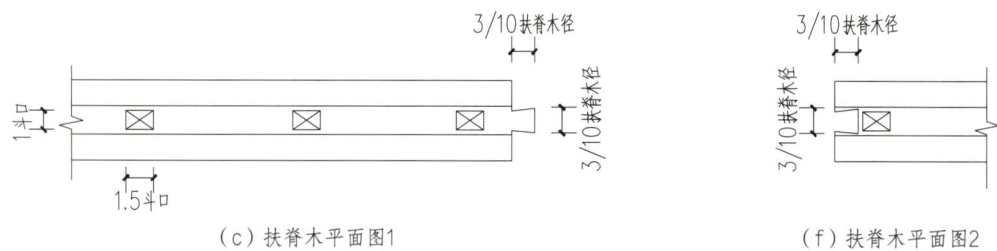

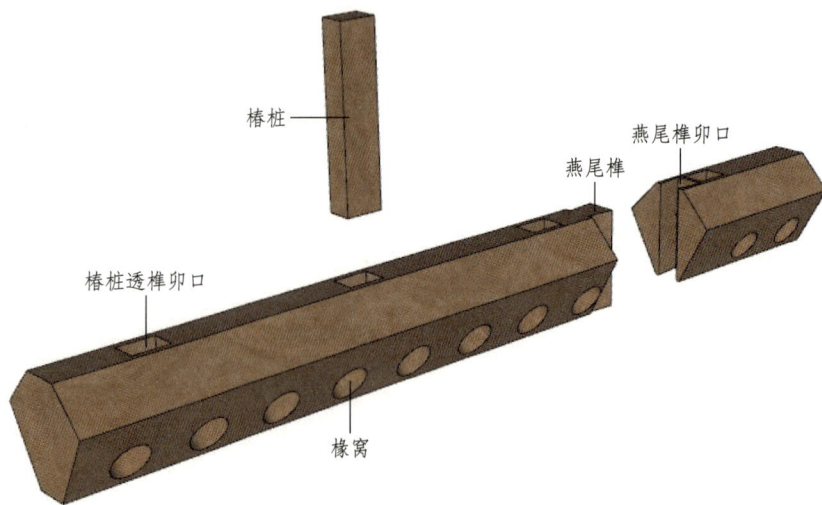

（g）扶脊木三维示意图

图4-5-12 l6扶脊木

说明：扶脊木之间做燕尾榫；扶脊木与脑橡之间做橡窝；扶脊木与椿桩之间做透榫。

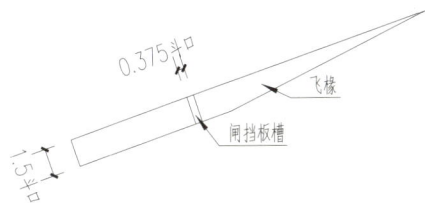

（a）飞椽、闸挡板立面图

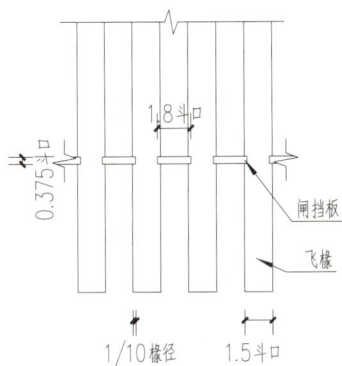

（b）飞椽、闸挡板平面图

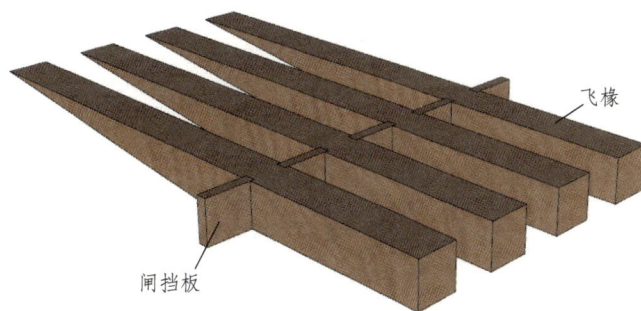

（c）飞椽、闸挡板三维示意图

图4-5-13 Y1飞椽、Y2闸挡板

说明：飞椽上刻槽，与闸挡板相接。

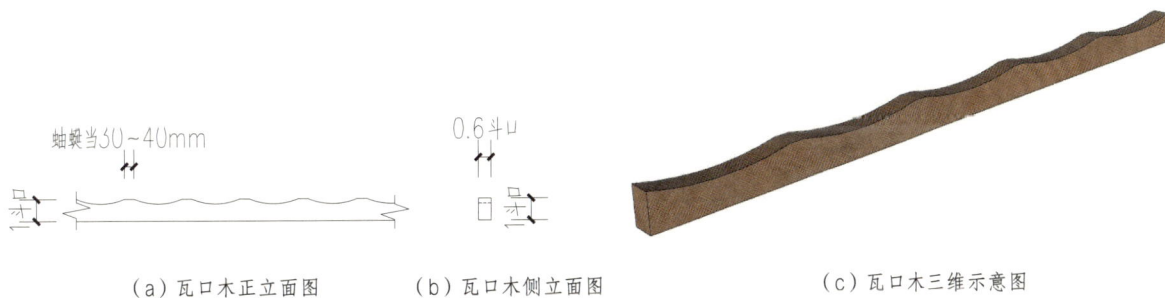

（a）瓦口木正立面图

（b）瓦口木侧立面图

（c）瓦口木三维示意图

图4-5-14 Y3瓦口木

4.6 横剖面

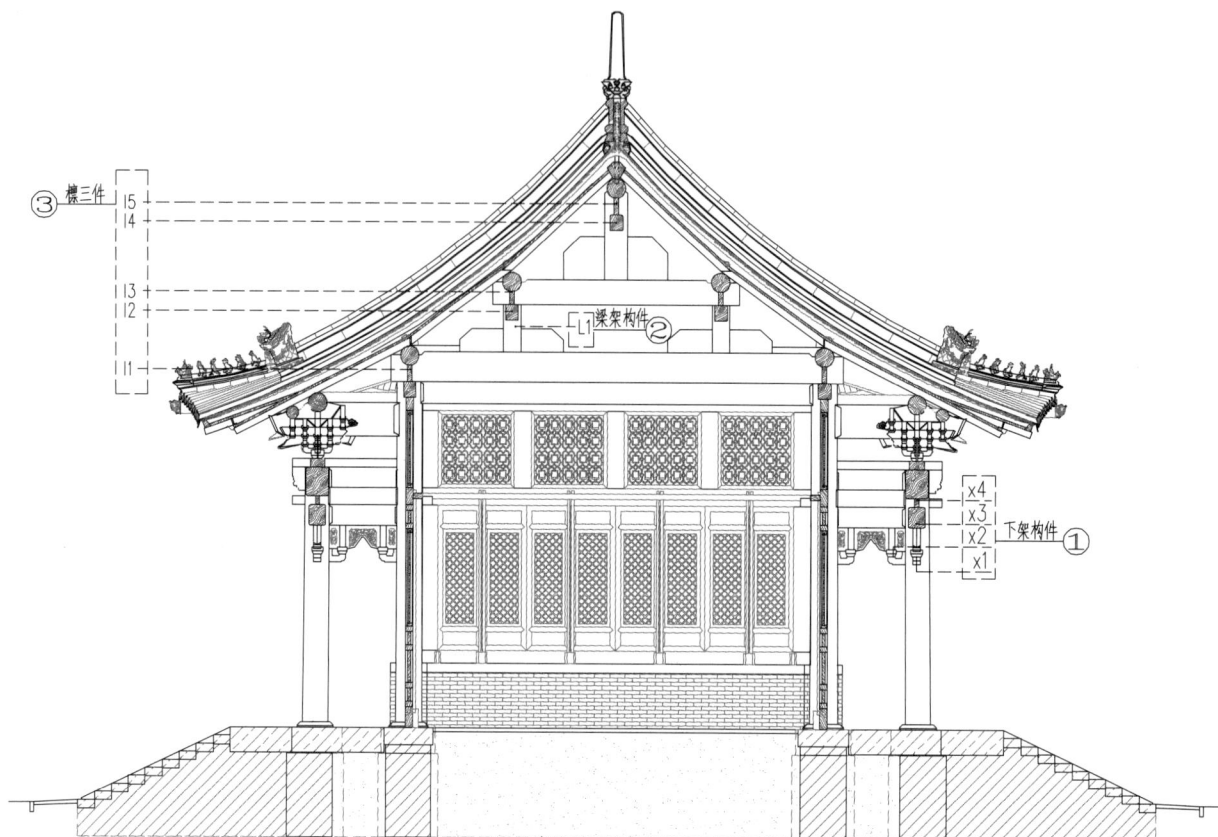

图4-6-1 七檩歇山周围廊建筑横剖面图

表4-6-1

构件分类	图4-6-1中的序号	构件	长	宽（厚）	高	数量	备注
①下架构件	x1	雀替	1/4明间面阔	厚1.8斗口	7.5斗口	24	
	x2	骑马雀替	廊步净宽	厚1.8斗口	7.5斗口	8	榫卯同雀替
	x3	小额枋		4斗口	4.8斗口	20	
	x4	由额垫板		厚1斗口	2斗口	20	
②梁架构件	L1	金瓜柱	厚按三架梁厚收2寸	自身厚+1寸	按实际	8	
③檩三件	l1	老檐垫板		厚1斗口	按实际	10	榫卯同柱头平面—老檐垫板（山面）
	l2	金枋		3斗口	3.6斗口	10	
	l3	金垫板		厚1斗口	按实际	10	榫卯同柱头平面—老檐垫板（山面）
	l4	脊枋		3斗口	3.6斗口	5	
	l5	脊垫板		厚1斗口	4斗口	5	

1/4明间净面阔

3/4自身高

1/3截面直径

（a）雀替正立面图

1.8斗口

7.5斗口

（b）雀替侧立面图

1/4自身厚

1.8斗口

（c）雀替平面图

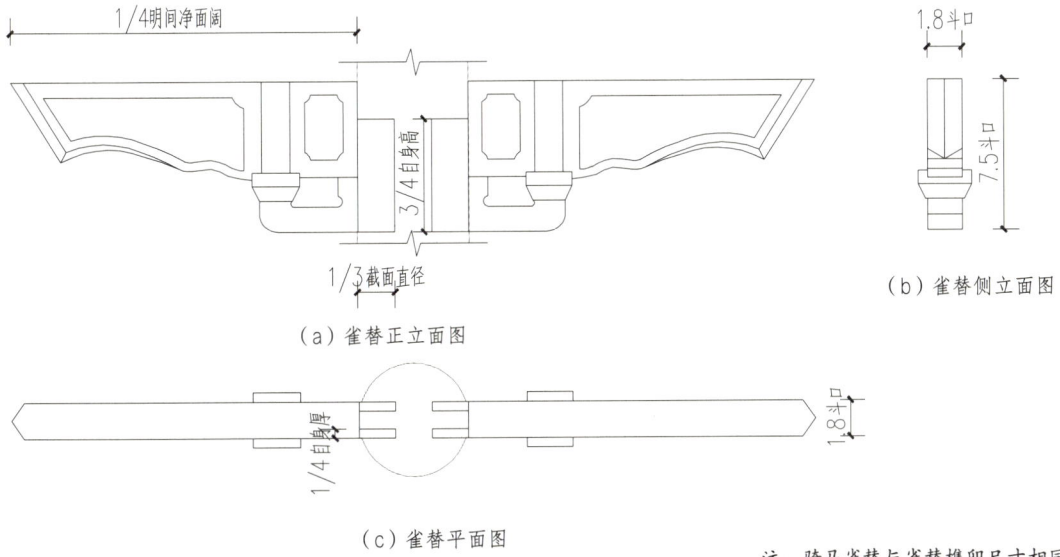

注：骑马雀替与雀替榫卯尺寸相同。

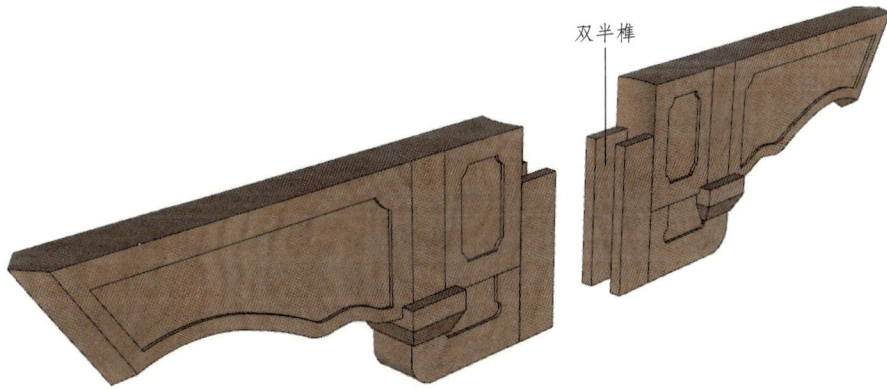

双半榫

（d）雀替三维示意图

图4-6-2　x1雀替

说明：雀替与檐柱之间做双半榫。

（a）小额枋正立面图

（b）小额枋侧立面图

4.8斗口

4斗口

抱肩撞一回二

1/4截面直径

1/3自身厚

（c）小额枋平面图

滚楞

半榫

撞一回二

（d）小额枋三维示意图

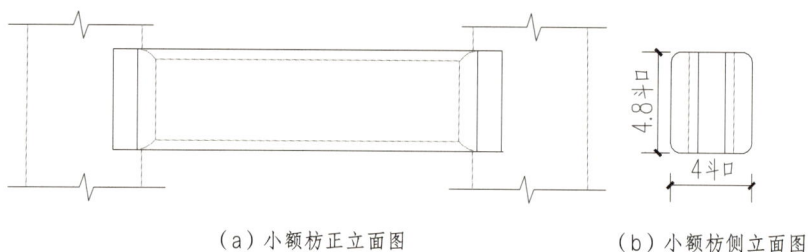

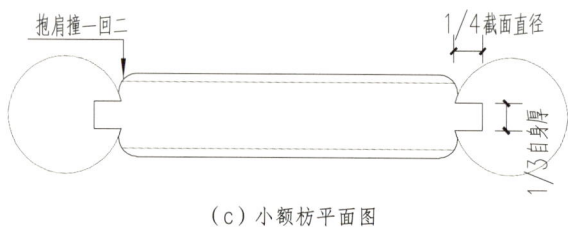

图4-6-3　x3小额枋

说明：小额枋与檐柱之间做半榫。

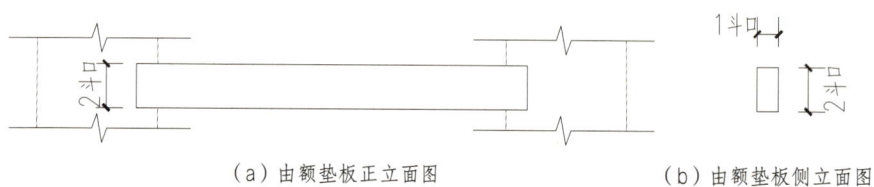

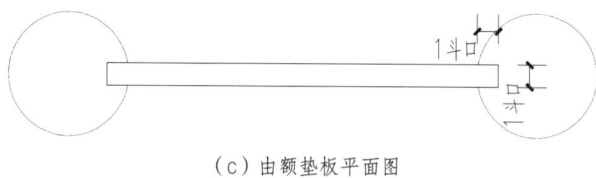

（a）由额垫板正立面图

2斗口

1斗口

2斗口

（b）由额垫板侧立面图

1斗口

1斗口

（c）由额垫板平面图

半榫

（d）由额垫板三维示意图

图4-6-4　x4由额垫板

说明：由额垫板与檐柱之间做半榫。

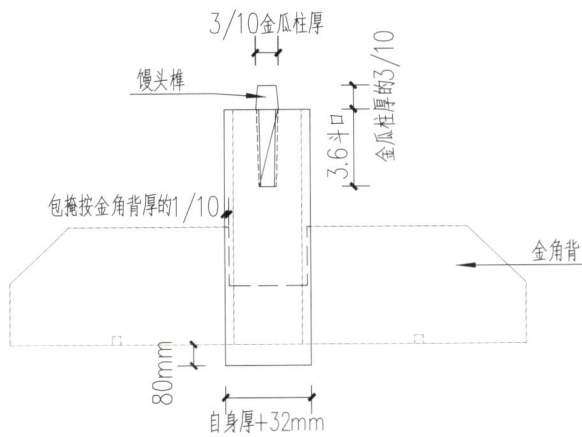

（a）金瓜柱正立面图

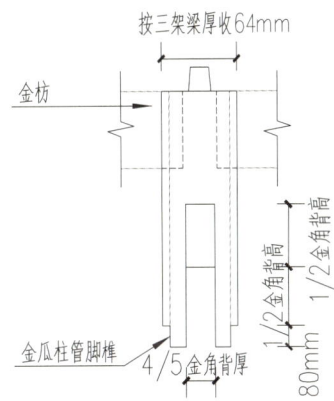

3/10金瓜柱厚

馒头榫

金瓜柱厚的3/10

3.6斗口

包掩按金角背厚的1/10

金角背

80mm

自身厚+32mm

（b）金瓜柱侧立面图

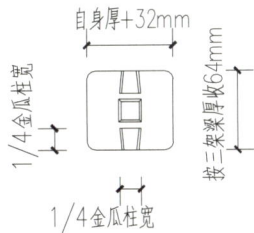

按三架梁厚收64mm

金枋

1/2金角背高

金瓜柱管脚榫

4/5金角背厚

80mm

1/2金角背高

（c）金瓜柱平面图

自身厚+32mm

1/4金瓜柱宽

1/4金瓜柱宽

按三架梁厚收64mm

注：金瓜柱管脚榫（双半榫）尺寸为金瓜柱厚减去两侧包掩及金角背透榫厚。

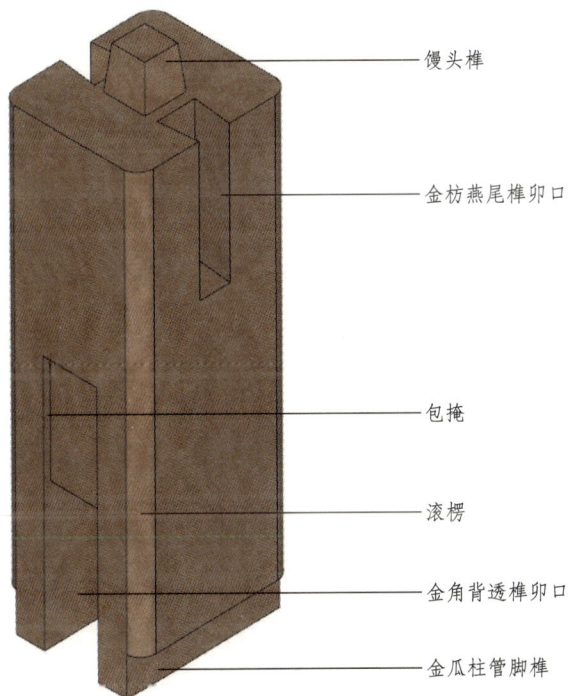

说明：金瓜柱与五架梁之间做金瓜柱管脚榫；金瓜柱与金角背上端做包掩，下端做透榫；金瓜柱与金枋之间做燕尾榫；金瓜柱与三架梁之间做馒头榫。

（d）金瓜柱三维示意图

馒头榫

金枋燕尾榫卯口

包掩

滚楞

金角背透榫卯口

金瓜柱管脚榫

图4-6-5 L1金瓜柱

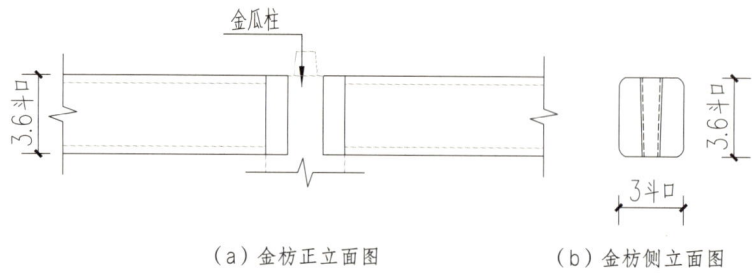

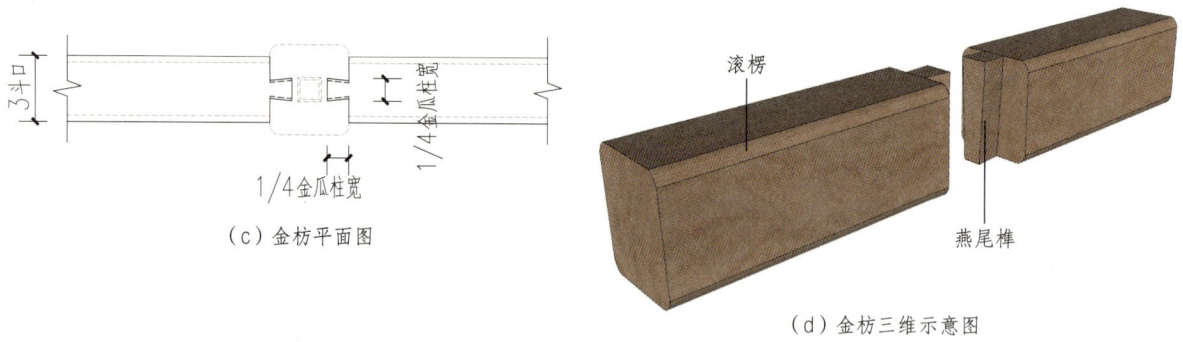

金瓜柱

3.6斗口

（a）金枋正立面图

3.6斗口

3斗口

（b）金枋侧立面图

3斗口

1/4金瓜柱宽

1/4金瓜柱宽

（c）金枋平面图

滚楞

燕尾榫

（d）金枋三维示意图

图4-6-6 I2金枋

说明：金枋与金瓜柱之间做燕尾榫。

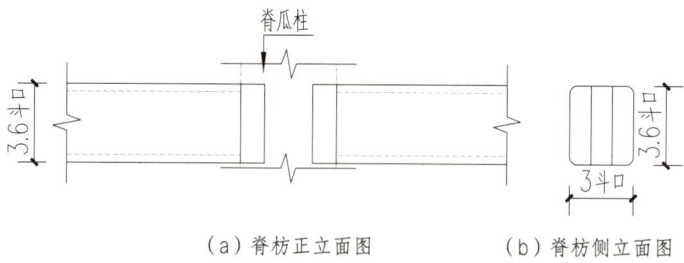

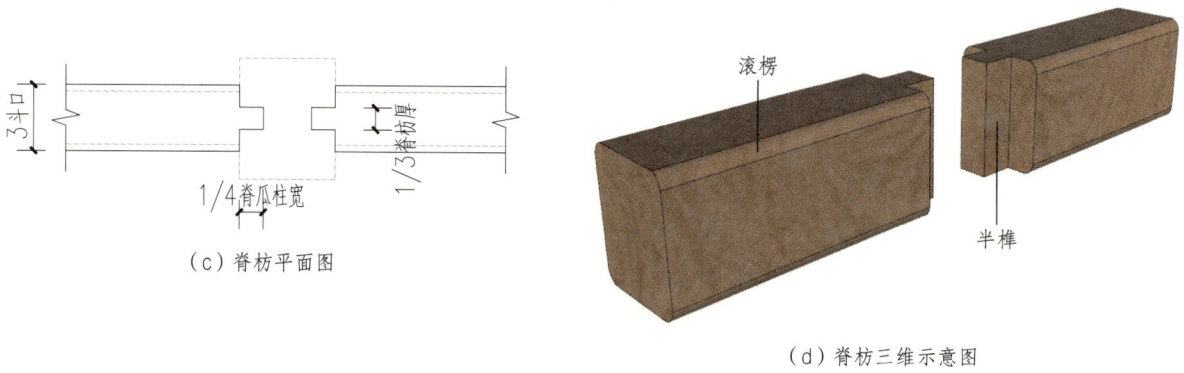

脊瓜柱

3.6斗口

（a）脊枋正立面图

3.6斗口

3斗口

（b）脊枋侧立面图

3斗口

1/3脊枋厚

1/4脊瓜柱宽

（c）脊枋平面图

滚楞

半榫

（d）脊枋三维示意图

图4-6-7 I4脊枋

说明：脊枋与脊瓜柱之间做半榫。

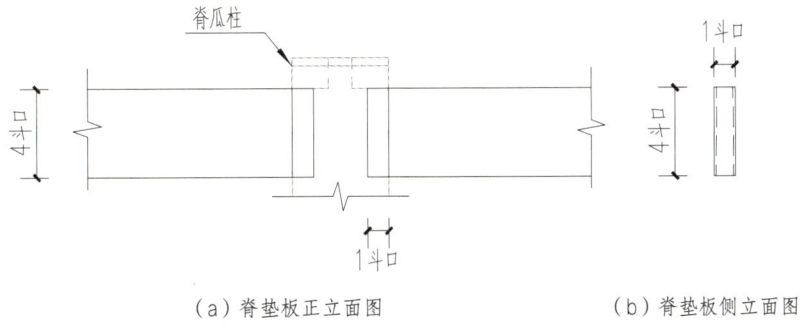

（a）脊垫板正立面图　　　　　　　　（b）脊垫板侧立面图

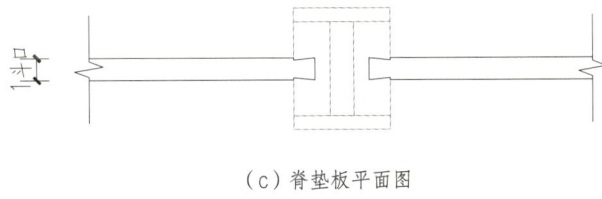

（c）脊垫板平面图

（d）脊垫板三维示意图

图4-6-8　l5脊垫板

说明：脊垫板与脊瓜柱之间做燕尾榫。

4.7 纵剖面

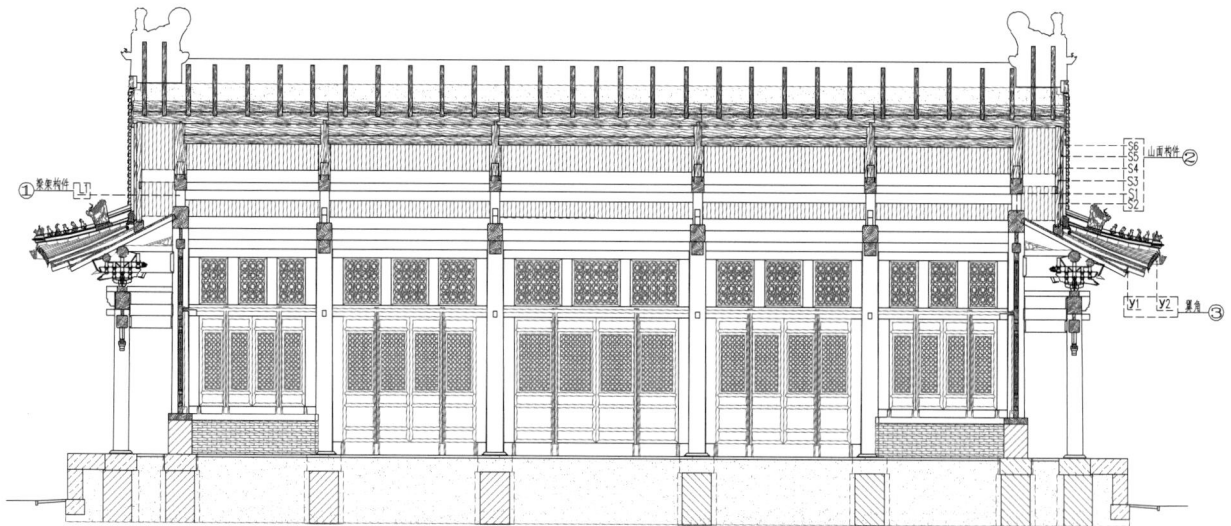

图4-7-1 七檩歇山周围廊建筑纵剖面图

表4-7-1

构件分类	图4-7-1中的序号	构件	厚	宽	高	数量
①梁架构件	L1	柁墩	三架梁厚收2寸	9斗口	按实际	4
②山面构件	S1	踩步金		6斗口	7斗口+1%长	2
	S2	踏脚木	3.6斗口	4.5斗口		2
	S3	草架柱	1.8斗口	2.3斗口	按实际	6
	S4	穿	1.8斗口	2.3斗口		2
	S5	山花板	1斗口			2
	S6	博缝板	1.2斗口	8斗口		2
③翼角	y1	老角梁		2.8斗口	4.2斗口	4
	y2	仔角梁		2.8斗口	4.2斗口	4

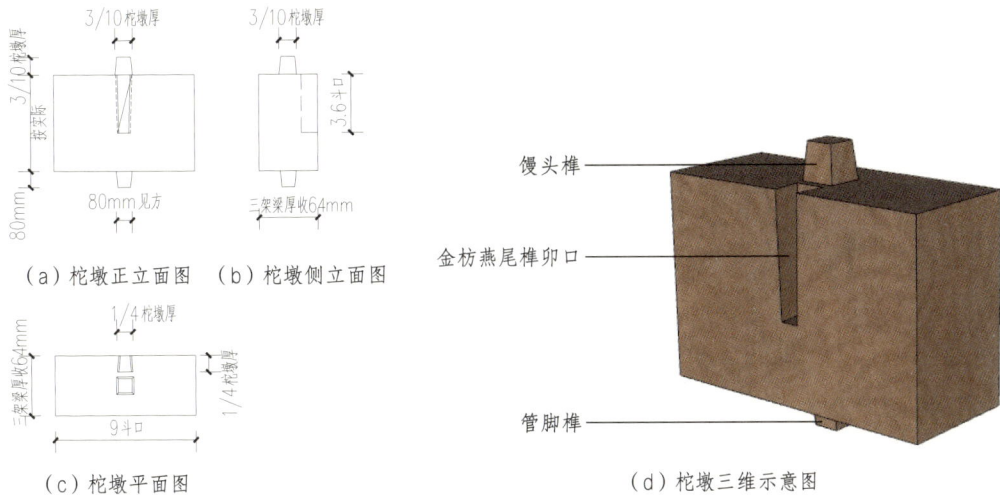

（a）柁墩正立面图　（b）柁墩侧立面图

（c）柁墩平面图

（d）柁墩三维示意图

图4-7-2　L1柁墩

说明：柁墩底部与踩步金之间做管脚榫；柁墩与金枋之间做燕尾榫；柁墩顶与三架梁之间做馒头榫。

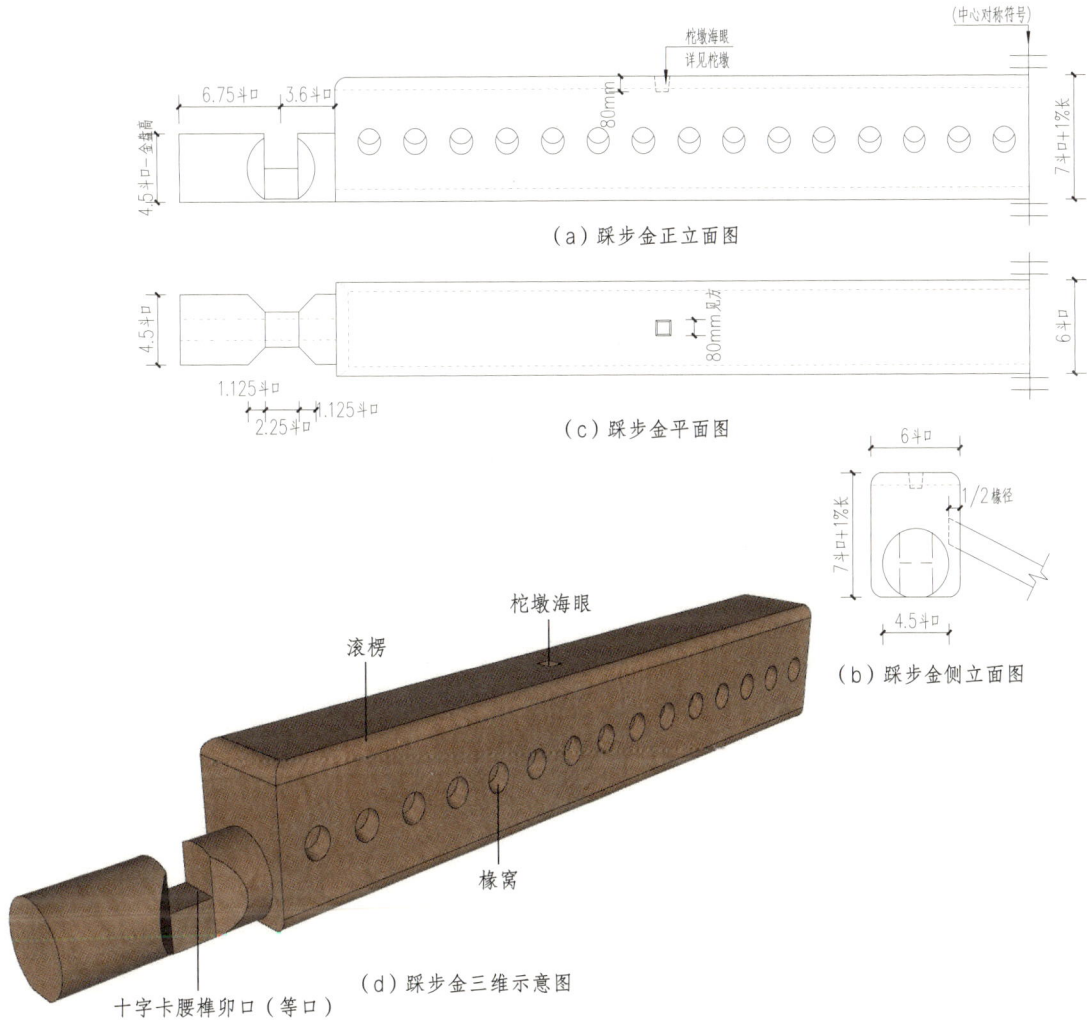

（a）踩步金正立面图

（c）踩步金平面图

（b）踩步金侧立面图

（d）踩步金三维示意图

图4-7-3　S1踩步金

说明：踩步金与老檐桁之间做十字卡腰榫；踩步金与山面椽之间做椽窝；踩步金与柁墩之间做管脚榫。根据实际情况在踩步金上刻椽槽。

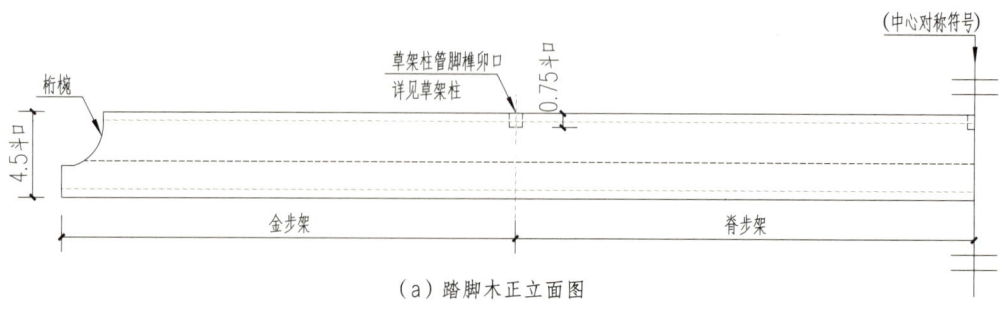

（a）踏脚木正立面图

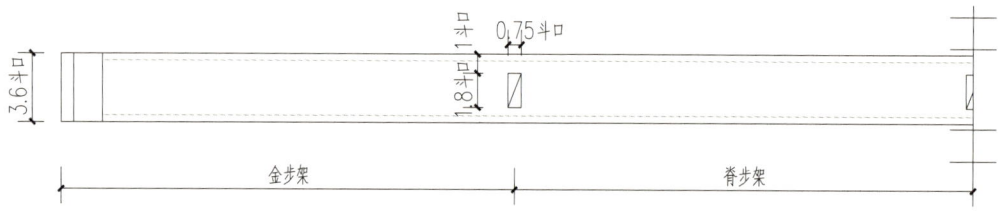

（c）踏脚木平面图

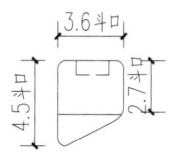

（b）踏脚木侧立面图

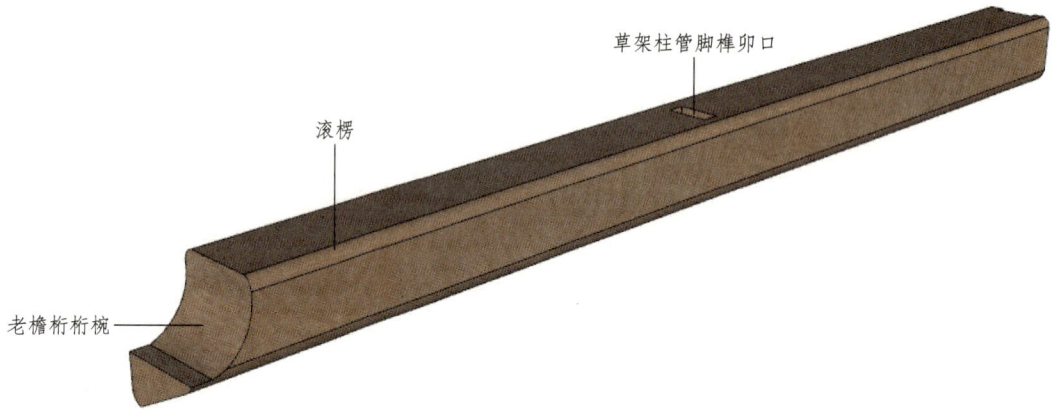

（d）踏脚木三维示意图

图4-7-4　S2踏脚木

说明：踏脚木与老檐桁之间做桁椀；踏脚木与草架柱之间做管脚榫。

（a）草架柱平面图

（b）金桁下草架柱正
　　立面图（进深）

（c）金桁下草架柱
　　侧立面图

（d）金桁下草架柱三维示意图

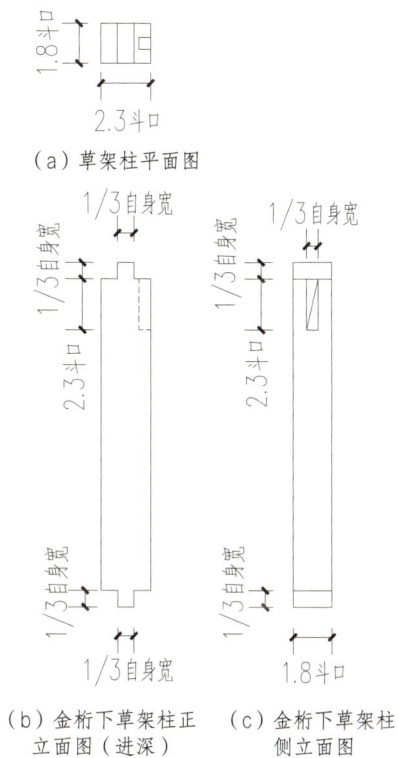

图4-7-5　S3金桁下草架柱

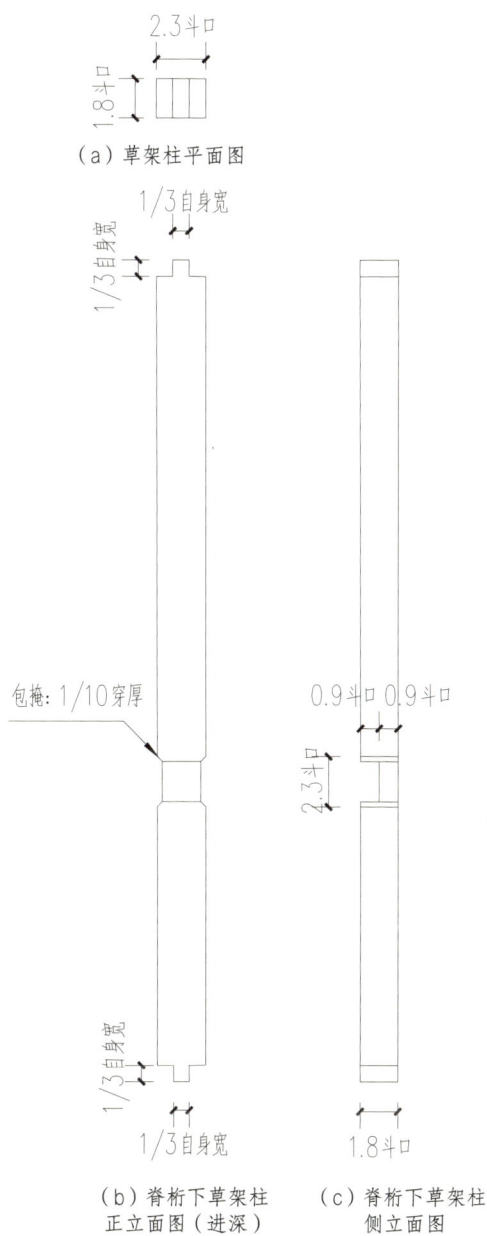

（a）草架柱平面图

（b）脊桁下草架柱
　　正立面图（进深）

（c）脊桁下草架柱
　　侧立面图

图4-7-6　S3脊桁下草架柱

（d）脊桁下三维示意图

说明：草架柱柱脚与踏脚木之间做管脚榫；草架柱与穿在中间相交处做十字刻半榫；草架柱与穿端头相交时做半榫。

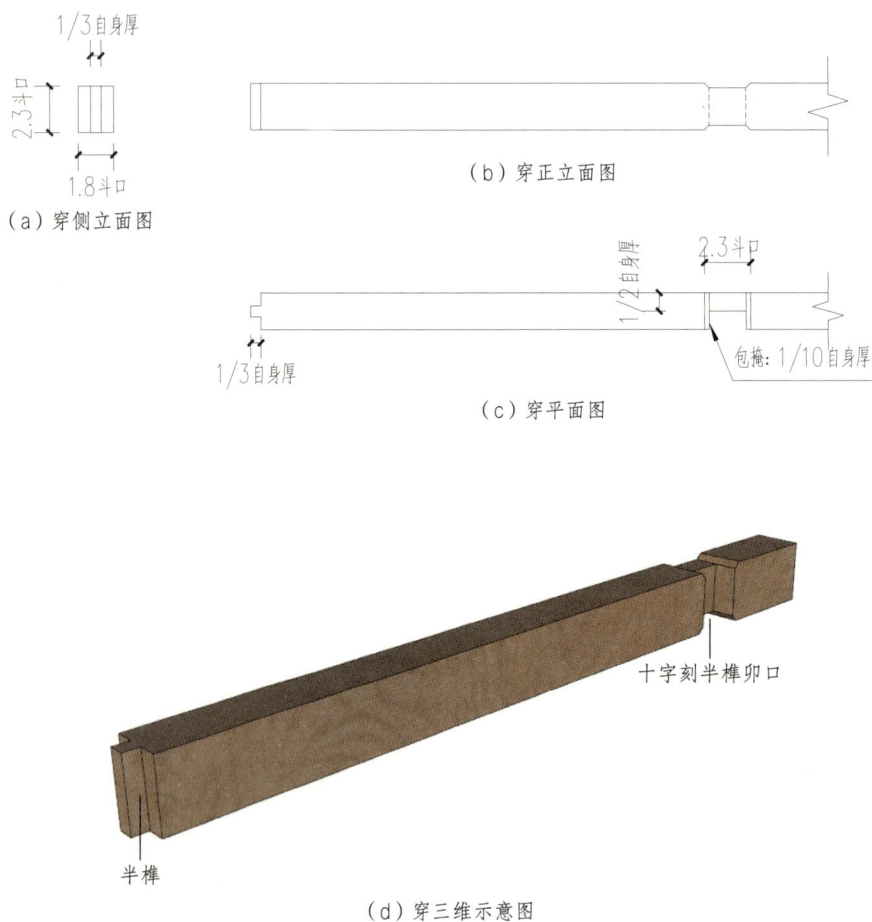

（a）穿侧立面图

（b）穿正立面图

（c）穿平面图

（d）穿三维示意图

图4-7-7　S4穿

说明：穿在中间相交处与草架柱之间做十字刻半榫；穿端头与草架柱之间做半榫。

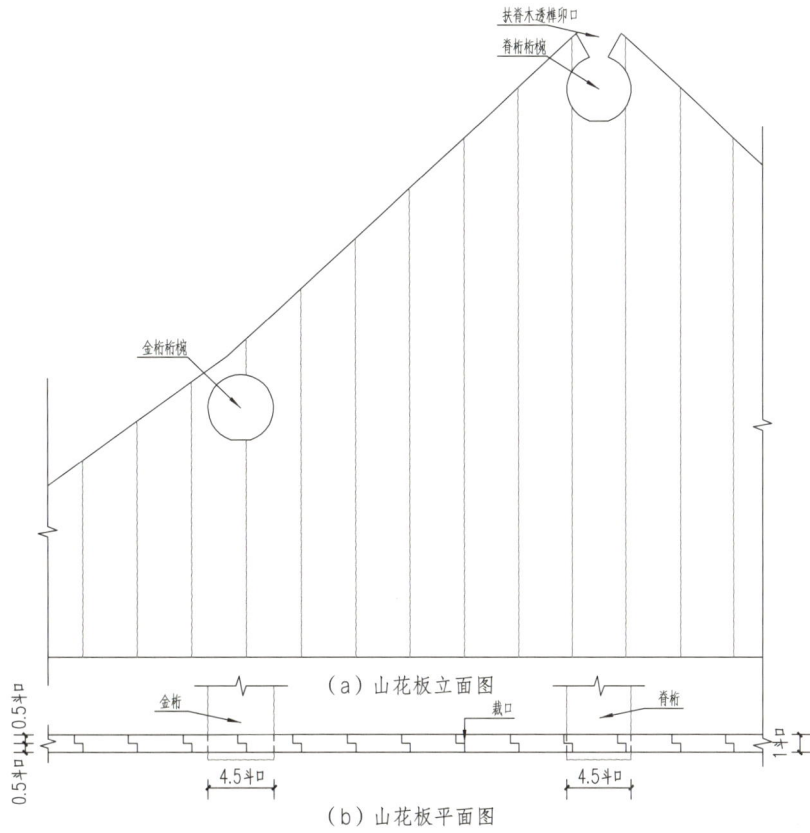

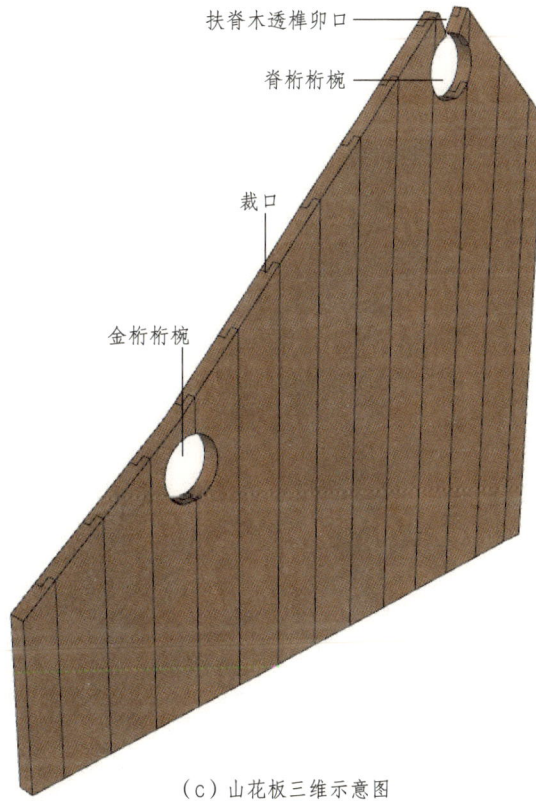

扶脊木透榫卯口

脊桁桁椀

裁口

金桁桁椀

（c）山花板三维示意图

图4-7-8 S5山花板

说明：山花板与金桁、脊桁之间做桁椀；山花板与扶脊木之间做透榫；山花板对接处用裁口。

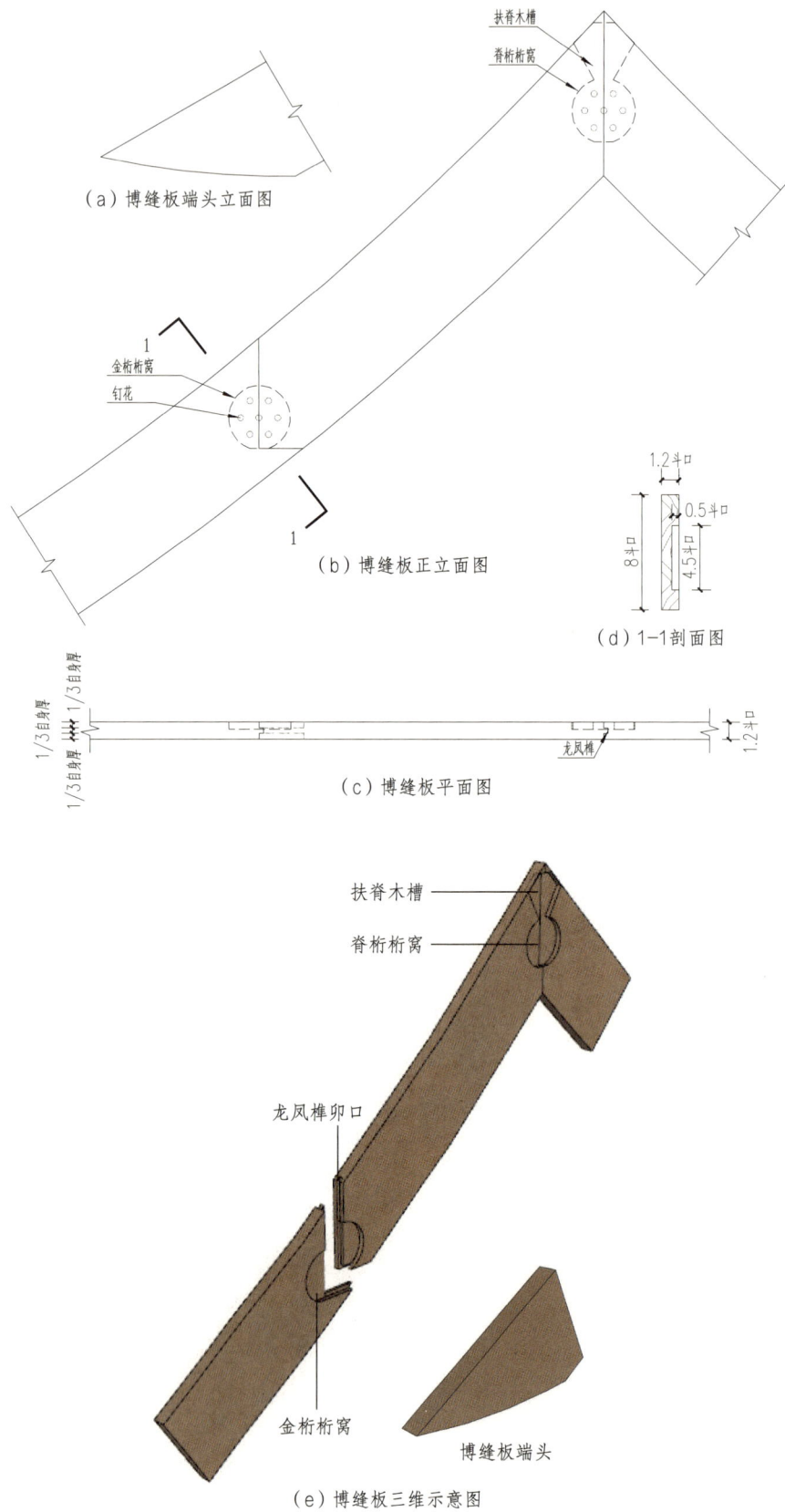

（a）博缝板端头立面图

扶脊木槽
脊桁桁窝

金桁桁窝
钉花

1

1

（b）博缝板正立面图

1.2斗口

0.5斗口

8斗口

4.5斗口

（d）1-1剖面图

1/3自身厚
1/3自身厚
1/3自身厚

龙凤榫

1.2斗口

（c）博缝板平面图

扶脊木槽

脊桁桁窝

龙凤榫卯口

金桁桁窝

博缝板端头

（e）博缝板三维示意图

图4-7-9　S6博缝板

说明：博缝板刻槽与金桁、脊桁、扶脊木相接；博缝板对接处用龙凤榫。

仔角梁4.2x2.8斗口

椽槽

1.5斗口

2.8斗口

（a）仔角梁平面图

暗销
0.4斗口见方

椽槽

老中至里由中

1/2 1/2

托舌

小连檐卯口

4.2斗口

2.8斗口

4.2斗口

套兽榫

霸王拳

外老里
由中由
中

外老里
由中由
中

外老里
由中由
中

廊步五举高度

正心桁与挑檐桁中线高差

（b）老角梁、仔角梁正立面图

椽槽

2.8斗口

（1/3檐平出+1椽径）加斜

五斗口加斜

步架加斜

老檐垫板卯口

（2/3檐平出+2椽径）加斜

（c）老角梁仰视平面图

搭交老檐桁、踩步金端头桁椀

仔角梁

老檐垫板卯口

翼角椽槽

老角梁

小连檐卯口

托舌

搭交正心桁桁椀

套兽榫

搭交挑檐桁桁椀

霸王拳

（d）老角梁、仔角梁三维示意图

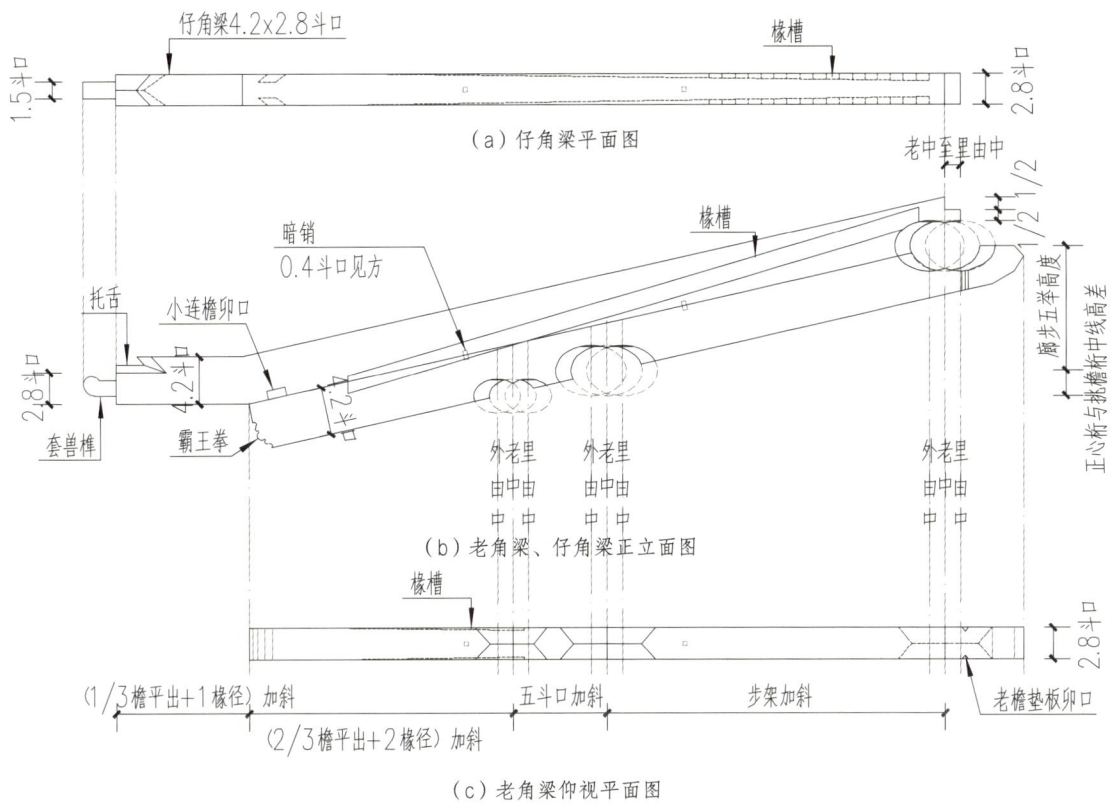

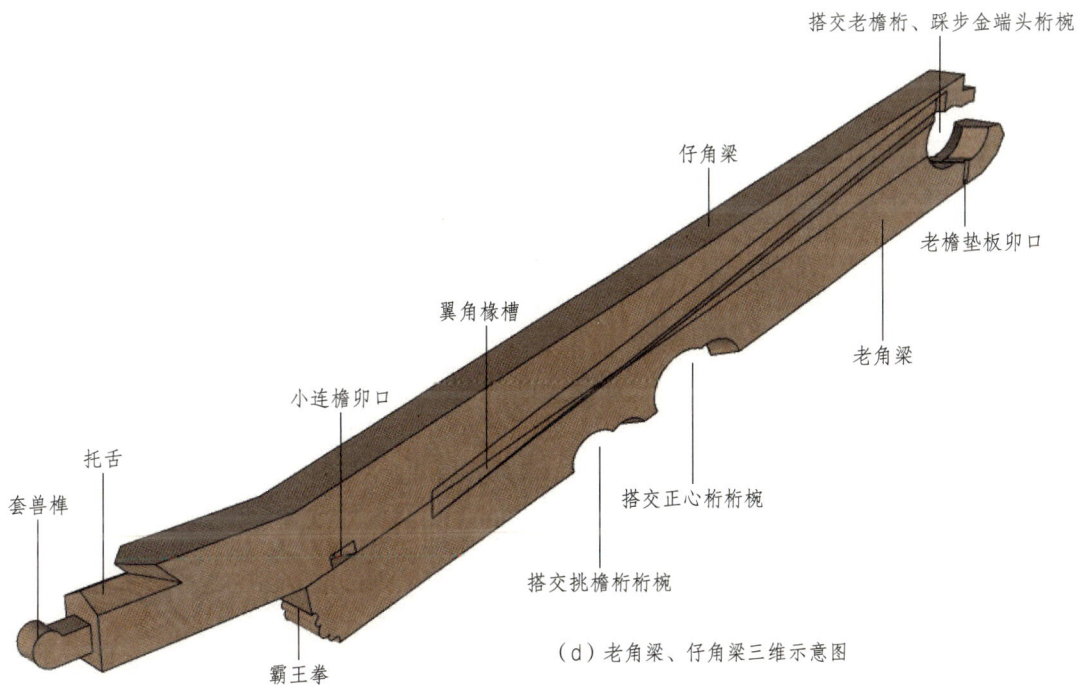

图4-7-10　y1老角梁、y2仔角梁

5 九檩重檐歇山周围廊建筑榫卯图纸及模型示例

九檩重檐歇山周围廊建筑榫卯图纸及模型示例分为12小节，从台基平面、一层柱头平面、一层平板枋平面、一层斗栱仰视平面、一层步架平面、一层屋顶平面、二层柱头平面、二层平板枋平面、二层斗栱仰视平面、二层步架平面、横剖面、纵剖面，分别介绍各平面、剖面涵盖构件的位置、尺寸和构件列表。在此基础上，以三视图和模型两种方式，对各构件的榫卯尺寸、形状及位置进行详细展示。

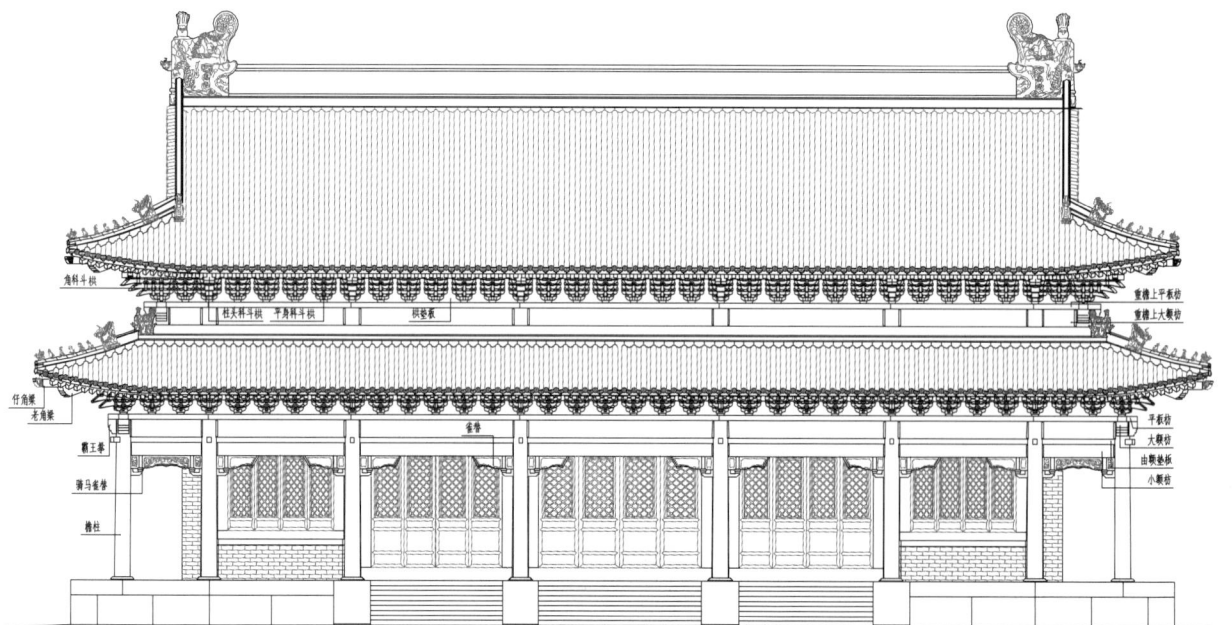

图5-0-1 九檩重檐歇山周围廊建筑正立面图

5.1 台基平面

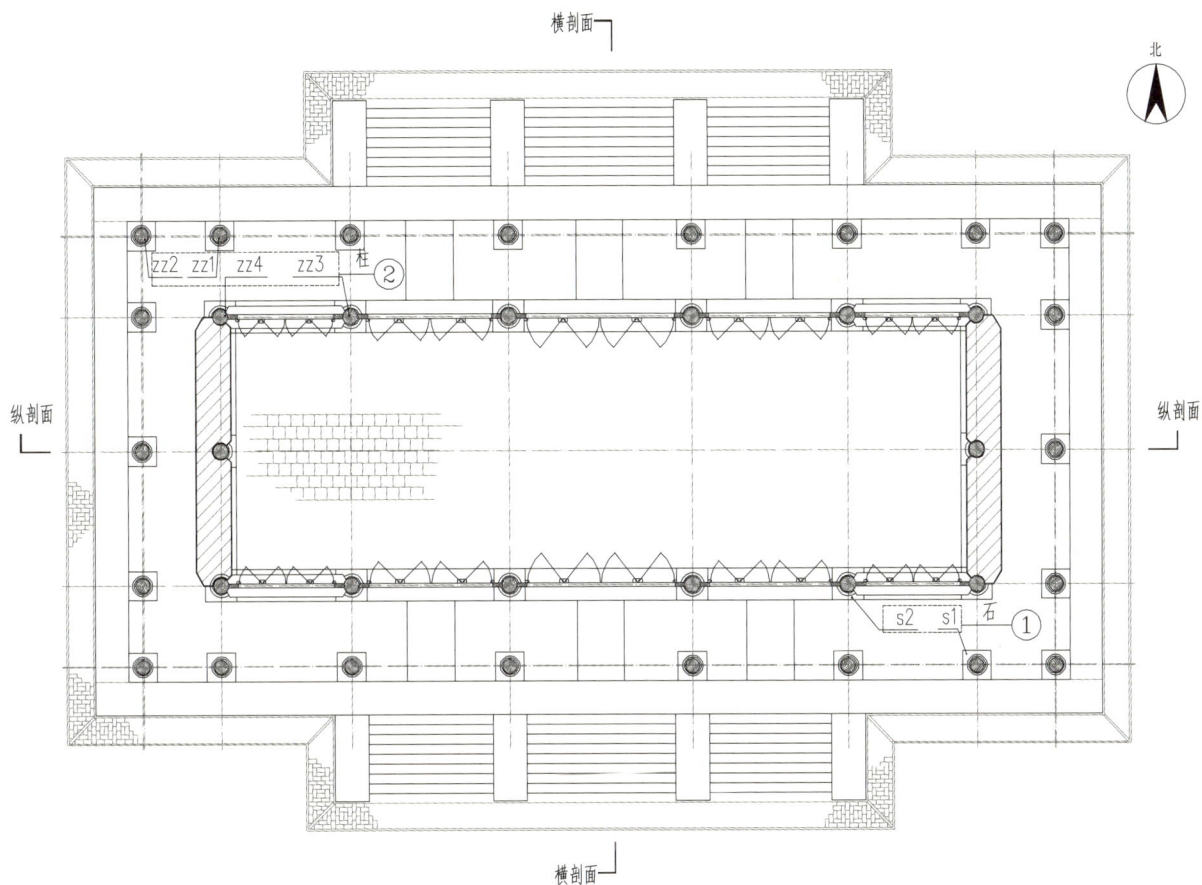

图5-1-1 九檩重檐歇山周围廊建筑台基平面图

表5-1-1

构件分类	图5-1-1中的序号	构件	长	宽	高	径	数量
①石	s1	檐柱顶石	12斗口	12斗口	6斗口		22
	s2	金柱顶石	13.2斗口	13.2斗口	6斗口		14
②柱	zz1	檐柱				6斗口	18
	zz2	檐角柱				6斗口	4
	zz3	金柱				6.6斗口	10
	zz4	金角柱				6.6斗口	4

（a）檐柱顶石立面图　　　　　（b）金柱顶石立面图

（c）檐柱顶石平面图　　　　　（d）金柱顶石平面图

（e）檐柱顶石、金柱顶石三维示意图

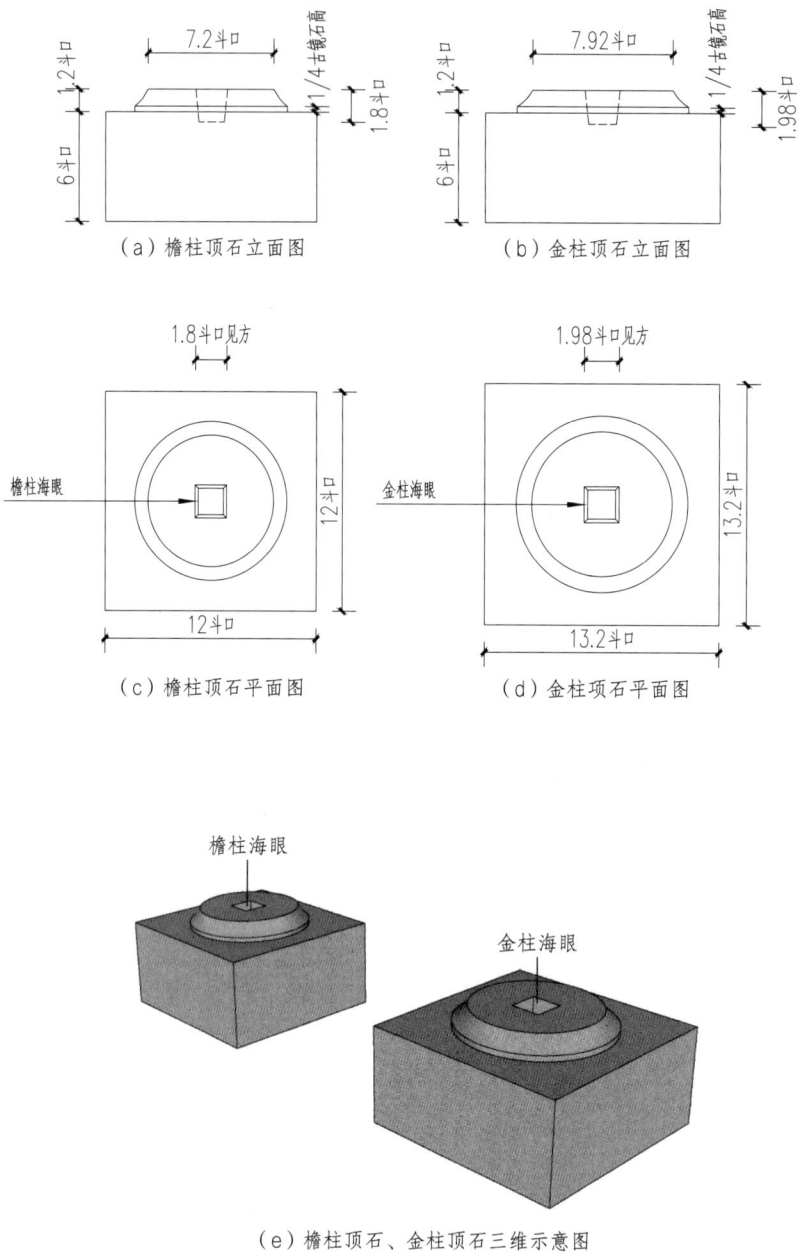

图5-1-2　s1檐柱顶石、s2金柱顶石

说明：檐柱顶石上做檐柱海眼，金柱顶石上做金柱海眼。

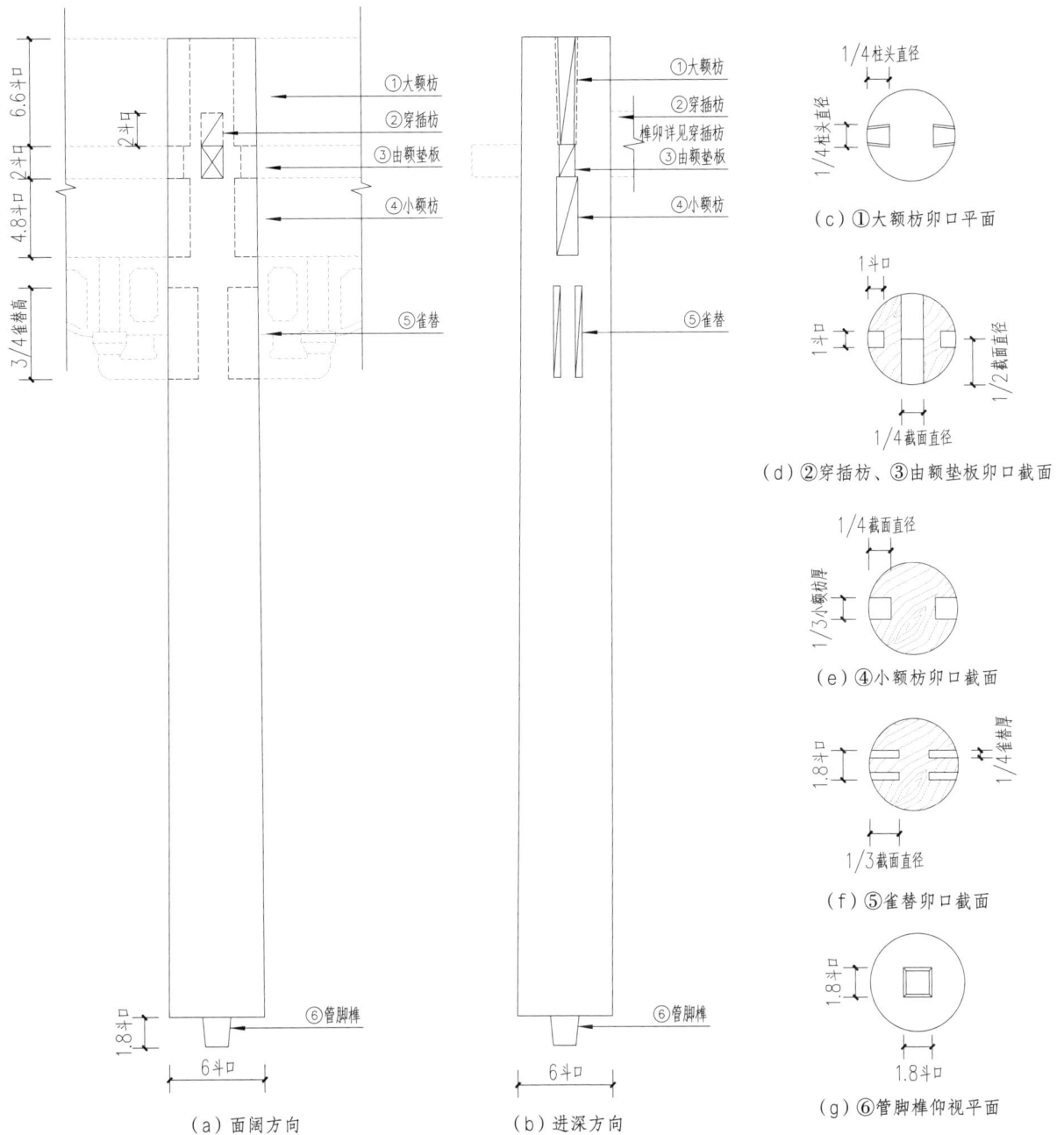

图5-1-3　檐柱三视图

说明：檐柱自下向上与柱顶石、雀替、小额枋、穿插枋、由额垫板、大额枋相交。檐柱柱底做管脚榫置于柱顶石之上；檐柱与雀替之间做双半榫；檐柱与小额枋之间做半榫；檐柱与穿插枋之间做透榫（大进小出榫）；檐柱与由额垫板之间做半榫；檐柱与大额枋之间做燕尾榫。

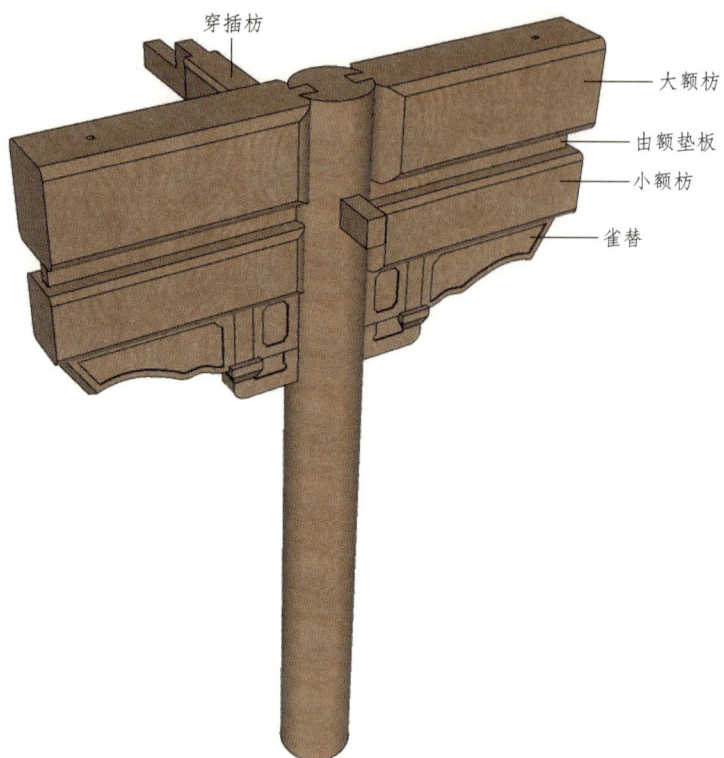

图5-1-4　檐柱相交构件示意图

穿插枋

大额枋

由额垫板

小额枋

雀替

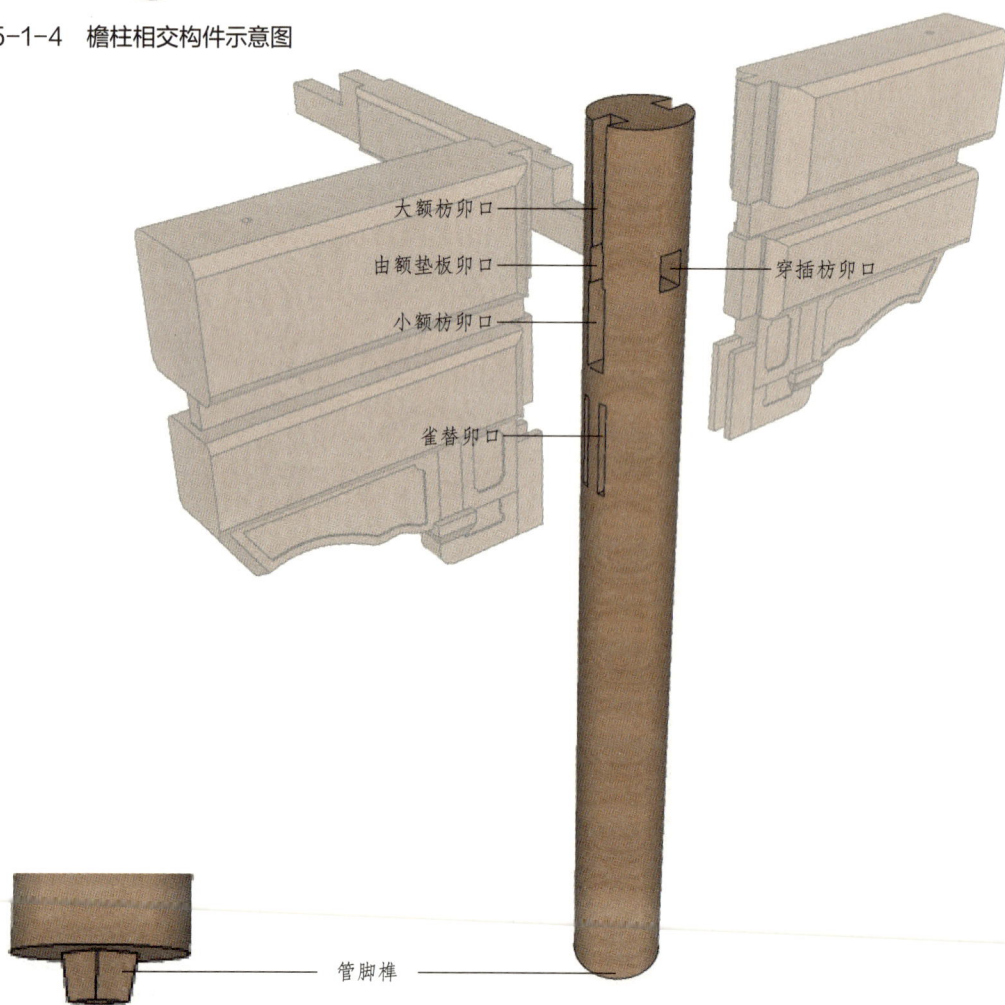

大额枋卯口

由额垫板卯口

小额枋卯口

雀替卯口

穿插枋卯口

管脚榫

图5-1-5　zz1檐柱

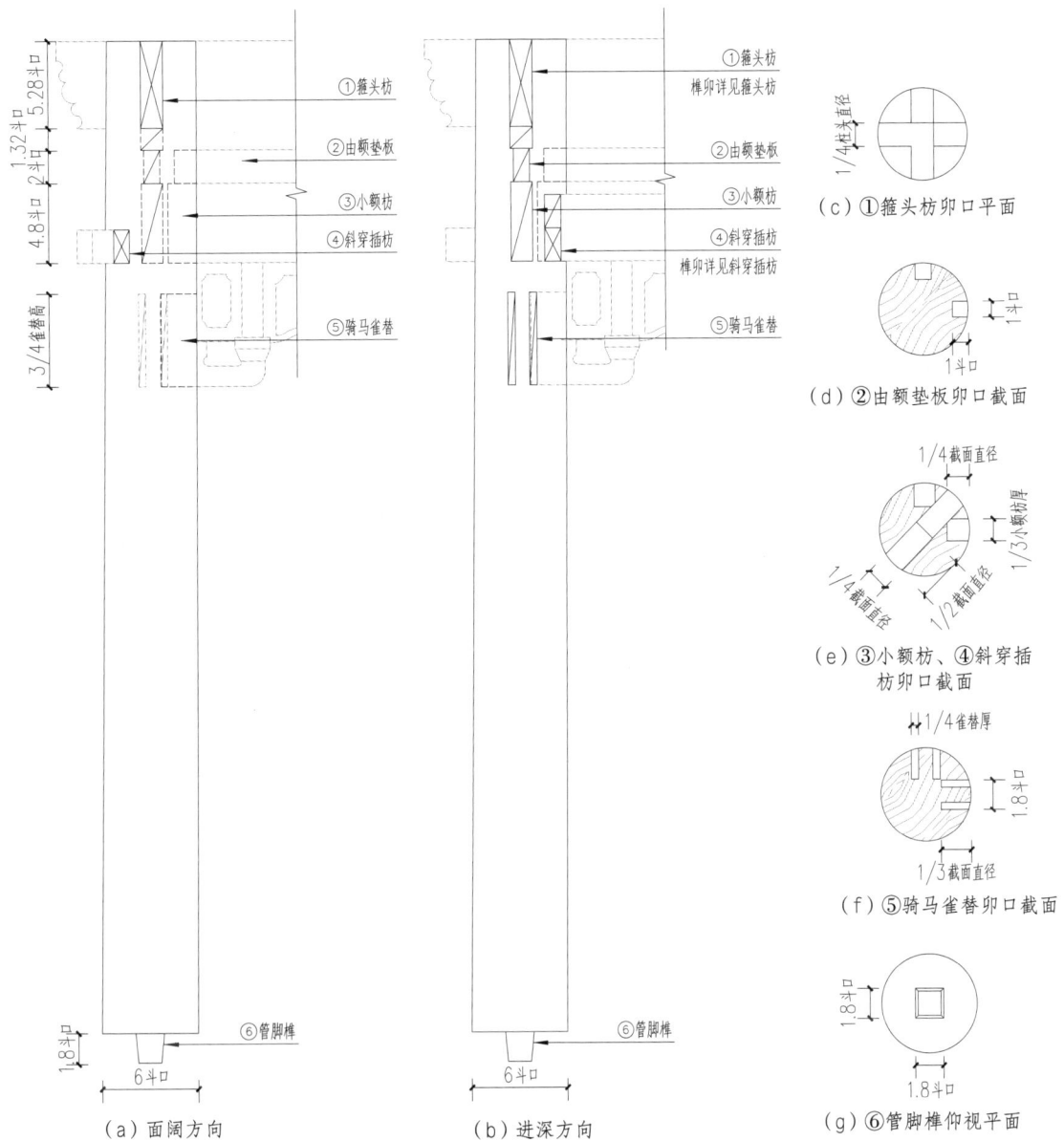

图5-1-6 檐角柱三视图

标注文字：

(a) 面阔方向

(b) 进深方向

① 箍头枋

② 由额垫板

③ 小额枋

④ 斜穿插枋

⑤ 骑马雀替

⑥ 管脚榫

1.32斗口

2斗口

4.8斗口

5.28斗口

3/4雀替高

1.8斗口

6斗口

榫卯详见箍头枋

榫卯详见斜穿插枋

(c) ①箍头枋卯口平面

1/4柱截直径

(d) ②由额垫板卯口截面

1斗口

(e) ③小额枋、④斜穿插枋卯口截面

1/4截面直径

1/3小额枋厚

1/2截面直径

1/4截面直径

(f) ⑤骑马雀替卯口截面

1/4雀替厚

1.8斗口

1/3截面直径

(g) ⑥管脚榫仰视平面

1.8斗口

1.8斗口

说明：檐角柱自下向上与柱顶石、骑马雀替、斜穿插枋、小额枋、由额垫板、箍头枋相交。檐角柱柱底做管脚榫置于柱顶石之上；檐角柱与骑马雀替之间做双半榫；檐角柱与斜穿插枋之间做透榫（大进小出榫）；檐角柱与小额枋之间做半榫；檐柱与由额垫板之间做半榫；檐角柱与箍头枋之间做箍头榫。

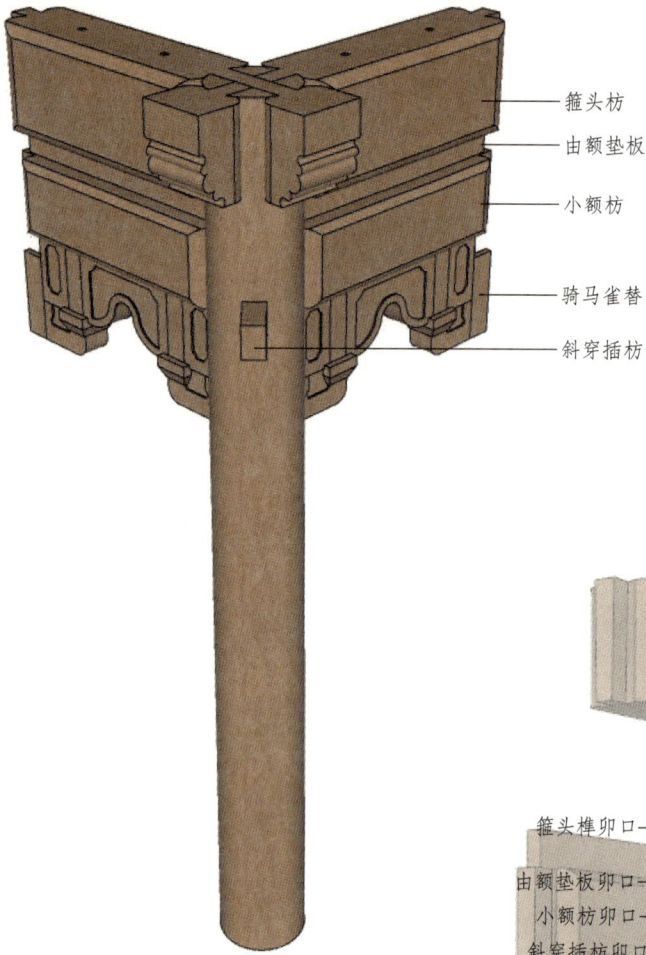

图5-1-7　檐角柱相交构件示意图

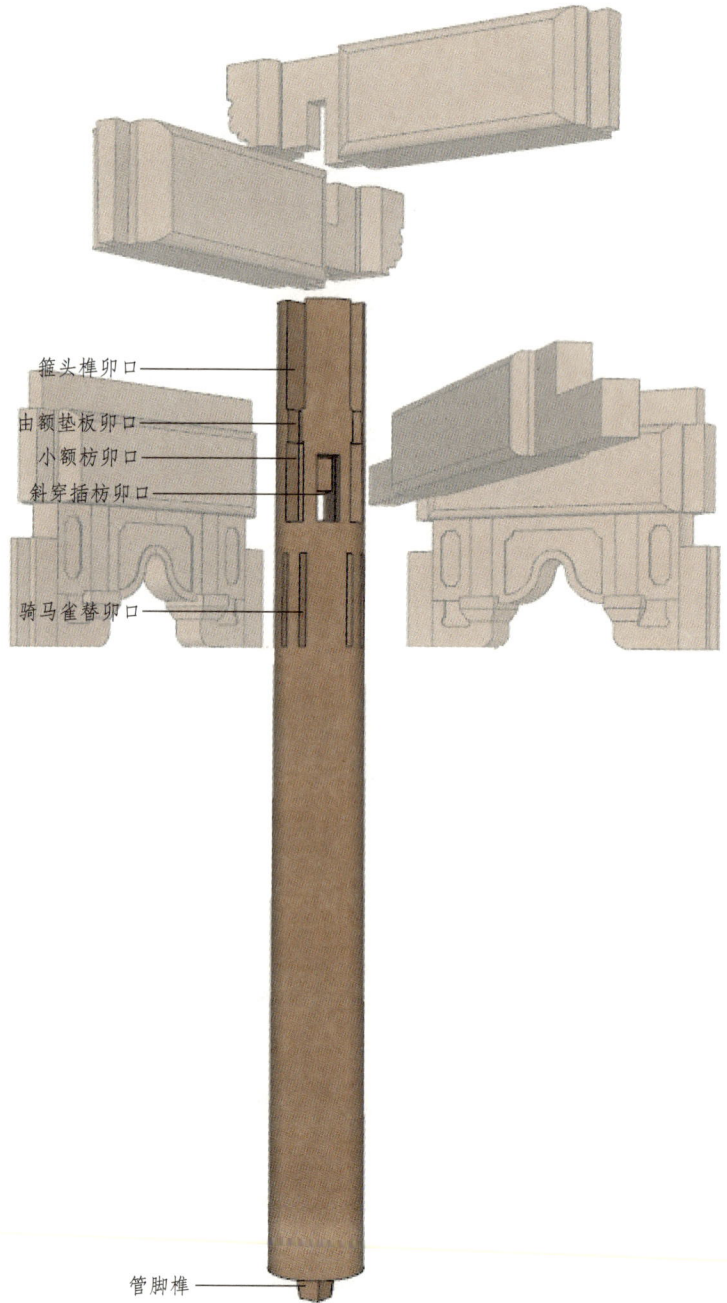

箍头枋
由额垫板
小额枋
骑马雀替
斜穿插枋

箍头榫卯口
由额垫板卯口
小额枋卯口
斜穿插枋卯口
骑马雀替卯口

管脚榫

图5-1-8　zz2檐角柱

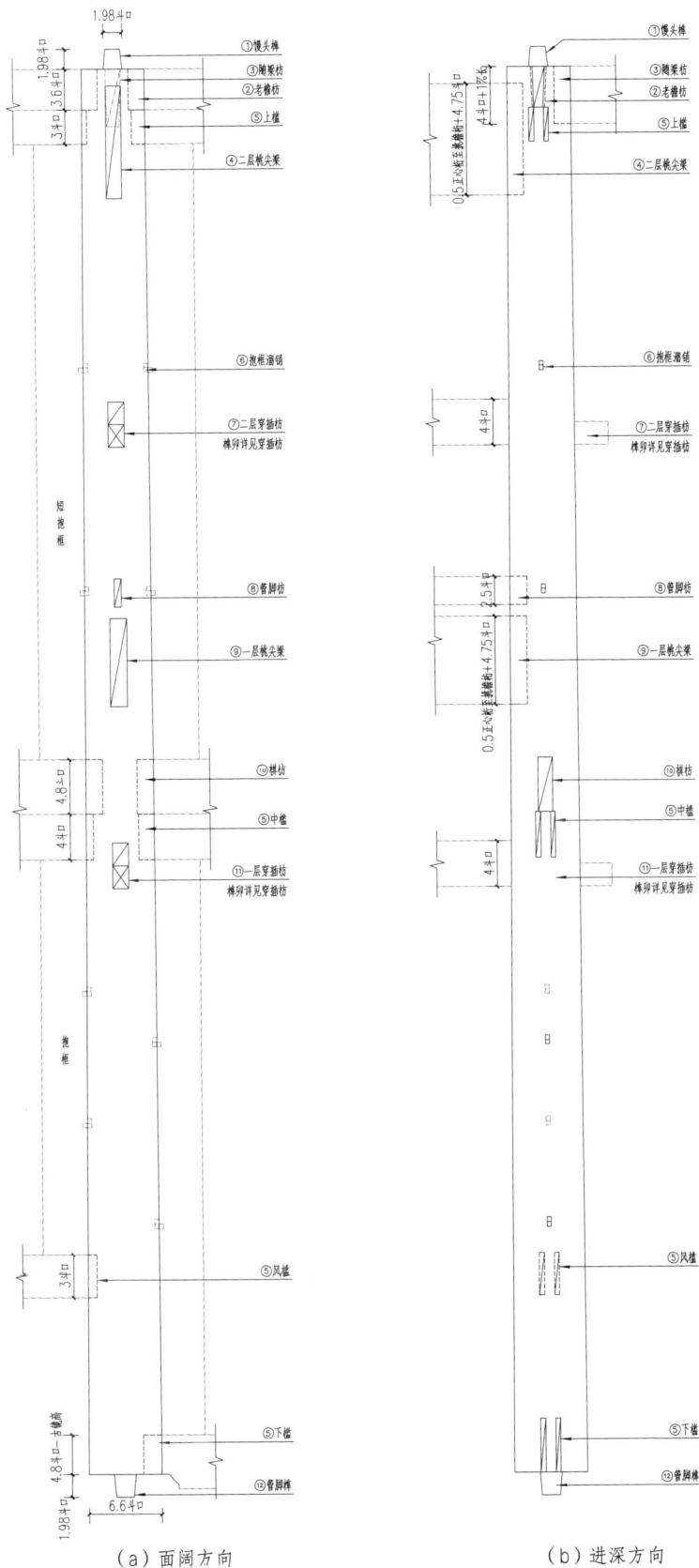

（a）面阔方向

（b）进深方向

图5-1-9　金柱三视图

（c）①馒头榫、②老檐枋、③随梁枋卯口平面

（d）④二层桃尖梁卯口截面

（e）⑤上槛、中槛、下槛、风槛卯口截面

（f）⑥溜销卯口截面

（g）⑦二层穿插枋卯口截面

（h）⑧管脚枋卯口截面

（i）⑨一层桃尖梁卯口截面

（j）⑩棋枋卯口截面

（k）⑪一层穿插枋卯口截面

（l）⑫管脚榫仰视平面

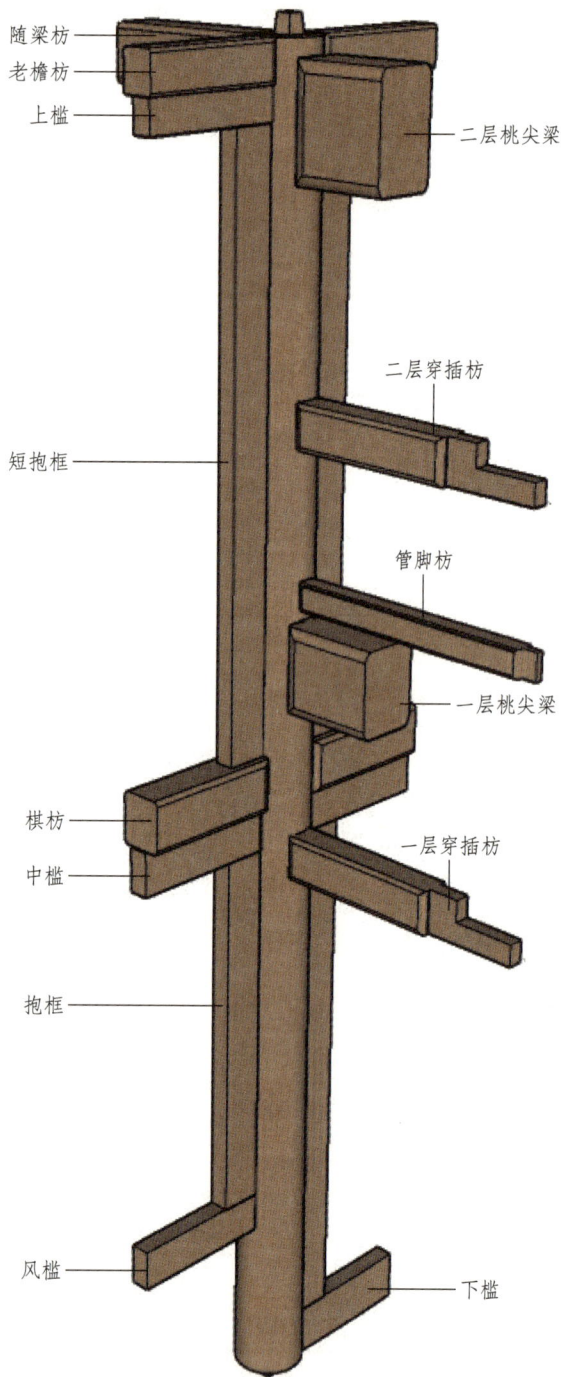

图5-1-10 金柱相交构件示意图

随梁枋
老檐枋
上槛
二层桃尖梁
二层穿插枋
短抱框
管脚枋
一层桃尖梁
棋枋
中槛
一层穿插枋
抱框
风槛
下槛

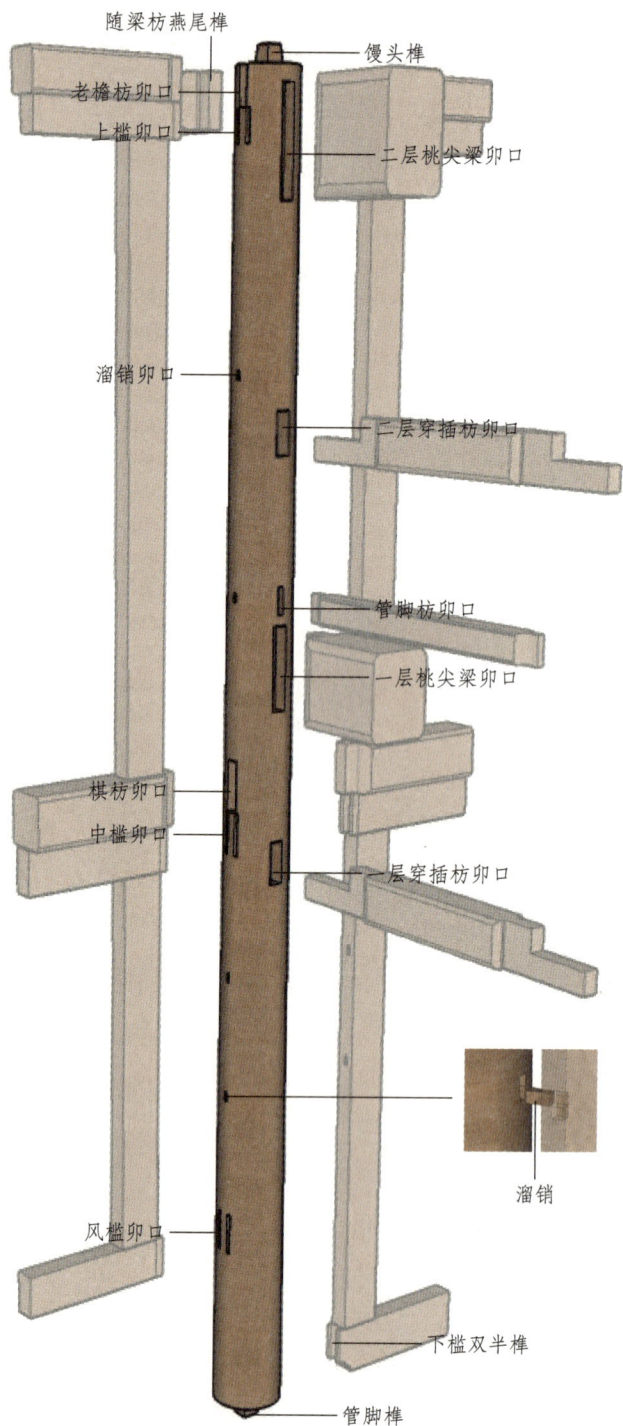

图5-1-11 zz3金柱

随梁枋燕尾榫
老檐枋卯口
馒头榫
上槛卯口
二层桃尖梁卯口
溜销卯口
二层穿插枋卯口
管脚枋卯口
一层桃尖梁卯口
棋枋卯口
中槛卯口
一层穿插枋卯口
风槛卯口
溜销
下槛双半榫
管脚榫

说明：金柱自下向上与柱顶石、下槛、抱框、风槛、中槛、一层穿插枋、棋枋、一层桃尖梁、管脚枋、二层穿插枋、二层桃尖梁、上槛、老檐枋、随梁枋、七架梁相交。金柱柱底做管脚榫置于柱顶石之上；金柱与下槛、风槛、中槛、上槛之间做双半榫；金柱与一层穿插枋（二层同）之间做诱榫（大进小出榫）；金柱与棋枋之间做半榫；金柱与一层桃尖梁（二层同）之间做半榫；金柱与管脚枋之间做半榫；金柱与老檐枋之间做燕尾榫；金柱与随梁枋之间做燕尾榫；金柱柱头与七架梁之间做馒头榫。

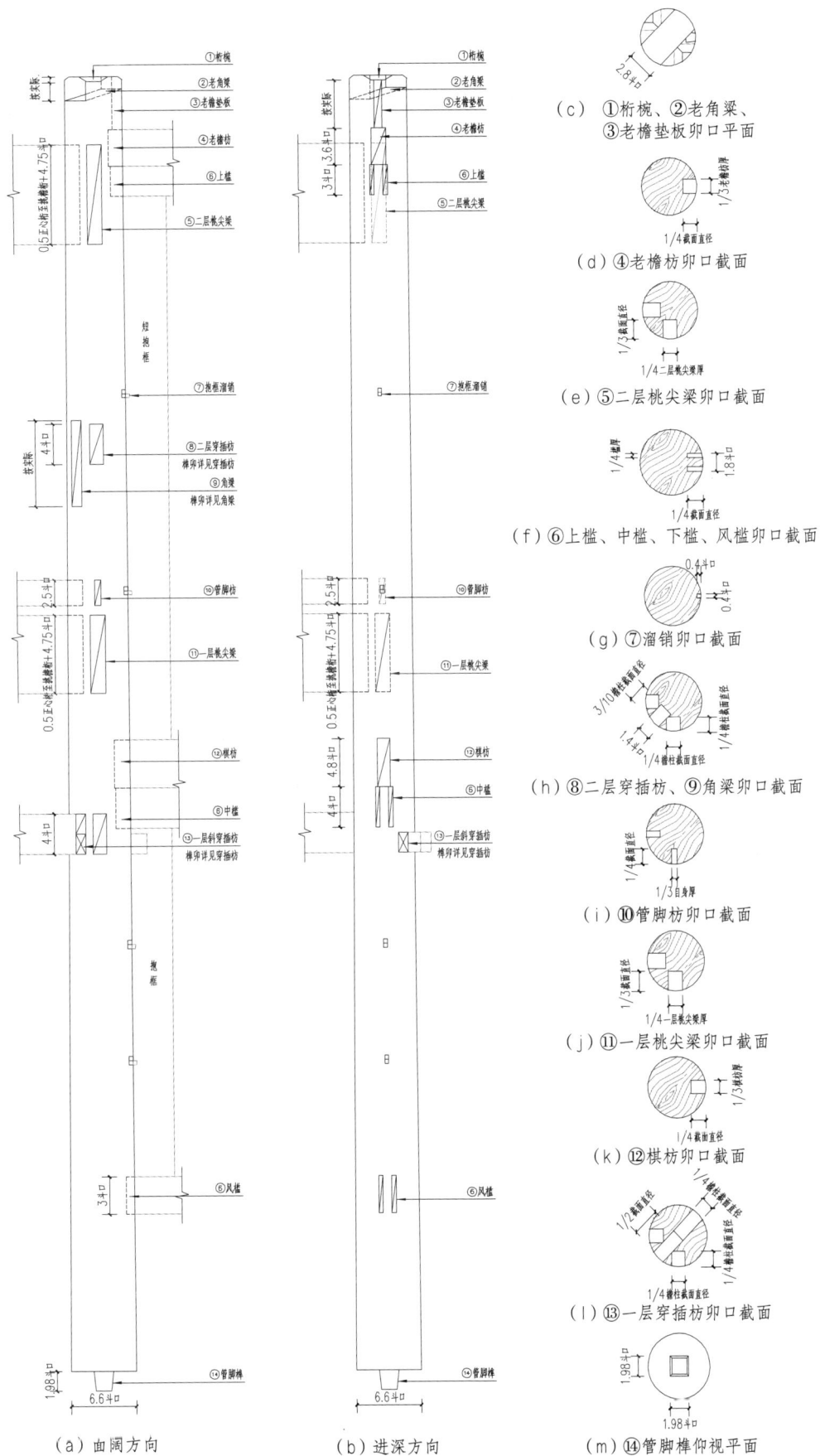

注：此图中⑧⑨构件不可见。

图5-1-12 金角柱三视图

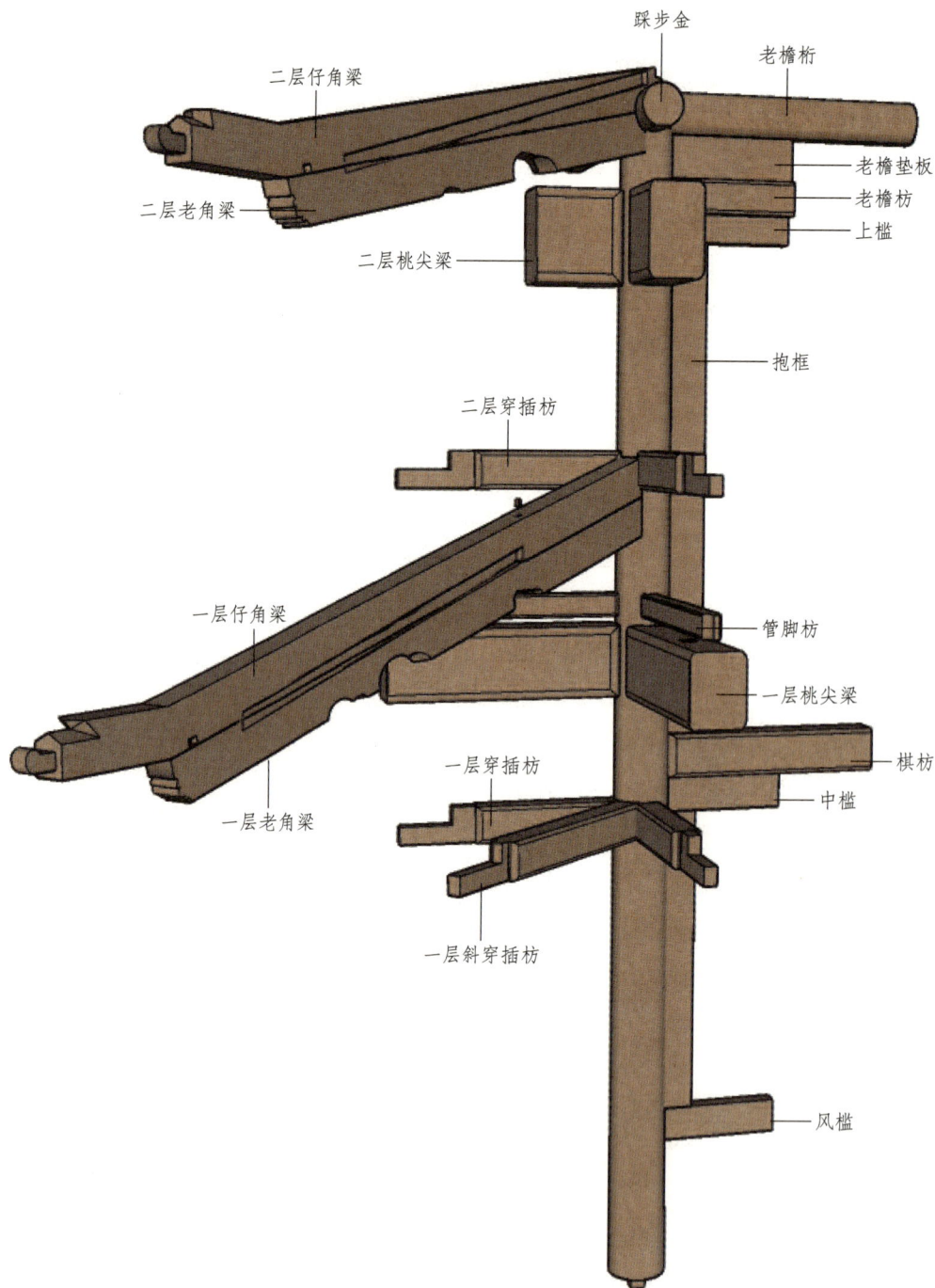

图5-1-13 金角柱相交构件示意图

说明：金角柱自下向上与柱顶石、风槛、抱框、一层斜穿插枋、中槛、棋枋、一层桃尖梁、管脚枋、一层老角梁、一层仔角梁、二层穿插枋、二层桃尖梁、上槛、老檐枋、老檐垫板、老檐桁、踩步金相交。金角柱柱底做管脚榫置于柱顶石之上；金角柱与风槛、中槛、上槛之间做双半榫；金角柱与一层穿插枋（二层同）之间做半榫；金角柱与下檐斜穿插枋之间做透榫（大进小出榫）；金角柱与棋枋之间做半榫；金角柱与一层桃尖梁（二层同）之间做半榫；金角柱与管脚枋之间做半榫；金角柱与一层角梁之间做半榫；金角柱与老檐枋之间做半榫；金角柱与老檐垫板之间做燕尾榫；金角柱与二层角梁之间做透榫；金角柱柱头与踩步金、老檐桁做桁椀。

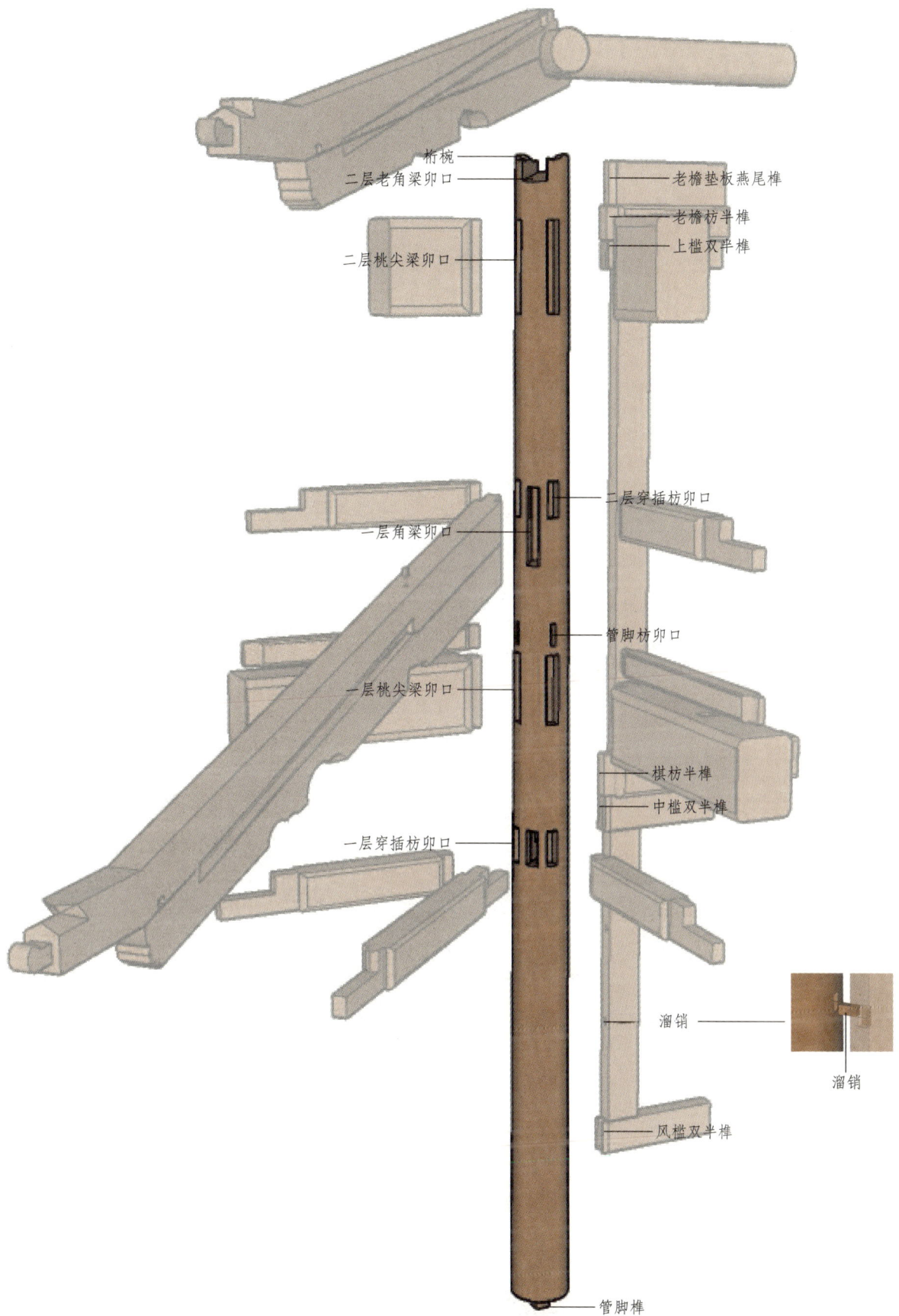

桁椀
二层老角梁卯口
二层桃尖梁卯口
一层角梁卯口
一层桃尖梁卯口
一层穿插枋卯口

老檐垫板燕尾榫
老檐枋半榫
上槛双半榫
二层穿插枋卯口
管脚枋卯口
棋枋半榫
中槛双半榫
溜销
风槛双半榫
管脚榫

溜销

图5-1-14 zz4金角柱

5.2　一层柱头平面

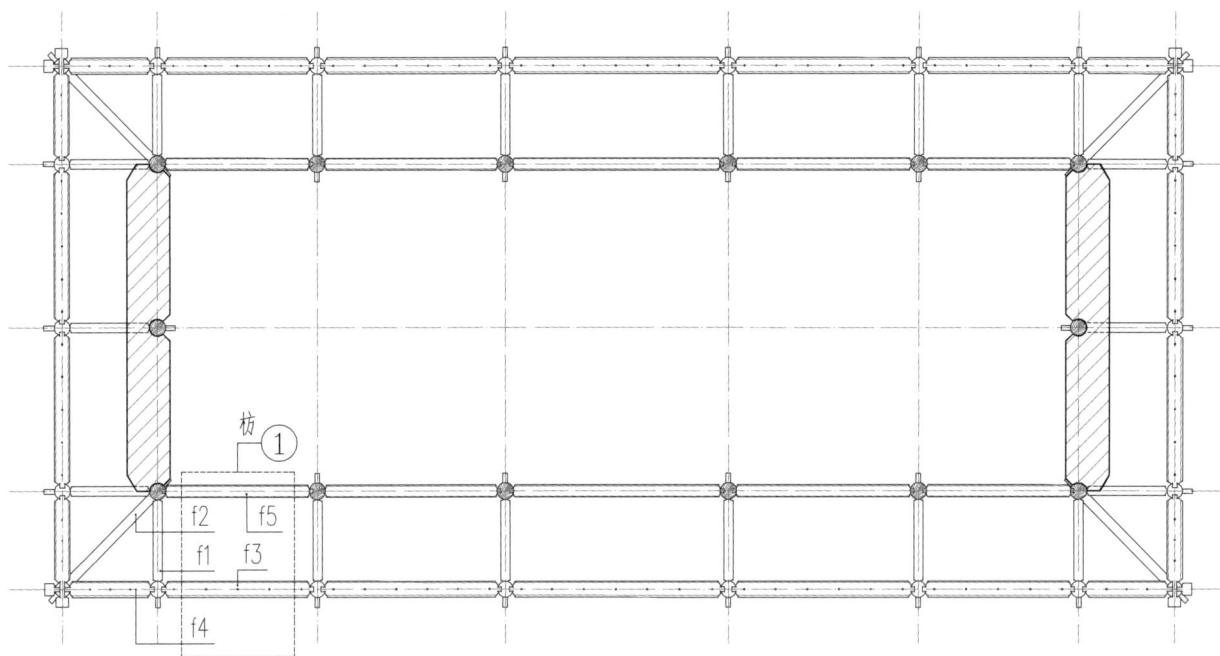

图5-2-1　九檩重檐歇山周围廊建筑一层柱头平面图

表5-2-1

构件分类	图5-2-1中的序号	构件	宽（厚）	高	数量
①枋	f1	穿插枋	3.2斗口	4斗口	18
	f2	斜穿插枋	3.2斗口	4斗口	4
	f3	大额枋	5.4斗口	6.6斗口	14
	f4	箍头枋	5.4斗口	6.6斗口	8
	f5	棋枋	4斗口	4.8斗口	10

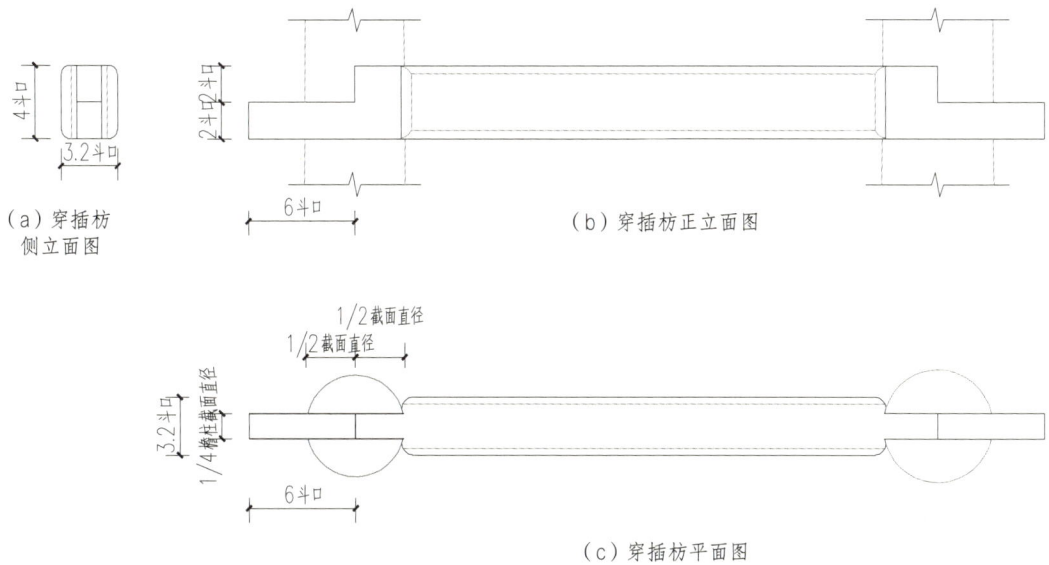

（a）穿插枋
侧立面图

（b）穿插枋正立面图

（c）穿插枋平面图

注：一层穿插枋与二层穿插枋榫卯尺寸相同。
穿插枋与金角柱之间做半榫，半榫宽、厚为1/4檐柱截面直径。

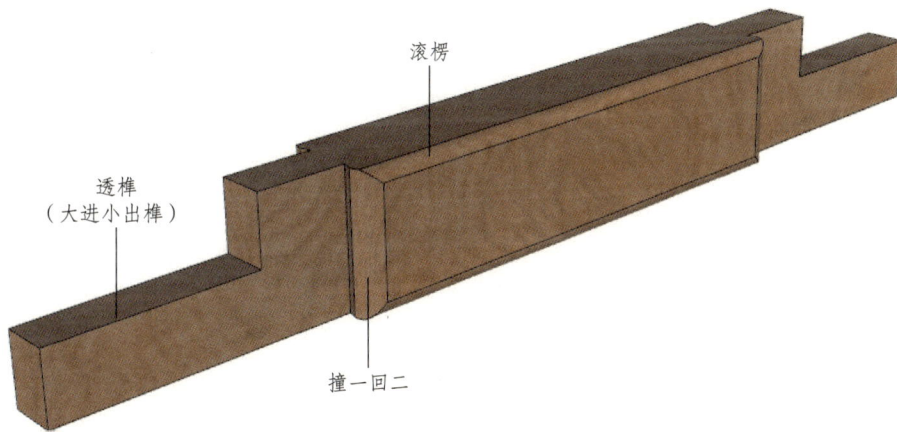

（d）穿插枋、斜穿插枋三维示意图

图5-2-2　f1穿插枋、f2斜穿插枋

说明：穿插枋与檐柱之间做透榫（大进小出榫）、与金柱之间做透榫（大进小出榫）。
斜穿插枋与檐角柱之间做透榫（大进小出榫）、与金角柱之间做透榫（大进小出榫）。

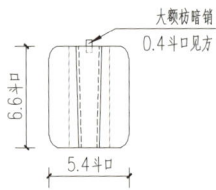

（a）大额枋侧立面图

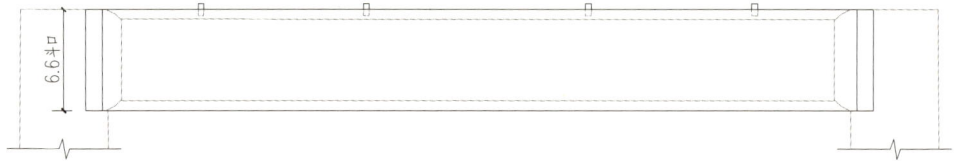

大额枋暗销
0.4斗口见方
6.6斗口
5.4斗口

（b）大额枋正立面图

6.6斗口

（c）大额枋平面图

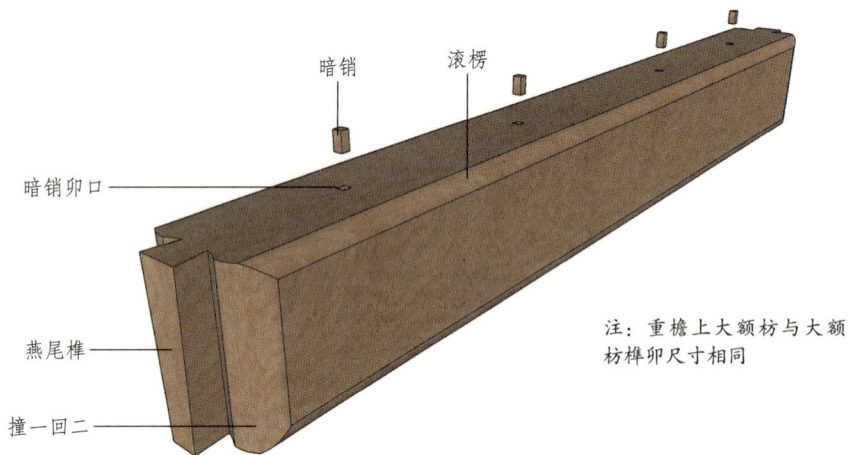

1/4柱头直径
1/4柱头直径
抱肩撞一回二

（d）大额枋三维示意图

暗销
滚楞
暗销卯口
燕尾榫
撞一回二

注：重檐上大额枋与大额枋榫卯尺寸相同

图5-2-3　f3大额枋

说明：大额枋与檐柱之间做燕尾榫；大额枋顶面与平板枋之间做暗销。

（a）箍头枋（等口）
侧立面图1

暗销
0.4斗口见方

1/4柱头直径

（b）箍头枋（等口）正立面图

5.4斗口

（c）箍头枋（等口）
侧立面图2

抱肩撞一回二

1/4柱头直径

1/4柱头直径

1/4柱头直径

6斗口

（d）箍头枋（等口）平面图

（e）箍头枋（盖口）
侧立面图1

暗销
0.4斗口见方

1/4柱头直径

（f）箍头枋（盖口）正立面图

5.4斗口

（g）箍头坊（盖口）
侧立面图2

抱肩撞一回二

1/4柱头直径

1/4柱头直径

1/4柱头直径

6斗口

（h）箍头坊（盖口）平面图

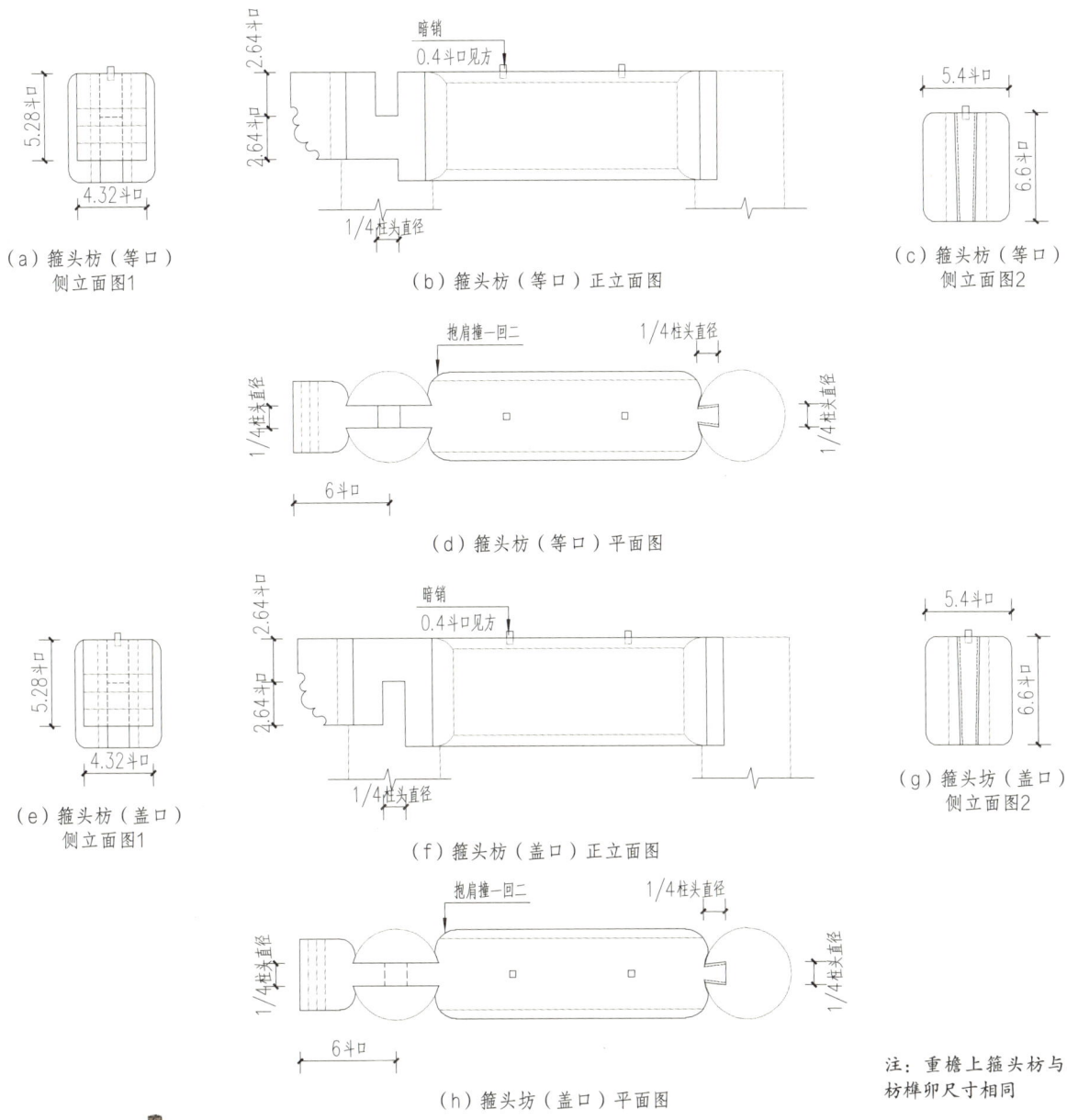

注：重檐上箍头枋与箍头
枋榫卯尺寸相同

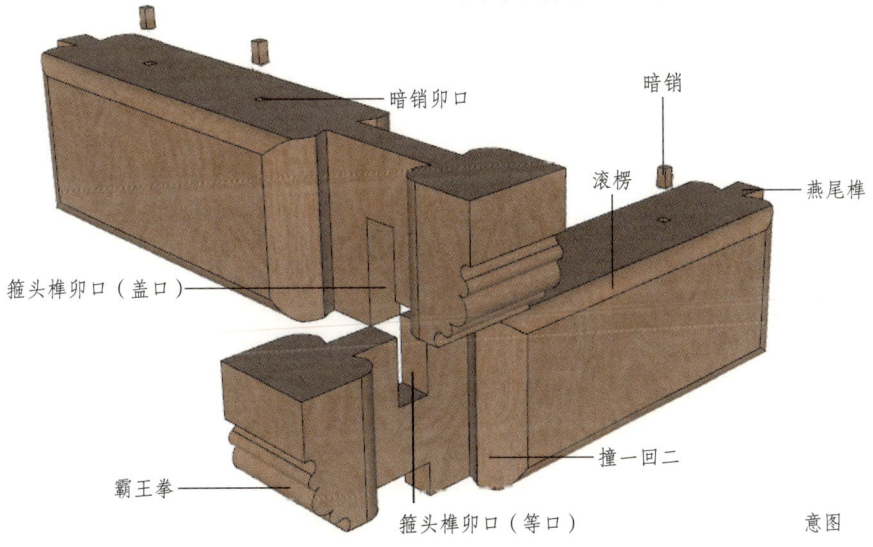

暗销卯口

暗销

滚楞

燕尾榫

箍头榫卯口（盖口）

霸王拳

箍头榫卯口（等口）

撞一回二

意图

说明：箍头枋与檐
柱之间做燕尾榫；箍头
枋顶面与平板枋之间做
暗销；檐面箍头枋与山
面箍头枋搭交时做箍头
榫，山面压檐面。

图5-2-4　f4箍头枋

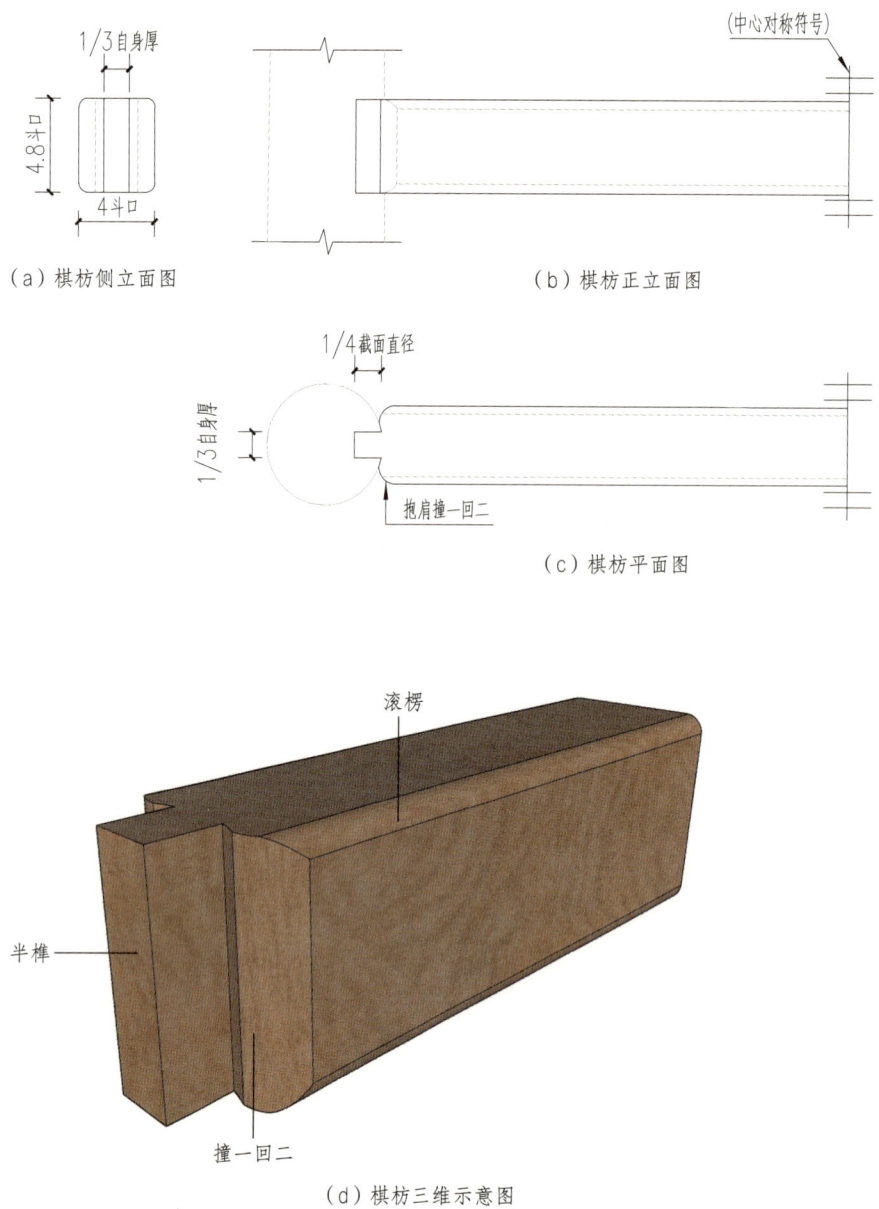

（a）棋枋侧立面图

（b）棋枋正立面图

1/3自身厚

4.8斗口

4斗口

（中心对称符号）

1/4截面直径

1/3自身厚

抱肩撞一回二

（c）棋枋平面图

滚楞

半榫

撞一回二

（d）棋枋三维示意图

图5-2-5　f5棋枋

说明：棋枋与金柱之间做半榫。

5.3 一层平板枋平面

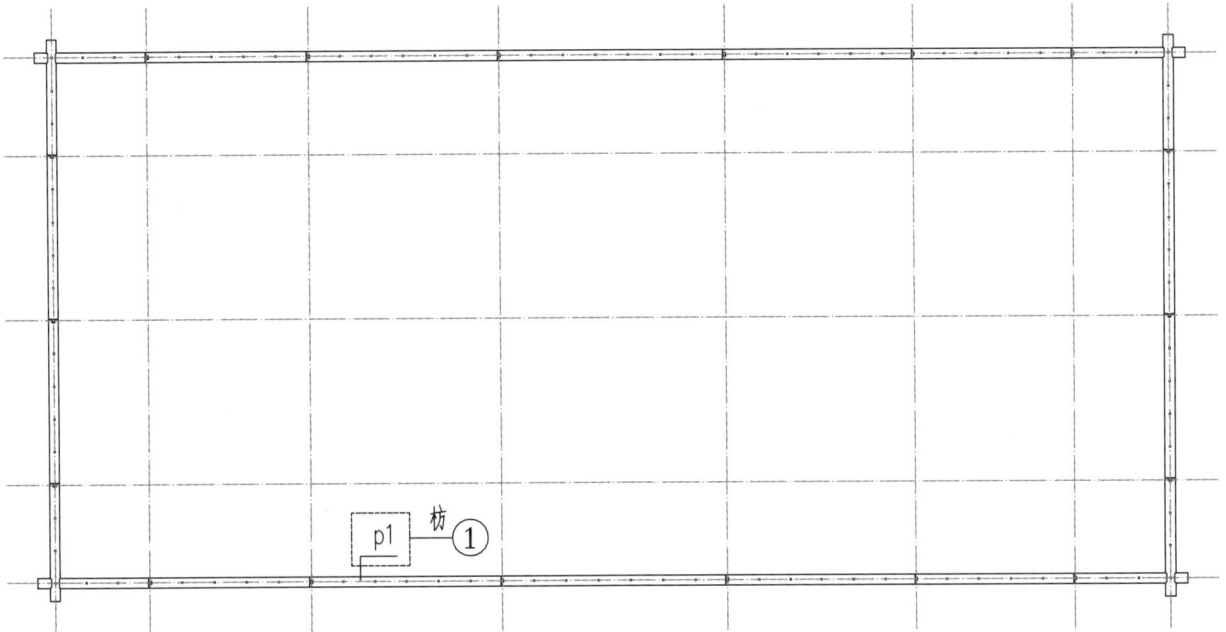

图5-3-1 九檩重檐歇山周围廊建筑一层平板枋平面图

表5-3-1

构件分类	图5-3-1中的序号	构件	宽（厚）	高	数量
①枋	p1	平板枋	3.5斗口	2斗口	22

（a）平板枋（等口）
侧立面图1

（b）平板枋（等口）正立面图

根据斗栱调整暗销位置
0.4斗口见方

大额枋暗销
0.4斗口见方

（c）平板枋（等口）
侧立面图2

（d）平板枋（等口）平面图

包掩按构件宽的1/10

1/4自身宽

（e）平板枋（盖口）
侧立面图1

（f）平板枋（盖口）正立面图

根据斗栱调整暗销位置
0.4斗口见方

大额枋暗销
0.4斗口见方

（g）平板枋（盖口）
侧立面图2

（h）平板枋（盖口）平面图

包掩按构件宽的1/10

1/4自身宽

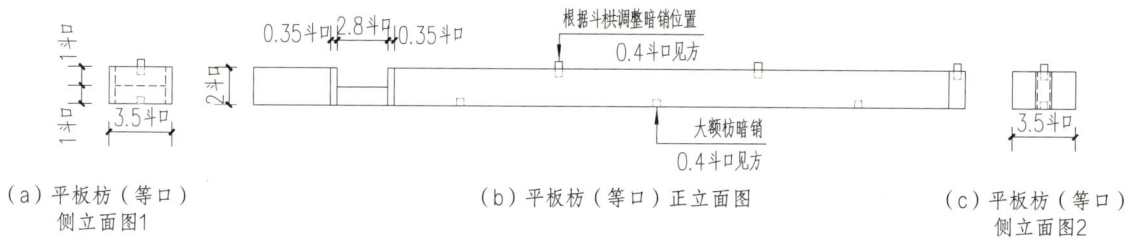

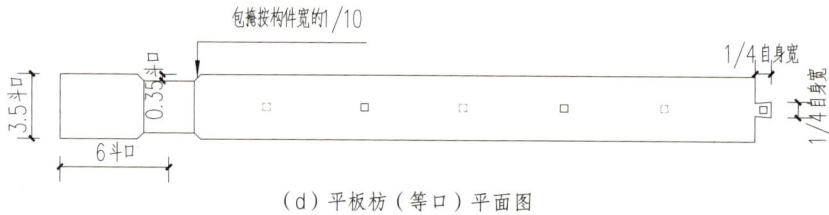

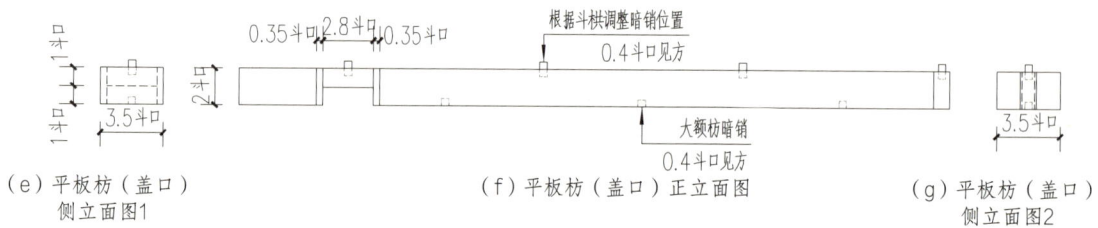

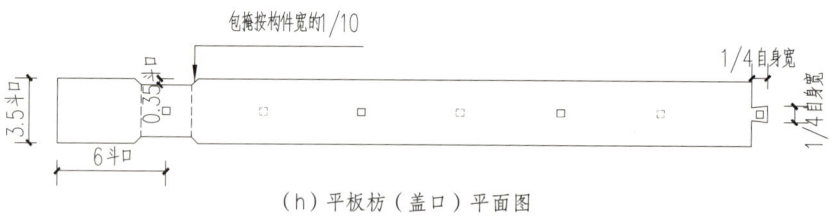

注：重檐上平板枋与平板
枋榫卯尺寸相同

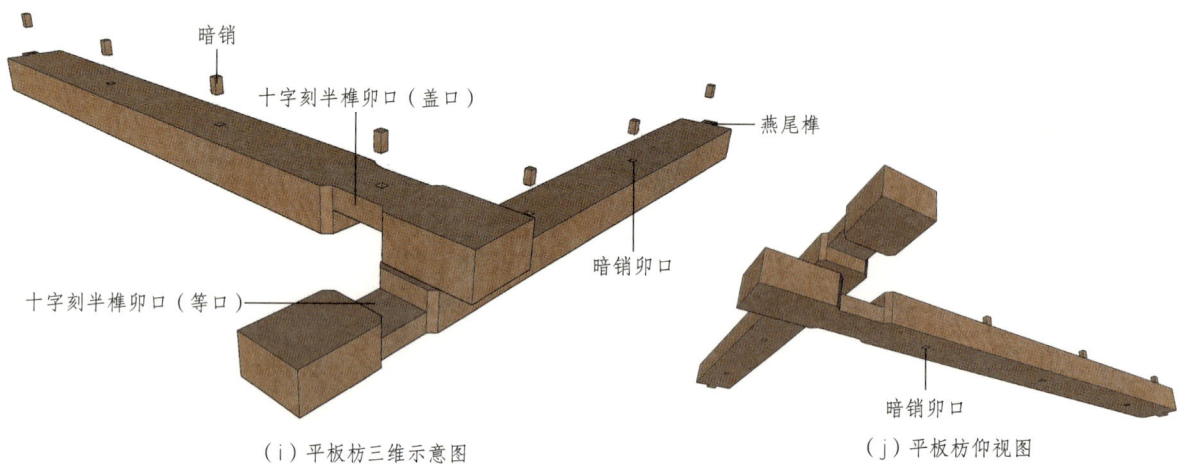

暗销

十字刻半榫卯口（盖口）

燕尾榫

暗销卯口

十字刻半榫卯口（等口）

（i）平板枋三维示意图

暗销卯口

（j）平板枋仰视图

图5-3-2　n1平板枋

说明：平板枋顶面与斗栱坐斗做暗销；平板枋底面与大额枋之间做暗销；平板枋之间做燕尾榫；檐面平板枋与山面平板枋搭交时做十字刻半榫，山面压檐面。

5.4 一层斗栱仰视平面

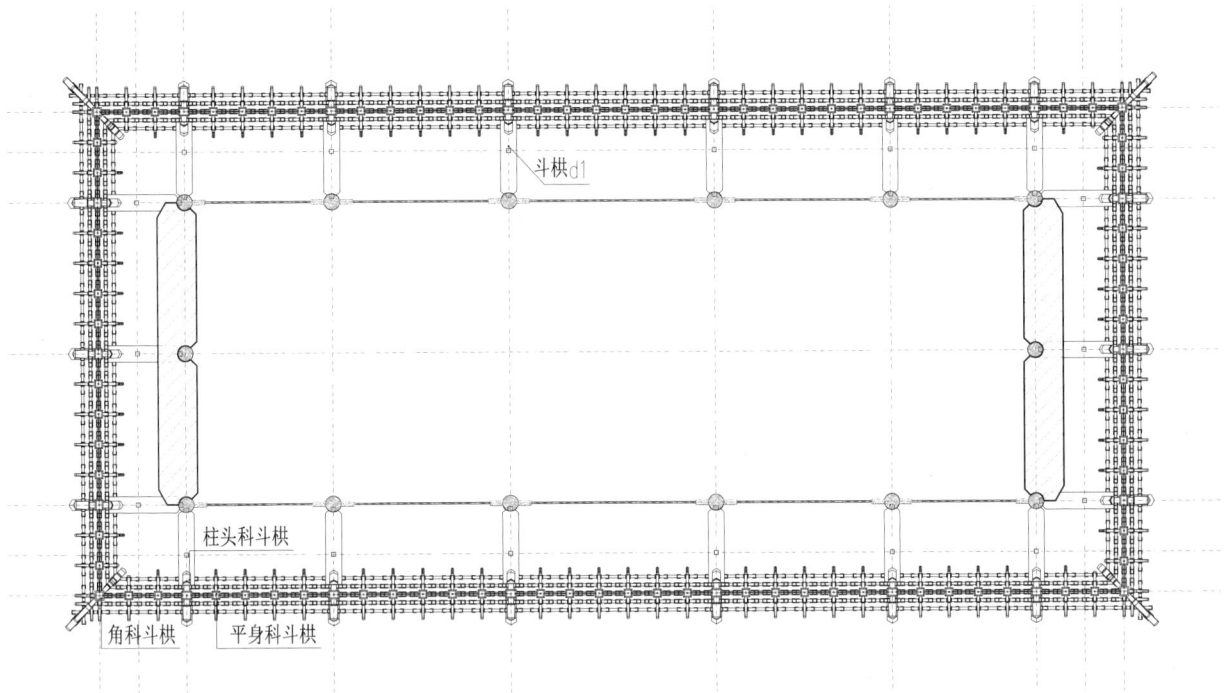

图5-4-1 九檩重檐歇山周围廊建筑一层斗栱仰视平面图

表5-4-1

构件分类	图5-4-1中的序号	构件	宽（厚）	高	数量
斗栱	d1	一层桃尖梁	6斗口	1/2正心桁至挑檐桁+4.75斗口	18

（a）一层桃尖梁正立面图

（b）一层桃尖梁侧立面图

（c）一层桃尖梁平面图

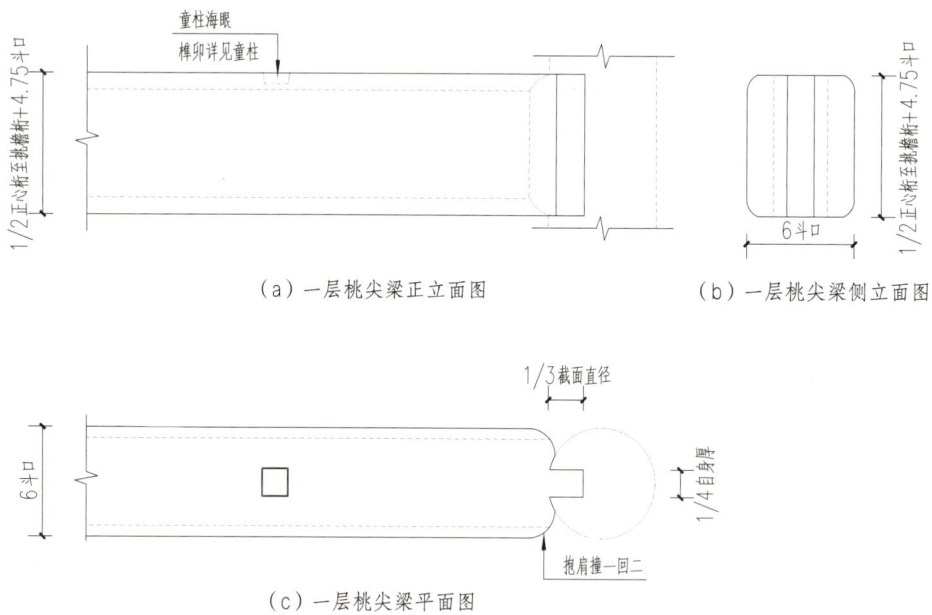

注：此处仅体现桃尖梁与金柱的搭交榫卯。

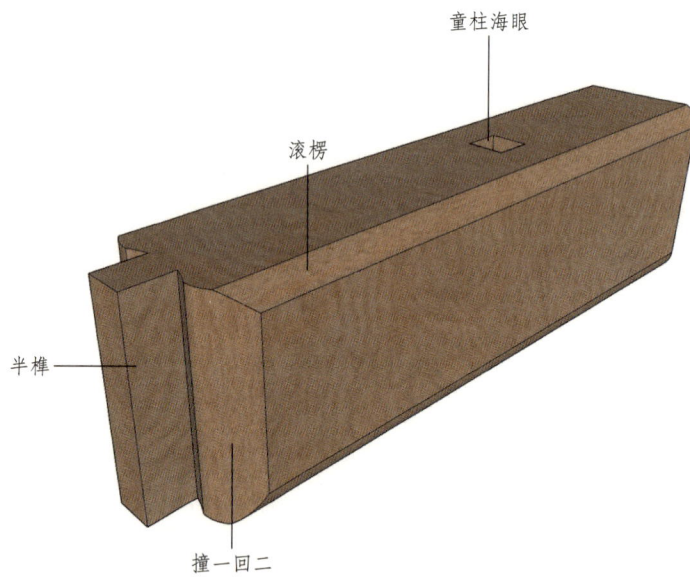

（d）一层桃尖梁三维示意图

图5-4-2　d1一层桃尖梁

说明：一层桃尖梁与金柱之间做半榫，一层桃尖梁与童柱之间做管脚榫。

5.5 一层步架平面

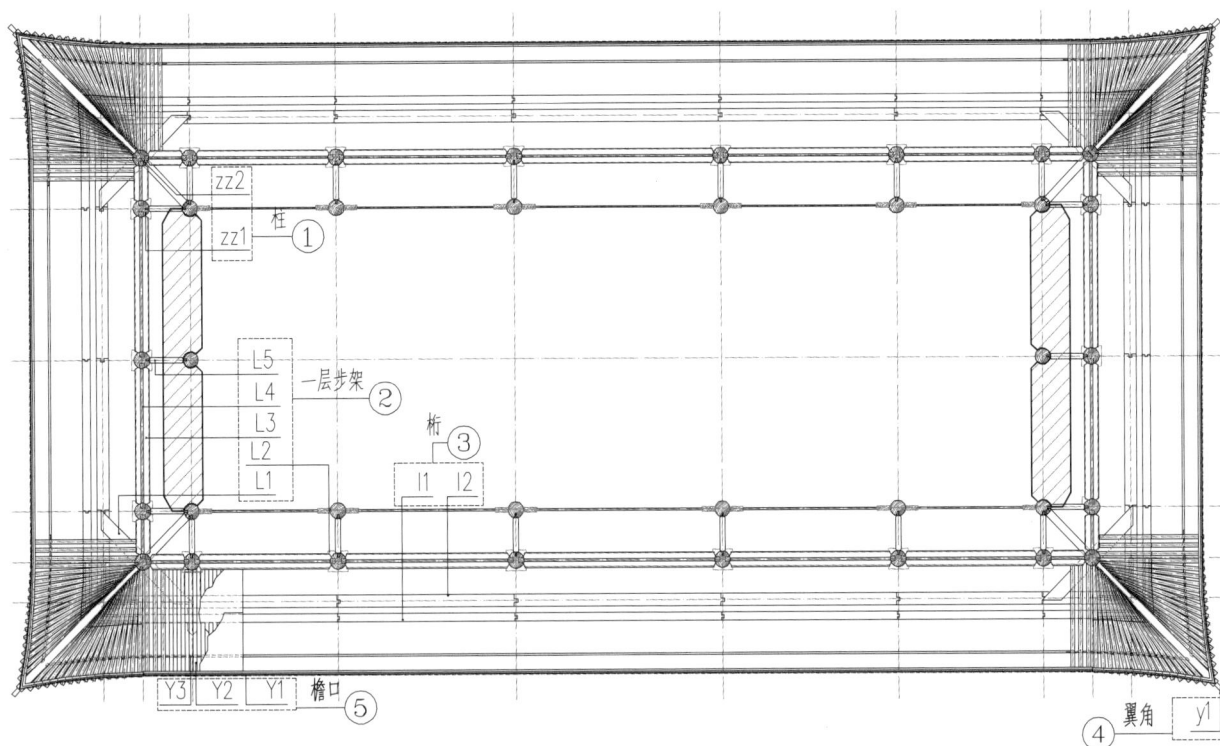

图5-5-1 九檩重檐歇山周围廊建筑一层步架平面图

表5-5-1

构件分类	图5-5-1中的序号	构件	长	宽（厚）	高	径	数量
①柱	zz1	童柱				6斗口	18
	zz2	童角柱				6斗口	4
②一层步架	L1	抹角梁		5.2斗口	6.5斗口		4
	L2	墩斗		7.5斗口（见方）	3斗口		18
	L3	承椽枋		4.8斗口	6斗口		22
	L4	围脊板		厚1斗口	按实际		22
	L5	管脚枋		2斗口	2.5斗口		32
③桁	l1	挑檐桁				3斗口	22
	l2	正心桁				4.5斗口	22
④翼角	y1	一层仔角梁		厚2.8斗口			4
⑤檐口	Y1	瓦口木		厚0.6斗口	1斗口		按实际
	Y2	飞椽		1.5斗口	1.5斗口		按实际
	Y3	闸挡板	1.8斗口	厚0.375斗口	1.5斗口		按实际

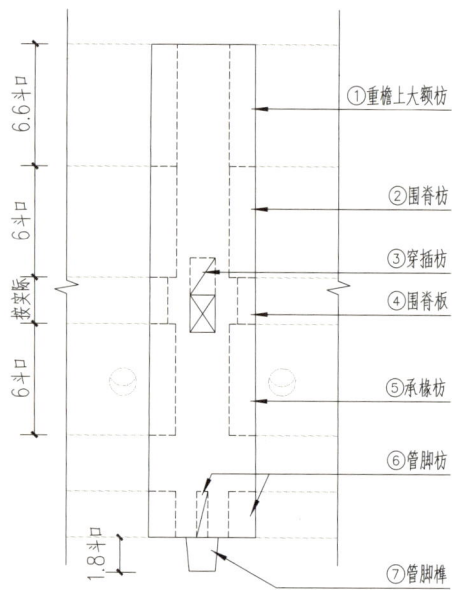

（a）面阔方向

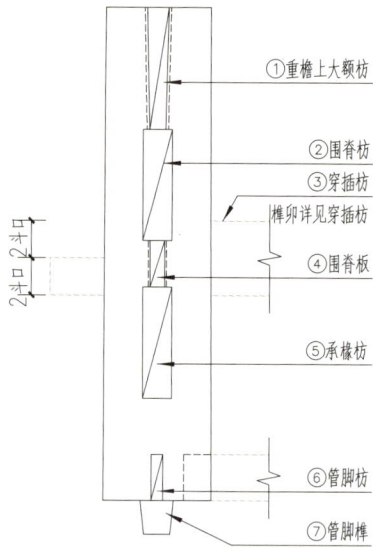

（b）进深方向

① 重檐上大额枋
② 围脊枋
③ 穿插枋
④ 围脊板
⑤ 承椽枋
⑥ 管脚枋
⑦ 管脚榫

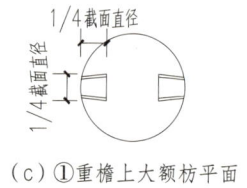

（c）①重檐上大额枋平面

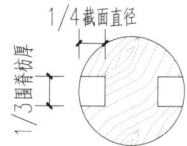

（d）②围脊枋卯口截面

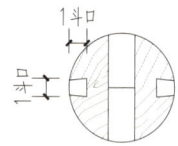

（e）③穿插枋、④围脊板
卯口截面

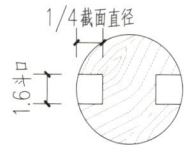

（f）⑤承椽枋卯口截面

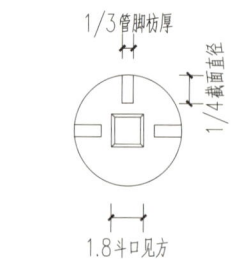

（g）⑥管脚枋、⑦管脚榫卯
口仰视平面

重檐上大额枋

围脊枋

二层穿插枋

围脊板

承椽枋

管脚枋

（h）童柱三维示意图

图5-5-2　童柱

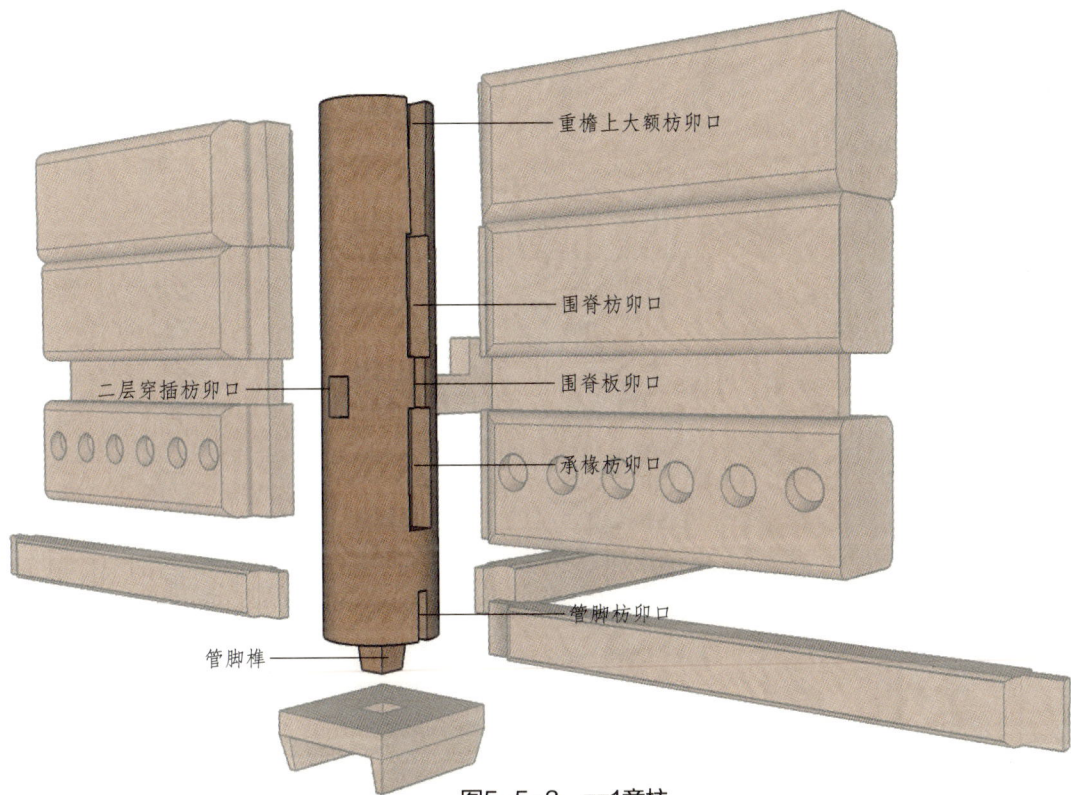

图5-5-3 zz1童柱

重檐上大额枋卯口

围脊枋卯口

围脊板卯口

二层穿插枋卯口

承椽枋卯口

管脚枋卯口

管脚榫

说明：童柱自下向上与墩斗、管脚枋、承椽枋、二层穿插枋、围脊板、围脊枋、重檐上大额枋相交。童柱柱脚做管脚榫立在墩斗上；童柱与管脚枋之间做半榫；童柱与承椽枋之间做半榫；童柱与二层穿插枋之间做透榫（大进小出榫）；童柱与围脊板之间做燕尾榫；童柱与围脊枋之间做半榫；童柱与重檐上大额枋之间做燕尾榫。

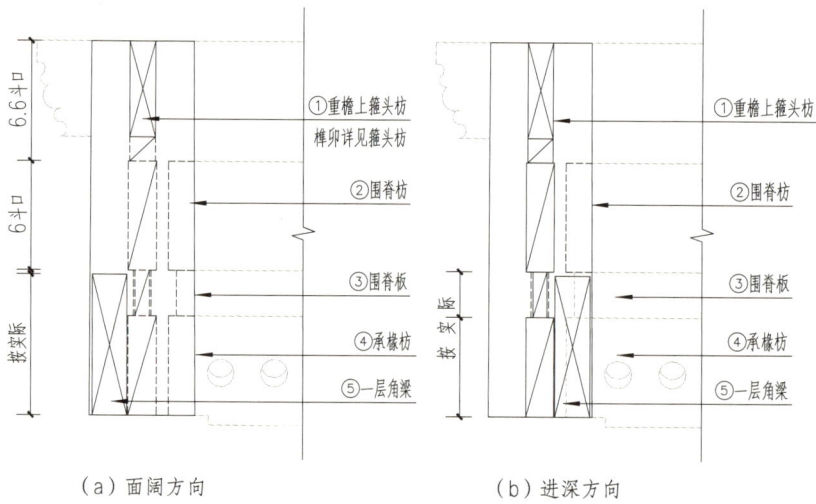

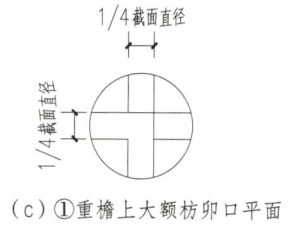

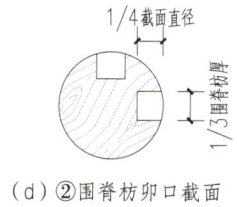

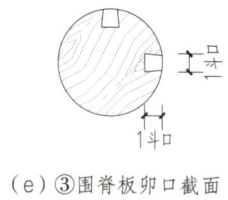

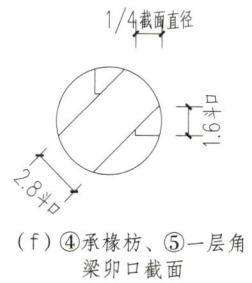

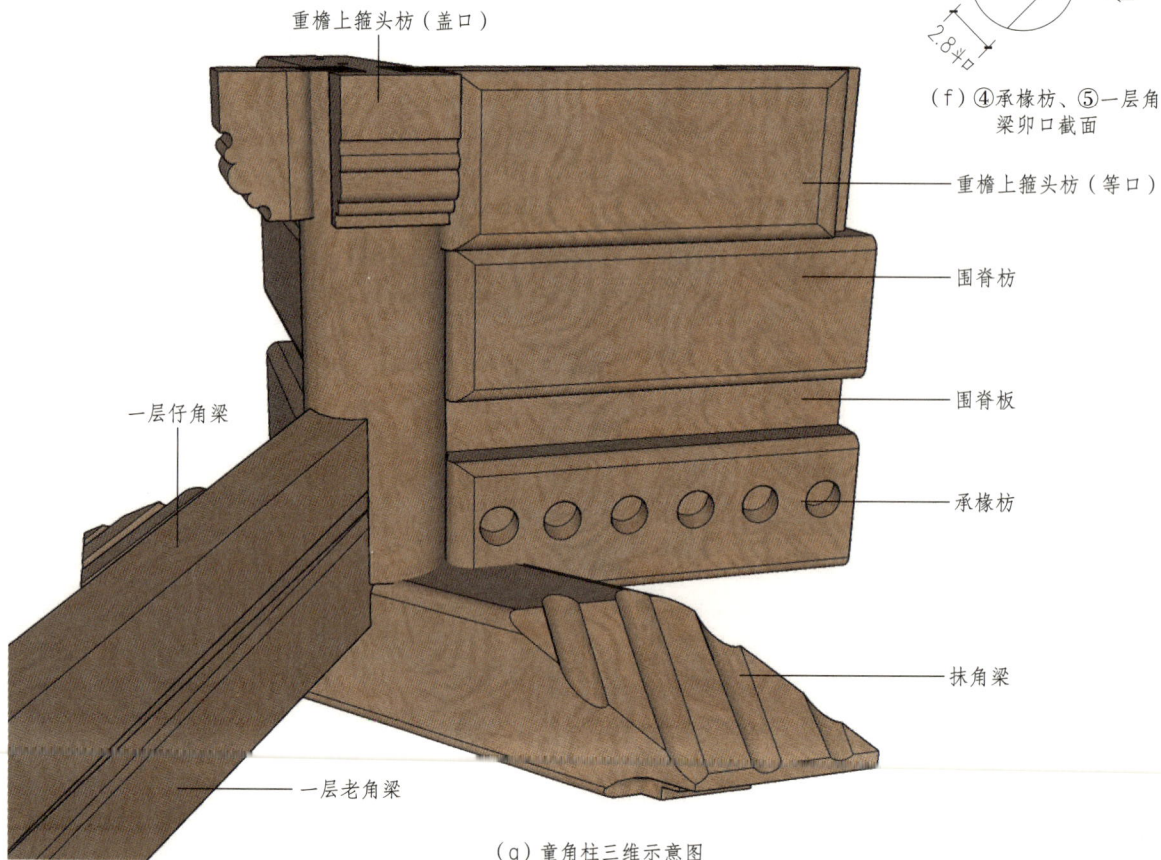

（a）面阔方向　　　　　　　　　　（b）进深方向

①重檐上箍头枋
榫卯详见箍头枋
②围脊枋
③围脊板
④承椽枋
⑤一层角梁

（c）①重檐上大额枋卯口平面

（d）②围脊枋卯口截面

（e）③围脊板卯口截面

（f）④承椽枋、⑤一层角
梁卯口截面

重檐上箍头枋（盖口）

重檐上箍头枋（等口）

围脊枋

围脊板

承椽枋

抹角梁

一层仔角梁

一层老角梁

（g）童角柱三维示意图

图5-5-4　童角柱

重檐上箍头枋卯口

围脊枋卯口

围脊板卯口

一层角梁卯口

承椽枋卯口

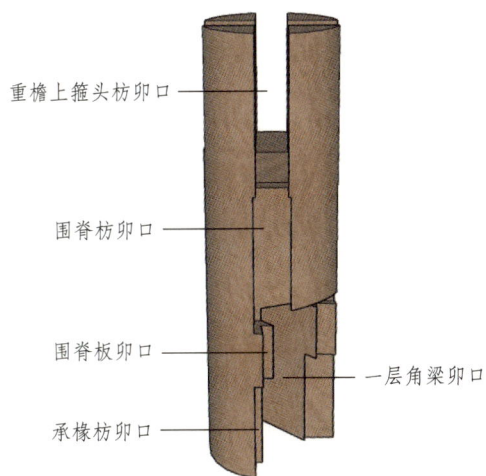

（a）童角柱三维示意图

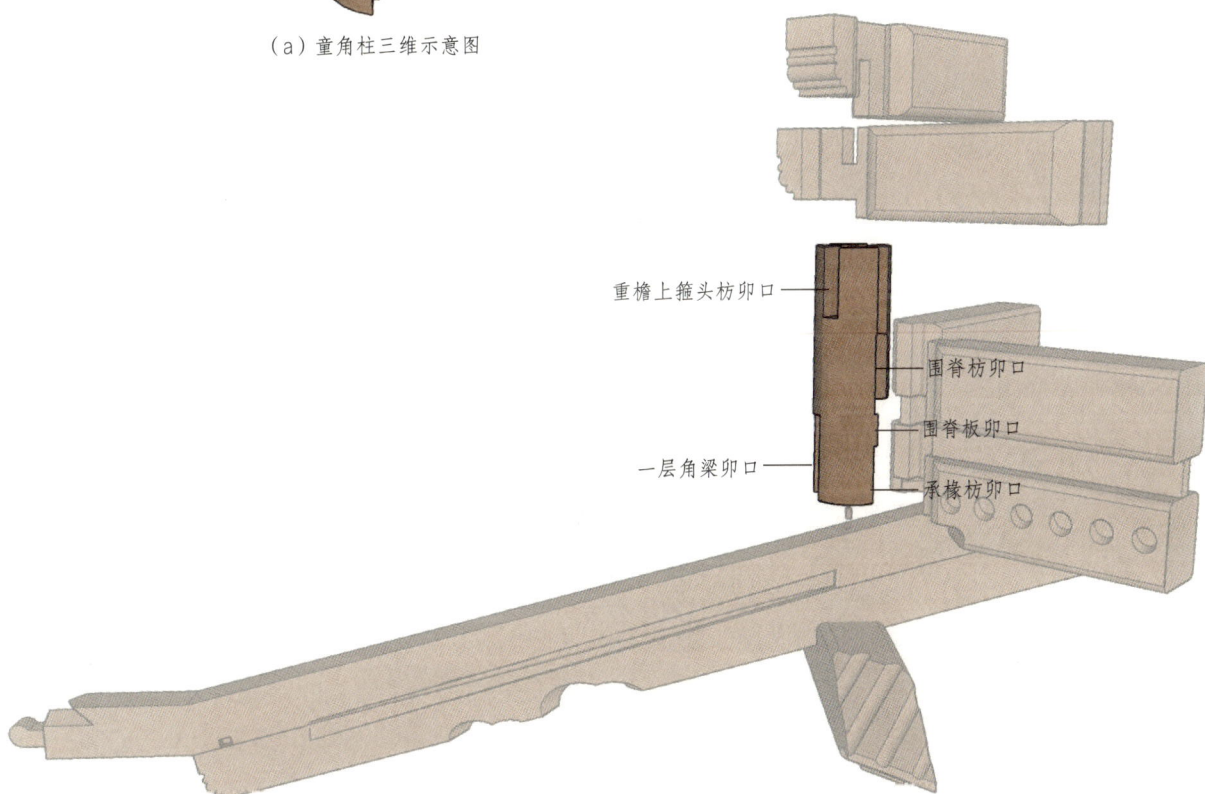

重檐上箍头枋卯口

围脊枋卯口

围脊板卯口

一层角梁卯口

承椽枋卯口

（b）童角柱搭接三维示意图

图5-5-5　zz2童角柱

说明：童角柱自下向上与一层角梁、承椽枋、围脊板、围脊枋、重檐上箍头枋相交。童角柱柱脚做暗销立在一层角梁之上；童角柱与承椽枋之间做半榫；童角柱与围脊板之间做燕尾榫；童角柱与围脊枋之间做半榫；童角柱与重檐上箍头枋之间做箍头榫。

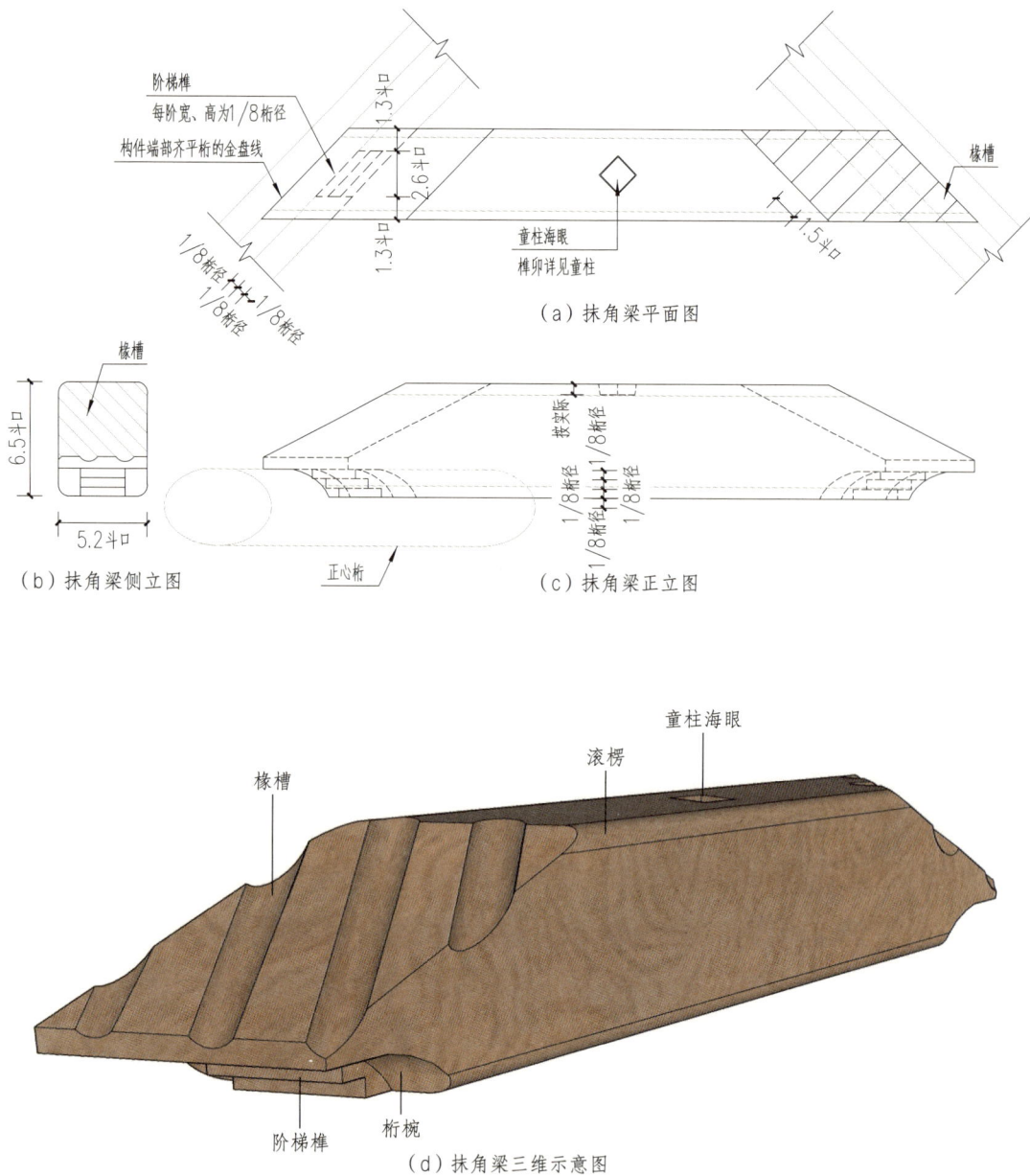

阶梯榫
每阶宽、高为1/8桁径
构件端部齐平桁的金盘线

椽槽

1.3斗口

2.6斗口

1.3斗口

1/8桁径 1/8桁径
1/8桁径

童柱海眼
榫卯详见童柱

1.5斗口

（a）抹角梁平面图

椽槽

6.5斗口

5.2斗口

（b）抹角梁侧立图

正心桁

按夹版

1/8桁径 1/8桁径
1/8桁径

（c）抹角梁正立图

童柱海眼

滚楞

椽槽

阶梯榫

桁椀

（d）抹角梁三维示意图

图5-5-6 L1抹角梁

说明：抹角梁与正心桁之间做阶梯榫，抹角梁对应檐椽位置刻出椽槽，抹角梁与童柱做管脚榫。

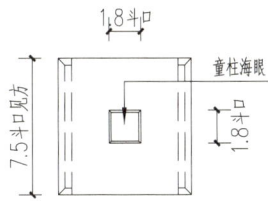

（a）正身墩斗平面图

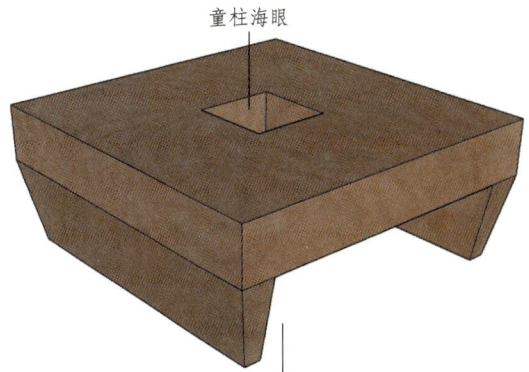

（b）正身墩斗正立面图　（c）正身墩斗侧立面图

（d）墩斗三维示意图

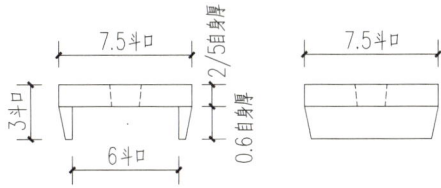

图5-5-7　L2墩斗

说明：墩斗下方刻槽连接一层桃尖梁，墩斗与童柱之间做管脚榫。

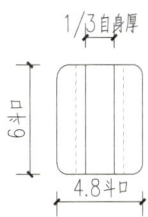

（a）承椽枋侧立面图

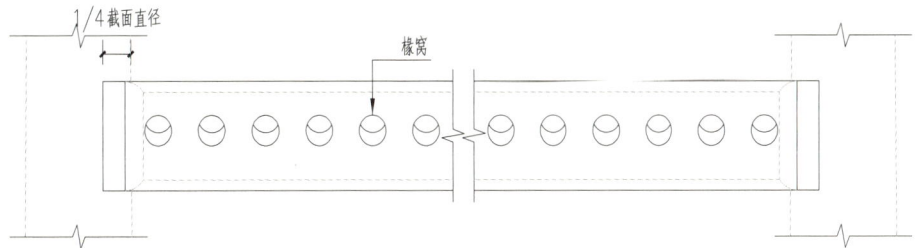

（b）承椽枋正立面图

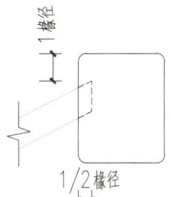

（c）椽窝定位示意图

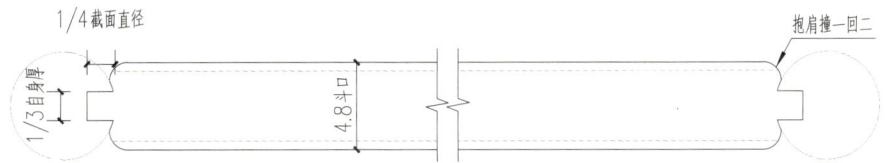

（d）承椽枋平面图

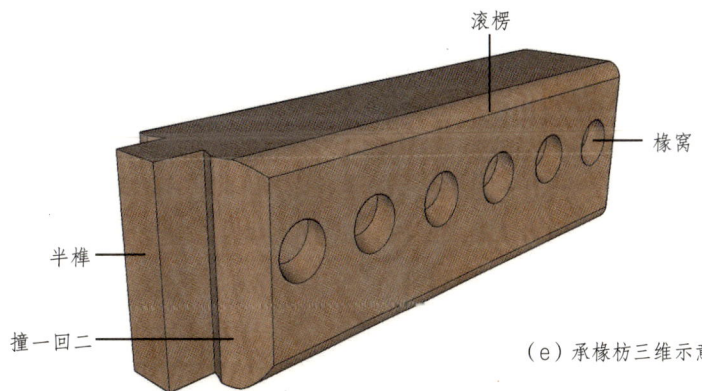

（e）承椽枋三维示意图

说明：承椽枋与童柱之间做
半榫，承椽枋与椽子之间刻椽窝。

图5-5-8　L3承椽枋

（a）围脊板正立面图　　　　　　（b）围脊板侧立面图

（c）围脊板平面图

（d）围脊板三维示意图

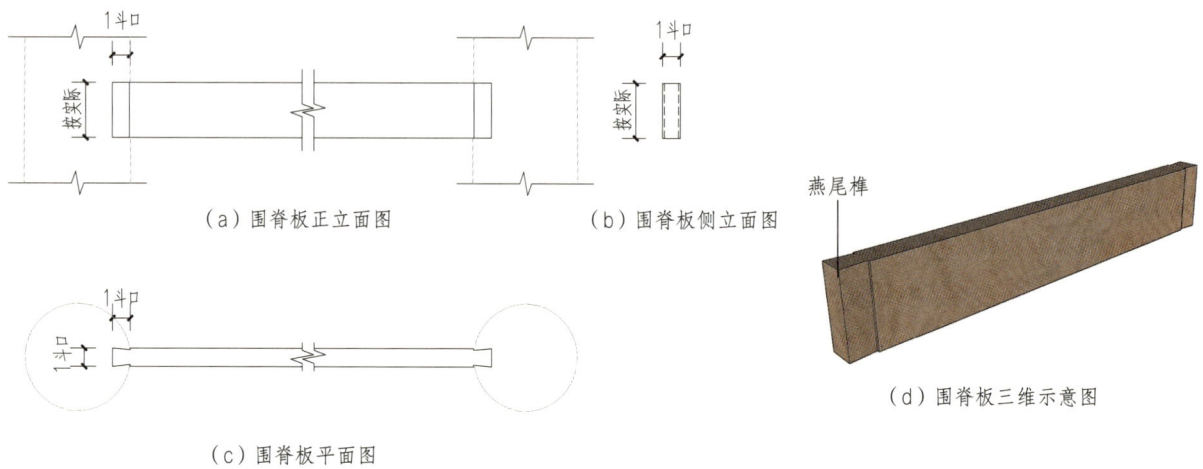

图5-5-9　L4围脊板

说明：围脊板与童柱之间做燕尾榫。

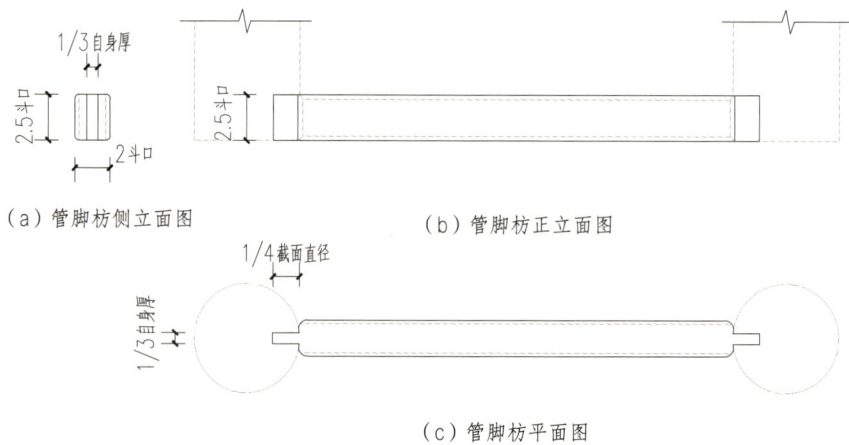

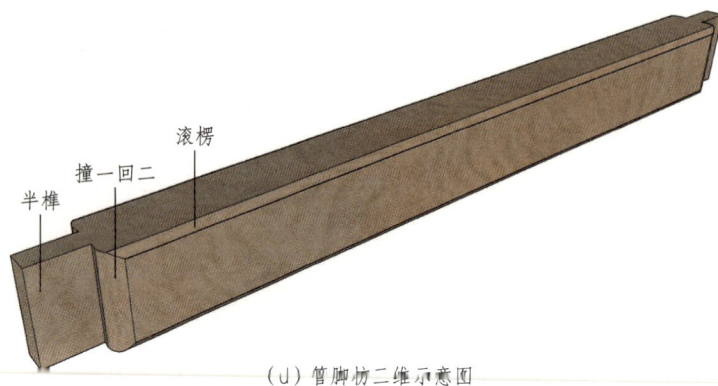

（a）管脚枋侧立面图　　　　　　（b）管脚枋正立面图

（c）管脚枋平面图

（d）管脚枋三维示意图

图5-5-10　L5管脚枋

说明：管脚枋与童柱之间做半榫；管脚枋与金柱之间做半榫。

（a）挑檐桁侧立面图　　　　　　　　　（b）挑檐桁正立面图　　　　　　　　　（c）挑檐桁侧立面图

（d）挑檐桁平面图

（e）挑檐桁三维示意图

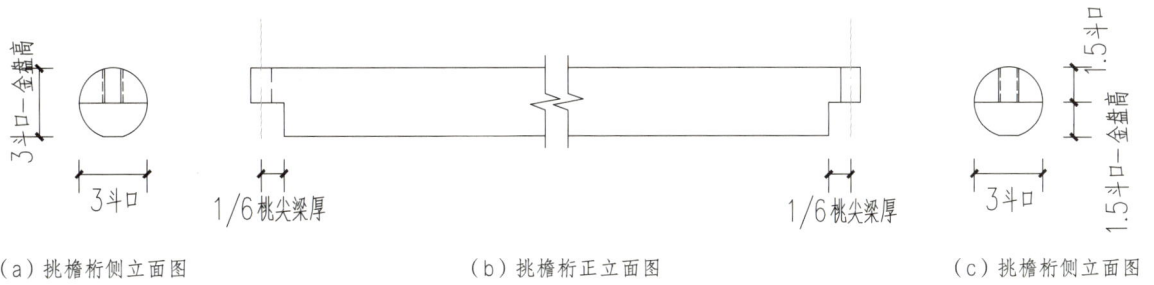

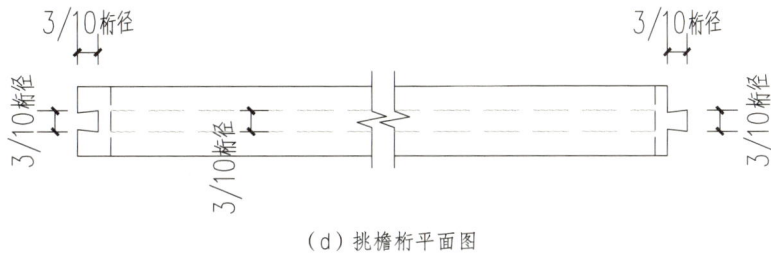

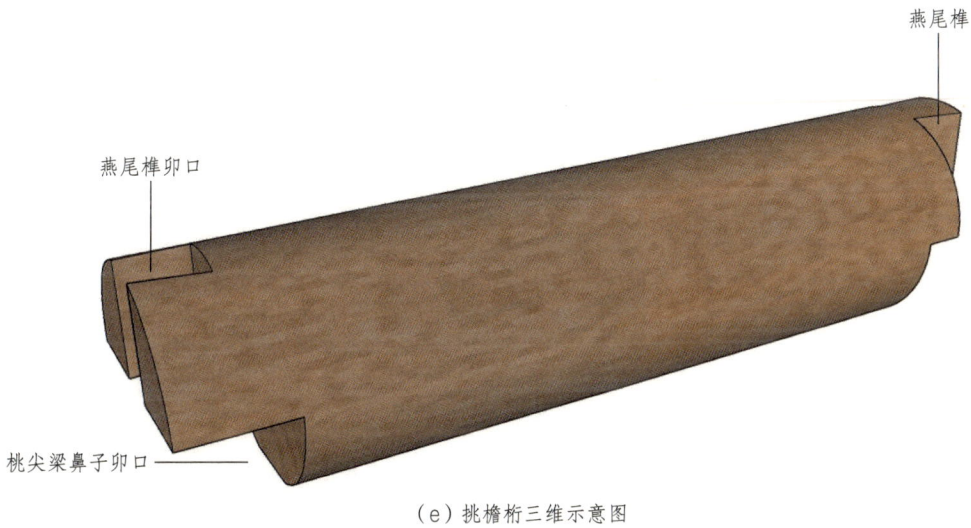

图5-5-11　l1挑檐桁

说明：挑檐桁之间做燕尾榫，挑檐桁底部与桃尖梁之间做桃尖梁鼻子。

（a）挑檐桁（盖口）侧立面图 （b）挑檐桁（盖口）正立面图

（c）挑檐桁（盖口）平面图

（d）挑檐桁（等口）侧立面图 （e）挑檐桁（等口）正立面图

（f）挑檐桁（等口）平面图

十字卡腰榫卯口（盖口）

十字卡腰榫卯口（等口）

（g）挑檐桁二维示意图

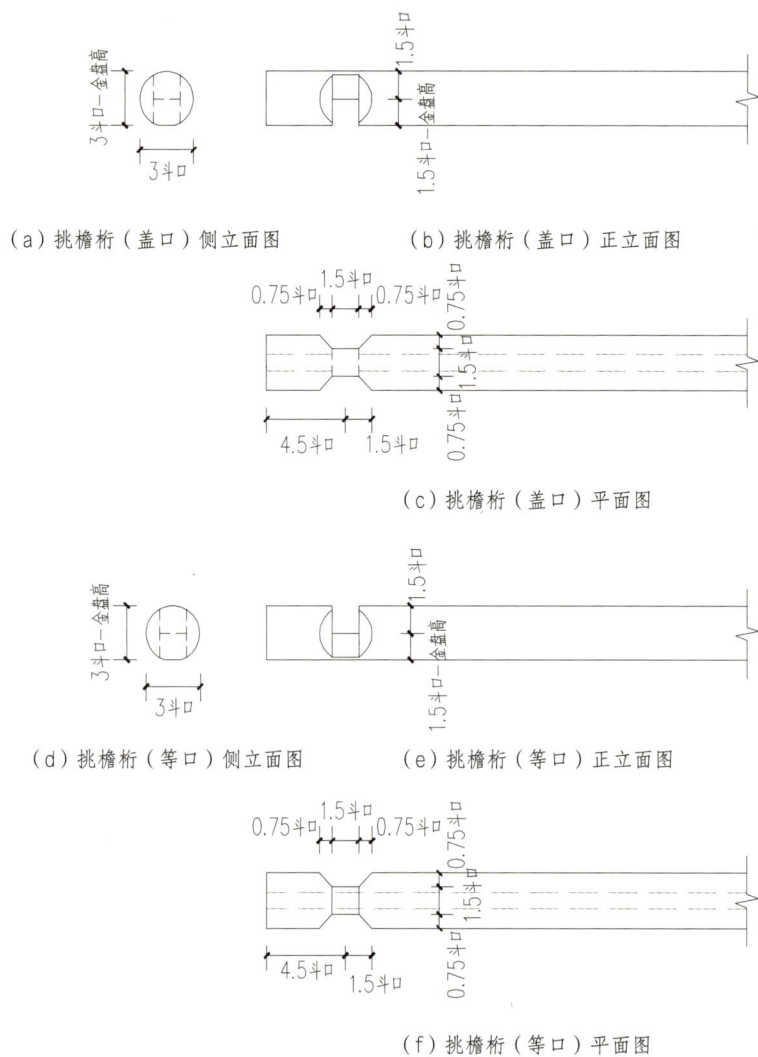

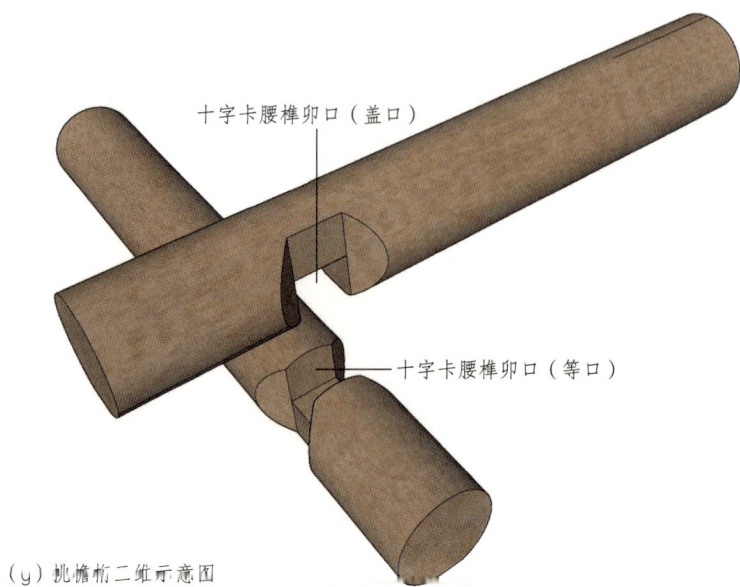

图5-5-12　l1挑檐桁

说明：檐面挑檐桁与山面挑檐桁搭交时做十字卡腰榫，山面压檐面。

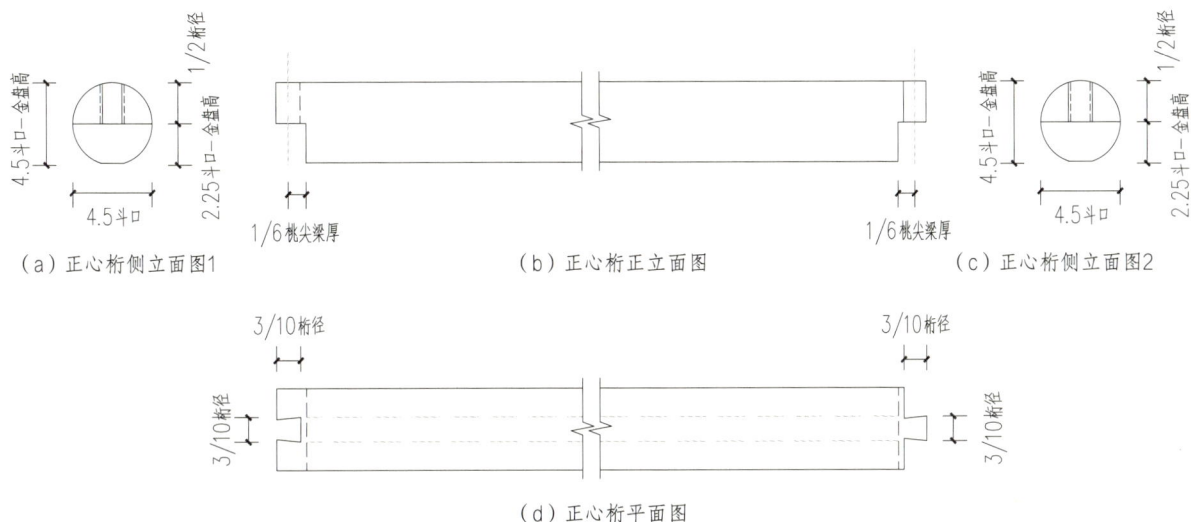

（a）正心桁侧立面图1　　　　　　　　　　（b）正心桁正立面图　　　　　　　　　（c）正心桁侧立面图2

（d）正心桁平面图

（e）正心桁三维示意图

图5-5-13　l2正心桁

　　说明：正心桁之间做燕尾榫，正心桁与桃尖梁之间做桃尖梁鼻子。老檐桁与七架梁之间做七架梁鼻子；下金桁与五架梁之间做五架梁鼻子；上金桁与三架梁之间做三架梁鼻子。

（a）正心桁（盖口）侧立面图　　　　　（b）正心桁（盖口）立面图

（c）正心桁（盖口）平面图

（d）正心桁（等口）侧立面图　　　　　（e）正心桁（等口）立面图

（f）正心桁（等口）平面图

十字卡腰榫卯口（盖口）

十字卡腰榫卯口（等口）

（g）正心桁搭接三维示意图

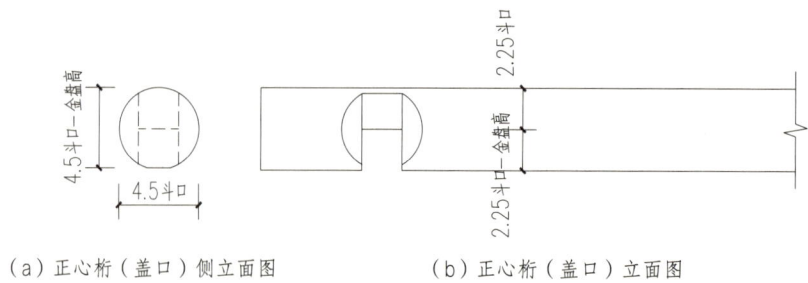

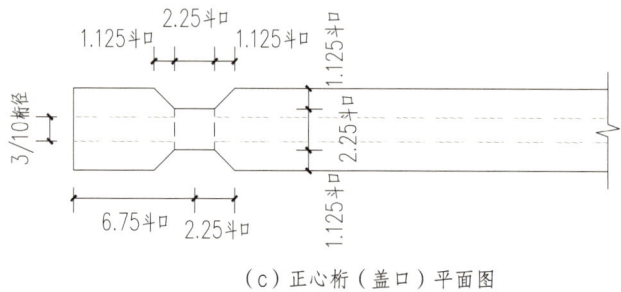

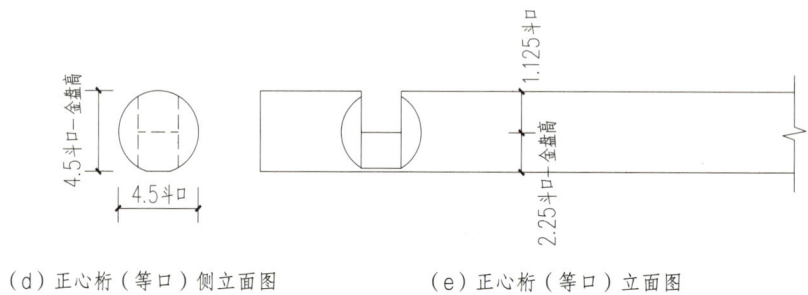

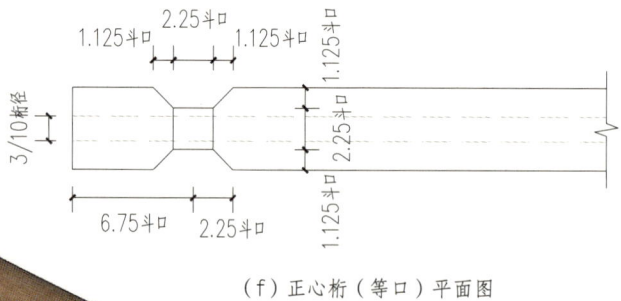

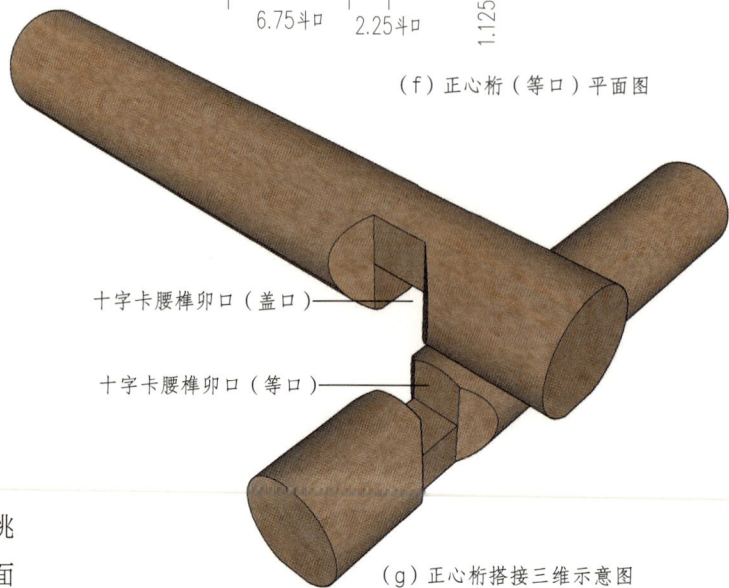

说明：檐面正心桁与山面挑
檐桁搭交时做十字卡腰榫，山面
压檐面。

图5-5-14　I2正心桁

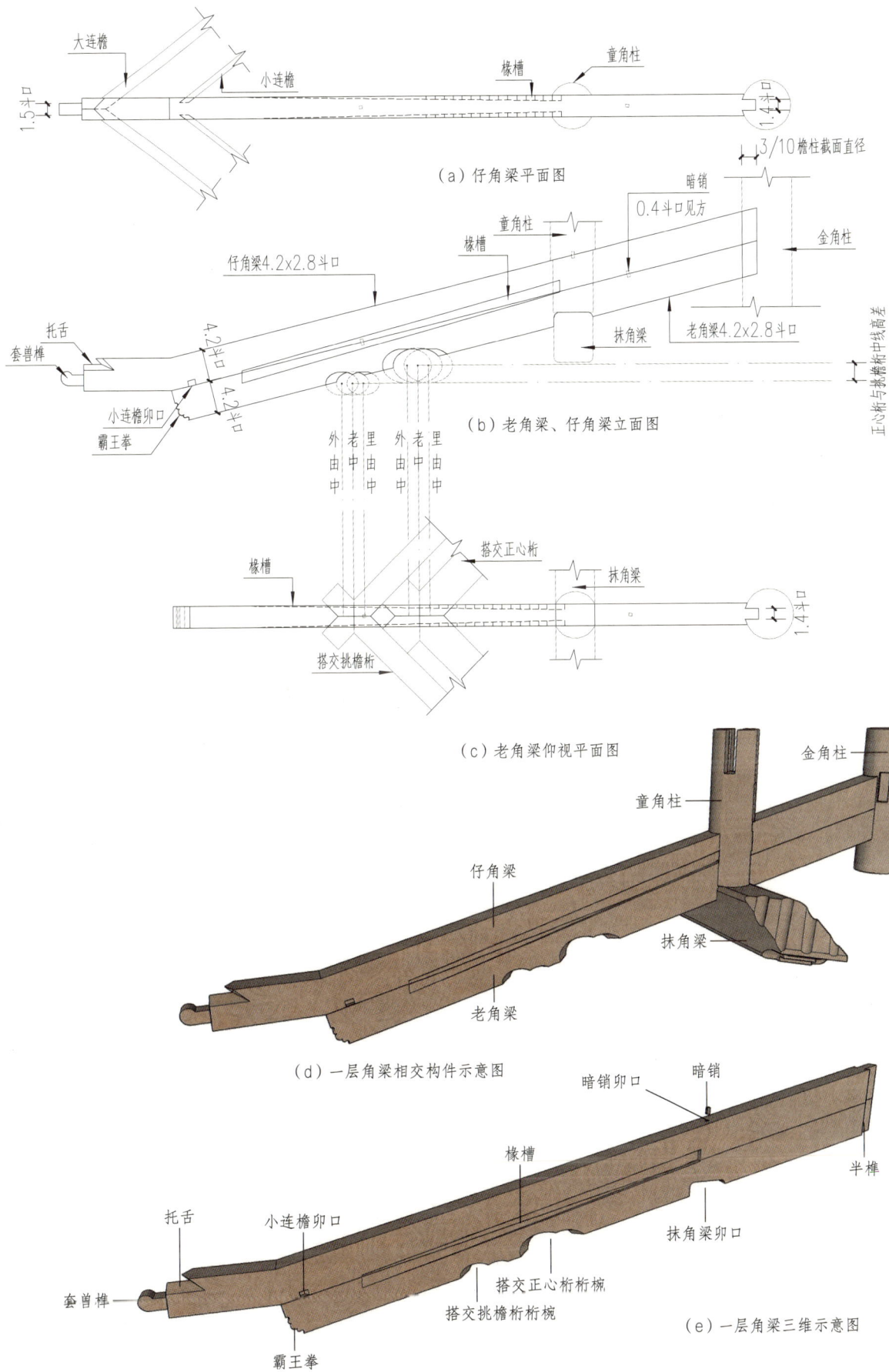

（a）仔角梁平面图

（b）老角梁、仔角梁立面图

（c）老角梁仰视平面图

（d）一层角梁相交构件示意图

（e）一层角梁三维示意图

图5-5-15　y1一层角梁

蚰蜒瓦当30~40mm

（a）瓦口木正立面图

0.6斗口

（b）瓦口木侧立面图

（c）瓦口木三维示意图

图5-5-16　Y1瓦口木

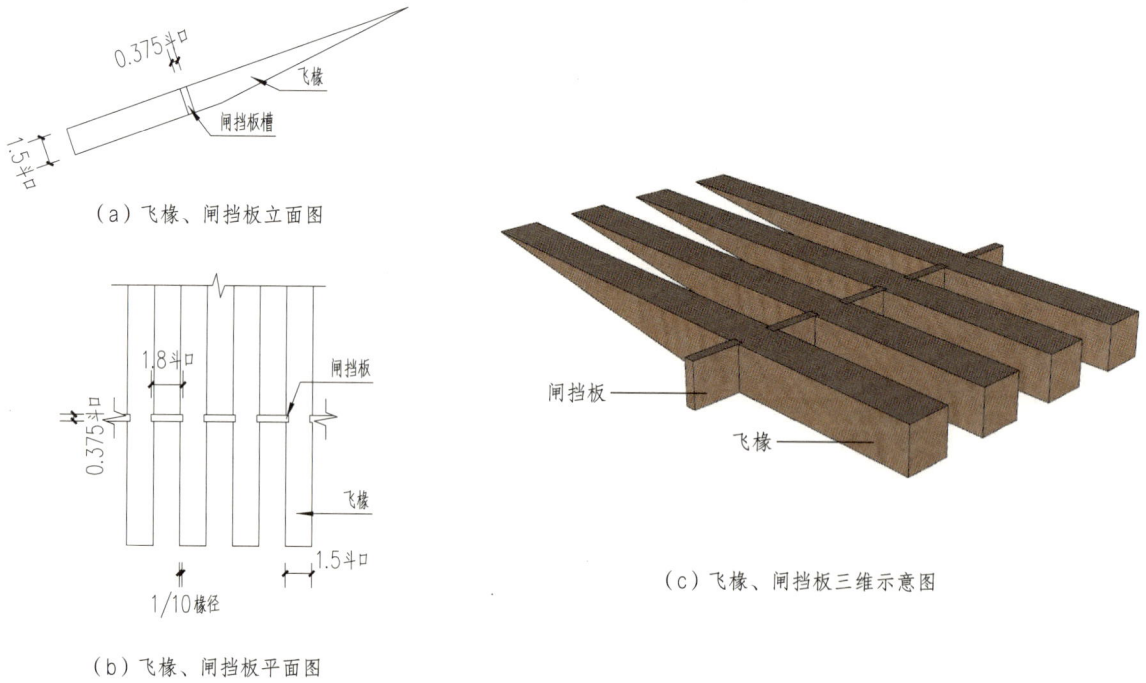

0.375斗口

飞椽

闸挡板槽

1.5斗口

（a）飞椽、闸挡板立面图

1.8斗口

闸挡板

0.375斗口

飞椽

1.5斗口

1/10椽径

（b）飞椽、闸挡板平面图

闸挡板

飞椽

（c）飞椽、闸挡板三维示意图

图5-5-17　Y2飞椽、Y3闸挡板

说明：飞椽上刻槽，与闸挡板相接。

5.6 一层屋顶平面

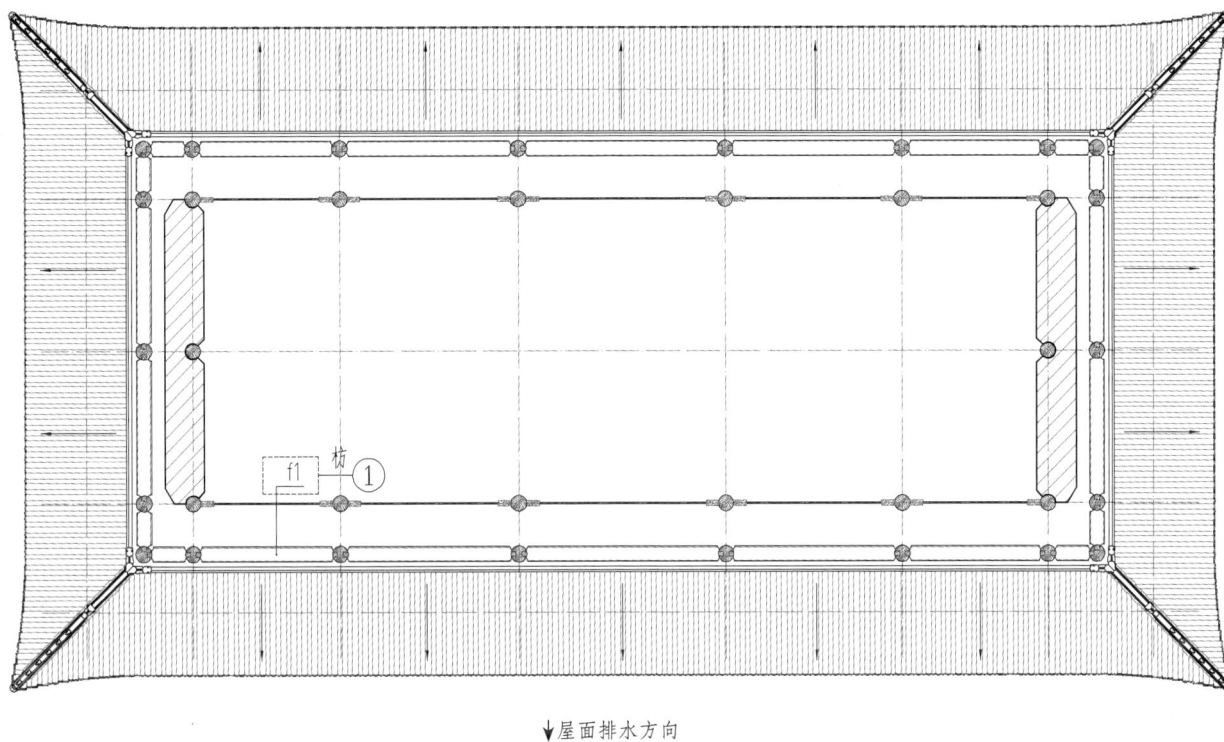

↓屋面排水方向

图5-6-1 九檩重檐歇山周围廊建筑一层屋顶平面图

表5-6-1

构件分类	图5-6-1中的序号	构件	宽（厚）	高	数量
①枋	f1	围脊枋	4.8斗口	6斗口	22

（a）围脊枋侧立面图

（b）围脊枋正立面图

（c）围脊枋平面图

1/3自身厚

6斗口

4.8斗口

1/4截面直径

1/3自身厚

抱肩撞一回二

滚楞

撞一回二

半榫

（d）围脊枋三维示意图

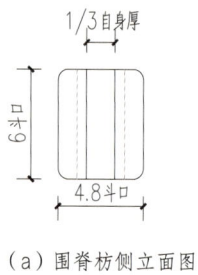

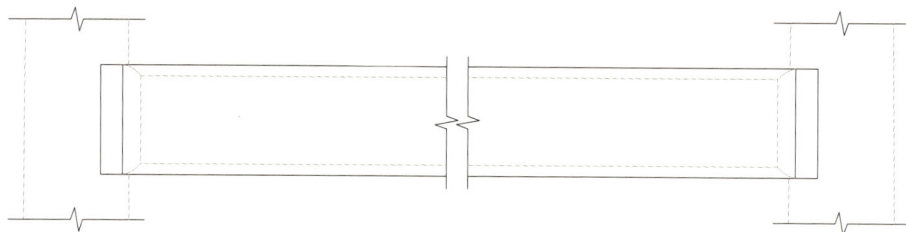

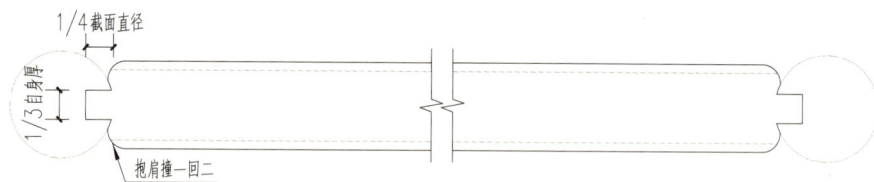

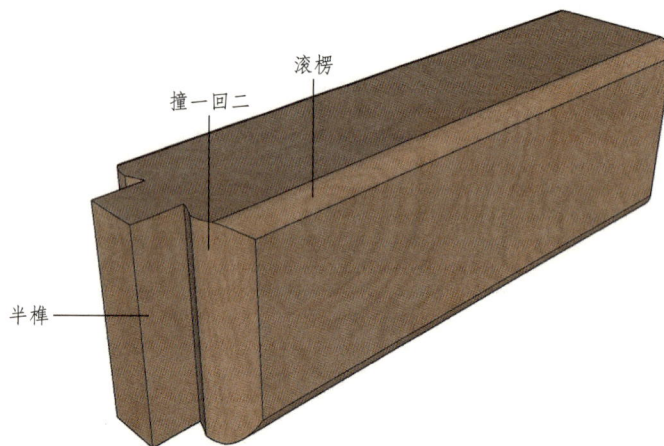

图5-6-2　f1围脊枋

说明：围脊枋与童柱之间做半榫。

5.7 二层柱头平面

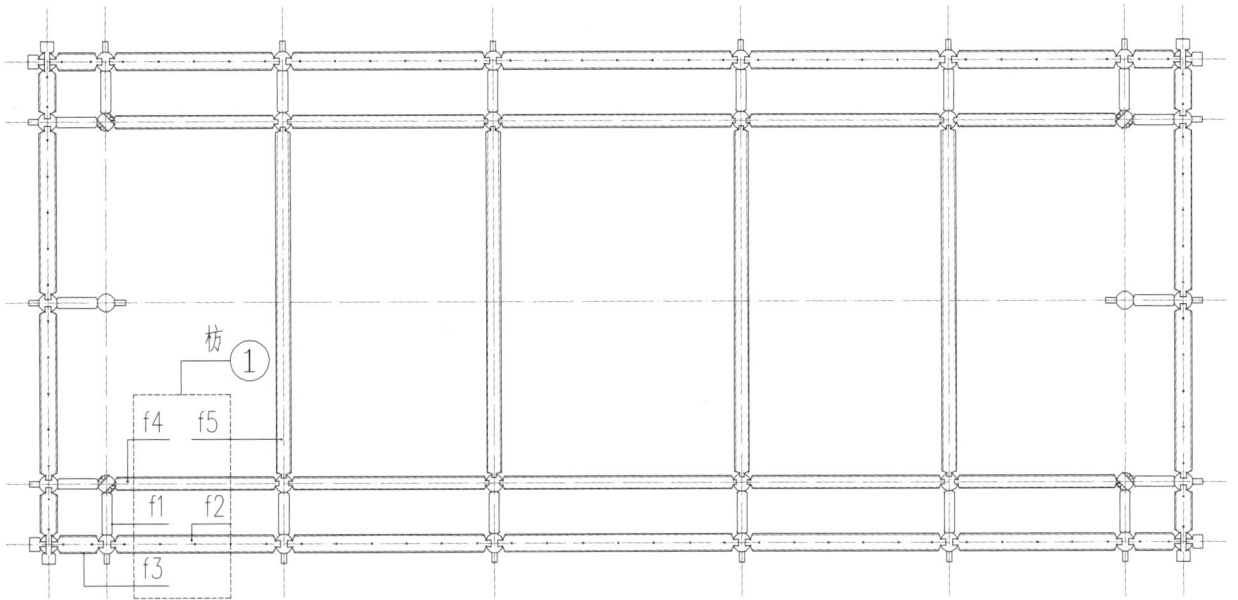

图5-7-1 九檩重檐歇山周围廊建筑二层柱头平面图

表5-7-1

构件分类	图5-7-1中的序号	构件	宽（厚）	高	数量	备注
①枋	f1	二层穿插枋	3.2斗口	4斗口	18	详见一层柱头平面—穿插枋榫卯
	f2	重檐上大额枋	5.4斗口	6.6斗口	14	详见一层柱头平面—大额枋榫卯
	f3	重檐上箍头枋	5.4斗口	6.6斗口	8	详见一层柱头平面—箍头枋榫卯
	f4	老檐枋	3斗口	3.6斗口	10	
	f5	随梁枋	3.5斗口+1%长	4斗口+1%长	4	

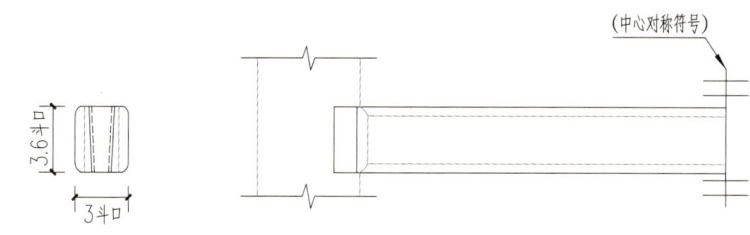

（a）老檐枋侧立面图　　　　　　　　（b）老檐枋正立面图

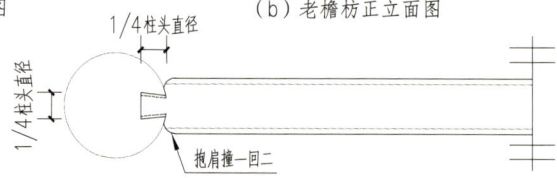

注：与金角柱连接的老檐枋做直榫，榫长为1/4金角柱截面直径，厚为老檐枋厚的1/3。

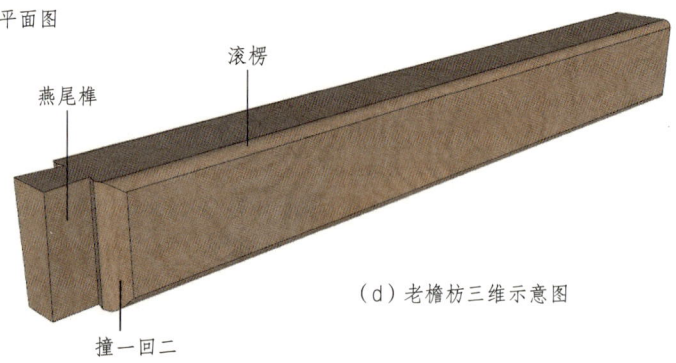

3.6斗口

3斗口

（中心对称符号）

1/4柱头直径

1/4柱头直径

抱肩撞一回二

（c）老檐枋平面图

燕尾榫

滚楞

撞一回二

（d）老檐枋三维示意图

图5-7-2　f4老檐枋

说明：老檐枋与金柱之间做燕尾榫。

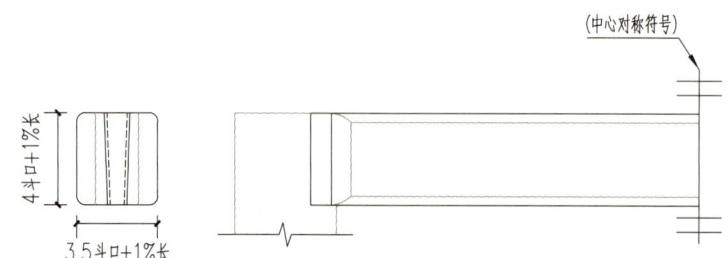

4斗口+1%长

3.5斗口+1%长

（a）随梁枋侧立面图　　　　　　　　（b）随梁枋正立面图

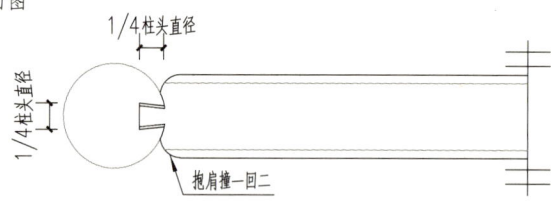

（中心对称符号）

1/4柱头直径

1/4柱头直径

抱肩撞一回二

（c）随梁枋平面图

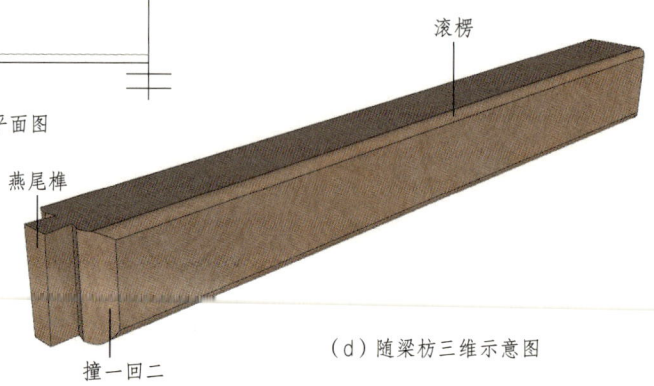

燕尾榫

滚楞

撞一回二

（d）随梁枋三维示意图

图5-7-3　f5随梁枋

说明：随梁枋与金柱之间做燕尾榫。

5.8 二层平板枋平面

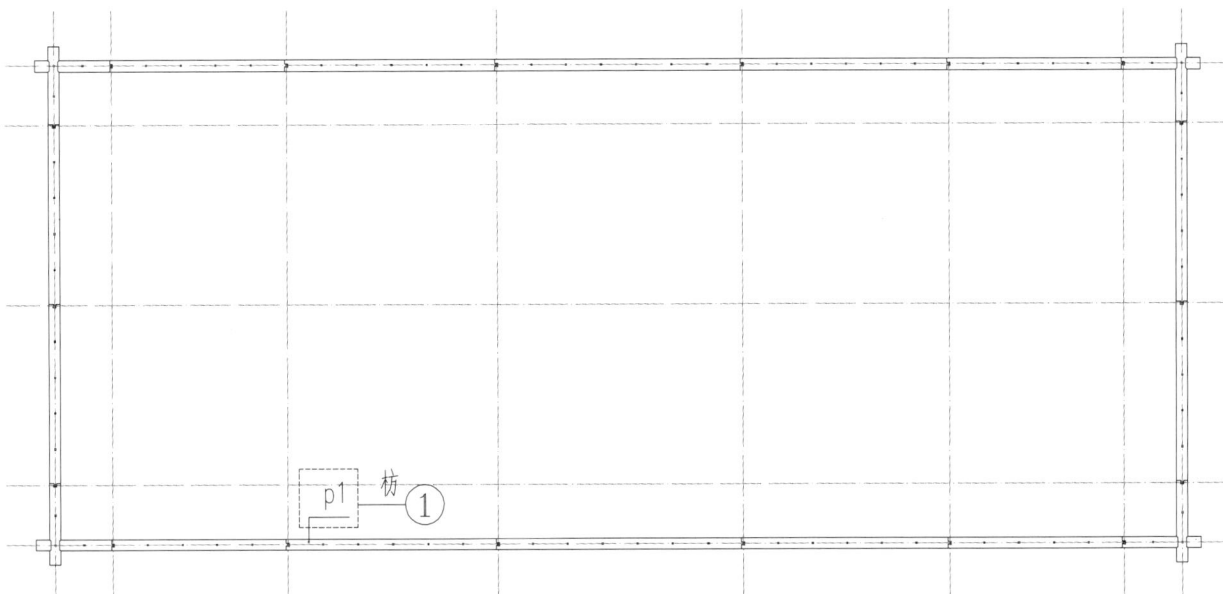

图5-8-1 九檩重檐歇山周围廊建筑二层平板枋平面图

表5-8-1

构件分类	图5-8-1中的序号	构件	宽（厚）	高	数量	备注
①枋	p1	重檐上平板枋	3.5斗口	2斗口	22	详见一层平板枋平面—平板枋榫卯

5.9 二层斗栱仰视平面

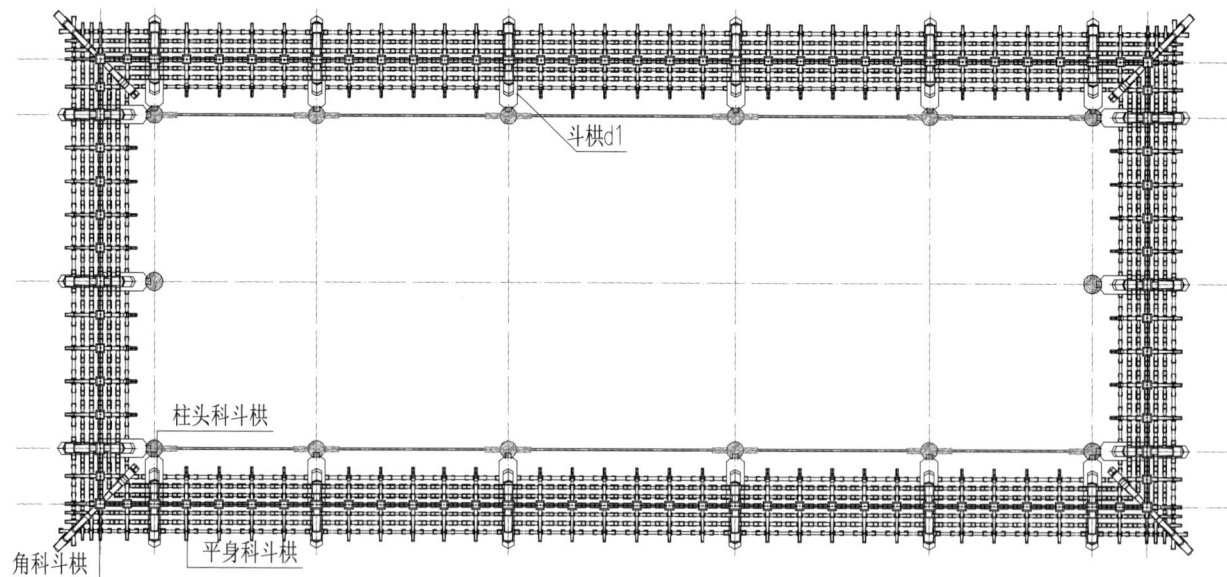

图5-9-1 九檩重檐歇山周围廊建筑二层斗栱仰视平面图

表5-9-1

构件分类	图5-9-1中的序号	构件	宽（厚）	高	数量
斗栱	d1	二层桃尖梁	6斗口	1/2正心桁至挑檐桁+4.75斗口	18

（a）二层桃尖梁正立面图

（b）二层桃尖梁侧立面图

（c）二层桃尖梁平面图

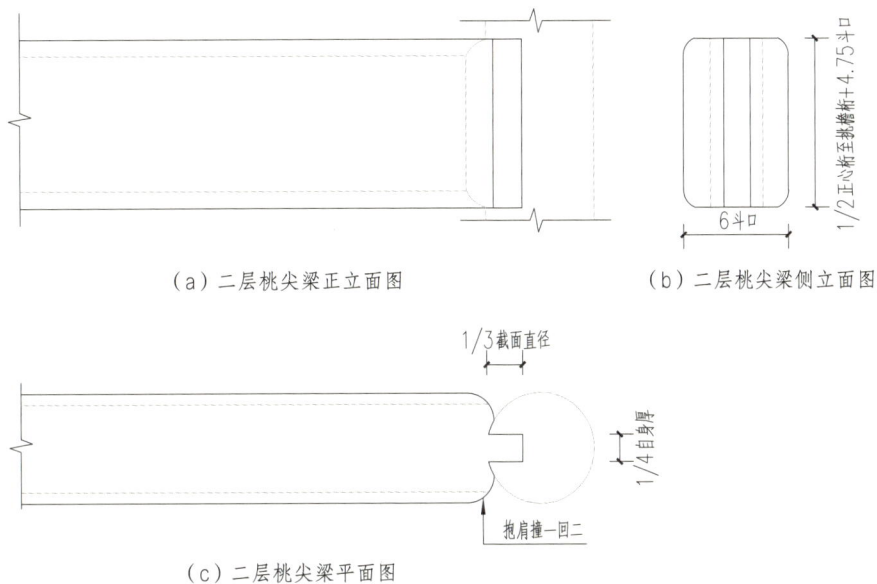

注：此处仅体现桃尖梁与金柱的榫卯。

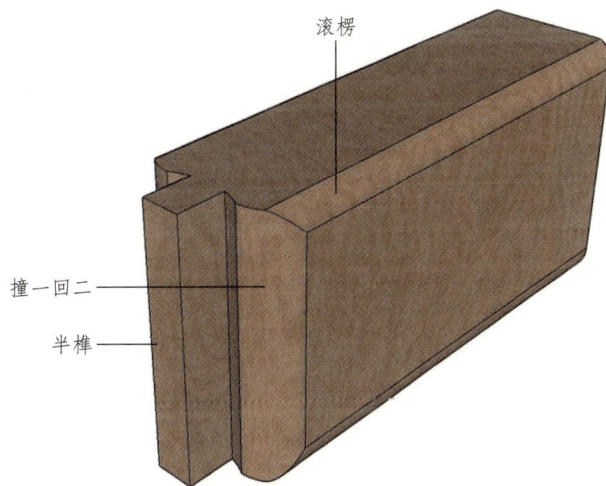

（d）二层桃尖梁三维示意图

图5-9-2　d1二层桃尖梁

说明：二层桃尖梁与金柱之间做半榫。

5.10 二层步架平面

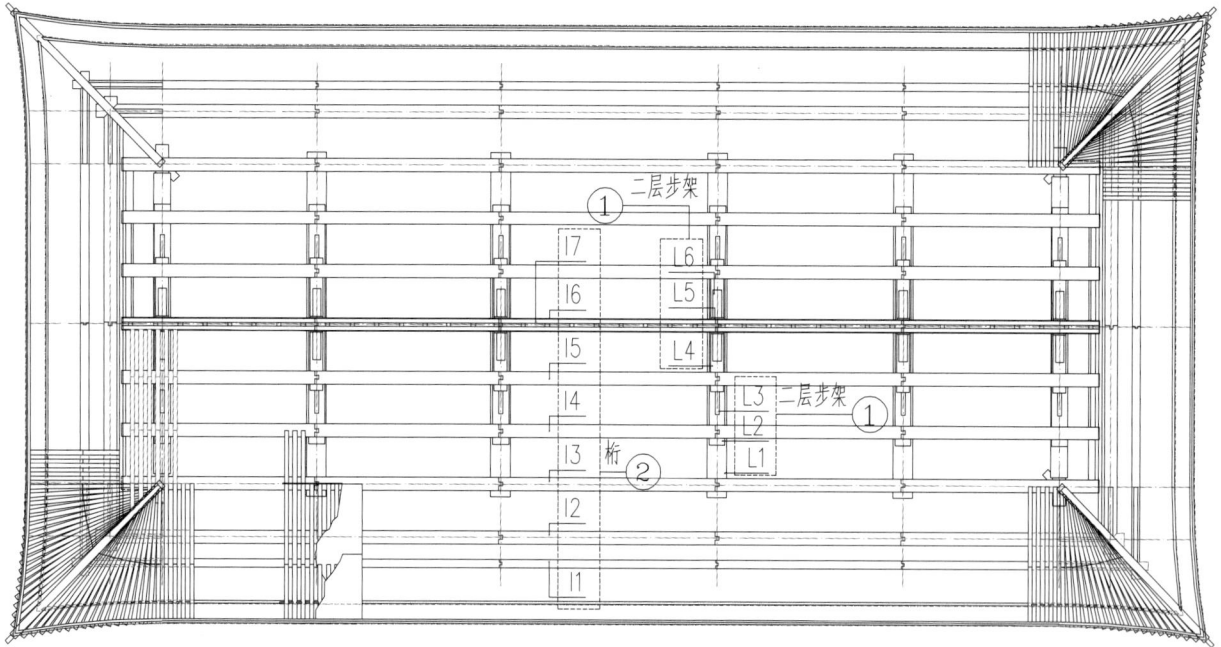

图5-10-1 九檩重檐歇山周围廊建筑二层步架平面图

表5-10-1

构件分类	图5-10-1中的序号	构件	长	宽（厚）	高	径	数量	备注
① 二层步架	L1	七架梁		7斗口	8.4斗口		4	
	L2	五架梁		5.6斗口	7斗口		6	
	L3	金角背	一步架	厚1/3自身高	1/2金瓜柱高		12	
	L4	三架梁		4.48斗口	5.83斗口		6	
	L5	脊瓜柱	厚4.5斗口	5.5斗口	按实际		6	
	L6	脊角背	一步架	厚1/3自身高	1/2脊瓜柱高		6	
②桁	l1	挑檐桁				3斗口	14	详见一层步架平面 —挑檐桁榫卯
	l2	正心桁				4.5斗口	14	详见一层步架平面 —正心桁榫卯
	l3	老檐桁				4.5斗口	10	详见一层步架平面 —正心桁正身榫卯
	l4	下金桁				4.5斗口	10	详见一层步架平面 —正心桁正身榫卯
	l5	上金桁				4.5斗口	10	详见一层步架平面 —正心桁正身榫卯
	l6	脊桁				4.5斗口	5	
	l7	扶脊木				4斗口	5	

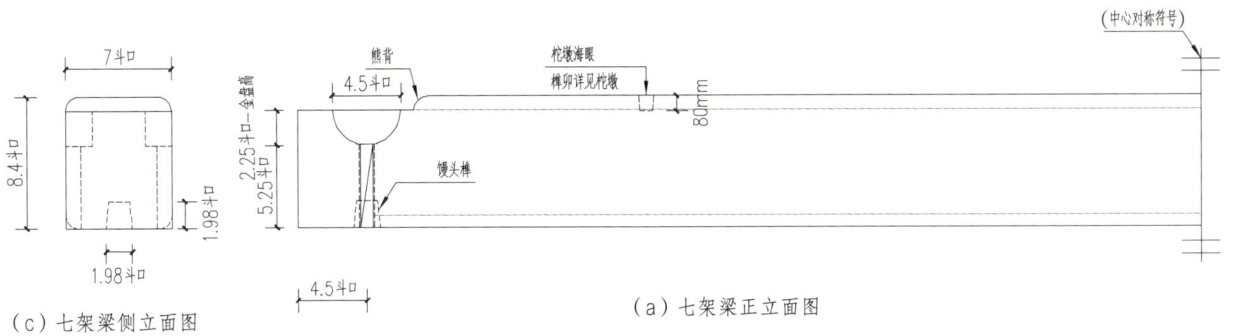

（c）七架梁侧立面图

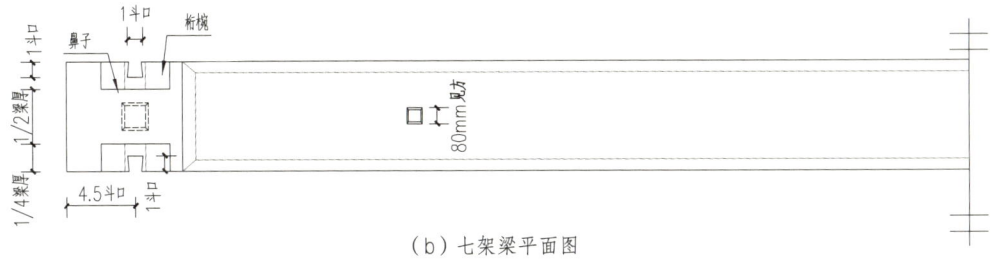

（a）七架梁正立面图

（b）七架梁平面图

（d）七架梁梁头仰视图

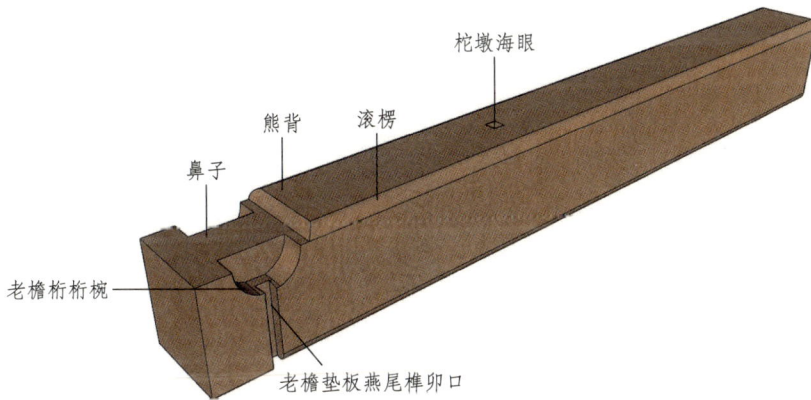

（e）七架梁三维示意图

图5-10-2　L1七架梁

说明：七架梁与金柱顶之间做馒头榫；七架梁与老檐垫板之间做燕尾榫；七架梁与老檐桁之间做桁椀、鼻子；七架梁与柁墩之间做管脚榫。

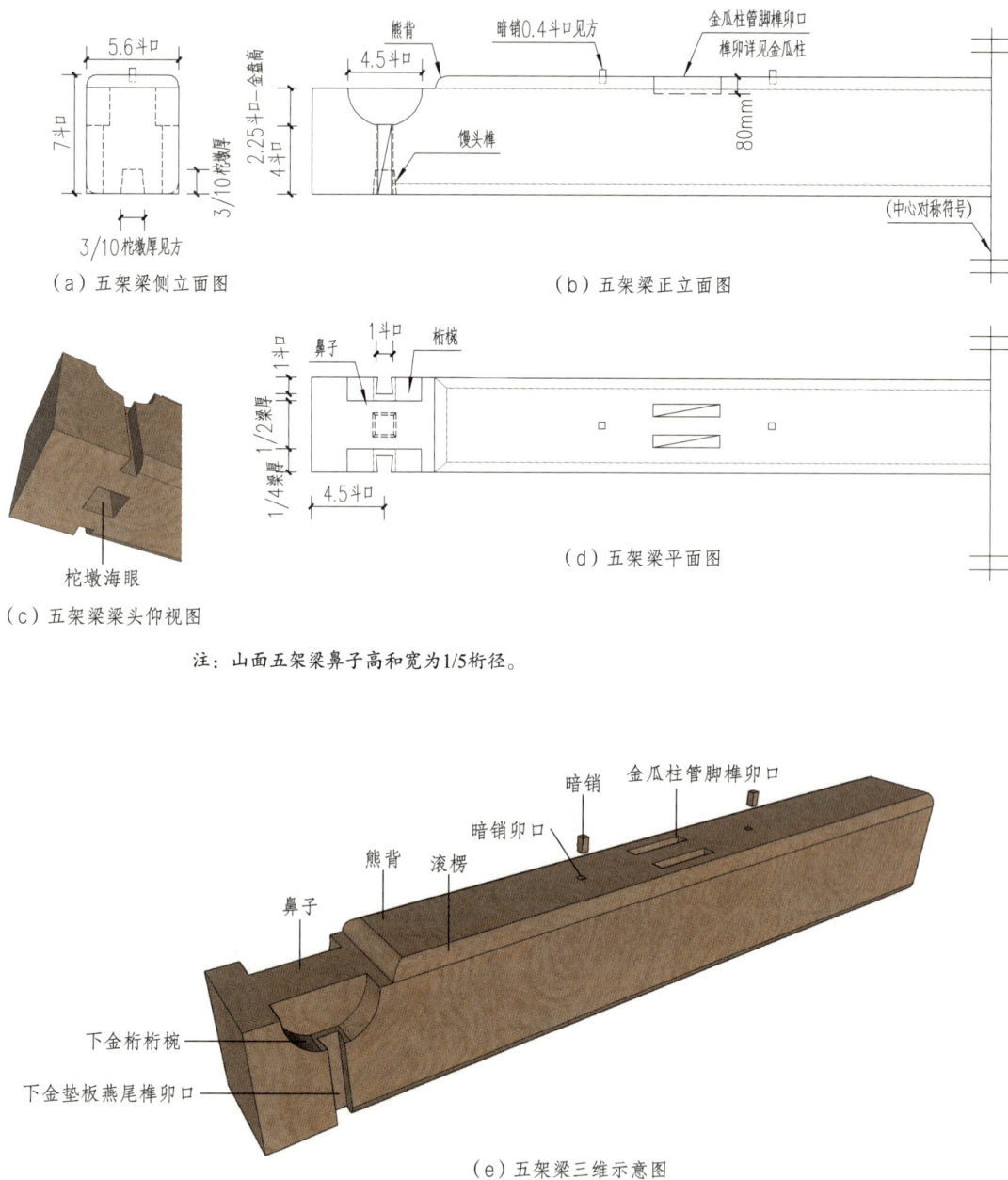

（a）五架梁侧立面图　　　　　　　　　　　（b）五架梁正立面图

（c）五架梁梁头仰视图　　　　　　　　　　（d）五架梁平面图

注：山面五架梁鼻子高和宽为1/5桁径。

（e）五架梁三维示意图

图5-10-3　L2五架梁

说明：五架梁与柁墩之间做馒头榫；五架梁与下金垫板之间做燕尾榫；五架梁与下金桁之间做桁椀、鼻子；五架梁与全角背之间做暗销；五架梁与金瓜柱之间做金瓜柱管脚榫。

（a）金角背正立面图

（b）金角背侧立面图

（d）金角背仰视图

（c）金角背平面图

（e）金角背三维示意图

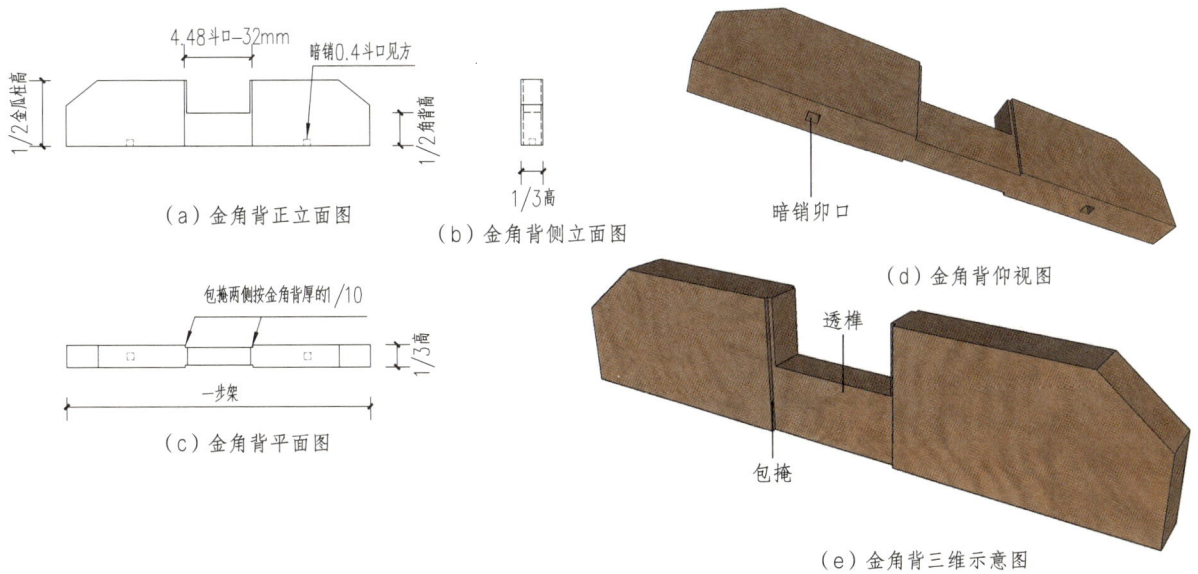

图5-10-4　L3金角背

说明：金角背与金瓜柱之间做包掩，下端做透榫，金角背与五架梁之间做暗销。

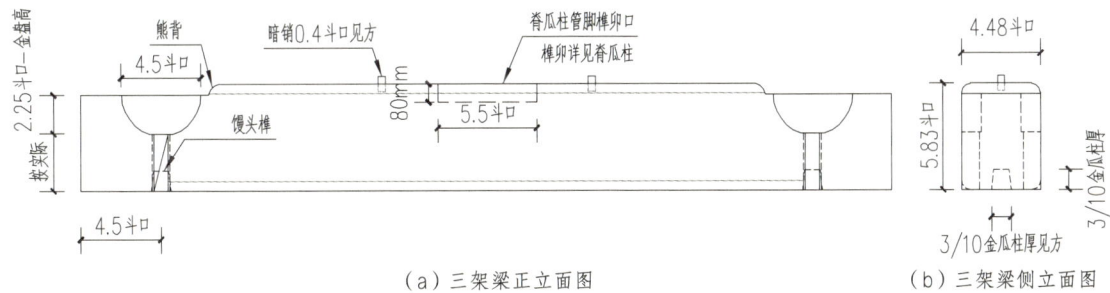

（a）三架梁正立面图

（b）三架梁侧立面图

（c）三架梁平面图

注：山面三架梁鼻子高和宽均为桁的1/5。

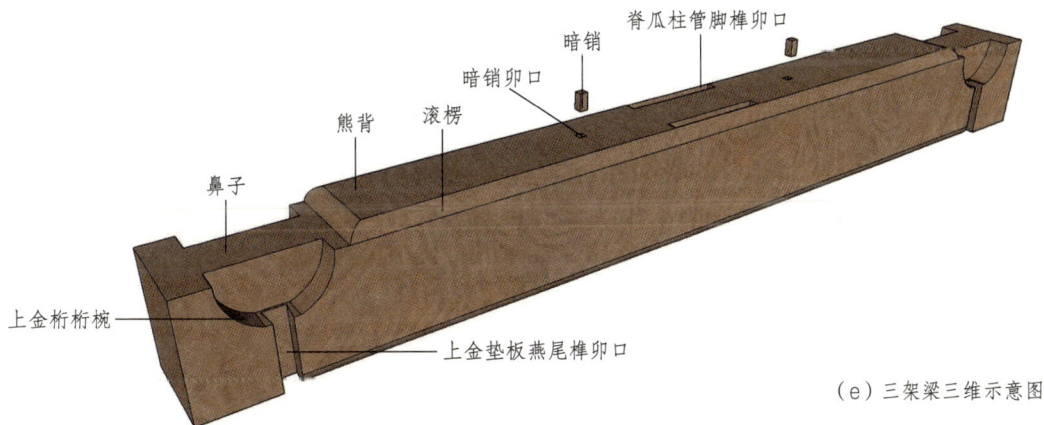

（d）三架梁梁头仰视图

（e）三架梁三维示意图

图5-10-5　L4三架梁

说明：三架梁与金瓜柱之间做馒头榫；三架梁与上金垫板之间做燕尾榫；三架梁与上金桁之间做桁椀、鼻子；三架梁与脊角背之间做暗销；三架梁与脊瓜柱之间做脊瓜柱管脚榫。

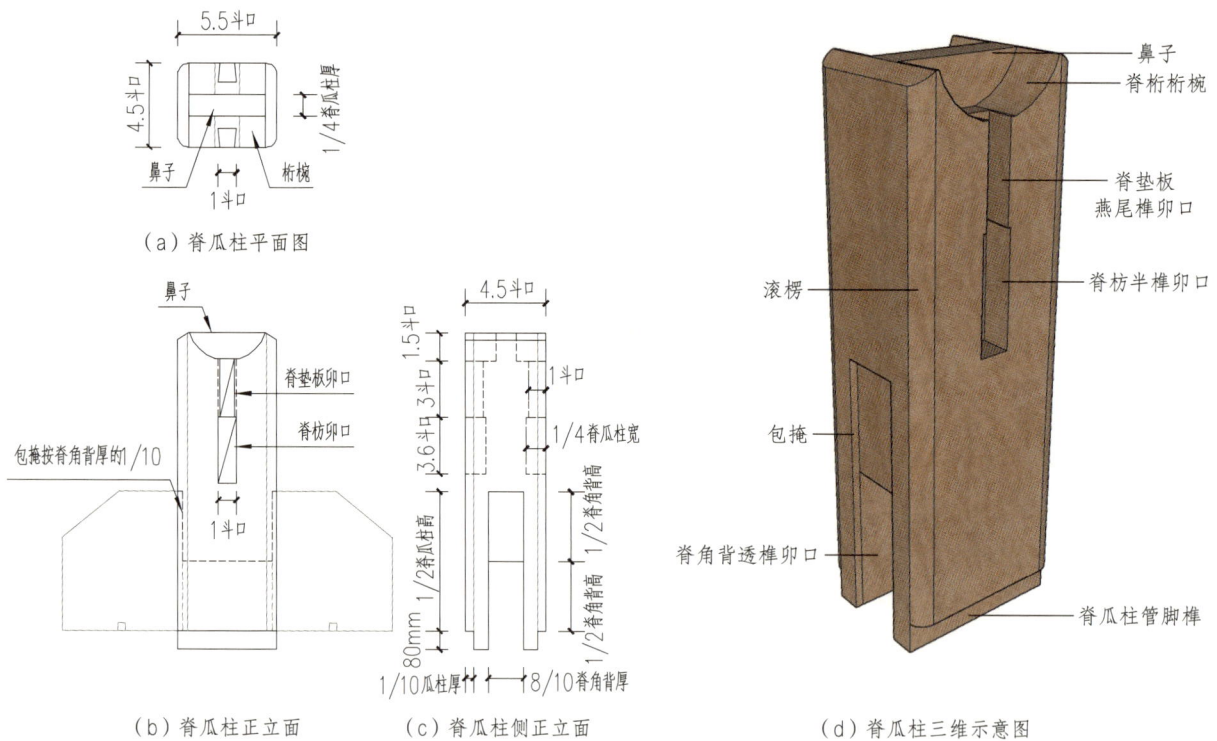

（a）脊瓜柱平面图

（b）脊瓜柱正立面　　　（c）脊瓜柱侧正立面　　　（d）脊瓜柱三维示意图

注：脊瓜柱管脚榫（双半榫）尺寸为脊瓜柱厚减去两侧包掩及脊角背透榫厚。山面脊瓜柱鼻子高和宽均为桁的1/5。

图5-10-6　L5脊瓜柱

说明：脊瓜柱与三架梁之间做脊瓜柱管脚榫；脊瓜柱与脊角背上端做包掩，下端做透榫；脊瓜柱与脊枋之间做半榫；脊瓜柱与脊垫板之间做燕尾榫；脊瓜柱与脊桁之间做桁椀、鼻子。

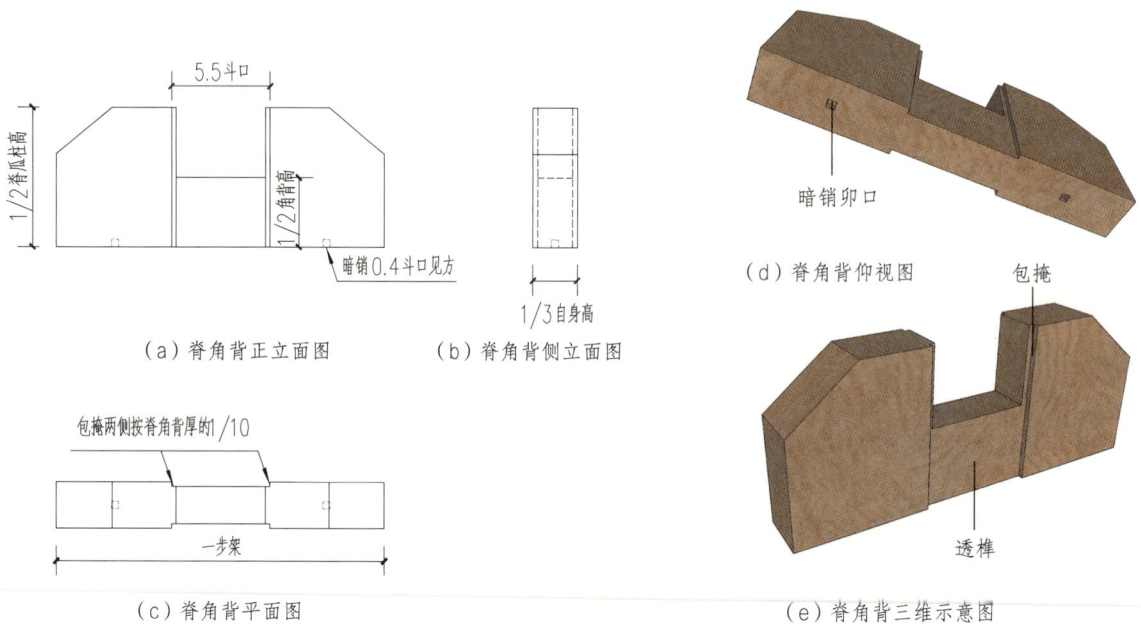

（a）脊角背正立面图

（b）脊角背侧立面图

（c）脊角背平面图

（d）脊角背仰视图

（e）脊角背三维示意图

图5-10-7　L6脊角背

说明：脊角背与脊瓜柱之间做包掩，下端做透榫，脊角背与三架梁之间做暗销。

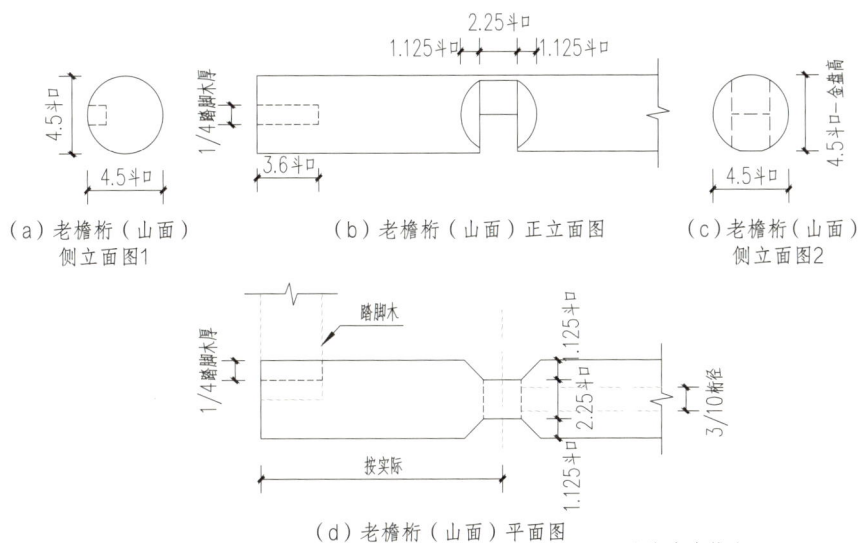

说明：老檐桁（山面）
与踩步金之间做十字卡腰
榫；老檐桁（山面）与踏
脚木之间做半榫。

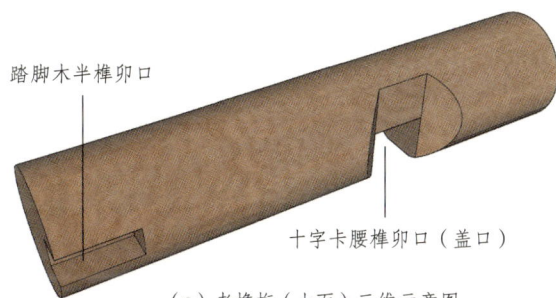

（a）老檐桁（山面）
侧立面图1

（b）老檐桁（山面）正立面图

（c）老檐桁（山面）
侧立面图2

（d）老檐桁（山面）平面图

踏脚木半榫卯口

十字卡腰榫卯口（盖口）

（e）老檐桁（山面）三维示意图

图5-10-8　l3老檐桁

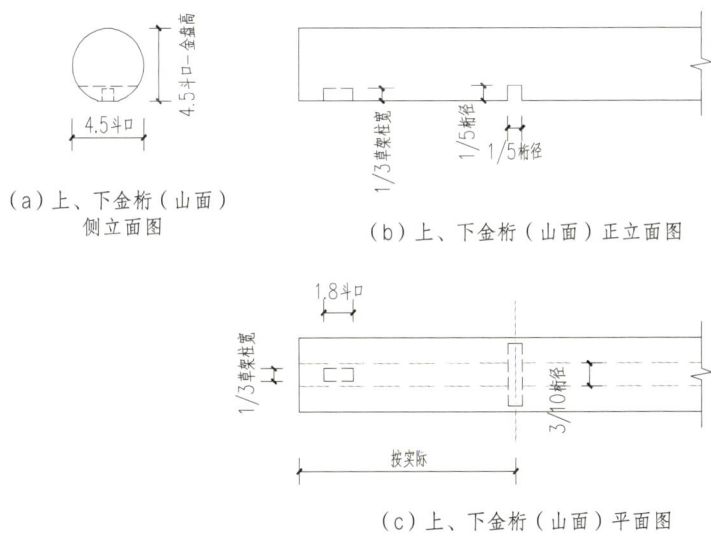

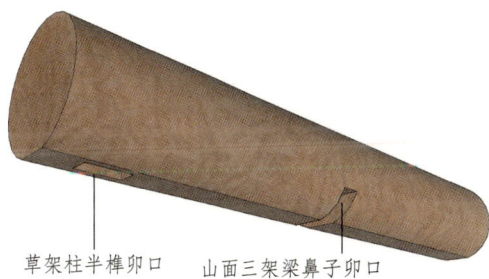

（a）上、下金桁（山面）
侧立面图

（b）上、下金桁（山面）正立面图

（c）上、下金桁（山面）平面图

草架柱半榫卯口

山面三架梁鼻子卯口

（d）上金桁、下金桁（山面）三维示意图

图5-10-9　l4上金桁、l5下金桁（山面）

说明：上金桁（山面）、下金桁（山面）与草架柱之间做半榫；下金桁（山面）与山面五架梁之间做鼻子；
上金桁（山面）与山面三架梁之间做鼻子。

（a）脊桁侧
立面图

1/8脊瓜柱厚

（b）脊桁正立面图

1/4桁径

1/8脊瓜柱厚

（c）脊桁侧立面图

4.5斗口

1.5斗口－全盘高

3斗口－全盘高

3/10桁径

4.5斗口

椿桩
每通脊一件用一根

3/10桁径

3/10桁径

3/10桁径

（d）脊桁平面图

椿桩半榫卯口

燕尾卯口

燕尾榫

（e）脊桁三维示意图

脊瓜柱鼻子卯口

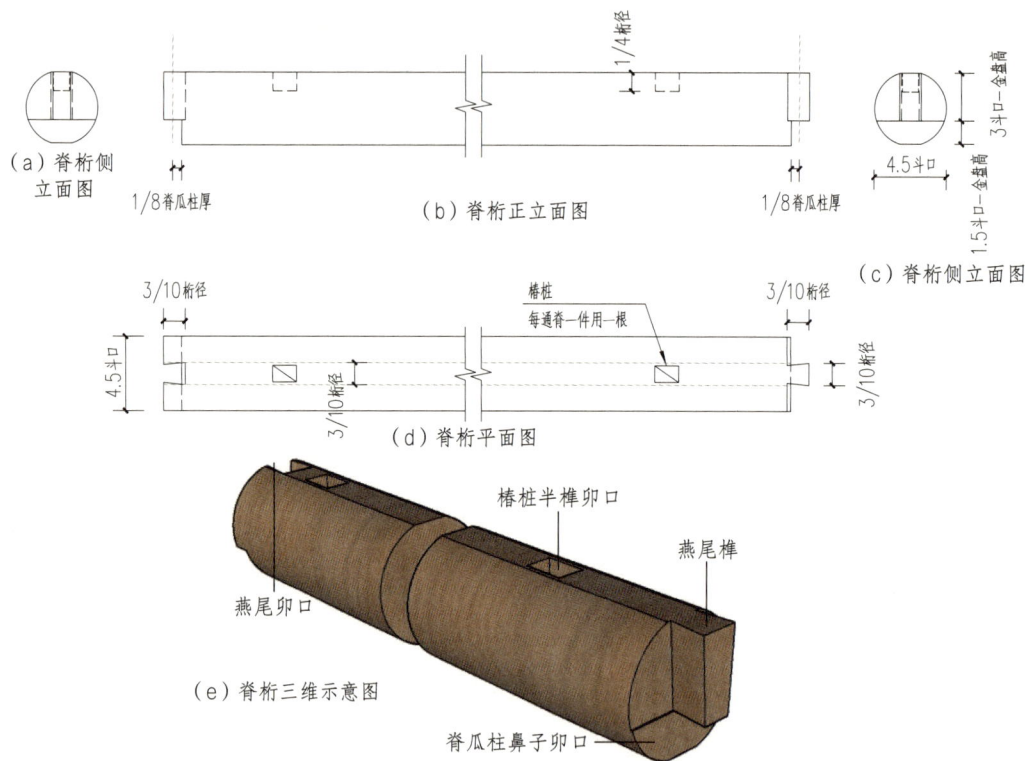

图5-10-10　I6脊桁

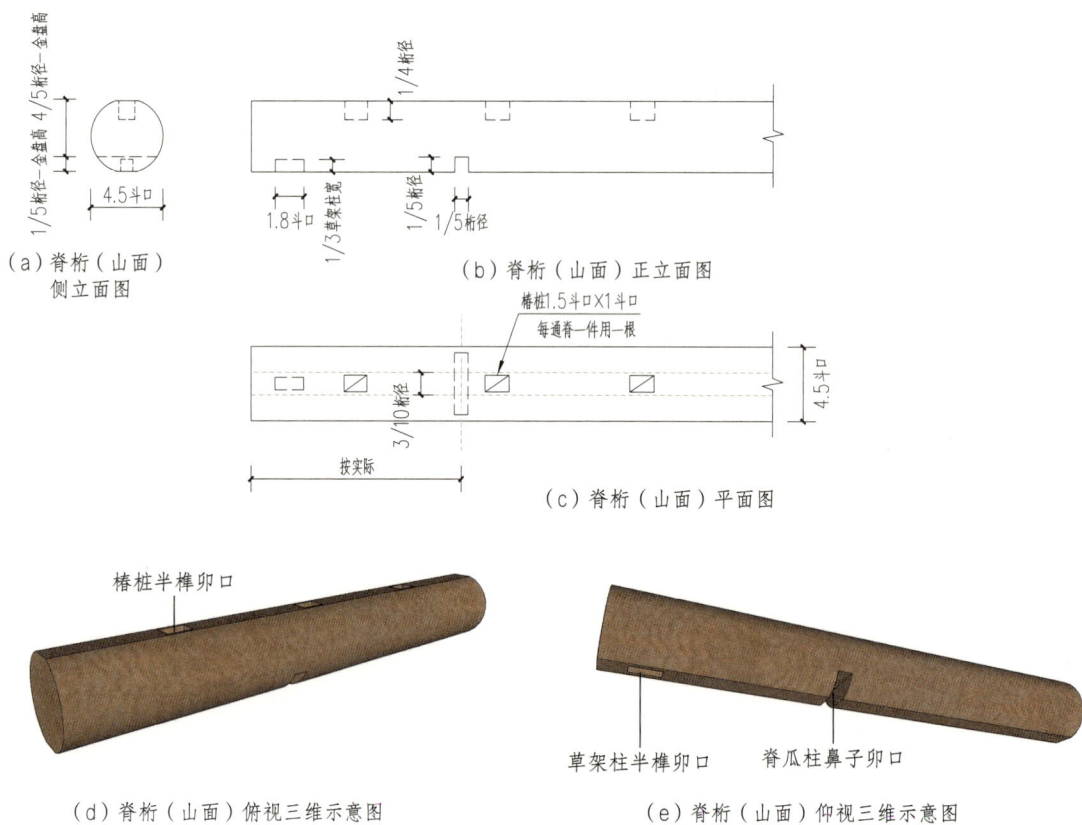

1/5桁径－全盘高　4/5桁径－全盘高

4.5斗口

（a）脊桁（山面）
侧立面图

1/4桁径

1.8斗口

1/3草架柱宽

1/5桁径

1/5桁径

（b）脊桁（山面）正立面图

椿桩1.5斗口×1斗口
每通脊一件用一根

3/10桁径

4.5斗口

按实际

（c）脊桁（山面）平面图

椿桩半榫卯口

（d）脊桁（山面）俯视三维示意图

草架柱半榫卯口

脊瓜柱鼻子卯口

（e）脊桁（山面）仰视三维示意图

图5-10-11　I6脊桁（山面）

说明：脊桁之间做燕尾榫；脊桁与草架柱之间做半榫；脊桁与脊瓜柱之间做脊瓜柱鼻子；脊桁与椿桩之间做半榫。

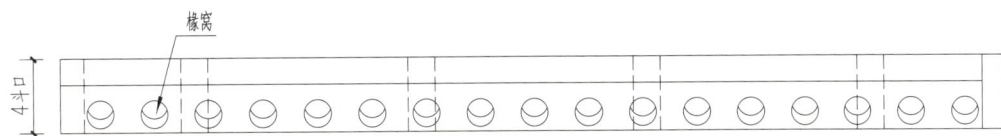

（a）扶脊木正立面图

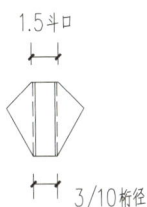

（b）扶脊木侧立面图1

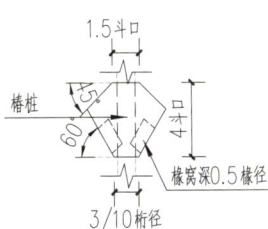

（c）椿桩、椽窝示意图

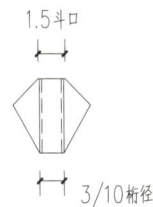

（d）扶脊木侧立面图2

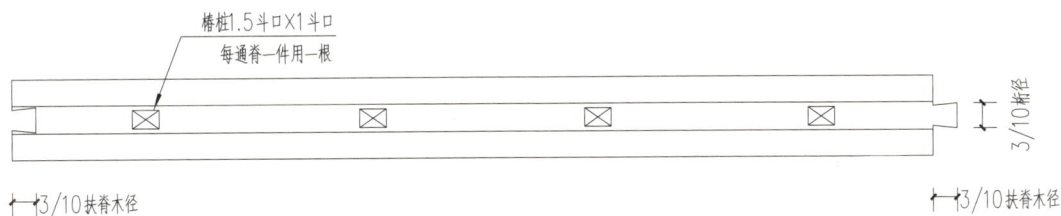

（e）扶脊木平面图

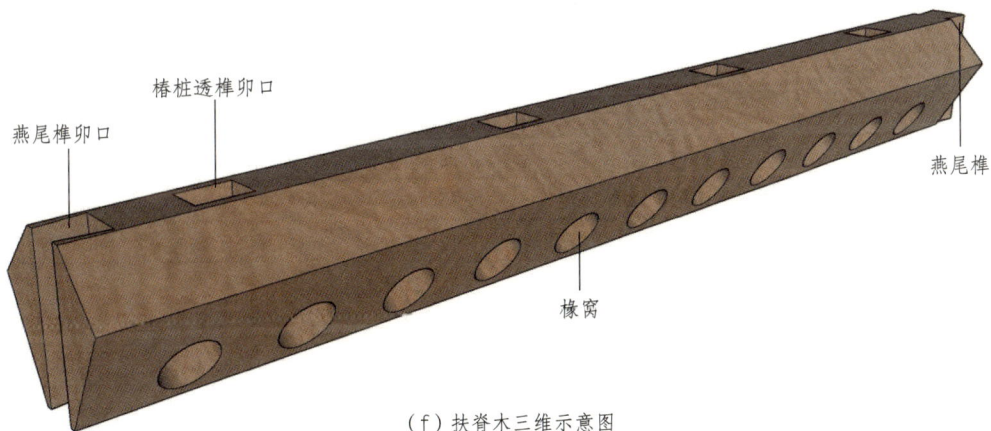

（f）扶脊木三维示意图

图5-10-12　I7扶脊木

说明：扶脊木之间做燕尾榫；扶脊木与脑椽之间做椽窝；扶脊木与椿桩之间做透榫。

5.11 横剖面

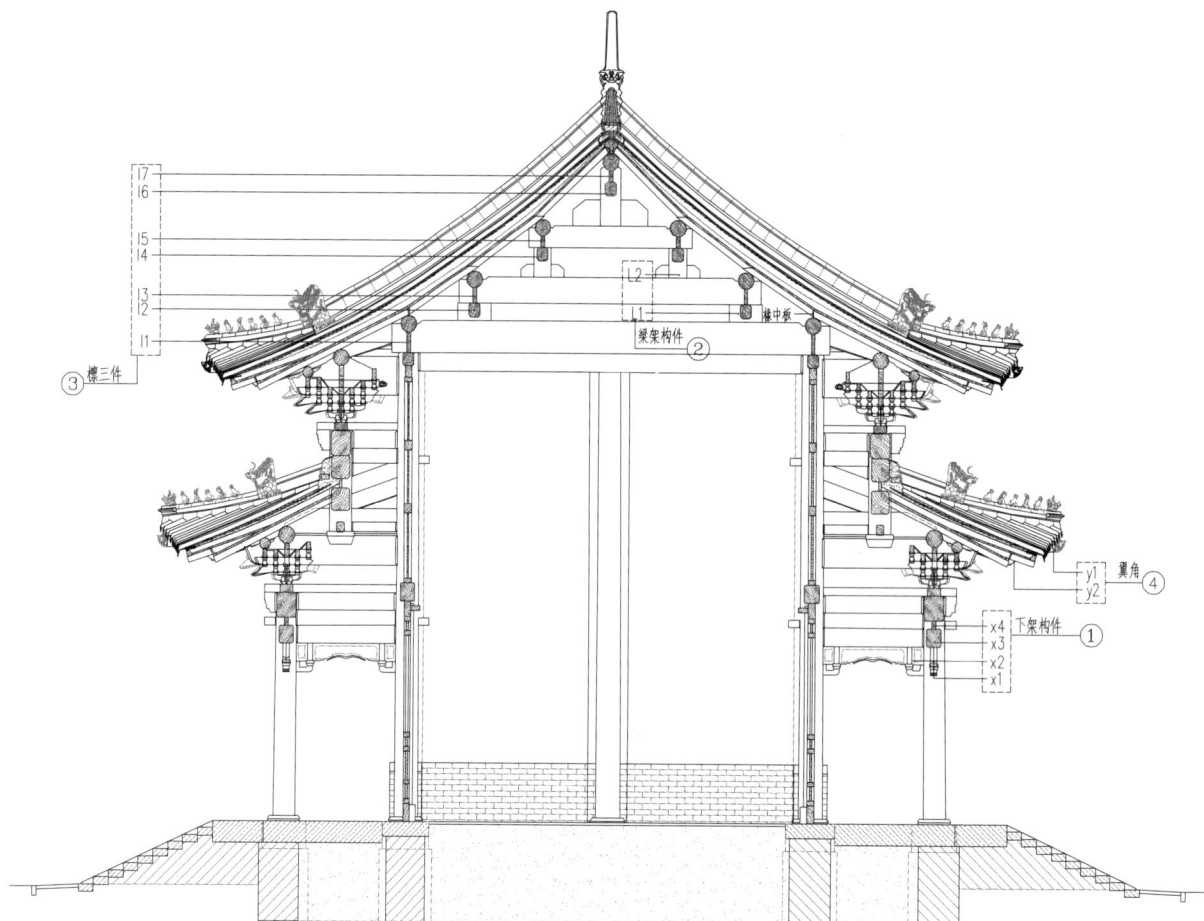

图5-11-1 九檩重檐歇山周围廊建筑横剖面图

表5-11-1

构件分类	图5-11-1中的序号	构件	长	宽（厚）	高	数量
① 下架构件	x1	雀替	1/4明间面阔	厚1.8斗口	7.5斗口	28
	x2	骑马雀替	廊步净宽	厚1.8斗口	7.5斗口	8
	x3	小额枋		4斗口	4.8斗口	22
	x4	由额垫板		厚1斗口	2斗口	22
② 梁架构件	L1	柁墩	厚5.6斗口-64mm	9斗口	按实际	8
	L2	金瓜柱	厚4.48斗口-64mm	4.48斗口-32mm	按实际	12
③檩三件	l1	老檐垫板		厚1斗口	按实际	10
	l2	下金枋		3斗口	3.6斗口	10
	l3	下金垫板		厚1斗口	按实际	10
	l4	上金枋		3斗口	3.6斗口	10
	l5	上金垫板		厚1斗口	按实际	10
	l6	脊枋		3斗口	3.6斗口	5
	l7	脊垫板		厚1斗口	4斗口	5
④翼角	y1	二层仔角梁		2.8斗口	4.2斗口	4
	y2	二层老角梁		2.8斗口	4.2斗口	4

（a）雀替立面图

（b）雀替平面图

（c）雀替三维示意图

双半榫

图5-11-2　×1雀替

说明：雀替与檐柱之间做双半榫。

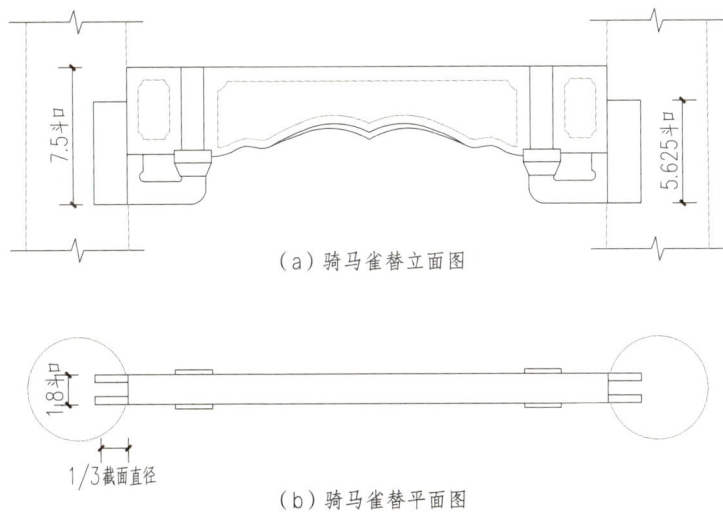

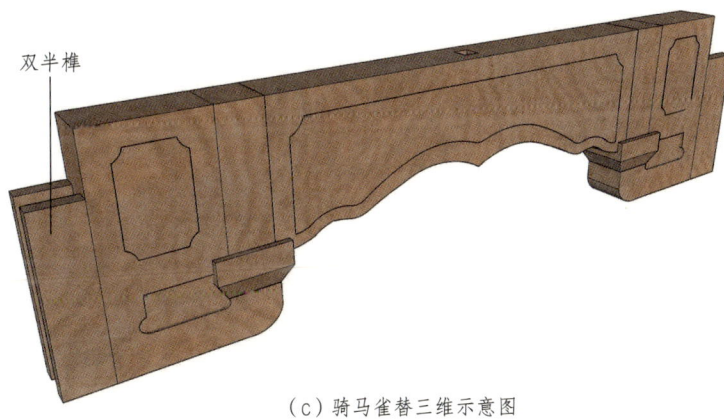

（a）骑马雀替立面图

（b）骑马雀替平面图

双半榫

（c）骑马雀替三维示意图

图5-11-3　×2骑马雀替

说明：骑马雀替与檐柱、檐角柱之间做双半榫。

（a）小额枋侧立面图

（b）小额枋正立面图

（c）小额枋平面图

（d）小额枋三维示意图

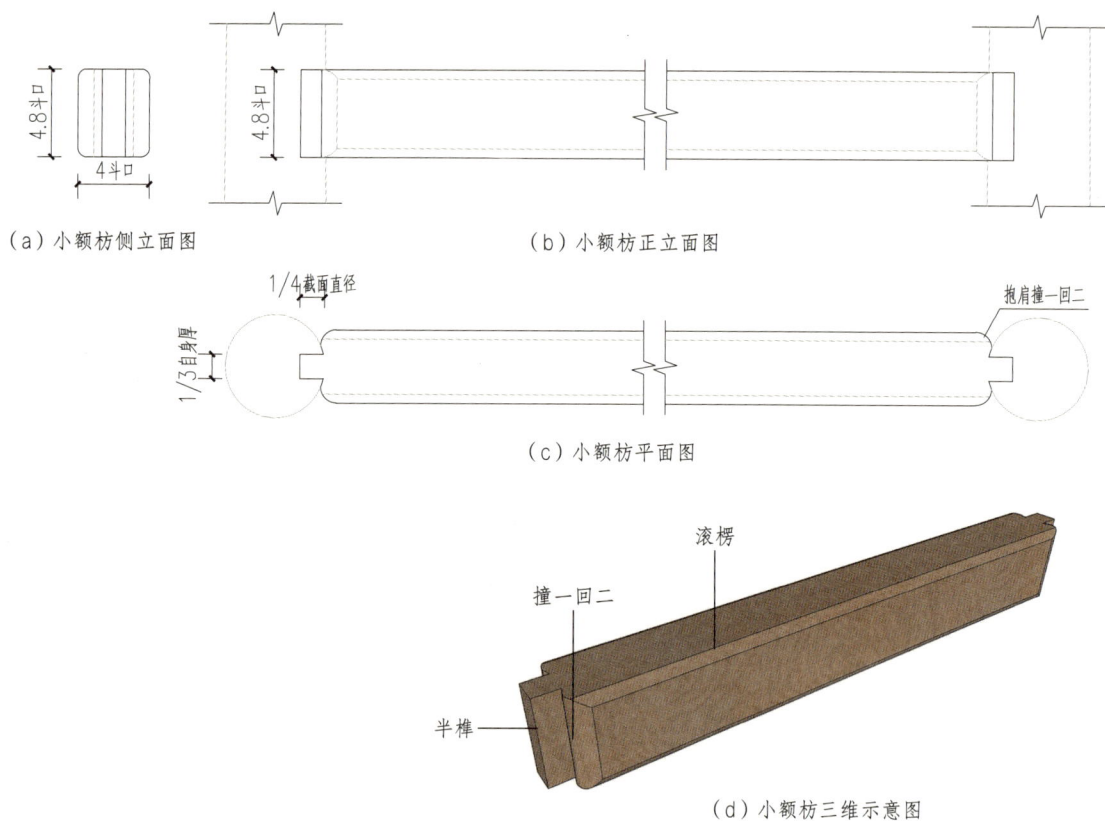

图5-11-4　x3小额枋

说明：小额枋与檐柱之间做半榫。

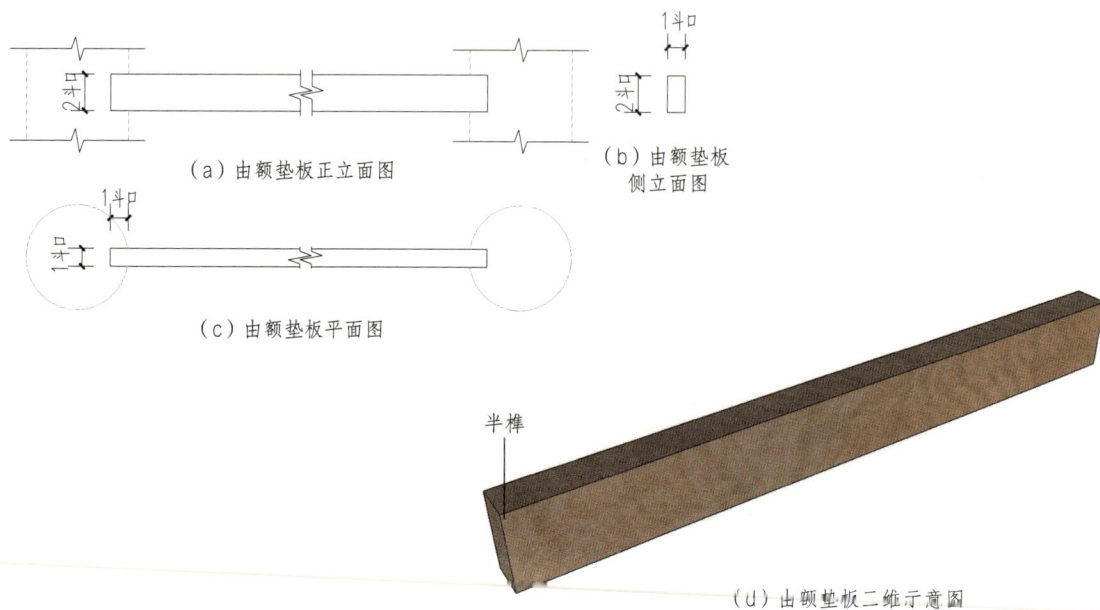

（a）由额垫板正立面图

（b）由额垫板侧立面图

（c）由额垫板平面图

（d）由额垫板二维示意图

图5-11-5　x4由额垫板

说明：由额垫板与檐柱之间做半榫。

（a）柁墩平面图

（b）柁墩正立面图

（c）柁墩侧立面图

（d）柁墩三维示意图

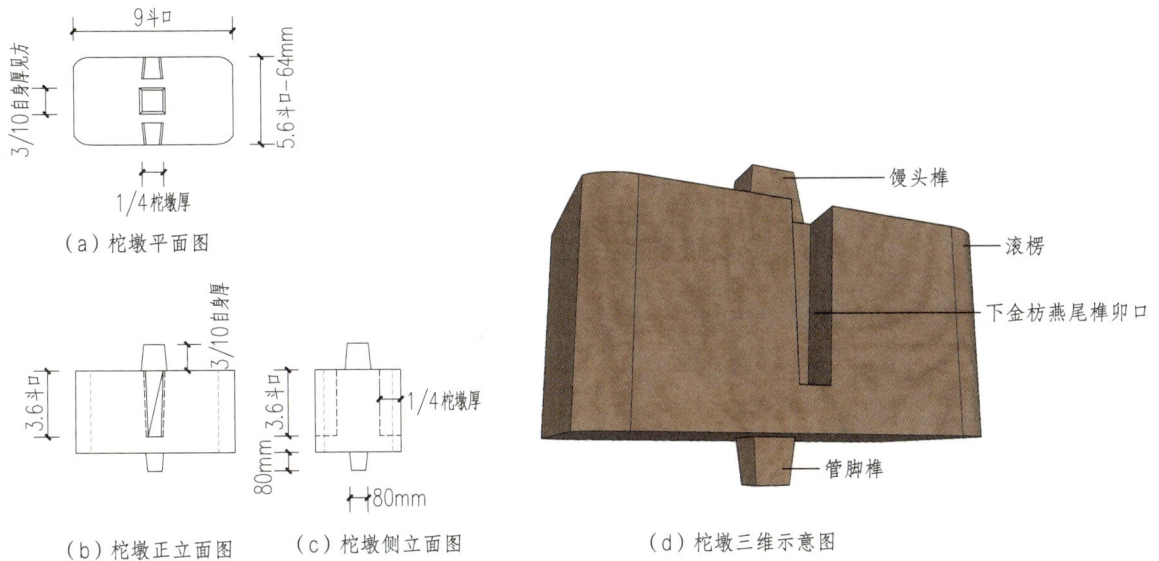

图5-11-6　L1柁墩

说明：柁墩与七架梁之间做管脚榫；柁墩与下金枋之间做燕尾榫；柁墩与五架梁之间做馒头榫。

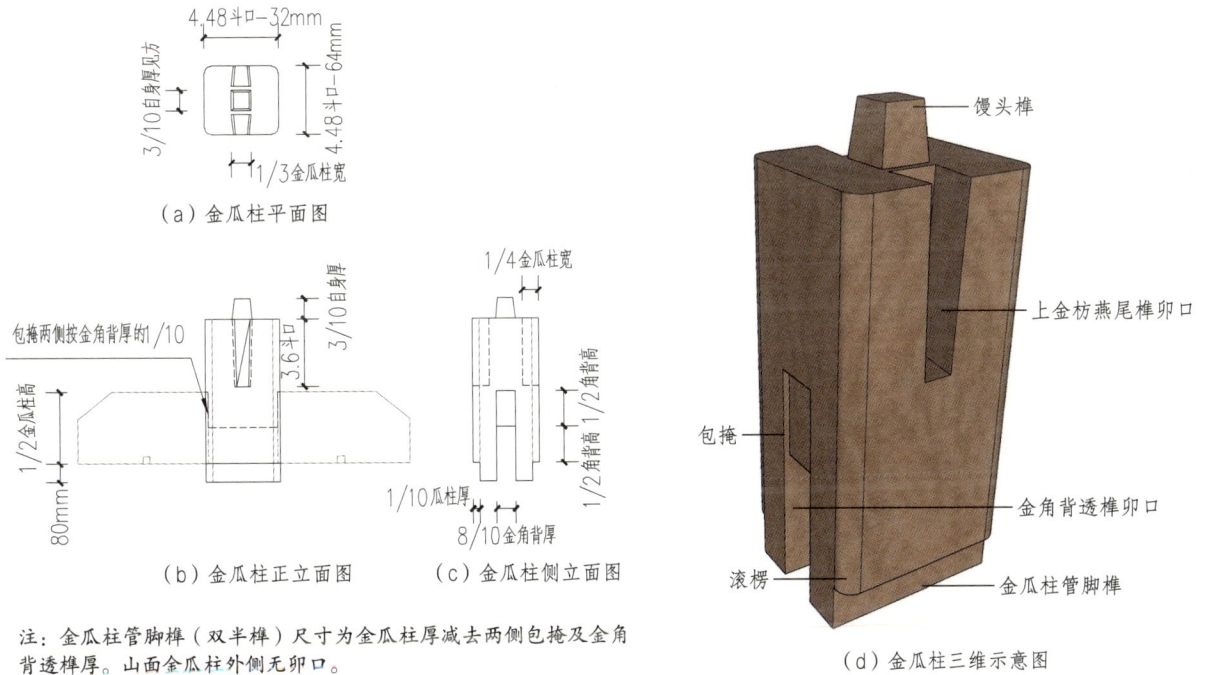

（a）金瓜柱平面图

（b）金瓜柱正立面图

（c）金瓜柱侧立面图

（d）金瓜柱三维示意图

注：金瓜柱管脚榫（双半榫）尺寸为金瓜柱厚减去两侧包掩及金角背透榫厚。山面金瓜柱外侧无卯口。

图5-11-7　L2金瓜柱

说明：金瓜柱与五架梁之间做金瓜柱管脚榫；金瓜柱与金角背上端做包掩，下端做透榫；金瓜柱与上金枋之间做燕尾榫；金瓜柱与三架梁之间做馒头榫。

（a）老檐垫板、下金垫板、上金垫板正立面图

（b）老檐垫板、下金垫板、上金垫板侧立面图

（c）老檐垫板、下金垫板、上金垫板平面图

（d）老檐垫板、下金垫板、上金垫板三维示意图

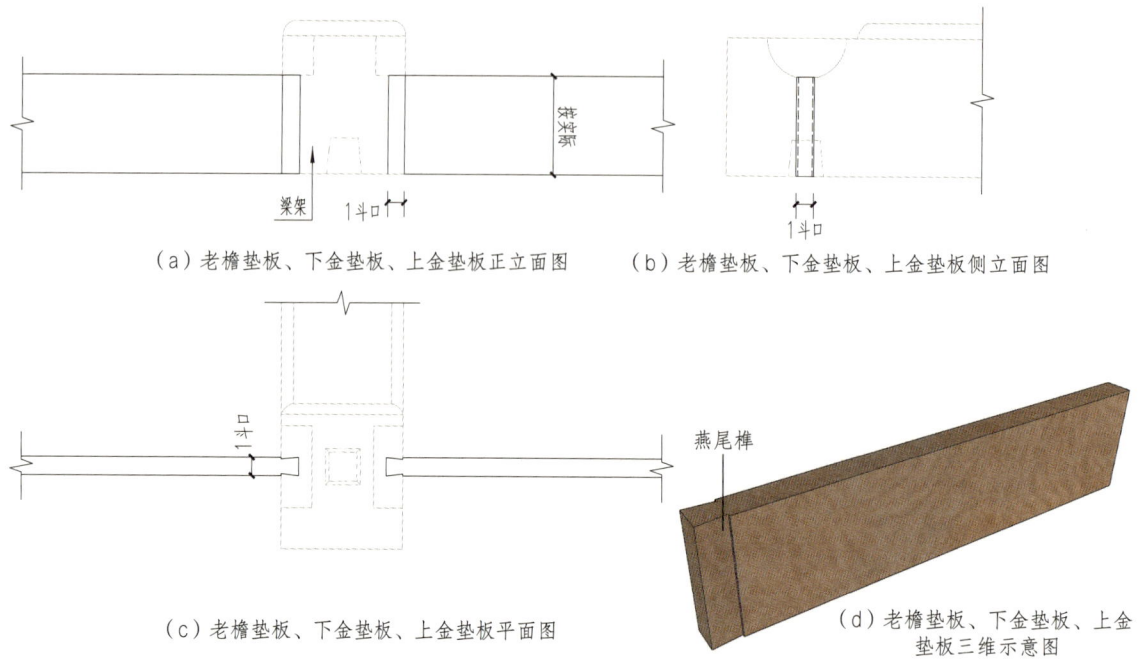

图5-11-8　l1老檐垫板、l3下金垫板、l5上金垫板

说明：老檐垫板与七架梁之间做燕尾榫；下金垫板与五架梁之间做燕尾榫；上金垫板与三架梁之间做燕尾榫。

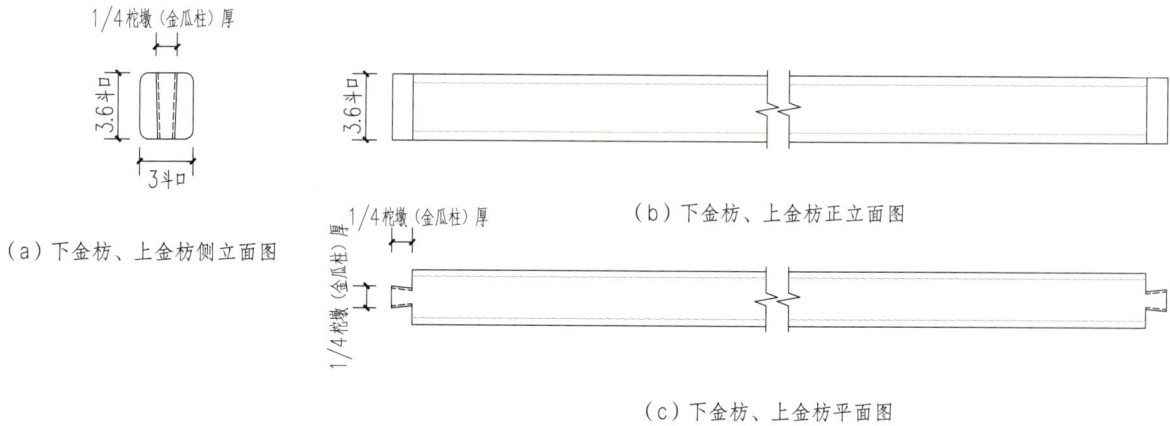

（a）下金枋、上金枋侧立面图

（b）下金枋、上金枋正立面图

（c）下金枋、上金枋平面图

（d）下金枋、上金枋三维示意图

说明：下金枋与柁墩之间做燕尾榫；上金枋与金瓜柱之间做燕尾榫。

图5-11-9　l2下金枋、l4上金枋

1/3自身厚

3.6斗口　3斗口

（a）脊枋侧立面图

3.6斗口

（b）脊枋正立面图

1/4脊瓜柱宽

1/3自身厚

（c）脊枋平面图

滚楞

半榫

（d）脊枋三维示意图

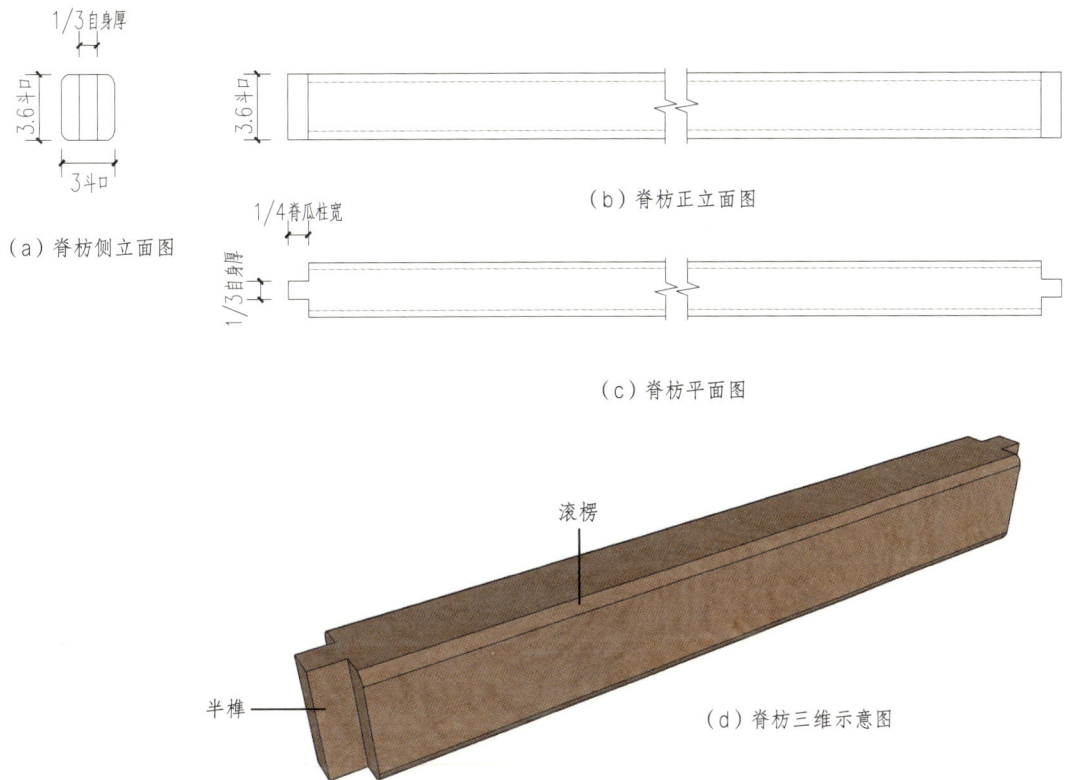

图5-11-10　l6脊枋

说明：脊枋与脊瓜柱之间做半榫。

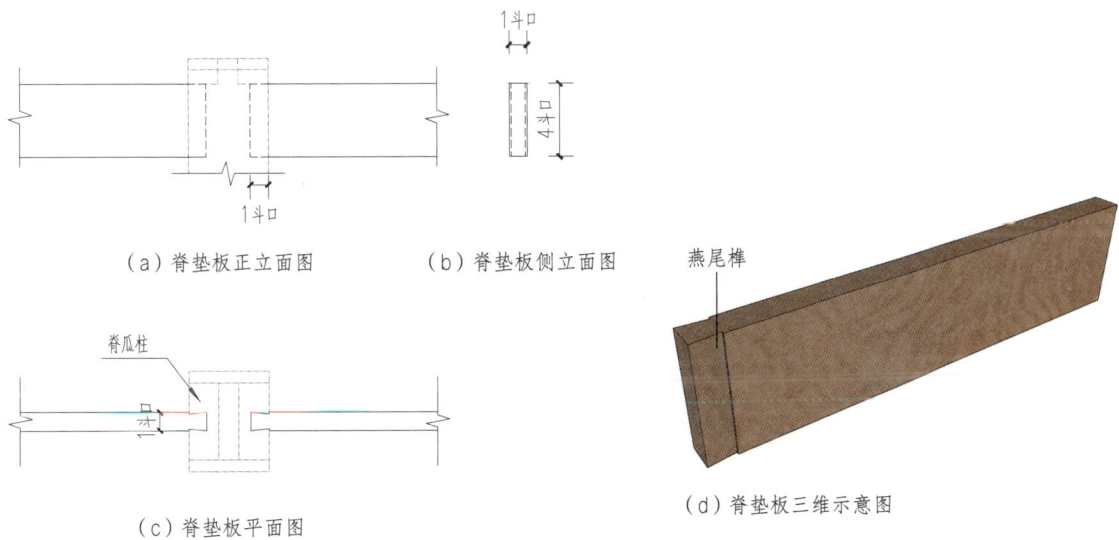

1斗口

4斗口

1斗口

（a）脊垫板正立面图　　（b）脊垫板侧立面图

脊瓜柱

燕尾榫

（c）脊垫板平面图

（d）脊垫板三维示意图

图5-11-11　l7脊垫板

说明：脊垫板与脊瓜柱之间做燕尾榫。

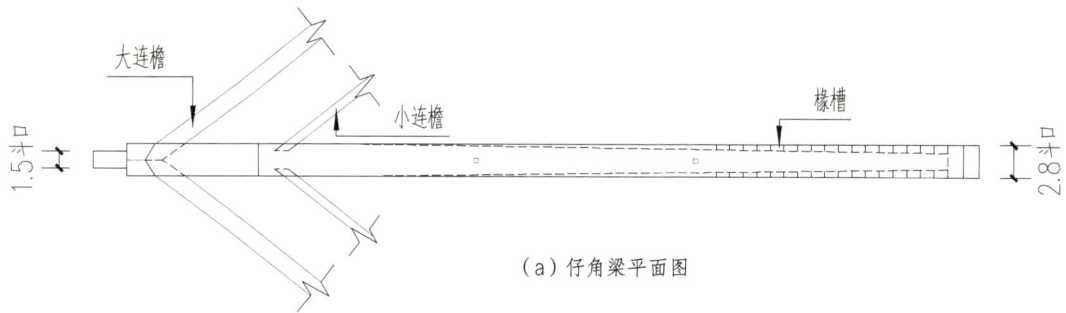

（a）仔角梁平面图

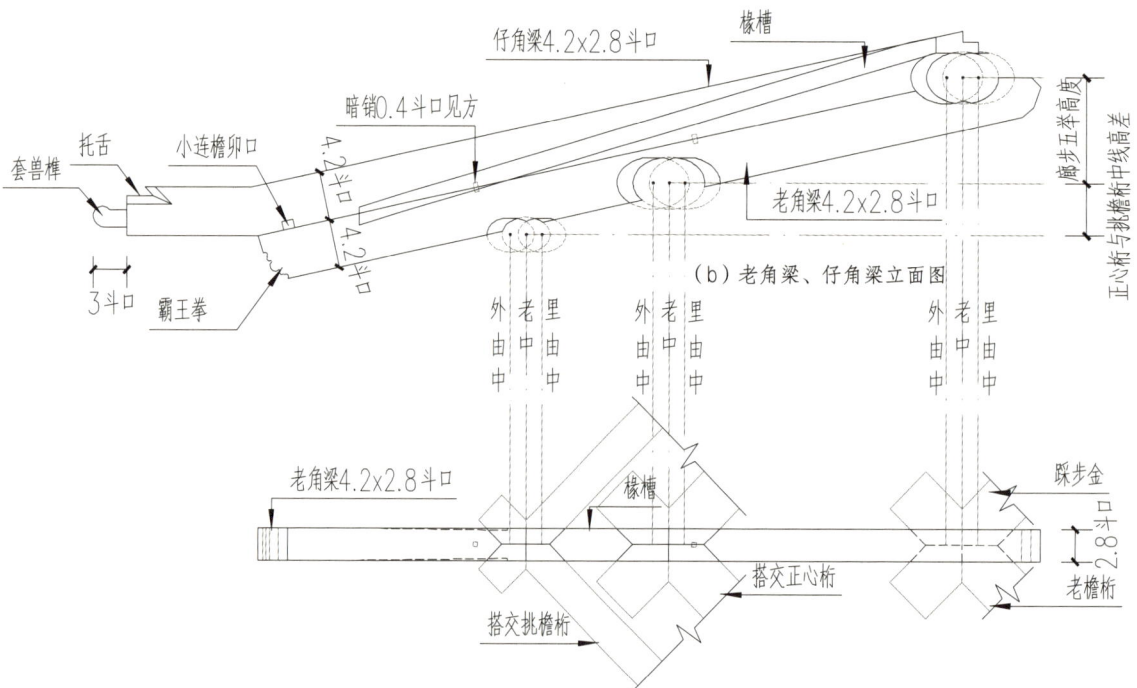

1.5斗口

大连檐

小连檐

椽槽

2.8斗口

仔角梁4.2x2.8斗口

椽槽

暗销0.4斗口见方

套兽榫

托舌

小连檐卯口

4.2斗口

4.2斗口

老角梁4.2x2.8斗口

廊步五举高度

正心桁与挑檐桁中线高差

3斗口

霸王拳

（b）老角梁、仔角梁立面图

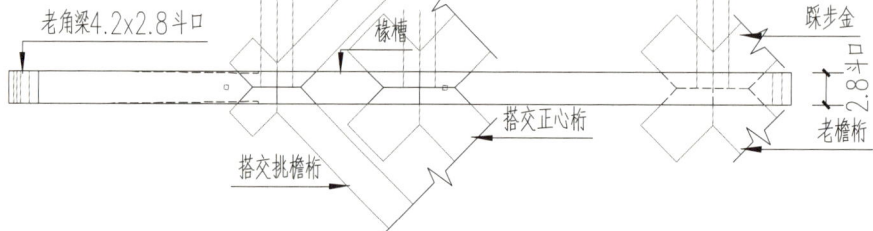

外 老 里
由 中 由
中   中

外 老 里
由 中 由
中   中

外 老 里
由 中 由
中   中

老角梁4.2x2.8斗口

椽槽

踩步金

2.8斗口

搭交正心桁

老檐桁

搭交挑檐桁

（c）老角梁仰视平面图

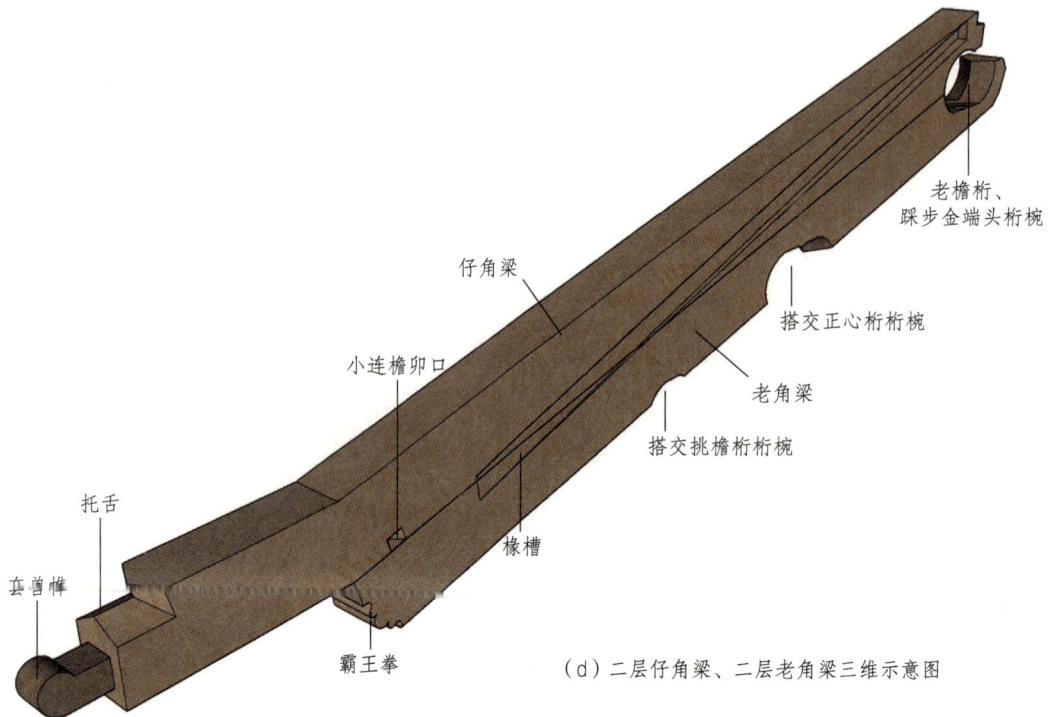

老檐桁、
踩步金端头桁椀

仔角梁

搭交正心桁桁椀

小连檐卯口

老角梁

搭交挑檐桁桁椀

托舌

椽槽

套兽榫

霸王拳

（d）二层仔角梁、二层老角梁三维示意图

图5-11-12　y1二层仔角梁、y2二层老角梁

5.12 纵剖面

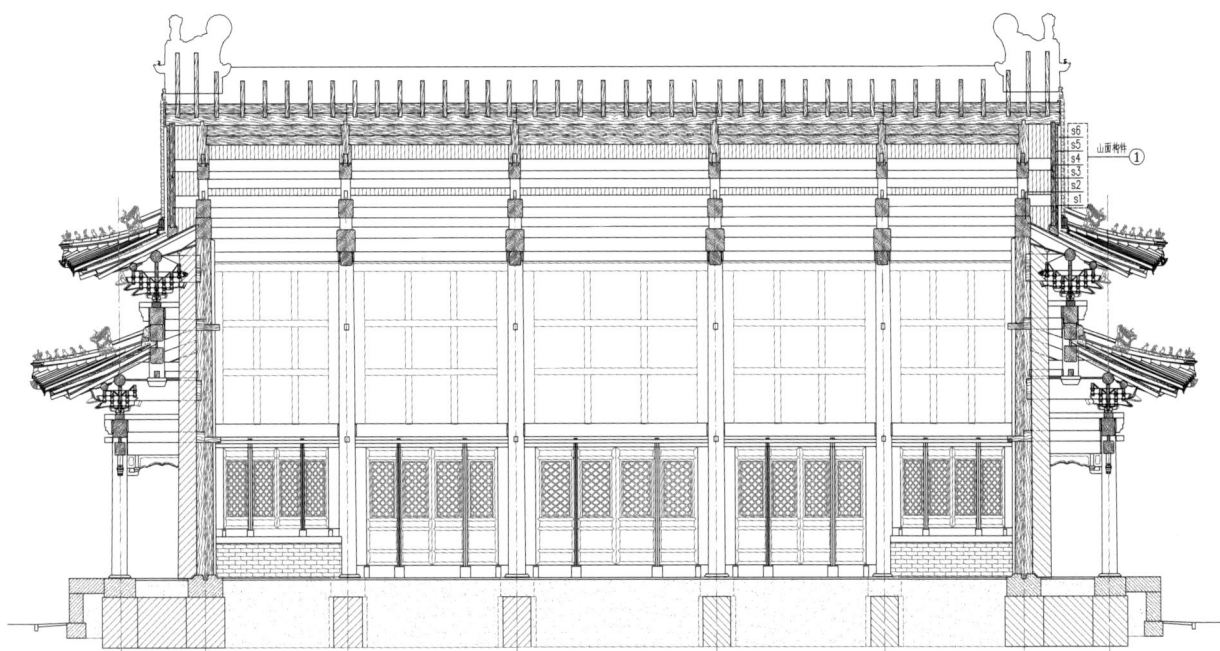

图5-12-1 九檩重檐歇山周围廊建筑纵剖面图

表5-12-1

构件分类	图5-12-1中的序号	构件	长	宽（厚）	高	数量
① 山面构件	s1	踏脚木		3.6斗口	4.5斗口	2
	s2	踩步金		6斗口	7斗口+1%长	2
	s3	草架柱	厚1.8斗口	2.3斗口	按实际	10
	s4	穿		1.8斗口	2.3斗口	4
	s5	山花板		厚1斗口		2
	s6	博缝板		厚1.2斗口	8斗口	2

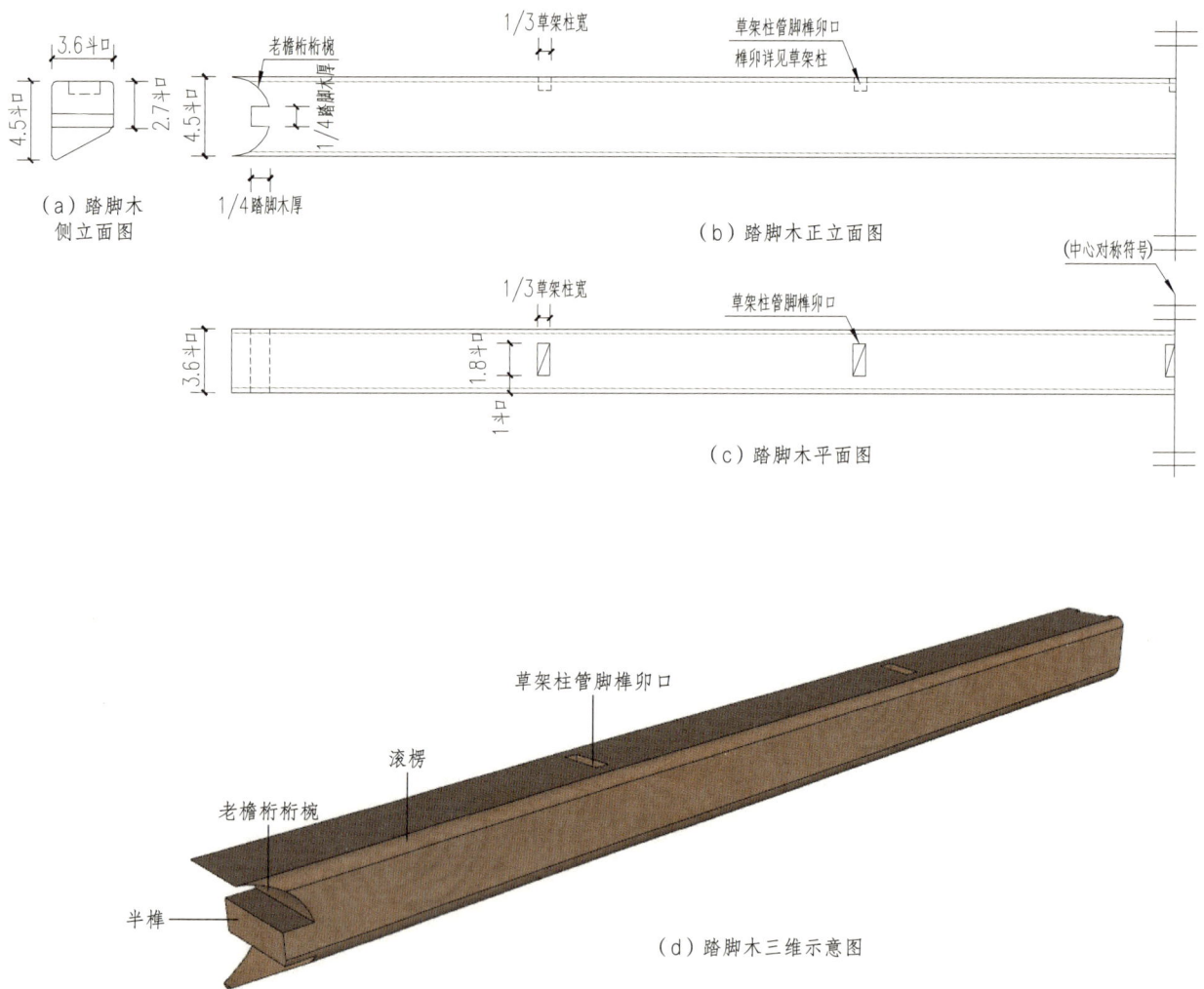

（a）踏脚木
侧立面图

（b）踏脚木正立面图

（c）踏脚木平面图

（d）踏脚木三维示意图

图5-12-2　s1踏脚木

说明：踏脚木与老檐桁之间做半榫、桁椀；踏脚木与草架柱之间做管脚榫。

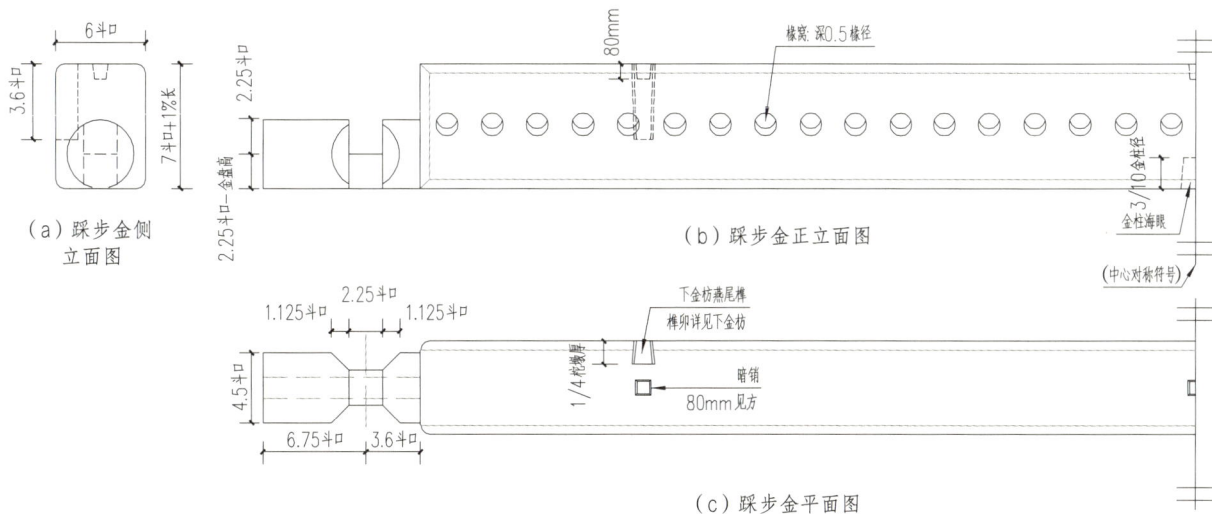

（a）踩步金侧
立面图

（b）踩步金正立面图

（c）踩步金平面图

（d）踩步金三维示意图

图5-12-3　s2踩步金

说明：踩步金与老檐桁之间做十字卡腰榫；踩步金与山面椽之间做椽窝；踩步金与下金枋之间做燕尾榫；踩步金与五架梁之间做暗销。

（a）草架柱平面图

（b）草架柱正立面图　（c）草架柱侧立面图

草架柱仰视平面图

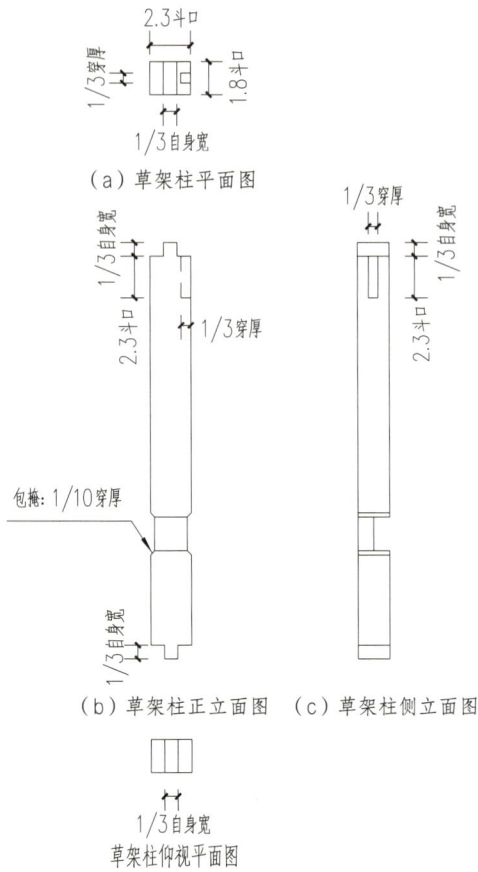

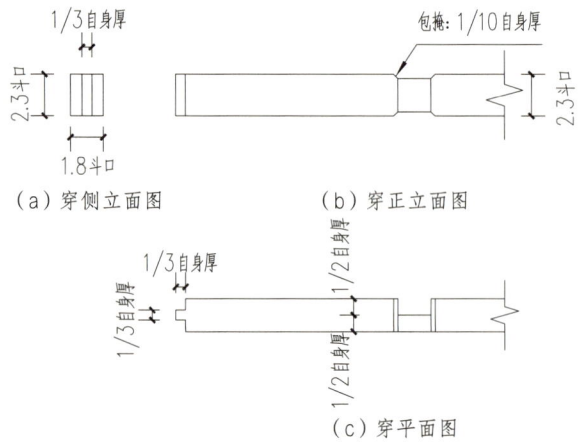

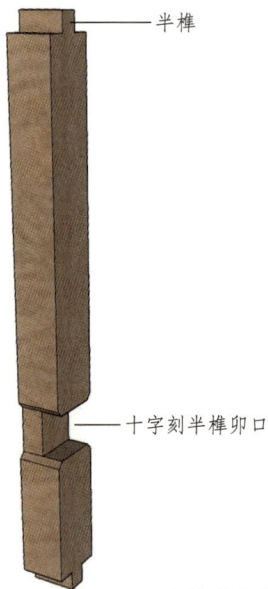

（d）草架柱三维示意图

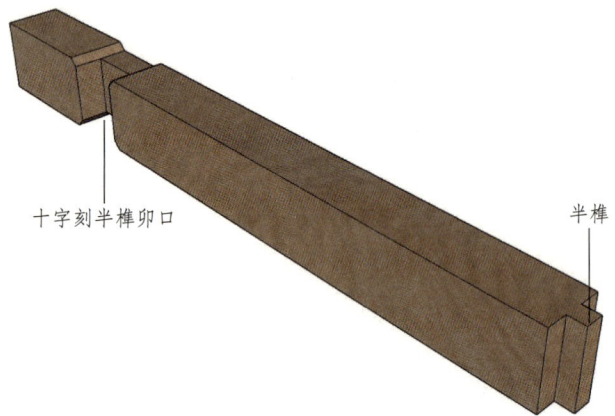

注：以构件上金桁之下的草架柱为例。

图5-12-4　s3草架柱

（a）穿侧立面图　　　　（b）穿正立面图

（c）穿平面图

（d）穿三维示意图

图5-12-5　s4穿

说明：草架柱柱脚与踏脚木之间做管脚榫；草架柱与穿在中间相交处做十字刻半榫；草架柱与穿端头相交时做半榫。穿在中间相交处与草架柱之间做十字刻半榫；穿端头与草架柱之间做半榫。

扶脊木槽

脊桁桁椀

上金桁桁椀

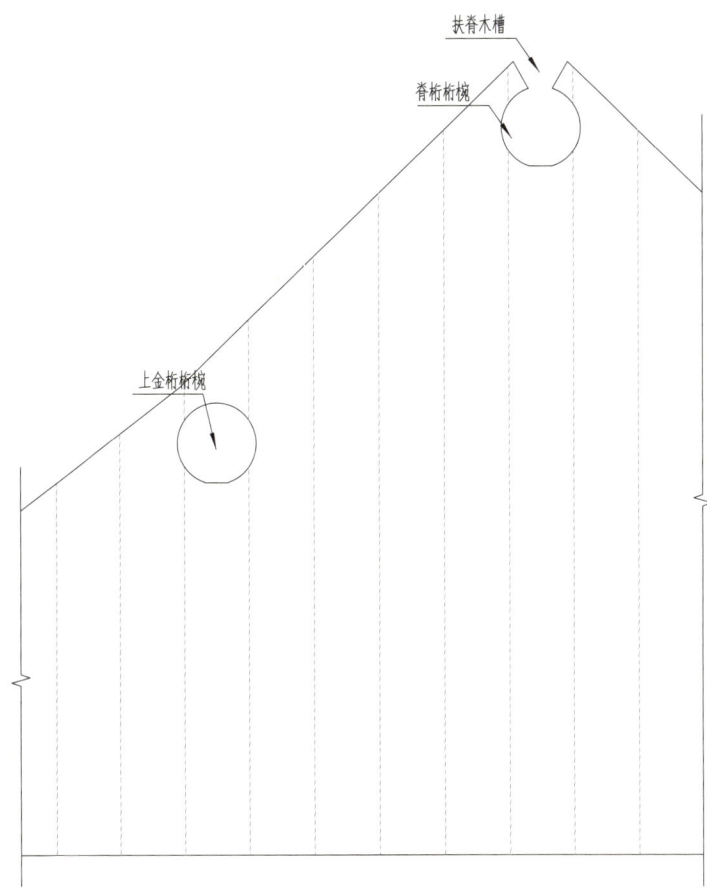

（a）山花板正立面图

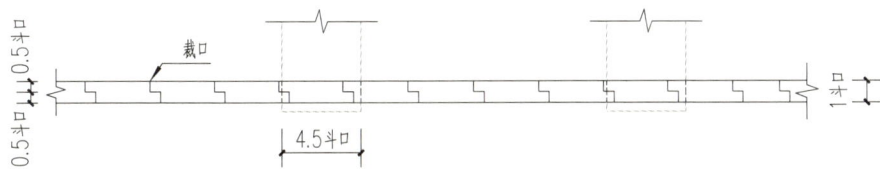

裁口

0.5斗口 0.5斗口

4.5斗口

1斗口

（b）山花板平面图

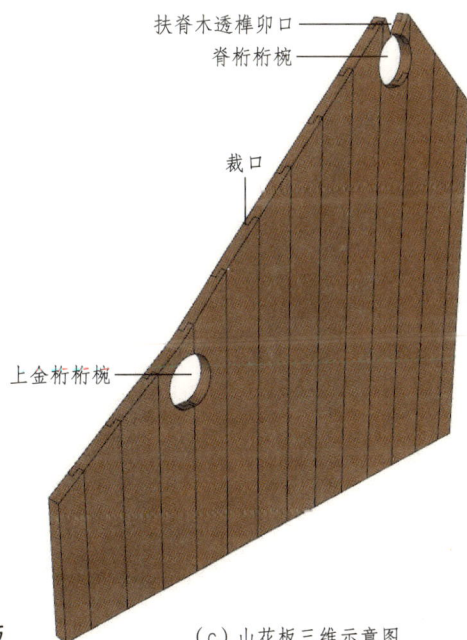

扶脊木透榫卯口

脊桁桁椀

裁口

上金桁桁椀

（c）山花板三维示意图

说明：山花板与卜金桁、上金桁、脊桁之间做桁椀；山金板与扶脊木之间做透榫；山花板对接处用裁口。

图5-12-6 s5山花板

1.2斗口

8斗口   0.5斗口

（b）1-1剖面图

1

扶脊木槽

脊桁桁窝

钉花

上金桁桁窝

（a）博缝板正立面图

1

1/3自身厚   1/3自身厚
1/3自身厚

龙凤榫

1.2斗口

（c）博缝板平面图

扶脊木槽

脊桁桁窝

龙凤榫

上金桁桁窝

（d）博缝板端头

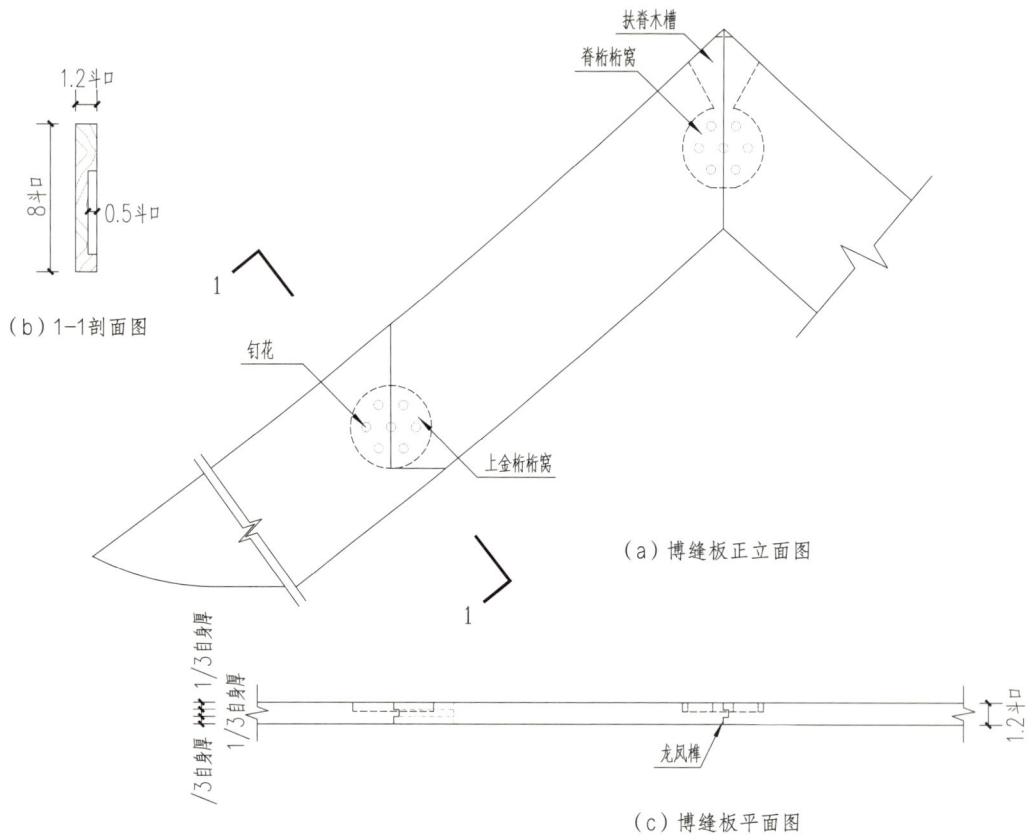

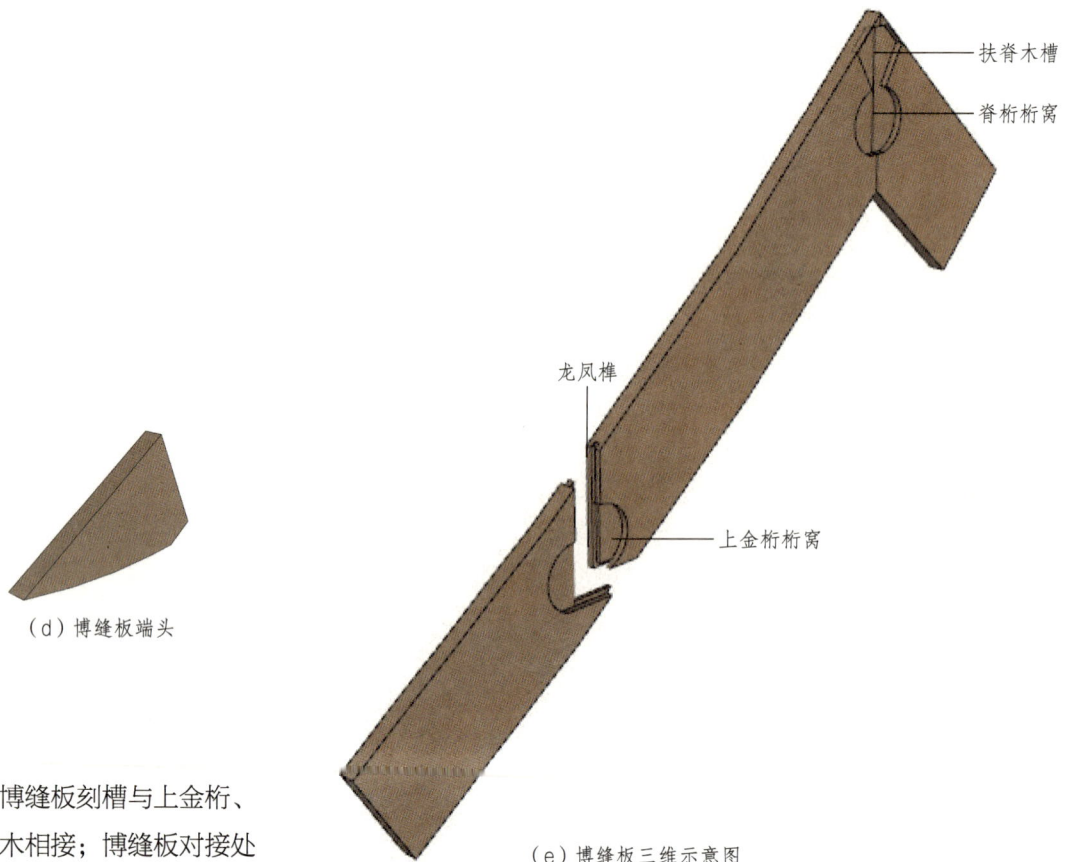

说明：博缝板刻槽与上金桁、
脊桁、扶脊木相接；博缝板对接处
用龙凤榫。

（e）博缝板三维示意图

图5-12-7　s6博缝板

九檩庑殿周围廊建筑榫卯图纸及模型示例 6

九檩庑殿周围廊建筑榫卯图纸及模型示例分为7小节，从台基平面、柱头平面、平板枋平面、斗栱仰视平面、步架平面、横剖面、纵剖面，分别介绍各平面、剖面涵盖构件的位置、尺寸和构件列表。在此基础上，以三视图和模型两种方式，对各构件的榫卯尺寸、形状及位置进行详细展示。

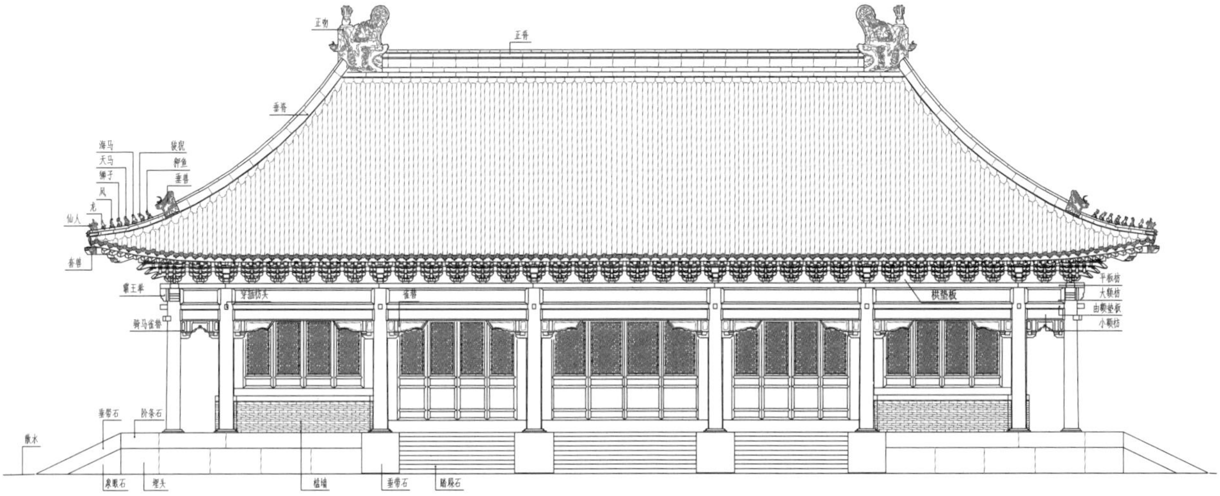

图6-0-1　九檩庑殿周围廊建筑立面示意图

6.1 台基平面

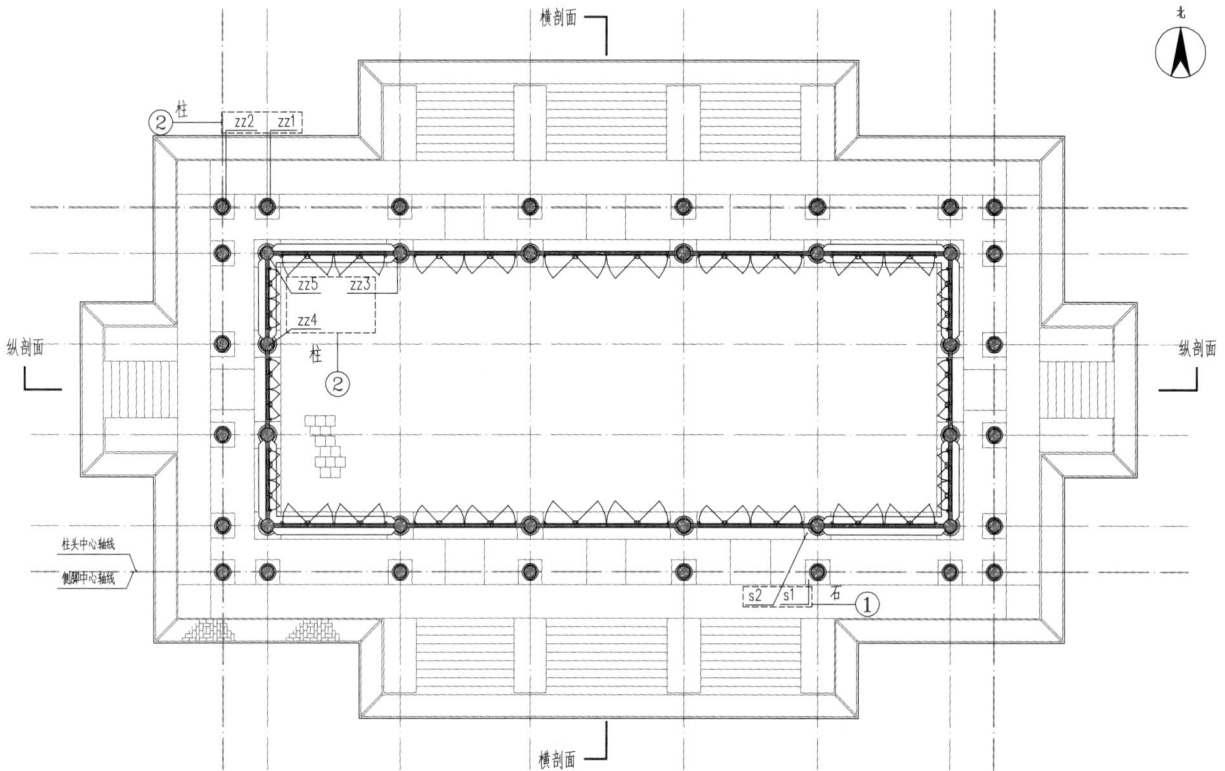

图6-1-1 九檩庑殿周围廊建筑台基平面图

表6-1-1

构件分类	图6-1-1中的序号	构件	长	宽	高	径	数量
①石	s1	檐柱顶石	12斗口	12斗口	7.2斗口		24
	s2	金柱顶石	13.2斗口	13.2斗口	7.2斗口		16
②柱	zz1	檐柱				6斗口	20
	zz2	檐角柱				6斗口	4
	zz3	金柱（檐面）				6.6斗口	8
	zz4	金柱（山面）				6.6斗口	4
	zz5	金角柱				6.6斗口	4

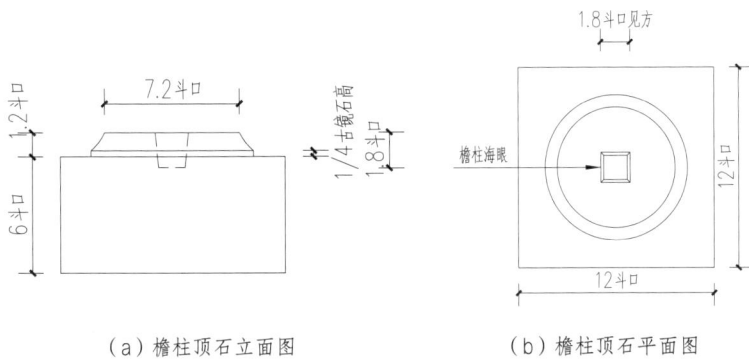

（a）檐柱顶石立面图

（b）檐柱顶石平面图

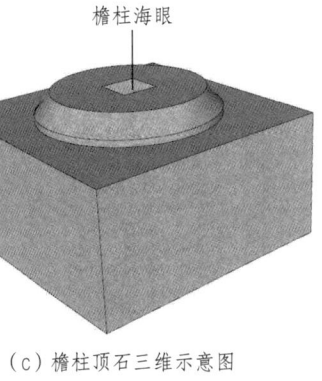

（c）檐柱顶石三维示意图

图6-1-2　s1檐柱顶石

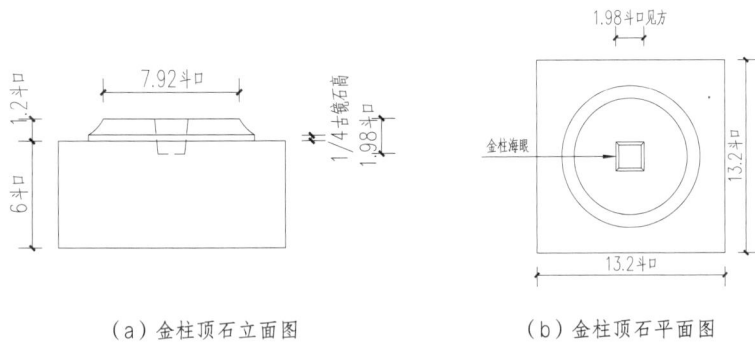

（a）金柱顶石立面图

（b）金柱顶石平面图

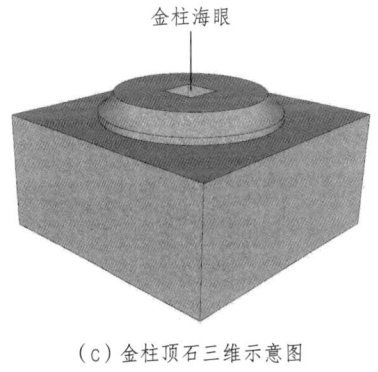

（c）金柱顶石三维示意图

图6-1-3　s2金柱顶石

说明：檐柱顶石上做檐柱海眼。金柱顶石上做金柱海眼。

図6-1-4中的标注：

1/4柱头直径
1/4大直径
①大额枋
②穿插枋
榫卯详见穿插枋
③由额垫板
④小额枋
⑤雀替

（c）①大额枋卯口平面

1/2截面直径
1/4截面直径
1斗口
1斗口

（d）②穿插枋、③由额垫板卯口截面

1/4截面直径
1/3小额枋厚

（e）④小额枋卯口截面

1/3截面直径
1/4雀替厚
1.8斗口

（f）⑤雀替卯口截面

1.8斗口
1.8斗头直径
6斗口

（g）⑥管脚榫仰视平面

①大额枋
6.6斗口
②穿插枋
2斗口
③由额垫板
④小额枋
4.8斗口
⑤雀替
3/4雀替高

2斗口2斗口

⑥管脚榫

1.8斗口

（a）面阔方向

（b）进深方向

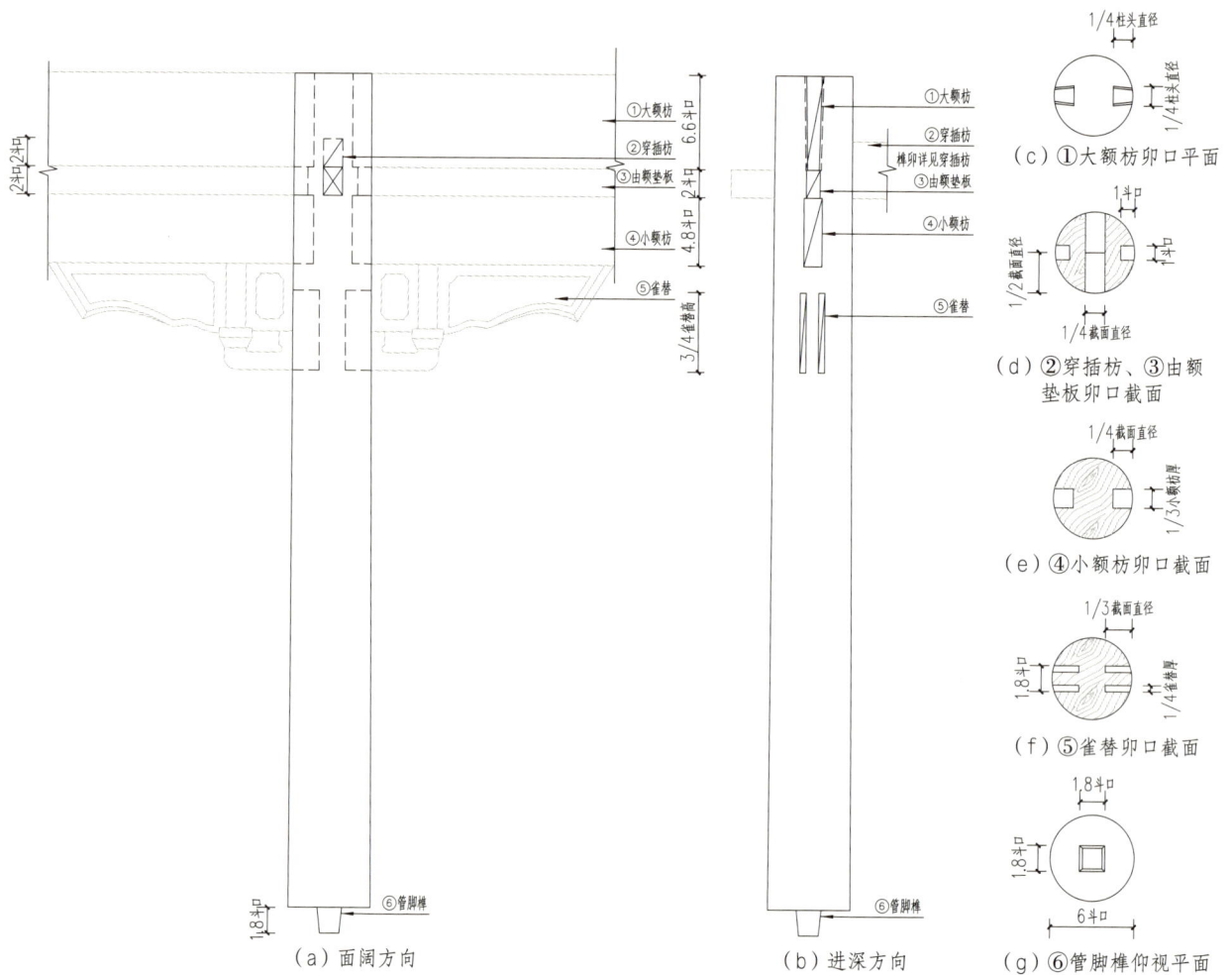

图6-1-4 檐柱三视图

大额枋
由额垫板
小额枋
雀替
穿插枋

图6-1-5 檐柱相交构件示意图

　　说明：檐柱自下向上与柱顶石、雀替、小额枋、穿插枋、由额垫板、大额枋相交。檐柱柱底做管脚榫置于柱顶石之上；檐柱与雀替之间做双半榫；檐柱与小额枋之间做半榫；檐柱与穿插枋之间做透榫（大进小出榫）；檐柱与由额垫板之间做半榫；檐柱与大额枋之间做燕尾榫。

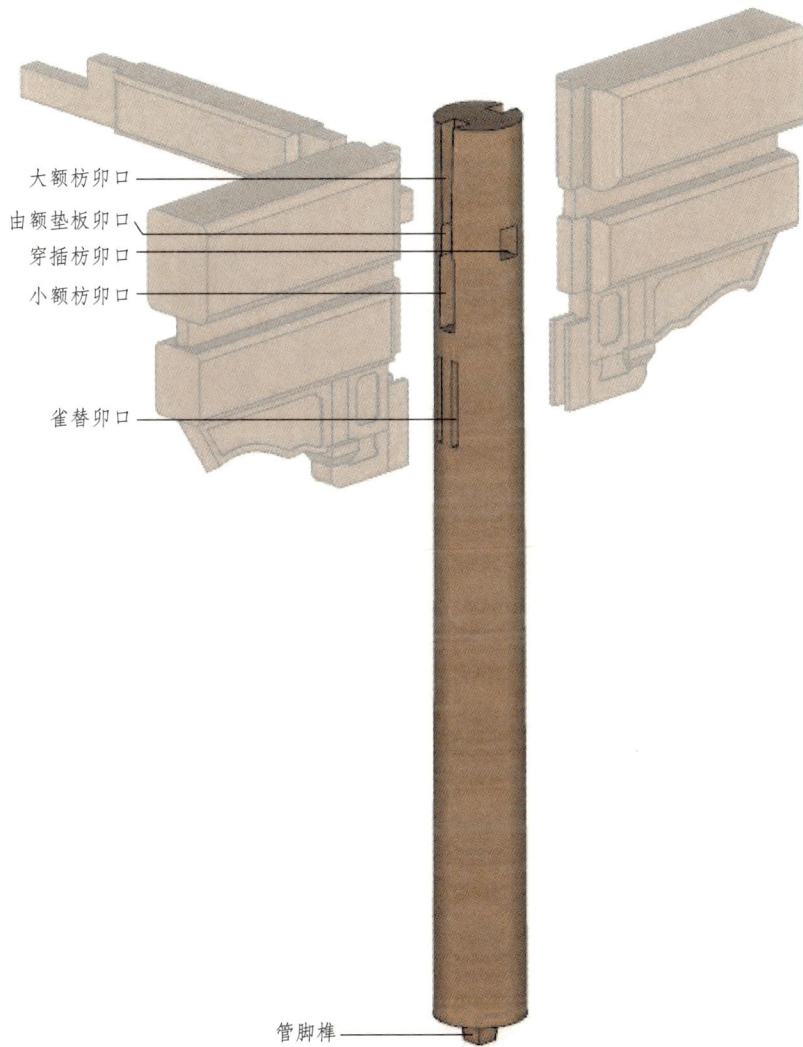

大额枋卯口

由额垫板卯口

穿插枋卯口

小额枋卯口

雀替卯口

管脚榫

图6-1-6　zz1檐柱

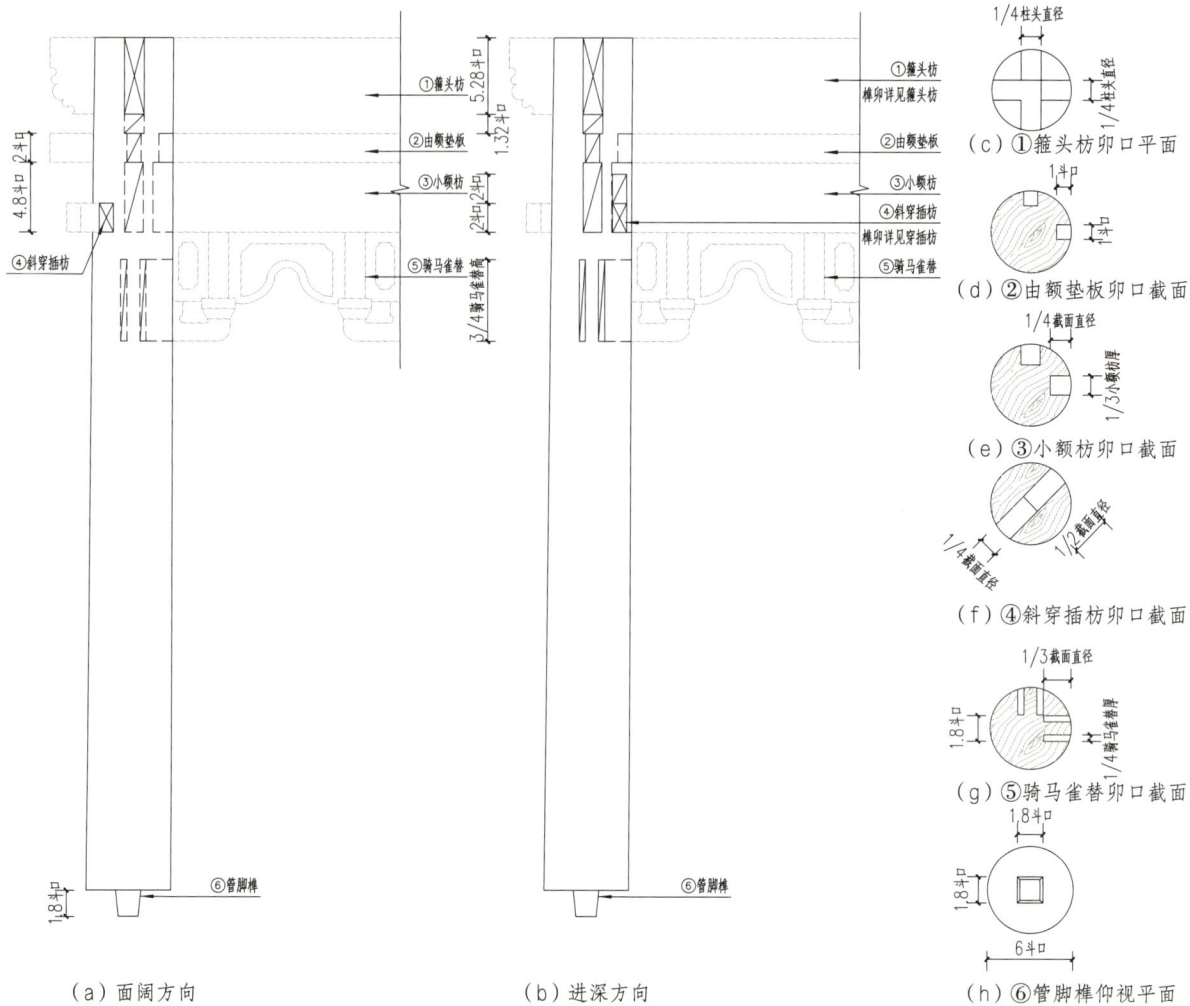

① 箍头枋
榫卯详见箍头枋

② 由额垫板
③ 小额枋
④ 斜穿插枋
榫卯详见斜穿插枋
⑤ 骑马雀替

⑥ 管脚榫

（a）面阔方向

（b）进深方向

1/4柱头直径

（c）① 箍头枋卯口平面

（d）② 由额垫板卯口截面

（e）③ 小额枋卯口截面

（f）④ 斜穿插枋卯口截面

（g）⑤ 骑马雀替卯口截面

（h）⑥ 管脚榫仰视平面

图6-1-7　檐角柱三视图

图6-1-8　檐角柱相交构件示意图

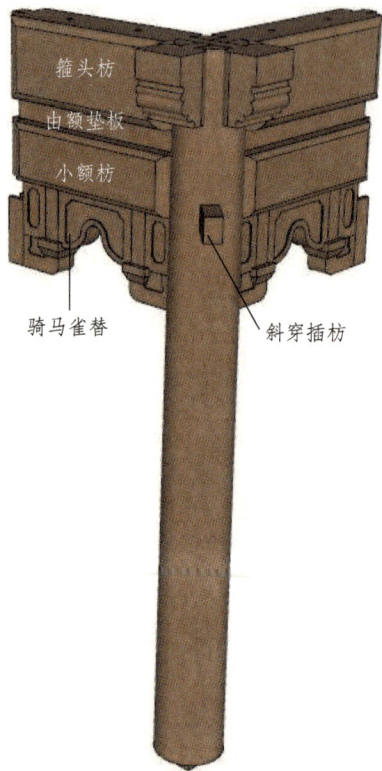

箍头枋
由额垫板
小额枋

骑马雀替　　斜穿插枋

说明：檐角柱自下向上与柱顶石、骑马雀替、斜穿插枋、小额枋、由额垫板、箍头枋相交。檐角柱柱底做管脚榫置于柱顶石之上；檐角柱与骑马雀替之间做双半榫；檐角柱与斜穿插枋之间做透榫（大进小出榫）；檐角柱与小额枋之间做半榫；檐角柱与由额垫板之间做半榫；檐角柱与箍头枋之间做箍头榫。

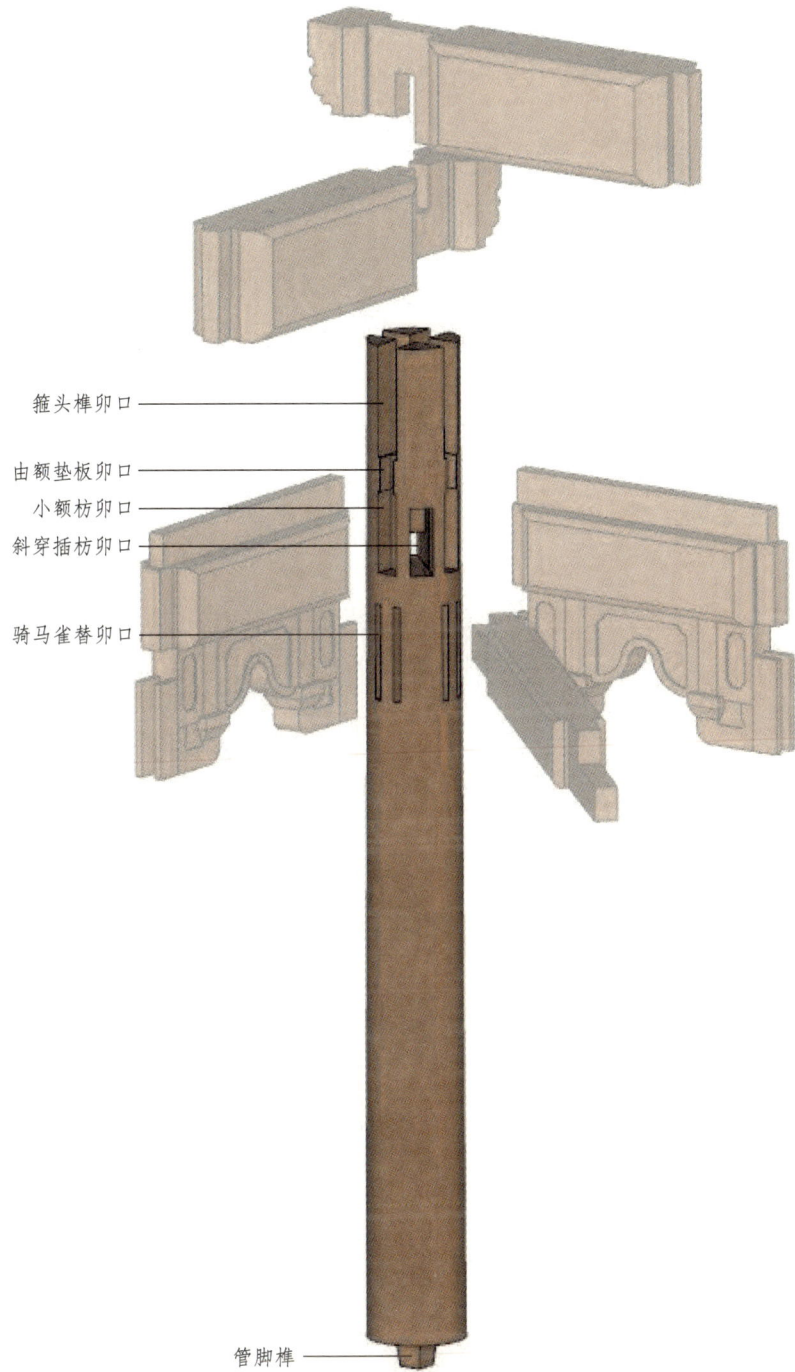

箍头榫卯口——

由额垫板卯口——

小额枋卯口——

斜穿插枋卯口——

骑马雀替卯口——

管脚榫——

图6-1-9　zz2檐角柱

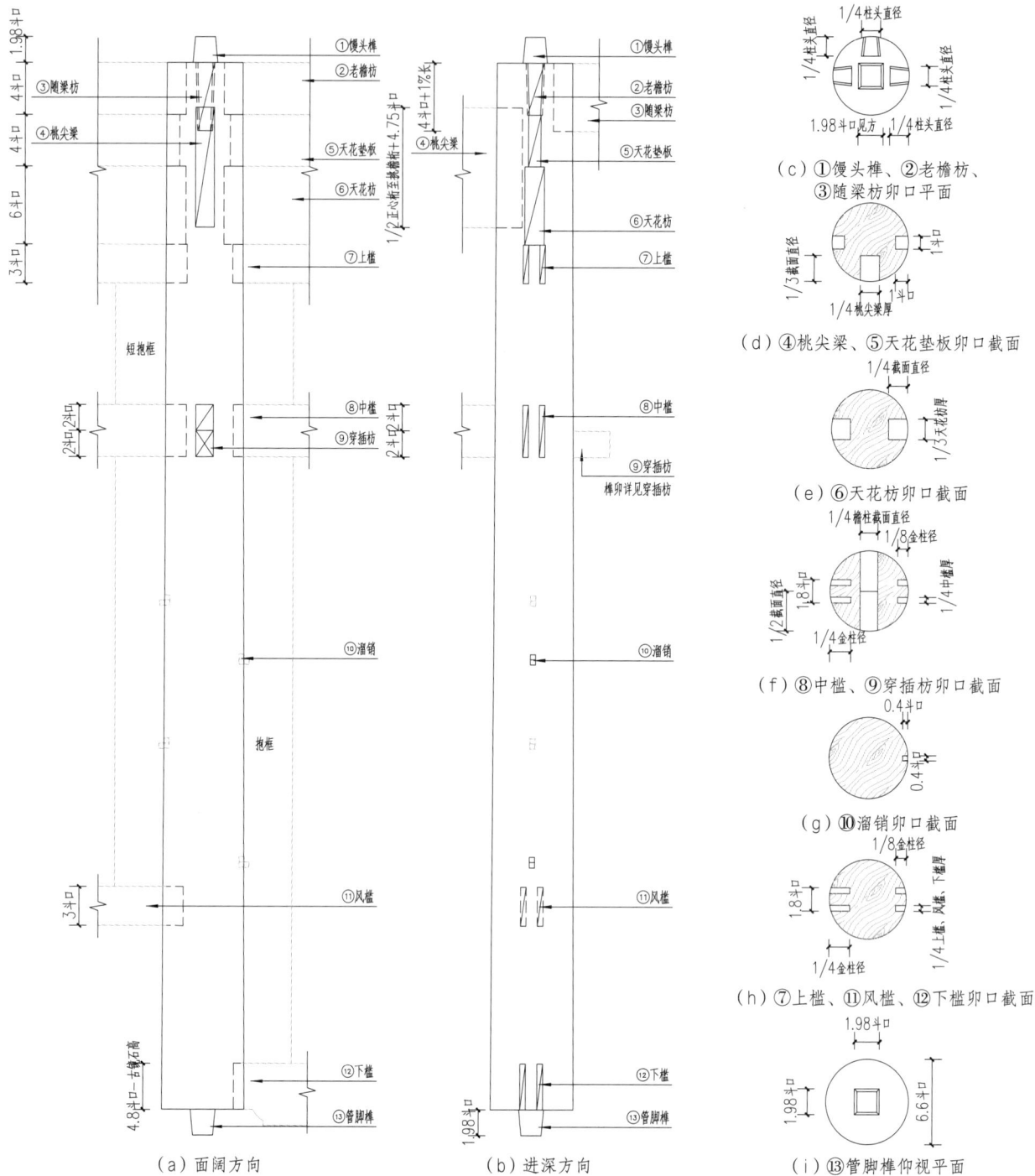

图6-1-10　金柱（檐面）三视图

（a）面阔方向　　　（b）进深方向　　　（c）①馒头榫、②老檐枋、③随梁枋卯口平面

（d）④桃尖梁、⑤天花垫板卯口截面

（e）⑥天花枋卯口截面

（f）⑧中槛、⑨穿插枋卯口截面

（g）⑩溜销卯口截面

（h）⑦上槛、⑪风槛、⑫下槛卯口截面

（i）⑬管脚榫仰视平面

说明：金柱（檐面）自下向上与柱顶石、下槛、风槛、抱框、穿插枋、中槛、上槛、天花枋、天花垫板、桃尖梁、老檐枋、随梁枋、七架梁相交。金柱（檐面）柱底做管脚榫置于柱顶石之上；金柱（檐面）与下槛、风槛、中槛、上槛之间做双半榫；金柱（檐面）与抱框之间做溜销；金柱（檐面）与穿插枋之间做透榫（大进小出榫）；金柱（檐面）与天花枋之间做半榫；金柱（檐面）与天花垫板之间做半榫；金柱（檐面）与桃尖梁之间做半榫；金柱（檐面）与老檐枋之间做燕尾榫；金柱（檐面）与随梁枋之间做燕尾榫；金柱（檐面）与七架梁之间做馒头榫。

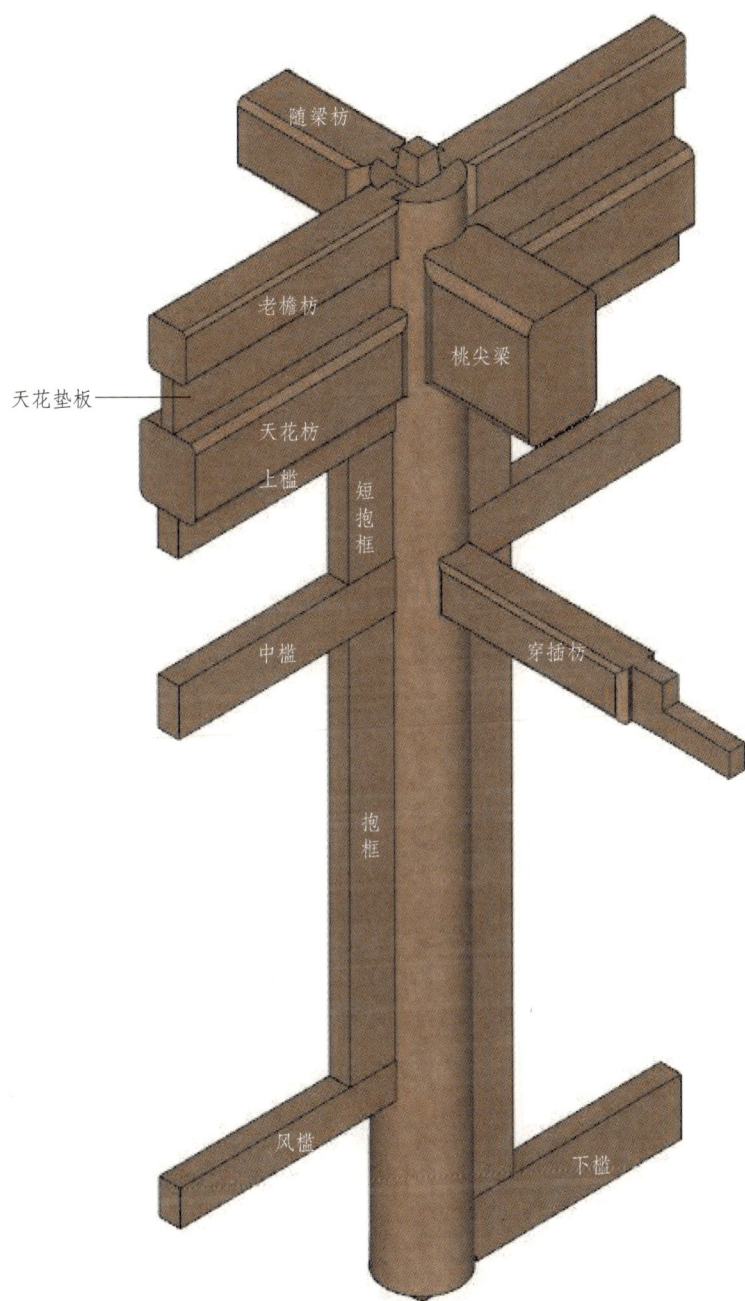

图6-1-11 金柱（檐面）构件相交示意图

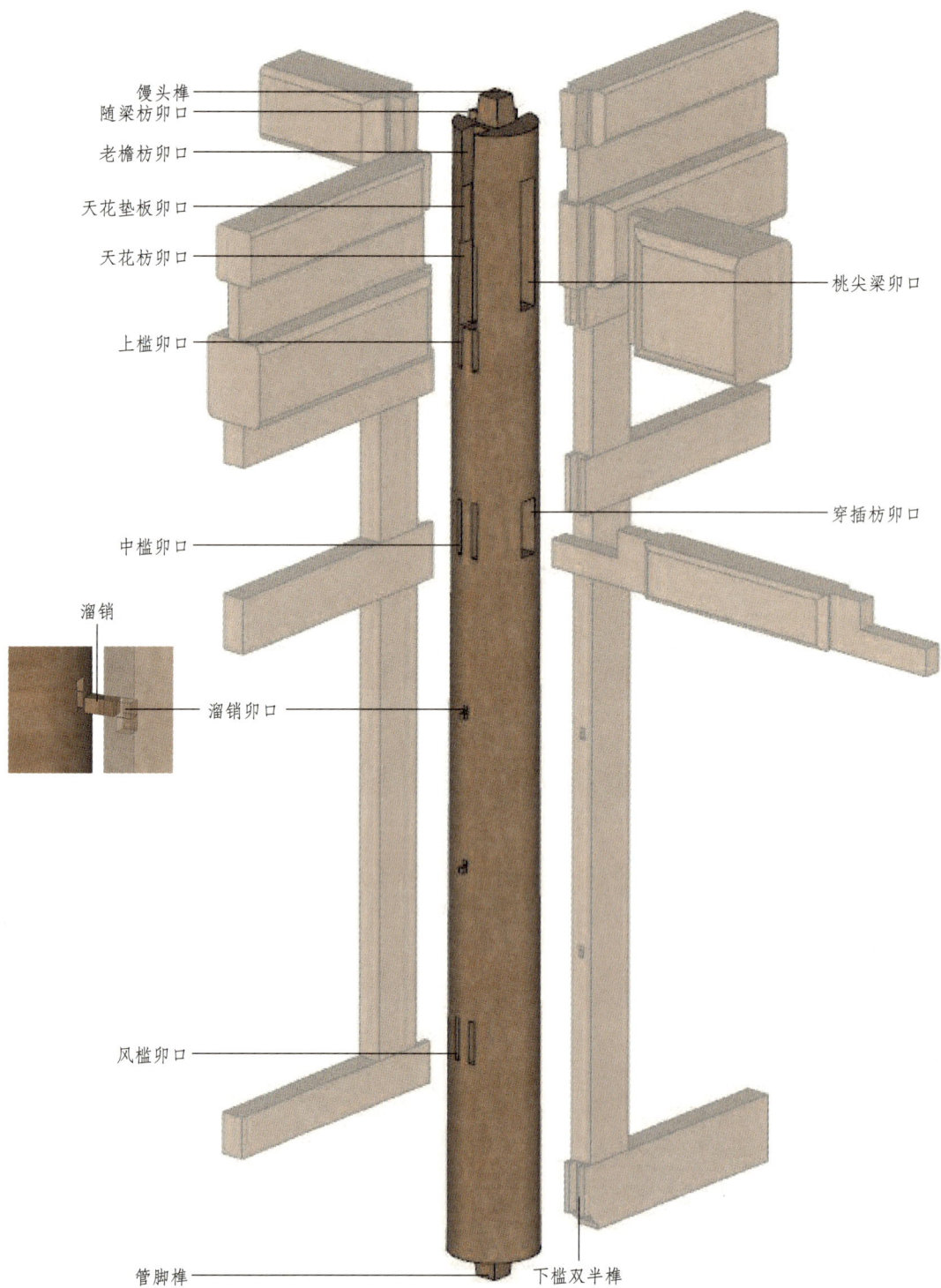

馒头榫
随梁枋卯口
老檐枋卯口
天花垫板卯口
天花枋卯口
上槛卯口
桃尖梁卯口
中槛卯口
穿插枋卯口
溜销
溜销卯口
风槛卯口
管脚榫
下槛双半榫

图6-1-12 zz3金柱（檐面）

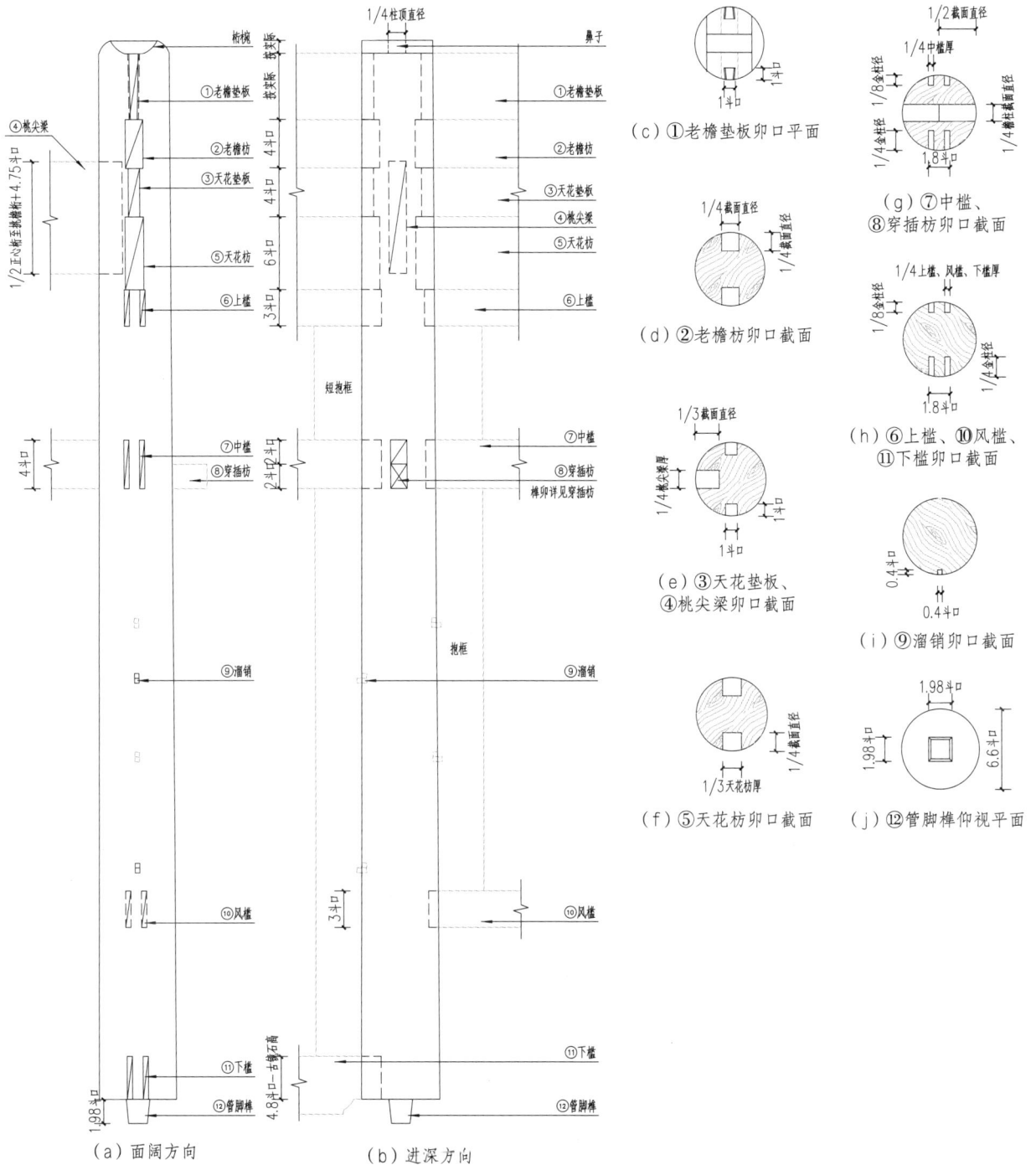

图6-1-13　金柱（山面）三视图

（a）面阔方向　（b）进深方向

（c）①老檐垫板卯口平面

（d）②老檐枋卯口截面

（e）③天花垫板、④桃尖梁卯口截面

（f）⑤天花枋卯口截面

（g）⑦中槛、⑧穿插枋卯口截面

（h）⑥上槛、⑩风槛、⑪下槛卯口截面

（i）⑨溜销卯口截面

（j）⑫管脚榫仰视平面

说明：金柱（山面）自下向上与柱顶石、下槛、风槛、抱框、穿插枋、中槛、上槛、天花枋、天花垫板、桃尖梁、老檐枋、老檐垫板、老檐桁相交。金柱（山面）柱底做管脚榫置于柱顶石之上；金柱（山面）与下槛、风槛、中槛、上槛之间做双半榫；金柱（山面）与抱框之间做溜销；金柱（山面）与穿插枋之间做透榫（大进小出榫）；金柱（山面）与天花枋之间做半榫；金柱（山面）与天花垫板之间做半榫；金柱（山面）与桃尖梁之间做半榫；金柱（山面）与老檐枋之间做半榫；金柱（山面）与老檐垫板之间做燕尾榫；金柱（山面）与老檐桁之间做桁椀、鼻子。

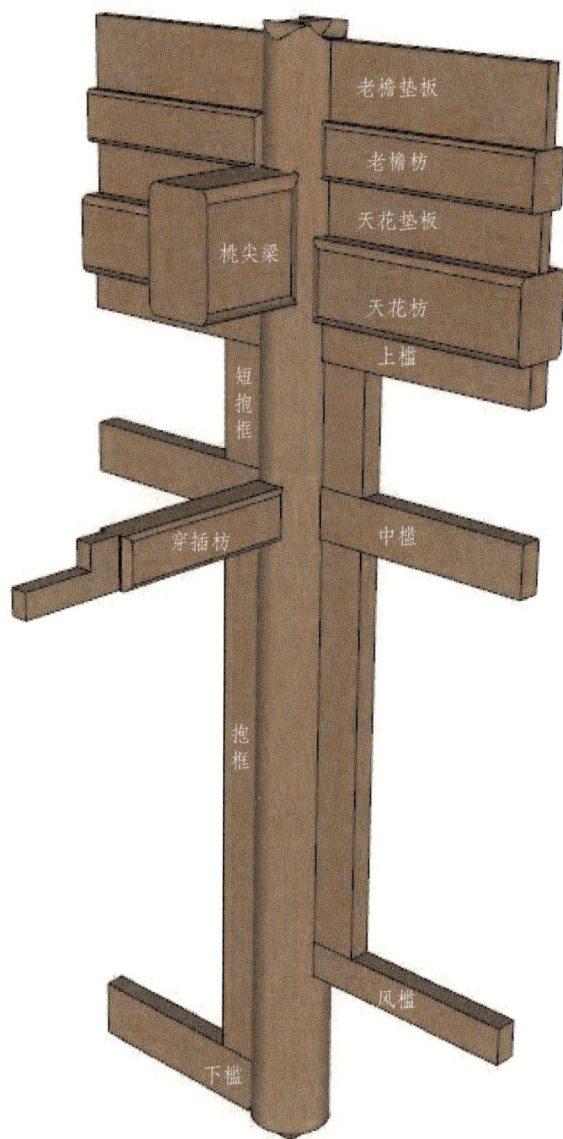

图6-1-14　金柱（山面）相交构件示意图

鼻子

桃尖梁卯口

穿插枋卯口

下槛双半榫

桁椀

老檐垫板卯口

老檐枋卯口

天花垫板卯口

天花枋卯口

上槛卯口

中槛卯口

溜销

溜销卯口

风槛卯口

管脚榫

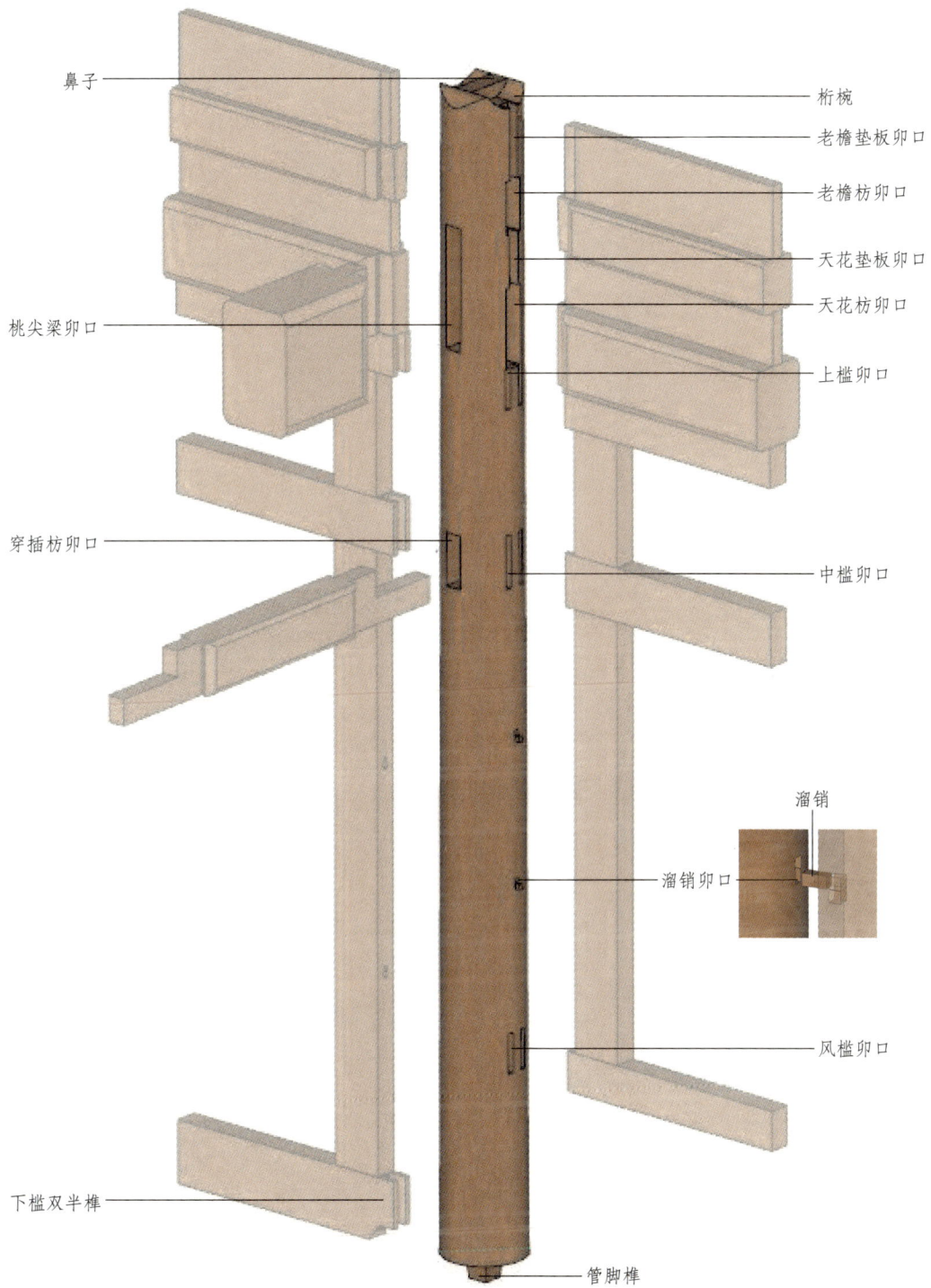

图6-1-15　zz4金柱（山面）

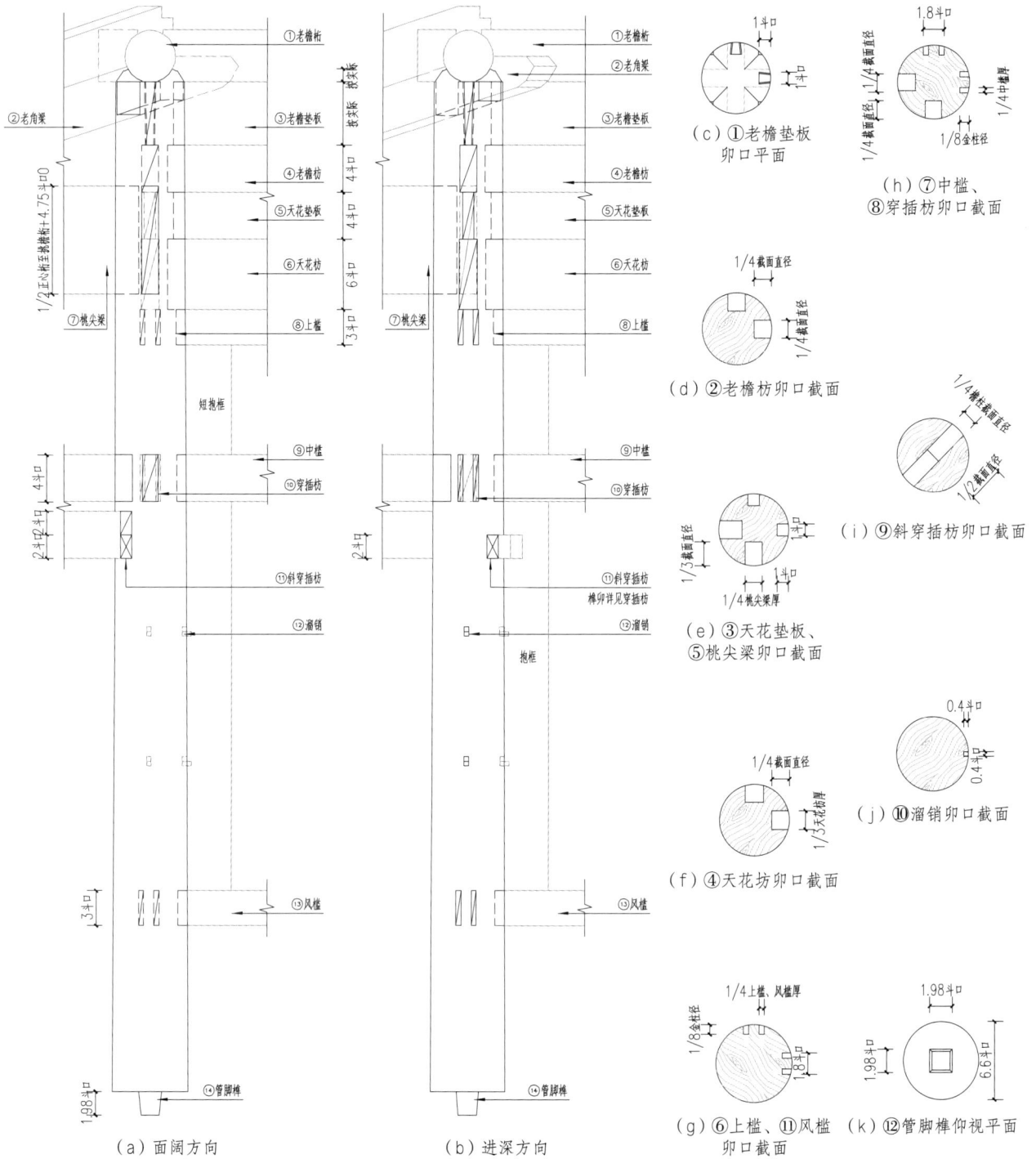

（a）面阔方向　（b）进深方向

（c）①老檐垫板卯口平面

（d）②老檐枋卯口截面

（e）③天花垫板、⑤桃尖梁卯口截面

（f）④天花枋卯口截面

（g）⑥上槛、⑪风槛卯口截面

（h）⑦中槛、⑧穿插枋卯口截面

（i）⑨斜穿插枋卯口截面

（j）⑩溜销卯口截面

（k）⑫管脚榫仰视平面

图6-1-16　金角柱三视图

说明：金角柱自下向上与老角梁、柱顶石、风槛、抱框、斜穿插枋、穿插枋、中槛、上槛、天花枋、天花垫板、桃尖梁、老檐枋、老檐垫板、老角梁、老檐桁相交。金角柱柱底做管脚榫置于柱顶石之上；金角柱与风槛、中槛、上槛之间做双半榫；金角柱与抱框之间做溜销；金角柱与斜穿插枋之间做透榫（大进小出榫）；金角柱与穿插枋之间做半榫；金角柱与天花枋之间做半榫，金角柱与天花垫板之间做半榫；金角柱与桃尖梁之间做半榫；金角柱与老檐枋之间做半榫；金角柱与老檐垫板之间做燕尾榫；金角柱与老角梁之间做透榫；金角柱与老檐桁之间做桁椀。

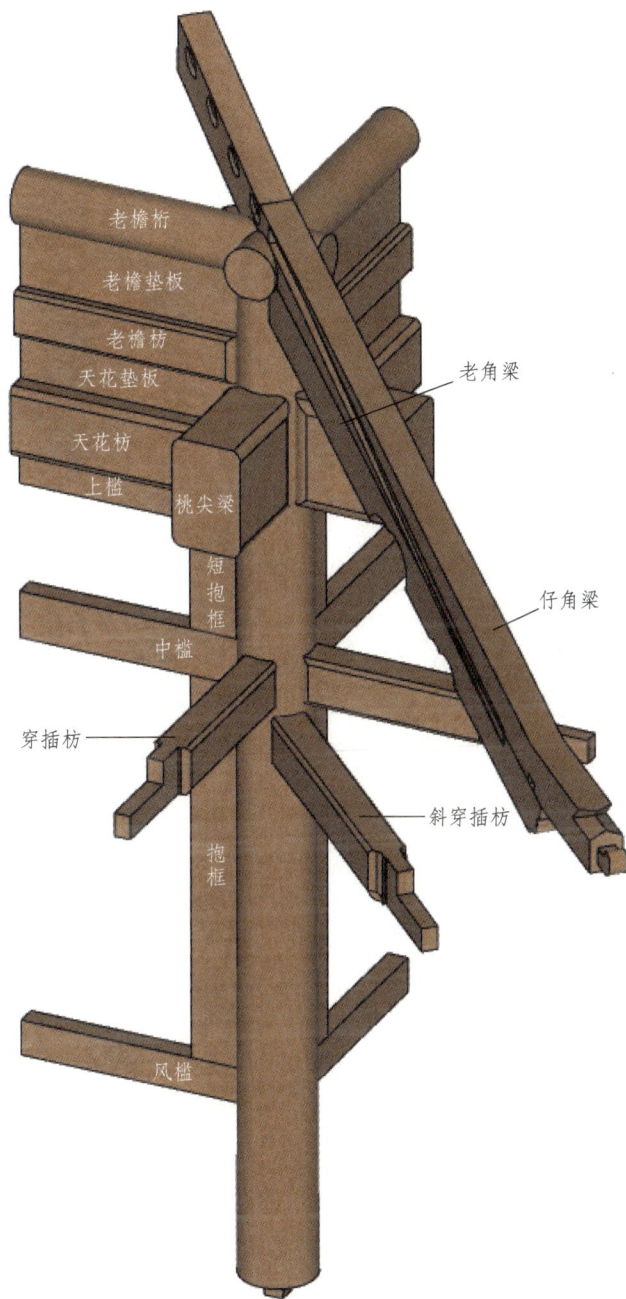

图6-1-17　金角柱相交构件示意图

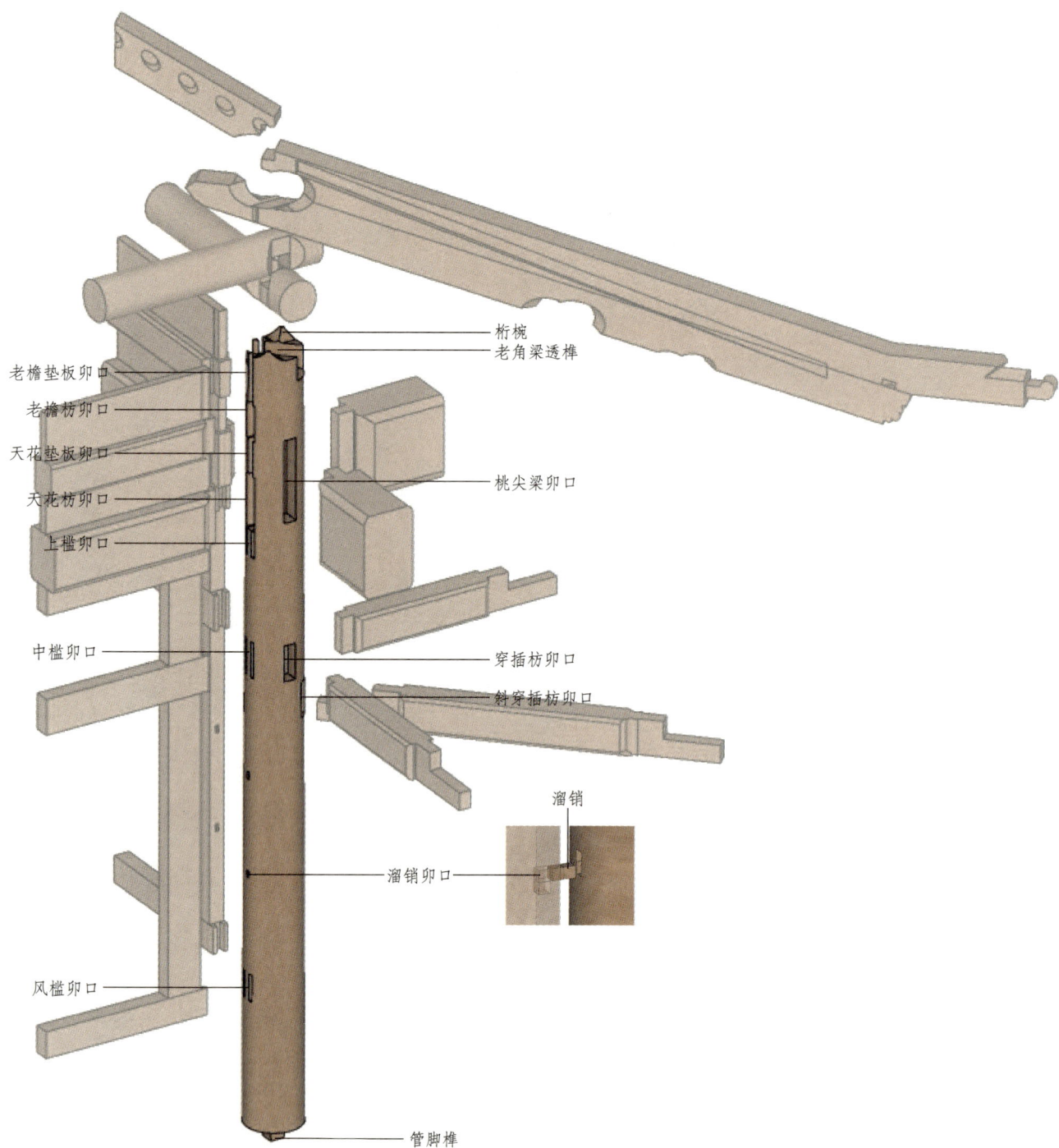

桁椀
老角梁透榫
老檐垫板卯口
老檐枋卯口
天花垫板卯口
天花枋卯口
上槛卯口
桃尖梁卯口
中槛卯口
穿插枋卯口
斜穿插枋卯口
溜销
溜销卯口
风槛卯口
管脚榫

图6-1-18　zz5金角柱

6.2 柱头平面

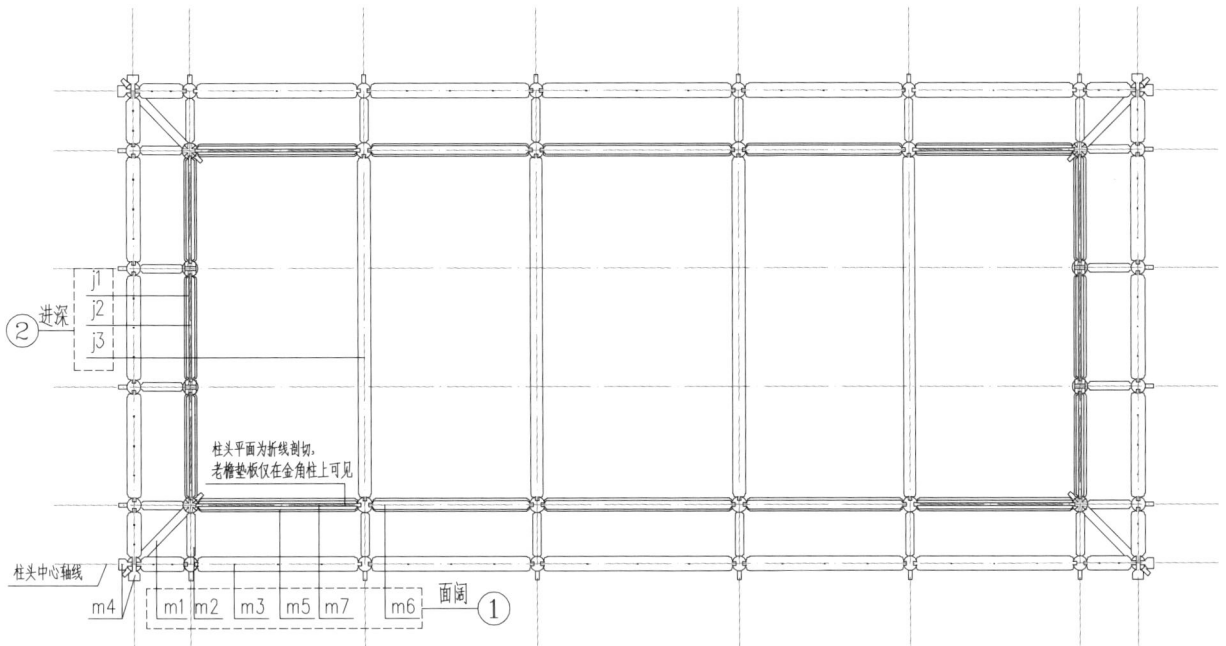

图6-2-1 九檩庑殿周围廊建筑柱头平面图

表6-2-1

构件分类	图6-2-1中的序号	构件	宽（厚）	高	数量	备注
①面阔	m1	斜穿插枋	3.2斗口	4斗口	4	
	m2	穿插枋	3.2斗口	4斗口	20	
	m3	大额枋	5.4斗口	6.6斗口	16	
	m4	箍头枋	5.4斗口	6.6斗口	8	
	m5	天花枋	4.8斗口	6斗口	16	
	m6	老檐枋（檐面）	4斗口-64mm	4斗口	10	
	m7	老檐垫板（金角柱）	1斗口	按实际	4	
②进深	j1	老檐枋（山面）	4斗口-64mm	4斗口	6	
	j2	老檐垫板（山面）	1斗口	按实际	6	榫卯同老檐垫板（金角柱）
	j3	随梁枋	3.5斗口+1%长	4斗口+1%长	4	

（a）穿插枋正立面图

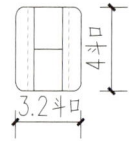

（b）穿插枋侧立面图

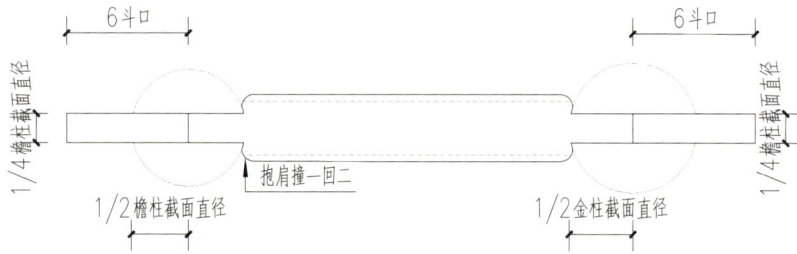

（c）穿插枋平面图

注：穿插枋与金角柱之间做半榫，半榫宽、厚为 1/4 檐柱截面直径。

　　斜穿插枋与穿插枋榫卯尺寸相同，长度按檐柱与金柱间实际距离。

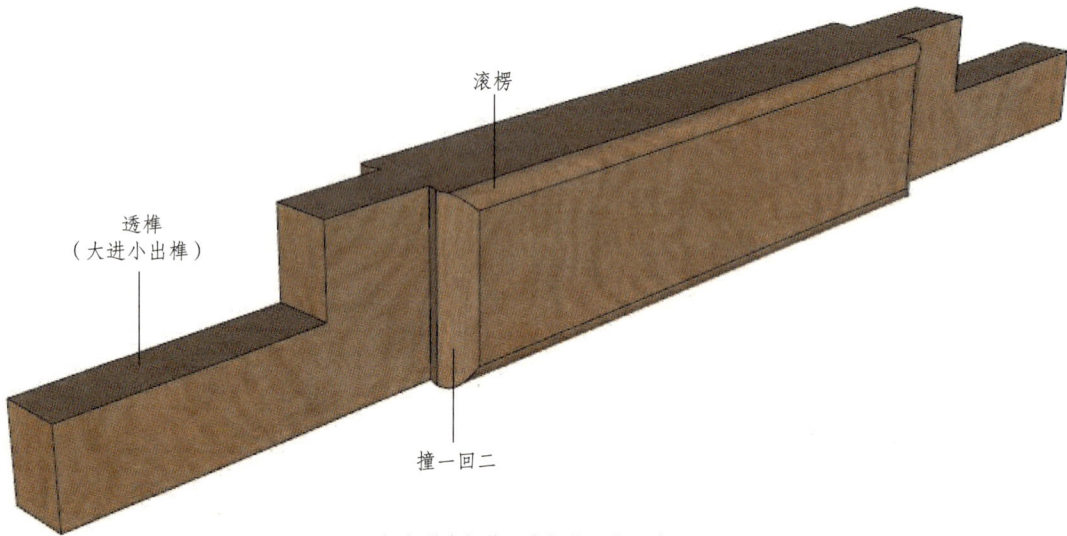

（d）斜穿插枋、穿插枋三维示意图

图6-2-2　m1斜穿插枋、m2穿插枋

　　说明：穿插枋与檐柱之间做透榫（大进小出榫）；穿插枋与金柱之间做透榫（大进小出榫）；斜穿插枋与檐角柱之间做透榫（大进小出榫）；斜穿插枋与金角柱之间做透榫（大进小出榫）。

（a）大额枋侧立面图 （b）大额枋正立面图

（c）大额枋平面图

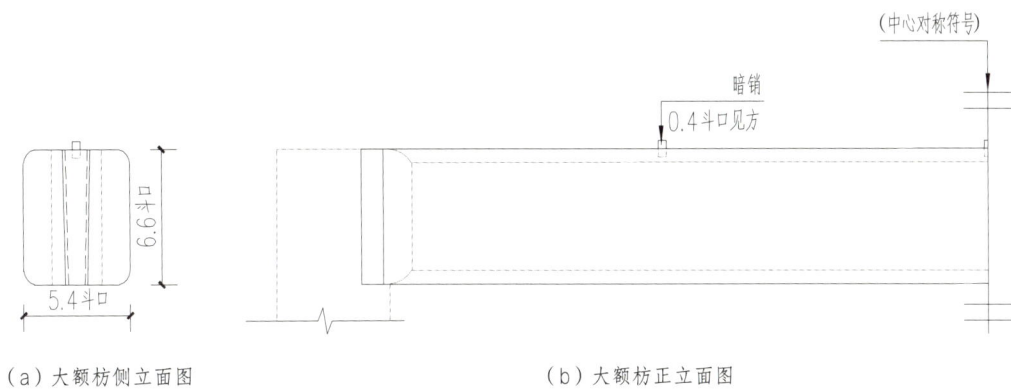

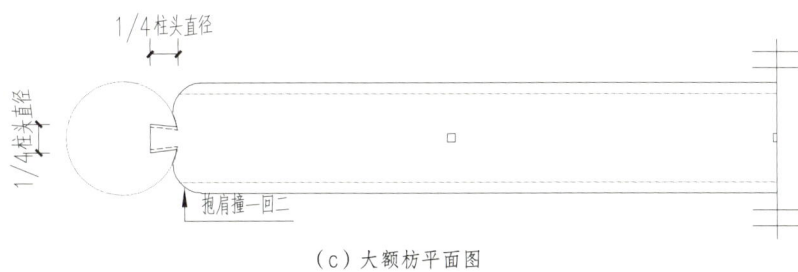

（d）大额枋三维示意图

图6-2-3　m3大额枋

说明：大额枋与檐柱之间做燕尾榫；大额枋顶面与平板枋之间做暗销。

（a）箍头枋（等口）侧立面图1　　（b）箍头枋（等口）正立面图　　（c）箍头枋（等口）侧立面图2

（d）箍头枋（等）平面图

（e）箍头枋（盖口）侧立面图1　　（f）箍头枋（盖口）正立面图　　（g）箍头枋（盖口）侧立面图2

（h）箍头枋（盖口）平面图

（i）箍头枋三维示意图

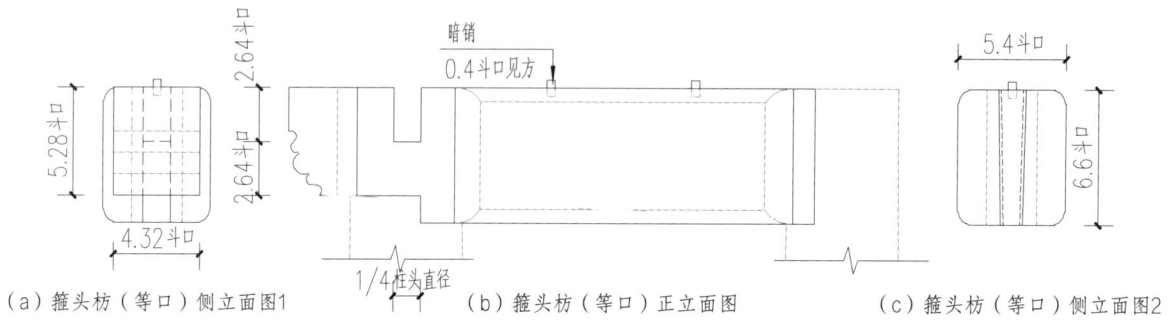

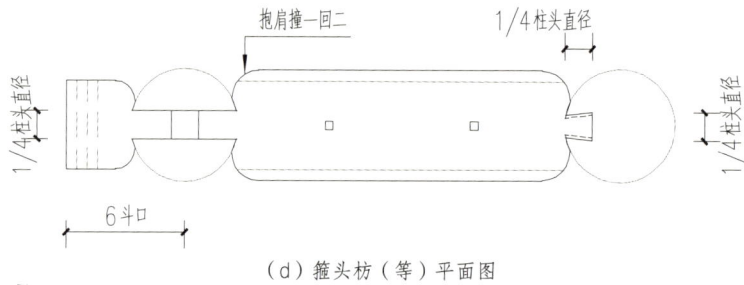

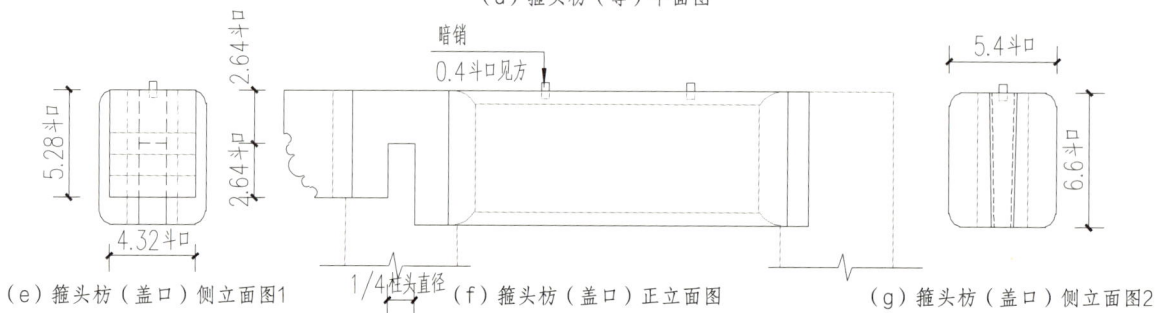

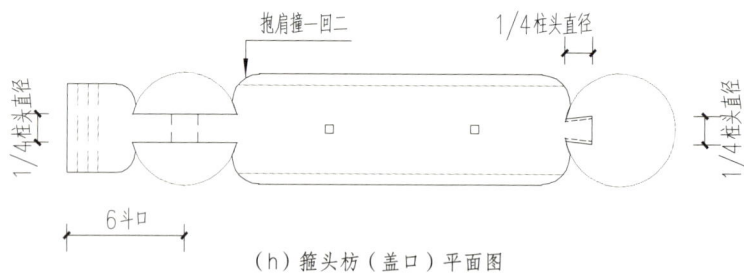

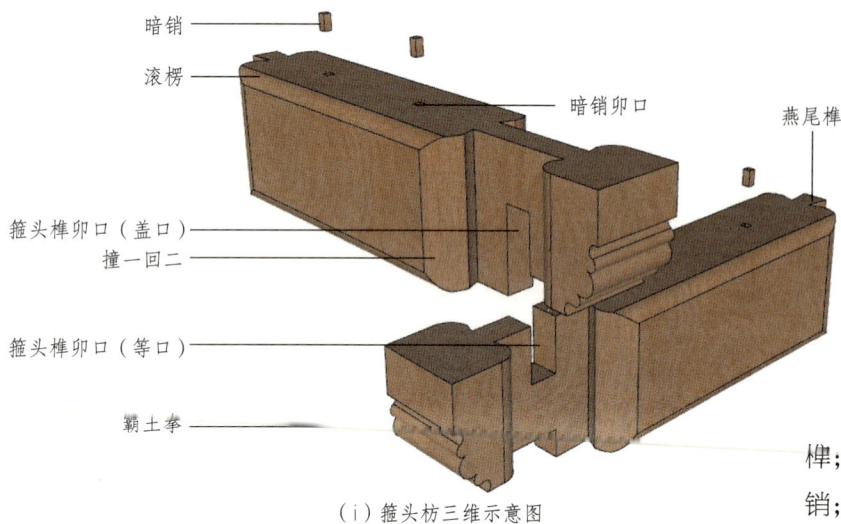

说明：箍头枋与檐柱之间做燕尾榫；箍头枋顶面与平板枋之间做暗销；檐面箍头枋与山面箍头枋搭交时做箍头榫，山面压檐面。

图6-2-4　m4箍头枋

（a）天花枋正立面图

（b）天花枋侧立面图

（c）天花枋平面图

（d）天花枋三维示意图

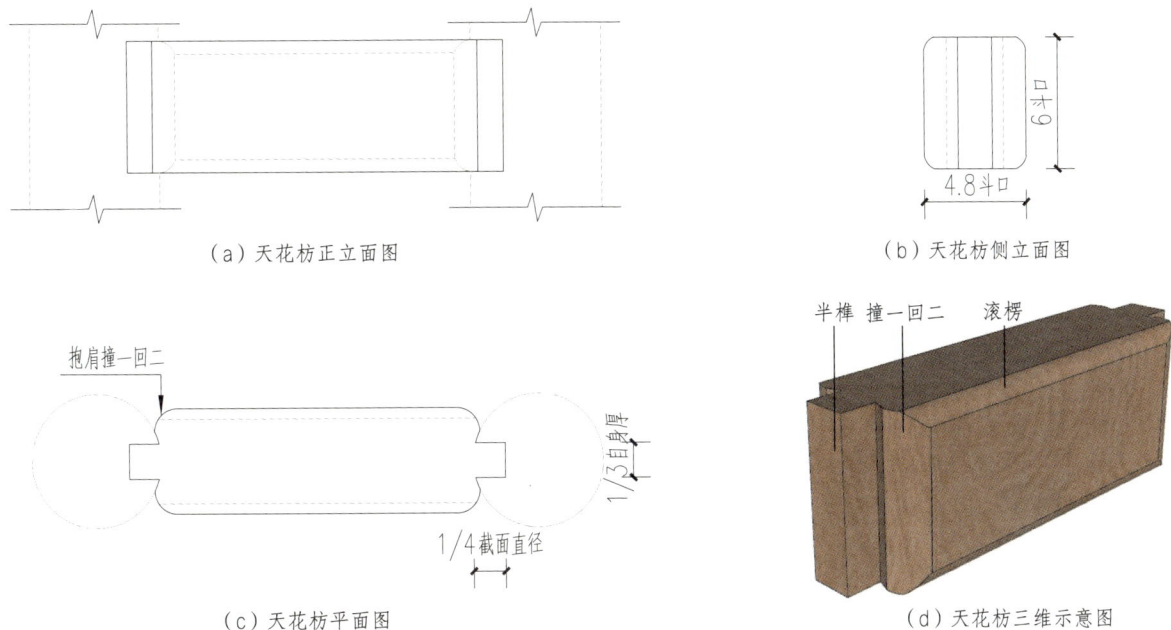

图6-2-5　m5天花枋

说明：天花枋与金柱之间做半榫。

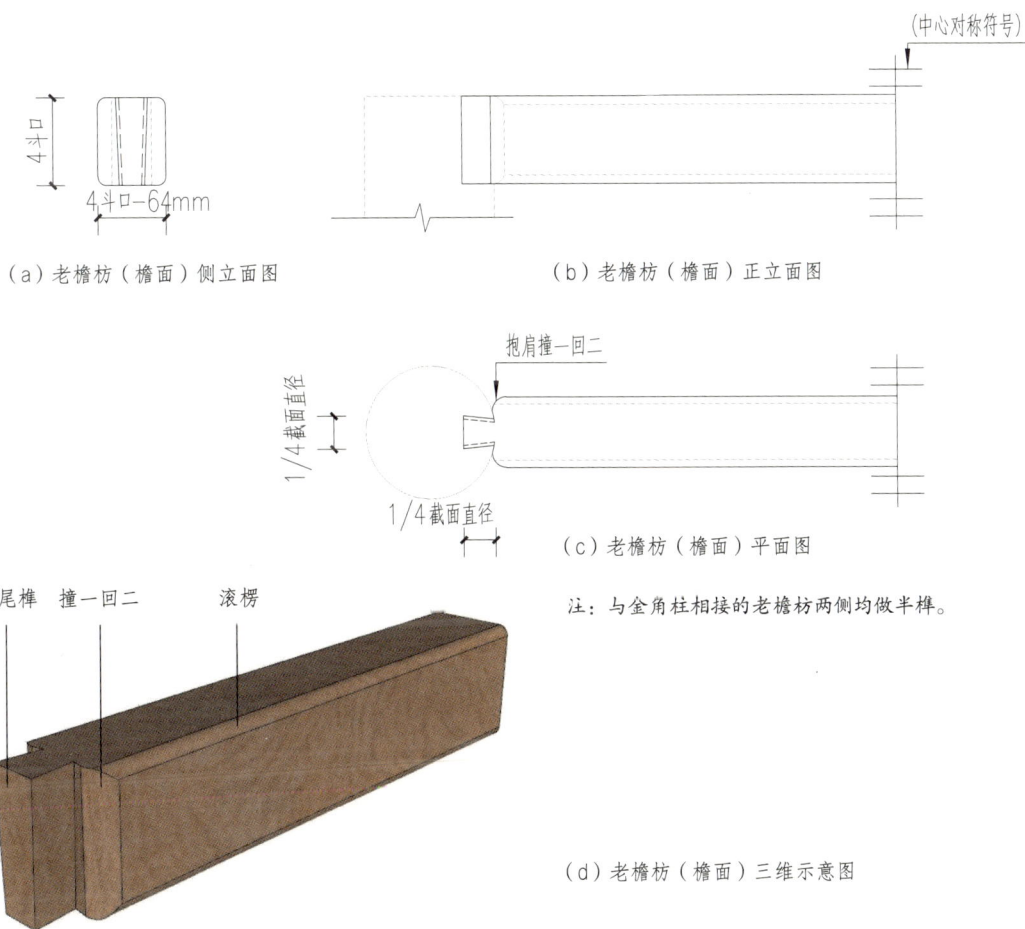

（a）老檐枋（檐面）侧立面图

（b）老檐枋（檐面）正立面图

（c）老檐枋（檐面）平面图

注：与金角柱相接的老檐枋两侧均做半榫。

（d）老檐枋（檐面）三维示意图

图6-2-6　m6老檐枋（檐面）

说明：老檐枋（檐面）与金柱之间做燕尾榫。

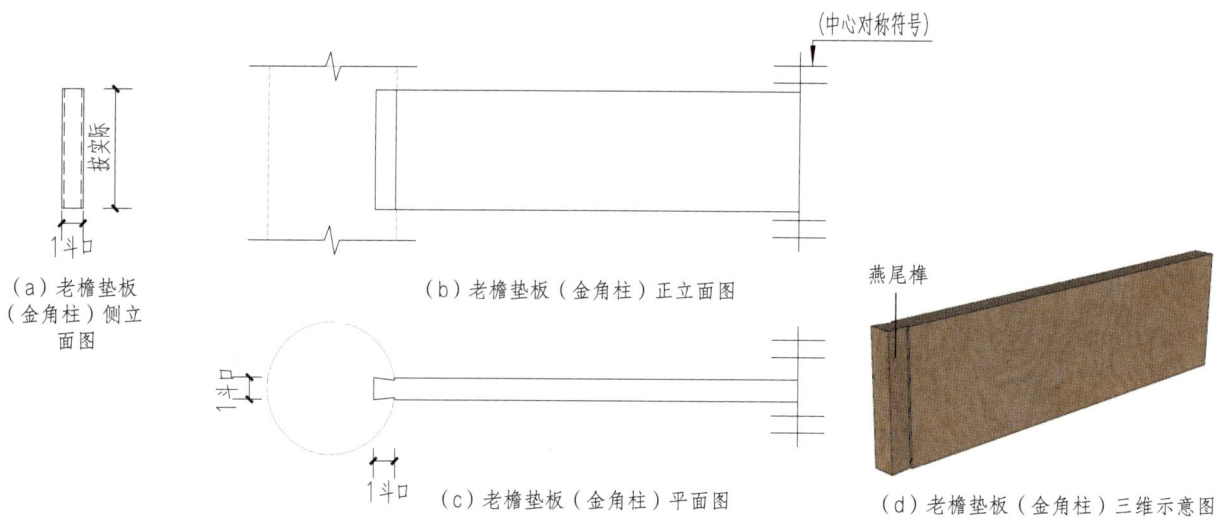

（a）老檐垫板
（金角柱）侧立
面图

（b）老檐垫板（金角柱）正立面图

（c）老檐垫板（金角柱）平面图

（d）老檐垫板（金角柱）三维示意图

注：老檐垫板（山面）、老檐垫板（檐面）、下金垫板（檐面）、上金垫板（檐面）、下金垫板（山面）、上金垫板（山面）榫卯尺寸同老檐垫板（金角柱）。

图6-2-7 m7老檐垫板（金角柱）

说明：老檐垫板（金角柱）与金柱之间做燕尾榫。

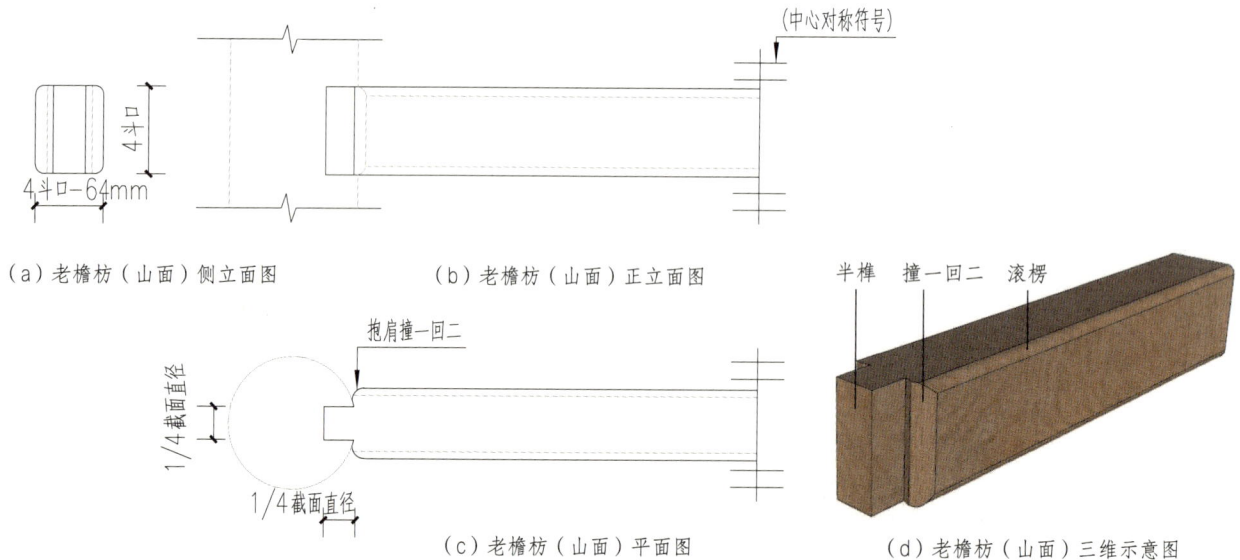

（a）老檐枋（山面）侧立面图

（b）老檐枋（山面）正立面图

（c）老檐枋（山面）平面图

（d）老檐枋（山面）三维示意图

注：与金角柱相接的老檐枋两侧均做半榫。

图6-2-8 j1老檐枋（山面）

说明：老檐枋（山面）与金柱之间做半榫。

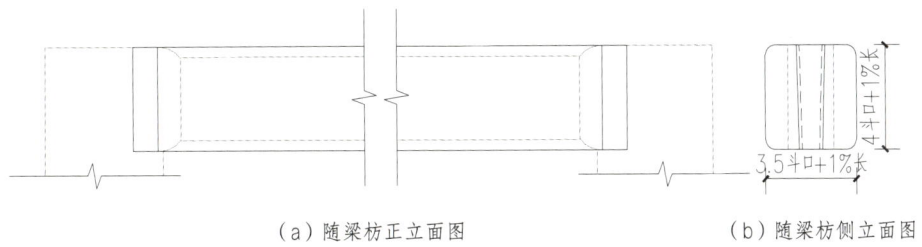

（a）随梁枋正立面图　　　　　　　　　　（b）随梁枋侧立面图

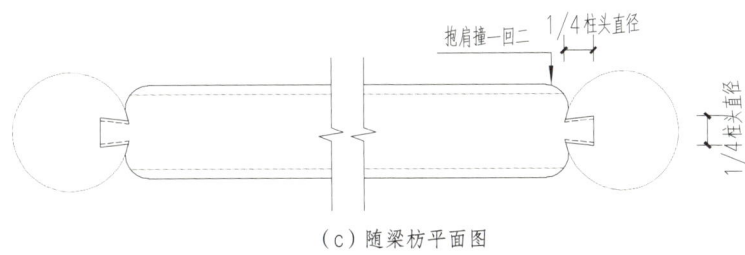

（c）随梁枋平面图

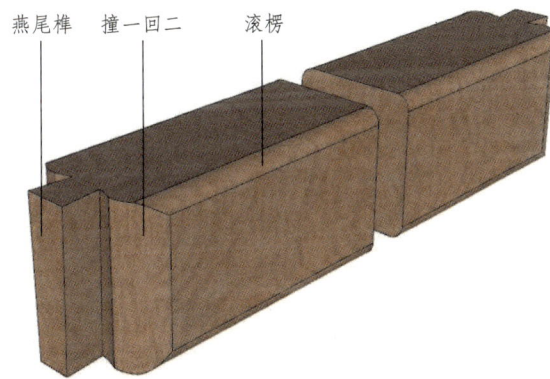

（d）随梁枋三维示意图

图6-2-9　j3随梁枋

说明：随梁枋与金柱之间做燕尾榫。

6.3 平板枋平面

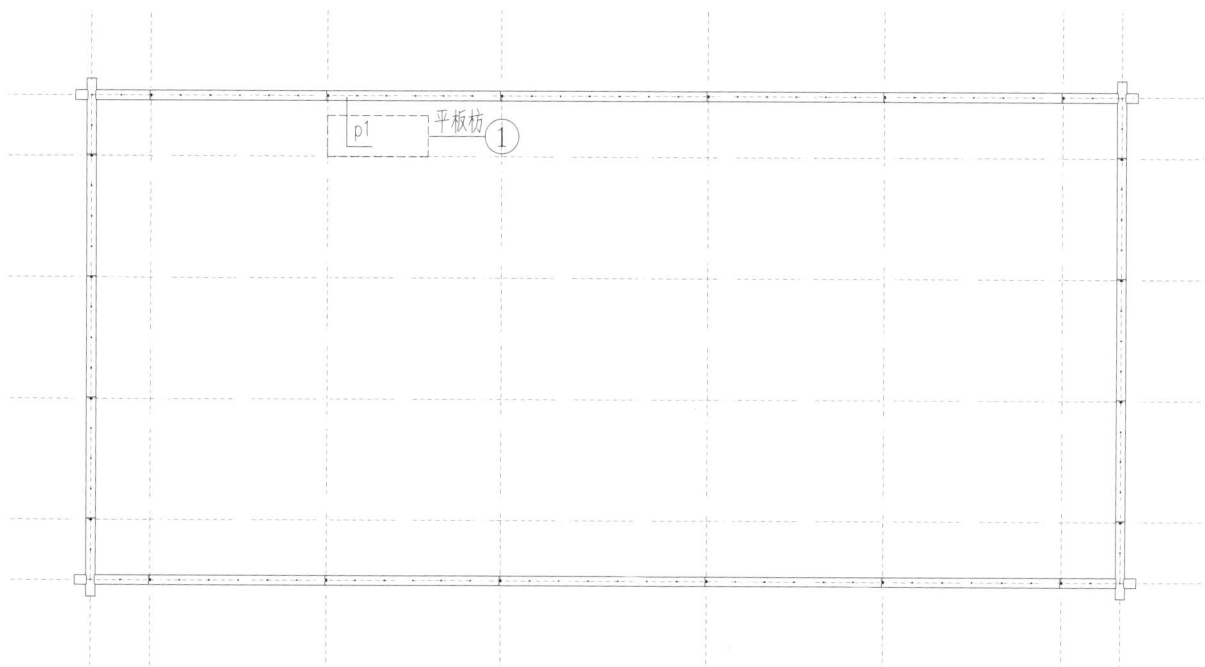

图6-3-1　九檩庑殿周围廊建筑平板枋平面图

表6-3-1

构件分类	图6-3-1中的序号	构件	宽（厚）	高	数量
①平板枋	p1	平板枋	3.5斗口	2斗口	24

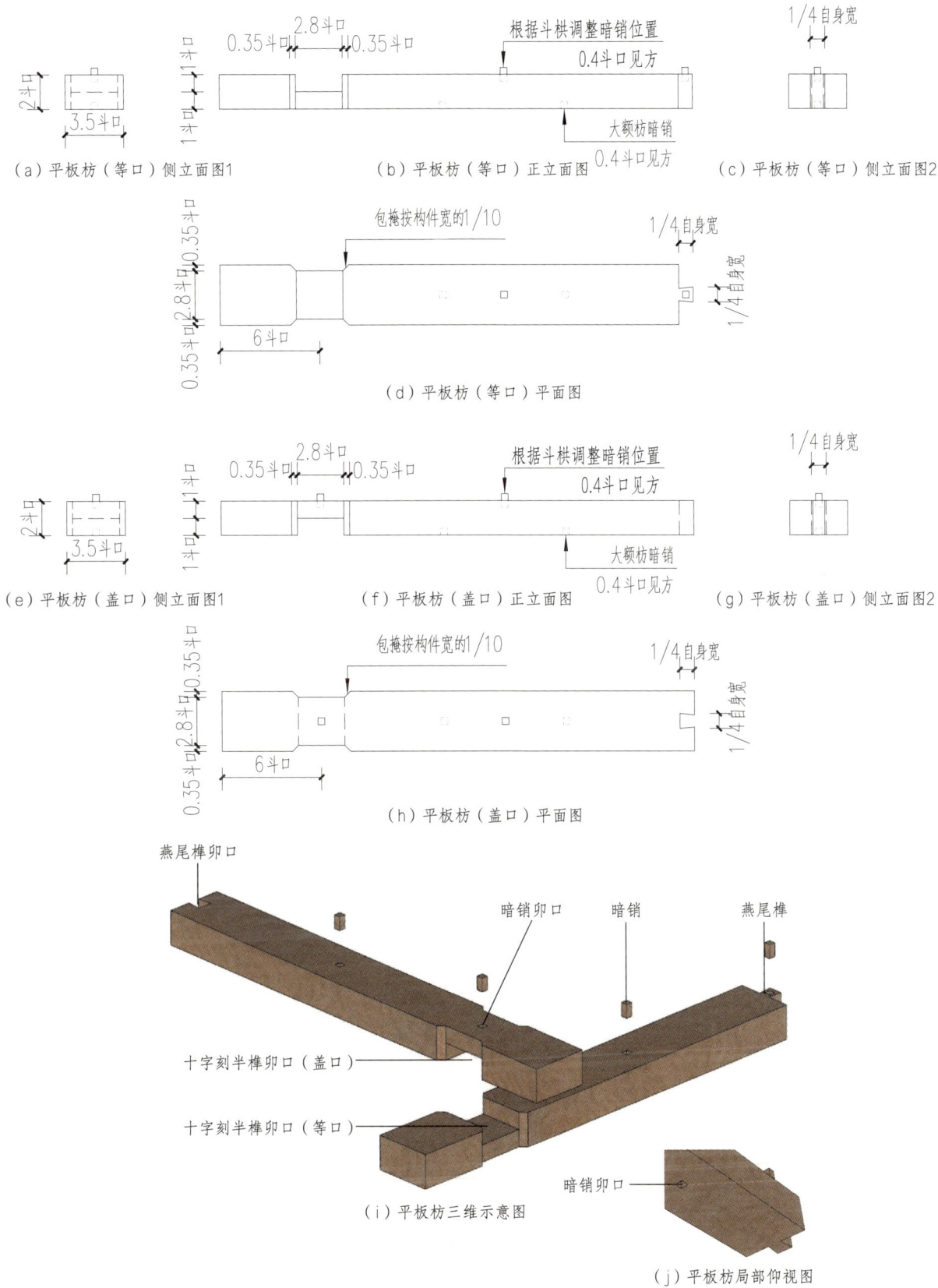

（a）平板枋（等口）侧立面图1　　（b）平板枋（等口）正立面图　　（c）平板枋（等口）侧立面图2

（d）平板枋（等口）平面图

（e）平板枋（盖口）侧立面图1　　（f）平板枋（盖口）正立面图　　（g）平板枋（盖口）侧立面图2

（h）平板枋（盖口）平面图

（i）平板枋三维示意图

（j）平板枋局部仰视图

图6-3-2　p1平板枋

说明：平板枋底面与大额枋之间做暗销；平板枋之间做燕尾榫；檐面平板枋与山面平板枋搭交时做十字刻半榫，山面压檐面；平板枋顶面与斗栱坐斗之间做暗销。

6.4 斗栱仰视平面

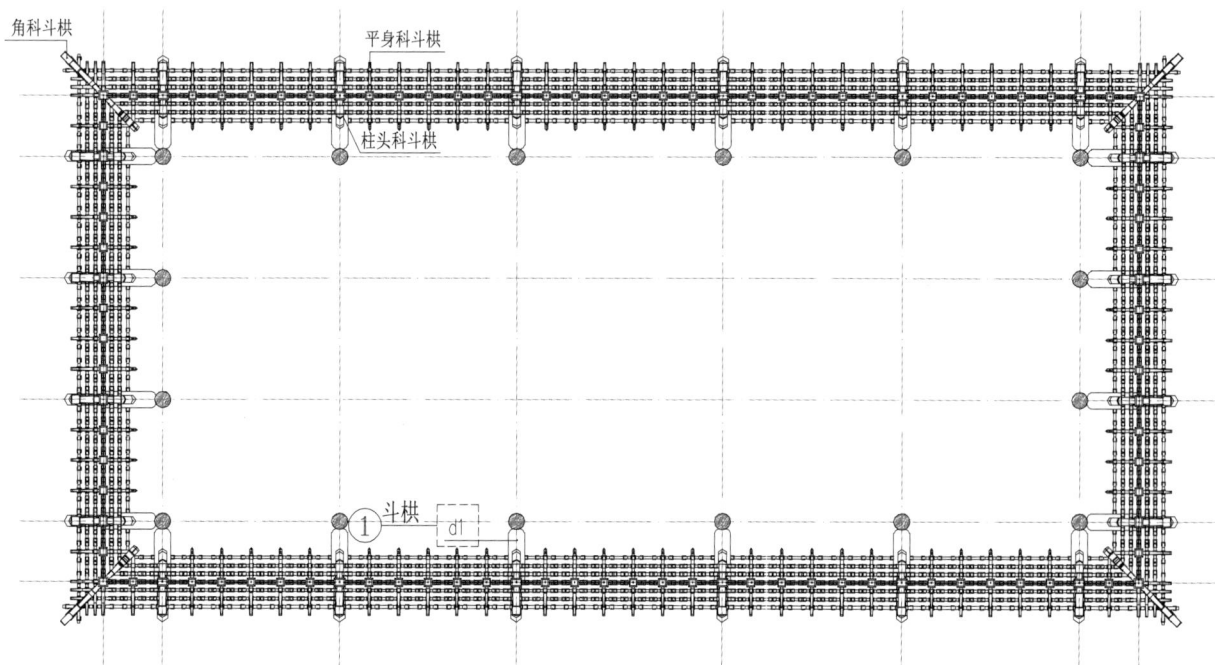

图6-4-1　九檩庑殿周围廊建筑斗栱仰视平面图

表6-4-1

构件分类	图6-4-1中的序号	构件	宽（厚）	高	数量
①斗栱	d1	桃尖梁	6斗口	0.5正心桁至挑檐桁+4.75斗口	20

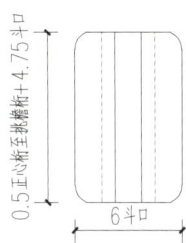

（a）桃尖梁侧立面图　　　　　（b）桃尖梁正立面图

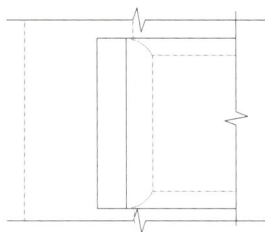

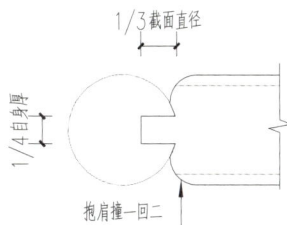

（c）桃尖梁平面图

注：此处仅体现桃尖梁与金柱的搭交榫卯。

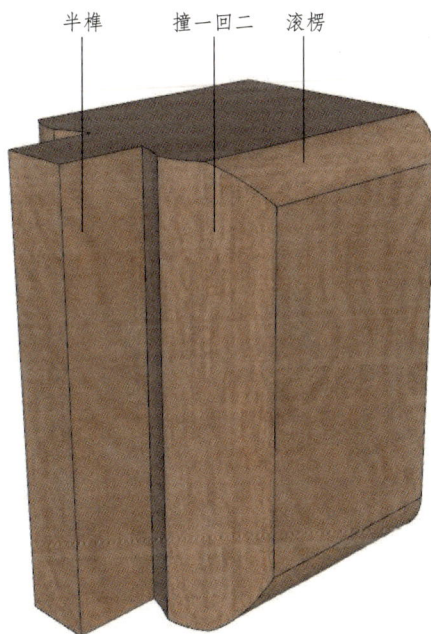

（d）桃尖梁三维示意图

图6-4-2　d1桃尖梁

说明：桃尖梁与金柱之间做半榫。

6.5 步架平面

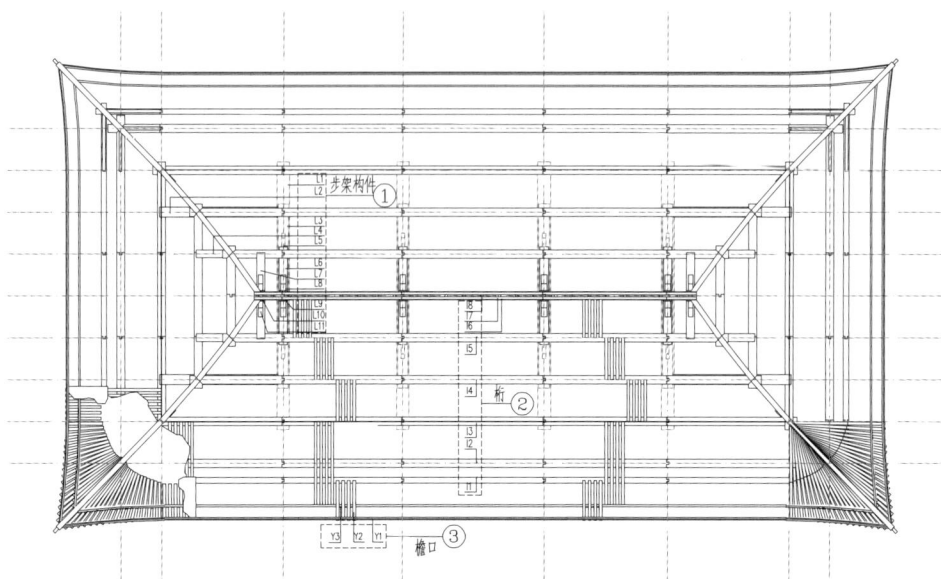

图6-5-1 九檩庑殿周围廊建筑步架平面图

表6-5-1

构件分类	图6-5-1中的序号	构件	长	宽（厚）	高	径	数量	备注
①步架构件	L1	七架梁		7斗口	8.4斗口	4		
	L2	下金顺扒梁		5.2斗口	6.5斗口	4		
	L3	五架梁		5.6斗口	7斗口	4		
	L4	上金顺扒梁		4.16斗口	5.42斗口	4		
	L5	金角背	一步架	1/3自身高	1/2金瓜柱高	8		
	L6	三架梁		4.5斗口	5.83斗口	4		
	L7	太平梁		4.5斗口	5.83斗口	2		
	L8	脊角背（脊瓜柱辅助构件）	一步架	1/3自身高	1/2脊瓜柱高	4		
	L9	脊瓜柱	宽5.5斗口	4.5斗口	按实际	4		
	L10	雷公柱	宽5.5斗口	4.5斗口	按实际	2		
	L11	脊角背（雷公柱辅助构件）	一步架	1/3自身高	1/2雷公柱高	2		
②桁	l1	挑檐桁				3斗口	24	
	l2	正心桁				4.5斗口	24	
	l3	老檐桁				4.5斗口	16	
	l4	下金桁				4.5斗口	16	下金桁（等口）榫卯同老檐桁（等口）
	l5	上金桁				4.5斗口	12	上金桁（等口）榫卯同老檐桁（等口）、上金桁（盖口）榫卯同下金桁（盖口）
	l6	脊桁				4.5斗口	5	
	l7	扶脊木				4斗口	5	
	l8	椿桩	宽1.5斗口	1斗口			按实际	
③檐口	Y1	瓦口木		0.6斗口	1斗口		按实际	
	Y2	飞椽	1.5斗口		1.5斗口		按实际	
	Y3	闸挡板	1.8斗口	0.375斗口	1.5斗口		按实际	

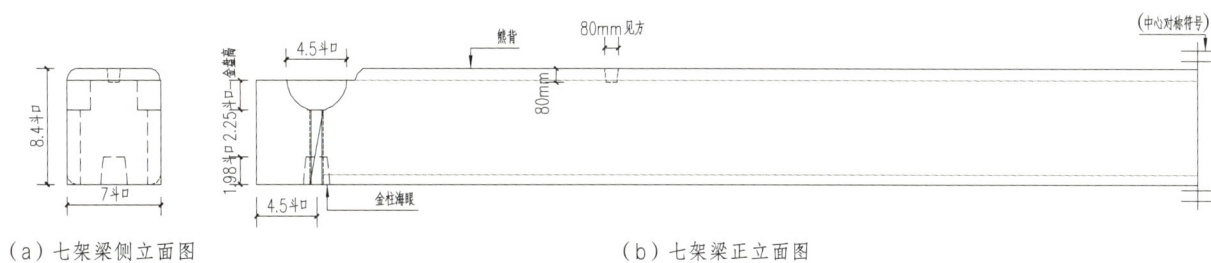

（a）七架梁侧立面图　　　　　　　　　　　　　　　（b）七架梁正立面图

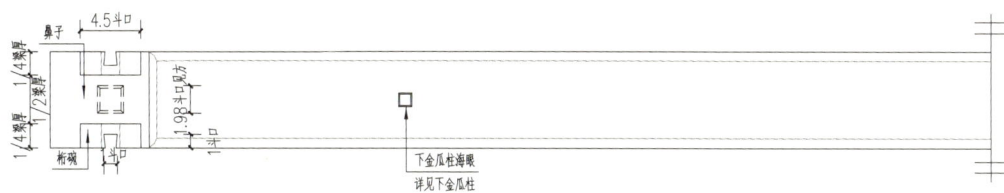

（c）七架梁平面图

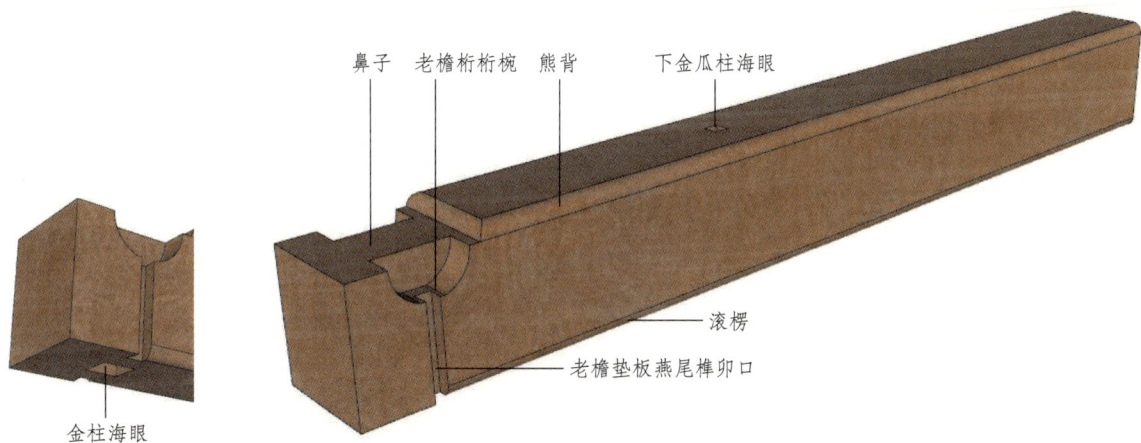

（d）七架梁梁头仰视图　　　　　　　（e）七架梁三维示意图

图6-5-2　L1七架梁

说明：七架梁与金柱柱顶之间做馒头榫；七架梁与老檐垫板之间做燕尾榫；七架梁与老檐桁之间做桁椀、鼻子；七架梁与下金瓜柱之间做下金瓜柱管脚榫。

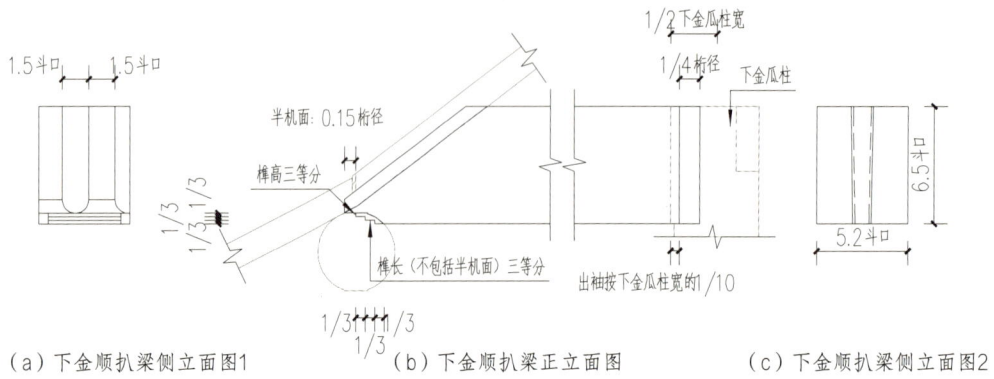

（a）下金顺扒梁侧立面图1　　　　（b）下金顺扒梁正立面图　　　　（c）下金顺扒梁侧立面图2

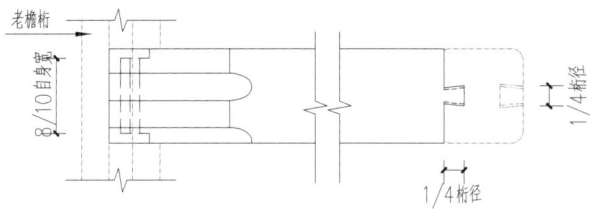

（d）下金顺扒梁平面图

（f）下金顺趴梁阶梯榫三维示意图

（e）下金顺扒梁搭交三维示意图

图6-5-3　L2下金顺扒梁

　　说明：下金顺扒梁与老檐桁之间做阶梯榫；下金顺扒梁与上花架椽、下花架椽相交处刻椽槽；下金顺扒梁与下金瓜柱之间做燕尾榫。

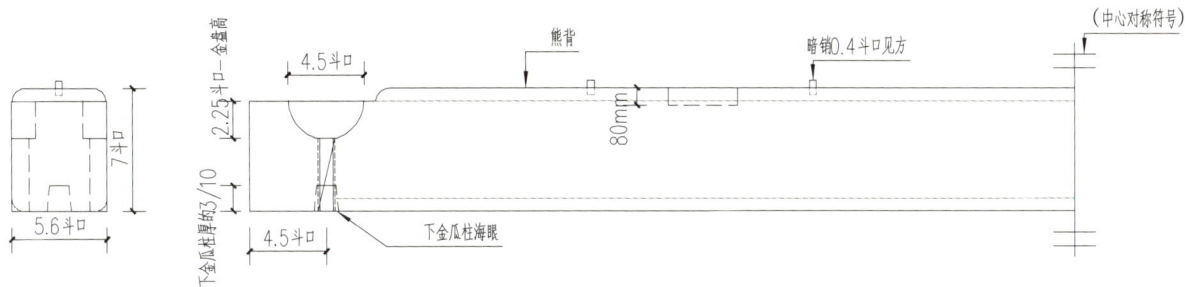

（a）五架梁侧立面图

（b）五架梁正立面图

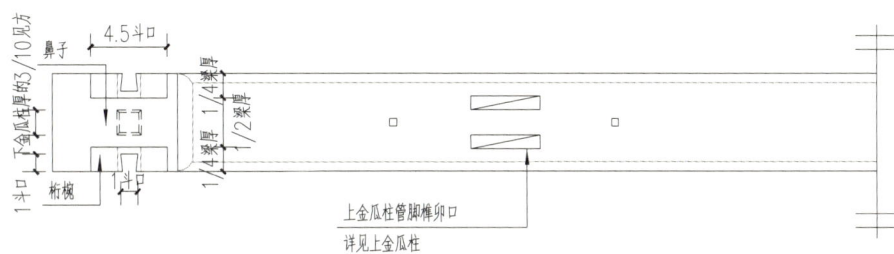

（中心对称符号）

熊背

暗销0.4斗口见方

4.5斗口

2.25斗口—金盘高

下金瓜柱径的3/10

4.5斗口

下金瓜柱海眼

7斗口

5.6斗口

80mm

（c）五架梁平面图

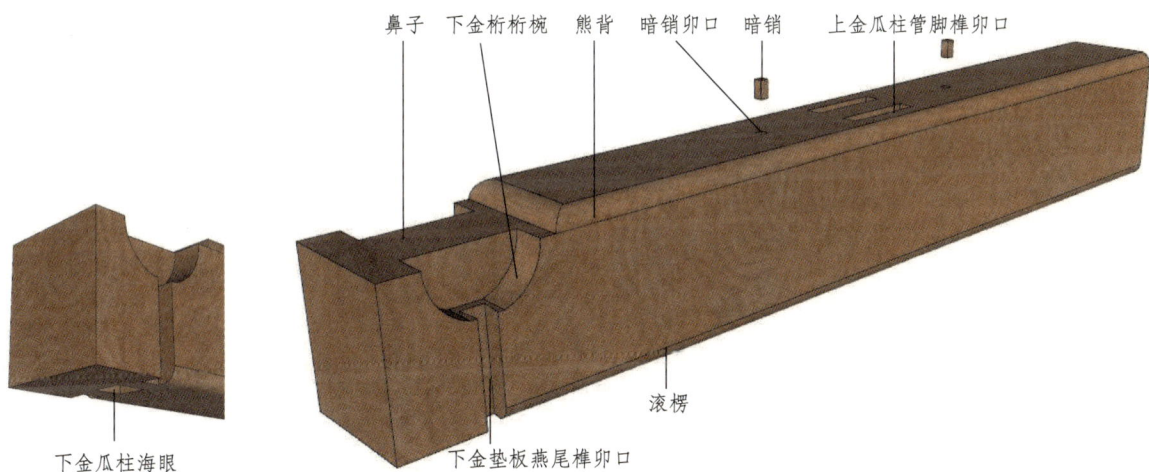

4.5斗口

鼻子

下金瓜柱径的3/10见方

1/4梁厚

1/4梁厚

1/2梁厚

1/4梁厚

1斗口

桁椀

1斗口

上金瓜柱管脚榫卯口

详见上金瓜柱

鼻子　下金桁桁椀　熊背　暗销卯口　暗销　上金瓜柱管脚榫卯口

滚楞

下金瓜柱海眼

下金垫板燕尾榫卯口

（d）五架梁梁头仰视图

（e）五架梁三维示意图

图6-5-4　L3五架梁

说明：五架梁与下金瓜柱柱顶之间做馒头榫；五架梁与下金垫板之间做燕尾榫；五架梁与下金桁之间做桁椀、鼻子；五架梁与上金瓜柱之间做上金瓜柱管脚榫；五架梁与金角背之间做暗销。

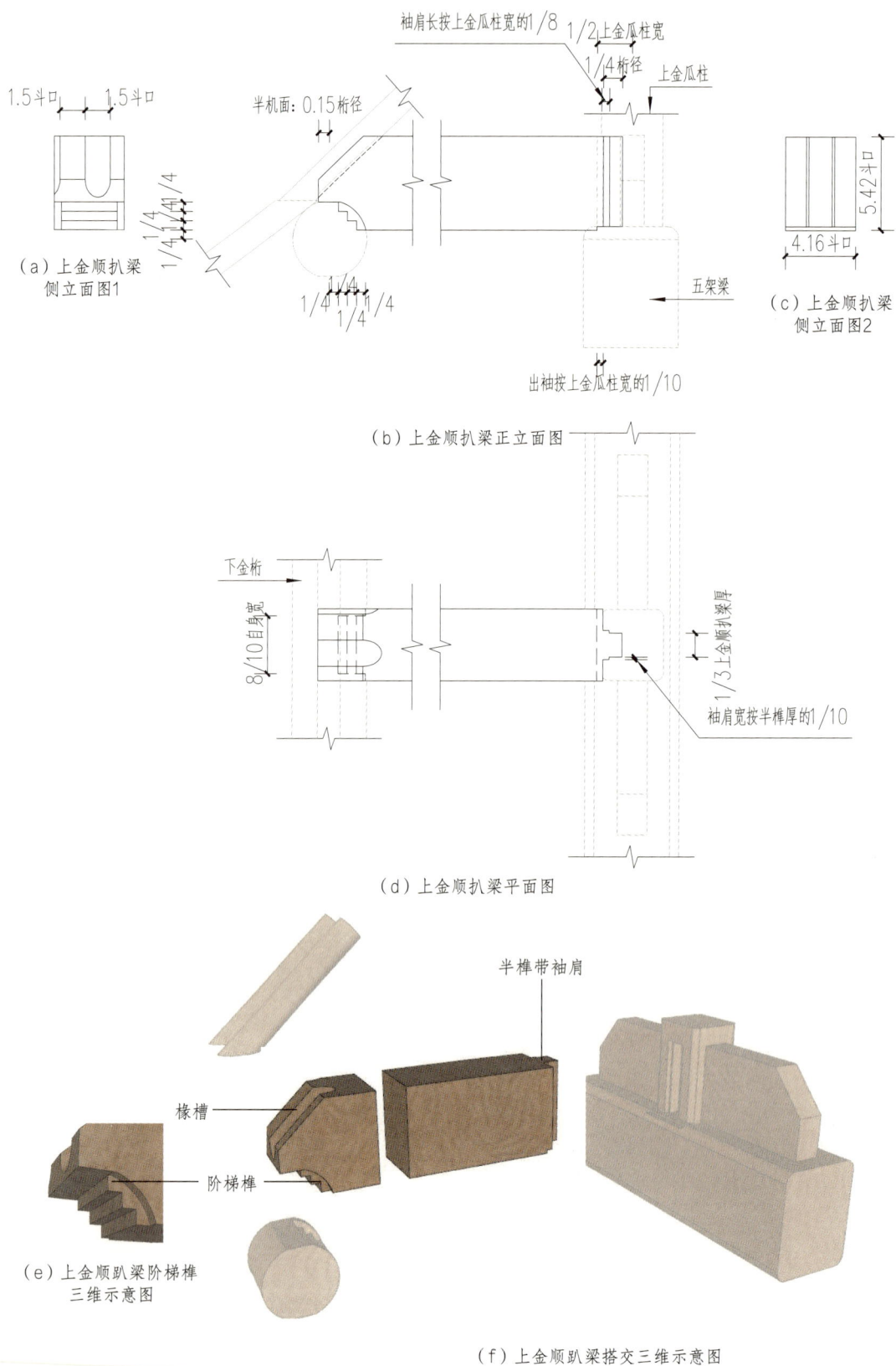

袖肩长按上金瓜柱宽的1/8　1/2上金瓜柱宽

1/4桁径　上金瓜柱

1.5斗口　1.5斗口

半机面：0.15桁径

（a）上金顺扒梁
侧立面图1

1/4　1/4　1/4

1/4　1/4　1/4

5.42斗口

4.16斗口

（c）上金顺扒梁
侧立面图2

五架梁

出袖按上金瓜柱宽的1/10

（b）上金顺扒梁正立面图

下金桁

8/10自身宽

1/3上金顺扒梁厚

袖肩宽按半榫厚的1/10

（d）上金顺扒梁平面图

半榫带袖肩

椽槽

阶梯榫

（e）上金顺趴梁阶梯榫
三维示意图

（f）上金顺趴梁搭交三维示意图

图6-5-5　L4上金顺扒梁

说明：上金顺扒梁与下金桁之间做阶梯榫；上金顺扒梁与上花架椽相交处刻椽槽；上金顺扒梁与五架梁相交处刻槽；上金顺扒梁与上金瓜柱之间做半榫带袖肩。

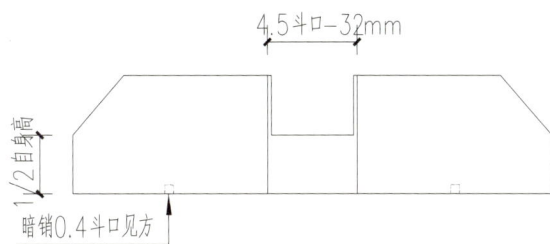

（a）金角背正立面图

（b）金角背侧立面图

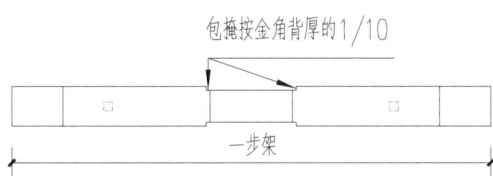

（c）金角背平面图

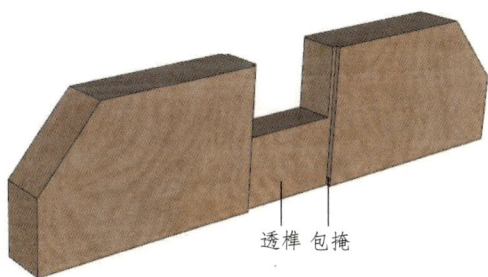

（d）金角背三维示意图1

（e）金角背三维示意图2

图6-5-6　L5金角背

说明：金角背与上金瓜柱之间做包掩，下端做透榫；金角背底部与五架梁之间做暗销。

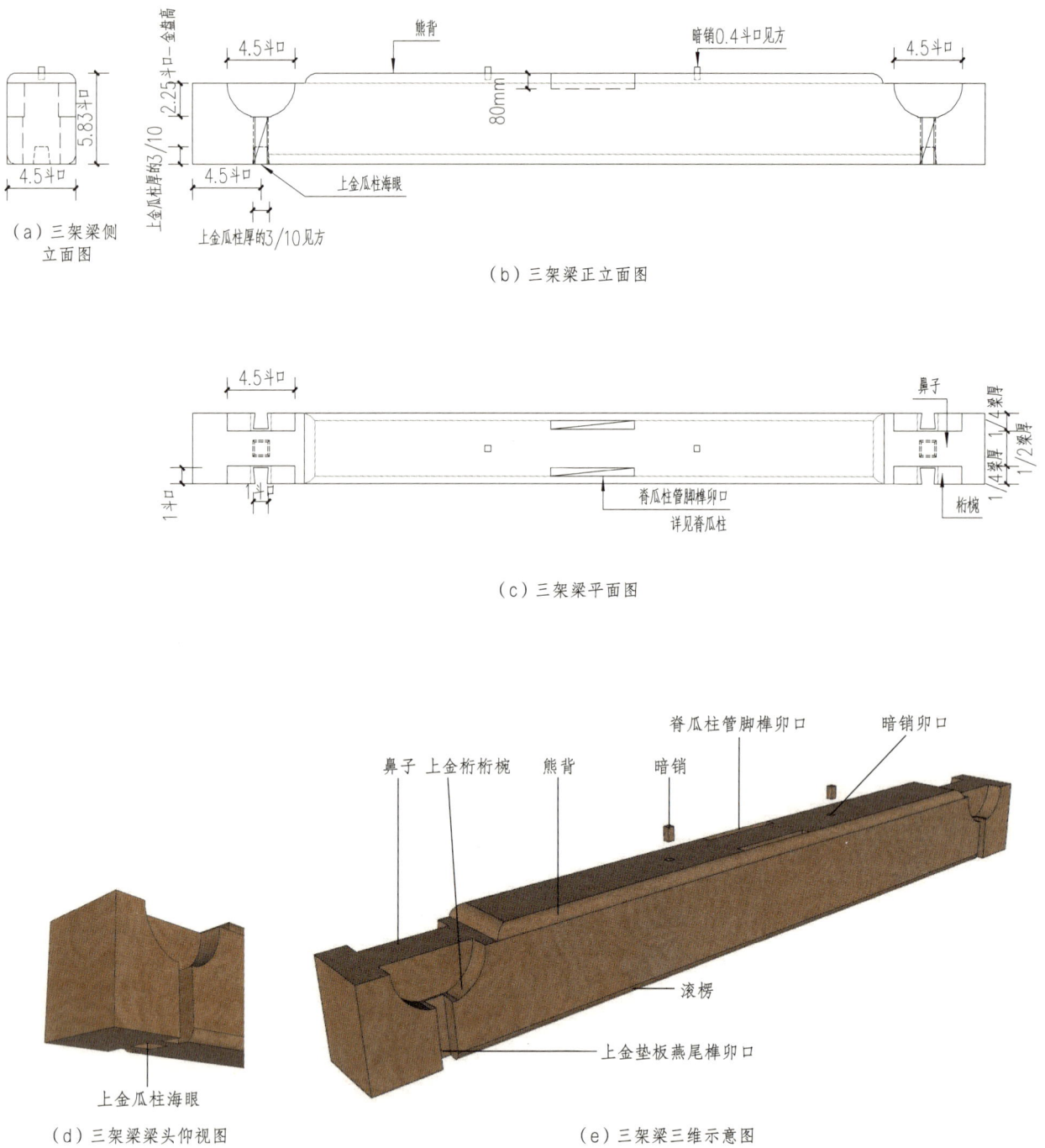

（a）三架梁侧
立面图

（b）三架梁正立面图

（c）三架梁平面图

（d）三架梁梁头仰视图

（e）三架梁三维示意图

图6-5-7　L6三架梁

说明：三架梁与上金瓜柱柱顶之间做馒头榫；三架梁与上金垫板之间做燕尾榫；三架梁与上金桁之间做桁椀、鼻子；三架梁与脊瓜柱之间做脊瓜柱管脚榫；三架梁与脊角背之间做暗销。

暗销0.4斗口见方　　　　　雷公柱管脚榫
　　　　　　　　　　　　　详见雷公柱

80mm

（a）太平梁正立面图

5.83斗口

4.5斗口

（b）太平梁侧立面图

上金桁

8/10自身宽

（c）太平梁平面图

阶梯榫　　暗销卯口　雷公柱管脚榫卯口　暗销

（d）太平梁三维示意图

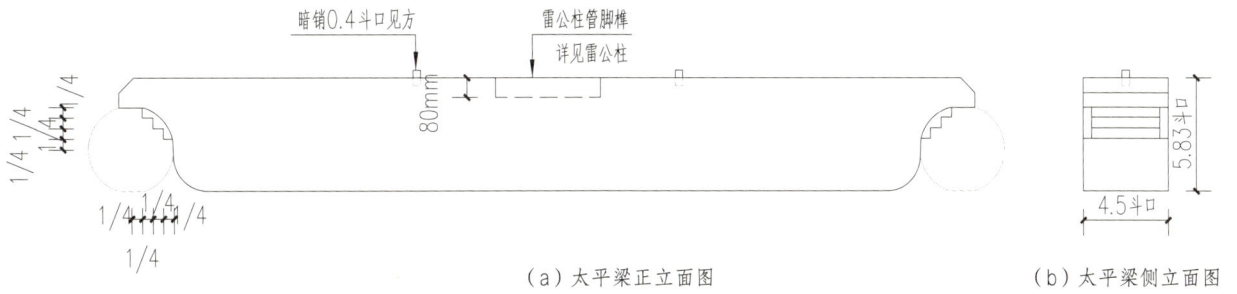

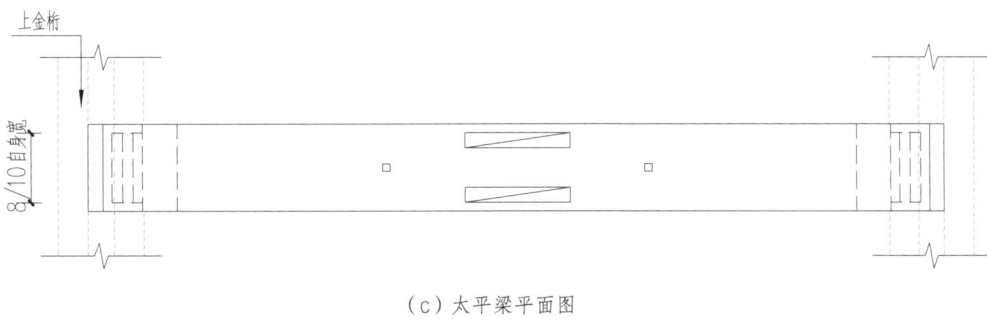

图6-5-8　L7太平梁

说明：太平梁与上金桁之间做阶梯榫；太平梁与雷公柱之间做雷公柱管脚榫，太平梁与脊角背之间做暗销。

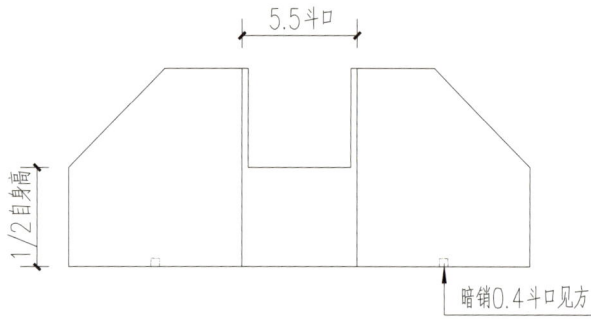

（a）脊角背正立面图 5.5斗口 1/2自身高 暗销0.4斗口见方

（b）脊角背侧立面图 1/2脊瓜柱高 1/3自身高

包掩按脊角背厚的1/10

一步架

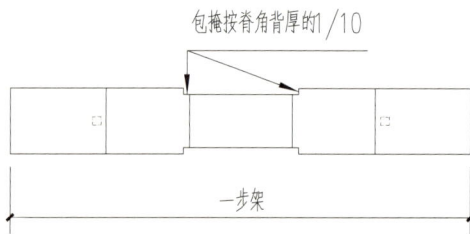

（c）脊角背平面图

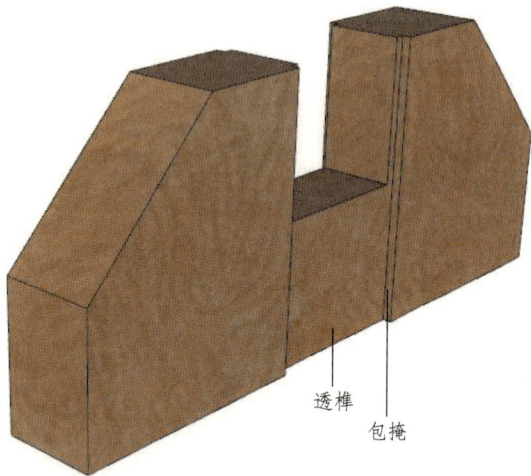

透榫
包掩

（d）脊角背三维示意图1

暗销卯口

（e）脊角背三维示意图2

图6-5-9　L8脊角背（脊瓜柱辅助构件）

说明：脊角背（脊瓜柱辅助构件）与脊瓜柱之间做包掩，下端做透榫；脊角背（脊瓜柱辅助构件）底部与三架梁之间做暗销。

（a）脊瓜柱正立面图

（b）脊瓜柱侧立面图

（c）脊瓜柱平面图

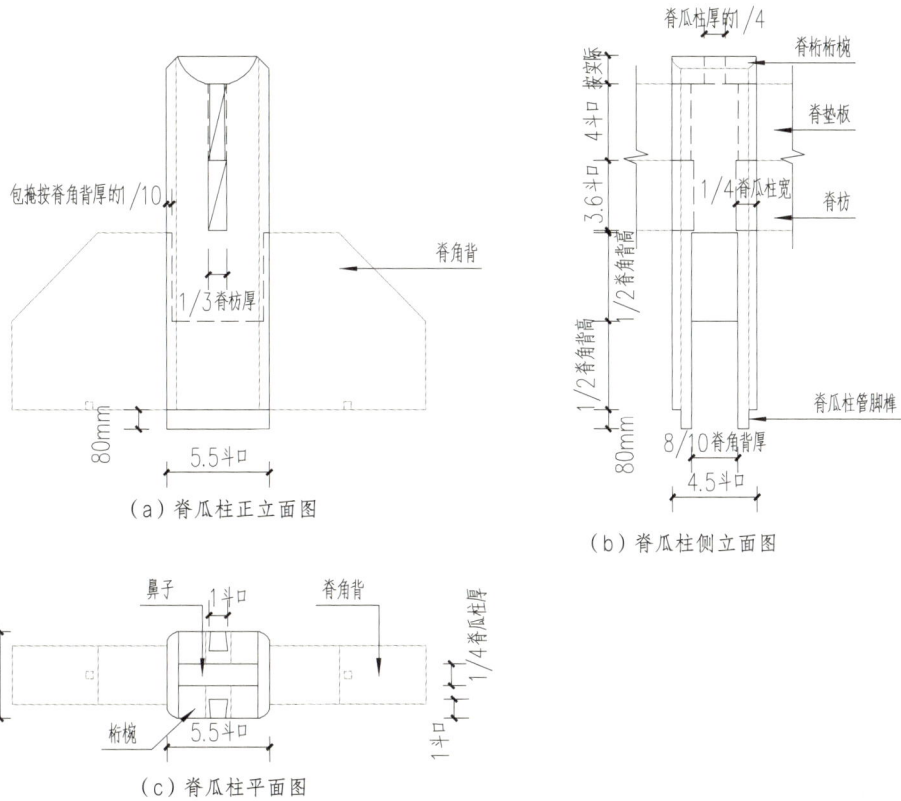

注：脊瓜柱管脚榫（双半榫）尺寸为脊瓜柱厚减去两侧包掩及脊角背透榫厚。

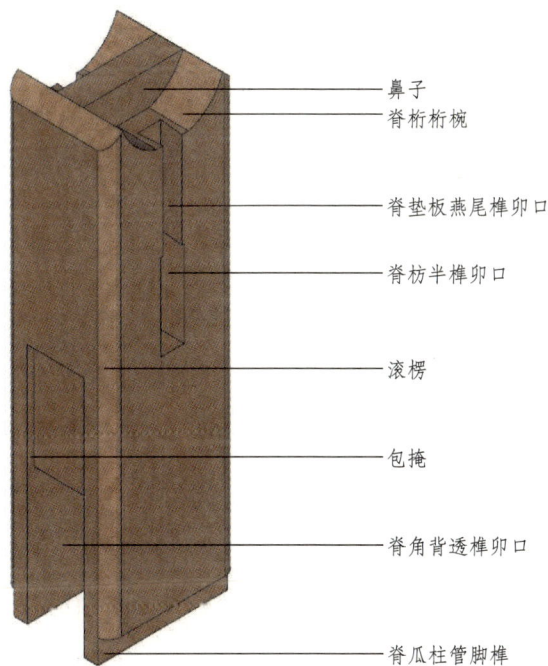

（d）脊瓜柱三维示意图

图6-5-10 L9脊瓜柱

说明：脊瓜柱底部与三架梁之间做脊瓜柱管脚榫；脊瓜柱与脊角背相交处上端做包掩，下端做透榫；脊瓜柱与脊枋之间做半榫；脊瓜柱与脊垫板之间做燕尾榫；脊瓜柱与脊桁之间做桁椀、鼻子。

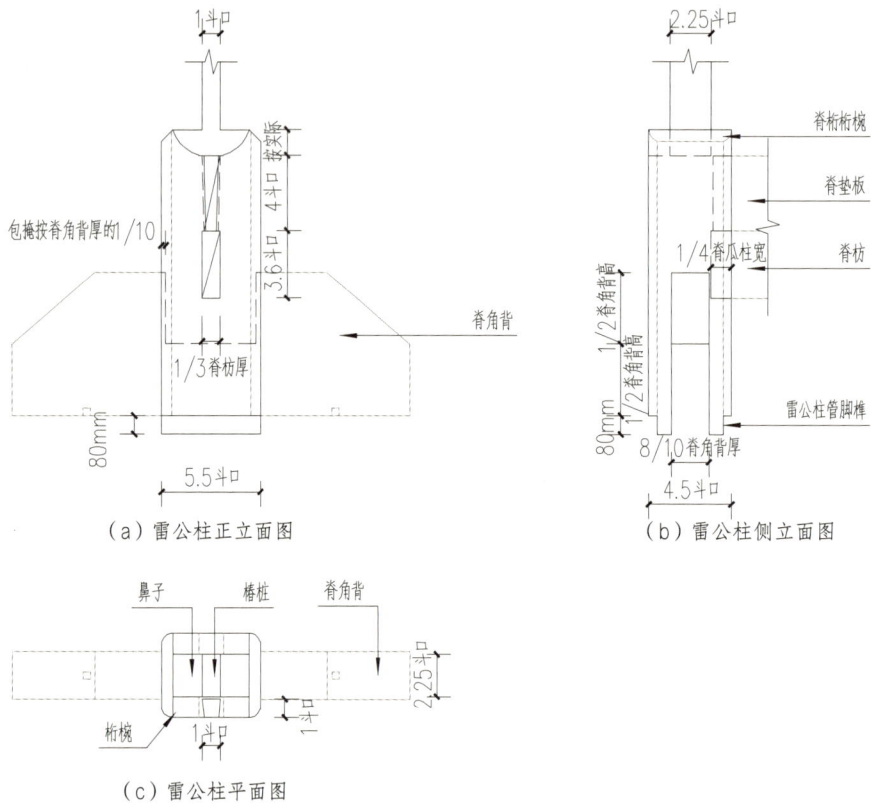

（a）雷公柱正立面图

（b）雷公柱侧立面图

（c）雷公柱平面图

注：雷公柱管脚榫（双半榫）尺寸为雷公柱厚减去两侧包掩及脊角背透榫厚。

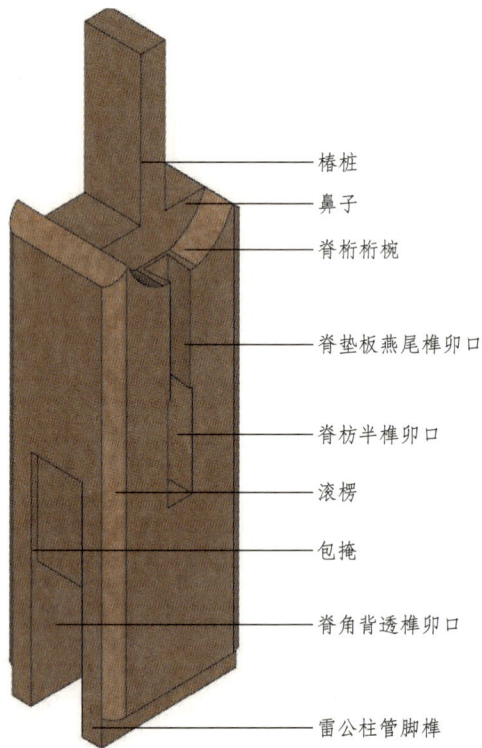

（d）雷公柱三维示意图

图6-5-11　L10雷公柱

　　说明：雷公柱底部与太平梁之间做雷公柱管脚榫；雷公柱与脊角背相交处上端做包掩，下端做透榫；雷公柱与脊枋之间做半榫；雷公柱与脊垫板之间做燕尾榫；雷公柱与脊桁之间做桁椀、鼻子、椿桩。

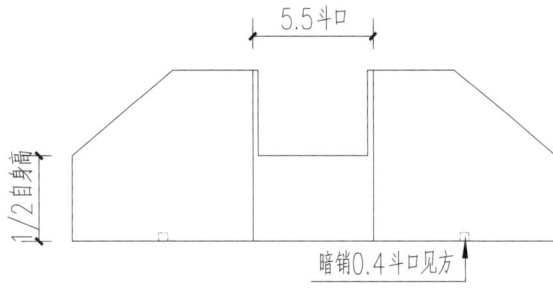

（a）脊角背正立面图

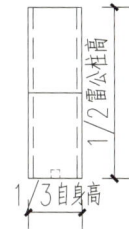

（b）脊角背侧立面图

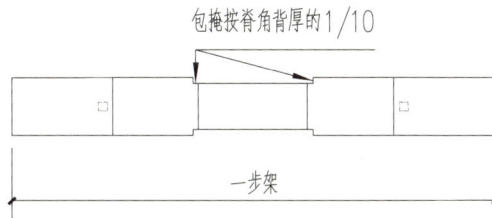

（c）脊角背平面图

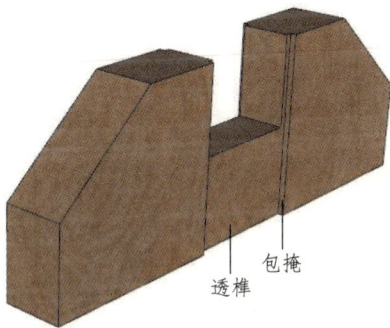

（d）脊角背三维示意图1

（e）脊角背三维示意图2

图6-5-12 L11脊角背（雷公柱辅助构件）

说明：脊角背（雷公柱辅助构件）与脊瓜柱之间做包掩，下端做透榫；脊角背底部与太平梁之间做暗销。

（a）挑檐桁（等口）
侧立面图

（b）挑檐桁（等口）正立面图

（c）挑檐桁（盖口）
侧立面图

（d）挑檐桁（盖口）正立面图

（e）挑檐桁（等口）平面图

（f）挑檐桁（盖口）平面图

十字卡腰榫卯口（盖口）

十字卡腰榫卯口（等口）

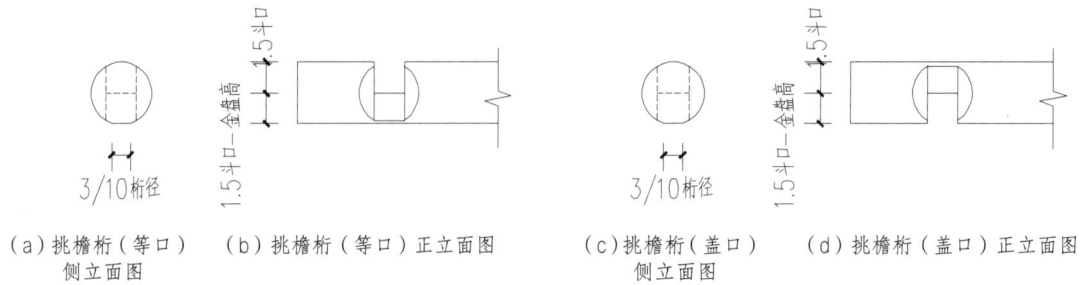

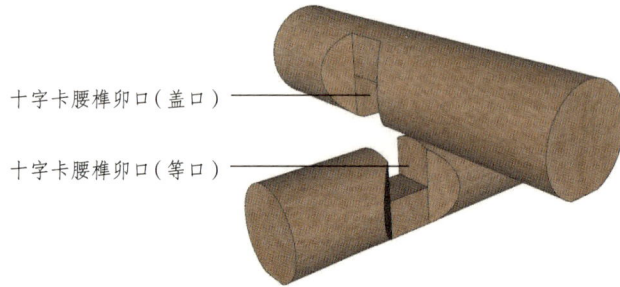

（g）挑檐桁山面搭交三维示意图

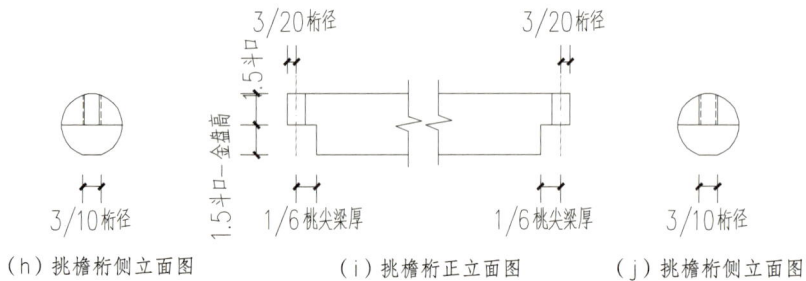

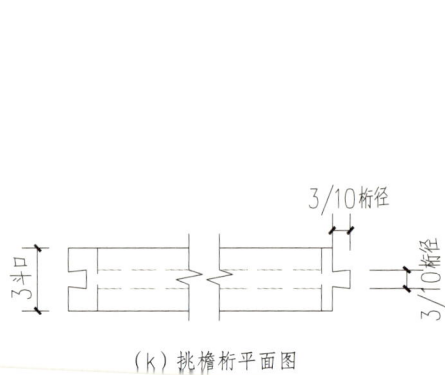

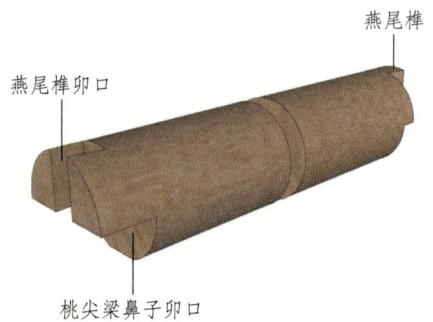

（h）挑檐桁侧立面图

（i）挑檐桁正立面图

（j）挑檐桁侧立面图

燕尾榫

燕尾榫卯口

桃尖梁鼻子卯口

（k）挑檐桁平面图

（l）挑檐桁三维示意图

图6-5-13　l1挑檐桁

说明：檐面挑檐桁与山面挑檐桁搭交时做十字卡腰榫，山面压檐面。挑檐桁之间做燕尾榫；挑檐桁与桃尖梁之间做桃尖梁鼻子。

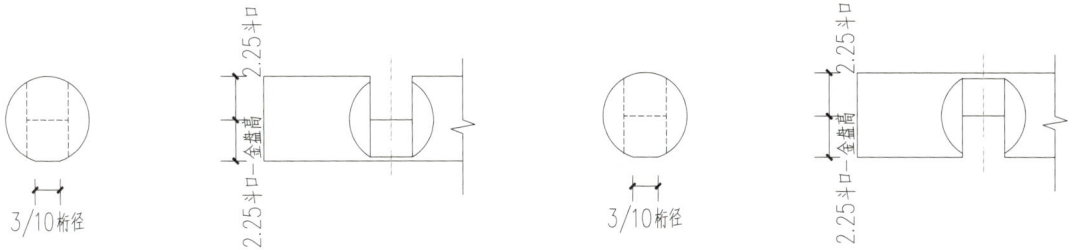

（a）正心桁（等口）侧立面图　　（b）正心桁（等口）正立面图　　（c）正心桁（盖口）侧立面图　　（d）正心桁（盖口）正立面图

（e）正心桁（等口）平面图

（f）正心桁（盖口）平面图

十字卡腰榫卯口（盖口）

十字卡腰榫卯口（等口）

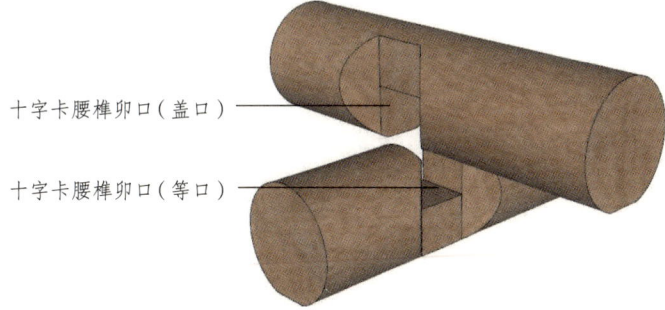

（g）山面正心桁搭交三维示意图

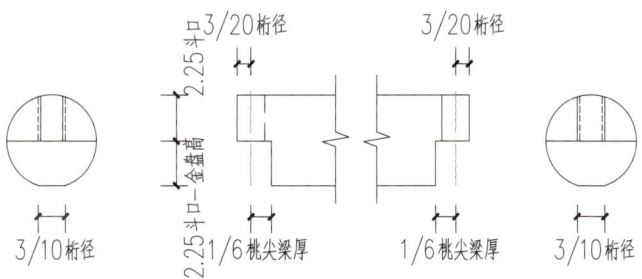

（h）正心桁侧立面图1　　（i）正心桁正立面图　　（j）正心桁侧立面图2

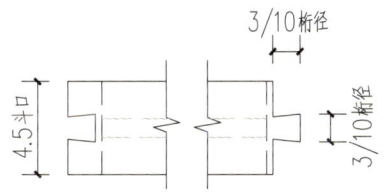

燕尾榫卯口

燕尾榫

桃尖梁鼻子卯口

（k）正心桁平面图

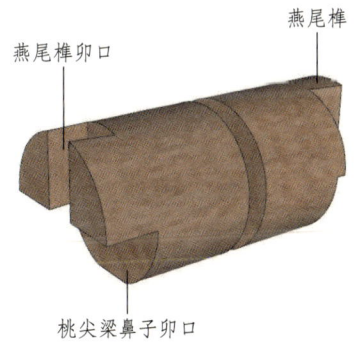

（l）正心桁三维示意图

图6-5-14　l2正心桁

说明：檐面正心桁与山面正心桁搭交时做十字卡腰榫，山面压檐面。正心桁之间做燕尾榫；正心桁与桃尖梁之间做桃尖梁鼻子。

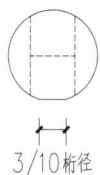

（a）老檐桁（等口）侧立面图　　（b）老檐桁（等口）正立面图

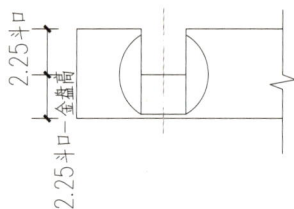

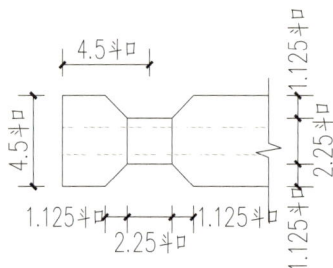

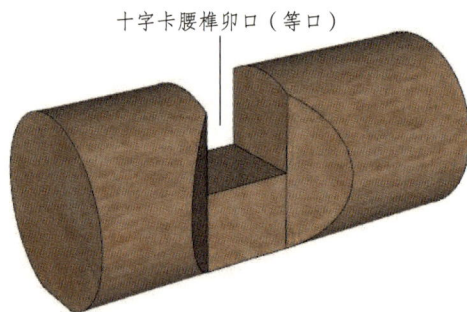

（c）老檐桁（等口）平面图　　　（d）老檐桁（等口）三维示意图

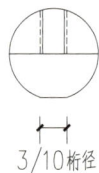

（e）老檐桁（檐面）侧立面图1　　（f）老檐桁（檐面）正立面图　　（g）老檐桁（檐面）侧立面图2

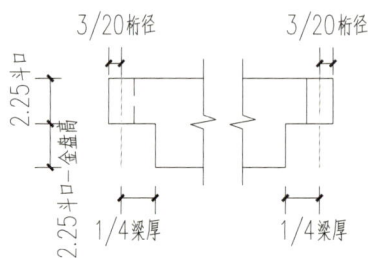

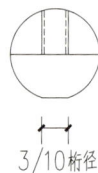

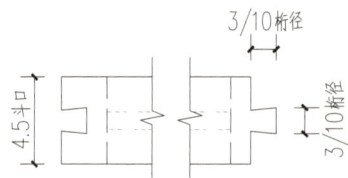

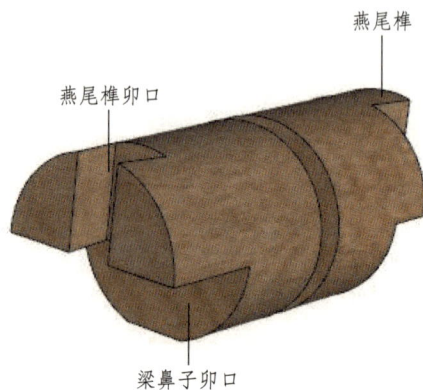

（h）老檐桁（檐面）平面图　　　　（i）老檐桁三维示意图

注：1. 梁厚在老檐桁上为七架梁厚，在下金桁上为五架梁厚，在上金桁上为三架梁厚。

2. 下金桁（等口）、上金桁（等口）榫卯尺寸同老檐桁（等口）。

3. 为保证屋面完整，老檐桁、下金桁、上金桁出桁中距离均为4.5斗口。

图6 5-15 13老檐桁

说明：檐面老檐桁与山面老檐桁搭交时做十字卡腰榫，山面压檐面。老檐桁之间做燕尾榫；老檐桁与梁之间做鼻子。

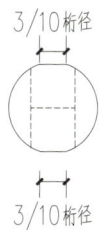

（a）老檐桁（盖口）侧立面图

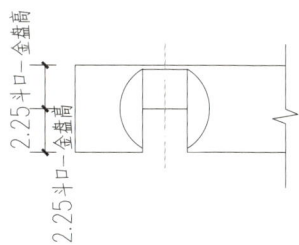

（b）老檐桁（盖口）正立面图

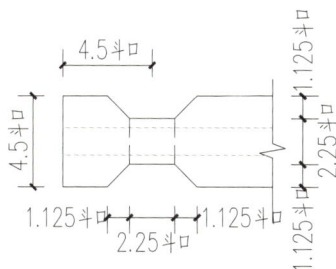

（c）老檐桁（盖口）平面图

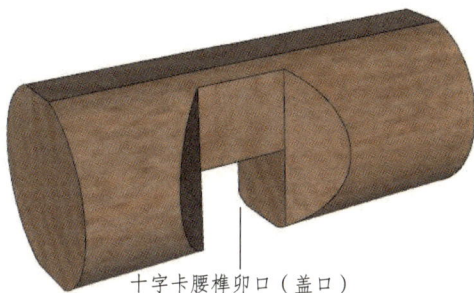

十字卡腰榫卯口（盖口）

（d）老檐桁（盖口）三维示意图

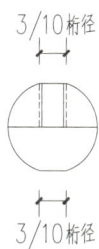

（e）老檐桁（山面）侧立面图

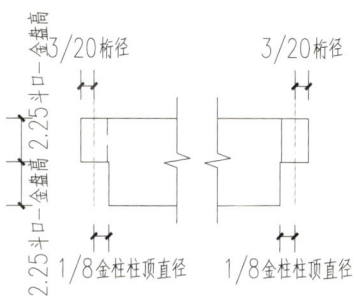

（f）老檐桁（山面）正立面图

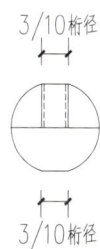

（g）老檐桁（山面）侧立面图

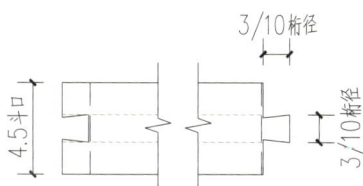

（h）老檐桁（山面）平面图

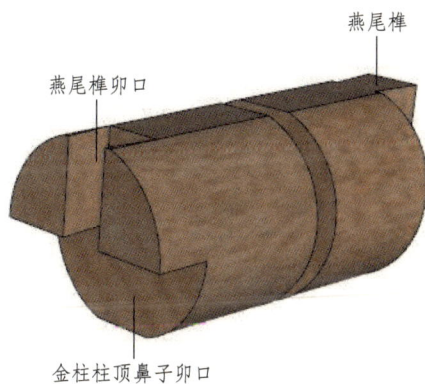

燕尾榫

燕尾榫卯口

金柱柱顶鼻子卯口

（i）老檐桁（山面）三维示意图

图6-5-16 I3老檐桁

说明：檐面老檐桁与山面老檐桁搭交时做十字卡腰榫，山面压檐面。老檐桁之间做燕尾榫。老檐桁与金柱之间做金柱柱顶鼻子。

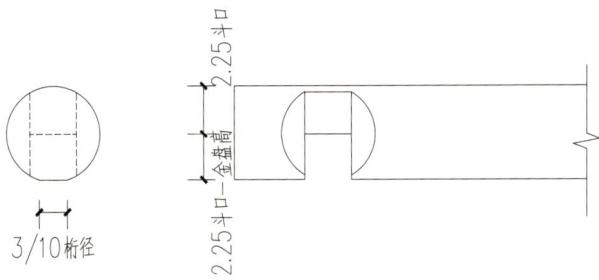

（a）下金桁（盖口）
侧立面图

（b）下金桁（盖口）正立面图

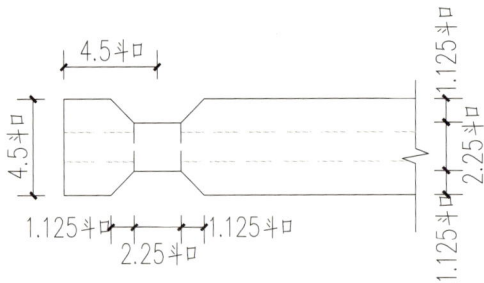

（c）下金桁（盖口）平面图

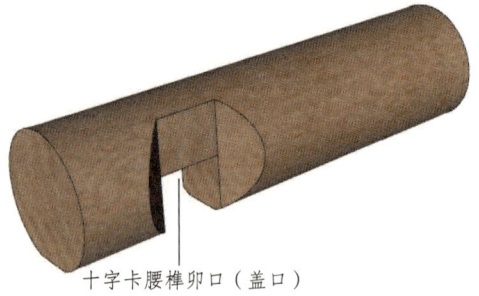

（d）下金桁（盖口）三维示意图

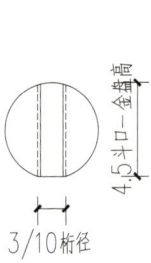

十字卡腰榫卯口（盖口）

（e）下金桁（山面）
侧立面图1

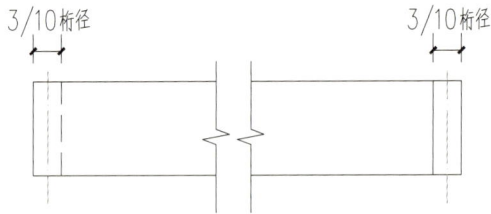

（f）下金桁（山面）正立面图

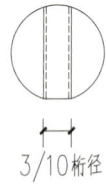

（g）下金桁（山面）侧立面图2

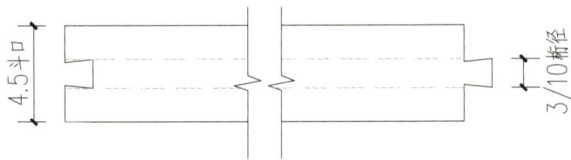

燕尾榫

燕尾榫卯口

（h）下金桁（山面）平面图

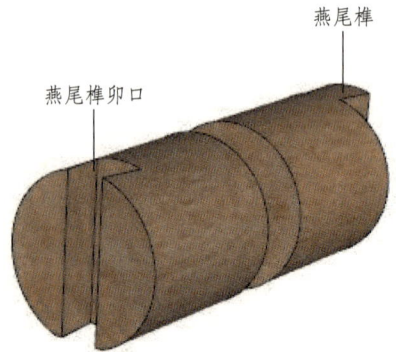

（i）下金桁（山面）三维示意图

注：上金桁（盖口）榫卯同下金桁（盖口）。

图6-5-17 14下金桁

说明：檐面下金桁与山面下金桁搭交时做十字卡腰榫，山面压檐面。下金桁之间做燕尾榫。

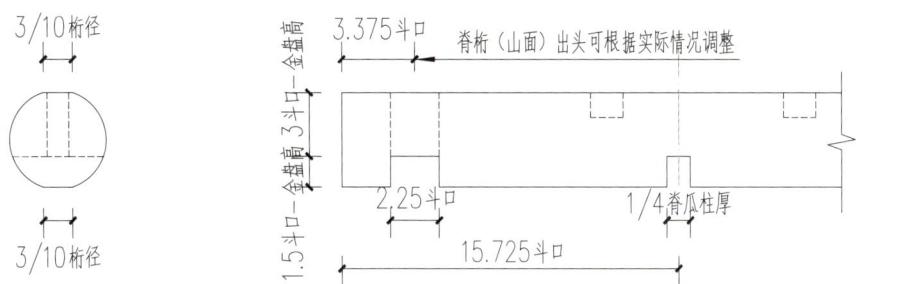

（a）脊桁（山面）侧立面图

（b）脊桁（山面）正立面图

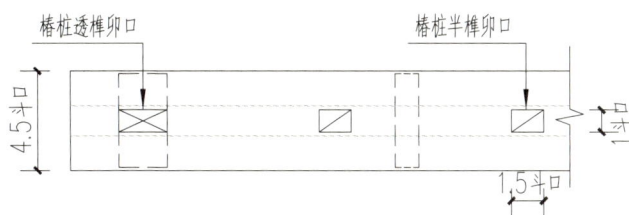

（c）脊桁（山面）平面图

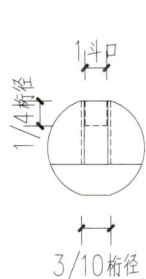

（d）脊桁侧立面图1

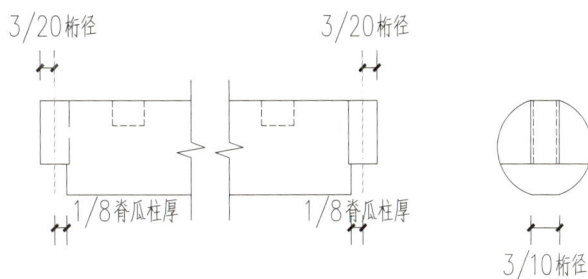

（e）脊桁正立面图

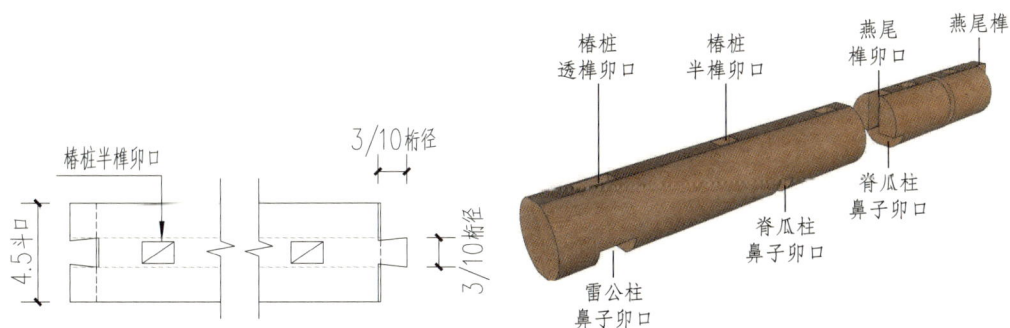

（h）脊桁三维示意图

图6-5-18　l6脊桁

说明：脊桁之间做燕尾榫；脊桁（山面）与脊瓜柱之间做脊瓜柱鼻子；脊桁（山面）与雷公柱之间做雷公柱鼻子；雷公柱与其上椿桩一木而成，此处椿桩与脊桁之间做透榫，其余椿桩与脊桁之间做半榫。

（a）扶脊木、椿桩正立面图1　（b）扶脊木　（c）扶脊木　（d）扶脊木、椿桩正立面图2　（e）扶脊木、椿桩侧
　　　　　　　　　　　　　　侧立面图1　侧立面图2　　　　　　　　　　　　　　　　　　立面图

（f）扶脊木平面图1　　　　　　　　　　　　（g）扶脊木平面图2

（h）扶脊木、椿桩三维示意图

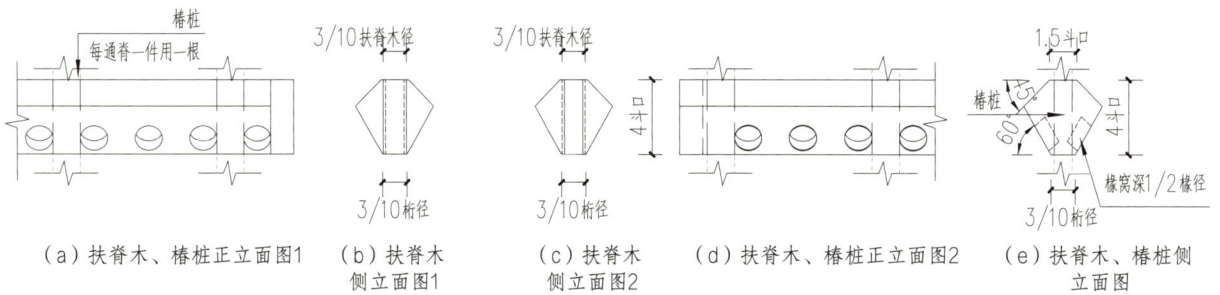

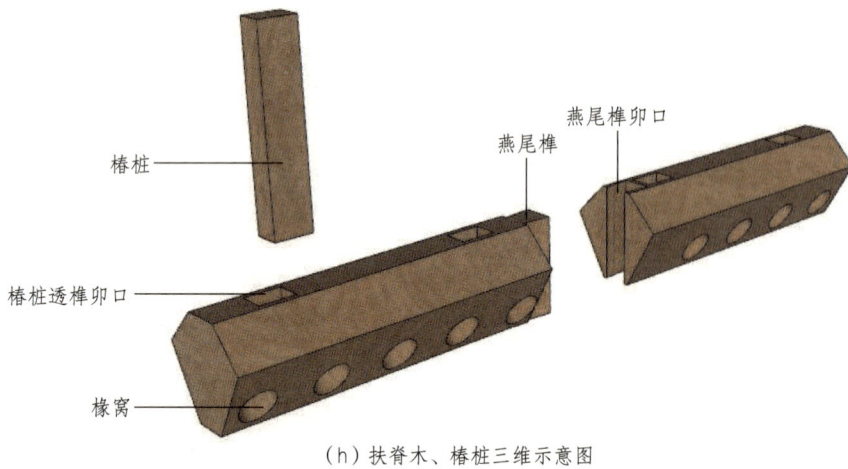

图6-5-19　l7扶脊木、l8椿桩

说明：扶脊木之间做燕尾榫；扶脊木与脑椽相接处刻椽窝；椿桩与扶脊木之间做透榫。

蚰蜒当30~40mm

（a）瓦口木正立面图

0.6斗口

（b）瓦口木侧立面图

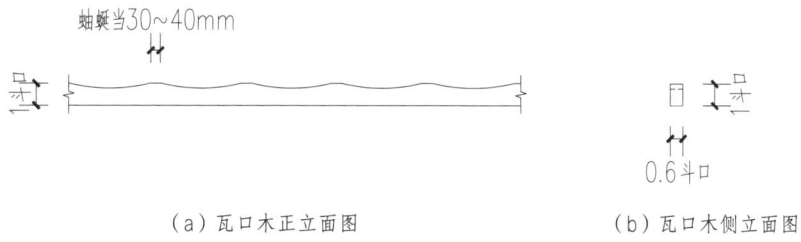

（c）瓦口木三维示意图

图6-5-20　Y1瓦口木

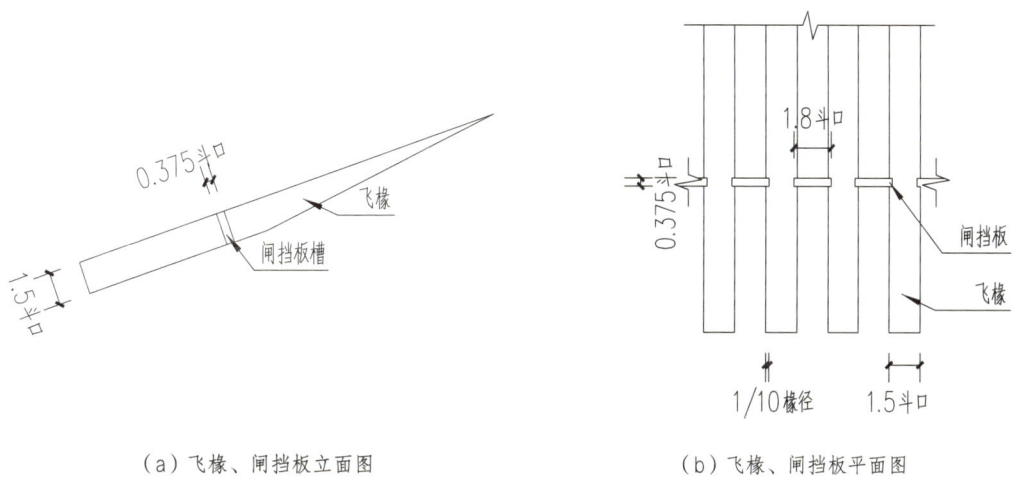

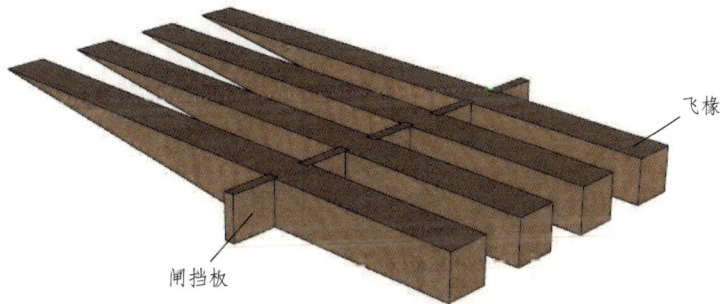

0.375斗口

1.5斗口

飞椽

闸挡板槽

（a）飞椽、闸挡板立面图

1.8斗口

0.375斗口

闸挡板

飞椽

1/10椽径　　1.5斗口

（b）飞椽、闸挡板平面图

飞椽

闸挡板

（c）飞椽、闸挡板三维示意图

图6-5-21　Y2飞椽、Y3闸挡板

说明：飞椽上刻槽，与闸挡板相接。

6.6 横剖面

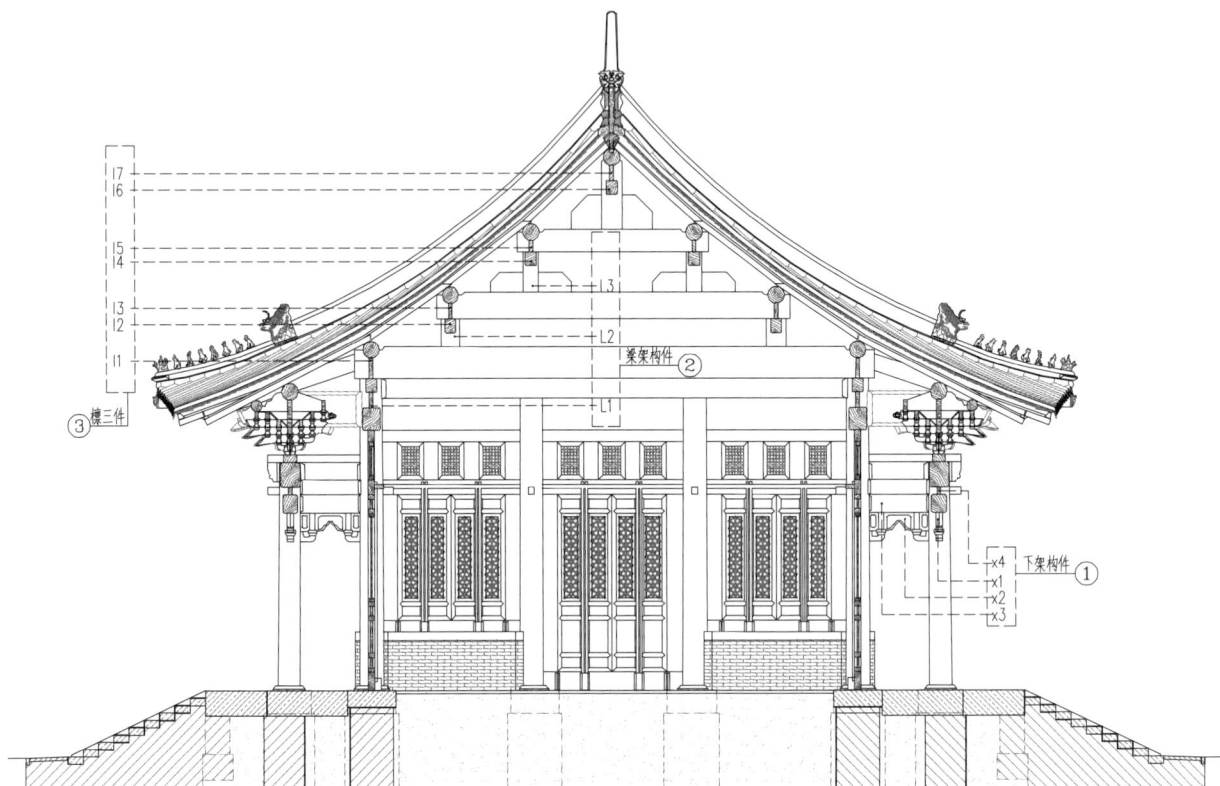

图6-6-1 九檩庑殿周围廊建筑横剖面图

表6-6-1

构件分类	图6-6-1中的序号	构件	宽（长、厚）	高	数量	备注
①下架构件	x1	雀替	1.8斗口	7.5斗口	32	
	x2	骑马雀替	长为廊步距离	7.5斗口	8	
	x3	小额枋	4斗口	4.8斗口	24	
	x4	由额垫板	1斗口	2斗口	24	
②梁架构件	L1	天花垫板	1斗口	4斗口	16	
	L2	下金瓜柱	5.6斗口-32mm	按实际	8	
	L3	上金瓜柱	4.5斗口-32mm	按实际	8	
③檩三件	l1	老檐垫板（檐面）	1斗口	按实际	6	榫卯同柱头平面—老檐垫板（金角柱）
	l2	下金枋（檐面）	3斗口	3.6斗口	6	
	l3	下金垫板（檐面）	1斗口	按实际	10	榫卯同柱头平面—老檐垫板（金角柱）
	l4	上金枋（檐面）	3斗口	3.6斗口	10	
	l5	上金垫板（檐面）	1斗口	按实际	10	榫卯同柱头平面—老檐垫板（金角柱）
	l6	脊枋	3斗口	3.6斗口	5	
	l7	脊垫板	1斗口	4斗口	5	

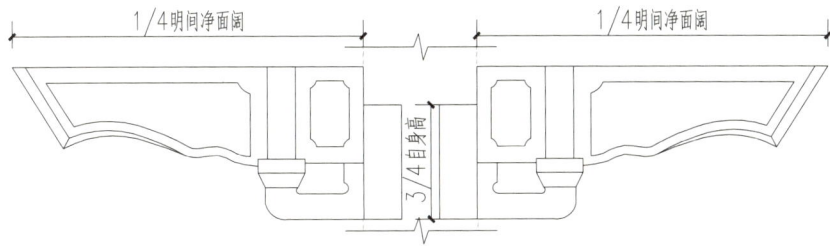

（a）雀替正立面图

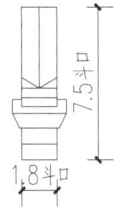

（b）雀替侧立面图

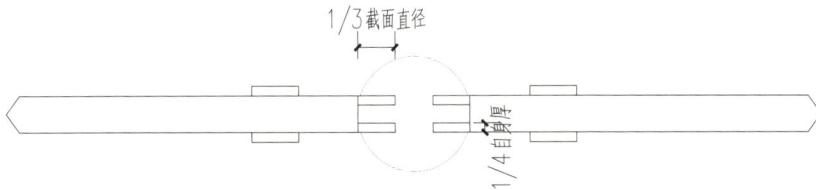

（c）雀替平面图

注：骑马雀替与雀替榫卯尺寸相同。

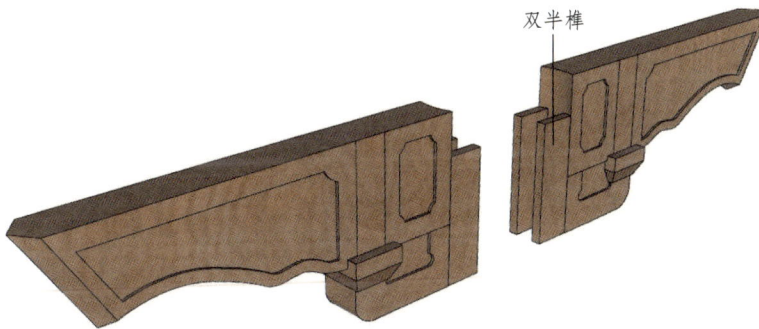

（d）雀替三维示意图

图6-6-2　x1雀替

说明：雀替与檐柱之间做双半榫。

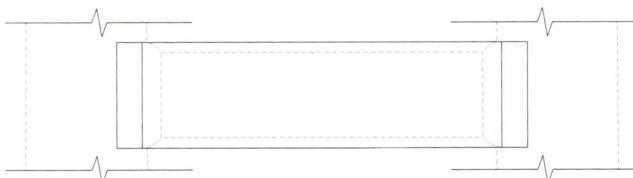

（a）小额枋正立面图

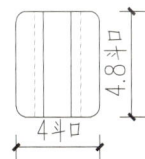

（b）小额枋侧立面图

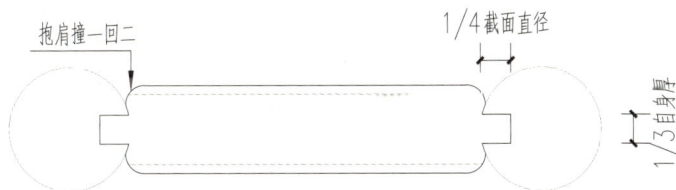

（c）小额坊平面图

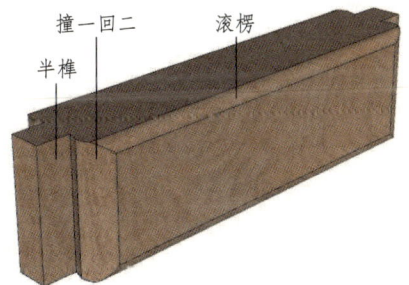

（d）小额枋三维示意图

图6-6-3　x3小额枋

说明：小额枋与檐柱之间做半榫。

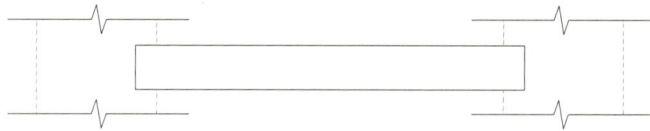

（a）由额垫板正立面图

（b）由额垫板侧立面图

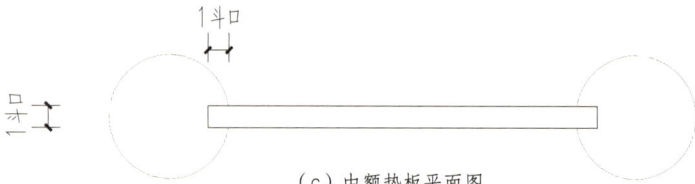

（c）由额垫板平面图

（d）由额垫板三维示意图

半榫

图6-6-4　x4由额垫板

说明：由额垫板与檐柱之间做半榫。

（a）天花垫板正立面图

（b）天花垫板侧立面图

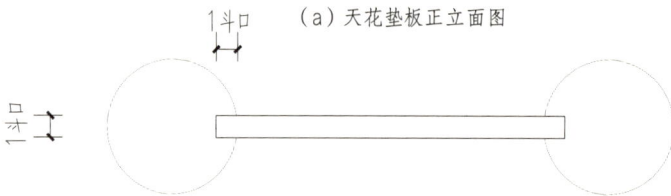

（c）天花垫板平面图

半榫

（d）天花垫板三维示意图

图6-6-5　L1天花垫板

说明：天花垫板与檐柱之间做半榫。

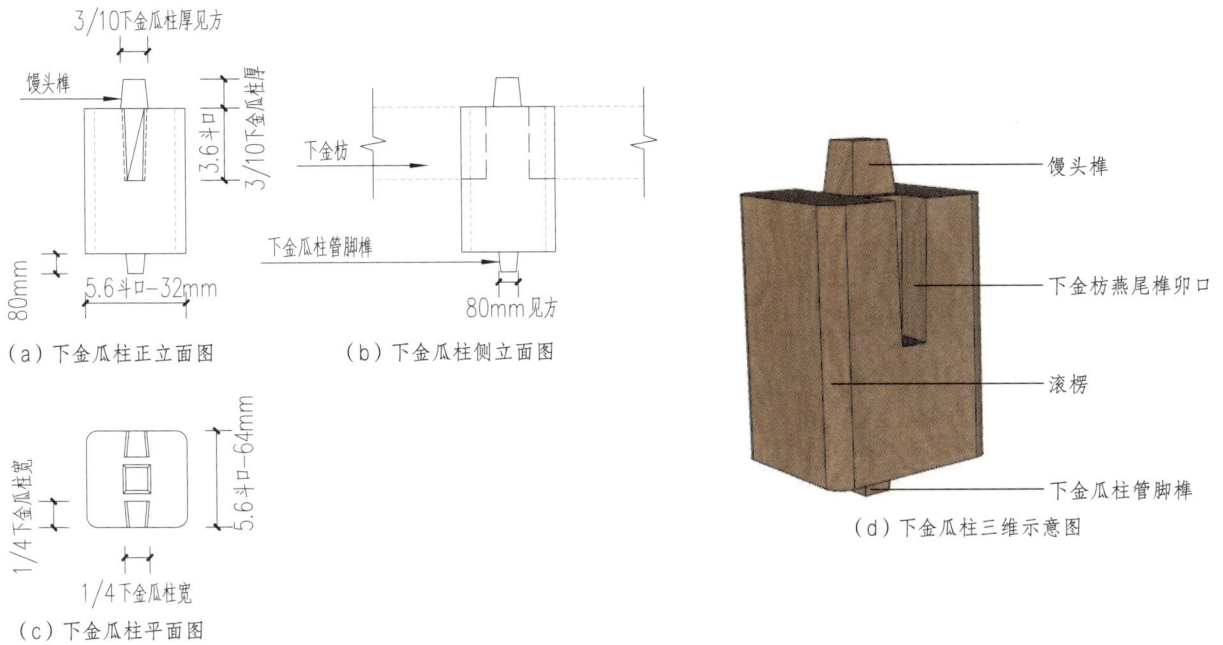

（a）下金瓜柱正立面图

（b）下金瓜柱侧立面图

（c）下金瓜柱平面图

（d）下金瓜柱三维示意图

图6-6-6　L2下金瓜柱

说明：下金瓜柱底部与七架梁之间做下金瓜柱管脚榫；下金瓜柱与下金枋之间做燕尾榫；下金瓜柱顶部与五架梁之间做馒头榫。

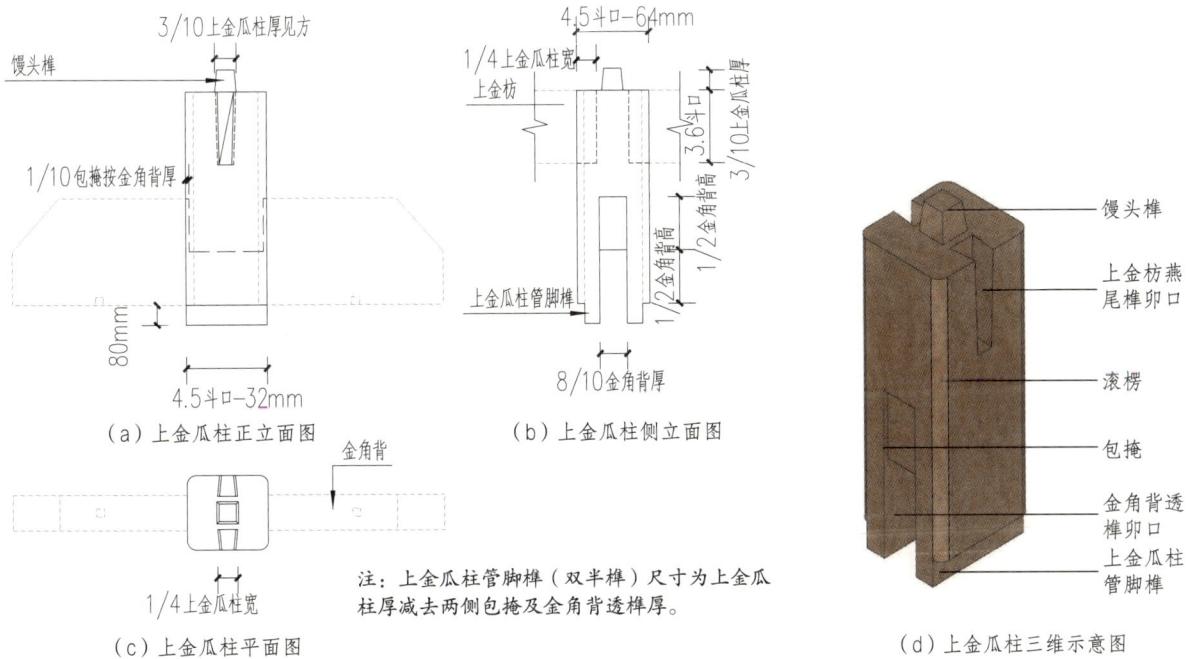

（a）上金瓜柱正立面图

（b）上金瓜柱侧立面图

（c）上金瓜柱平面图

注：上金瓜柱管脚榫（双半榫）尺寸为上金瓜柱厚减去两侧包掩及金角背透榫厚。

（d）上金瓜柱三维示意图

图6-6-7　L3上金瓜柱

说明：上金瓜柱底部与五架梁之间做上金瓜柱管脚榫；上金瓜柱与金角背相交处上端做包掩，下端做透榫；上金瓜柱与上金枋之间做燕尾榫；上金瓜柱顶部与三架梁之间做馒头榫。

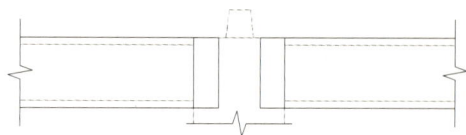

（a）下金枋（檐面）正立面图

（b）下金枋（檐面）侧立面图

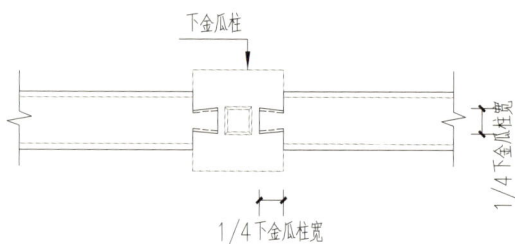

3斗口

3.6斗口

（c）下金枋（檐面）平面图

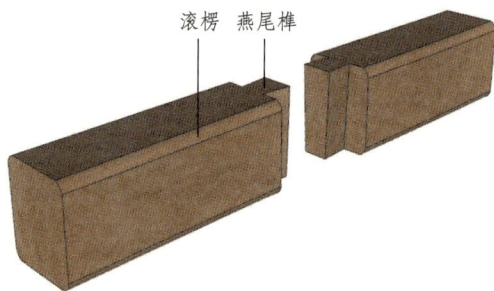

下金瓜柱

1/4下金瓜柱宽

1/4下金瓜柱宽

（d）下金枋（檐面）三维示意图

滚楞　燕尾榫

图6-6-8　l2下金枋（檐面）

说明：下金枋（檐面）与下金瓜柱之间做燕尾榫。

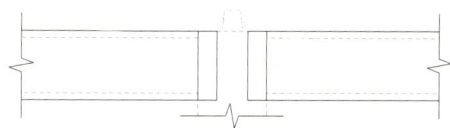

（a）上金枋（檐面）正立面图

（b）上金枋（檐面）侧立面图

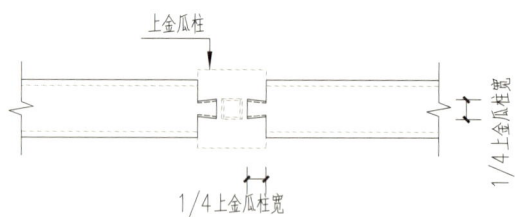

3斗口

3.6斗口

（c）上金枋（檐面）平面图

上金瓜柱

1/4上金瓜柱宽

1/4上金瓜柱宽

（d）上金枋（檐面）三维示意图

滚楞

燕尾榫

图6-6-9　l4上金枋（檐面）

说明：上金枋（檐面）与上金瓜柱之间做燕尾榫。

（a）脊枋正立面图

（b）脊枋侧立面图

（c）脊枋平面图

脊瓜柱

1/4脊瓜柱宽

1/3脊枋厚

（d）脊枋三维示意图

滚楞

半榫

3斗口

3.6斗口

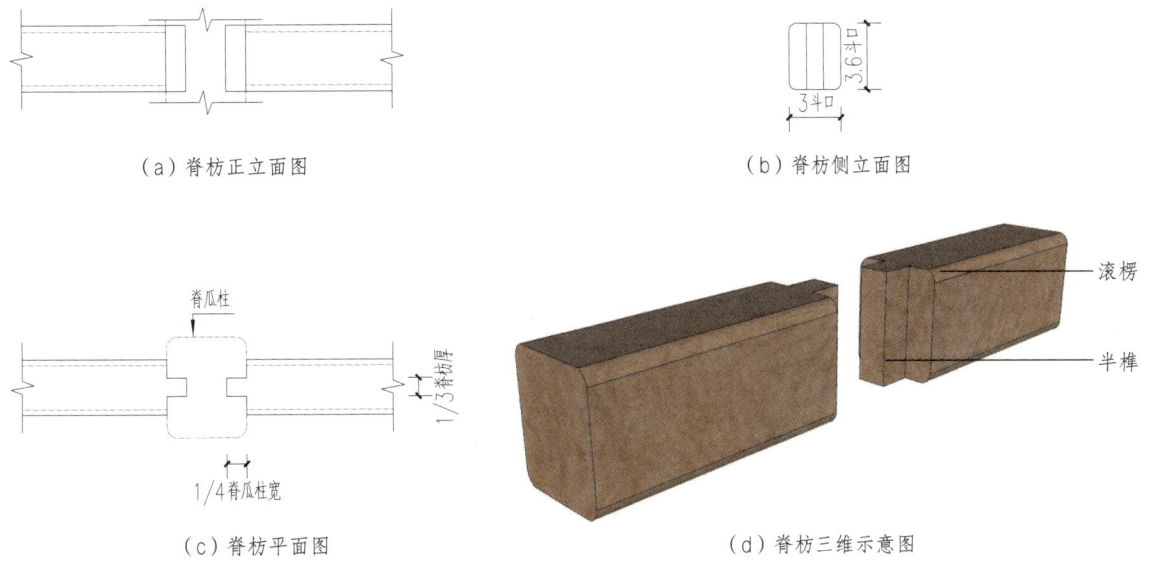

图6-6-10 l6脊枋

说明：脊枋与脊瓜柱之间做半榫。

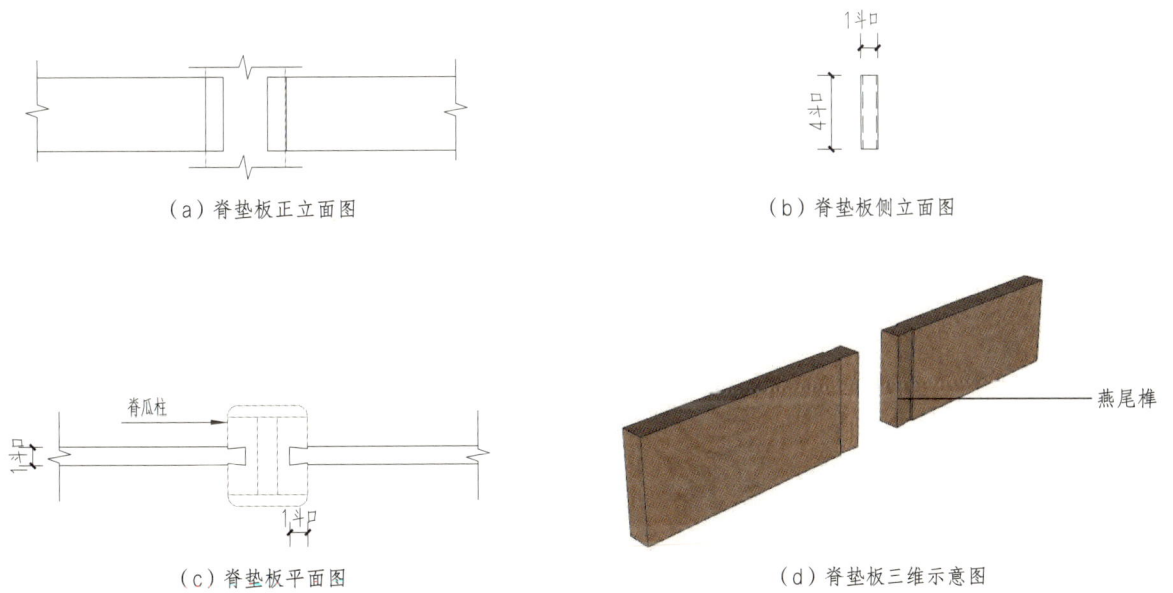

（a）脊垫板正立面图

（b）脊垫板侧立面图

1斗口

4斗口

（c）脊垫板平面图

脊瓜柱

1斗口

1斗口

（d）脊垫板三维示意图

燕尾榫

图6-6-11 l7脊垫板

说明：脊垫板与脊瓜柱之间做燕尾榫。

6.7 纵剖面

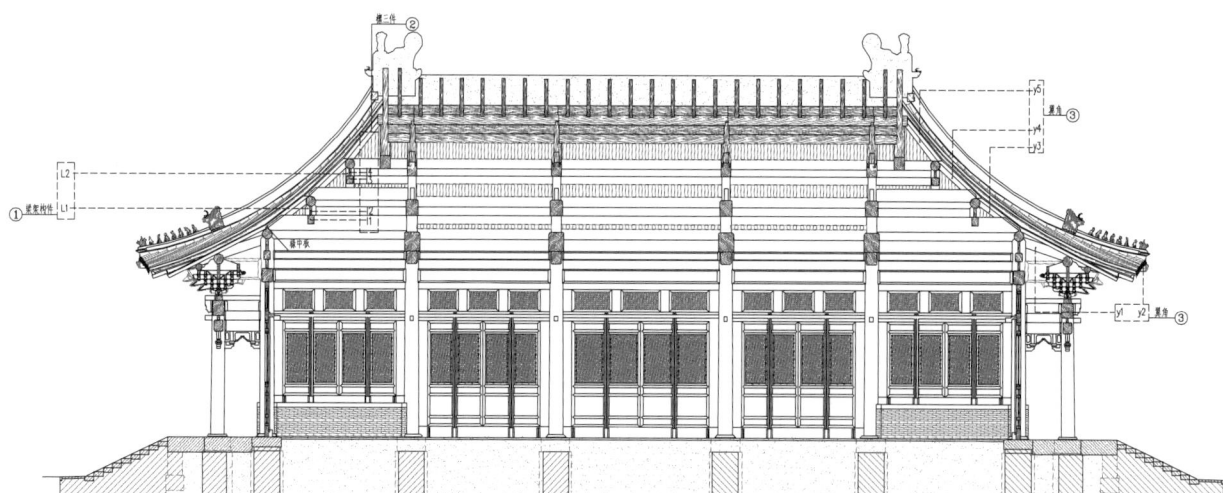

图6-7-1 九檩庑殿周围廊建筑纵剖面图

表6-7-1

构件分类	图6-7-1中的序号	构件	长	宽（厚）	高	数量	备注
①梁架构件	L1	交金墩	厚5.6斗口-64mm	5.6斗口-32mm	按实际	4	
	L2	上金交金瓜柱	厚4.5斗口-64mm	4.5斗口-32mm	按实际	4	
②檩三件	l1	下金枋（山面）		3斗口	3.6斗口	6	
	l2	下金垫板（山面）		1斗口	按实际	6	榫卯同柱头平面—老檐垫板（金角柱）
	l3	上金枋（山面）		3斗口	3.6斗口	2	
	l4	上金垫板（山面）		1斗口	按实际	2	榫卯同柱头平面—老檐垫板（金角柱）
③翼角	y1	老角梁		2.8斗口	4.2斗口	4	
	y2	仔角梁		2.8斗口	4.2斗口	4	
	y3	下花架由戗		2.8斗口	4.2斗口	4	
	y4	上花架由戗		2.8斗口	4.2斗口	4	榫卯同纵剖面—仔角梁、下花架由戗
	y5	脊由戗		2.8斗口	4.2斗口	4	榫卯同纵剖面—仔角梁、下花架由戗

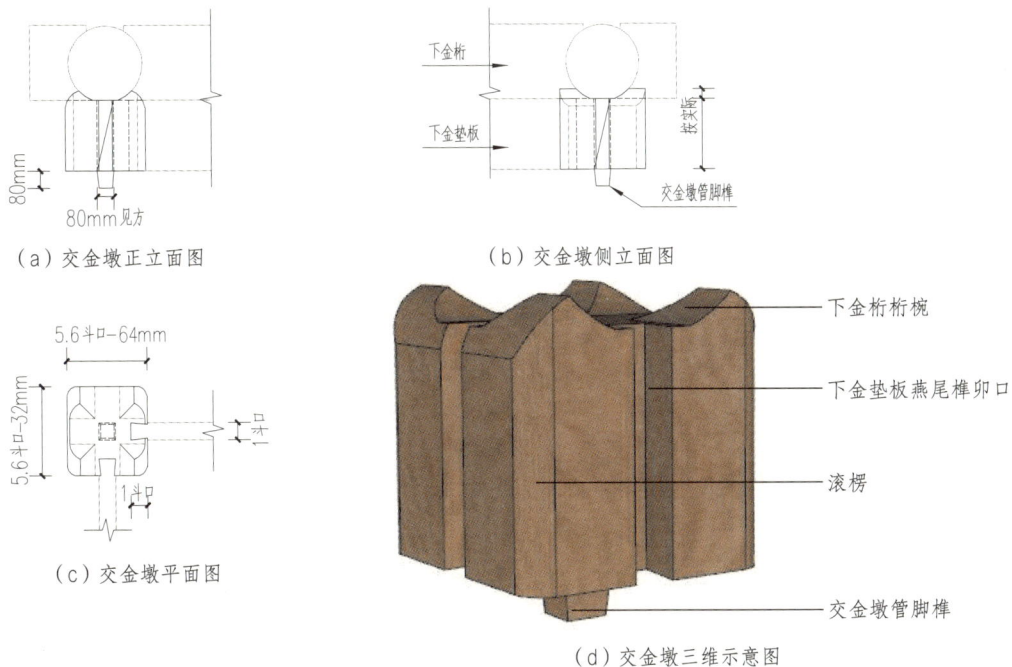

（a）交金墩正立面图

（b）交金墩侧立面图

（c）交金墩平面图

（d）交金墩三维示意图

图6-7-2　L1交金墩

说明：交金墩底部与下金顺扒梁之间做交金墩管脚榫；交金墩与下金垫板之间做燕尾榫；交金墩与下金桁之间做桁椀。

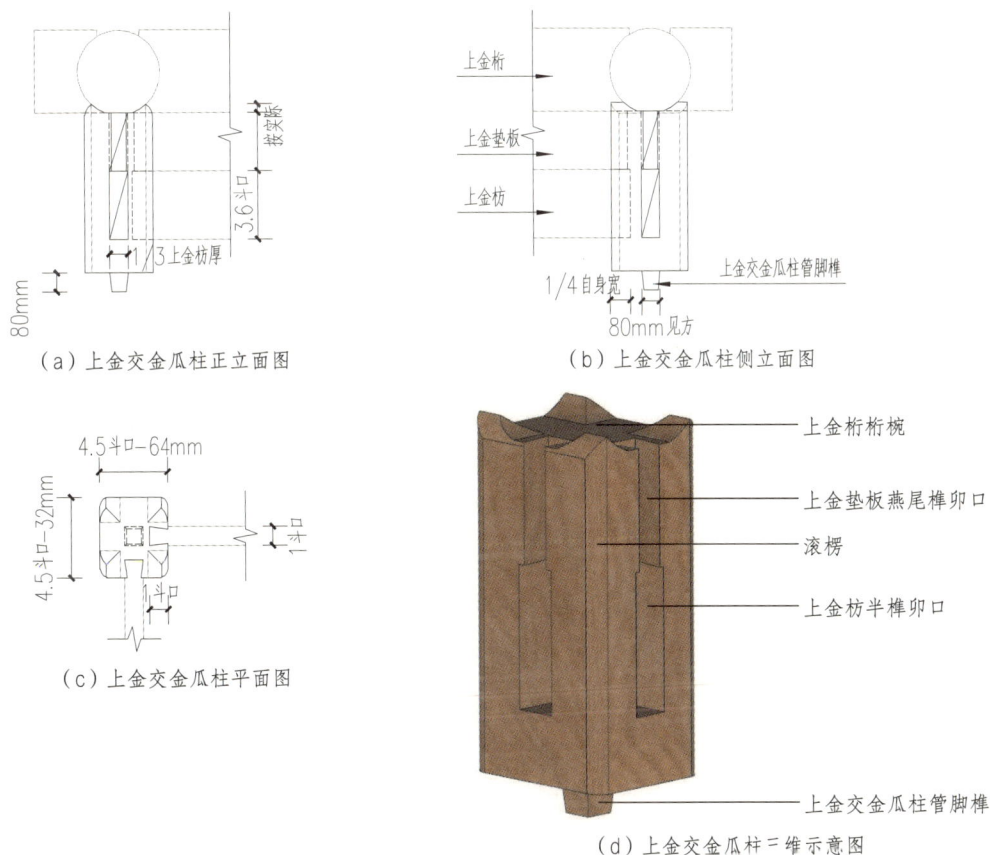

（a）上金交金瓜柱正立面图

（b）上金交金瓜柱侧立面图

（c）上金交金瓜柱平面图

（d）上金交金瓜柱三维示意图

图6-7-3　L2上金交金瓜柱

说明：上金交金瓜柱底部与上金顺扒梁之间做上金交金瓜柱管脚榫；上金交金瓜柱与上金枋之间做半榫；上金交金瓜柱与上金垫板之间做燕尾榫；上金交金瓜柱与上金桁之间做桁椀。

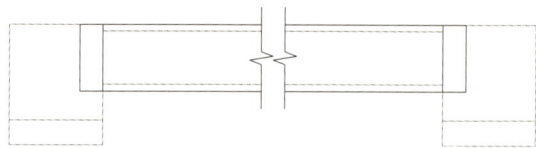

（a）下金枋（山面）正立面图　　　　　（b）下金枋（山面）侧立面图

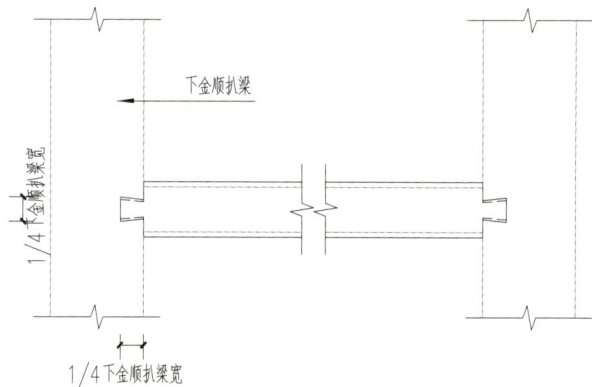

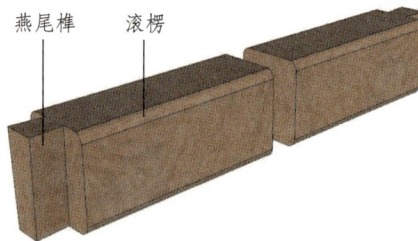

（c）下金枋（山面）平面图　　　　　（d）下金枋（山面）三维示意图

图6-7-4　l1下金枋（山面）

说明：下金枋（山面）与下金顺扒梁之间做燕尾榫。

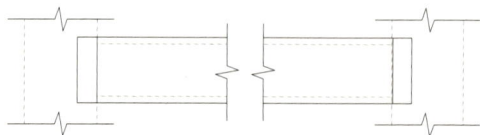

（a）上金枋（山面）正立面图　　　　　（b）上金枋（山面）侧立面图

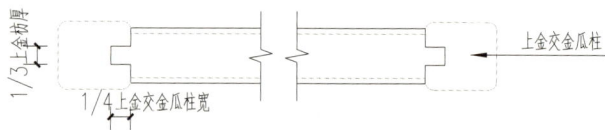

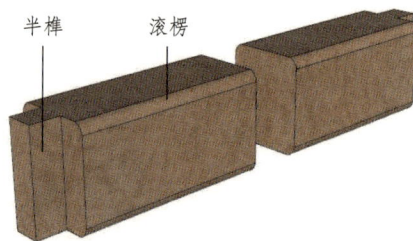

（c）上金枋（山面）平面图　　　　　（d）上金枋（山面）三维示意图

图6-7-5　l3上金枋（山面）

说明：上金枋（山面）与上金交金瓜柱之间做半榫。

（a）下花架由戗平面图

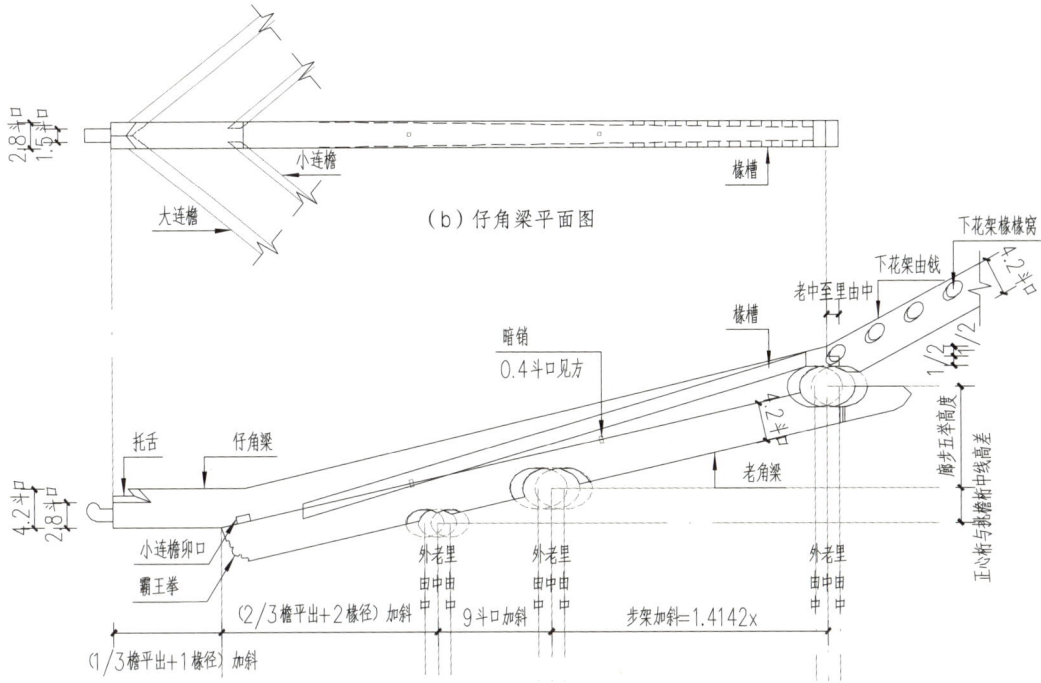

2.8斗口

（b）仔角梁平面图

小连檐
大连檐
椽槽

暗销
0.4斗口见方

下花架由戗
老中至里由中
椽槽
下花架椽椽窝
4.2斗口

1/2
1|1/2
廊步五举高度
正心桁与挑檐桁中线高差

托舌
仔角梁
小连檐卯口
霸王拳

4.2斗口
2.8斗口

老角梁
外老里由中由中

正心枋与挑檐桁中线高差

（2/3檐平出+2椽径）加斜
9斗口加斜
步架加斜=1.4142x

外老里由中由中
外老里由中由中

（1/3檐平出+1椽径）加斜

（c）老角梁、仔角梁、下花架由戗正立面图

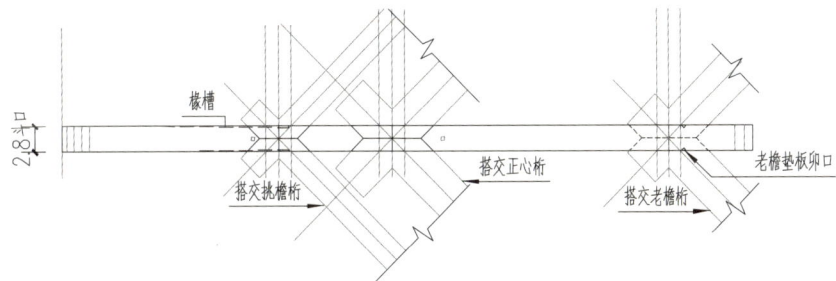

椽槽
2.8斗口

搭交挑檐桁
搭交正心桁
搭交老檐桁
老檐垫板卯口

（d）老角梁仰视平面图

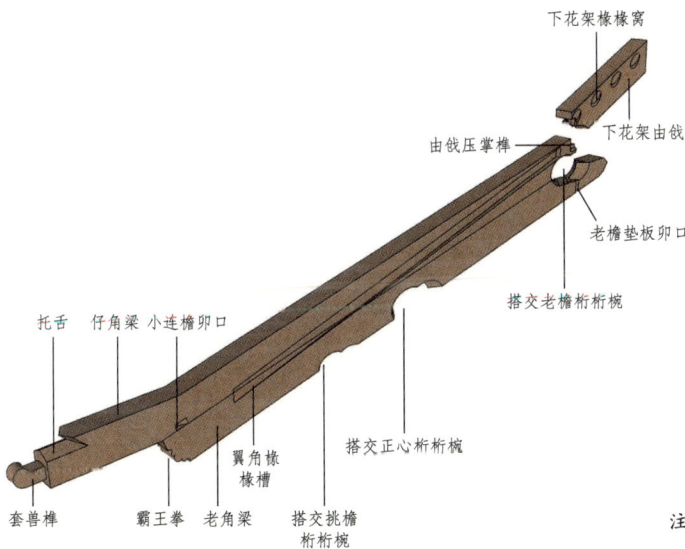

下花架椽椽窝
由戗压掌榫
下花架由戗
老檐垫板卯口
搭交老檐桁桁椀

托舌
仔角梁
小连檐卯口
套兽榫
霸王拳
老角梁
翼角椽椽槽
搭交挑檐桁桁椀
搭交正心桁桁椀

（e）老角梁、仔角梁、下花架由戗三维示意图

注：各由戗间连接方式同仔角梁与下花架由戗的连接方式。

图6-7-6　y1老角梁、y2仔角梁、y3下花架由戗

7 斗栱

根据第四至六章案例，本章以单翘单昂五踩斗栱、单翘重昂七踩斗栱为例，详细介绍各分件的尺寸，单位为斗口。斗栱构件记忆顺序为：由上至下、先面阔后进深、从中间到两边。斗栱分件图中，暗销分为两类，栱与斗之间暗销尺寸为0.2×0.2×0.2斗口；栱与栱之间暗销尺寸为0.4×0.4×0.2斗口。栱眼深为0.1斗口。

角科斗栱　　　平身科斗栱　　　柱头科斗栱

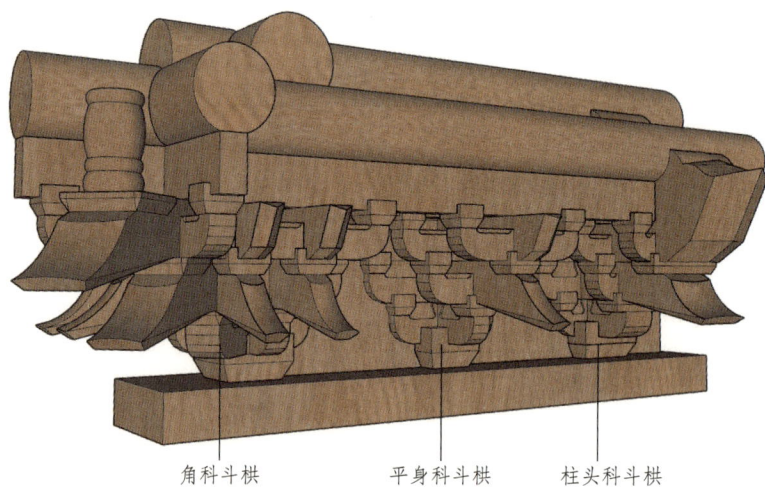

图7-0-1　单翘单昂五踩斗栱组合模型

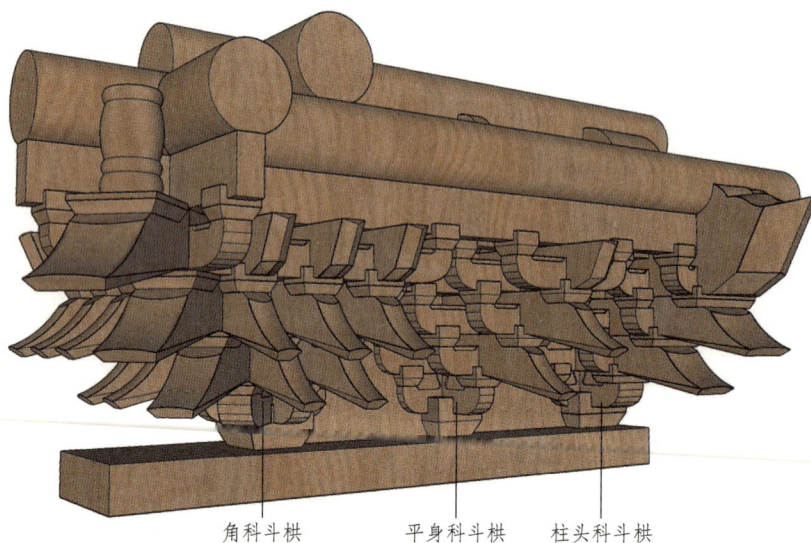

角科斗栱　　　平身科斗栱　　　柱头科斗栱

图7-0-2　单翘重昂七踩斗栱组合模型

7.1 单翘单昂五踩斗栱柱头科及分件

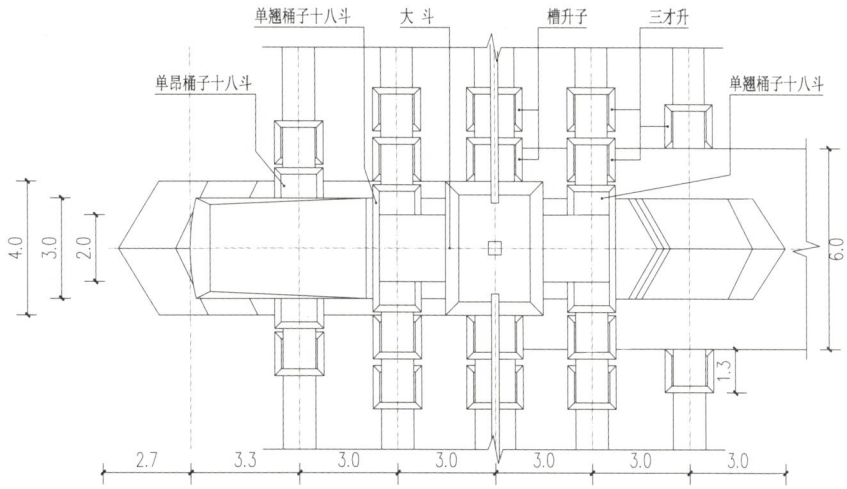

（a）柱头科斗栱仰视平面图

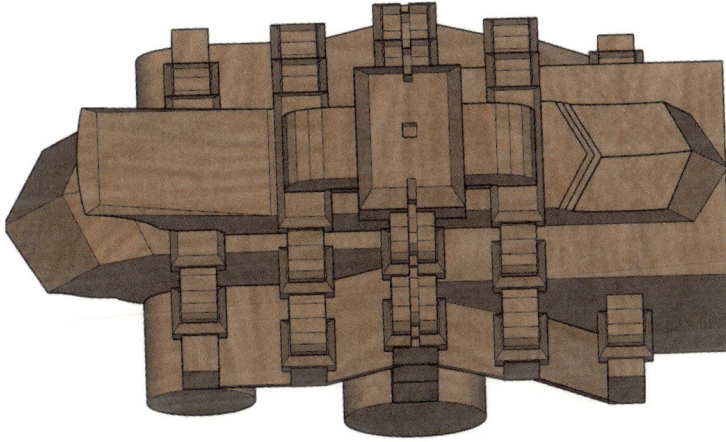

（b）柱头科斗栱仰视三维示意图

图7-1-1 柱头科斗栱仰视示意图

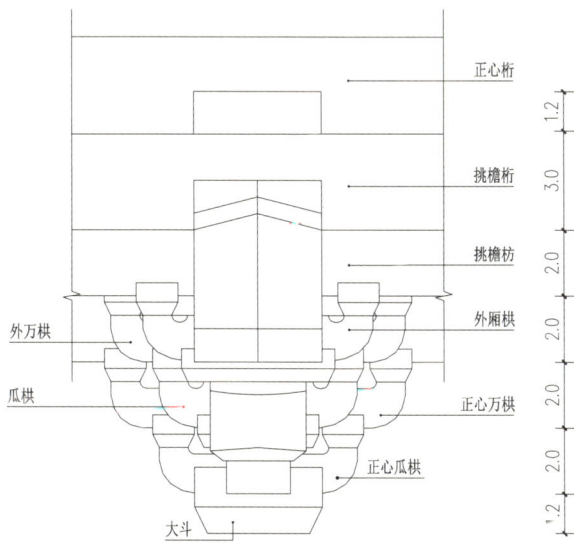

（a）柱头科斗栱正立面图

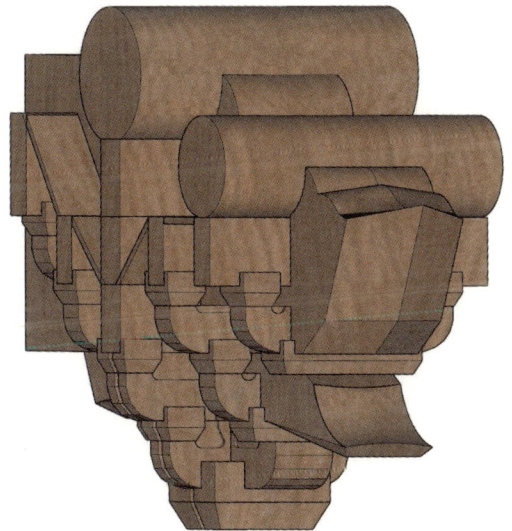

（b）柱头科斗栱三维示意图

图7-1-2 柱头科斗栱正立面示意图

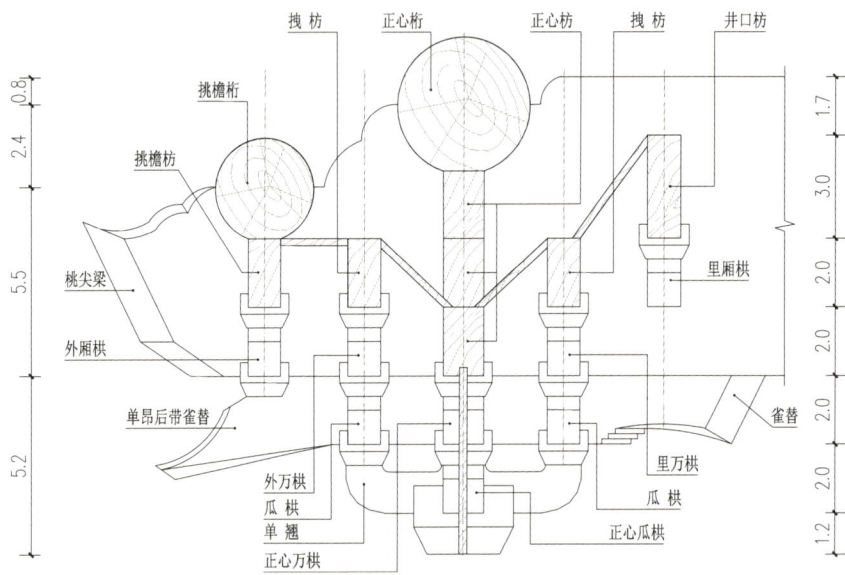

（a）柱头科斗栱侧立面图

（b）柱头科斗栱三维示意图

图7-1-3　柱头科斗栱侧立面示意图

单翘单昂五踩斗栱柱头科构件

表7-1-1

斗栱类别	构件分类	构件	长	高	宽	数量	备注
柱头科	①斗	大斗	4.0	2.0	3.0	1	
		槽升子	1.3	1.0	1.74	4	
		单翘桶子十八斗	3.8	1.0	1.5	2	
		单昂桶子十八斗	4.8	1.0	1.5	1	
		三才升	1.3	1.0	1.5	12	
	②面阔方向	正心瓜栱	6.2	2.0	1.24	1	
		正心万栱	9.2	2.0	1.24	1	
		瓜栱	6.2	1.4	1.0	2	
		里万栱	9.2	1.4	1.0	1	
		外万栱	9.2	1.4	1.0	1	
		外厢栱	7.2	1.4	1.0	1	
		里厢栱	1.9	1.4	1.0	2	两栱头共长8.2（中有桃尖梁）
	③进深方向	单翘	7.1	2.0	2.0	1	
		单昂后带雀替	18.3	3.0	3.0	1	
		桃尖梁	按实际	8.7	前宽4.0 后宽6.0	1	

注：枋、盖斗板、栱垫板不在构件列表统计范围之内。

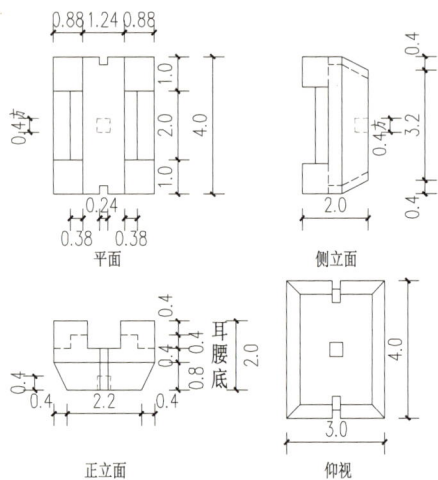

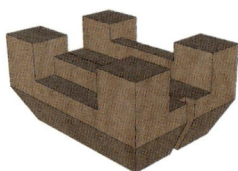

（a）大斗

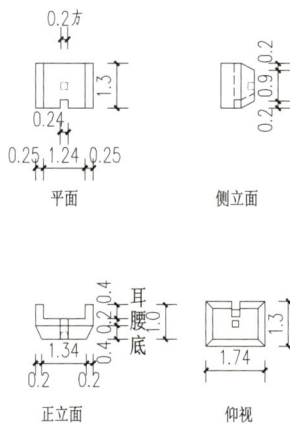

（b）槽升子

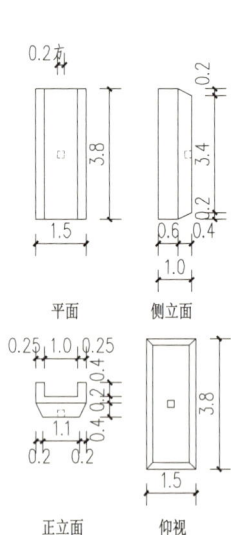

（c）单翘桶子十八斗

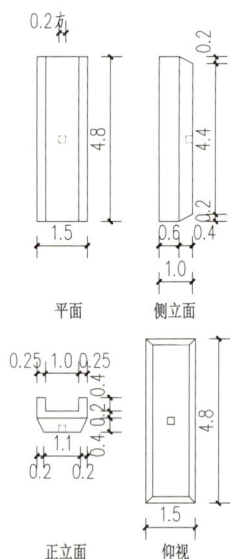

（d）单昂桶子十八斗

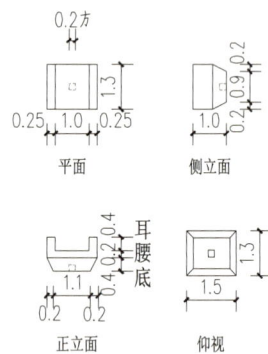

（e）三才升

图7-1-4　柱头科斗栱分件1

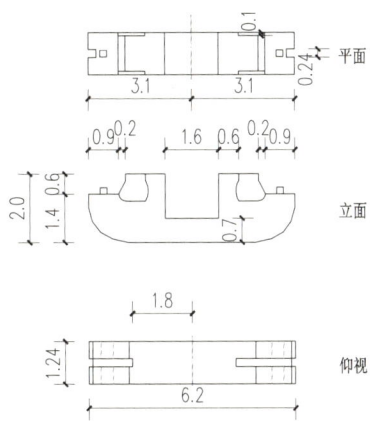
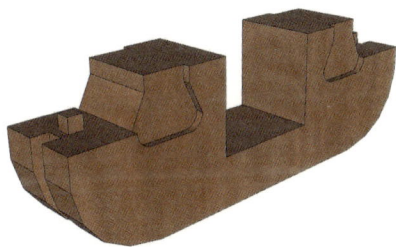

（a）正心瓜栱

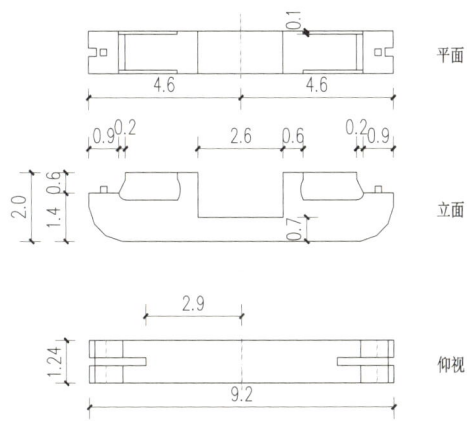

（b）正心万栱

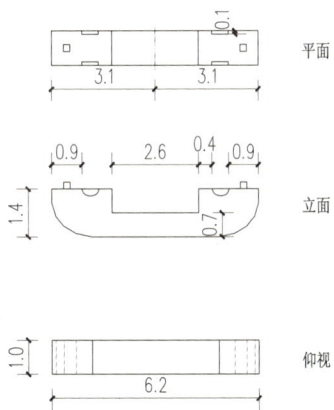

（c）瓜栱

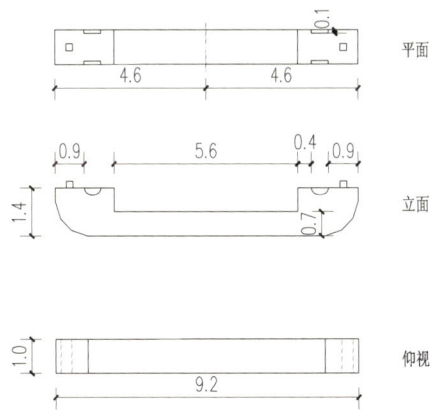

（d）里万栱

图7-1-5　柱头科斗栱分件2

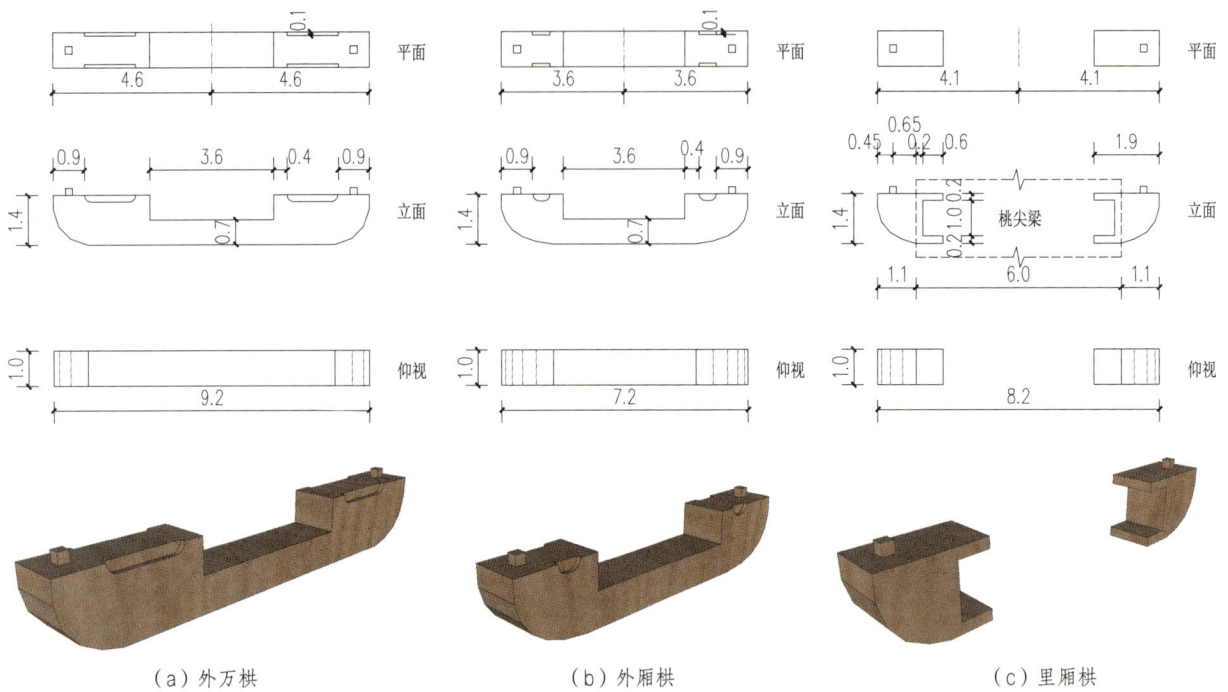

（a）外万栱　　　　　　　　　（b）外厢栱　　　　　　　　　（c）里厢栱

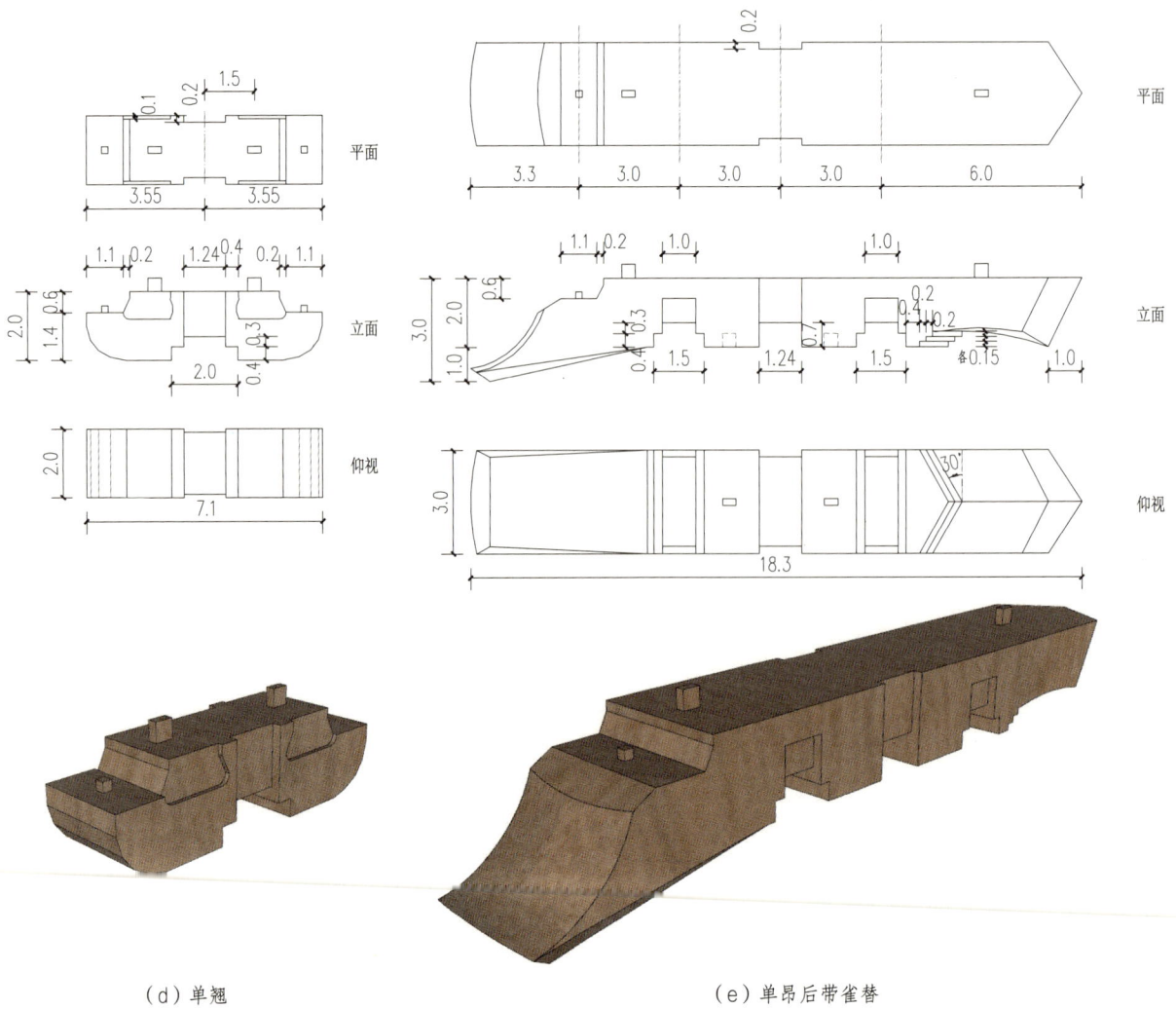

（d）单翘　　　　　　　　　　　　　（e）单昂后带雀替

图7-1-6　柱头科斗栱分件3

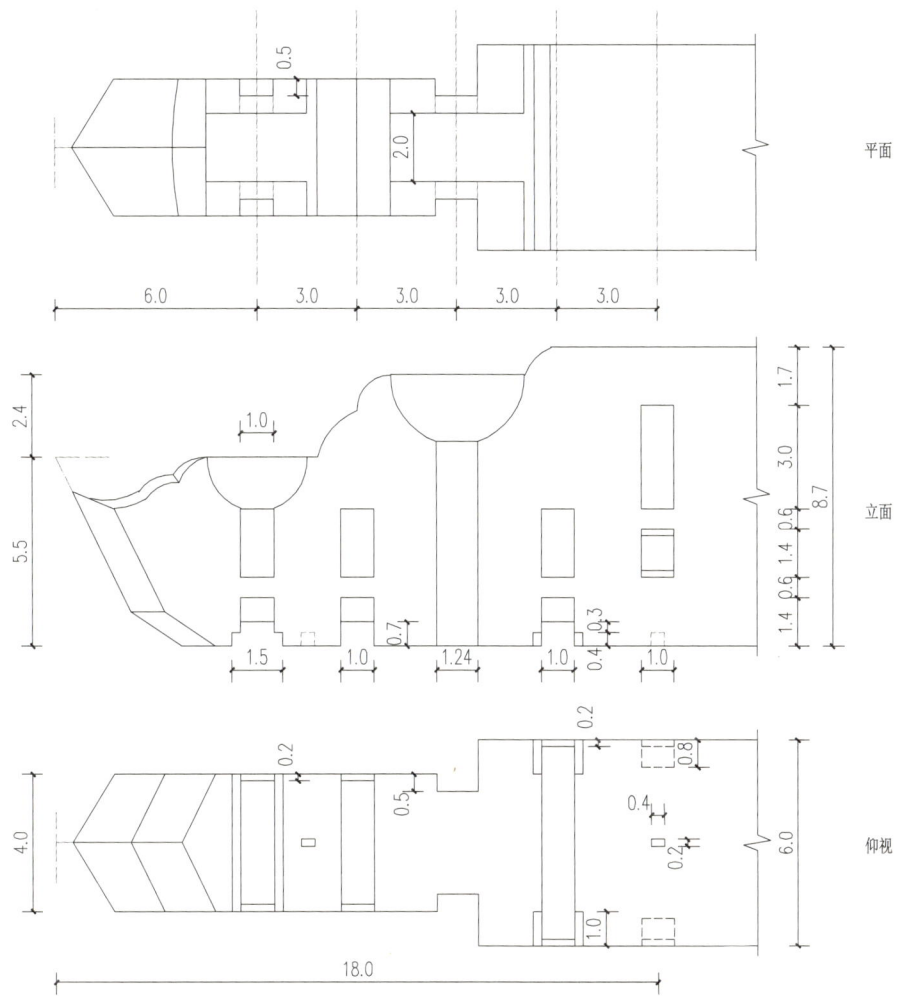

平面

立面

仰视

桃尖梁

图7-1-7 柱头科斗栱分件4

7.2 单翘单昂五踩斗栱平身科及分件

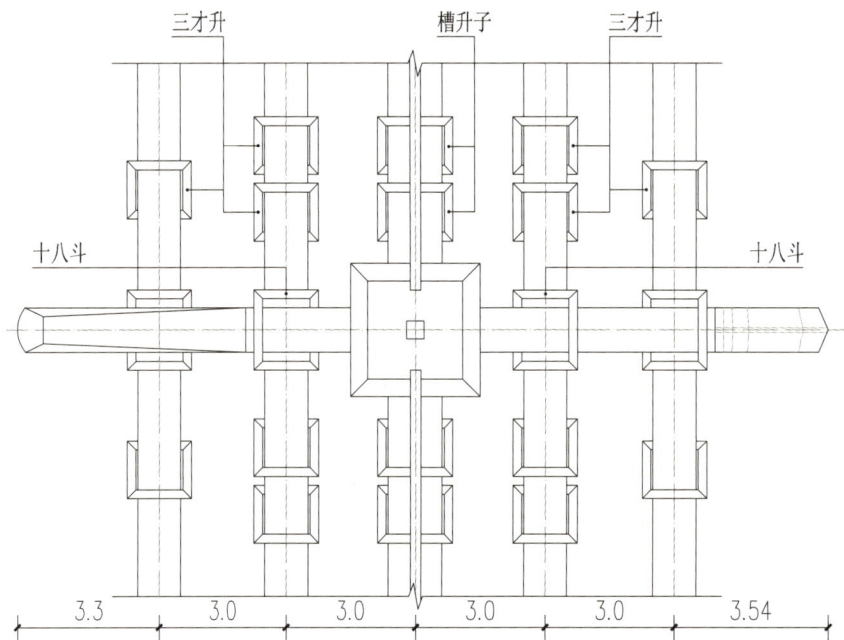

（a）平身科斗栱仰视平面图

（b）平身科斗栱仰视三维示意图

图7-2-1 平身科斗栱仰视示意图

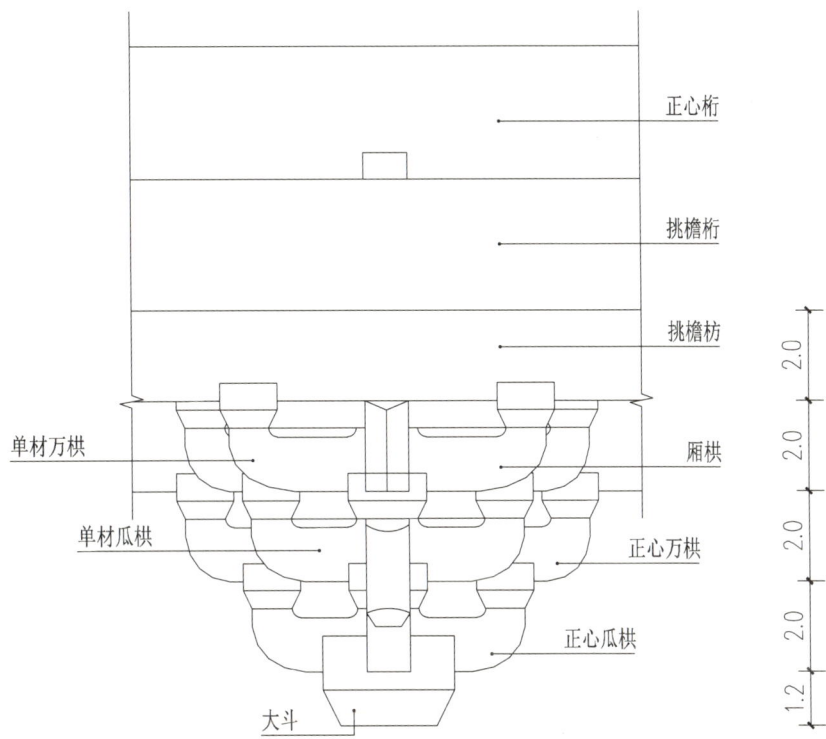

正心桁

挑檐桁

挑檐枋

单材万栱

单材瓜栱

厢栱

正心万栱

正心瓜栱

大斗

2.0
2.0
2.0
2.0
1.2

（a）平身科斗栱立面图

（b）平身科斗栱三维示意图

图7-2-2 平身科斗栱正立面示意图

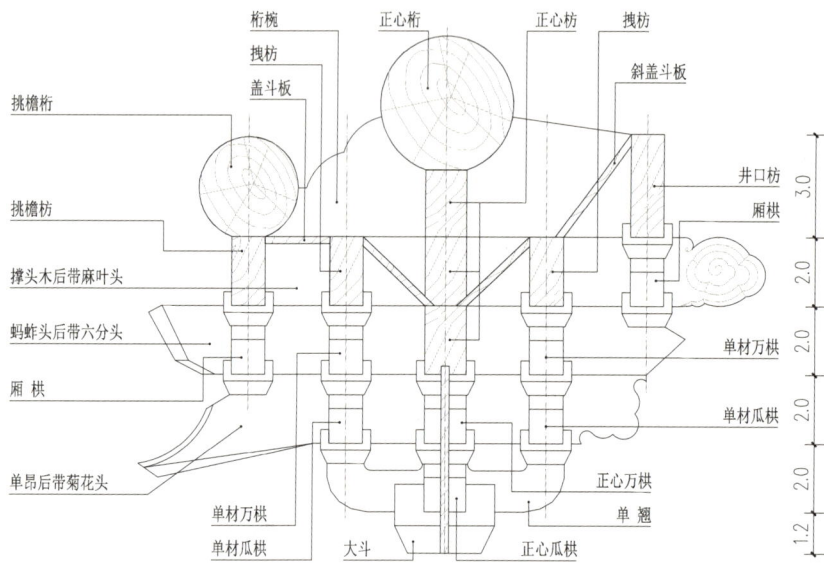

（a）平身科斗栱侧立面图

（b）平身科斗栱三维示意图

图7-2-3 平身科斗栱侧立面示意图

表7-2-1

斗栱类别	构件分类	构件	长	高	宽	数量	备注
平身科	①斗	大斗	3.0	2.0	3.0	1	
		十八斗	1.8	1.0	1.5	4	
		槽升子	1.3	1.0	1.74	4	构件尺寸详见五踩斗栱柱头科
		三才升	1.3	1.0	1.5	12	构件尺寸详见五踩斗栱柱头科
	②面阔方向	正心瓜栱	6.2	2.0	1.24	1	
		正心万栱	9.2	2.0	1.24	1	
		单材瓜栱	6.2	1.4	1.0	2	
		单材万栱	9.2	1.4	1.0	2	
		厢栱	7.2	1.4	1.0	2	
	③进深方向	单翘	7.1	2.0	1.0	1	
		单昂后带菊花头	15.3	3.0	1.0	1	
		蚂蚱头后带六分头	16.15	2.0	1.0	1	
		撑头木后带麻叶头	15.54	2.0	1.0	1	
		桁椀	11.5	3.5	1.0	1	

注：枋、盖斗板、栱垫板不在构件列表统计范围之内。

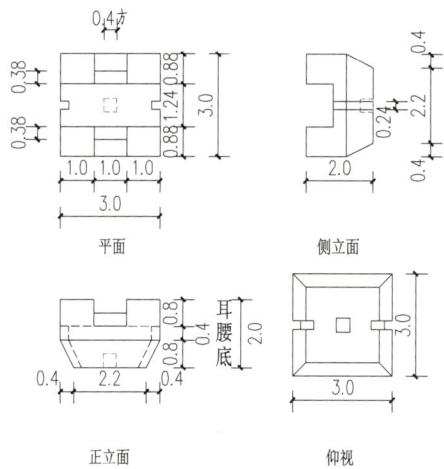
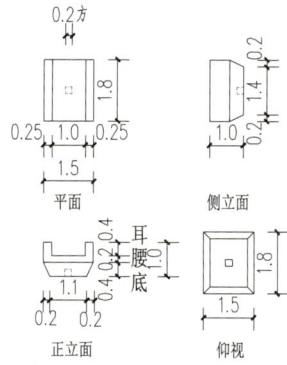

（a）大斗　　　　　　　　　　　　　　　　（b）十八斗

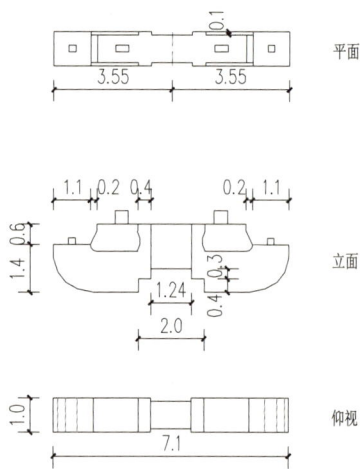
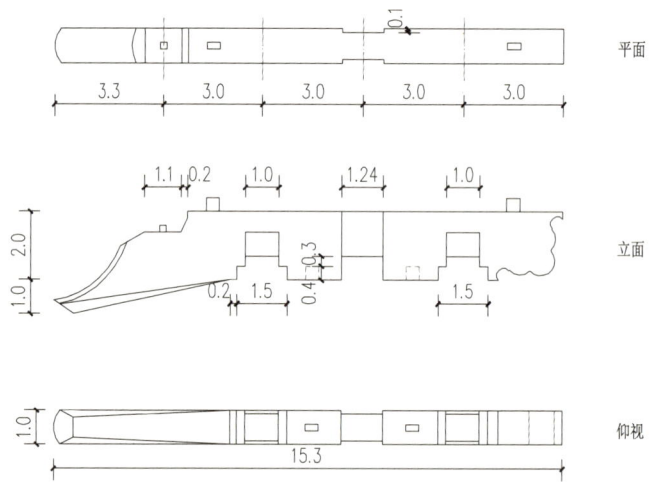

（c）单翘　　　　　　　　　　（d）单昂后带菊花头

图7-2-4　平身科斗栱分件1

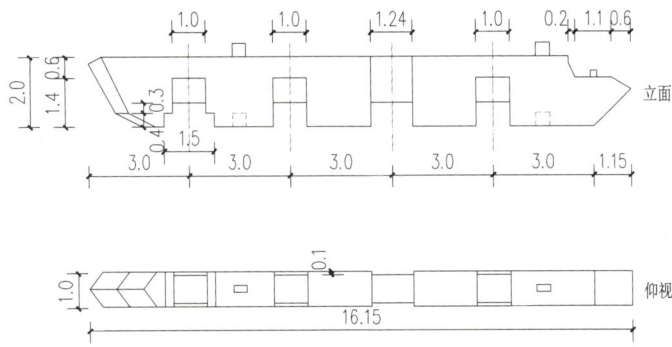

（a）蚂蚱头后带六分头

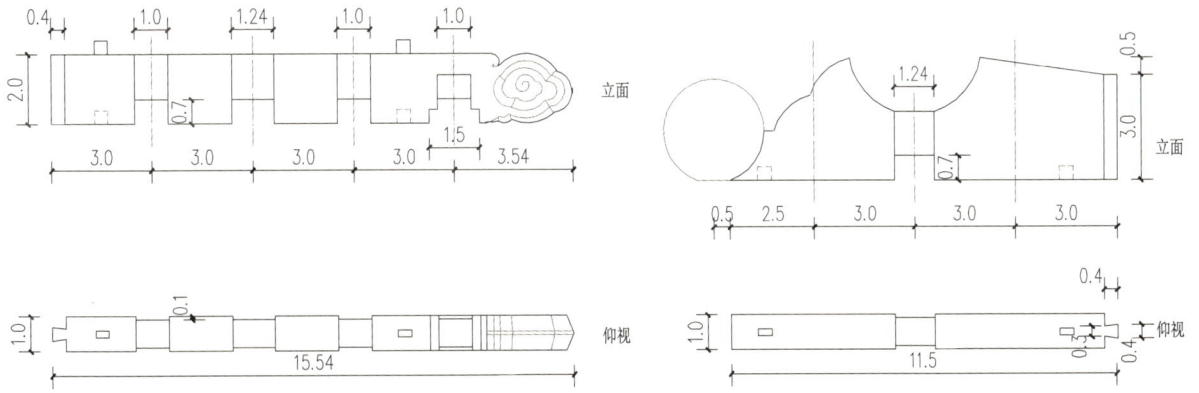

（b）撑头木后带麻叶头

（c）桁椀

图7-2-5 平身科斗栱分件2

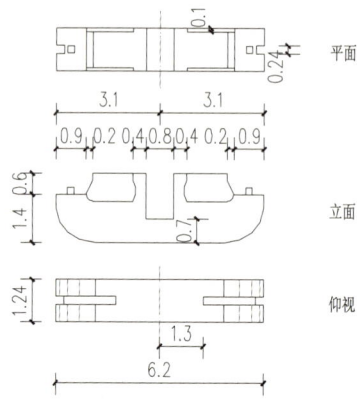

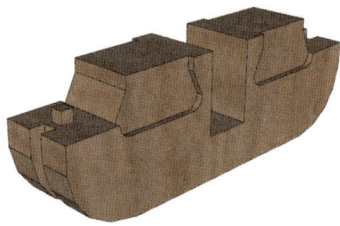

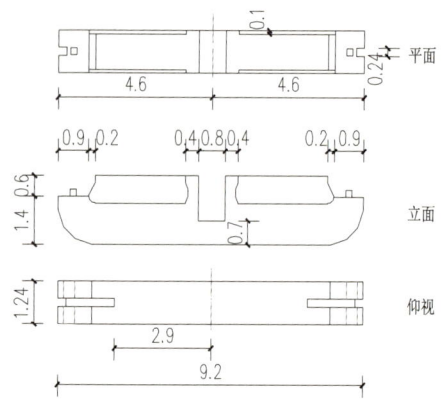

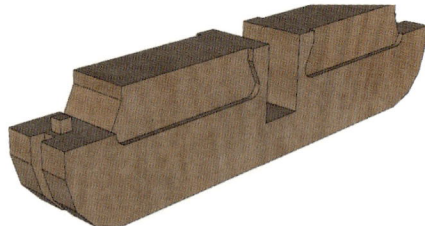

（a）正心瓜栱 　　　　　　　　　　　　　　　（b）正心万栱

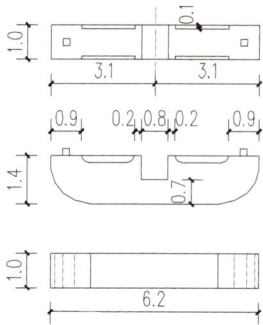

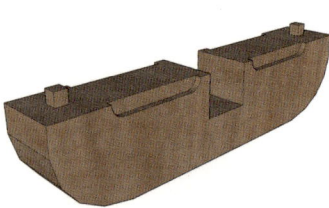

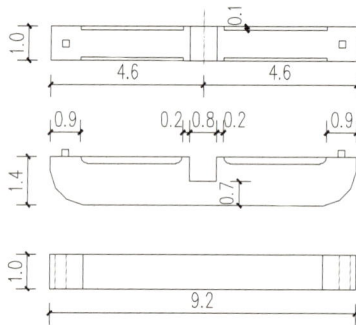

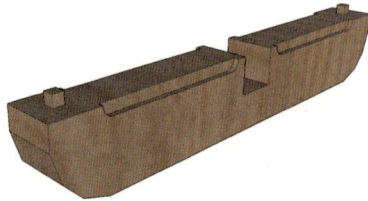

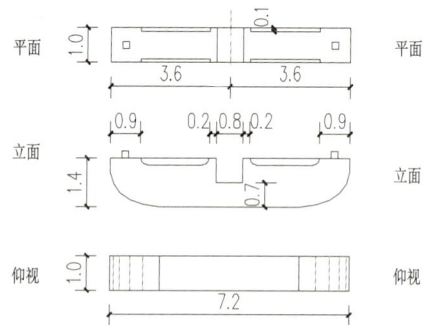

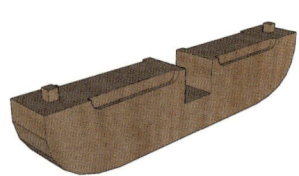

（c）单材瓜栱 　　　　　　　（d）单材万栱 　　　　　　　（e）厢栱

图7-2-6　平身科斗栱分件3

7.3 单翘单昂五踩斗栱角科及分件

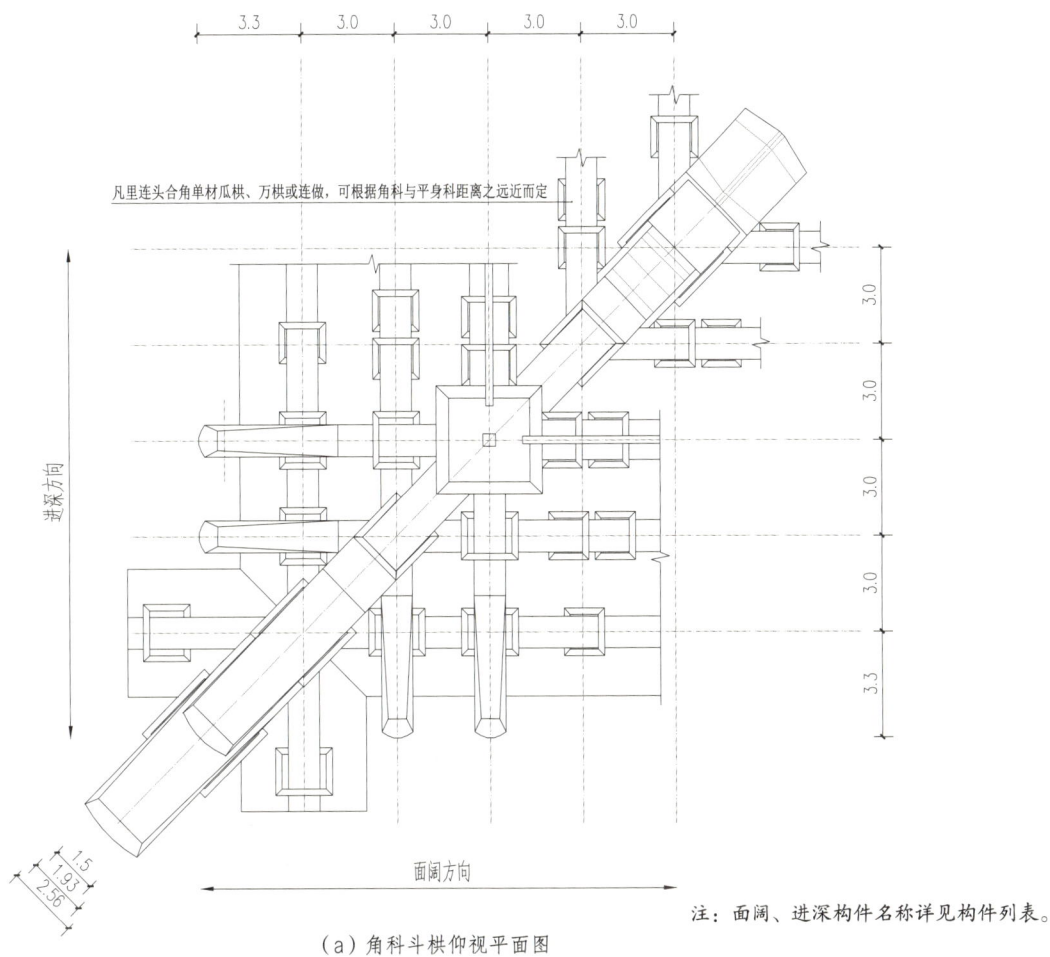

凡里连头合角单材瓜栱、万栱或连做，可根据角科与平身科距离之远近而定

进深方向

面阔方向

注：面阔、进深构件名称详见构件列表。

（a）角科斗栱仰视平面图

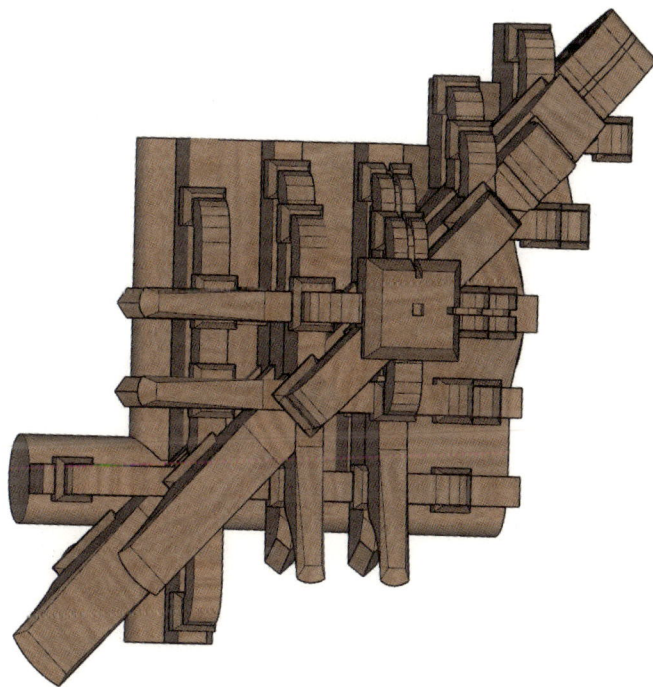

（b）角科斗栱仰视三维示意图

图7-3-1 角科斗栱仰视示意图

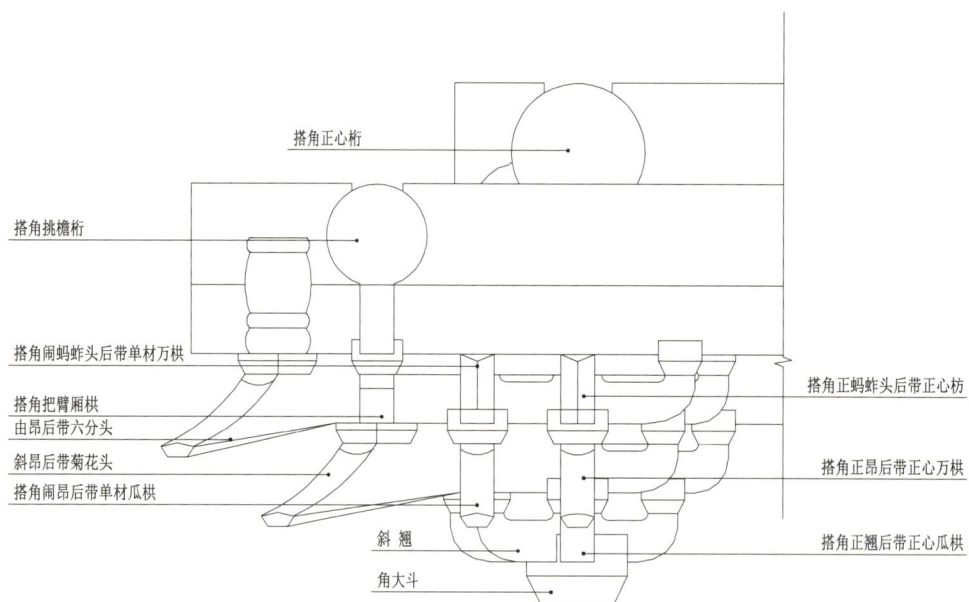

（a）角科斗栱立面图

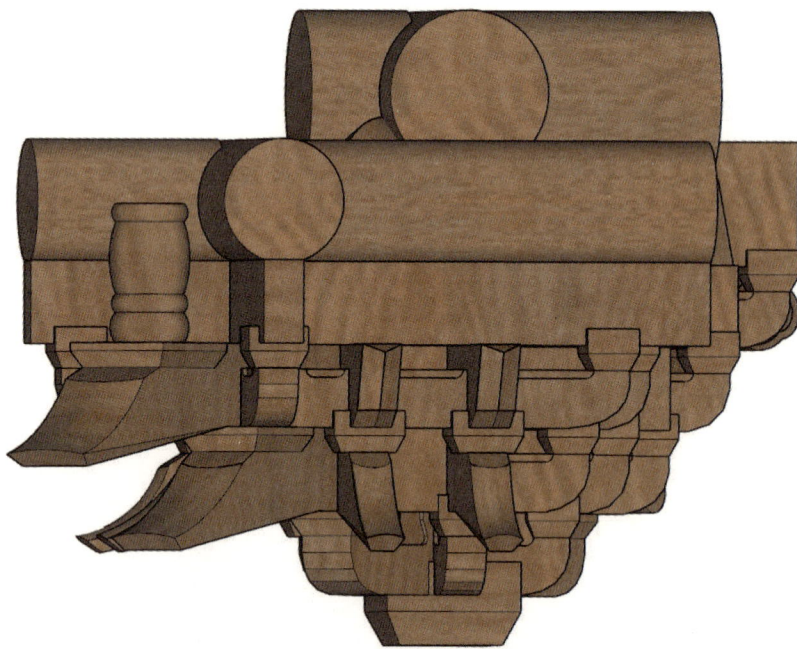

（b）角科斗栱三维示意图

图7-3-2 角科斗栱立面示意图

斗栱类别	构件分类	构件	长	高	宽	数量	备注	
角科	①斗	角大斗	3.4	2.0	3.4	1		
		十八斗	1.8	1.0	1.5	6	构件尺寸详见五踩斗栱平身科	
		槽升子	1.3	1.0	1.74	4	构件尺寸详见五踩斗栱柱头科	
		三才升	1.3	1.0	1.5	14	构件尺寸详见五踩斗栱柱头科	
	②第二层	搭角正翘后带正心瓜栱一	6.65	2.0	1.24	1	面阔方向	
		搭角正翘后带正心瓜栱二	6.65	2.0	1.24	1	进深方向	
		斜翘	10.464	2.0	1.5	1		
		斜翘贴升耳	1.98	0.6	0.24	4		
	③第三层	搭角正昂后带正心万栱一	13.9	3.0	1.24	1	面阔方向	
		搭角闹昂后带单材瓜栱一	12.4	3.0	1.0	1		
		里连头合角单材瓜栱一	3.2	1.4	1.0	1		
		搭角正昂后带正心万栱二	13.9	3.0	1.24	1	进深方向	
		搭角闹昂后带单材瓜栱二	12.4	3.0	1.0	1		
		里连头合角单材瓜栱二	3.2	1.4	1.0	1		
		斜昂后带菊花头	21.638	3.0	1.93	1		
		斜昂贴升耳	2.41	0.6	0.24	2		
	④第四层	搭角正蚂蚱头后带正心枋一	前长9.0	2.0	1.24	1	后长至平身科或柱头科	面阔方向
		搭角闹蚂蚱头后带单材万栱一	13.6	2.0	1.0	1		
		搭角把臂厢栱一	14.4	1.4	1.0	1		
		里连头合角单材万栱一	4.4	1.4	1.0	1	或与平身科单材万栱连做	
		搭角正蚂蚱头后带正心枋二	前长9.0	2.0	1.24	1	后长至平身科或柱头科	进深方向
		搭角闹蚂蚱头后带单材万栱二	13.6	2.0	1.0	1		
		搭角把臂厢栱二	14.4	1.4	1.0	1		
		里连头合角单材万栱二	4.4	1.4	1.0	1	或与平身科单材万栱连做	
		由昂后带六分头	27.7	3.0	2.36	1		
		由昂贴升耳	2.84	0.6	0.24	4		
	⑤第五层	搭角正撑头木后带正心枋一	前长6.0	2.0	1.24	1	后长至平身科或柱头科	面阔方向
		搭角闹撑头木后带拽枋一	前长6.0	2.0	1.0	1	后长至平身科或柱头科	
		搭角挑檐枋一	前长11.6	2.0	1.0	1	后长至平身科或柱头科	
		里连头合角厢栱一	3.4	1.4	1.0	1	或与平身科厢栱连做	
		搭角正撑头木后带正心枋二	前长6.0	2.0	1.24	1	后长至平身科或柱头科	进深方向
		搭角闹撑头木后带拽枋二	前长6.0	2.0	1.0	1	后长至平身科或柱头科	
		搭角挑檐枋二	前长11.6	2.0	1.0	1	后长至平身科或柱头科	
		里连头合角厢栱二	3.4	1.4	1.0	1	或与平身科厢栱连做	
		斜撑头木后带麻叶头	21.261	2.0	2.36	1		
	⑥第六层	搭角正桁椀后带正心枋一	前长5.5	2.2	1.24	1	后长至平身科或柱头科	面阔方向
		搭角井口枋一	前长2.17	3.0	1.0	1	后长至平身科或柱头科	
		搭角正桁椀后带正心枋二	前长5.5	2.2	1.24	1	后长至平身科或柱头科	进深方向
		搭角井口枋二	前长2.17	3.0	1.0	1	后长至平身科或柱头科	
		斜桁椀	15.556	3.5	2.36	1		

注：枋、盖斗板、栱垫板不在构件列表统计范围之内。

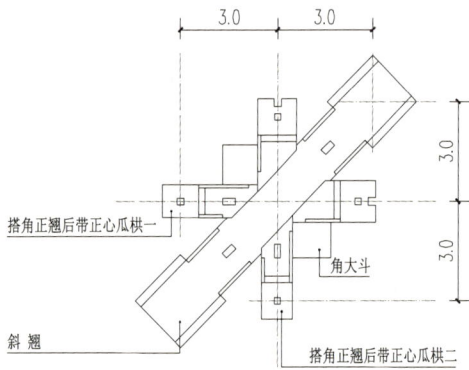

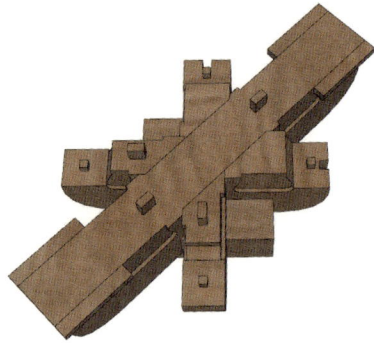

（a）第一、二层斗栱平面图 （b）第一、二层斗栱三维示意图

图7-3-3 第一、二层斗栱

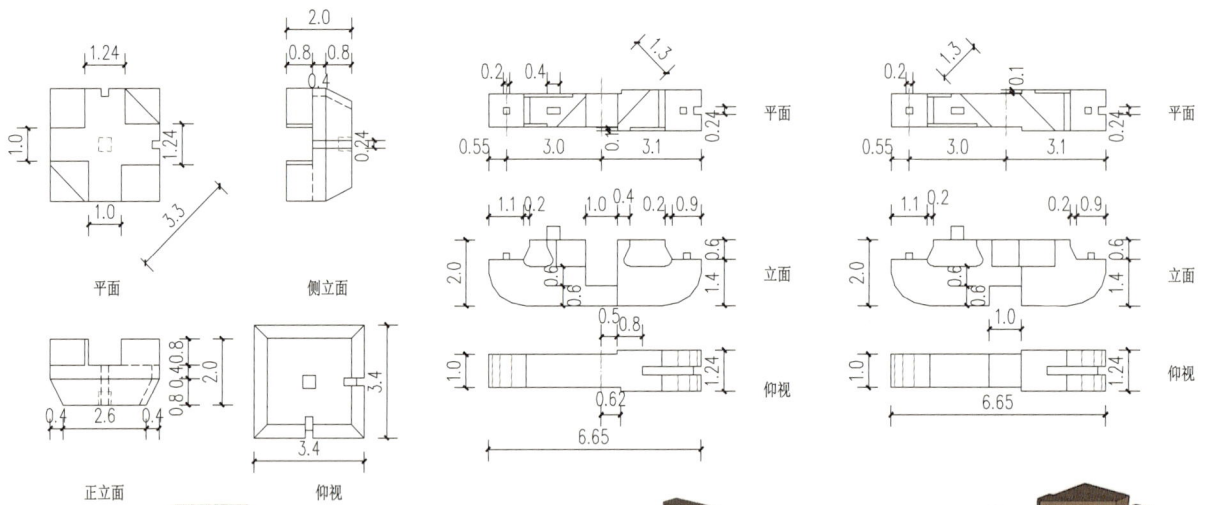

（a）角大斗 （b）搭角正翘后带正心瓜栱一 （c）搭角正翘后带正心瓜栱二

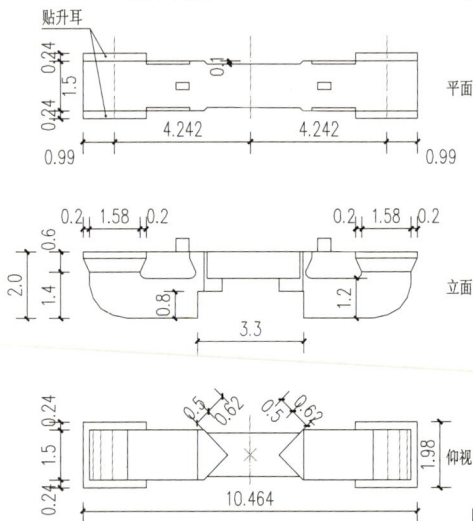

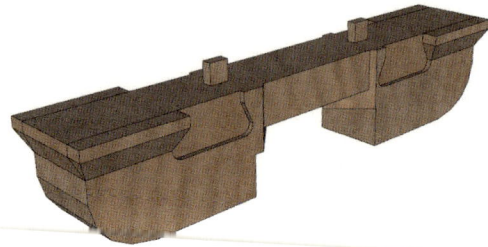

（d）斜翘

图7-3-4 角科斗栱分件1

3.0　3.0　3.0

里连头合角单材瓜栱二

搭角正昂后带正心万栱二

搭角闹昂后带单材瓜栱二

搭角正昂后带正心万栱一

里连头合角单材瓜栱一

搭角闹昂后带单材瓜栱一

斜昂后带菊花头

3.0

3.0

3.0

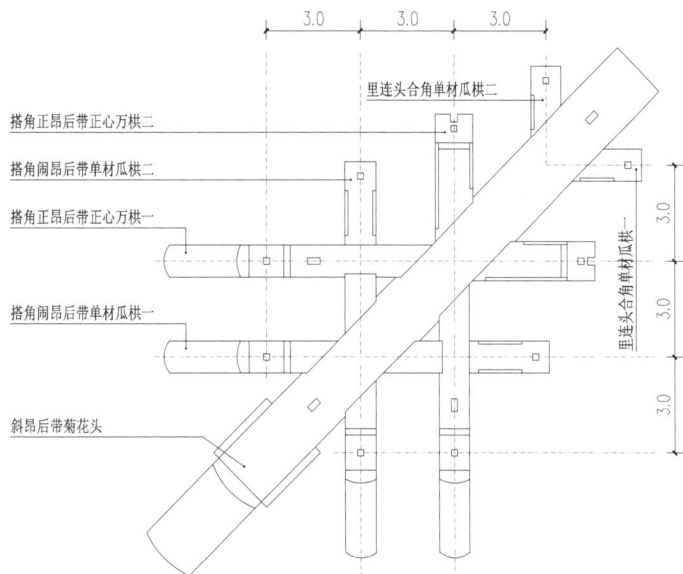

（a）第三层斗栱平面图

（b）第三层斗栱三维示意图

图7-3-5　第三层斗栱

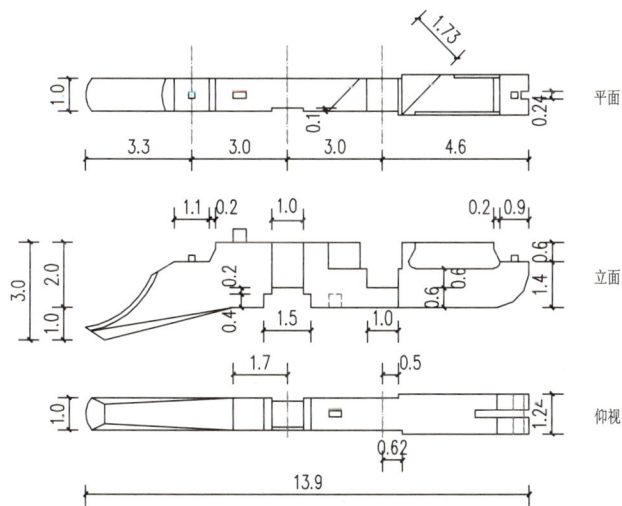

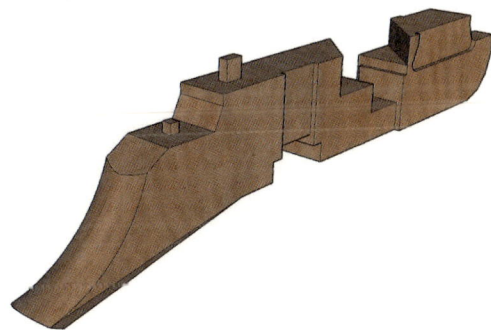

1.73

1.0

0.24

平面

3.3　3.0　3.0　4.6

0.1

1.1　0.2　1.0　0.2　0.9

3.0　2.0

0.2

0.6　0.6

1.4　0.6

立面

1.0

0.4　1.5　1.0

1.7　0.5

1.0

1.2

仰视

0.62

13.9

图7-3-6　角科斗栱分件2

搭角正昂后带正心万栱一

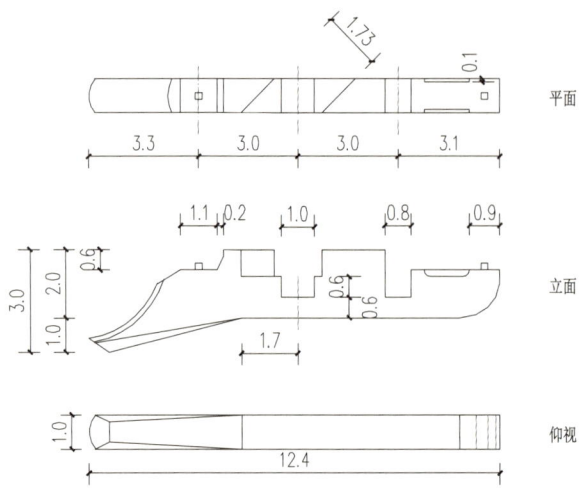

（a）搭角闹昂后带单材瓜栱一

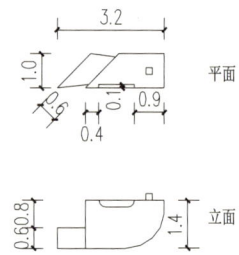

（b）里连头合角单材瓜栱一

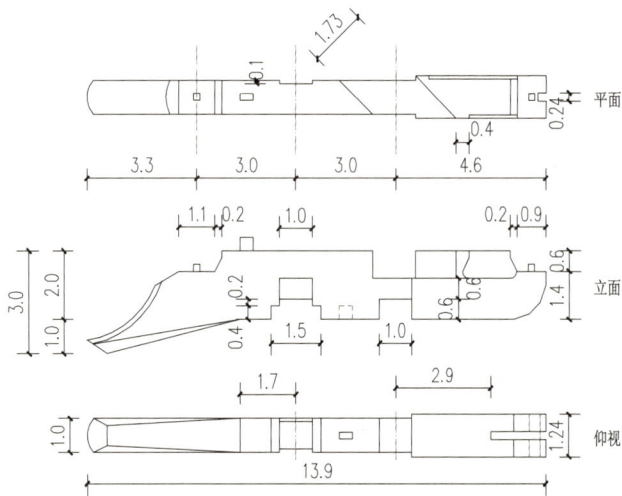

（c）搭角正昂后带正心万栱二

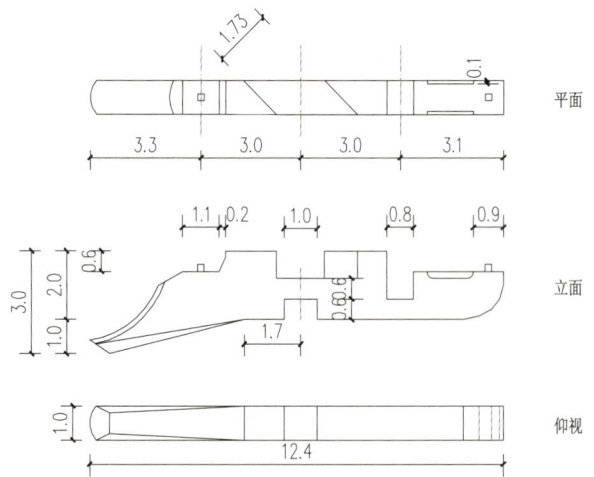

（d）搭角闹昂后带单材瓜栱二

图7-3-7　角科斗栱分件3

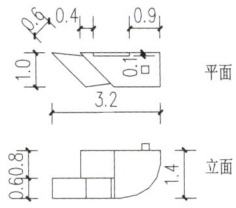

（a）里连头合角单材瓜栱二

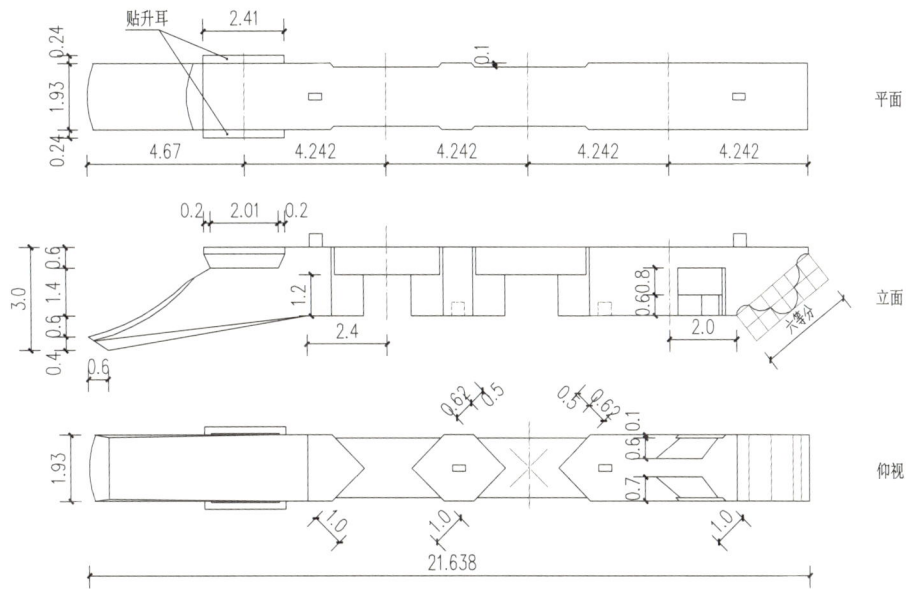

（b）斜昂后带菊花头

图7-3-8　角科斗栱分件4

里连头合角单材万栱二

搭角正蚂蚱头后带正心枋二

搭角闹蚂蚱头后带单材万栱二

搭角把臂厢栱二

搭角正蚂蚱头后带正心枋一

搭角闹蚂蚱头后带单材万栱一

搭角把臂厢栱一

由昂后带六分头
（或由昂与斜撑头木系一木连做）

里连头合角单材万栱一

（a）第四层斗栱平面图

（b）第四层斗栱三维示意图

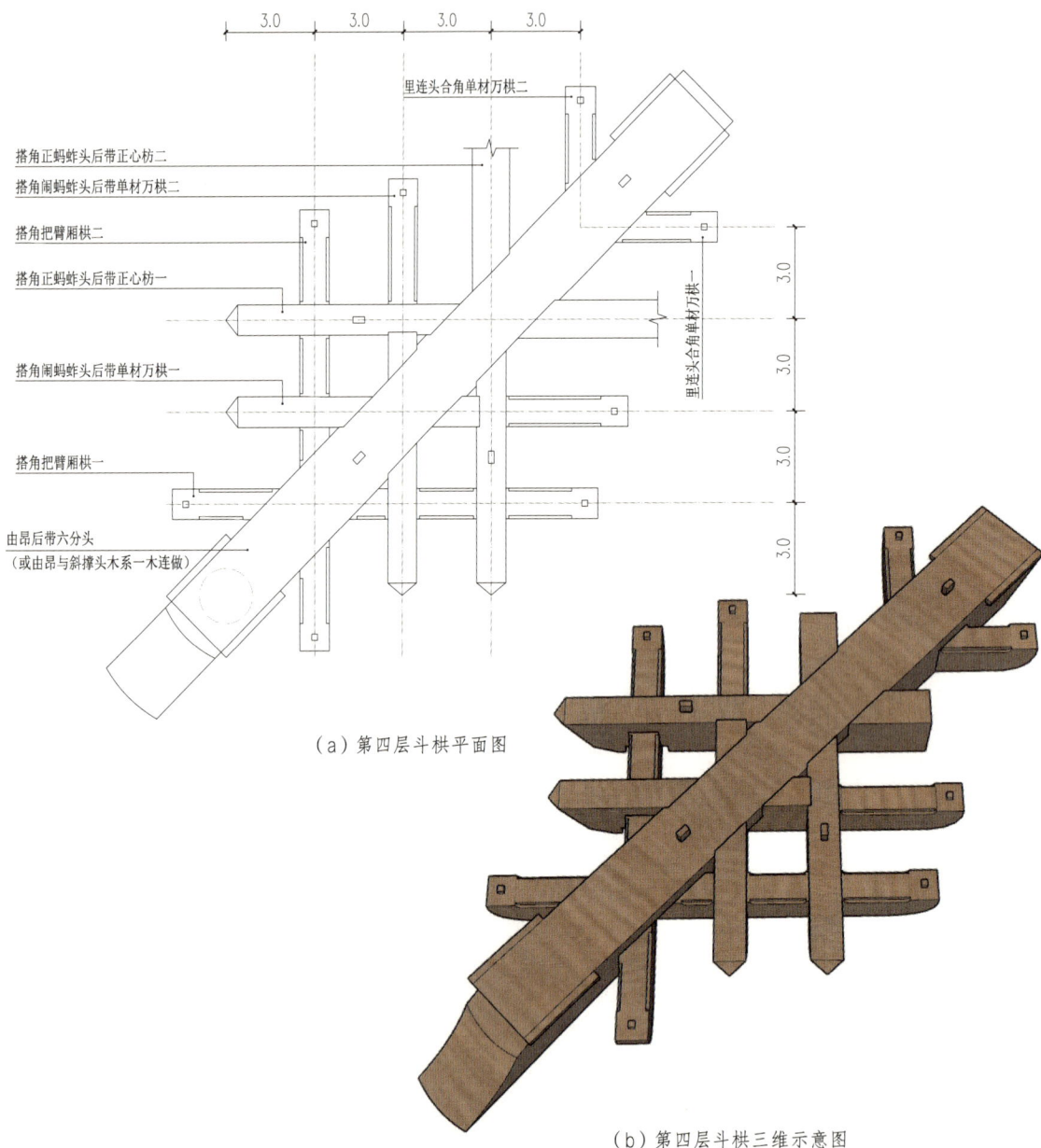

图7-3-9　第四层斗栱

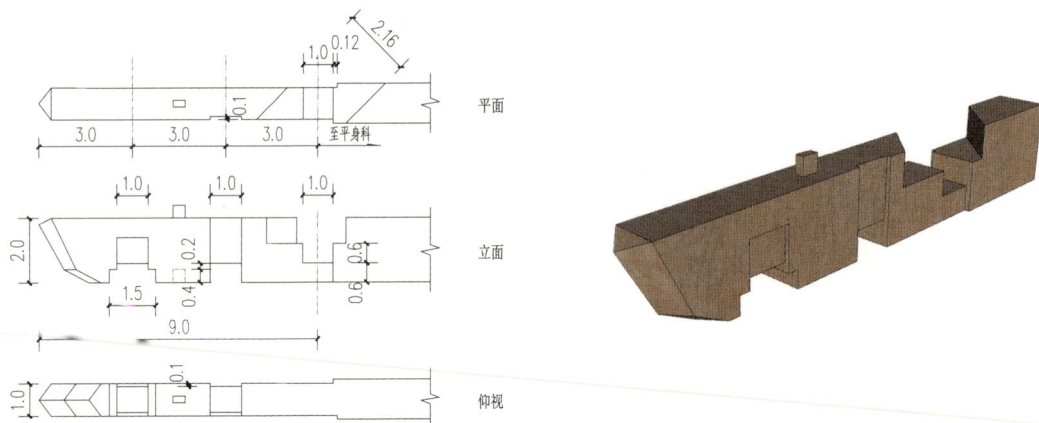

平面

至平身科

立面

仰视

搭角正蚂蚱头后带正心枋一

图7-3-10　角科斗栱分件5

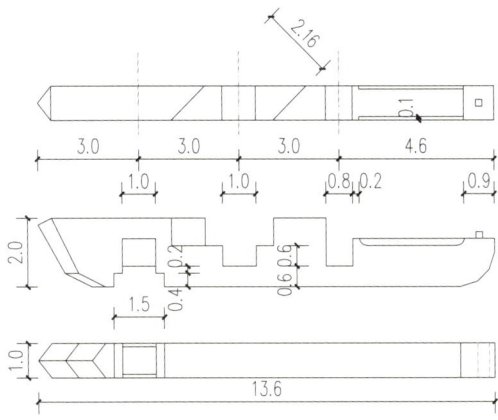

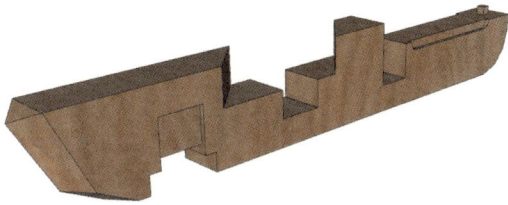

（a）搭角闹蚂蚱头后带单材万栱一

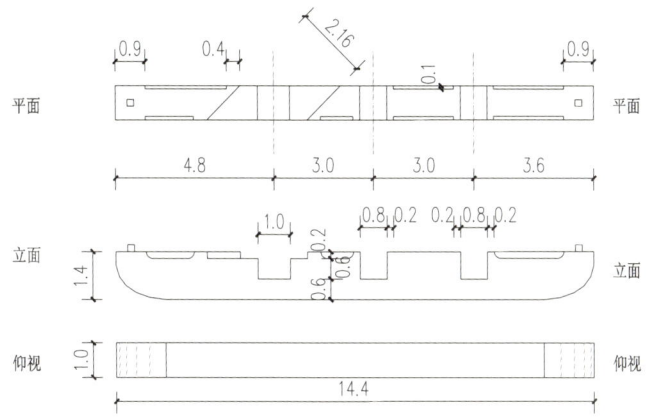

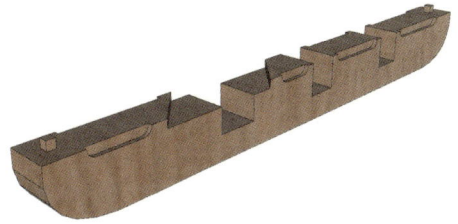

（b）搭角把臂厢栱一

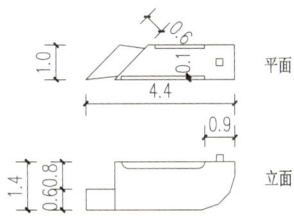

（c）里连头合角单材万栱一

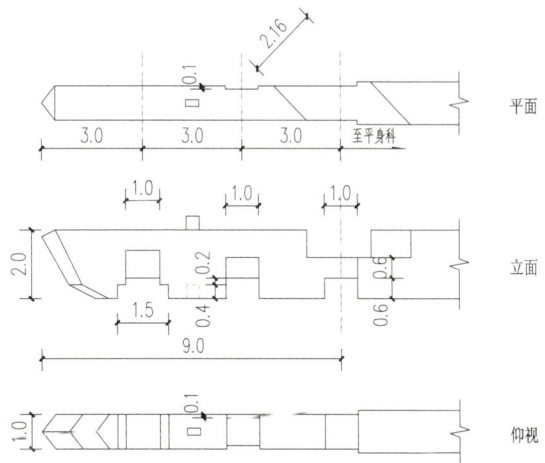

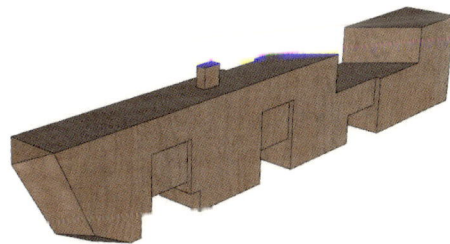

（d）搭角正蚂蚱头后带正心枋二

图7-3-11　角科斗栱分件6

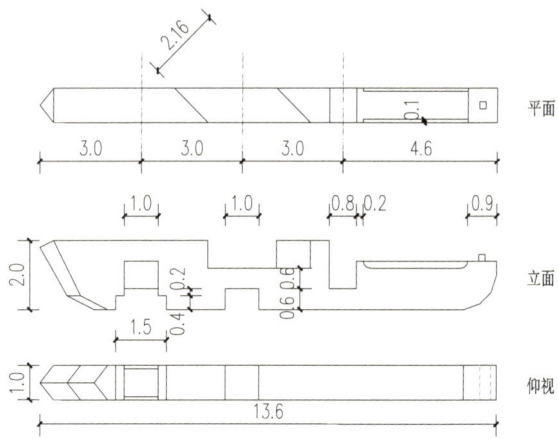

（a）搭角闹蚂蚱头后带单材万栱二

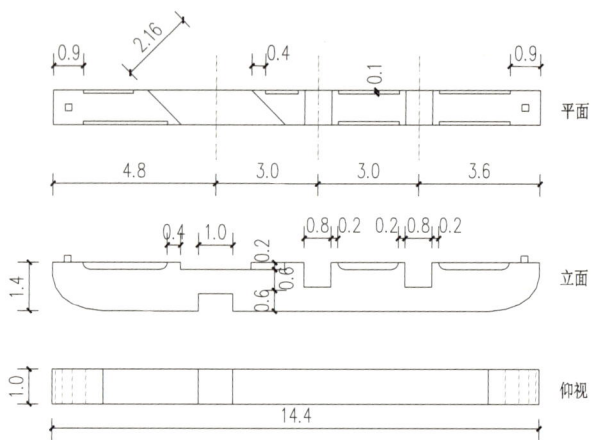

（b）搭角把臂厢栱二

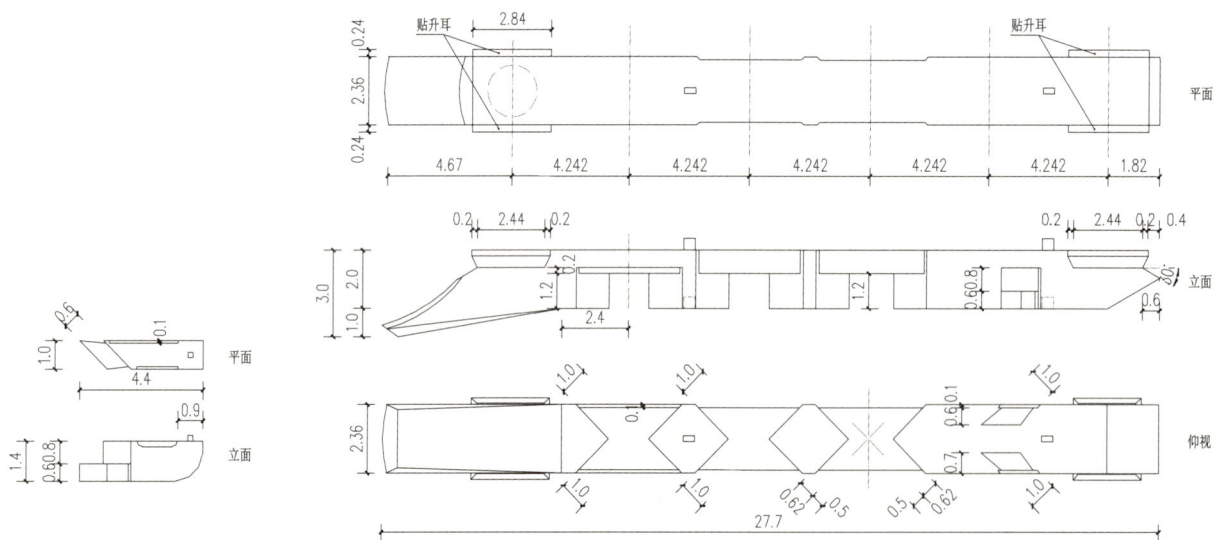

（c）里连头合角单材万栱二

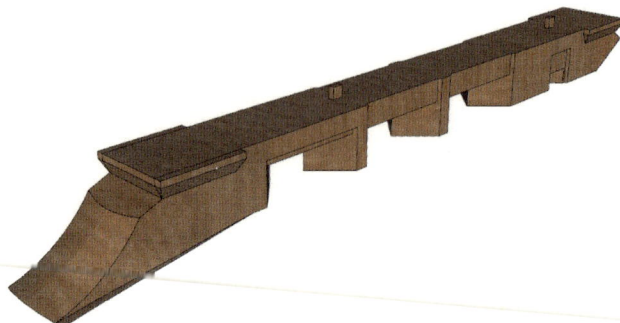

（d）由昂后带六分头

图7-3-12　角科斗栱分件7

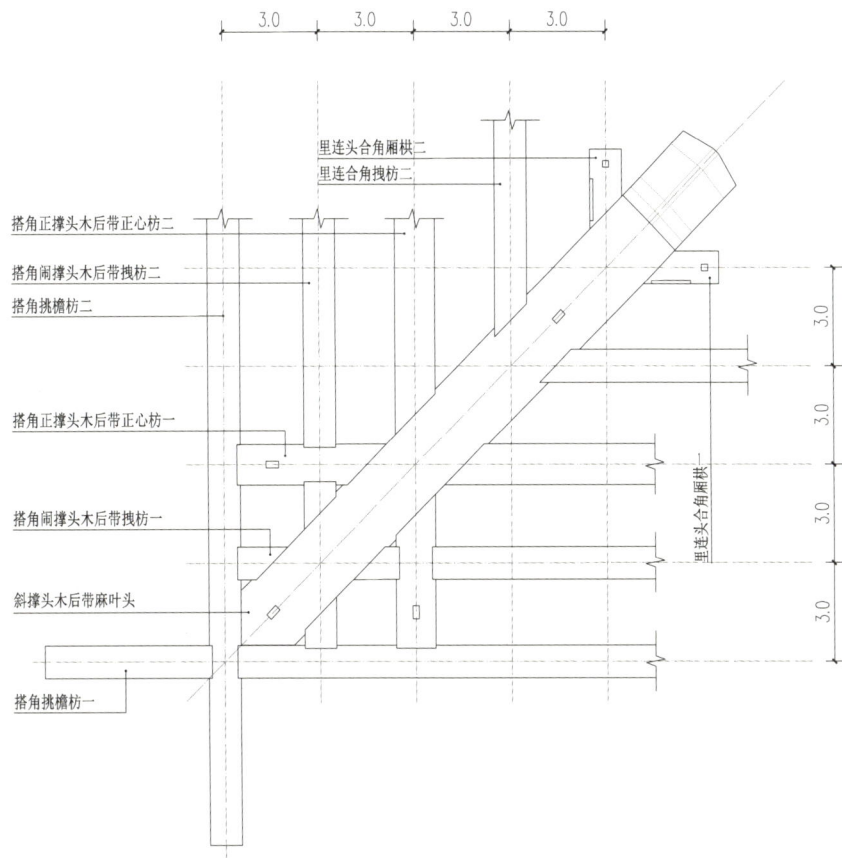

里连头合角厢栱二
里连合角拽枋二

搭角正撑头木后带正心枋二

搭角闹撑头木后带拽枋二

搭角挑檐枋二

搭角正撑头木后带正心枋一

搭角闹撑头木后带拽枋一

斜撑头木后带麻叶头

搭角挑檐枋一

里连头合角厢栱一

（a）第五层斗栱平面图

（b）第五层斗栱三维示意图

图7-3-13　第五层斗栱

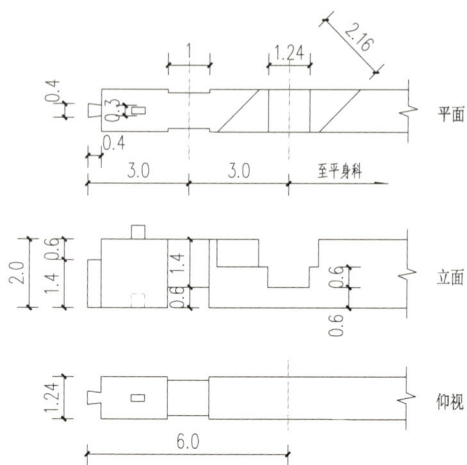

（a）搭角正撑头木后带正心枋一

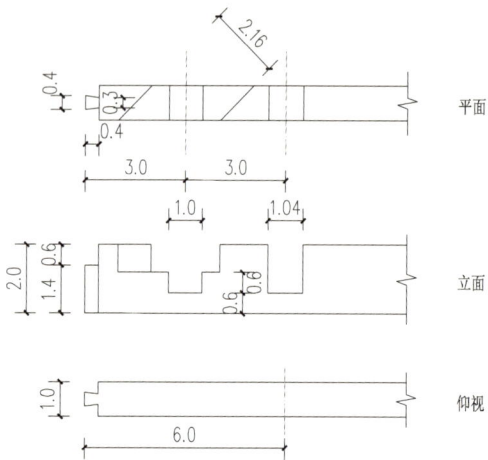

（b）搭角闹撑头木后带拽枋一

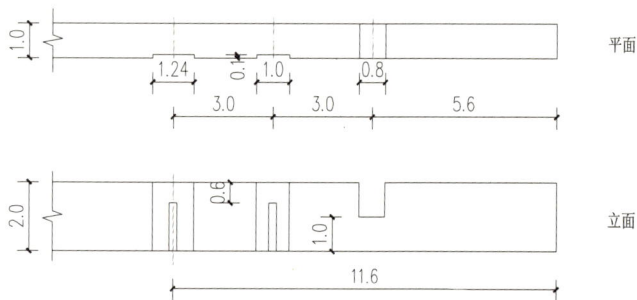

（c）搭角挑檐枋一

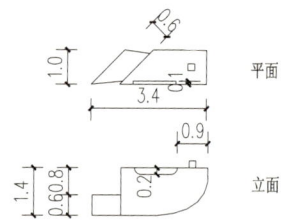

（d）里连头合角厢栱一

图7-3-14　角科斗栱分件8

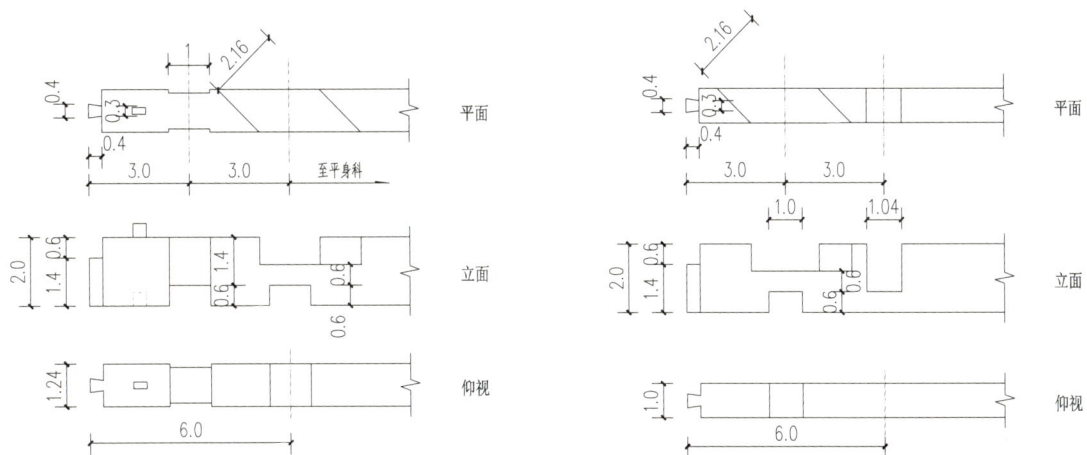

（a）搭角正撑头木后带正心枋二

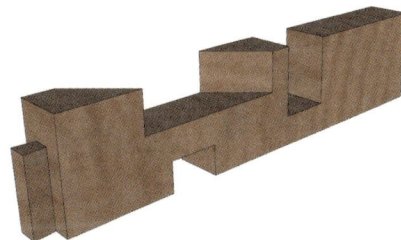

（b）搭角闹撑头木后带拽枋二

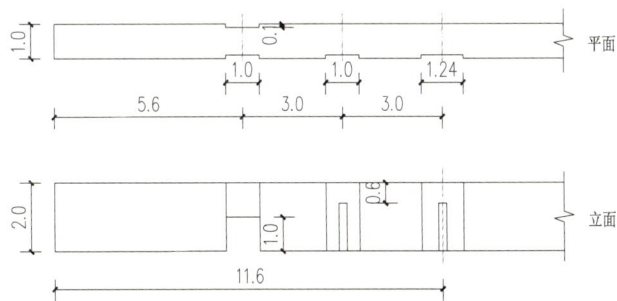

（c）搭角挑檐枋二

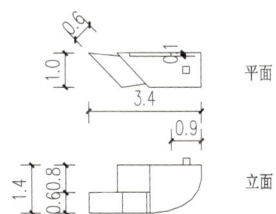

（d）里连头合角厢栱二

图7-3-15　角科斗栱分件9

平面

立面

仰视

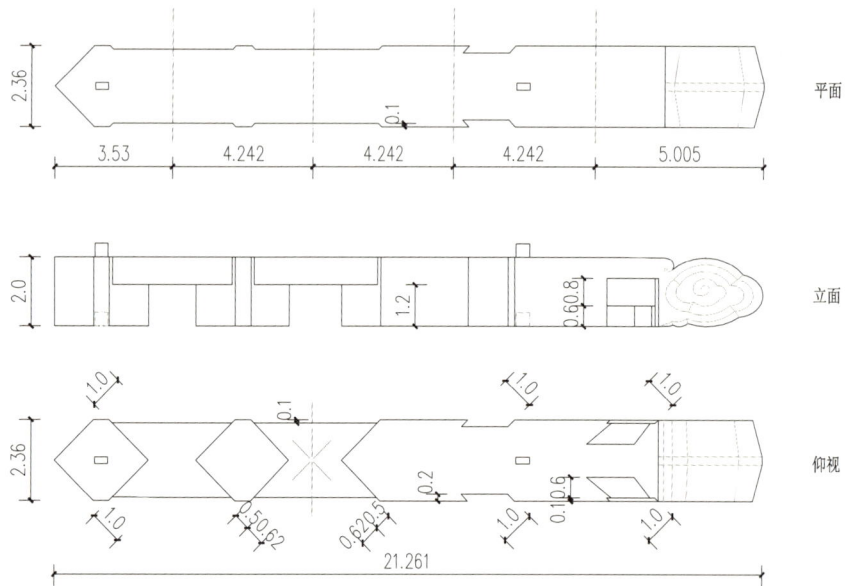

斜撑头木后带麻叶头

图7-3-16 角科斗栱分件10

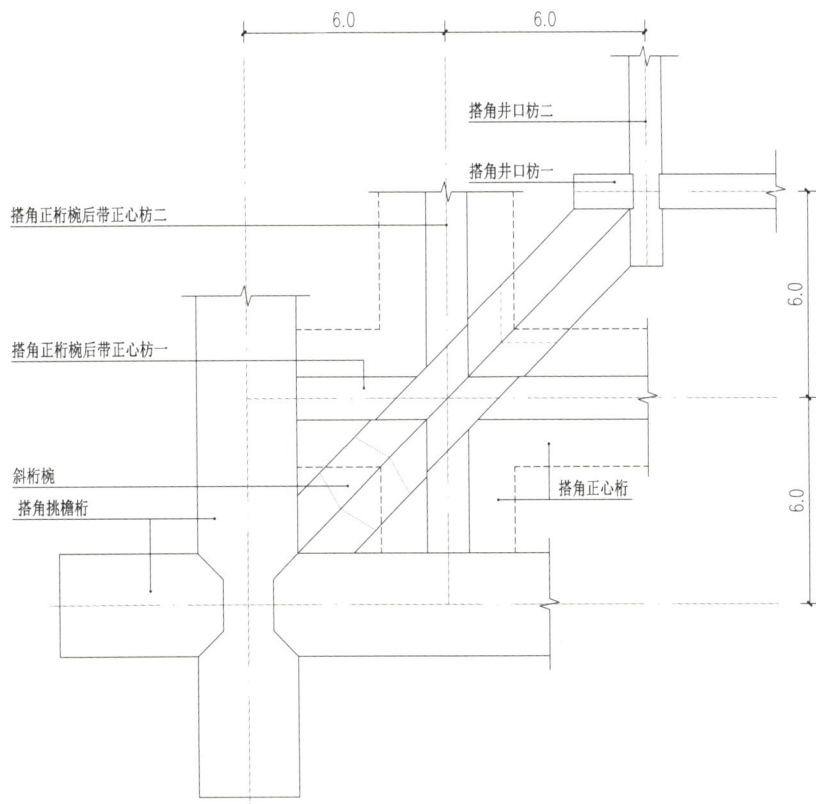

搭角井口枋二

搭角井口枋一

搭角正桁椀后带正心枋二

搭角正桁椀后带正心枋一

斜桁椀

搭角挑檐桁

搭角正心桁

6.0

6.0

6.0

6.0

（a）第六层斗栱平面图

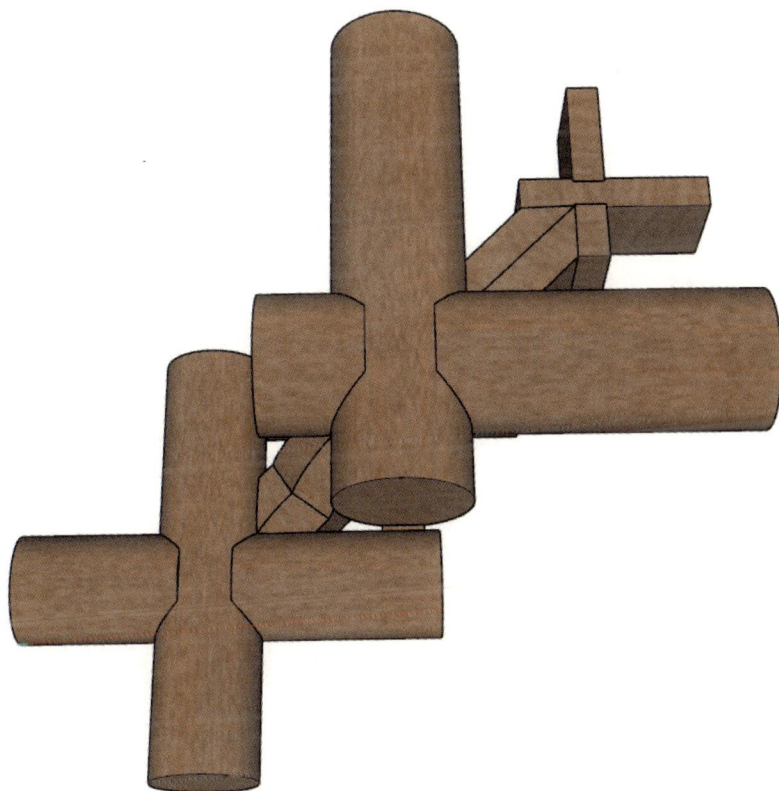

（b）第六层斗栱三维示意图

图7-3-17　第六层斗栱

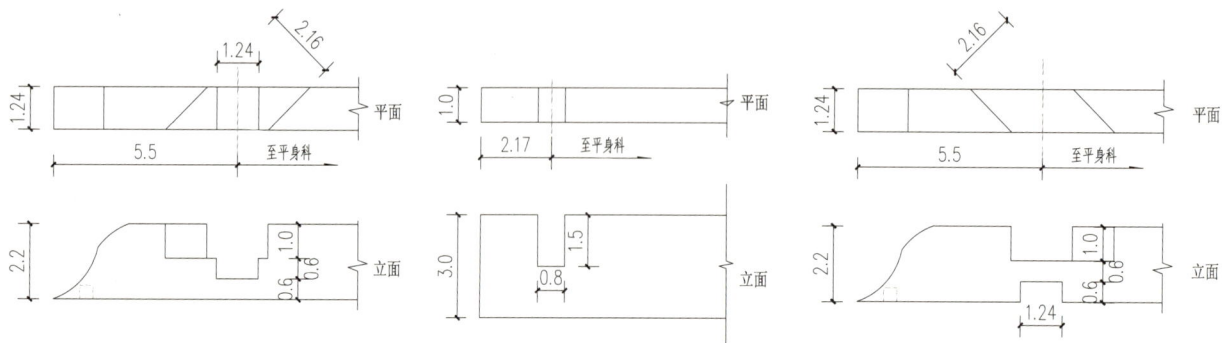

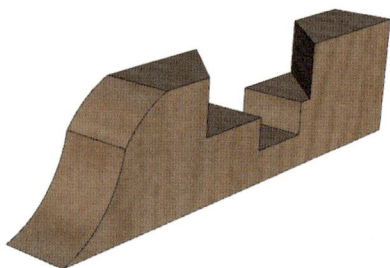

（a）搭角正桁椀后带正心枋一

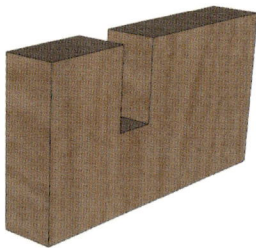

（b）搭角井口枋一

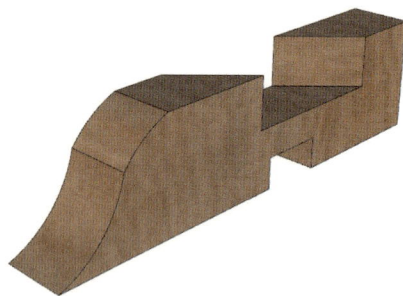

（c）搭角正桁椀后带正心枋二

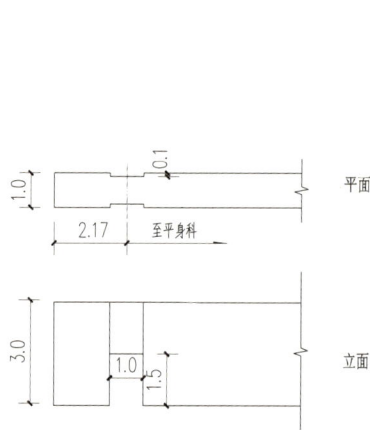

（d）搭角井口枋二

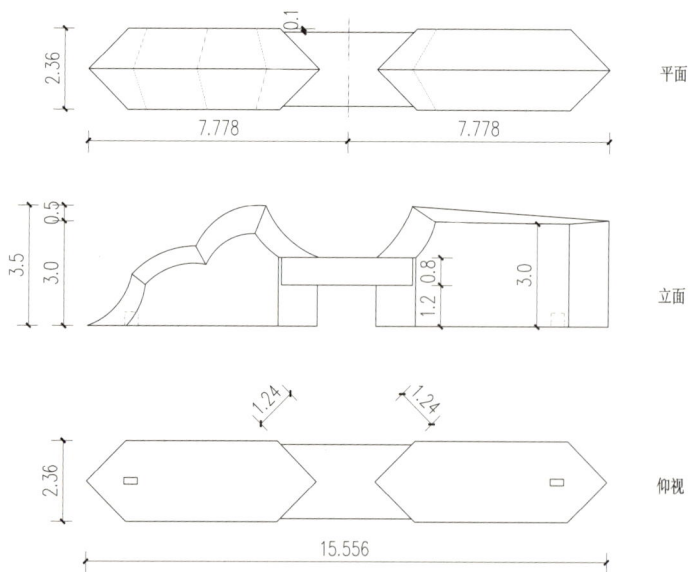

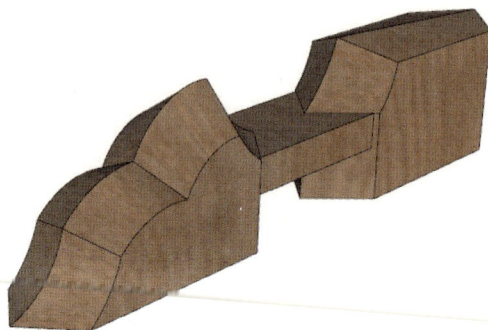

（e）斜桁椀

图7-3-18　角科斗栱分件11

7.4 单翘重昂七踩斗栱柱头科及分件

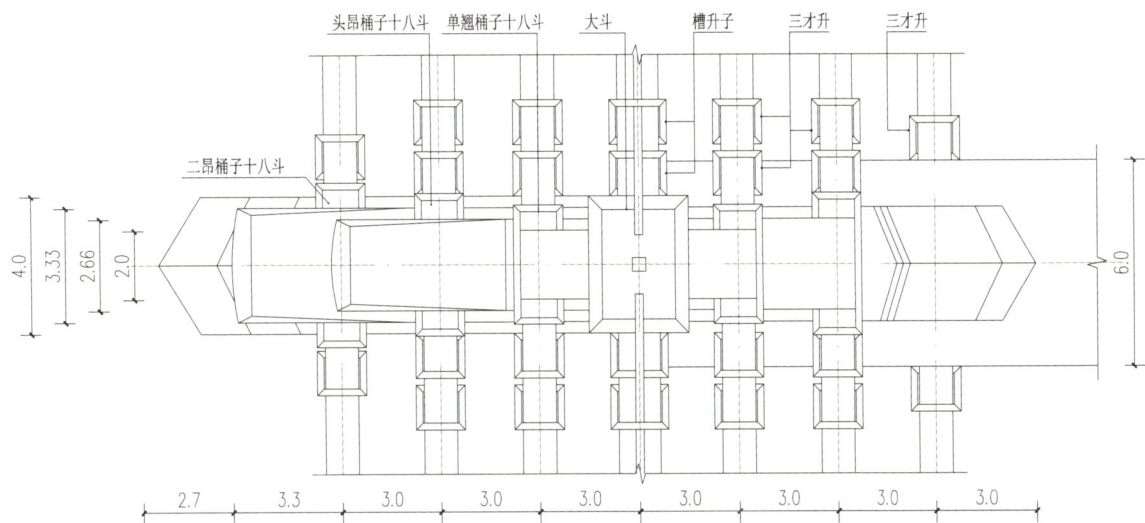

头昂桶子十八斗　单翘桶子十八斗　大斗　槽升子　三才升　三才升

二昂桶子十八斗

(a) 柱头科斗栱仰视平面图

(b) 柱头科斗栱仰视三维示意图

图 I-4-1　柱头科斗栱仰视示意图

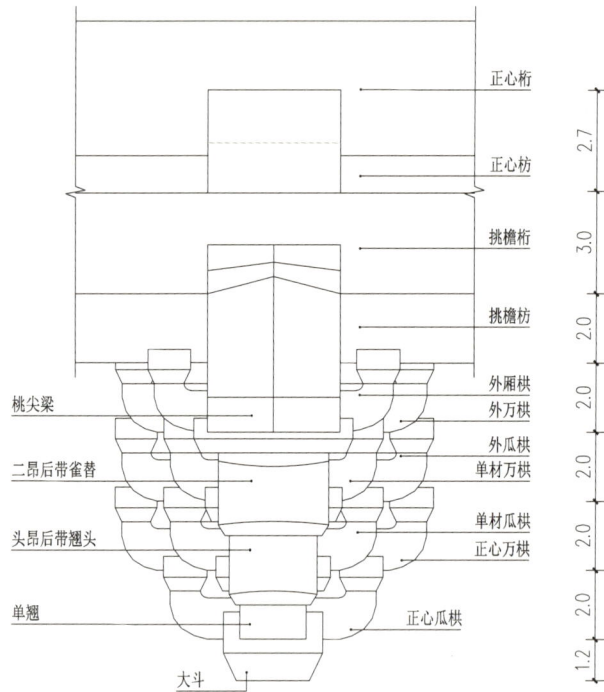

正心桁

正心枋

2.7

挑檐桁

3.0

挑檐枋

2.0

桃尖梁

外厢栱

2.0

外万栱

外瓜栱

2.0

二昂后带雀替

单材万栱

2.0

头昂后带翘头

单材瓜栱

2.0

正心万栱

单翘

2.0

正心瓜栱

大斗

1.2

（a）柱头科斗栱正立面图

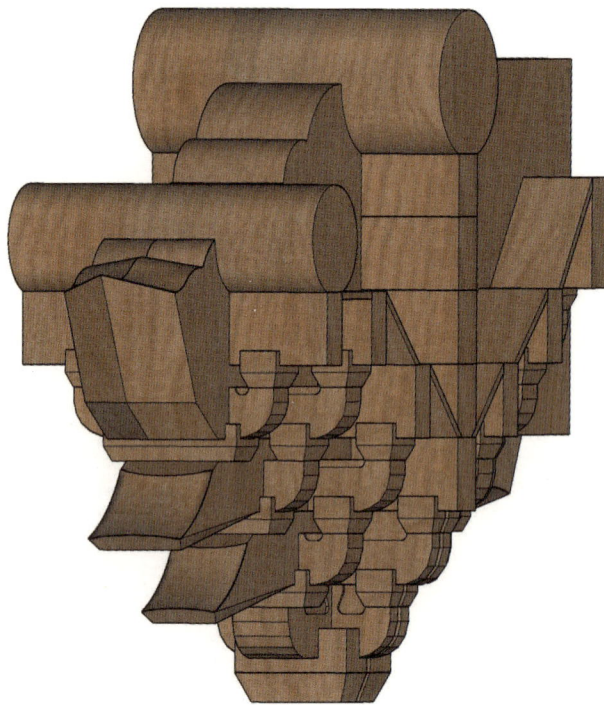

（b）柱头科斗栱三维示意图

图7-4-2 柱头科斗栱正立面示意图

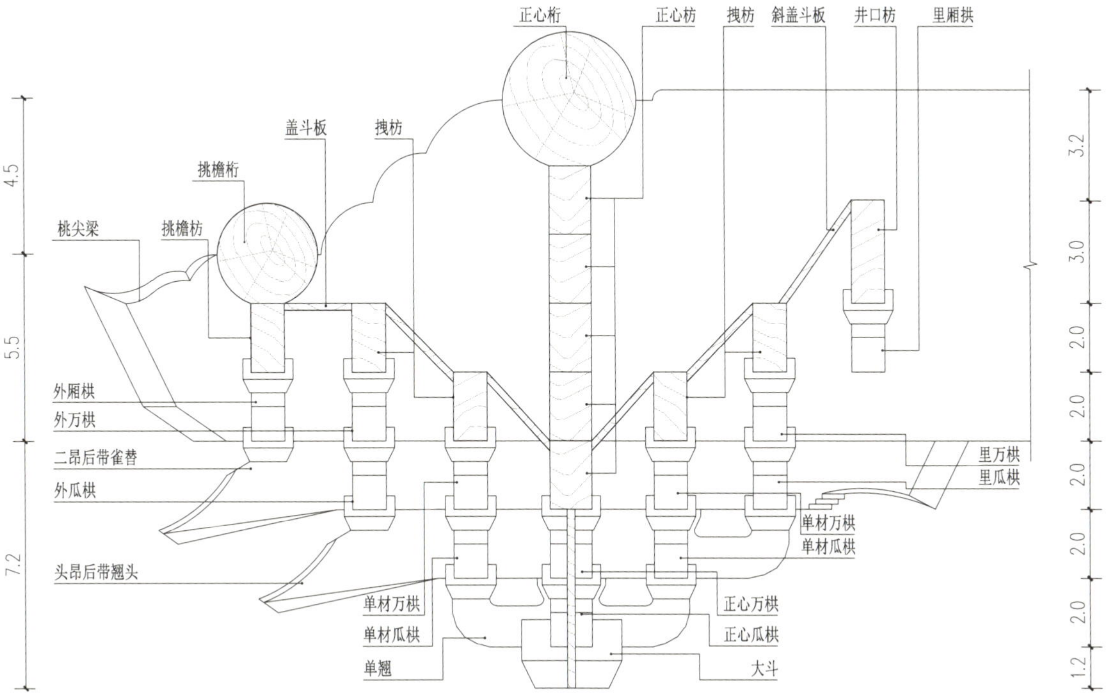

（a）柱头科斗栱侧立面图

（b）柱头科斗栱三维示意图

图7-4-3　柱头科斗栱侧立面示意图

表7-4-1

单翘重昂七踩斗栱柱头科构件

斗栱类别	构件分类	构件	长	高	宽	数量	备注
柱头科	①斗	大斗	4.0	2.0	3.0	1	
		单翘桶子十八斗	3.46	1.0	1.5	2	
		头昂桶子十八斗	4.13	1.0	1.5	2	
		二昂桶子十八斗	4.8	1.0	1.5	1	
		槽升子	1.3	1.0	1.74	4	构件尺寸详见7.1
		三才升	1.3	1.0	1.5	20	构件尺寸详见7.1
	②面阔方向	正心瓜栱	6.2	2.0	1.24	1	
		正心万栱	9.2	2.0	1.24	1	
		单材瓜栱	6.2	1.4	1.0	2	
		单材万栱	9.2	1.4	1.0	2	
		里瓜栱	6.2	1.4	1.0	1	
		外瓜栱	6.2	1.4	1.0	1	
		里万栱	9.2	1.4	1.0	1	
		外万栱	9.2	1.4	1.0	1	
		外厢栱	7.2	1.4	1.0	1	
		里厢栱	1.9	1.4	1.0	2	两栱头共长8.2（中有桃尖梁）
	③进深方向	单翘	7.1	2.0	2.0	1	
		头昂后带翘头	15.85	3.0	2.66	1	
		二昂后带雀替	24.3	3.0	3.33	1	
		桃尖梁	按实际	10.2	前宽4.0 后宽6.0	1	

注：枋、盖斗板、栱垫板不在构件列表统计范围之内。

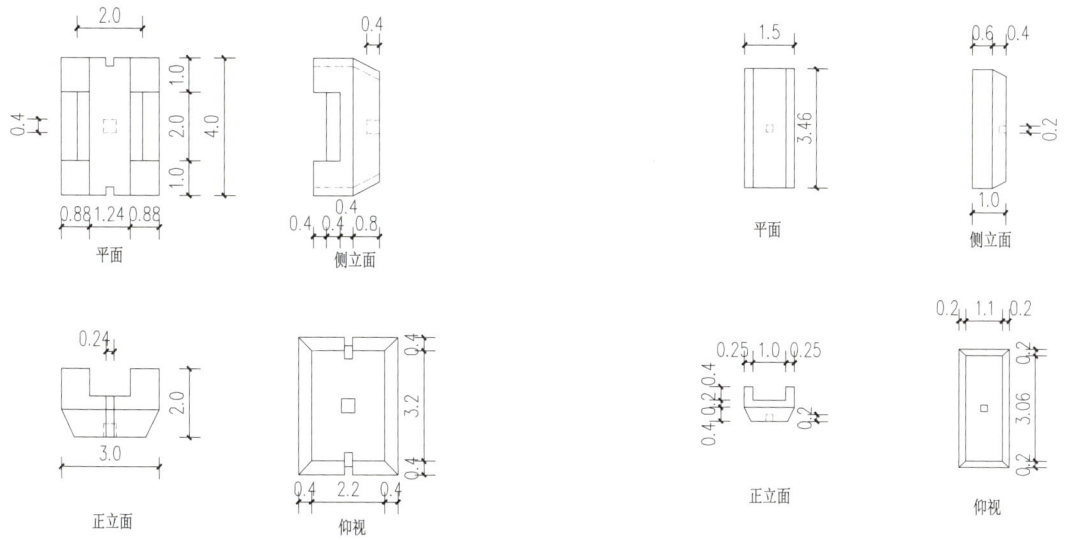

（a）大斗

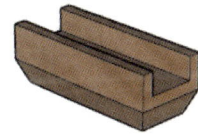

（b）单翘桶子十八斗

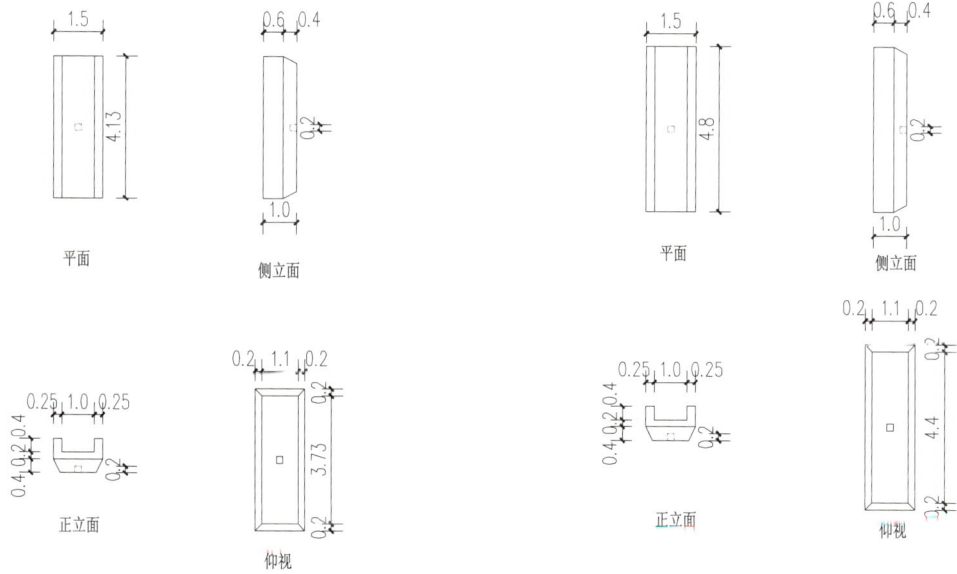

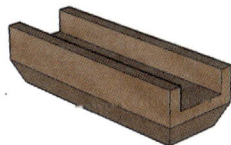

（c）头昂桶子十八斗

（d）二昂桶子十八斗

图7-4-4 柱头科斗栱分件1

（a）正心瓜栱

（b）正心万栱

（c）单材瓜栱

（d）单材万栱

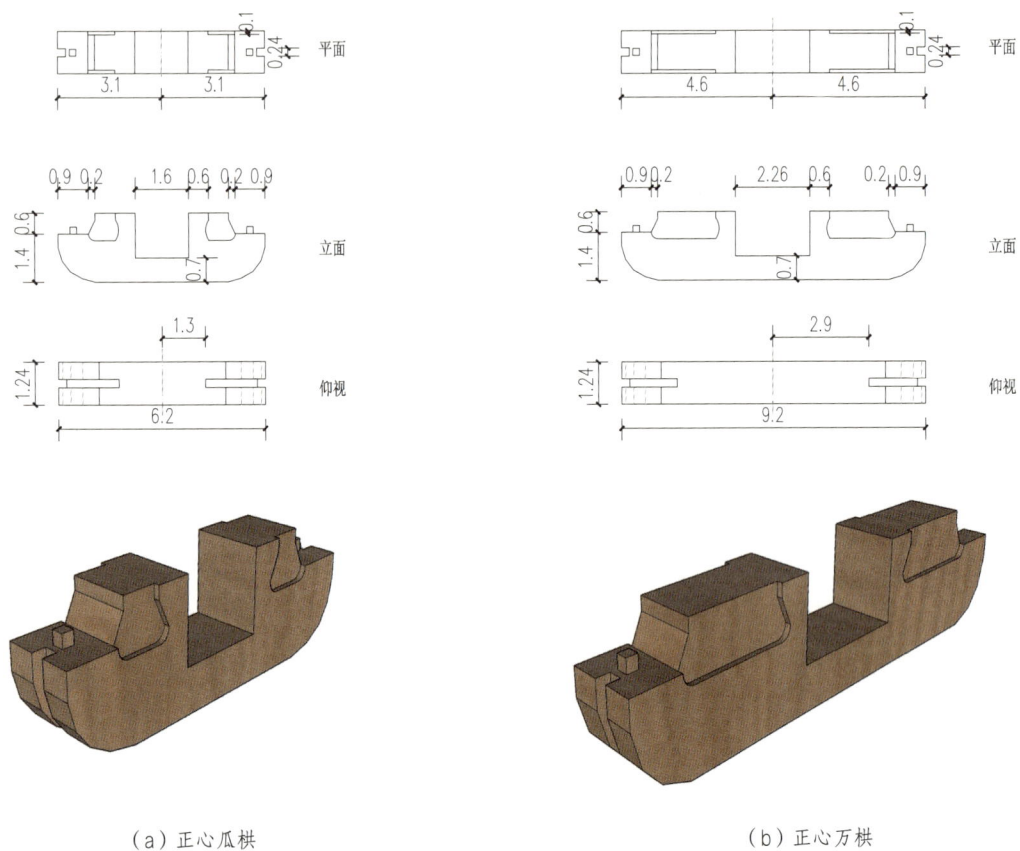

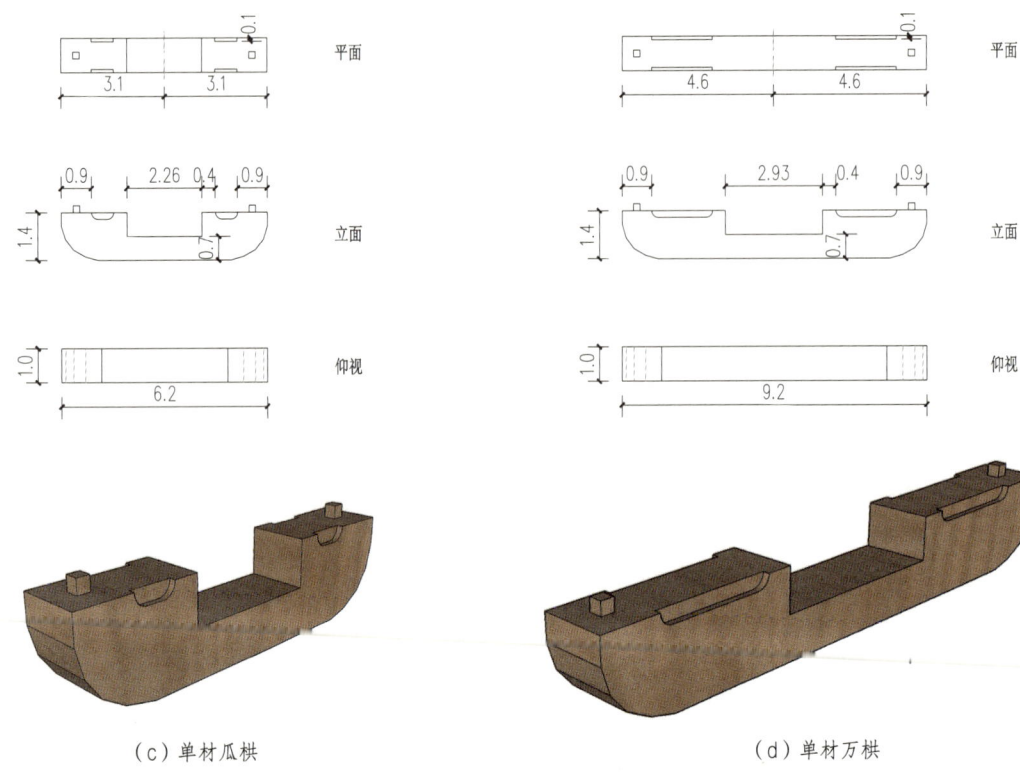

图7-4-5　柱头科斗栱分件2

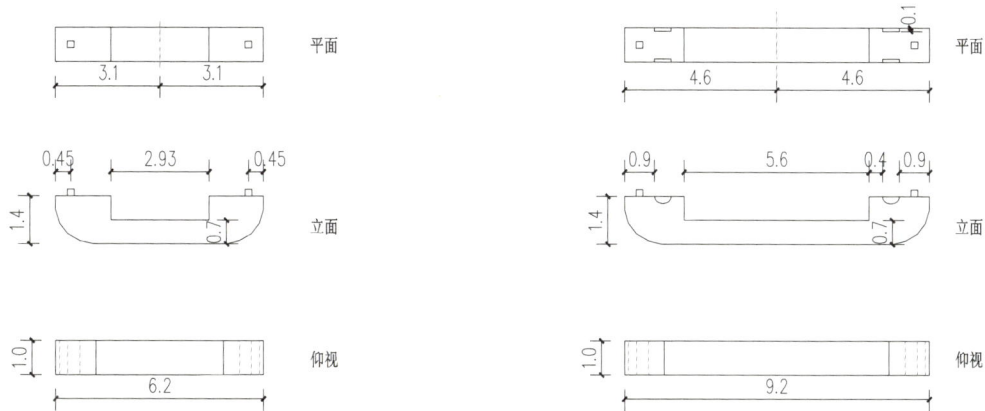

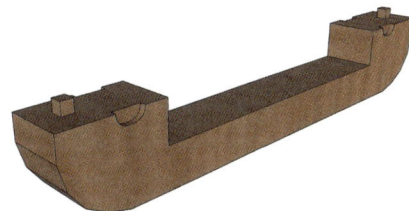

（a）里瓜栱、外瓜栱

（b）里万栱

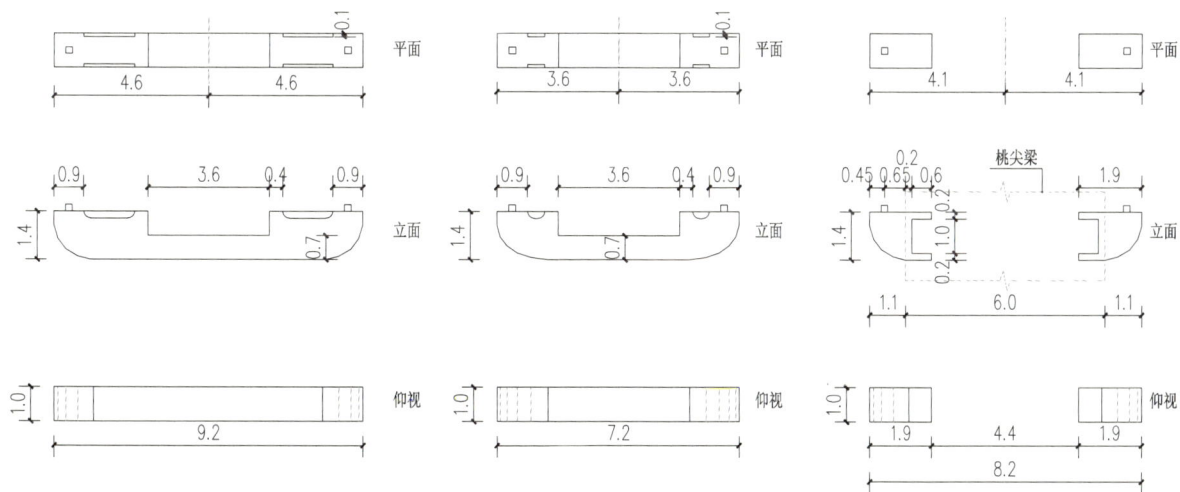

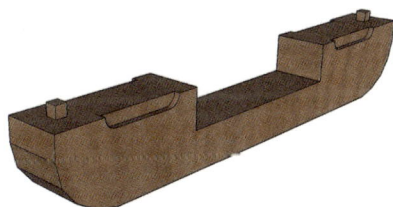

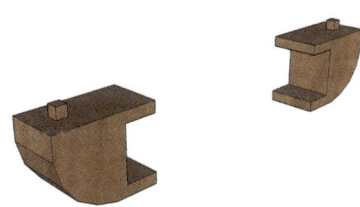

（c）外万栱

（d）外厢栱

（e）里厢栱

图7-4-6　柱头科斗栱分件3

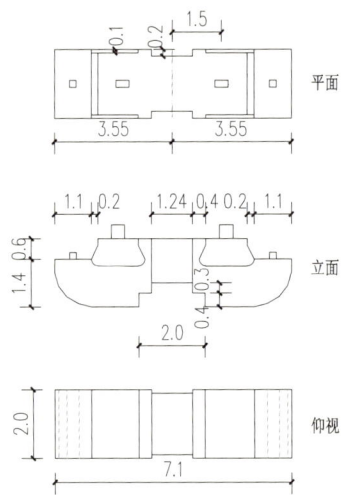

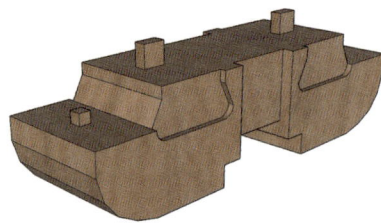

（a）单翘

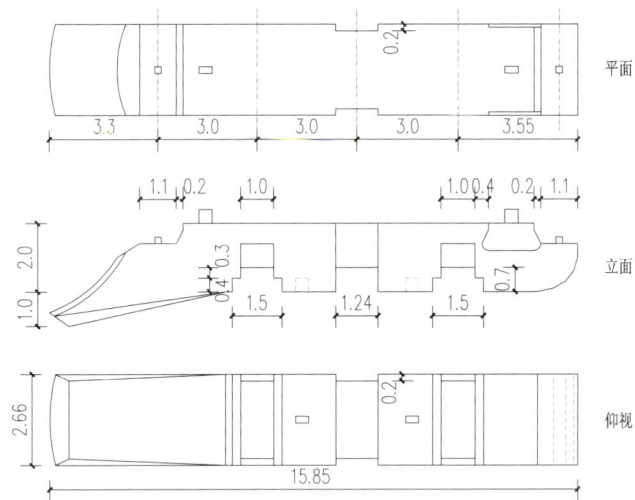

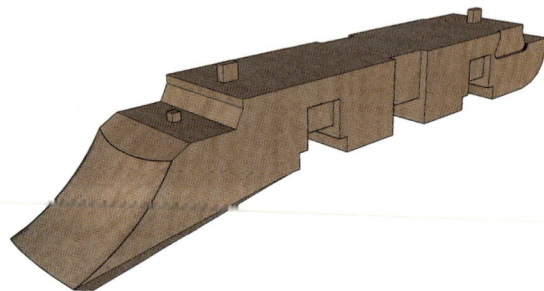

（b）头昂后带翘头

图7-4-7　柱头科斗栱分件4

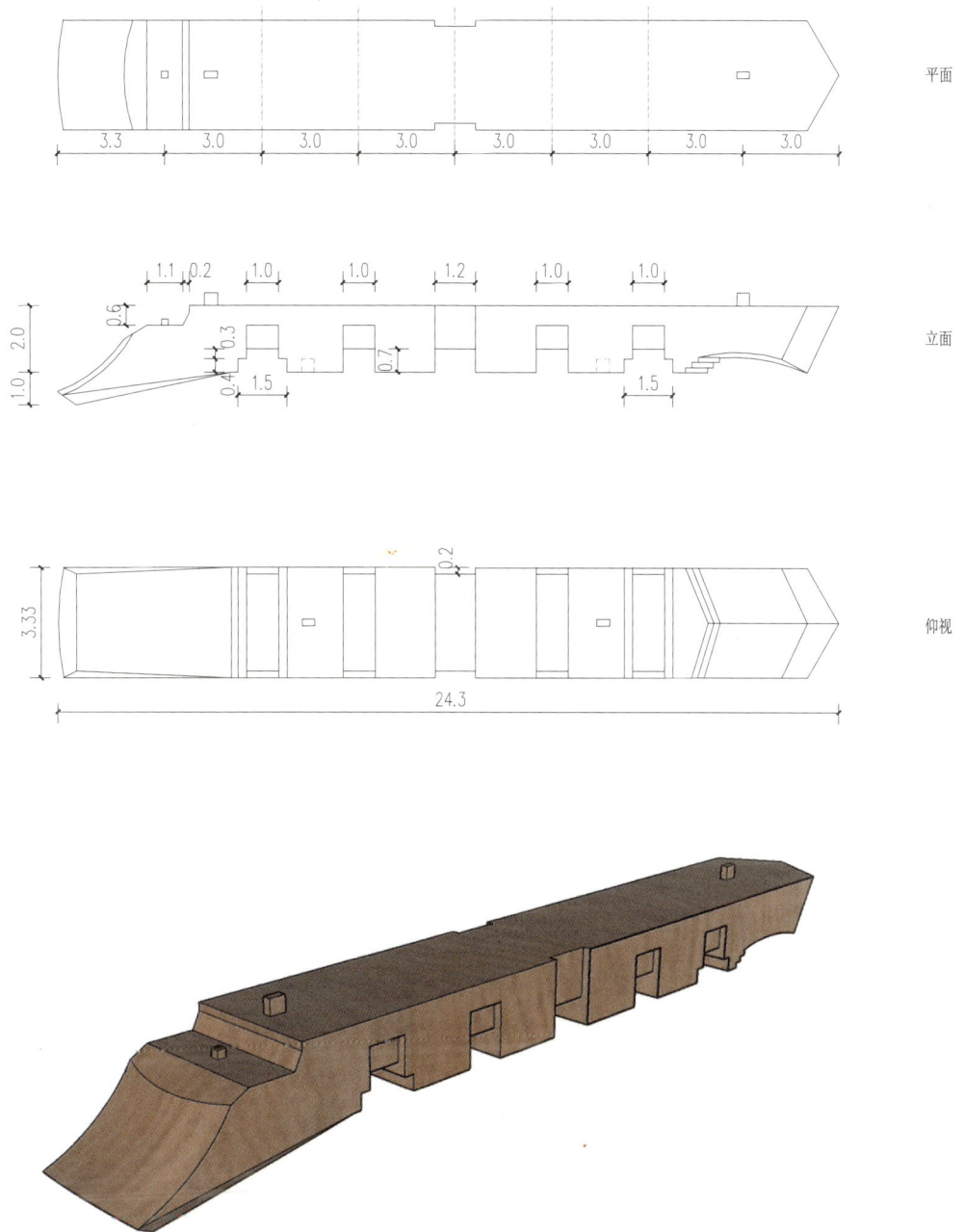

平面

立面

仰视

二昂后带雀替

图7-4-8 柱头科斗栱分件5

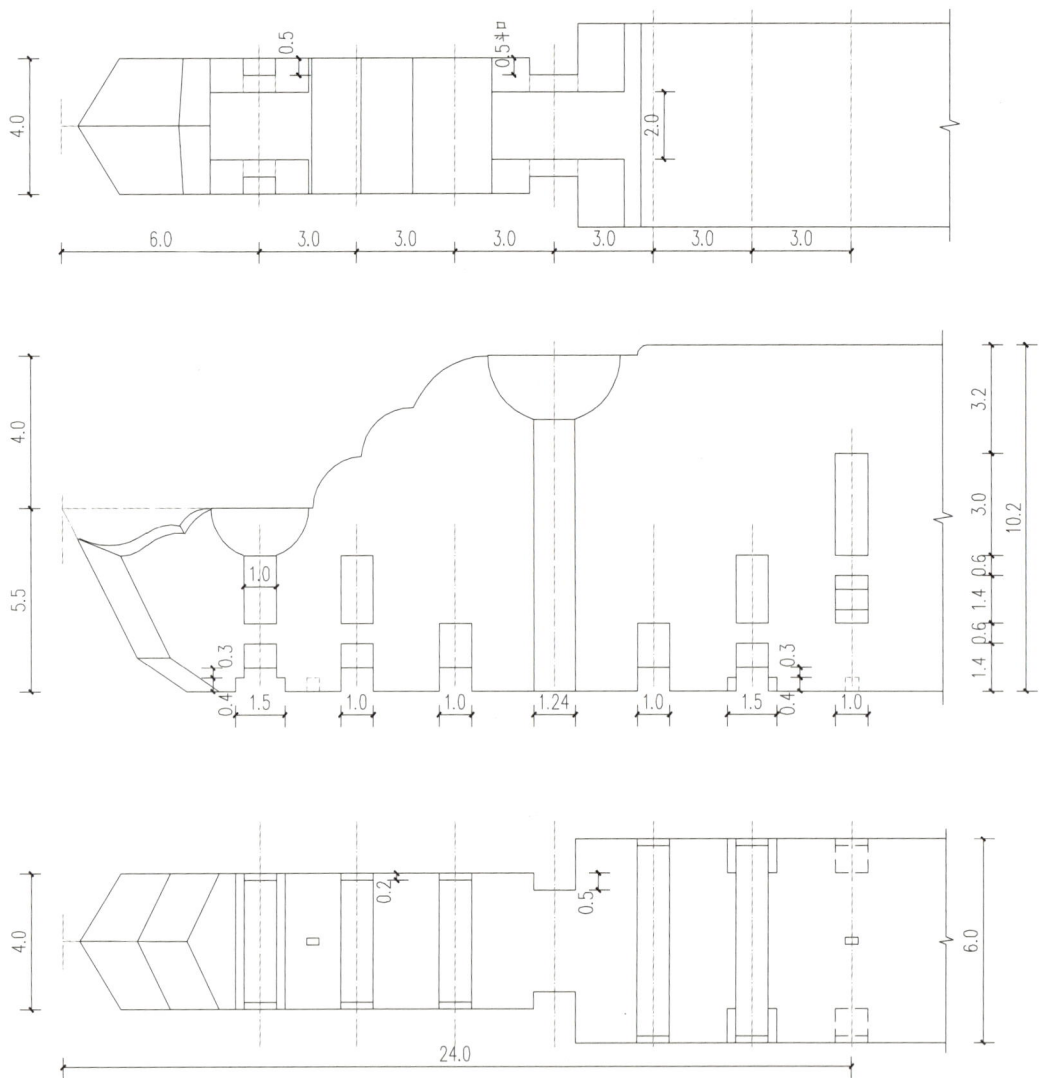

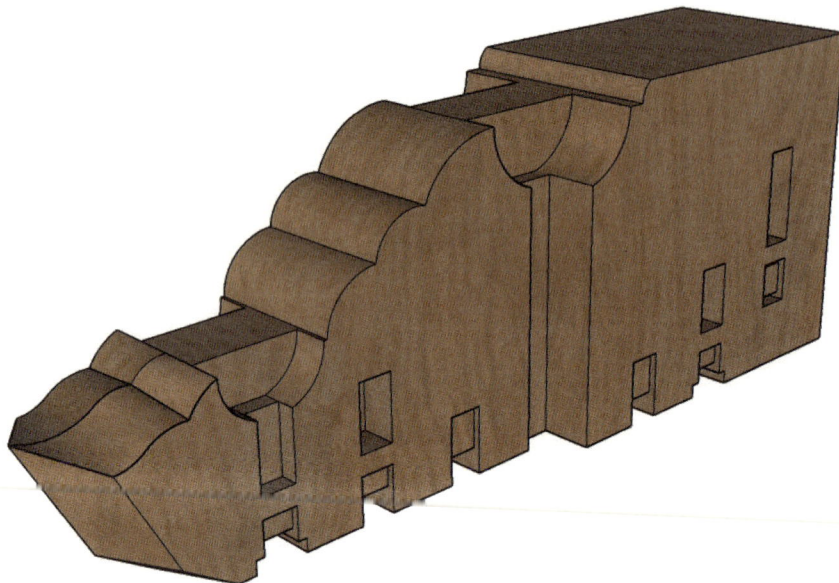

桃尖梁

图7-4-9 柱头科斗栱分件6

7.5 单翘重昂七踩斗栱平身科及分件

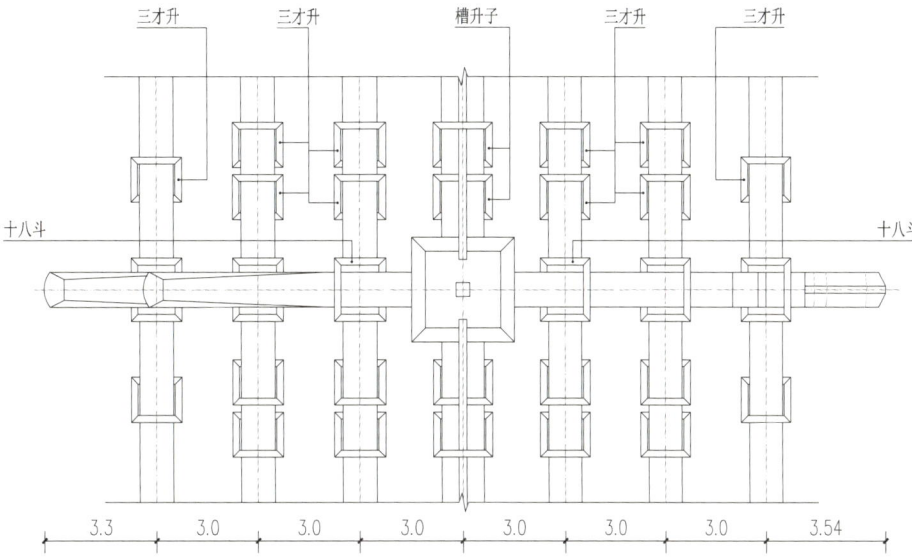

三才升　　三才升　　槽升子　　三才升　　三才升

十八斗　　　　　　　　　　　　　　　　　　　　十八斗

3.3　　3.0　　3.0　　3.0　　3.0　　3.0　　3.54

（a）平身科斗栱仰视平面图

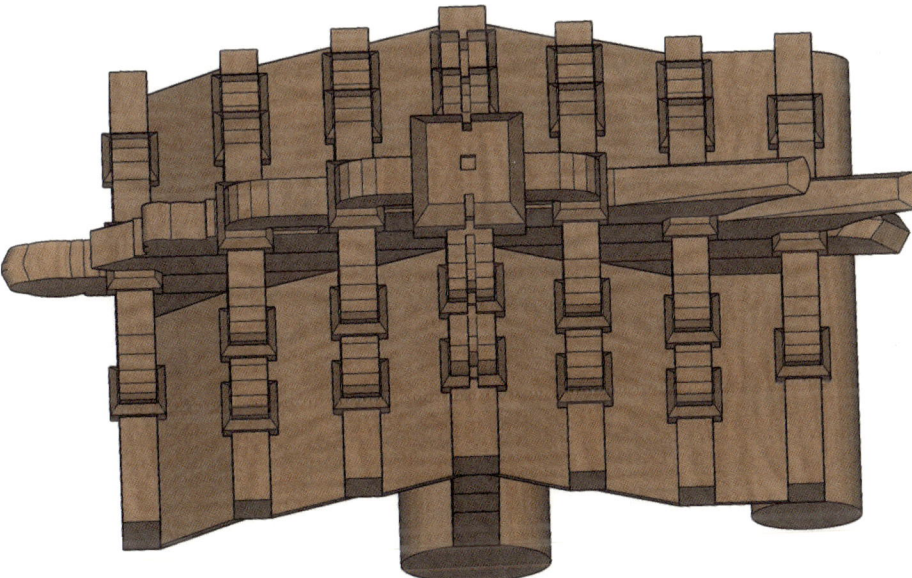

（b）平身科斗栱仰视三维示意图

图7-5-1　平身科斗栱仰视示意图

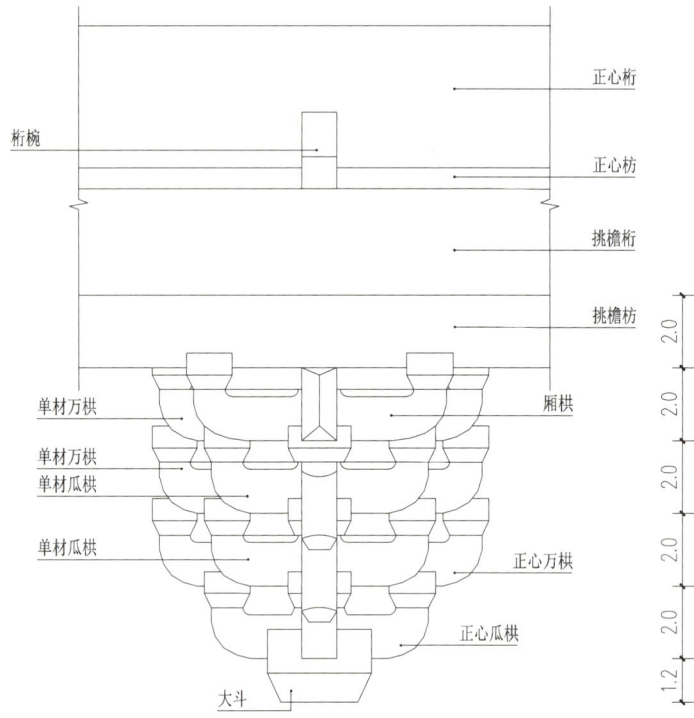

正心桁

桁椀

正心枋

挑檐桁

挑檐枋

单材万栱

厢栱

单材万栱

单材瓜栱

单材瓜栱

正心万栱

正心瓜栱

大斗

2.0
2.0
2.0
2.0
2.0
2.0
1.2

（a）平身科斗栱正立面图

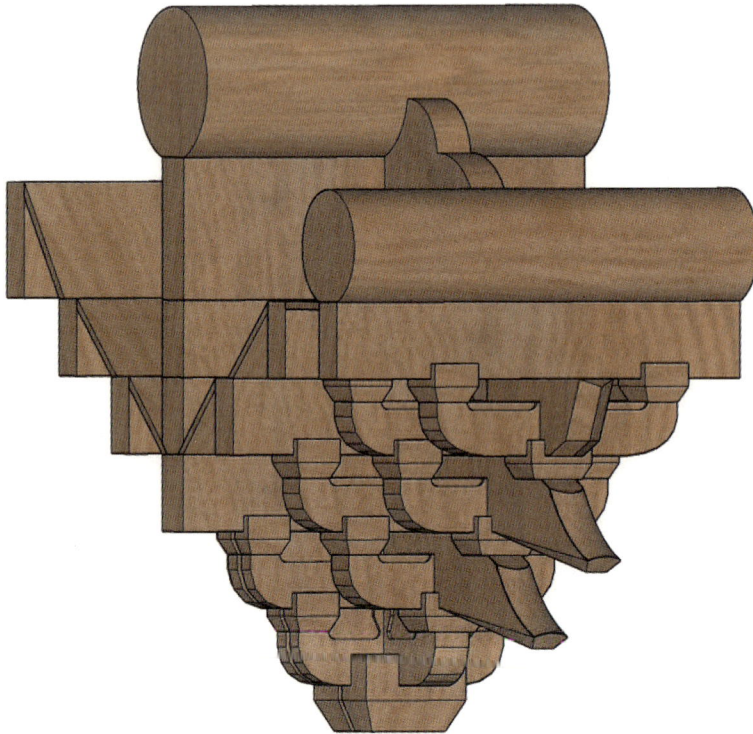

（b）平身科斗栱三维示意图

图7-5-2　平身科斗正立面示意图

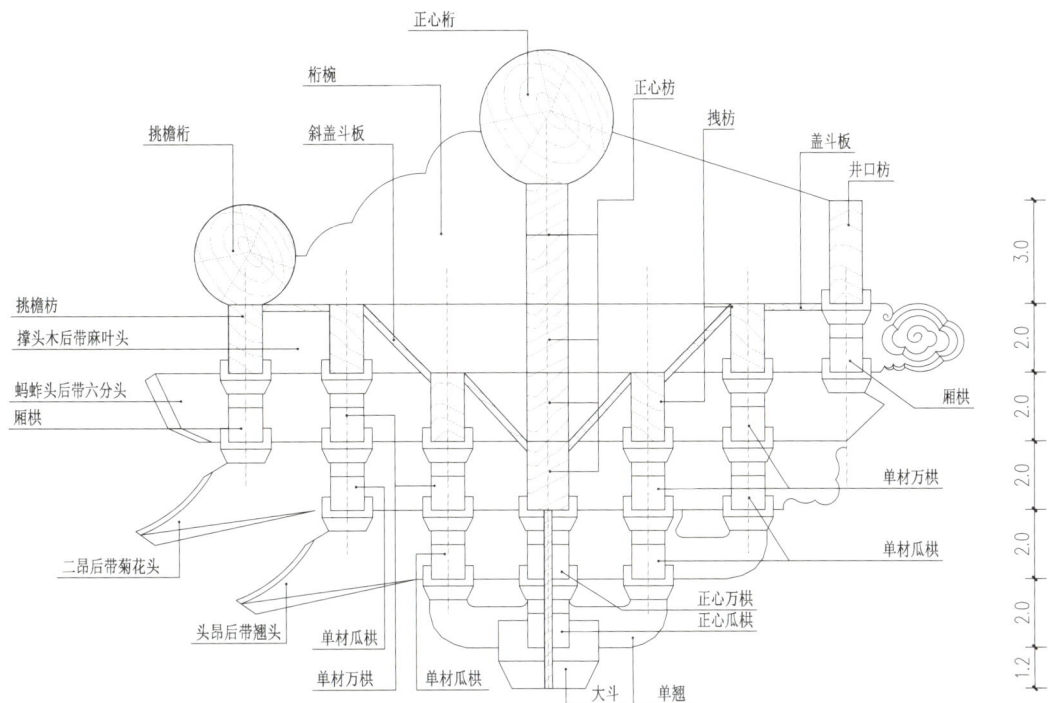

（a）平身科斗栱侧立面图

正心桁

桁椀

挑檐桁

斜盖斗板

正心枋

拽枋

盖斗板

井口枋

挑檐枋

撑头木后带麻叶头

蚂蚱头后带六分头

厢栱

厢栱

二昂后带菊花头

头昂后带翘头

单材瓜栱

单材万栱

单材瓜栱

大斗

单翘

单材万栱

单材瓜栱

正心万栱

正心瓜栱

3.0

2.0

2.0

2.0

2.0

2.0

2.0

1.2

（b）平身科斗栱三维示意图

图7-5-3　平身科斗栱侧立面示意图

斗栱类别	构件分类	构件	长	高	宽	数量	备注
平身科	①斗	大斗	3.0	2.0	3.0	1	构件尺寸详见7.2
		十八斗	1.8	1.0	1.5	6	构件尺寸详见7.2
		槽升子	1.3	1.0	1.74	4	构件尺寸详见7.1
		三才升	1.3	1.0	1.5	20	构件尺寸详见7.1
	②面阔方向	正心瓜栱	6.2	2.0	1.24	1	
		正心万栱	9.2	2.0	1.24	1	
		单材瓜栱	6.2	1.4	1.0	4	
		单材万栱	9.2	1.4	1.0	4	
		厢栱	7.2	1.4	1.0	2	
	③进深方向	单翘	7.1	2.0	1.0	1	
		头昂后带翘头	15.85	3.0	1.0	1	
		二昂后带菊花头	21.3	3.0	1.0	1	
		蚂蚱头后带六分头	22.15	2.0	1.0	1	
		撑头木后带麻叶头	21.54	2.0	1.0	1	
		桁椀	17.5	5.0	1.0	1	

注：枋、盖斗板、栱垫板不在构件列表统计范围之内。

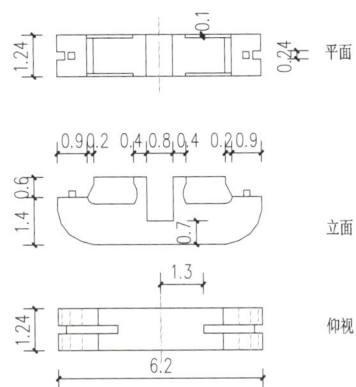
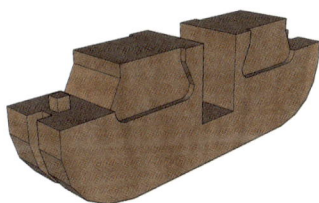

（a）正心瓜栱

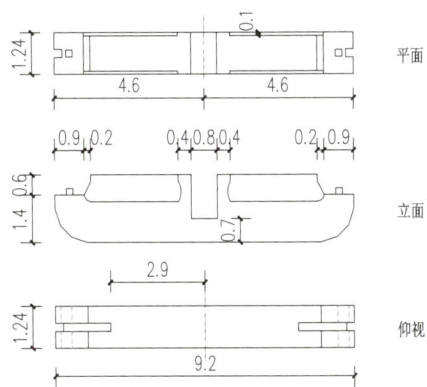
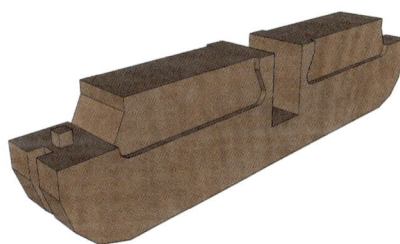

（b）正心万栱

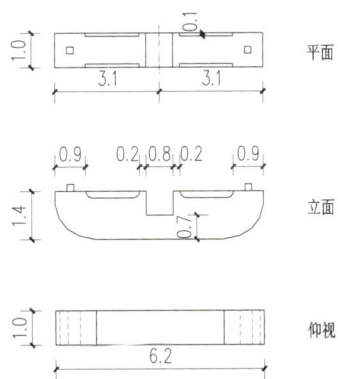

（c）单材瓜栱

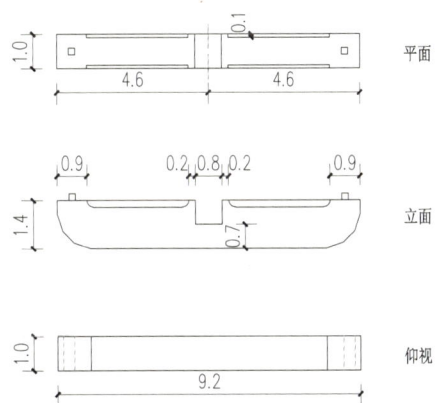
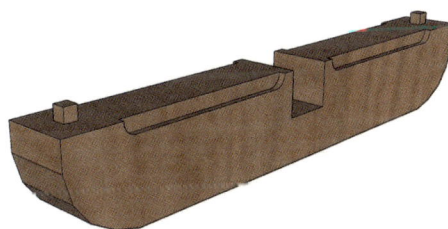

（d）单材万栱

图7-5-4　平身科斗栱分件1

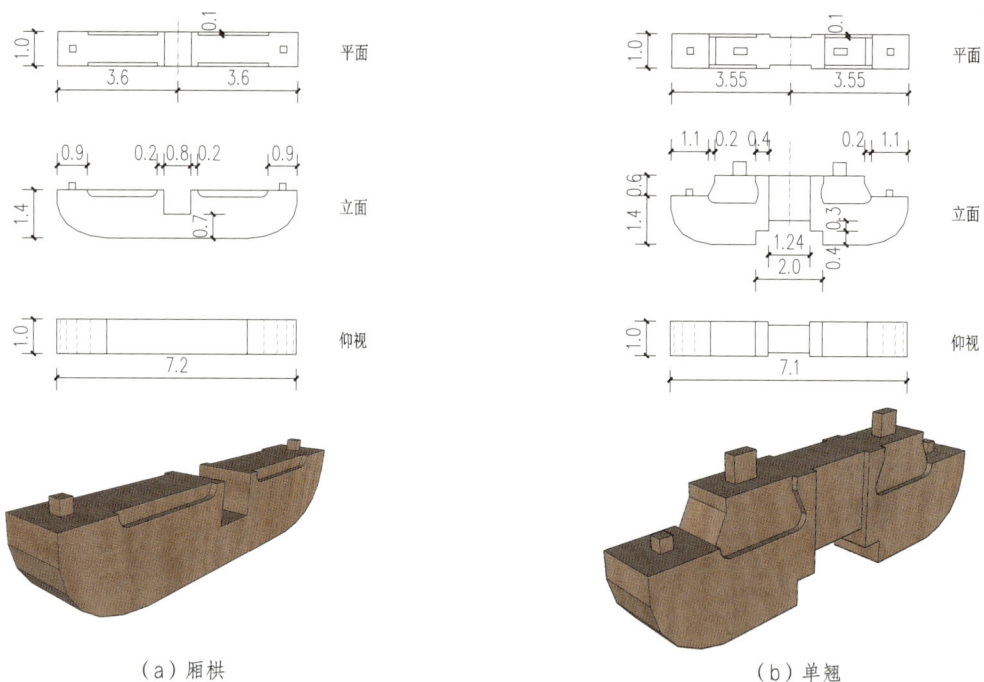

（a）厢栱

（b）单翘

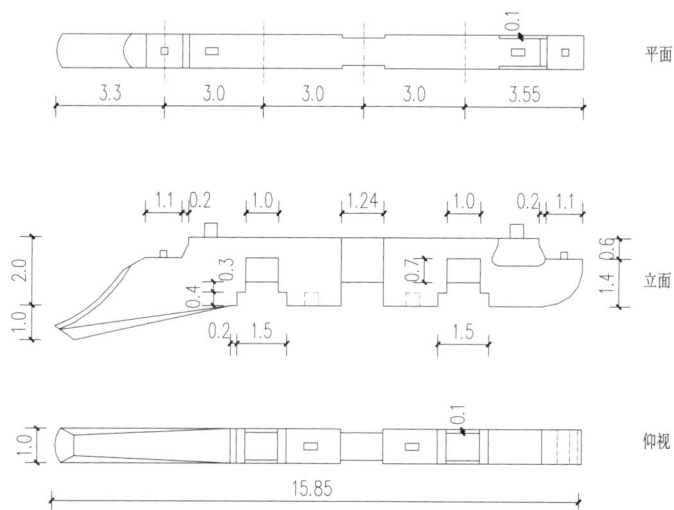

（c）头昂后带翘头

图7-5-5 平身科斗栱分件2

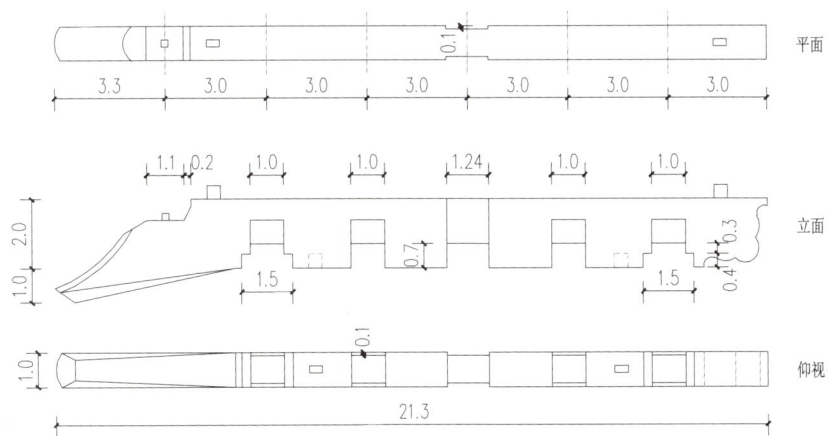

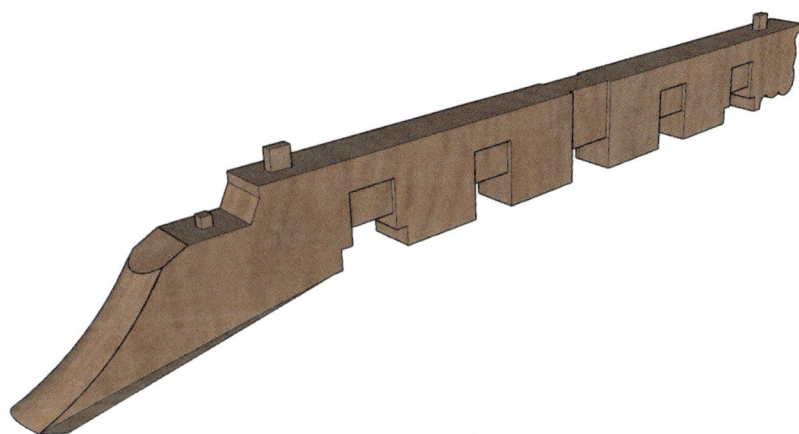

（a）二昂后带菊花头

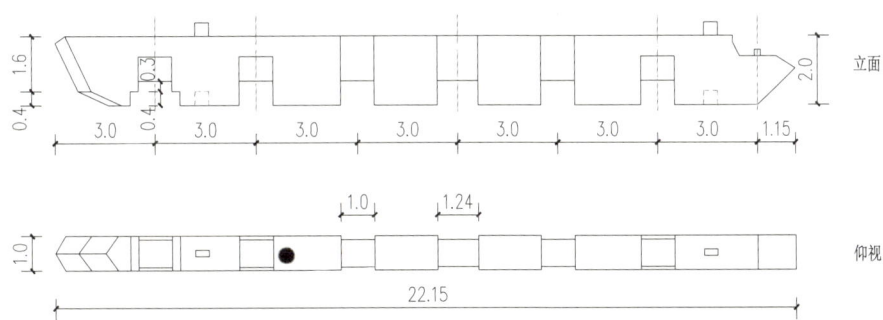

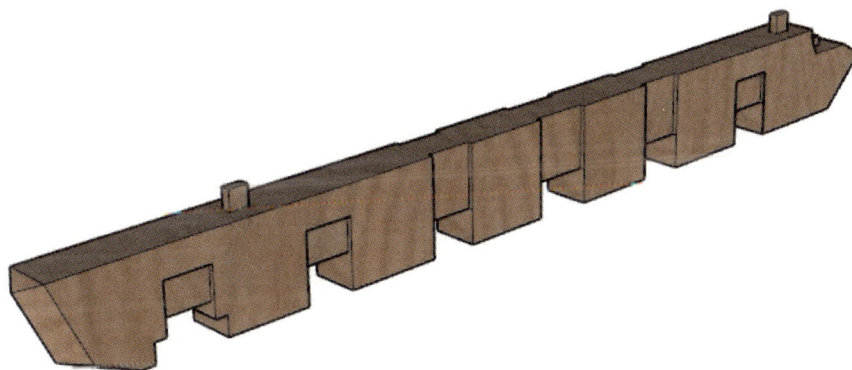

（b）蚂蚱头后带六分头

图7-5-6　平身科斗栱分件3

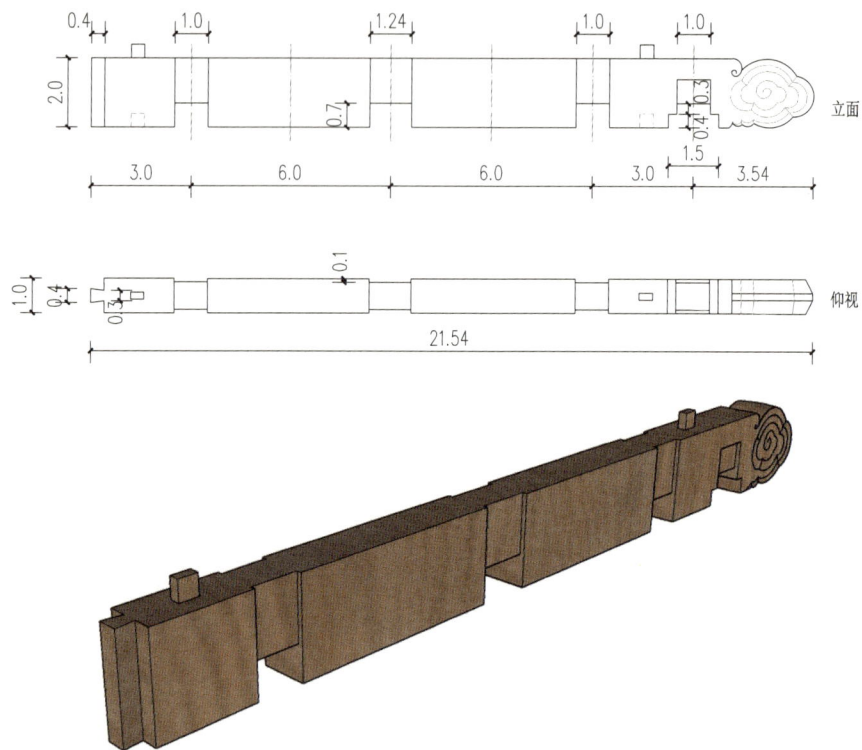

（a）撑头木后带麻叶头

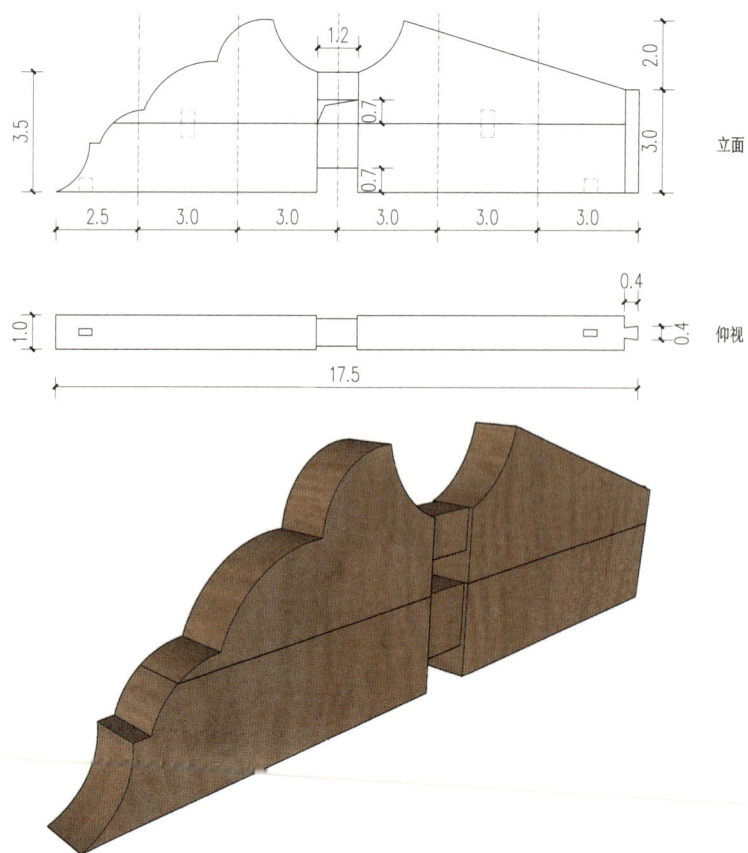

（b）桁椀

图7-5-7　平身科斗栱分件4

7.6 单翘重昂七踩斗栱角科及分件

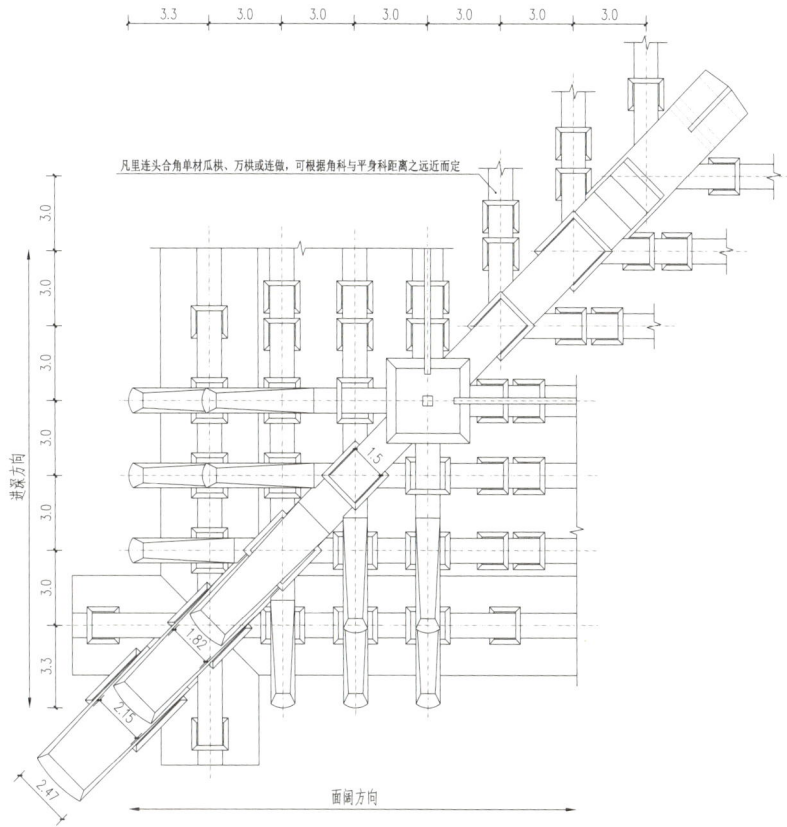

凡里头连合角单材瓜栱、万栱或连做，可根据角科与平身科距离之远近而定

提踩方向

面阔方向

（a）角科斗栱仰视平面图

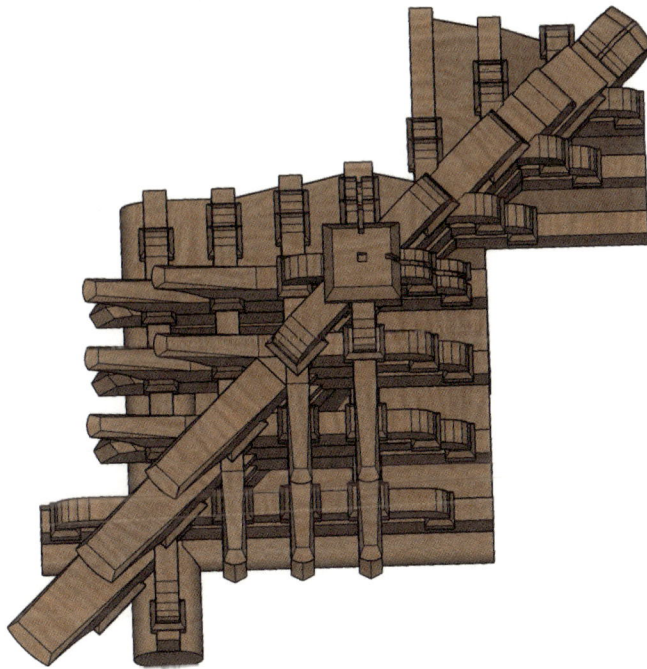

（b）角科斗栱仰视三维示意图

注：面阔、进深构件名称详见构件列表。

图7-6-1 角科斗栱仰视示意图

搭角正心桁

斜桁椀

搭角挑檐桁

搭角挑檐枋

搭角闹蚂蚱头后带单材万栱
搭角把臂厢栱

由昂后带六分头
斜二昂后带菊花头

搭角闹二昂后带单材瓜栱

斜头昂后带翘头
搭角闹头昂后带单材瓜栱

斜翘

角大斗

搭角正蚂蚱头后带正心枋

搭角闹蚂蚱头后带拽枋

搭角正二昂后带正心枋

搭角闹二昂后带单材万栱

搭角正头昂后带正心万栱

搭角正翘后带正心瓜栱

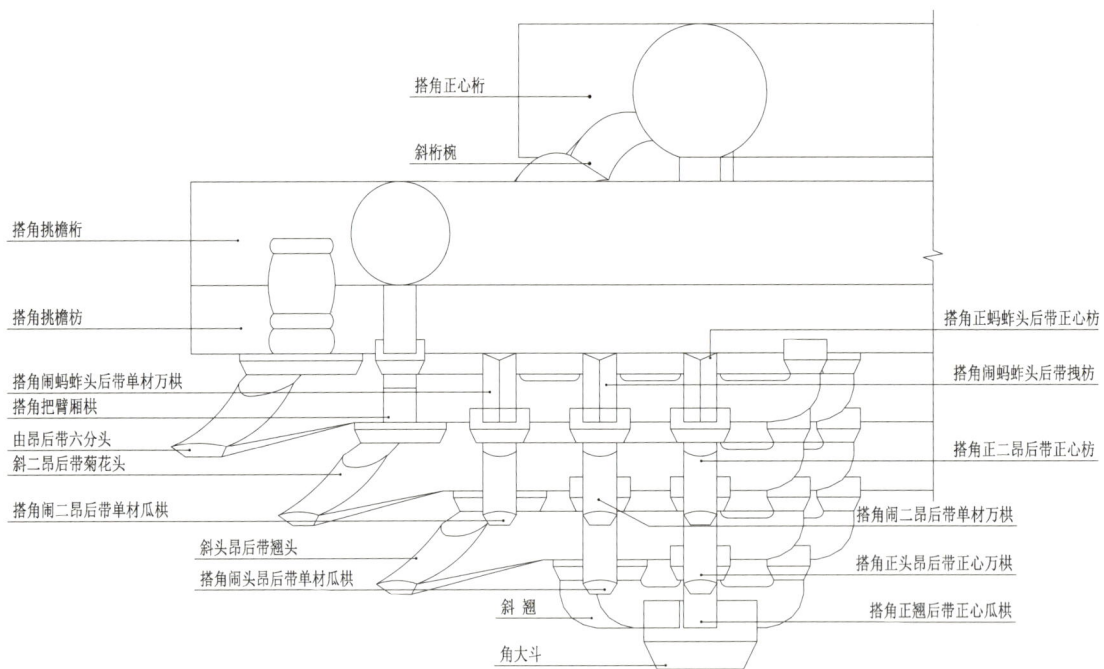

（a）角科斗栱立面图

（b）角科斗栱三维示意图

图7-6-2 角科斗栱立面示意图

单翘重昂七踩斗栱角科构件

表7-6-1

斗栱类别	构件分类	构件	长	高	宽	数量	备注	
角科	① 斗	角大斗	3.4	2.0	3.4	1	构件尺寸详见7.3	
		十八斗	1.8	1.0	1.5	12	构件尺寸详见7.2	
		槽升子	1.3	1.0	1.74	4	构件尺寸详见7.1	
		三才升	1.3	1.0	1.5	22	构件尺寸详见7.1	
	② 第二层	搭角正翘后带正心瓜栱一	6.65	2.0	1.24	1	面阔方向	
		搭角正翘后带正心瓜栱二	6.65	2.0	1.24	1	进深方向	
		斜翘	10.464	2.0	1.5	1		
		斜翘贴升耳	1.98	0.6	0.24	4		
	③ 第三层	搭角正头昂后带正心万栱一	13.9	3.0	1.24	1	面阔方向	
		搭角闹头昂后带单材瓜栱一	12.4	3.0	1.0	1		
		里连头合角单材瓜栱一	3.2	1.4	1.0	1		
		搭角正头昂后带正心万栱二	13.9	3.0	1.24	1	进深方向	
		搭角闹头昂后带单材瓜栱二	12.4	3.0	1.0	1		
		里连头合角单材瓜栱二	3.2	1.4	1.0	1		
		斜头昂后带翘头	22.786	3.0	1.82	1		
		斜头昂贴升耳	2.3	0.6	0.24	4		
	④ 第四层	搭角正二昂后带正心枋一	前长12.3	3.0	1.24	1	后长至平身科或柱头科	面阔方向
		搭角闹二昂后带单材万栱一	16.9	3.0	1.0	1		
		搭角闹二昂后带单材瓜栱一	15.4	3.0	1.0	1		
		里连头合角单材万栱一	4.6	1.4	1.0	1	或与平身科单材万栱连做	
		里连头合角单材瓜栱一	3.0	1.4	1.0	1		
		搭角正二昂后带正心枋二	前长12.3	3.0	1.24	1	后长至平身科或柱头科	进深方向
		搭角闹二昂后带单材万栱二	16.9	3.0	1.0	1		
		搭角闹二昂后带单材瓜栱二	15.4	3.0	1.0	1		
		里连头合角单材万栱二	4.6	1.4	1.0	1	或与平身科单材万栱连做	
		里连头合角单材瓜栱二	3.0	1.4	1.0	1		
		斜二昂后带菊花头	30.122	3.0	2.15	1		
		斜二昂贴升耳	2.63	0.6	0.24	2		

斗栱类别	构件分类	构件	长	高	宽	数量	备注	
角科	⑤ 第五层	搭角正蚂蚱头后带正心枋一	前长12.0	2.0	1.24	1	后长至平身科或柱头科	面阔方向
		搭角闹蚂蚱头后带拽枋一	前长12.0	2.0	1.0	1	后长至平身科或柱头科	
		搭角闹蚂蚱头后带单材万栱一	16.6	2.0	1.0	1		
		搭角把臂厢栱一	17.4	1.4	1.0	1		
		里连头合角单材万栱一	4.4	1.4	1.0	1	或与平身科单材万栱连做	
		搭角正蚂蚱头后带正心枋二	前长12.0	2.0	1.24	1	后长至平身科或柱头科	进深方向
		搭角闹蚂蚱头后带拽枋二	前长12.0	2.0	1.0	1	后长至平身科或柱头科	
		搭角闹蚂蚱头后带单材万栱二	16.6	2.0	1.0	1		
		搭角把臂厢栱二	17.4	1.4	1.0	1		
		里连头合角单材万栱二	4.4	1.4	1.0	1	或与平身科单材万栱连做	
		由昂后带六分头	36.239	3.0	2.47	1		
		由昂贴升耳	2.95	0.6	0.24	4		
	⑥ 第六层	搭角正撑头木后带正心枋一	前长9.0	2.0	1.24	1	后长至平身科或柱头科	面阔方向
		搭角闹撑头木后带拽枋一	前长9.0	2.0	1.0	1	后长至平身科或柱头科	
		搭角挑檐枋一	前长14.6	2.0	1.0	1	后长至平身科或柱头科	
		里连头合角厢栱一	3.3	1.4	1.0	1	或与平身科厢栱连做	
		搭角正撑头木后带正心枋二	前长9.0	2.0	1.24	1	后长至平身科或柱头科	进深方向
		搭角闹撑头木后带拽枋二	前长9.0	2.0	1.0	1	后长至平身科或柱头科	
		搭角挑檐枋二	前长14.6	2.0	1.0	1	后长至平身科或柱头科	
		里连头合角厢栱二	3.3	1.4	1.0	1	或与平身科厢栱连做	
		斜撑头木后带麻叶头	29.745	2.0	2.47	1		
	⑦ 第七层	搭角正桁椀后带正心枋一	前长8.5	3.7	1.24	1	后长至平身科或柱头科	面阔方向
		搭角井口枋一	前长2.25	3.0	1.0	1	后长至平身科或柱头科	
		搭角正桁椀后带正心枋二	前长8.5	3.7	1.24	1	后长至平身科或柱头科	进深方向
		搭角井口枋二	前长2.25	3.0	1.0	1	后长至平身科或柱头科	
		斜桁椀	24.04	5.0	2.47	1		

注：枋、盖斗板、栱垫板不在构件列表统计范围之内。

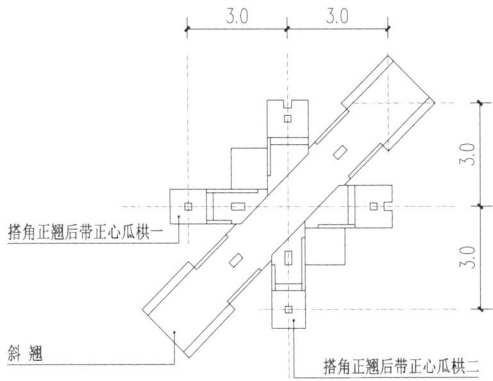

（a）第一、二层斗栱平面图

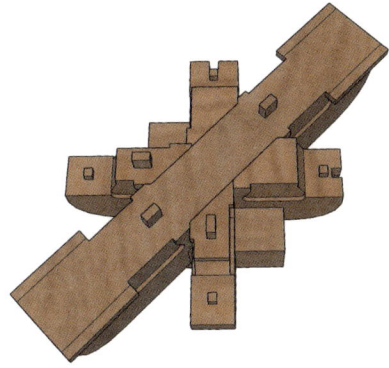

（b）第一、二层斗栱三维示意图

图7-6-3　第一、二层斗栱

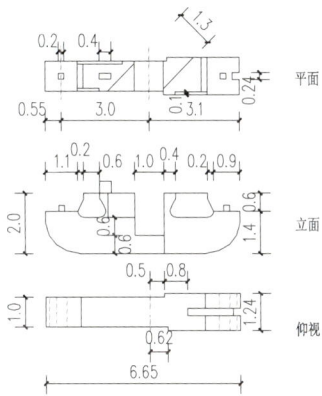

（a）搭角正翘后带正心瓜栱一

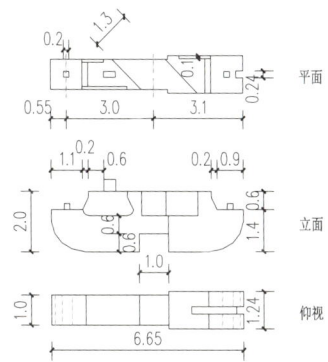

（b）搭角正翘后带正心瓜栱二

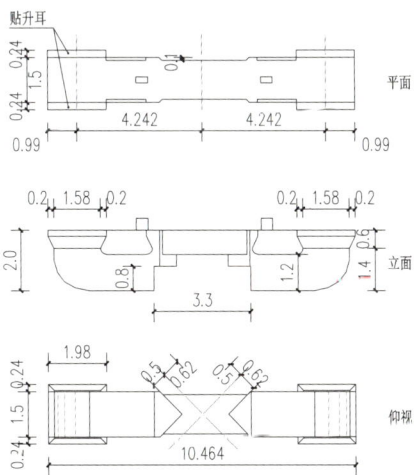

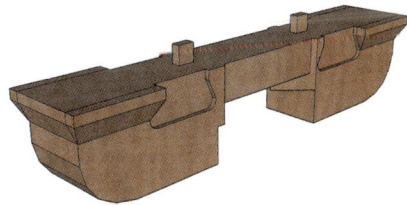

（c）斜翘

图7-6-4　角科斗栱分件1

里连头合角单材瓜栱二

里连头合角单材瓜栱一

搭角正头昂后带正心万栱一

搭角闹头昂后带单材瓜栱一

斜头昂后带翘头

搭角正头昂后带正心万栱二

搭角闹头昂后带单材瓜栱二

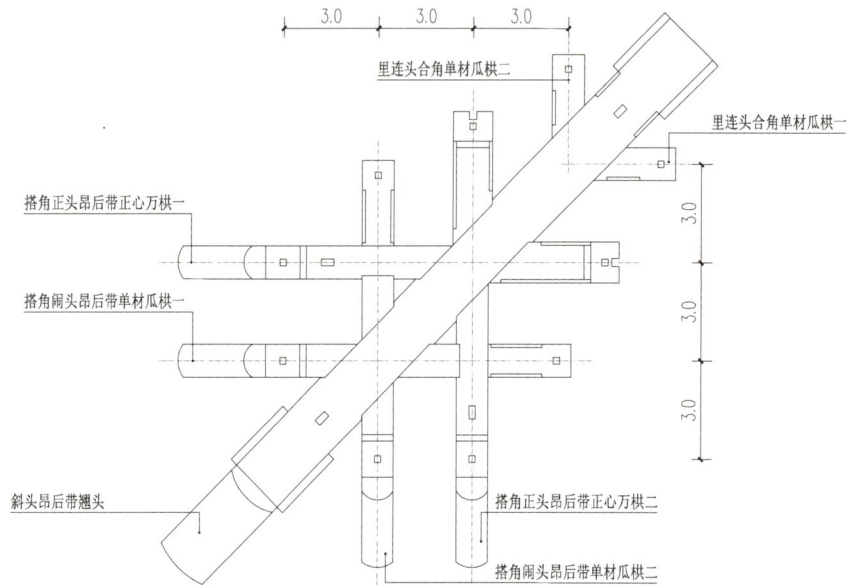

（a）第三层斗栱平面图

（b）第三层斗栱三维示意图

图7-6-5　第三层斗栱

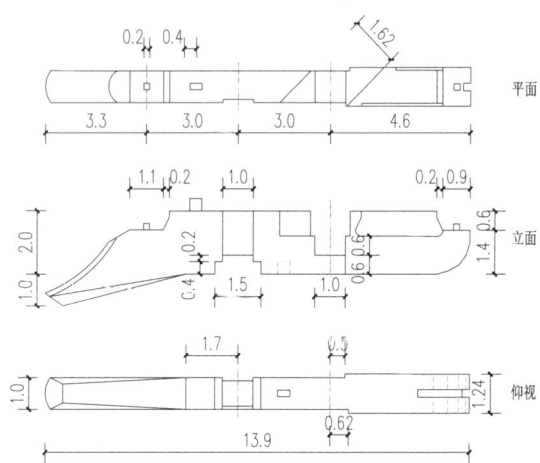

平面

立面

仰视

搭角正头昂后带正心万栱一

图7-6-6　角科斗栱分件2

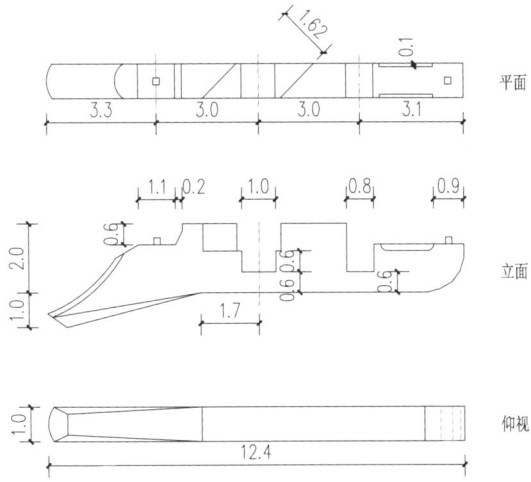

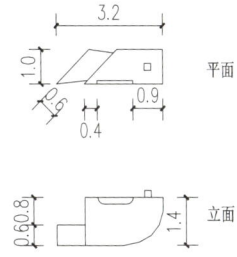

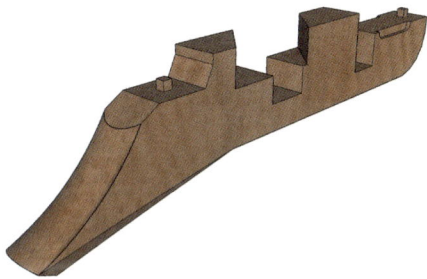

（a）搭角闹头昂后带单材瓜栱一

（b）里连头合角单材瓜栱一

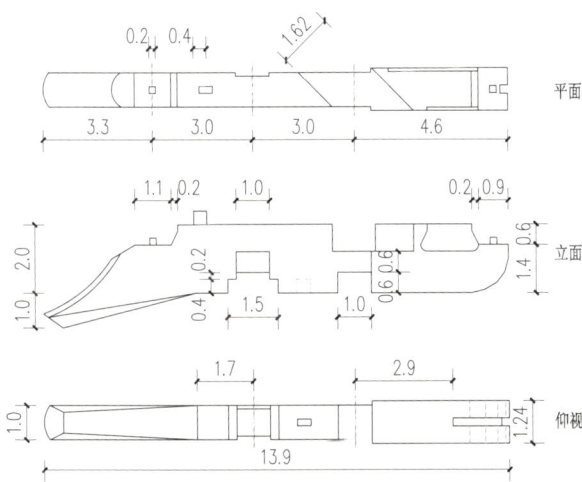

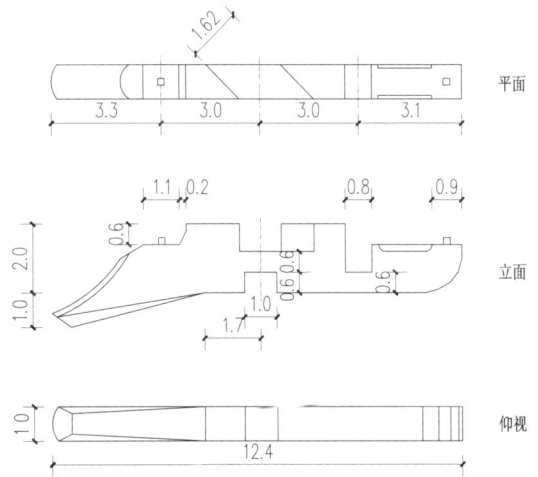

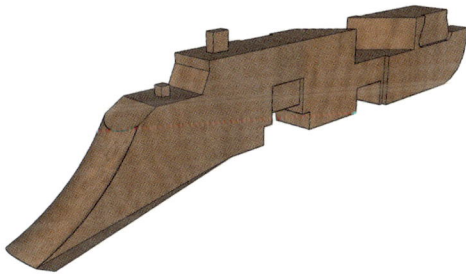

（c）搭角正头昂后带正心万栱二

（d）搭角闹头昂后带单材瓜栱二

图7-6-7　角科斗栱分件3

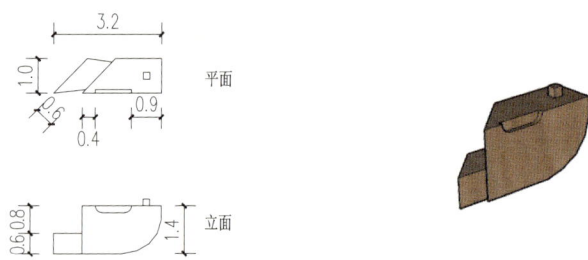

（a）里连头合角单材瓜栱二

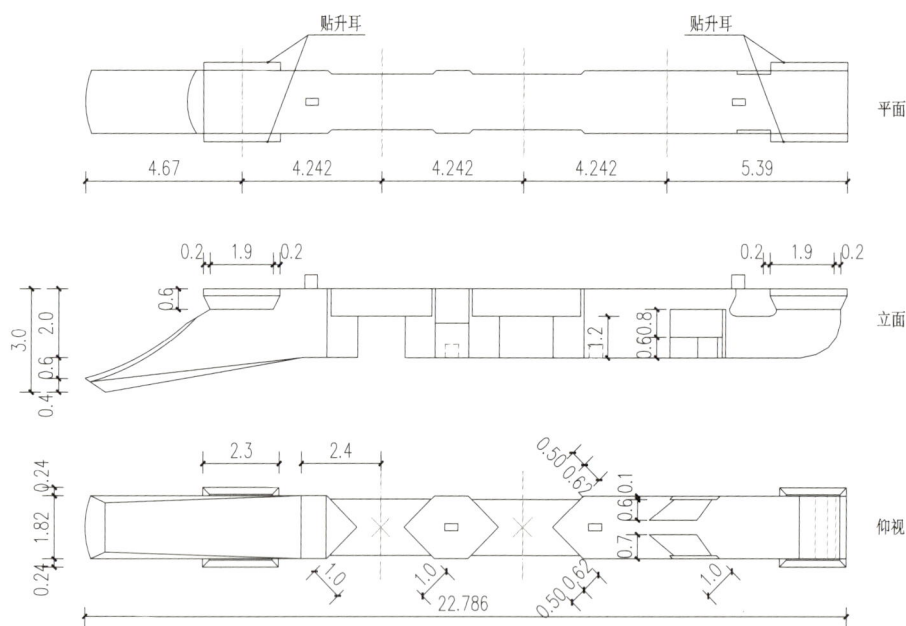

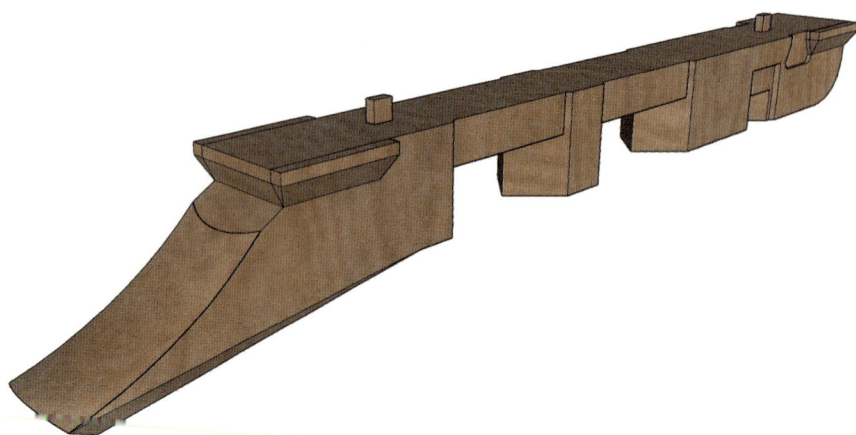

（b）斜头昂后带翘头

图7-6-8 角科斗栱分件4

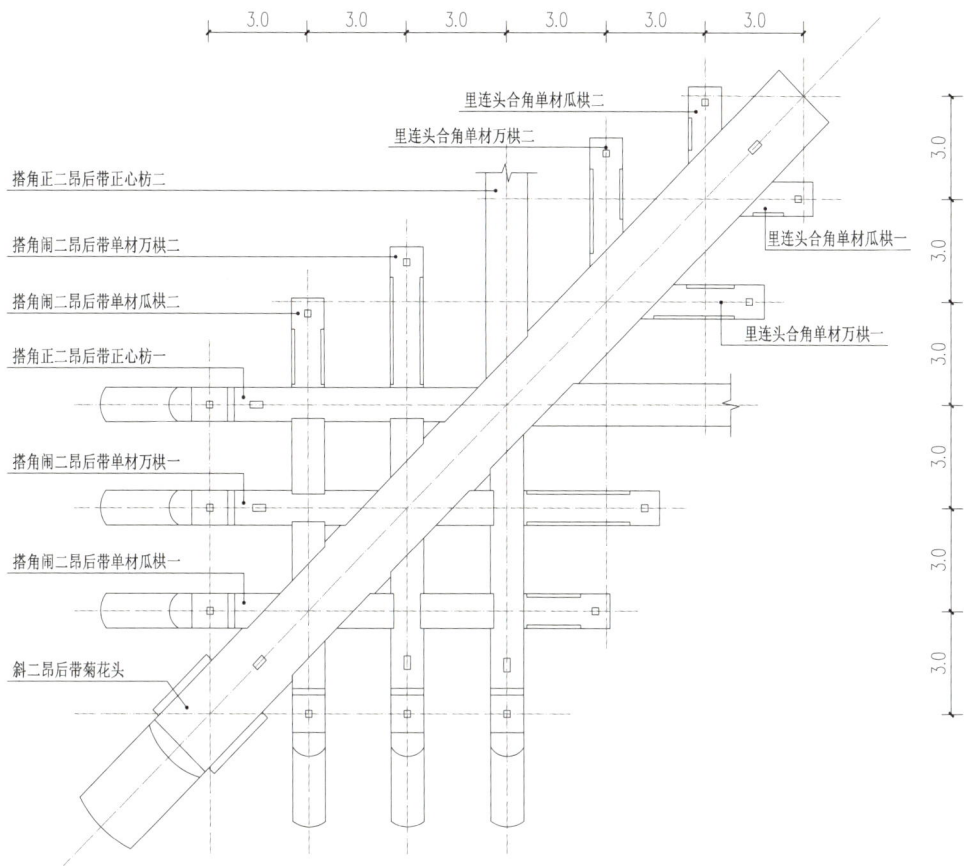

里连头合角单材瓜栱二

里连头合角单材万栱二

搭角正二昂后带正心枋二

搭角闹二昂后带单材万栱二

里连头合角单材瓜栱一

搭角闹二昂后带单材瓜栱二

搭角正二昂后带正心枋一

里连头合角单材万栱一

搭角闹二昂后带单材万栱一

搭角闹二昂后带单材瓜栱一

斜二昂后带菊花头

（a）第四层斗栱平面图

（b）第四层斗栱三维示意图

图7-6-9　第四层斗栱

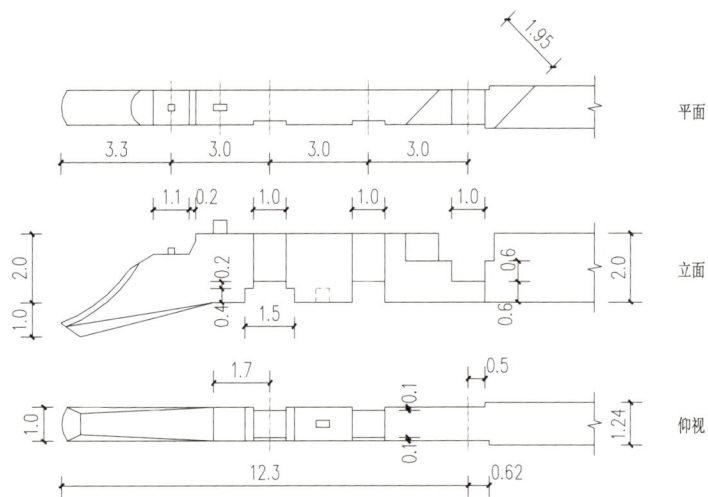

（a）搭角正二昂后带正心枋一

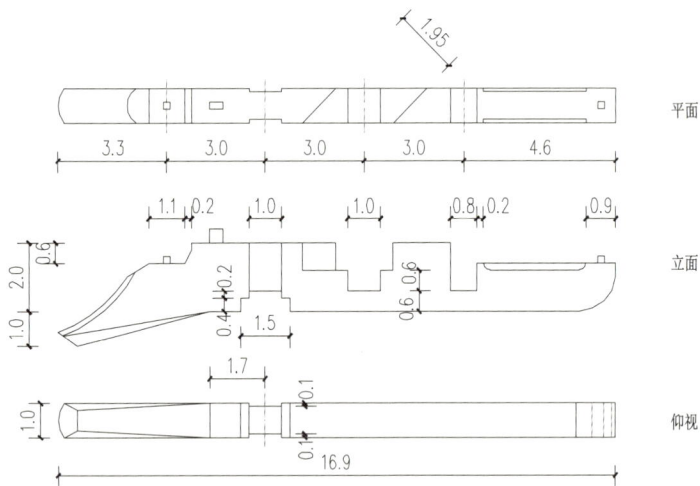

（b）搭角闹二昂后带单材万栱一

图7-6-10　角科斗栱分件5

平面

3.3　3.0　3.0　3.0　3.1

1.95

立面

1.1　0.2　0.8　0.8　0.2　0.9

0.6

2.0

1.0

0.6 0.6

0.6

1.5　1.0

仰视

1.0

15.4

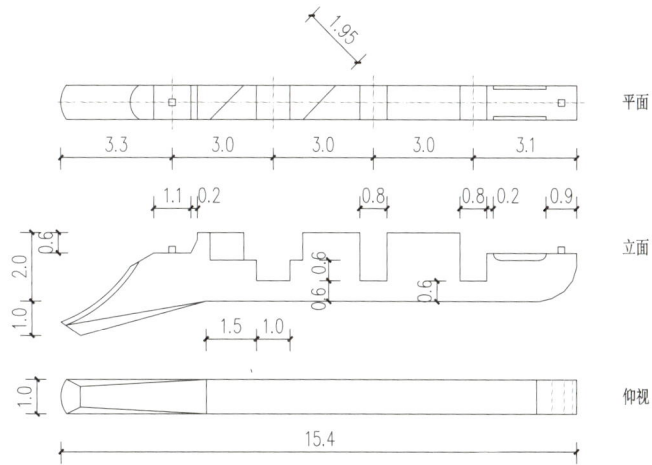

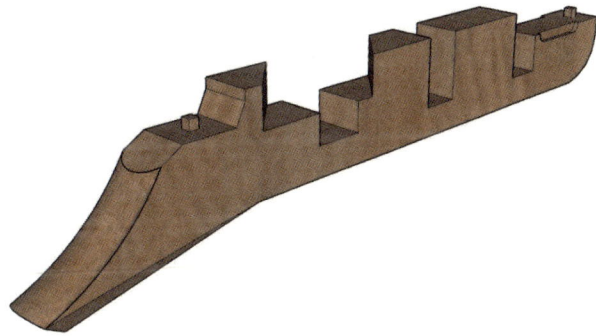

（a）搭角闹二昂后带单材瓜栱一

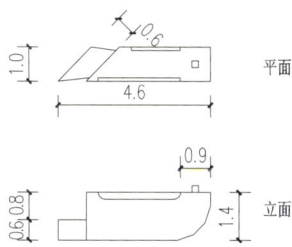

平面

1.0

0.6

4.6

立面

0.9

0.6 0.8

1.4

（b）里连头合角单材万栱一

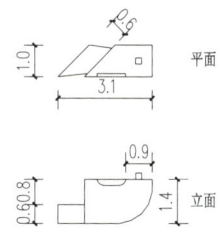

平面

1.0

0.6

3.1

立面

0.9

0.6 0.8

1.4

（c）里连头合角单材瓜栱一

图7-6-11　角科斗栱分件6

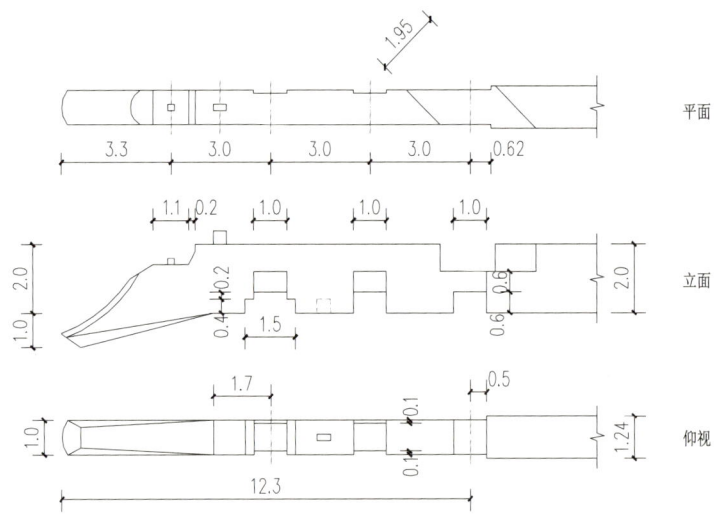

（a）搭角正二昂后带正心枋二

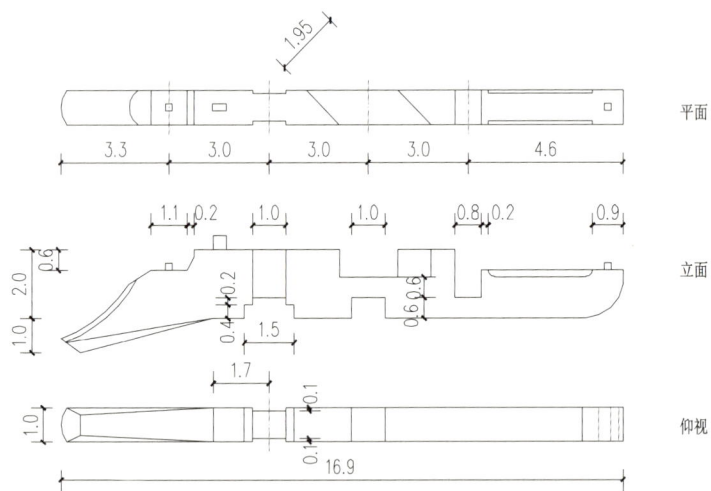

（b）搭角闹二昂后带单材万栱二

图7-6-12　角科斗栱分件7

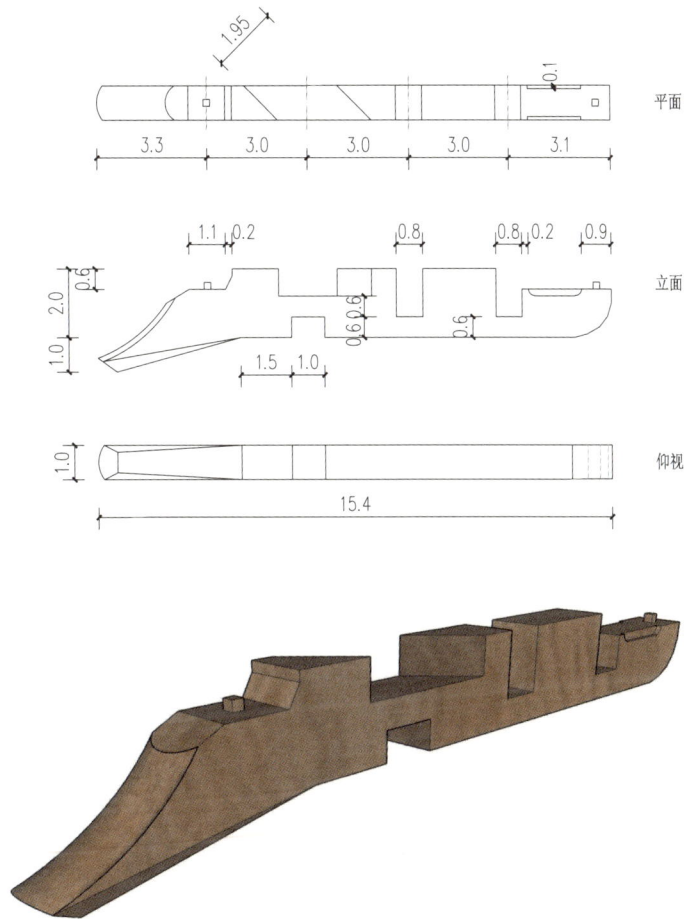

（a）搭角闹二昂后带单材瓜栱二

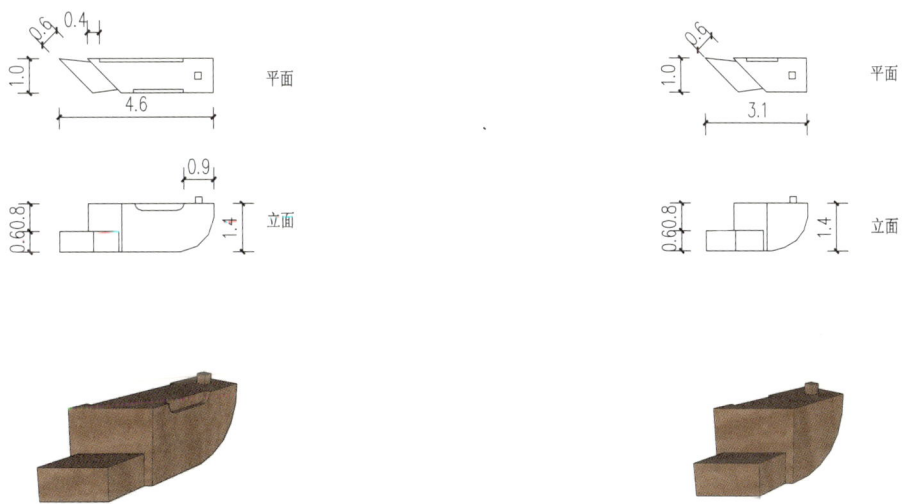

（b）里连头合角单材万栱二

（c）里连头合角单材瓜栱二

图7-6-13　角科斗栱分件8

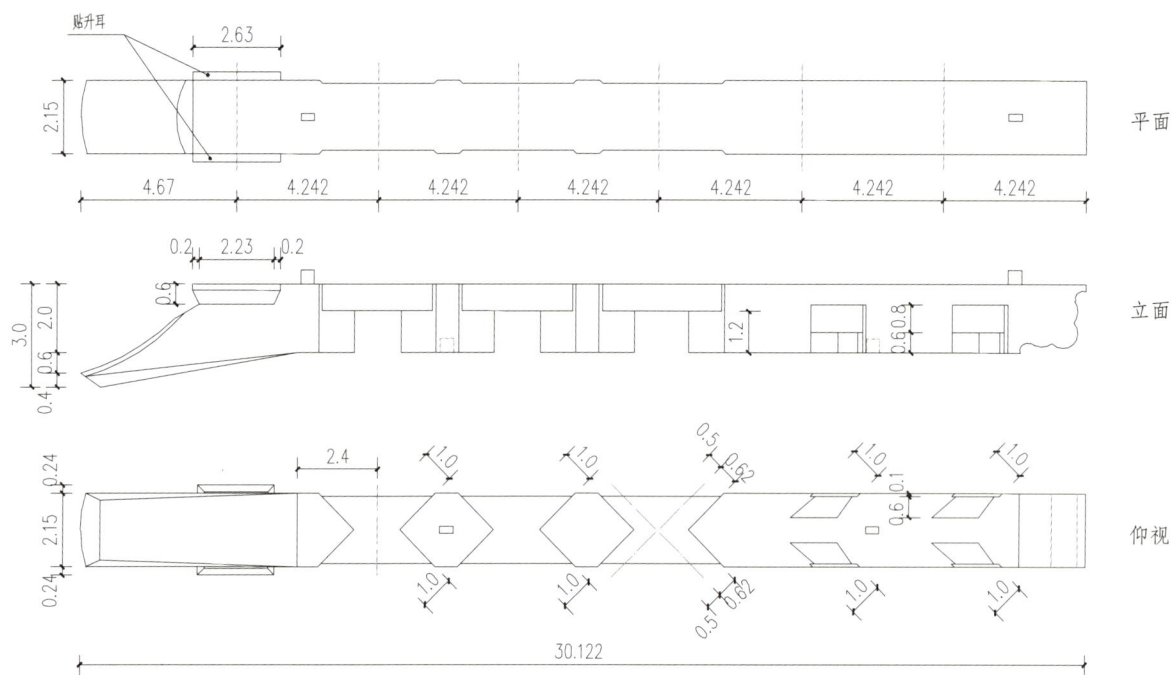

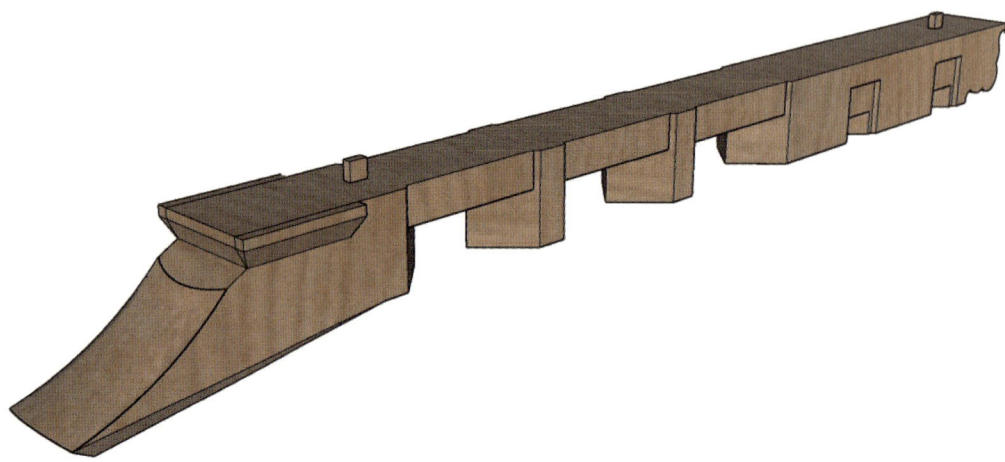

斜二昂后带菊花头

图7-6-14 角科斗栱分件9

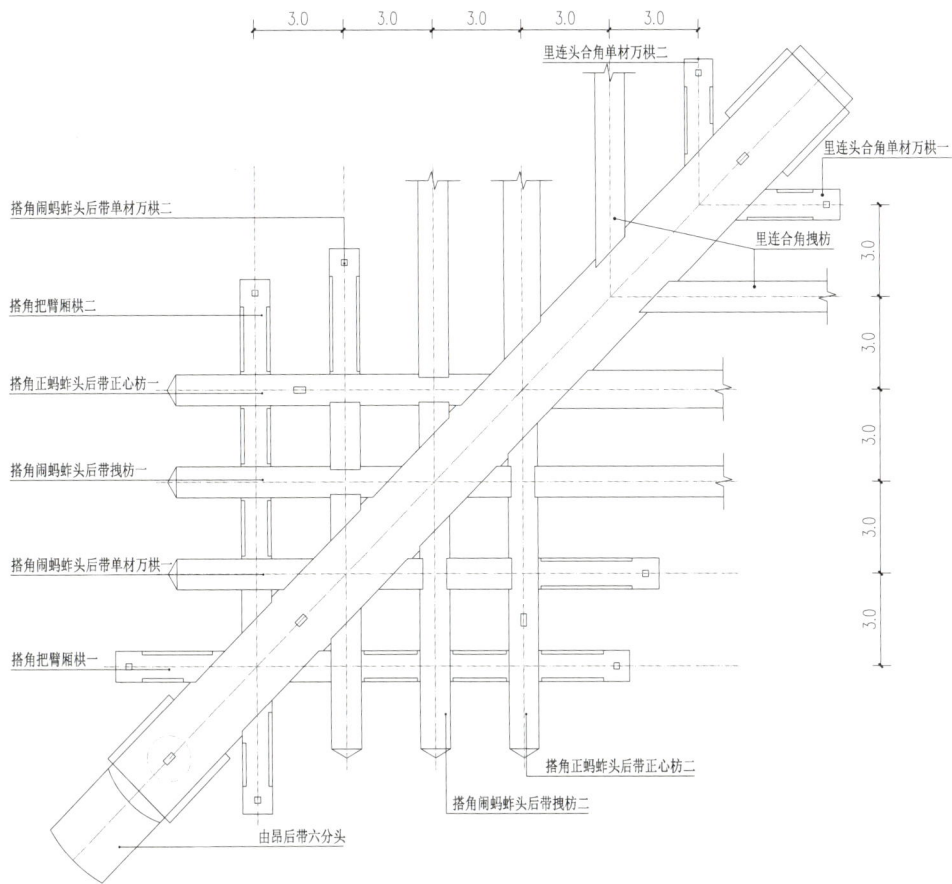

里连头合角单材万栱二

搭角闹蚂蚱头后带单材万栱二

里连头合角单材万栱一

搭角把臂厢栱二

里连合角拽枋

搭角正蚂蚱头后带正心枋一

搭角闹蚂蚱头后带拽枋一

搭角闹蚂蚱头后带单材万栱

搭角把臂厢栱一

搭角正蚂蚱头后带正心枋二

搭角闹蚂蚱头后带拽枋二

由昂后带六分头

（a）第五层斗栱平面图

（b）第五层斗栱三维示意图

图7-6-15　第五层斗栱

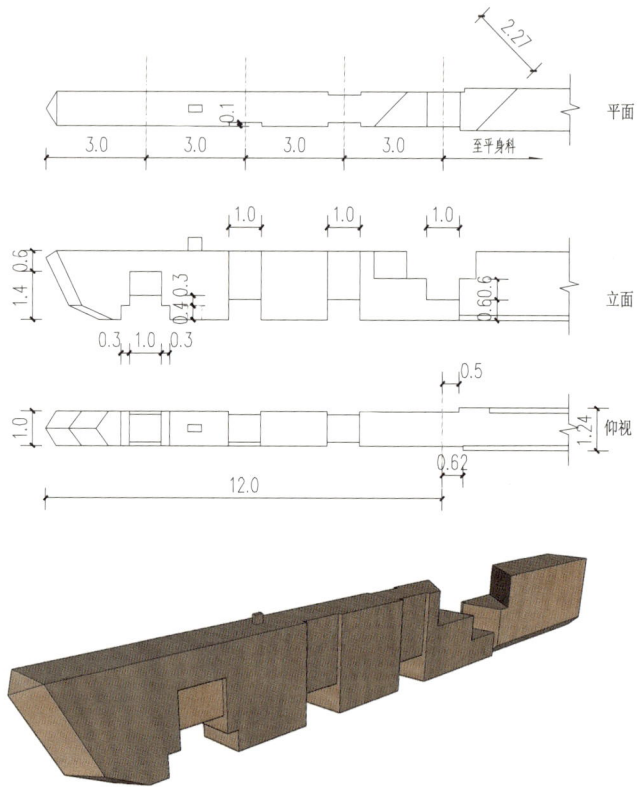

（a）搭角正蚂蚱头后带正心枋一

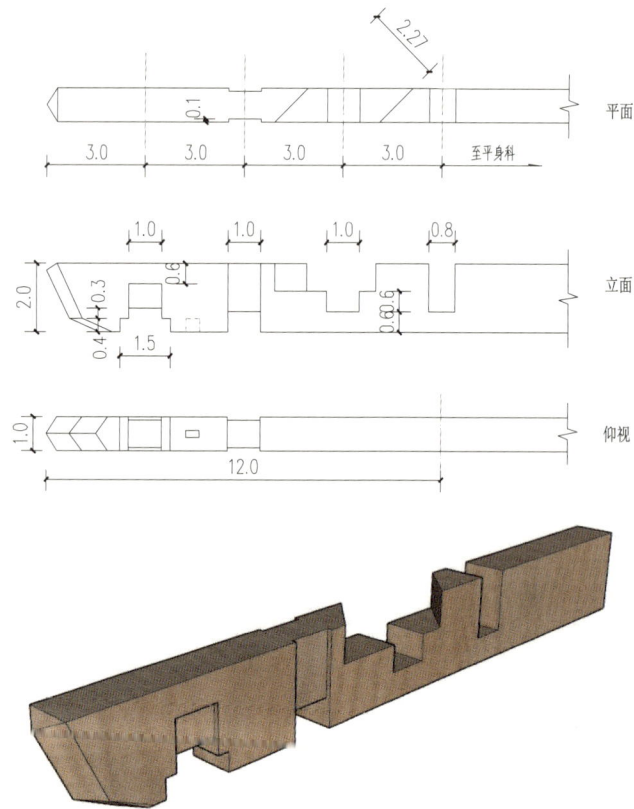

（b）搭角闹蚂蚱头后带拽枋一

图7-6-16　角科斗栱分件10

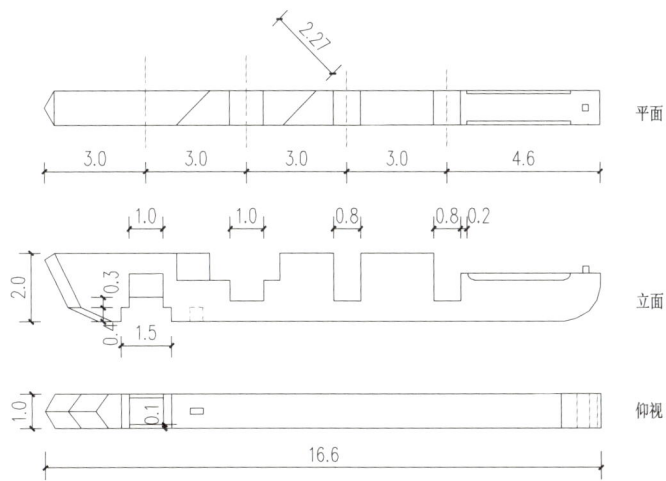

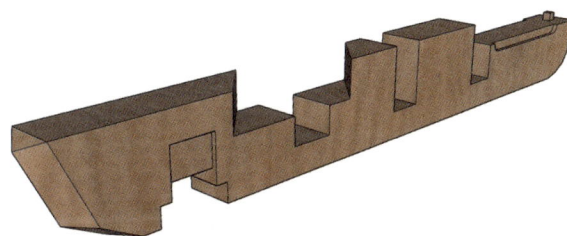

（a）搭角闹蚂蚱头后带单材万栱一

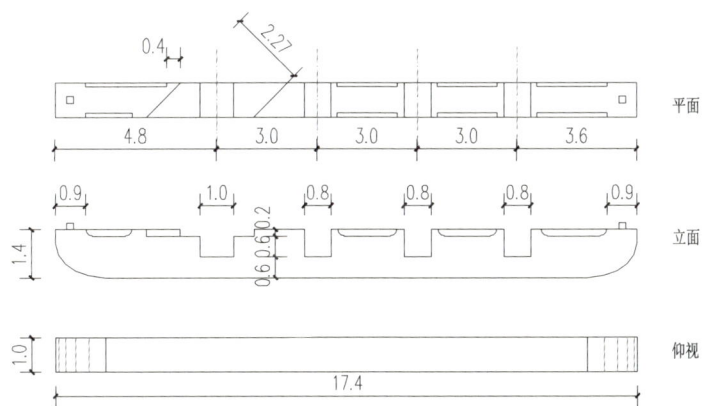

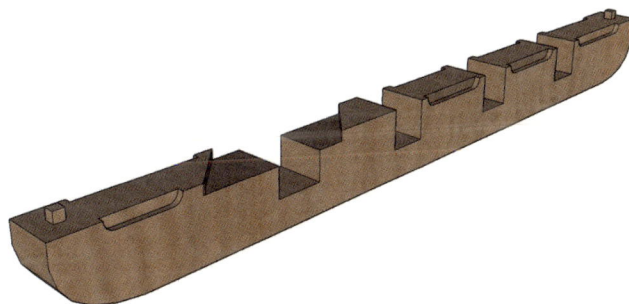

（b）搭角把臂厢栱一

图7-6-17　角科斗栱分件11

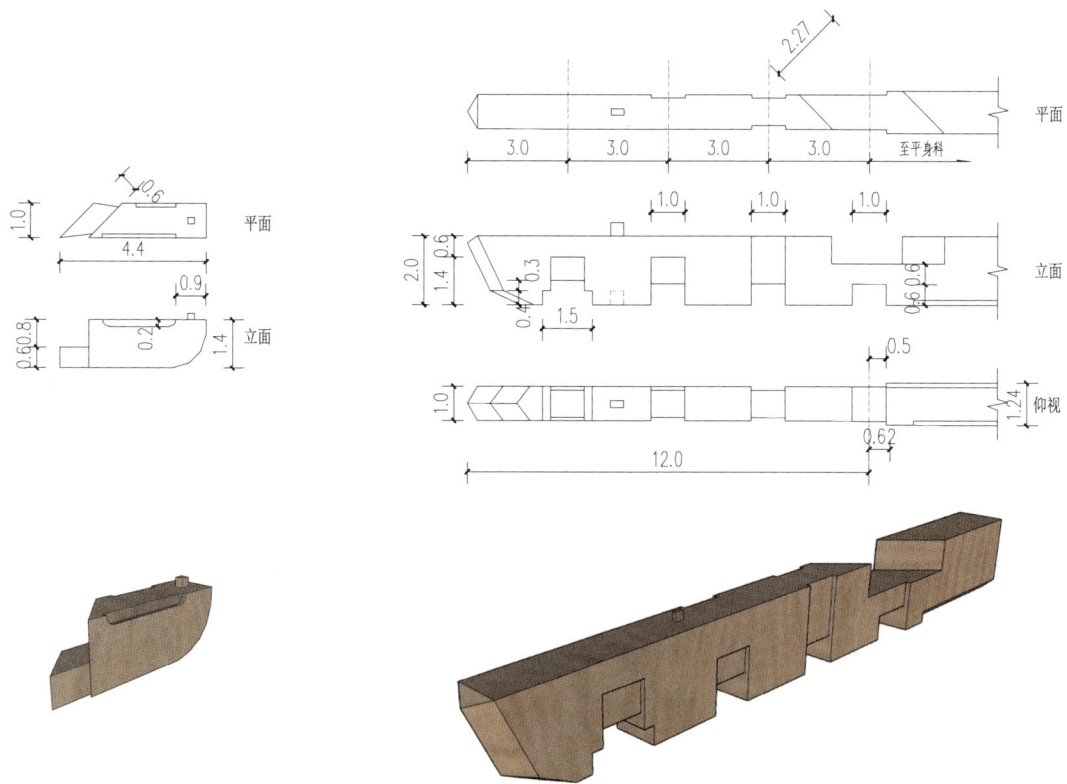

（a）里连头合角单材万栱一

（b）搭角正蚂蚱头后带正心枋二

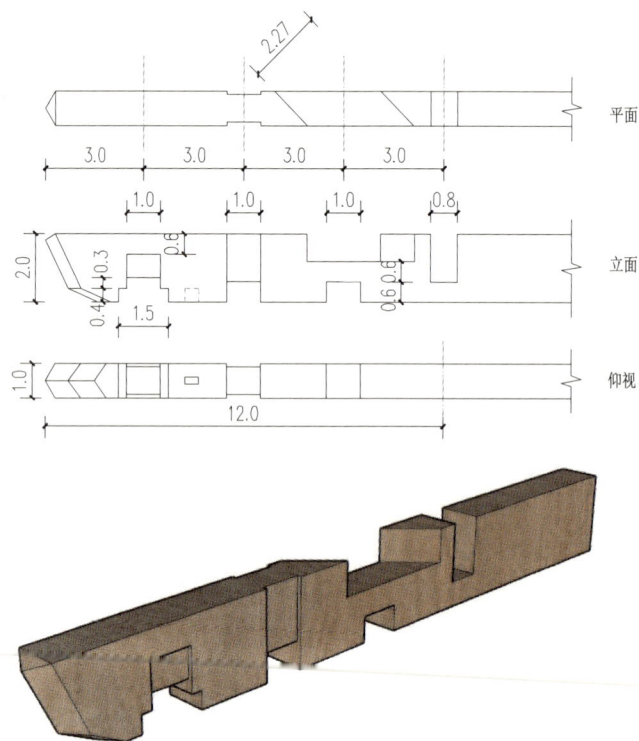

（c）搭角闹蚂蚱头后带拽枋二

图7-6-18　角科斗栱分件12

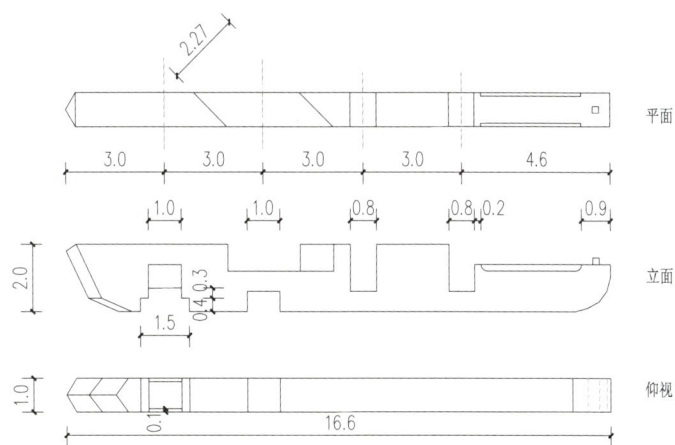

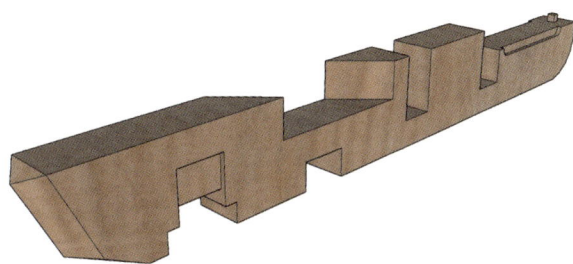

（a）搭角闹蚂蚱头后带单材万栱二

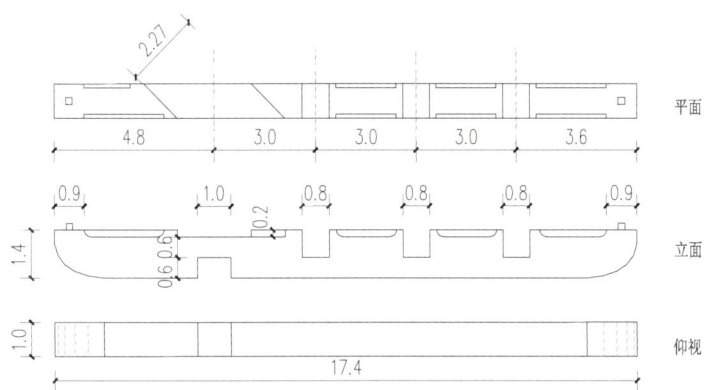

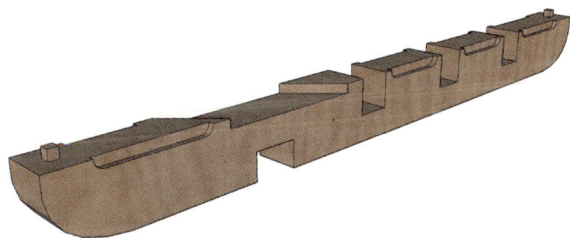

（b）搭角把臂厢栱二

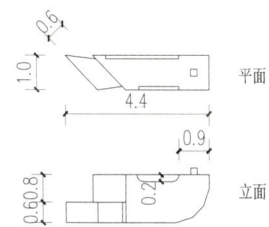

（c）里连头合角单材万栱二

图7-6-19　角科斗栱分件13

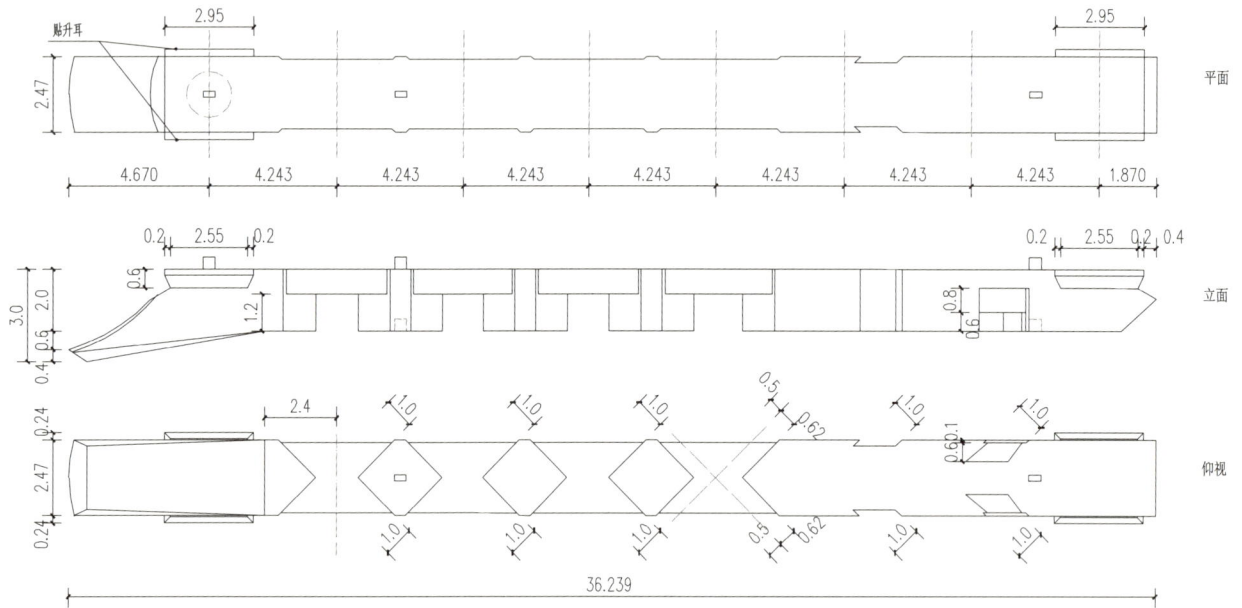

由昂后带六分头

图7-6-20 角科斗栱分件14

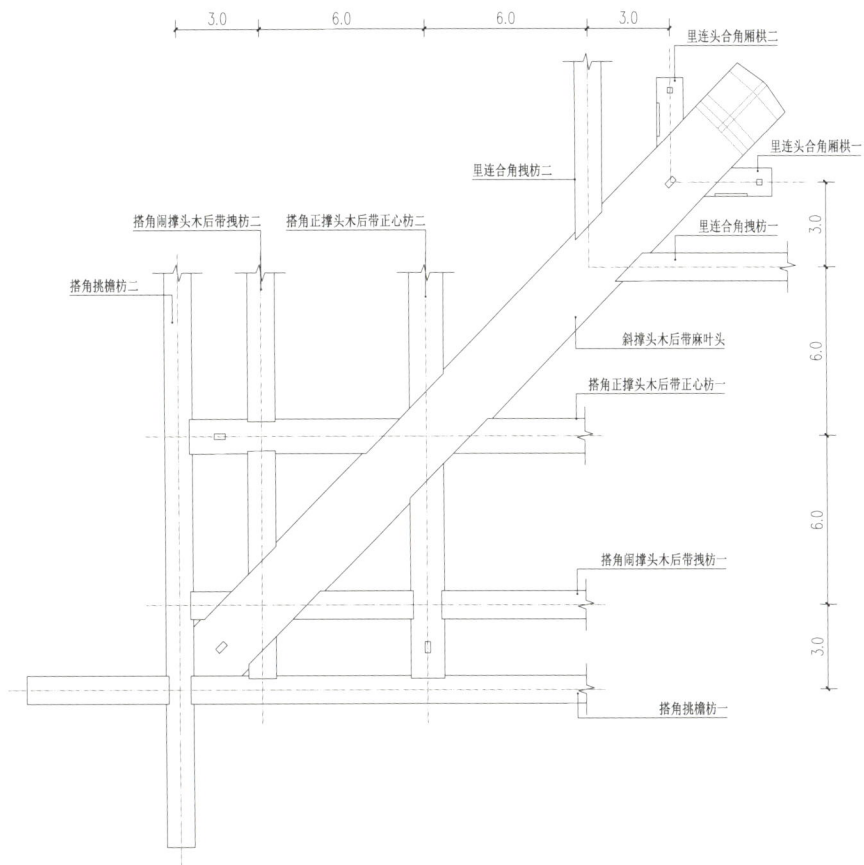

3.0　6.0　6.0　3.0

里连头合角厢栱二

里连合角拽枋二

搭角闹撑头木后带拽枋二　搭角正撑头木后带正心枋二

里连头合角厢栱一

搭角挑檐枋二

里连合角拽枋一

3.0

斜撑头木后带麻叶头

搭角正撑头木后带正心枋一

6.0

搭角闹撑头木后带拽枋一

6.0

3.0

搭角挑檐枋一

（a）第六层斗栱平面图

（b）第六层斗栱三维示意图

图7-6-21　第六层斗栱

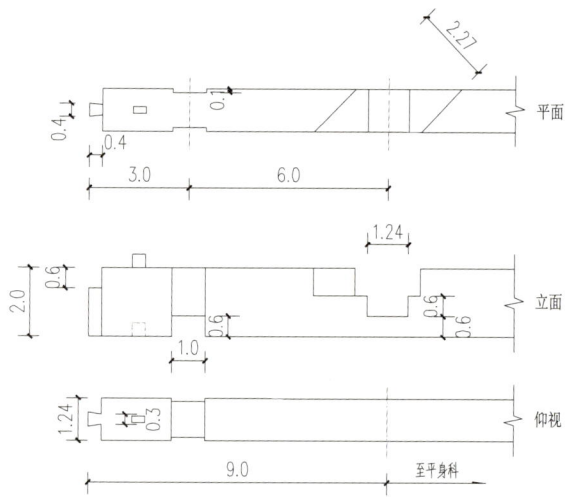

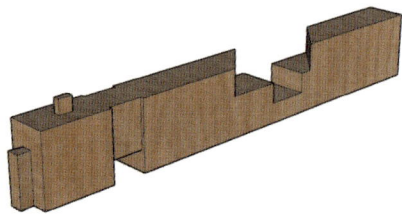

（a）搭角正撑头木后带正心枋一

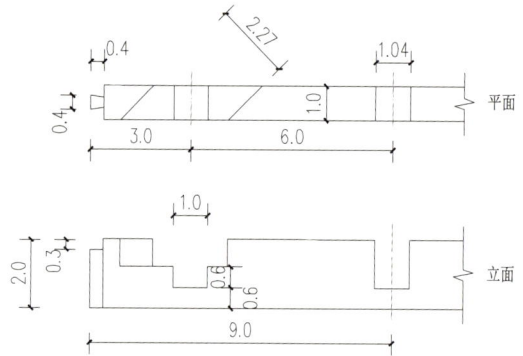

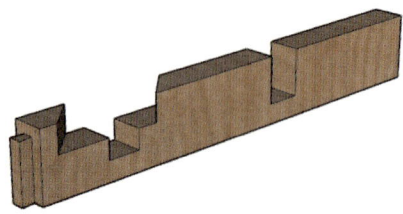

（b）搭角闹撑头木后带拽枋一

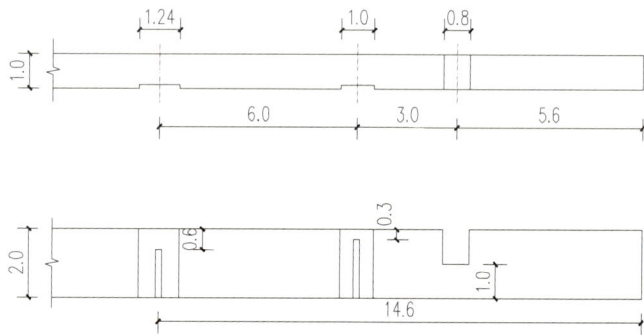

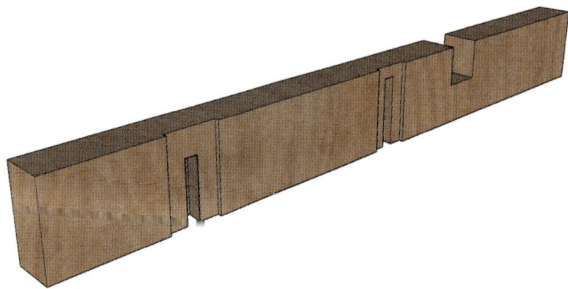

（c）搭角挑檐枋一

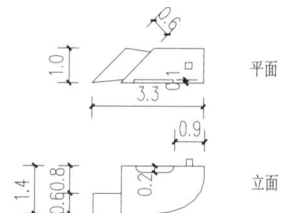

（d）里连头合角厢栱一

图7-6-22 角科斗栱分件15

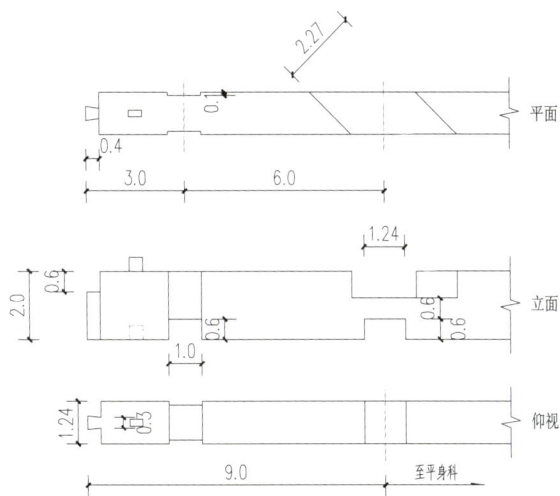

（a）搭角正撑头木后带正心枋二

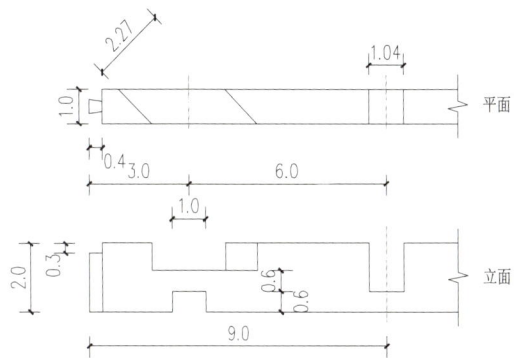

（b）搭角闹撑头木后带拽枋二

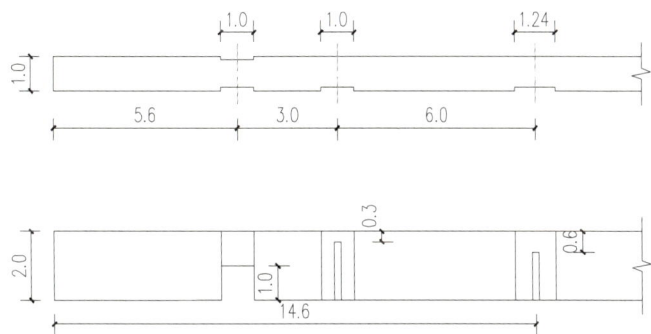

（c）搭角挑檐枋二

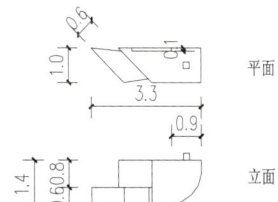

（d）里连头合角厢栱二

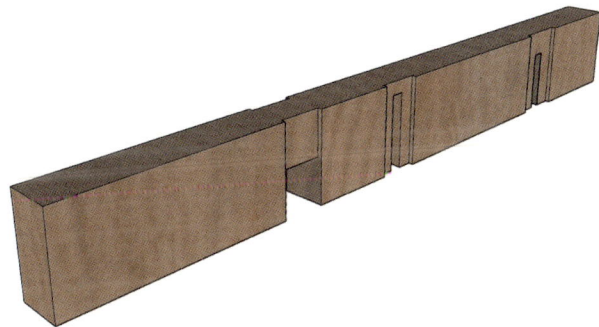

图7-6-23　角科斗栱分件16

平面

立面

仰视

3.53 8.484 8.484 4.242 5.005

2.0

1.2

0.60.8

2.47

0.62 0.5

0.5 0.62

1.0

0.60.1

1.0

0.2

1.0

1.0

29.745

1.0 1.0

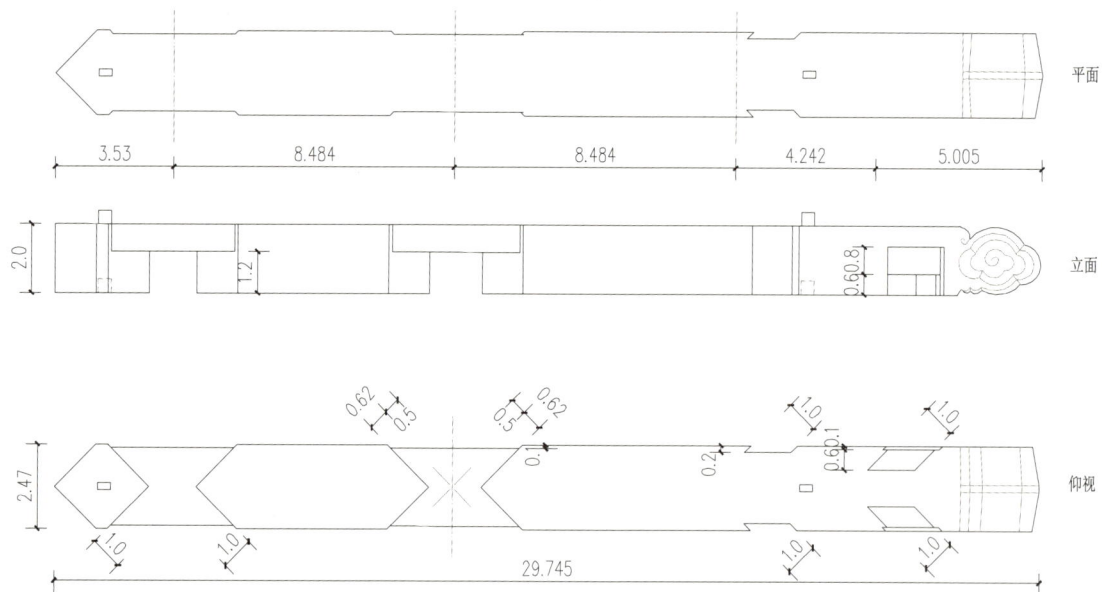

斜撑头木后带麻叶头

图7-6-24　角科斗栱分件17

8.50　　　　　9.00

搭角井口枋二

搭角井口枋一

搭角正桁椀后带正心枋二

斜桁椀

搭角正桁椀后带正心枋一

9.00

搭角正心桁一

搭角正心桁二

8.50

搭角挑檐桁一

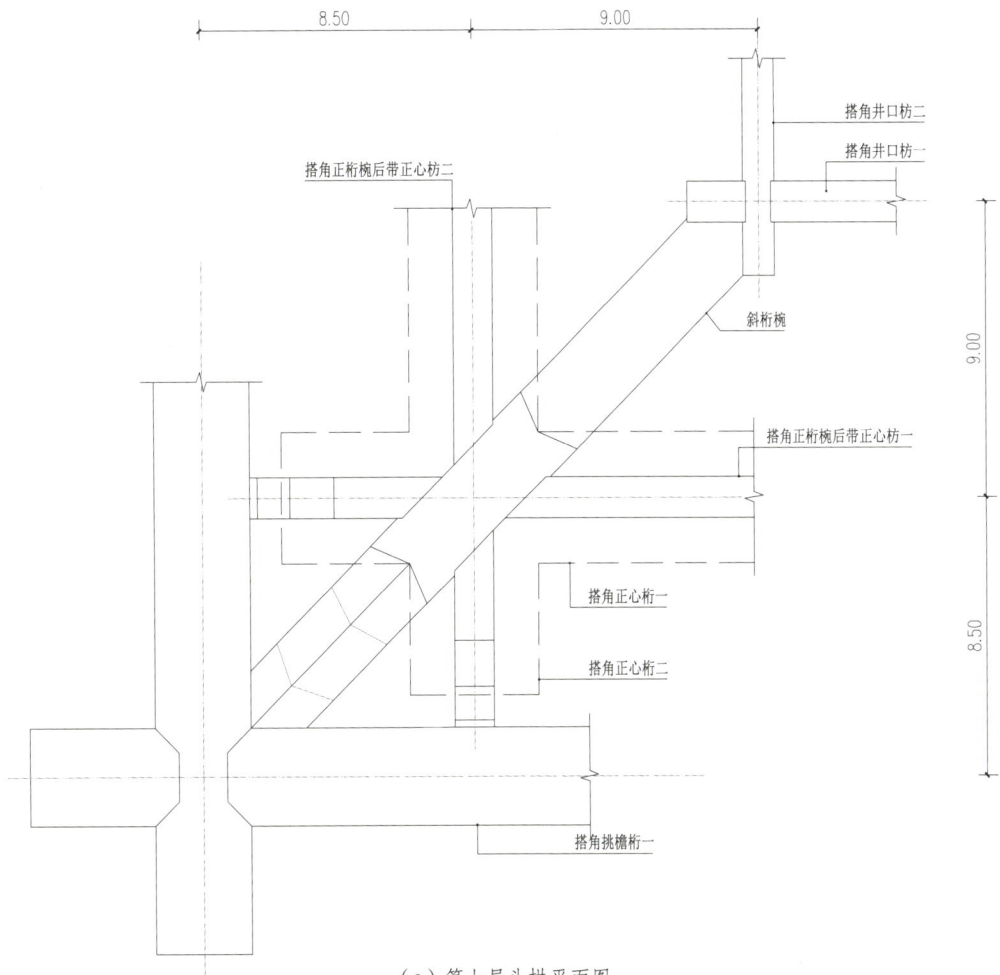

（a）第七层斗栱平面图

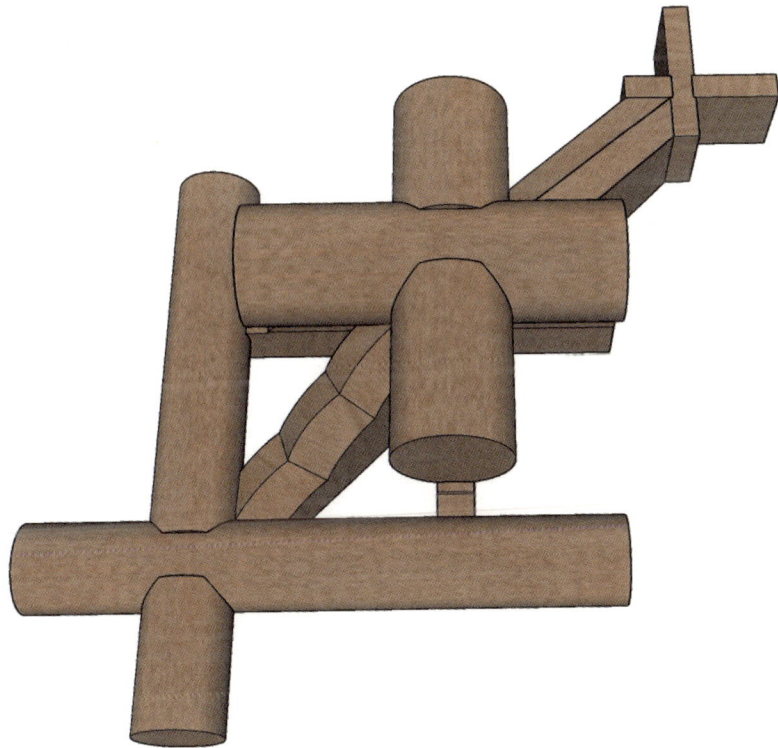

（b）第七层斗栱三维示意图

图7-6-25　第七层斗栱

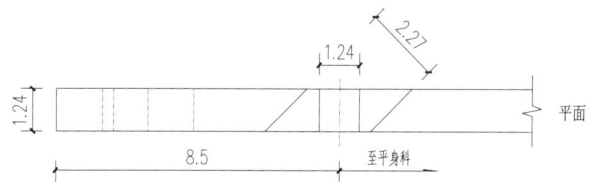

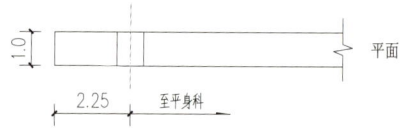

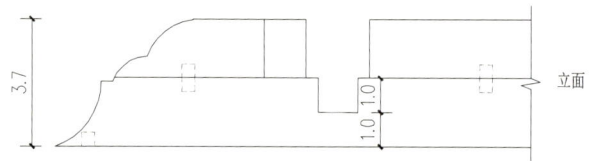

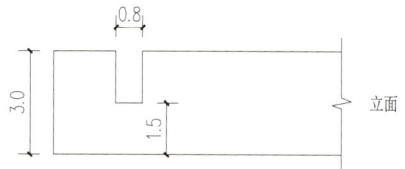

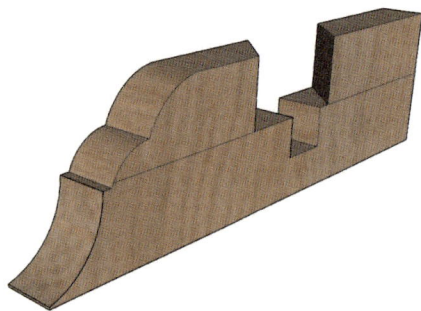

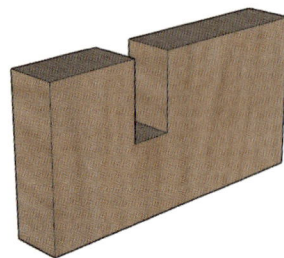

（a）搭角正桁椀后带正心枋一

（b）搭角井口枋一

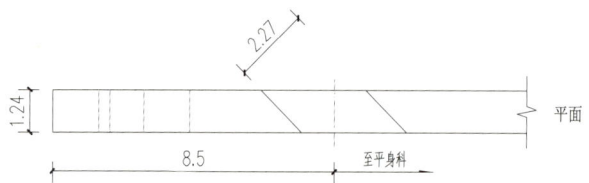

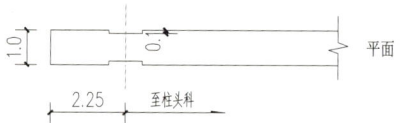

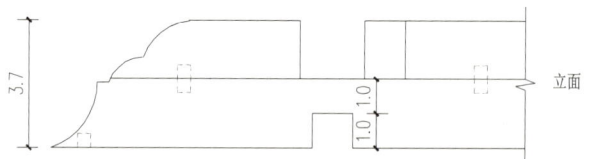

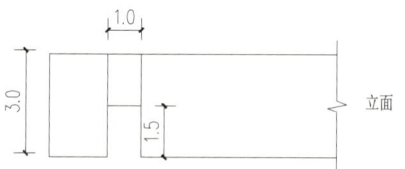

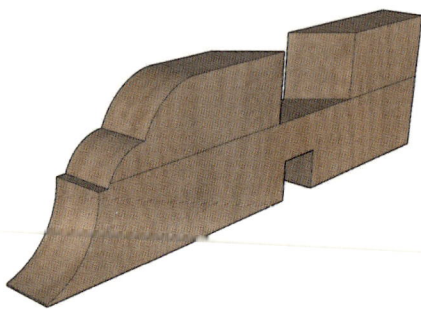

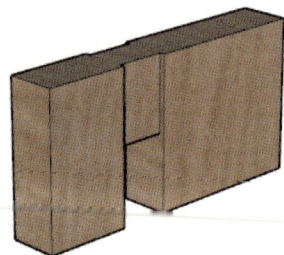

（c）搭角正桁椀后带正心枋二

（d）搭角井口枋二

图7-6-26　角科斗栱分件18

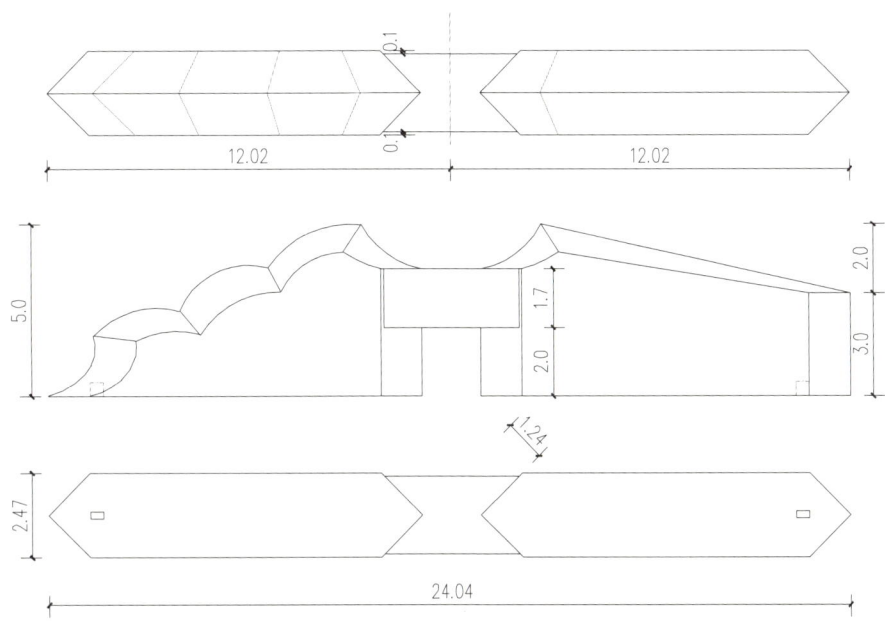

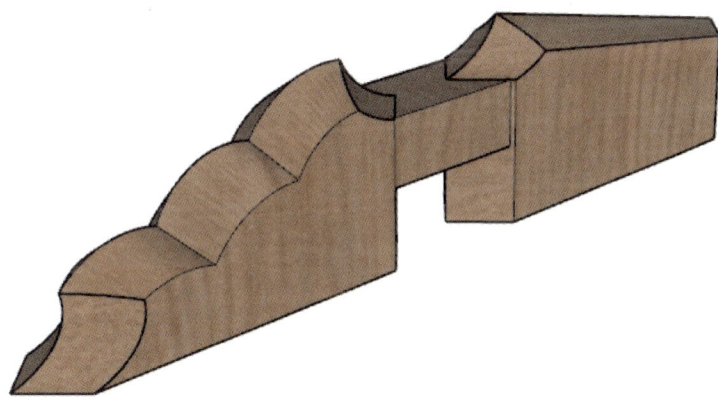

斜桁椀

图7-6-27　角科斗栱分件19